일러스트 해설

자동차 메커니즘

Mechanism of CAR

아오야마 모토오 *Aoyama Motoh* 지음

SRM

CONTENTS

Part 1 파워 트레인

제1장 엔진구동

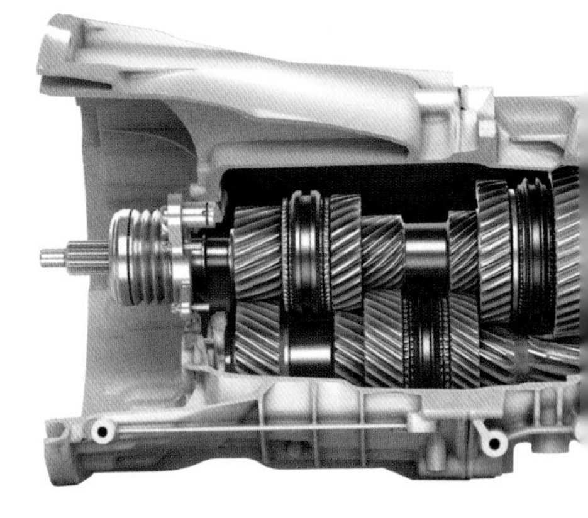

제2장 모터구동

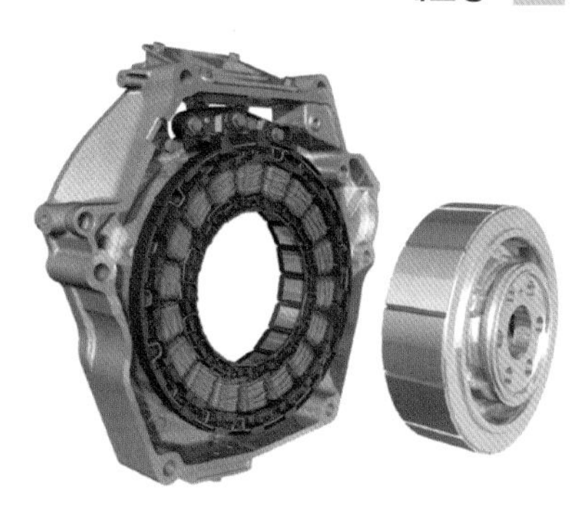

Part 2 엔진

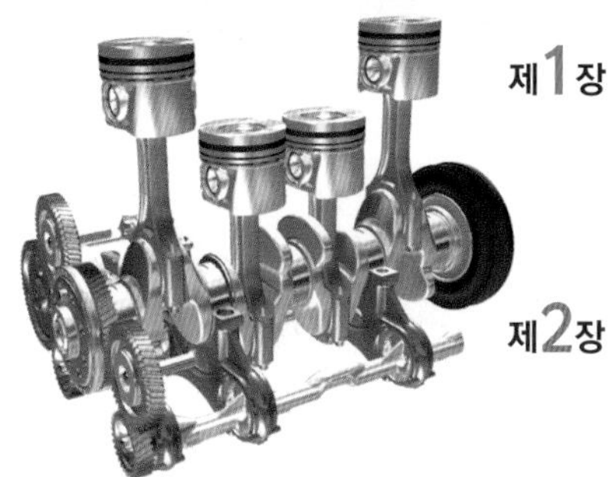

제1장 엔진본체

제2장 밸브장치

제3장 흡배기장치

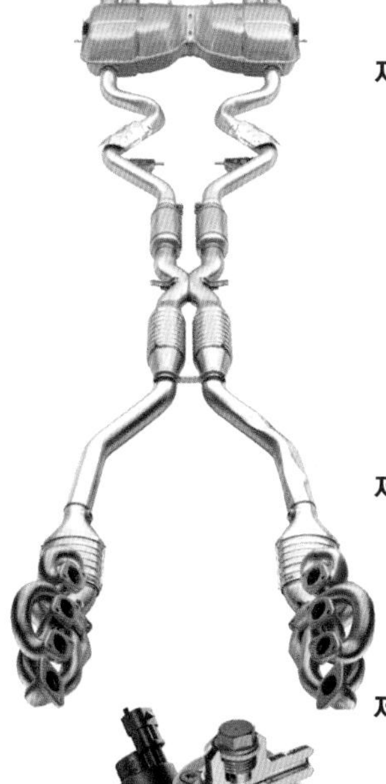

제4장 슈퍼차저

제5장 연료장치

제6장 점화장치

제7장 윤활장치

제8장 냉각장치

제9장 충전시동장치

Part 3 동력전달장치

제1장 변속기

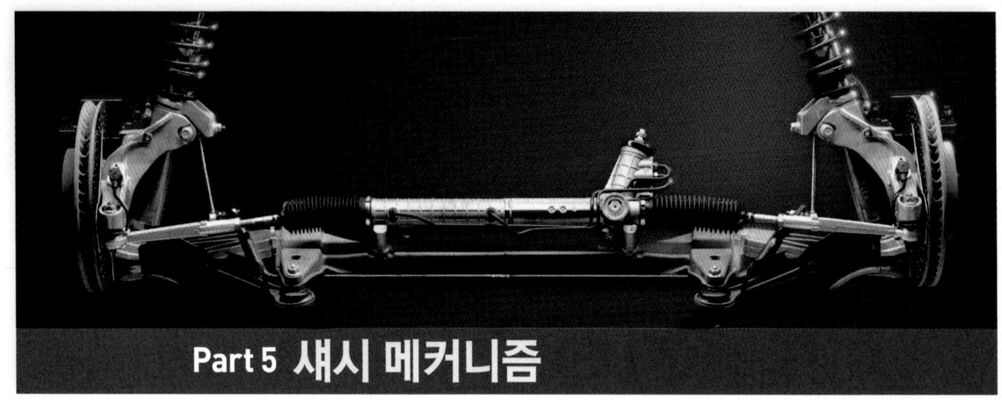

Part 5 섀시 메커니즘

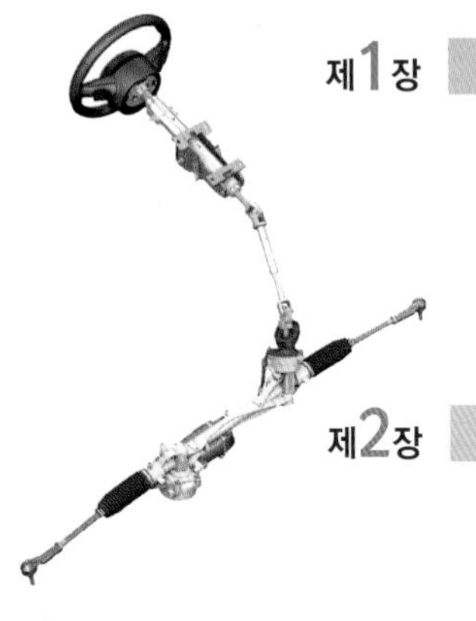

제1장 조타장치

제2장 제동장치

제3장 현가장치

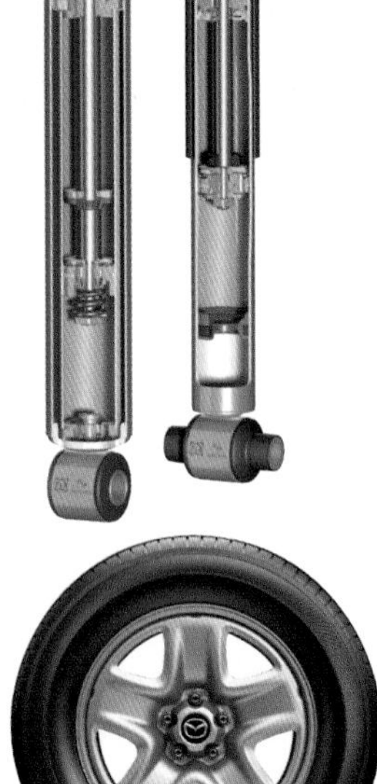

제4장 타이어&휠

목차사진 : *Honda/Mazda/Daimler/BMW/Bosch/Jaguar/GM/Denso/Magna/Subaru/NTN/Audi/Dana/GNK/Toyota/Nissan/Porsche/Continental/Alfa Romeo/ZF*

*Honda

Part 1 파워 트레인

*Toyota

엔진구동 01

Internal combustion engine 엔진

엔진은 100년이 넘게 자동차의 동력원으로 사용되고 있다. 엔진에는 다양한 종류가 있으며, 자동차에는 가솔린 엔진과 디젤 엔진이 일반적으로 사용된다. 두 가지 모두 내부에서 연료를 연소시켜 열을 발생시키고, 연소로 발생한 기체를 팽창시켜서 동력을 만들어낸다. 이러한 엔진을 내연기관이라고 한다.

연료는 가솔린 엔진은 가솔린, 디젤 엔진은 경유를 사용한다. 이 엔진들은 동력을 만들어 낼 때 피스톤이 왕복운동을 한다. 따라서 영어로 왕복을 의미하는 'Reciprocating'을 사용해 '레시프로케이팅 엔진'이라고 한다. 동력을 만들어내는 일련의 작업은 4개의 행정으로 이루어지며, 그 동안 피스톤이 2번 왕복(4회 이동)하기 때문에 '4사이클 엔진' 또는 '4스트로크 엔진'이라고도 한다. 처음부터 회전운동으로 동력을 발생시키는 로터리 엔진이나 2번의 행정으로 동력을 발생시키는 2사이클 엔진(2스트로크 엔진)도 있지만, 이러한 방식은 현재의 자동차에는 사용되지 않고 있다.

이밖에 LPG(액화석유가스)와 CNG(압축천연가스)를 연료로 하는 엔진을 사용하기도 하며, 수소를 이용하는 연구도 진행되고 있다. 이러한 연료를 사용하는 엔진은 연료를 공급하는 장치에 차이가 있지만, 기본적인 구조는 가솔린 엔진과 같다.

가솔린 엔진을 비롯한 내연기관의 엔진을 동력원으로 사용하는 자동차를 이 책에서는 '엔진자동차'라고 한다.

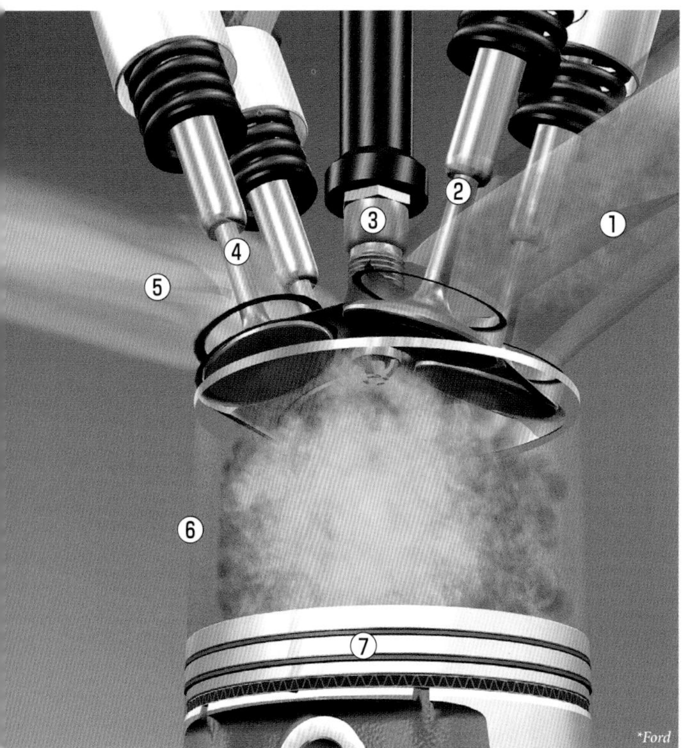

■실린더와 피스톤

레시프로케이팅 엔진이 동력을 만들어내는 기본적인 단위가 기통이며, 기통은 실린더와 피스톤으로 구성된다. 상하로 움직이는 피스톤의 가장 높은 위치를 상사점, 가장 낮은 위치를 하사점이라고 하며 피스톤의 이동 또는 이동거리를 스트로크라고 한다. 피스톤이 상사점에 있을 때의 실린더 안의 공간을 연소실이라고 한다. 연소실에는 연소에 필요한 공기의 통로인 흡기포트와 연소 후의 배기 통로인 배기포트가 있으며, 각각은 흡기밸브와 배기밸브로 통로를 열고 닫을 수 있다.

피스톤은 커넥팅 로드라는 봉으로 크랭크샤프트에 연결되어있어 상하운동이 회전운동으로 변환된다. 4사이클 엔진은 1스트로크로 1행정을 이루므로, 일련의 작업(4스트로크)으로 크랭크샤프트는 2회 회전한다.

①흡기포트 ②흡기밸브 ③점화플러그
④배기밸브 ⑤배기포트 ⑥실린더
⑦피스톤

■가솔린 엔진의 4행정

4사이클 엔진의 4행정은 ①흡기행정, ②압축행정, ③연소, 팽창행정, ④배기행정으로 이루어져있다. 가솔린 엔진의 연소실에는 흡배기밸브 이외에 착화를 하는 점화플러그가 있다. 그리고 흡기포트에 연료를 분사하는 인젝터도 장착되어 있다. 이러한 연료공급방식을 포트 분사식이라고 하며, 공기와 연료가 혼합된 상태로 실린더로 들어간다. 이밖에 연소실에 인젝터가 있는 직분사식(17페이지 참조)이라는 연료공급방식도 있다.

공기에 연료가 혼합된 것을 혼합기라고 하며, 연소로 발생한 기체와 연소에 사용되지 못한 기체를 합쳐서 배기가스라고 한다. 연소가스는 배기행정에 들어가면 배기가스가 된다.

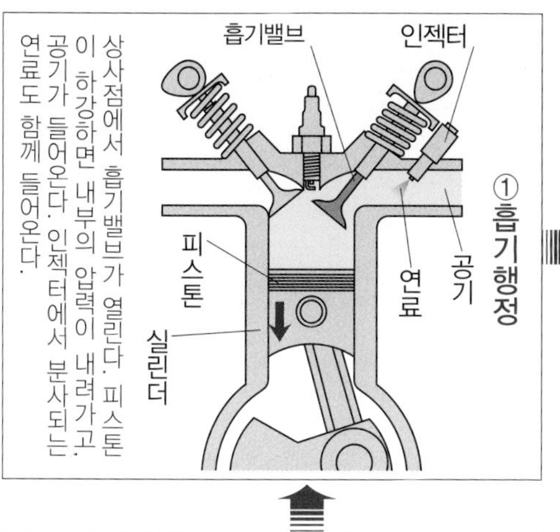

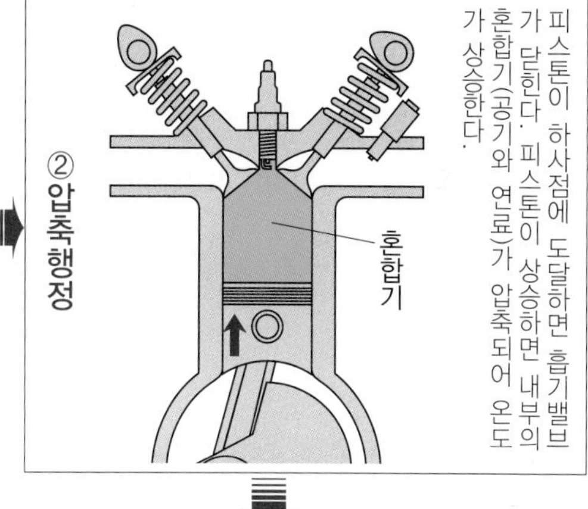

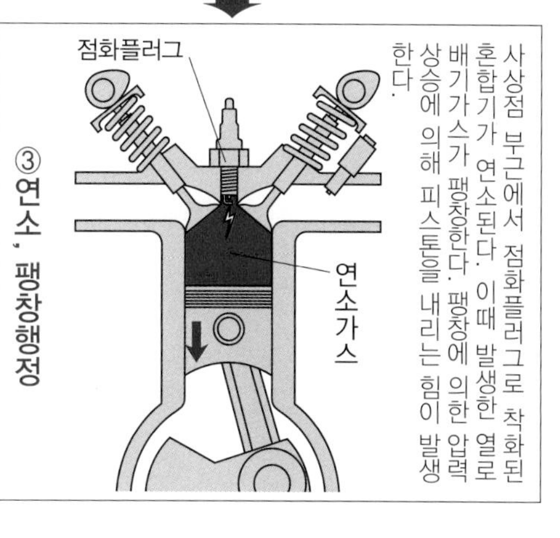

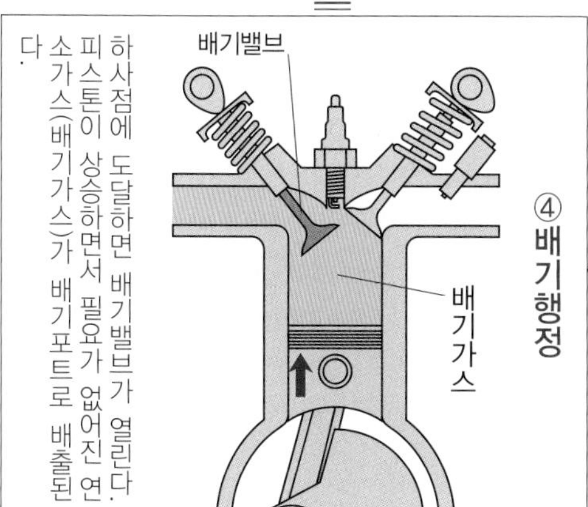

■로터리 엔진

로터리 엔진은 같은 배기량의 레시프로케이팅 엔진과 비교하면 고출력에 가볍고 콤팩트하게 만들 수 있다. 특히 고회전 때 성능이 좋다는 장점이 있지만, 연비가 나쁘고 저회전 때의 토크가 작다는 단점이 있다. 이 엔진은 마츠다가 오랫동안 사용했지만 결국은 생산을 중지했다. 하지만 개발은 계속 되고 있으며, 수소를 연료로 사용하는 방법, 전기자동차의 레인지 익스텐더(236p. 참조)로 사용하는 방법 등으로 연구되고 있다.

■디젤 엔진의 4행정

디젤 엔진도 4사이클 엔진이다. 4행정은 ①흡기행정, ②압축행정, ③연소, 팽창행정, ④배기행정으로 구성된다. 디젤 엔진의 연소실에는 흡배기밸브 외에 연료를 분사하는 인젝터가 있다. 이렇게 실린더 안에 직접 연료를 분사하는 연료공급방식을 직접분사식(직분사식)이라고 한다. 디젤 엔진에는 점화플러그가 없으며 압축행정에서 뜨거워진 공기 안에 분사된 연료가 그 열로 자연착화(자연발화)된다.

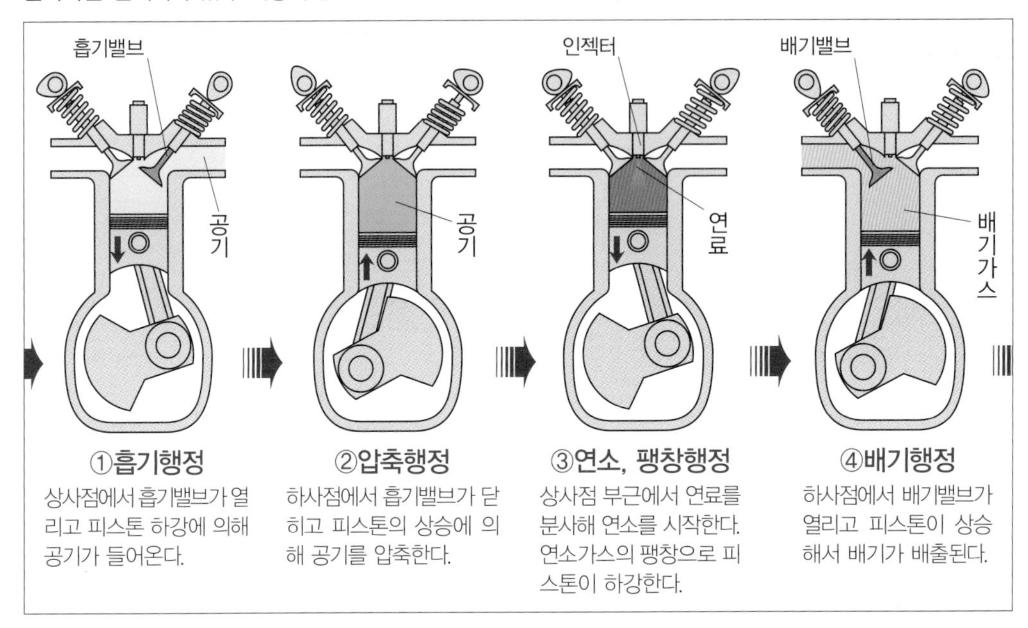

■다기통 엔진

4사이클의 레시프로케이팅 엔진에서 동력이 발생될 때는 연소, 팽창행정에서다. 그 외의 행정에서는 흡기, 압축, 배기를 위해 피스톤을 움직인다. 예를 들어 그림처럼 4개의 기통이 각각 다른 행정을 하도록 해서 하나의 크랭크 샤프트에 접속시키면 다른 기통에서 발생한 힘으로 다른 기통의 피스톤을 움직여서 흡기와 압축, 배기를 할 수 있으며, 엔진을 연속적으로 움직이게 할 수 있다. 이와 같이 여러 개의 기통을 갖춘 엔진을 다기통 엔진이라고 한다.

4기통 미만이라도 관성 모멘트에 의해 지속적으로 회전하려는 힘을 이용해서 엔진을 연속적으로 작동시킬 수 있다. 자동차에는 사용되지 않지만 기통이 하나뿐인 단기통 엔진도 있다. 승용차에서는 3~12개의 기통수가 일반적이며, 2기통 엔진도 등장했다.

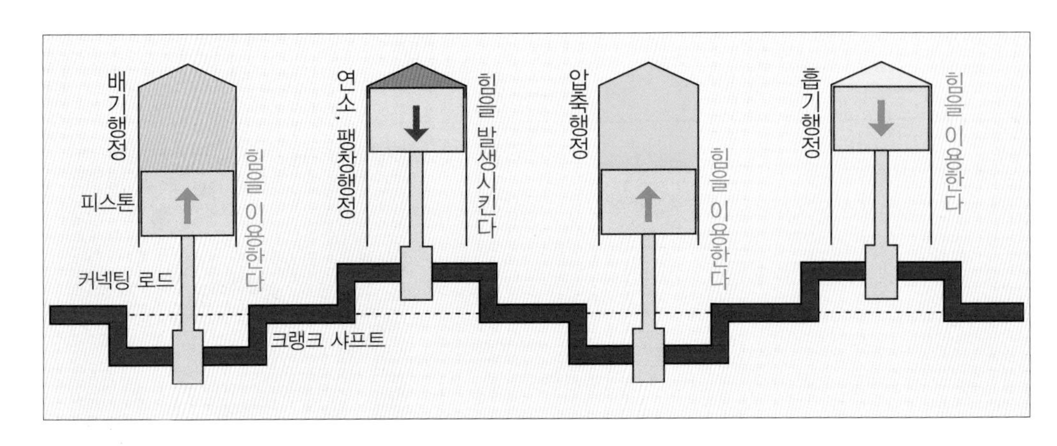

■엔진과 보기(補機)

엔진에는 다양한 장치와 부품이 사용된다. 엔진은 엔진 본체와 엔진 작동을 어시스트하는 엔진 보기로 나눌 수 있다.

엔진 본체는 실린더 블록과 실린더 헤드, 주운동계와 동변계의 부품으로 구성된다. 실린더 블록과 실린더 헤드는 엔진의 기본적인 외관인 금속 덩어리이며, 내부에 실린더가 있다. 주운동계는 엔진이 동력을 만들어낼 때 움직이는 부분으로 피스톤, 커넥팅 로드, 크랭크샤프트 등으로 구성되어있다. 동변계는 흡배기밸브를 열고 닫는 기구로 밸브 시스템(동변장치)이라고 한다.

엔진 보기는 단순하게 보기라고 하는 경우가 많으며, 통틀어서 표현할 때에는 보기류라고 한다. 보기에는 흡기장치, 배기장치, 연료분사장치, 점화장치, 냉각장치, 윤활장치, 충전장치, 시동장치가 있으며, 엔진에 따라서는 과급기가 추가된다. 보기의 대부분은 엔진 본체에 장착되어 사용하는 것이지만, 윤활장치처럼 대부분이 내부에 들어있는 것이나, 냉각장치처럼 실린더 블록 엔진의 내부에 만들어진 통로가 중요한 역할을 하는 장치도 있다.

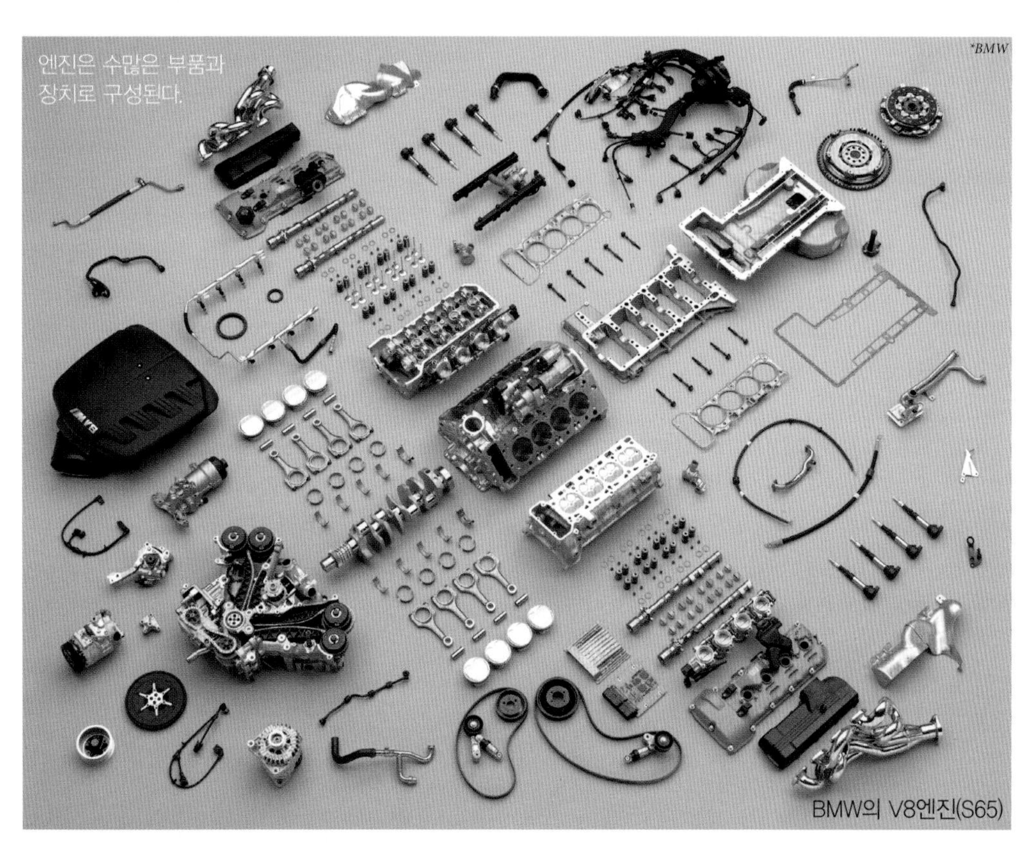

BMW의 V8엔진(S65)

■바이퓨얼 자동차

해외에서는 LPG나 CNG와 가솔린을 모두 사용할 수 있는 바이퓨얼 자동차가 실용화되어있으며, 수소를 이용하는 연구도 진행되고 있다. LPG자동차, CNG자동차, 수소자동차는 가솔린이나 경유를 연료로 사용하는 자동차보다 자연환경에 좋기 때문에 보급이 되면 좋겠지만, 연료 공급체제가 아직은 불충분하다. 하지만 가솔린을 함께 사용할 수 있으면 연료의 수급 문제에서 자유로워질 수 있다. 전기자동차의 항속거리를 늘려주는 레인지 익스텐더와 같은 발상이다. 현재는 3종류 이상의 연료를 함께 사용할 수 있는 멀티퓨얼 자동차에 대한 연구도 진행 중이다.

엔진구동 02

Engine characteristics & Transmission
엔진 특성과 트랜스미션

자동차가 발진과 가속을 할 때에는 관성을 거슬러 속도를 높여야 하므로 큰 출력이 필요하다. 같은 가속이라도 멈춘 상태에서의 가속과 고속주행에서의 가속은 자동차 바퀴의 회전속도가 다르다. 그리고 평탄한 도로를 일정한 속도로 주행할 때에는 큰 출력은 필요 없다. 타이어에서 발생하는 회전저항과 공기에서 발생하는 공기저항 등의 주행저항에 대응할 수 있는 출력만 있으면 된다.

엔진의 출력과 토크는 회전수에 따라서 달라진다. 엔진 회전수가 낮을 때에는 토크가 작고, 회전수가 상승하면 토크가 커진다. 일정 회전수에서 최대 토크가 되며, 그 이상의 회전수에서는 토크가 작아진다. 회전수를 가로축, 토크를 세로축으로 그래프를 그려보면 토크곡선은 위로 볼록해진다. 출력곡선도 마찬가지로 최고출력을 정점으로 하는 위로 볼록한 산모양이 되며, 연료소비율은 최저연료소비율을 정점으로 아래로 휘어진 그래프가 된다.

예를 들어 정지된 상태에서 가속할 때에는 저회전에서 큰 토크가 요구되지만, 엔진이 저회전인 상태에서는 충분한 토크를 낼 수 없다. 따라서 필요한 출력을 낼 수 있도록 엔진의 회전수를 높이고, 변속기구로 감속을 시켜서 토크를 높일 필요가 있다. 이렇게 해서 자동차가 움직일 수 있으며, 변속비가 일정하면 자동차의 속도가 높아질수록 엔진 회전수가 지나치게 높아진다. 그런 이유로 변속기구의 변속비에는 어느 정도의 폭이 필요하다. 변속비를 바꾸면서 최대 토크 부근의 회전수를 사용하면 강하게 가속을 할 수 있다. 연료소비율이 낮은 회전수를 지속적으로 사용하면 연비가 좋아지는 것이다.

엔진은 정지상태(회전수 0)에서 갑자기 토크를 발휘해서 회전을 시작할 수는 없다. 연속해서 안정된 회전을 계속 할 수 있는 회전수에는 하한선이 있다. 때문에 시동을 걸거나 정차 중에는 엔진과 자동차 바퀴의 힘 전달이 분리되어야 한다. 하한 엔진 회전수 상태를 아이들링(idling)이라고 하며, 그때의 회전수를 아이들링 회전수라고 한다. 변속기구의 종류에 따라서는 토크가 전달되어 회전하는 상태로는 변속비를 바꿀 수 없기 때문에 일시적으로 엔진과 변속기구를 분리시킬 필요가 있다. 이러한 엔진과 변속기구의 연결을 담당하는 장치를 스타팅 디바이스라고 한다.

트랜스미션(변속기)은 변속기구를 말하며, 자동차에서는 스타팅 디바이스를 포함해서 트랜스미션이라고 하는 경우가 많다.

토크

토크는 축을 회전시키려고 하는 힘을 말한다. 일반적으로 힘이라고 하면 작용하는 방향이 명시되어있지 않지만, 토크는 회전하는 방향이 명시되어있다. 단위는 N−m(뉴턴 미터)이며, 예전에는 kg−m(킬로그램−미터)를 사용했다.

회전수

엔진과 자동차 바퀴 등의 기계의 회전속도는 일반적으로 그 단위인 회전수로 표시한다. 엔진의 경우, 1분간의 회전수를 일반적으로 사용한다. 단위는 RPM(알피엠)이다. 최대 토크와 최고출력은 일반적으로 그 시점의 회전수를 함께 표기한다.

출력

출력은 일정시간에 어느 정도의 일을 할 수 있는가를 의미하며, 작업률이라고도 한다. 출력은 토크와 회전수를 곱한 것으로 정식 단위는 W(와트)지만 자동차에서는 오랫동안 마력을 사용했다. 마력의 단위는 ps 또는 HP이며, 1ps는 735.4W다.

연료소비율

연료소비율은 일정한 출력을 발휘할 때의 필요한 연료량을 말한다. 오른쪽의 그래프는 회전수에 따른 연료소비량을 나타낸 것은 아니다. 단위는 일반적으로 g/W·h(그램 퍼 와트 아워)를 사용하며, 1W당 1시간에 몇 그램의 연료를 소비하는가를 의미한다.

토크곡선

일정한 회전수로 최대 토크가 되는 위로 볼록한 산모양의 커브가 토크곡선의 기본이다. 최대 토크의 범위를 넓히면 사다리꼴에 가까운 모양이 되는 경우도 많다. 최대 토크 부근의 범위가 좁고 꼭대기가 날카로운 것을 피키, 범위가 넓고 평평한 경우를 플랫이라고 한다.

출력곡선

토크와 회전수를 곱한 출력이 그리는 곡선도 토크곡선과 마찬가지로 위로 볼록하다. 최대 토크를 넘어서서 토크가 내려가기 시작해도 회전수의 상승에 의해 출력이 계속 증대되기 때문에 출력곡선의 정점인 최고출력은 최대 토크보다 높은 회전수가 되는 것이 일반적이다.

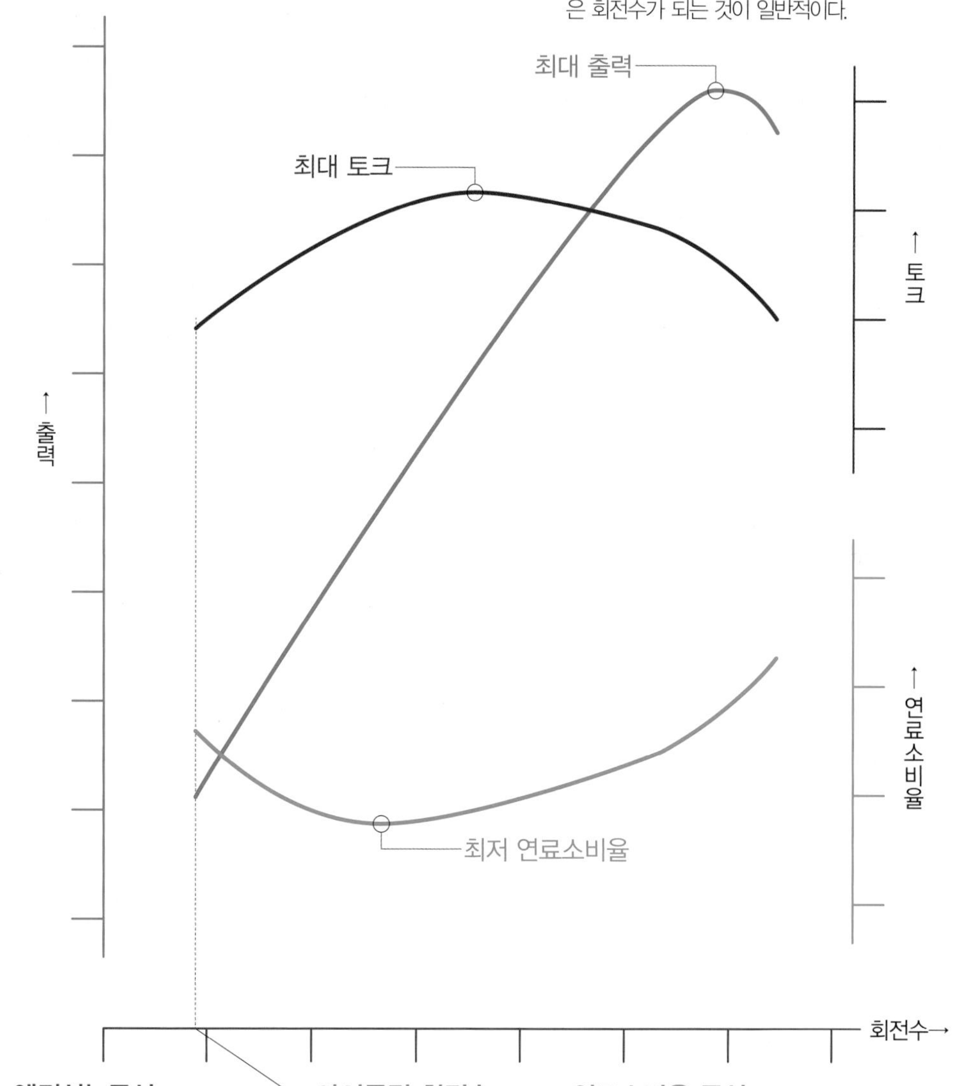

엔진성능곡선

엔진의 회전수마다 출력과 토크를 나타내는 그래프를 엔진성능곡선이라고 하며, 자동차의 카탈로그에는 반드시 표시되어있다. 최근에는 연료소비율도 함께 표시되는 경우가 많다.

아이들링 회전수

엔진은 아이들링 회전수 이상에서 연속해서 작동되므로 성능곡선의 회전수는 0부터 시작되지 않는다.

연료소비율 곡선

일정 회전수에서 최저연료소비율이 되는 아래로 오목한 커브가 기본적인 연료소비율 곡선이다. 토크와 마찬가지로 연비가 좋은 엔진이 되려면 최저연료소비율의 범위를 넓혀야 한다. 최저연료소비율은 최대 토크보다 낮은 회전수가 되는 것이 일반적이다.

엔진구동 03

Engine efficiency & Energy loss
엔진의 효율과 손실

엔진을 사용하는 현재 자동차에 있어서 가장 큰 과제는 연비의 저감이다. 연비를 향상시키면 이산화탄소 배출량을 줄여서 지구환경을 보호할 수 있다. 자동차의 엔진은 연료인 화학에너지를 연소시켜 열에너지로 변환하고, 그 열에너지를 운동에너지로 변환시켜 주행에 사용하고 있다. 에너지에는 운동, 열, 화학 등의 다양한 형태가 있으며, 에너지 보존의 법칙에 의해 형태가 바뀌어도 총량은 변하지 않는다. 하지만 변환할 때 모든 에너지를 목적한 에너지로 변환할 수 있는 것은 아니다. 목적한 형태 이외의 에너지로 변환된 양을 손실이라고 하며, 목적한 에너지로 변환된 양을 효율이라고 한다.

엔진의 손실에는 배기손실, 냉각손실, 펌프손실, 기계적 손실, 미연손실, 보기구동손실, 방사손실이 있으며, 현재 엔진의 효율은 30% 정도다. 이러한 손실을 줄여서 효율을 높이면 연비가 향상된다.

엔진의 효율이 30% 정도라고 했지만 그것은 최상의 조건일 경우다. 효율은 부하 등에 따라서도 달라진다. 실제로는 20%가 안 되는 경우가 많다. 연소에는 엔진의 특성도 영향을 준다. 예를 들어 저회전 영역의 토크가 크면 그만큼 움직이기 시작할 때에 회전수를 높일 필요가 없어 연비가 좋아진다.

연비는 엔진뿐만 아니라 자동차 전체로 생각해볼 필요가 있다. 트랜스미션을 비롯한 구동장치에서도 손실이 발생한다. 타이어에서 발생하는 회전저항과 보디에서 발생하는 공기저항도 크다. 무엇보다 자동차 전체의 중량이 손실의 큰 요소다. 자동차를 가볍게 만들면 그만큼 연비가 좋아진다.

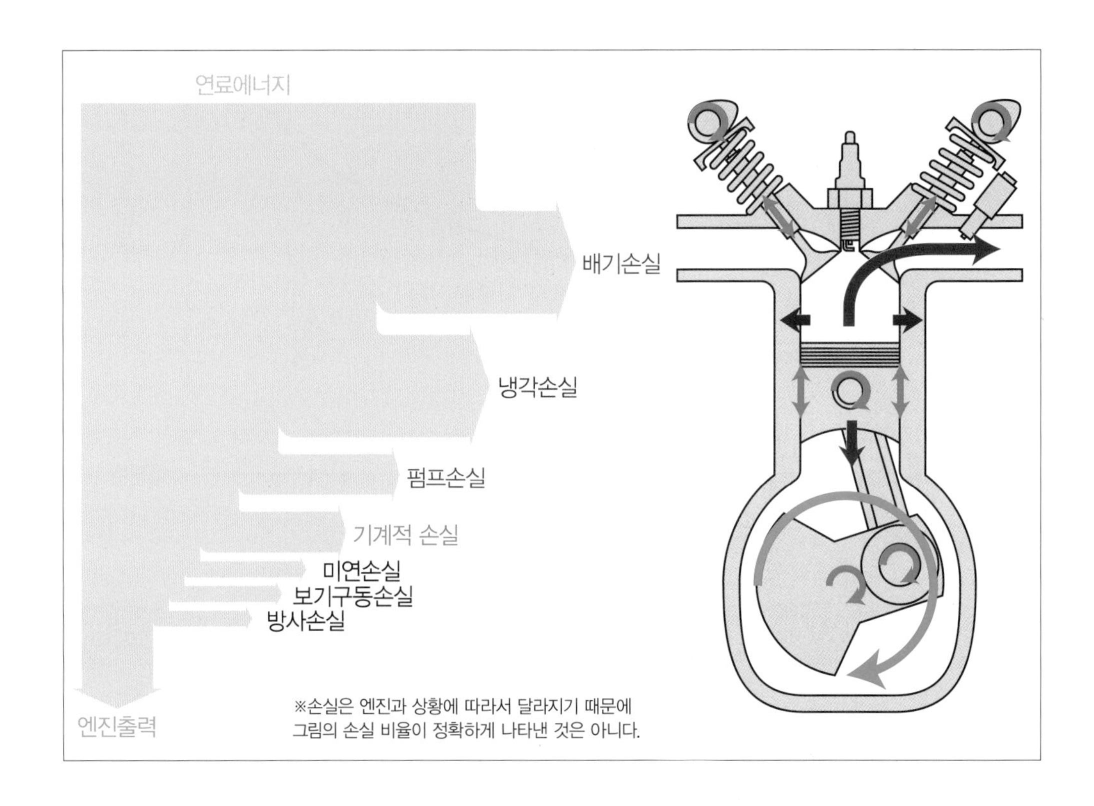

※손실은 엔진과 상황에 따라서 달라지기 때문에
그림의 손실 비율이 정확하게 나타낸 것은 아니다.

■배기손실

엔진에서 배출되는 배기가스는 흡기보다 온도가 높으며 흐르는 힘이 있다. 이것은 열에너지와 운동에너지가 버려지는 것을 의미한다. 배기행정에서 피스톤을 상승시켜서 배기가스를 실린더 밖으로 밀어낼 때에도 힘들게 만들어낸 운동에너지의 일부를 사용하고 있다. 이러한 버려지는 에너지와 사용된 에너지가 배기손실이다.

■냉각손실

엔진이 연소에 의해서 발생시킨 열은 엔진의 각 부분으로 전달된다. 이 열에 의해서 엔진이 과도하게 뜨거워지면 윤활장치의 엔진오일 성능이 저하되어 부품이 정상적으로 작동할 수 없게 된다. 부품의 변형과 용해가 발생할 수도 있다. 때문에 냉각을 해서 적정한 온도로 유지시킬 필요가 있다. 이때 외부로 방출시킨 열에너지가 냉각손실이다.

■펌프손실

흡기행정에서 피스톤을 하강시켜서 공기(또는 혼합기)를 흡입할 때에 사용되는 운동에너지가 펌프손실(펌핑로스)다. 이것은 디젤 엔진에서도 발생하며, 스로틀 밸브로 흡기량을 조절하는 가솔린 엔진에서는 스로틀 밸브의 열린 정도로 펌프의 손실이 달라진다. 스로틀이 적게 열릴수록 흡기 경로가 좁아져서 발생하는 부압이 거친다. 이 부압을 흡기부압 또는 흡입부압이라고 하며, 부압이 커질수록 공기를 빨아들일 때의 저항이 커져서 펌프손실도 커진다.

압축행정에서도 피스톤을 움직이기 위한 운동에너지가 사용된다. 이때 사용된 에너지는 압력이 되어 연소, 팽창행정에서 되돌아오기 때문에 손실이 되지는 않는다. 배기행정에서 피스톤을 움직일 때에 사용되는 운동에너지를 펌프손실에 포함시키는 경우도 있다.

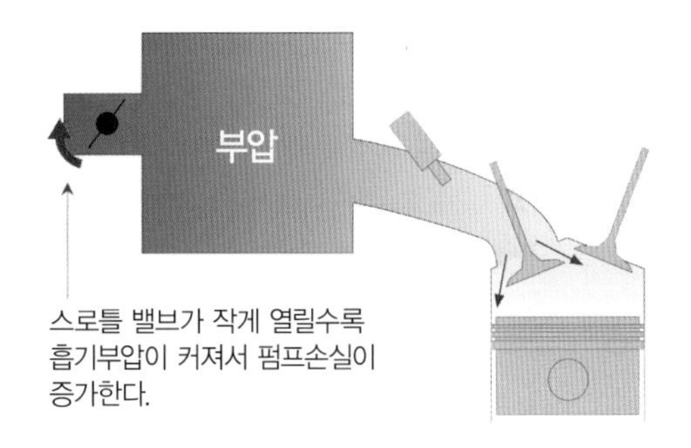

스로틀 밸브가 작게 열릴수록 흡기부압이 커져서 펌프손실이 증가한다.

■기계적 손실

기계적 손실은 기계저항손실 또는 마찰손실이라고도 하며, 엔진 내부의 움직이는 부품의 마찰에 의해 발생한다. 마찰에 의해 운동에너지가 마찰열이라는 열에너지로 변환된다.

■미연손실

실린더 안의 연소효율이 나쁘면 불완전연소에 의해 연소되지 않고 연료가 배출된다. 연료인 화학에너지를 버리는 것이므로 손실이 된다. 이것이 미연손실이다.

부하의 변화에 대한 손실의 변화

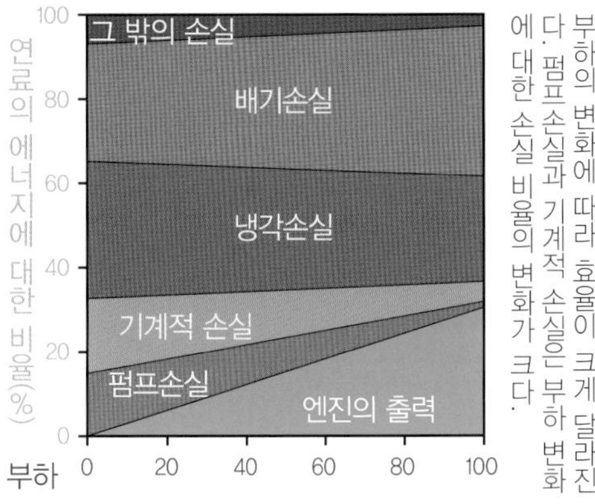

부하의 변화에 따라 효율이 크게 달라진다. 펌프손실과 기계적 손실은 부하 변화에 대한 손실 비율의 변화가 크다.

■보기구동손실

엔진 작동에 필수적인 보기의 구동에 사용되는 운동에너지가 보기구동손실이다. 보기는 아니지만 에어컨의 컴프레서 구동도 보기구동손실에 포함되는 경우가 있다.

■방사손실

방사손실은 복사손실이라고도 하며, 냉각장치에 의한 방열은 아니다. 엔진 본체의 방사(복사)에 의해 주위에 열에너지가 방출되어 발생하는 손실이다.

엔진구동 04

Air fuel ratio & Fuel injection
공연비와 연료분사

포트분사식 가솔린 엔진은 연료와 공기가 혼합기 상태로 실린더 안으로 이동하여, 흡기행정과 압축행정으로 연료가 기화하면서 공기와 혼합된다. 연소, 팽창행정에서 점화플러그에 의해 착화가 되면 모든 연료가 한꺼번에 연소된다(실제로는 화염이 전체로 퍼지는 화염전파의 시간이 필요하다).

연료가 연소할 때의 공기와의 중량비를 공연비라고 한다. 영어의 에어퓨얼 레이쇼를 줄여서 A/F라고도 한다. 일본에서 시판되고 있는 가솔린을 완전연소시키기 위한 공연비는 14.7:1 정도다. 이 공연비를 이론공연비(stoichiometry A/F)라고 한다. 경유도 거의 같은 수치다. 이론공연비보다 연료가 진한 상태를 리치, 옅은 상태를 린(lean)이라고 한다.

실제의 가솔린 엔진에서는 이론공연비의 연소(stoichiometry 연소)가 항상 이루어지고 있지는 않다. 출력면에서 유리한 출력공연비는 이론공연비보다 약간 리치의 경향이며, 연비면에서 유리한 경제공연비는 약간 린의 경향이다. 냉간시동 때에는 연료가 잘 기화되지 않아서 포트 안에 남는 경우도 있으므로 공연비 5:1이라는 매우 리치한 상태가 요구되는 경우도 있다. 연소가능한 공연비의 범위는 8~20:1이라고 한다.

가솔린 엔진은 공기의 양이 너무 많거나 적어도 원하는 연소가 되지 않는다. 따라서 흡기의 양을 스로틀 밸브로 조정할 필요가 있으며, 그 양에 따라 연료가 엔진에 공급된다.

이러한 연소에서는 연료가 전체에 균질하게 분포되어있지 않으면 연소상태가 나빠진다. 균질연소를 위해서는 연료가 공기와 잘 혼합되어 기화를 촉진시킬 필요가 있다. 이를 위해서 실린더 안에 과류라는 소용돌이 상태의 흐름을 형성시키는 경우도 있다.

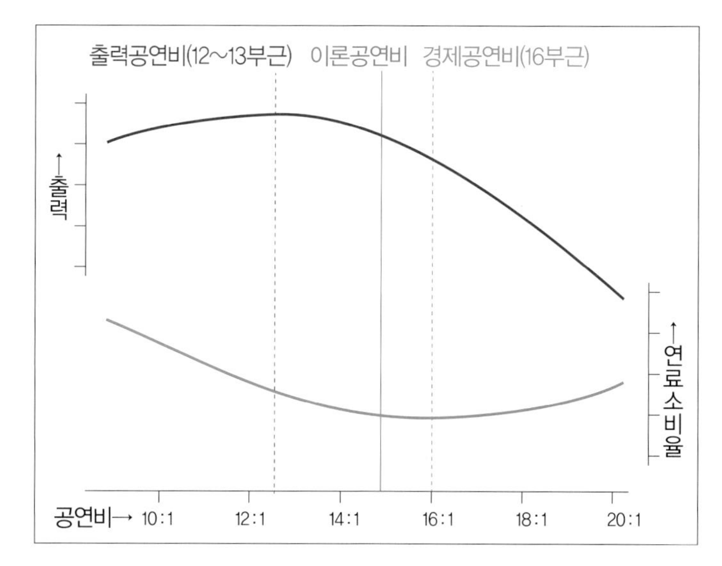

연료공급방식에는 포트분사 외에 실린더 안에 직접 연료를 분사하는 직분사식이 있으며 각각은 장단점이 있다.

디젤 엔진의 경우, 과거에는 예연소실식(부연소실식이라고도 한다)이나 과류실식 등의 간접분사식의 연료공급방식을 채용하기도 했지만, 현재에는 직분사식이 일반적이다. 연소, 팽창행정에서 분사된 연료는 기화해서 주위의 공기와의 공연비가 완전연소하는 이론공연비가 된 부분부터 순차연소된다. 이러한 연속적인 연소를 하기 때문에 디젤 엔진은 스로틀 밸브로 흡기량을 조절할 필요가 없다. 연료분사량만으로 엔진을 제어할 수 있기 때문이다.

■초희박연소와 성층연소

가솔린 엔진은 스로틀 밸브에 의한 펌프손실이 크다. 이 손실을 줄이기 위해서 1990년대에 초희박연소(울트라 린 번)가 채택되었다. 일반적이라면 연소가 불가능한 공연비 50:1의 연소가 실현된 것이다. 이 방식은 공기량이 많기 때문에 스로틀 밸브를 크게 열 수 있어 펌프손실을 줄일 수 있다.

초희박연소는 가솔린 엔진에 직분사식을 도입해서 가능해진 것이다. 점화 타이밍에 맞춰서 점화플러그 부근에 기화된 연료 덩어리를 만들어 연소를 가능하게 했다. 연료 덩어리만 생각하면 이론공연비지만 전체적으로 생각하면 초희박 공연비가 된다. 이러한 연소를 성층연소라고 한다. 이것으로 연비는 저감시켰지만 대기오염물질인 질소산화물과 검댕이 많이 발생해 당시의 기술로는 처리가 어렵고 비용도 높아서 배기가스 규제 강화와 함께 사용되지 않게 되었다.

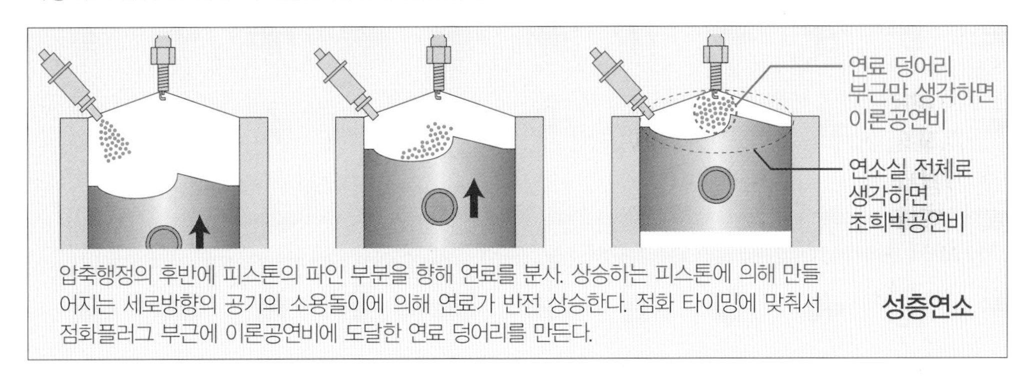

압축행정의 후반에 피스톤의 파인 부분을 향해 연료를 분사. 상승하는 피스톤에 의해 만들어지는 세로방향의 공기의 소용돌이에 의해 연료가 반전 상승한다. 점화 타이밍에 맞춰서 점화플러그 부근에 이론공연비에 도달한 연료 덩어리를 만든다.

■포트분사식과 직분사식

포트분사식은 영어의 포트 퓨얼 인젝션을 줄여서 PFI라고도 한다. 흡기포트에 분사하기 때문에 흡기밸브의 뒤쪽이나 포트의 벽면에도 연료가 부착되어 실린더 안에 연료가 늦게 들어가는 경우가 있다. 그래서 공연비를 변화시켰을 때의 반응성이 나쁘다.

직분사식은 영어의 다이렉트 인젝션을 줄여서 DI라고도 한다. 실린더 안으로 연료를 분사하기 때문에 공연비를 제어할 수 있어서 응답성이 높다. 분사는 흡기행정에서도 압축행정에서도 할 수 있다. 흡기행정 후반에 분사하면 기화열에 의해 실린더 안의 온도를 낮출 수 있다. 냉간시동 때에는 점화플러그 부근에 리치한 부분을 만드는 약성층연소(성층연소와는 달리 다른 부분에도 어느 정도는 연료가 분포)에 의해 시동성을 높일 수 있다.

하지만 포트분사보다 연료와 공기를 혼합하는 시간이 짧아지므로 균질연소를 할 때에는 불리하다. 그리고 고압이 된 실린더 안에 연료를 분사하는 경우도 있으므로 전용 연료펌프가 필요한 점 등, 직분사식은 제작 비용이 높다.

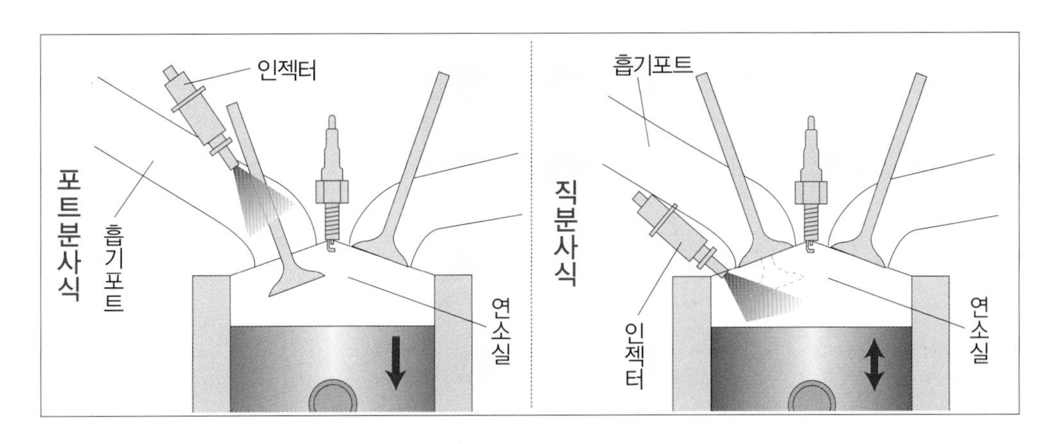

엔진구동 05

Engine displacement & Downsizing
배기량과 다운사이징

피스톤이 하사점에 있을 때의 실린더 안의 용적을 실린더 용적, 상사점에 있을 때의 용적을 연소실 용적이라고 하며, 실린더 용적에서 연소실 용적을 뺀 것이 기통당 배기량이다. 여기에 기통을 곱한 것이 엔진의 총배기량이다. 일반적으로는 단순히 배기량이라고 하는 경우가 많다. 배기량이 클수록 많은 연료를 태울 수 있으므로 고출력 엔진을 만들 수 있다.

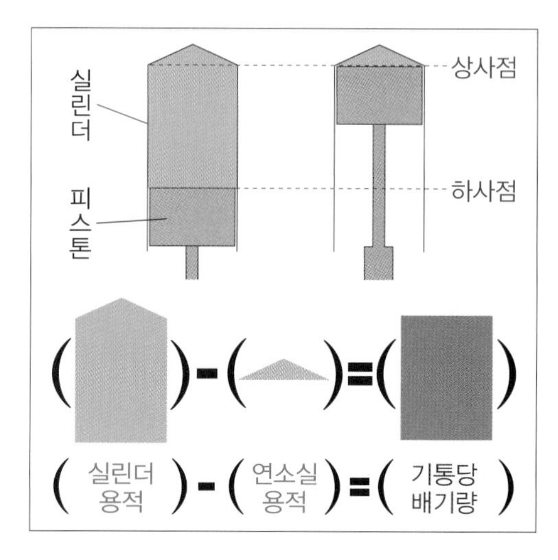

같은 총배기량이라도 다양한 기통수를 설정할 수 있다. 일본에서는 경자동차(배기량 660cc)가 3기통, 1,000~2,000cc가 4기통, 그 이상의 배기량에서는 6기통 이상이 일반적이었지만, 세계적인 경향은 기통수를 줄이고 있다.

같은 크기의 자동차에 탑재하는 엔진의 배기량을 줄이는 다운사이징이라는 설계 콘셉트도 확산되고 있다. 가솔린 엔진은 실용영역의 펌프손실이 크다. 하지만 배기량을 줄이면 스로틀 밸브를 크게 열 수 있어서 펌프손실을 줄일 수 있다.

이밖에도 기계적 손실을 줄일 수 있으며, 엔진 자체가 경량화되어 연비가 향상된다. 동시에 기통수를 줄이면 더욱 효율이 높아진다. 이런 장점은 디젤 엔진에서도 마찬가지다.

하지만 배기량을 줄이면 가속 시의 토크가 부족해진다. 자동차가 출발할 때 회전수를 높일 필요가 있어 연비에도 좋지 않다. 이런 이유로 다운사이징 엔진은 일반적으로 과급기를 함께 사용한다. 과급기는 흡기를 압축하는 장치로, 실질적인 배기량을 크게 만드는 효과가 있다. 과거에는 출력향상을 위해 과급기를 채용하는 경우가 많았지만, 현재에는 저회전역에서 토크를 보강하는 목적으로 사용되고 있다.

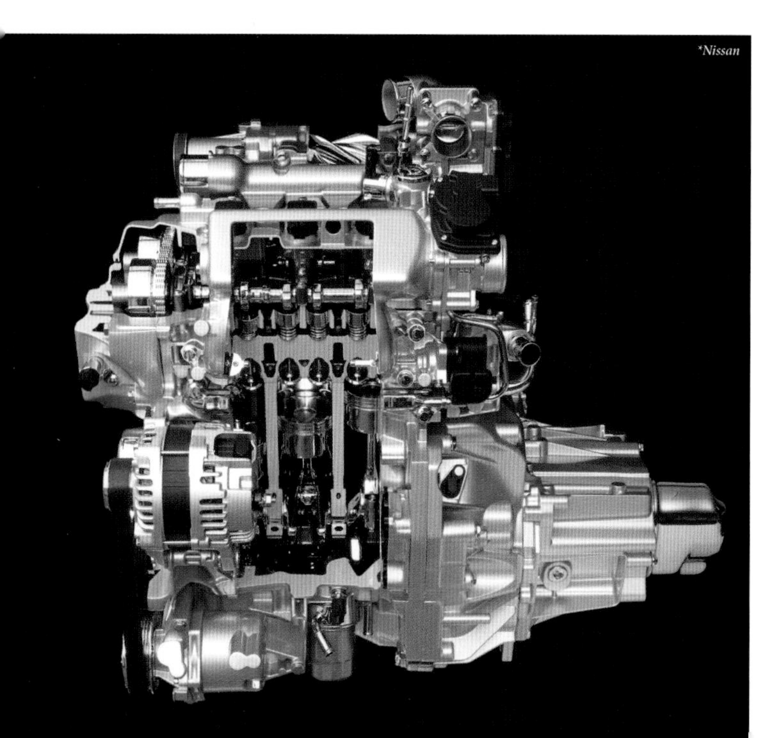

⬅ 일본 첫 다운사이징 엔진인 닛산의 HR12DDR 엔진.

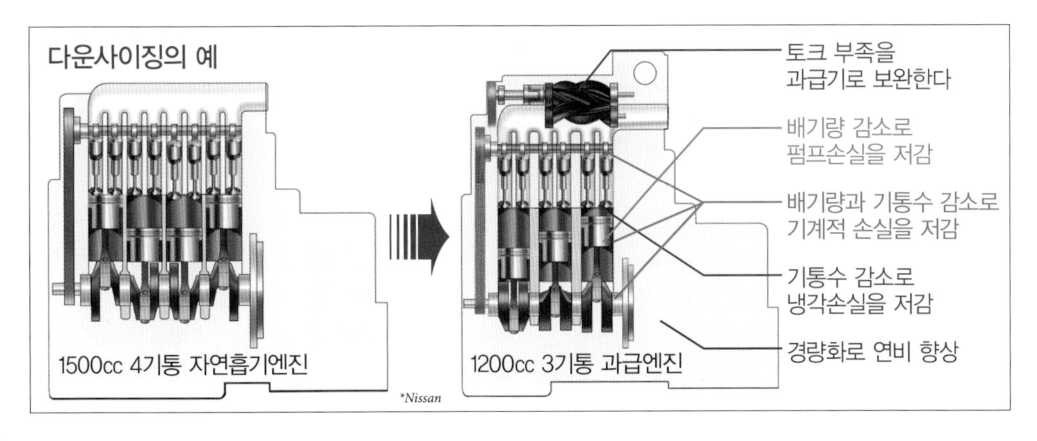

■배기량과 기통수

꼼꼼히 따지면 피스톤의 스트로크와 직경(보어(bore))도 영향을 주지만, 일반적으로 같은 배기량에서는 기통수가 적을수록 실린더 표면적의 합계가 작아져서 냉각손실이 줄어든다. 기계적 손실도 기통수가 적으면 줄일 수 있다. 다만 기통수당 배기량을 너무 크게 하면 연소가 확산되는 거리가 길어져서 연소효율이 나빠지는 문제가 발생한다.

■과급기

과급기에는 배기가스의 압력을 이용하는 터보차저와 크랭크 샤프트의 회전을 이용하는 메커니컬 슈퍼차저 등이 있다. 공기를 압축해서 실린더 안으로 보내므로 그만큼 많은 연료를 연소시킬 수 있으며, 실질적인 배기량이 커진다. 다만 공기를 압축하면 온도가 상승한다. 팽창에 의해 공기의 밀도가 낮아지므로 인터쿨러라는 장치로 냉각을 한 후에 실린더로 보내는 경우가 많다. 과급을 하는 과급엔진과 달리 과급기가 없는 엔진을 자연흡기엔진 또는 영어의 노멀 에스퍼레이션(aspiration)을 줄여서 NA엔진이라고 한다.

흡기량이 늘어나면 실질적인 압축비(20p. 참조)가 높아져서 가솔린 엔진에서는 노킹(21p. 참조) 등의 이상연소 문제가 발생한다. 때문에 예전에는 엔진 자체의 압축비를 억제했지만, 현재에는 실린더 안의 온도를 내릴 수 있는 직분사식을 사용해서 대처할 수 있게 되었다.

디젤 엔진은 압축비가 상승해도 기본적으로 문제가 되지 않는다. 대량의 공기 안에서 연료를 연소시키면 검댕의 발생이 줄어들고, 연소온도를 내려서 대기오염 물질인 질소산화물이 감소하는 장점도 있다. 따라서 디젤엔진은 과급기와 매우 잘 맞는다.

⬆ 크랭크 샤프트의 회전을 이용해서 흡기를 압축하는 로터.

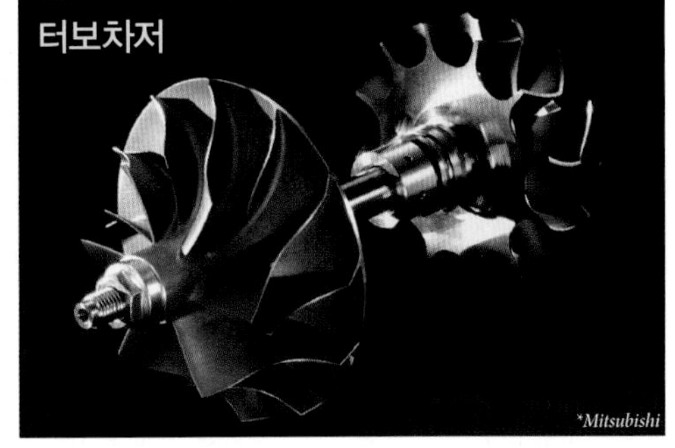

⬆ 배기의 힘으로 한쪽 날개를 돌리고, 다른 한쪽에서는 흡기를 압축한다.

엔진구동 06

Compression ratio & Expansion ratio
압축비와 팽창비

실린더 용적과 연소실 용적의 비율을 압축비라고 한다. 이 비율은 연소, 팽창행정에서의 팽창비와 거의 같다. 너무 많이 높이면 여러 가지 문제가 발생하지만, 어느 정도까지라면 팽창비를 크게 하는 편이 얻을 수 있는 에너지가 크고 엔진의 효율이 높아진다. 현재는 압축비 14:1 정도가 이상적이라고 한다(이후 압축비의 수치 표기는 :1을 생략).

하지만 실제 포트분사식 가솔린 엔진에서는 압축비 10~12 정도를 사용하는 경우가 많다. 과급기를 사용하는 엔진에서는 압축비가 8인 경우도 있다. 압축비를 높이면 프리 이그니션이나 노킹 등의 이상연소가 발생하여 연소상태가 악화되며, 엔진 상태가 나빠지기 때문이다. 압축비 11 정도인 경우는 옥탄가가 높고 노킹이 잘 발생하지 않는 하이옥탄 가솔린 사용을 지정하고 있다.

직분사식의 채용 등, 다양한 방법으로 연소기술이 개선되어 최근에는 압축비 14의 가솔린 엔진도 존재한다.

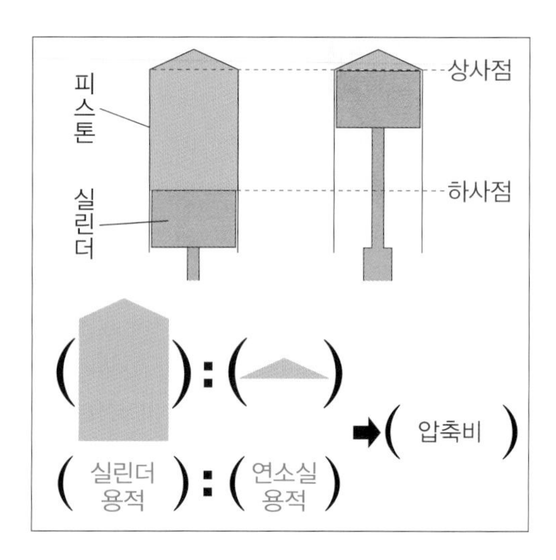

한편, 디젤엔진도 압축비 14 정도가 이상적이다. 이 정도의 압축비에서 충분히 연소가 가능한 온도로 높일 수 있지만, 저온 시에 시동이 잘 걸리도록 압축비 17~18 정도를 채용하는 경우가 많다. 이 압축비는 일반적인 운전 시에 실린더 안의 온도가 필요이상으로 높아진다. 이렇게 되면 화염의 전파가 너무 빨라져 이상연소가 발생하기 쉽다. 따라서 상사점을 지나 피스톤의 하강이 시작된 후에 연료를 분사한다. 하지만 이런 방법으로는 연소, 팽창행정의 스트로크를 제대로 사용하지 못해서 출력 에너지가 감소한다. 즉, 실질적인 팽창비는 작게 했지만 효율은 나빠지는 것이다.

현재에는 분사하는 연료를 미세화하고 분사하는 타이밍을 세밀하게 제어하는 등의 기술을 사용한 압축비 14의 디젤엔진도 존재한다.

⬅ 가솔린 엔진으로 압축비 14를 실현한 마츠다의 P3-VPS 엔진.

분사한 연료가 순차연소되는 디젤 엔진에서는 가솔린 엔진과 같은 프리 이그니션이나 노킹이 발생하지 않는다.

■프리 이그니션과 노킹

프리이그니션은 가솔린 엔진에서 점화플러그에 의한 착화 이전에 연소가 시작되는 현상이다. 실린더 내부가 고온이 되어 노폐물인 검댕(카본)이 불씨가 되거나, 이상과열된 점화플러그의 전극이 착화를 시키기도 한다. 이렇게 되면 필요 이상으로 실린더 안의 온도가 높아지며 엔진 회전이 나빠진다.

노킹은 점화플러그의 착화 이후에 발생하는 의도하지 않은 연소를 말한다. 착화에 의해 화염이 확산되고 그와 함께 연소가스의 팽창도 시작되며, 아직 연소가 시작되지 않은 혼합기(미연소가스)를 압축한다. 이때 원래 혼합기의 온도가 높거나, 실린더 벽면이 과열상태이면 압축된 혼합기가 자연착화되고 팽창하는 양쪽의 연소가스가 충돌해서 충격이 발생한다. 그때 노킹 특유의 소음이 발생한다. 이렇게 되면 엔진 회전이 안 좋아지고 충격에 의해 피스톤이 손상되는 경우도 있다. 프리 이그니션이 노킹의 원인이 되는 경우도 있다.

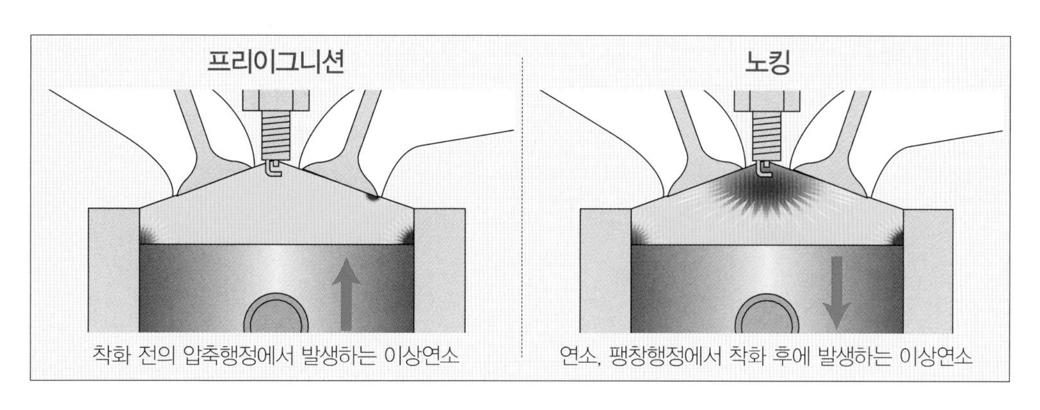

■옥탄가

옥탄가는 가솔린이 착화되기 힘든 정도를 나타내는 수치라고 할 수 있다. 안티노킹 수치이기도 하다. 레귤러 가솔린과 하이옥탄 가솔린은 옥탄가에서 차이가 있다. 하이옥탄이란 옥탄가가 높은 가솔린을 의미하는 '하이옥탄가 가솔린'을 줄인 말이다. 시중에서는 고급휘발유라는 명칭을 사용하기도 한다. 일본에서 레귤러 가솔린의 옥탄가는 90~91, 하이옥탄 가솔린은 98~100이 일반적이다.

■디젤 노킹

디젤 엔진의 노킹은 디젤 노킹이라고 부른다. 원래는 분사된 연료가 순차적으로 연소되지만 실린더 안의 온도가 낮거나 연료의 입자가 크면 미연소 연료가 실린더 안에 남는다. 이 연료가 뒤늦게 단번에 연소되면 그 연소가스에 의해 급격하게 압력이 상승해 진동이 발생하거나 엔진에 손상을 주기도 한다. 연소상태도 나빠져 검은 배출가스가 발생하기도 한다.

엔진구동 07

Valve timing & Valve lift
밸브 타이밍과 밸브 리프트

레시프로케이팅 엔진의 4행정의 원리에서는 일반적으로 피스톤이 상사점이나 하사점에 있을 때에 흡기밸브와 배기밸브가 열리고 닫힌다고 설명한다. 하지만 실제 엔진에서는 다르다. 밸브가 열리고 닫히는 때를 밸브 타이밍이라고 하며, 이것은 밸브 타이밍 다이어그램으로 나타낼 수 있다.

흡기밸브가 열리기 시작해서 완전히 열릴 때까지 시간이 걸리고, 밸브가 열려도 관성에 의해 공기가 멈춰 있으려 하므로 움직이는 데에는 시간이 걸린다. 따라서 흡기밸브는 상사점 이전에 열리기 시작한다. 그리고 하사점을 지나 피스톤이 상승을 시작해도 그때까지 흐르던 흡기는 관성에 의해 계속 흐르려고 한다. 그런 이유로 하사점 이후에도 흡기밸브는 한동안 열려 있다.

밸브 타이밍 다이어그램

상사점(0도)
오버랩
흡기밸브 열림
(270도)
(90도)
배기밸브 열림
하사점(180도)

하사점에도 오버랩이 있는 것처럼 보이지만, 크랭크샤프트의 2회전을 한꺼번에 보여주기 때문에 겹쳐보이는 것이다. 오버랩은 되지 않는다.

배기밸브도 마찬가지로 하사점 이전에 열리기 시작해서 상사점 이후에도 한동안 열려있다. 결과적으로 배기행정에서 흡기행정으로 이행하는 시기에는 양쪽 밸브가 모두 열려있다. 오버랩이 있으면 힘들게 들어온 흡기가 배기밸브로 흘러나갈 것 같지만, 실제로는 들어오는 흡기가 배기가스를 밀어내고, 배출되는 배기가스가 흡기를 끌어줘서 흡기의 충진효율이 높아진다. 이것을 소기효과라고 한다.

다만, 이것은 어디까지나 기본적인 개념이다. 최적의 밸브 타이밍은 회전수와 부하에 따라서 변화된다. 따라서 상황에 따라 개폐시기를 바꿀 수 있는 가변밸브 타이밍 시스템을 채용하는 엔진이 늘어나고 있다.

밸브를 여는 양을 밸브 리프트라고 하며, 이 밸브 리프트를 바꿀 수 있는 가변밸브 리프트 시스템도 있다. 이 두 가지를 합쳐서 가변밸브 시스템이라고 한다. 현재에는 다양한 엔진이 가변밸브 시스템에 의해 연료절약을 실현하고 있다. 가변밸브 시스템에 의해 기통휴지(休止) 엔진과 스로틀 밸브리스 엔진도 실현되었다.

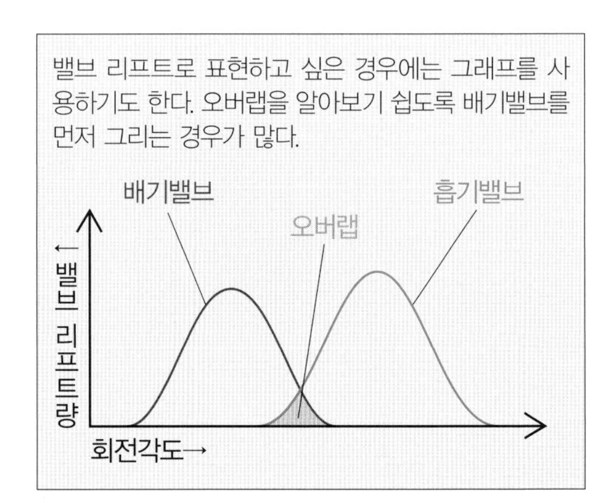

밸브 리프트로 표현하고 싶은 경우에는 그래프를 사용하기도 한다. 오버랩을 알아보기 쉽도록 배기밸브를 먼저 그리는 경우가 많다.

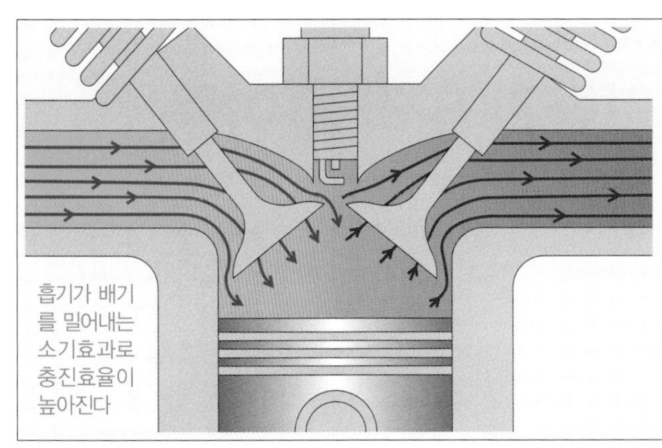

오버랩의 영향

저회전이나 저부하 때에 오버랩이 너무 크면 배기가 흡기포트로 역류하는 양이 늘어나서 연소가 불안정해진다.
고부하지만 저회전, 중회전 때에 오버랩이 너무 작으면 흡기충진효율이 낮아 출력이 떨어진다.
중부하 때에 오버랩이 크면 배기가스의 일부가 남아서 실질적인 압축비를 억제할 수 있다. 내부EGR효과(104p.)로 효율을 높일 수도 있다.

※이상은 영향의 일부로 모든 엔진에 해당되는 것은 아니다.

■기통휴지 엔진

기통마다 가변이 가능해서 밸브리프트를 0으로 할 수 있는 가변밸브 시스템이라면 상황에 따라서 특정 기통의 작동을 정지하는 기통휴지 엔진을 실현할 수 있다. 이 방식은 실질적인 배기량을 줄여서 펌프손실을 줄일 수 있다.

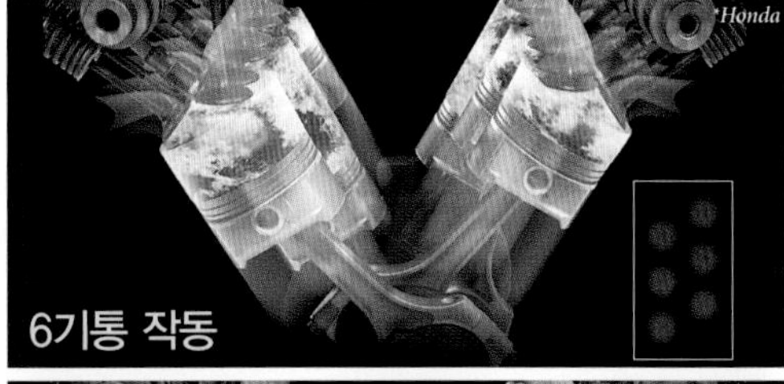

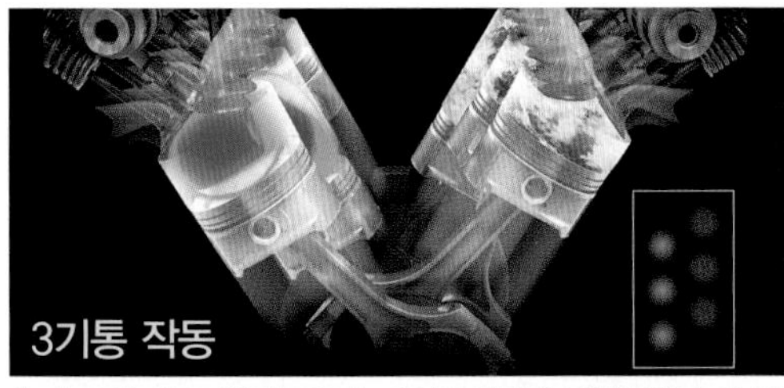

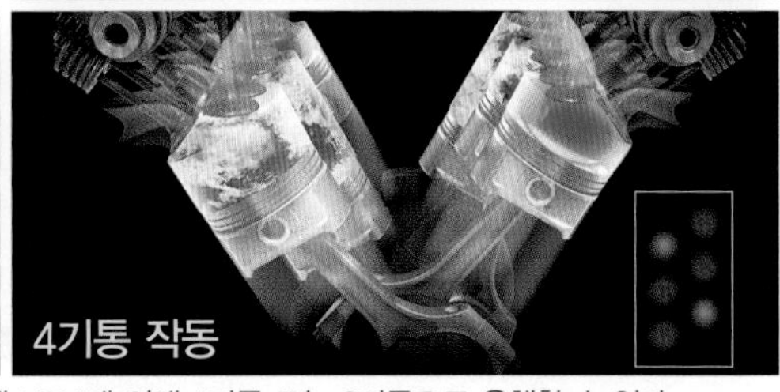

⬆ 혼다의 J35A 엔진. 구조는 6기통이지만 가변실린더 시스템 VCM에 의해 4기통 또는 3기통으로 운행할 수 있다.

■스로틀 밸브리스 엔진

밸브리프트의 양을 완전히 연 상태부터 0까지 무단계로 가변할 수 있는 가변밸브 시스템이라면 가솔린 엔진의 스로틀 밸브 대신에 흡기의 양을 조정할 수 있다. 스로틀 밸브리스 엔진이라면 펌프손실을 줄일 수 있다.

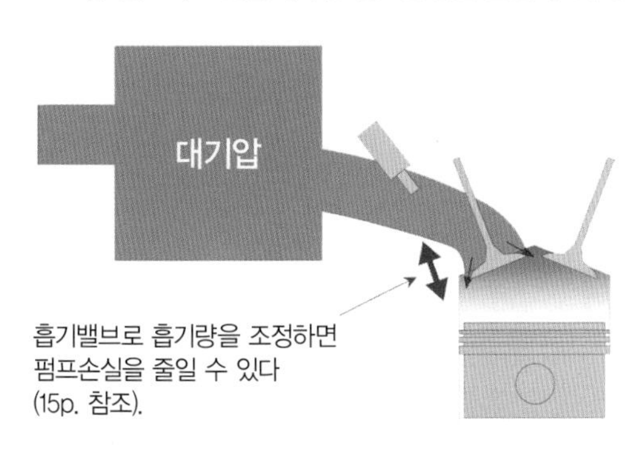

⬇ 가변밸브 시스템인 밸브매틱으로 흡기량을 조절하는 토요타의 3ZR-FAE 엔진.

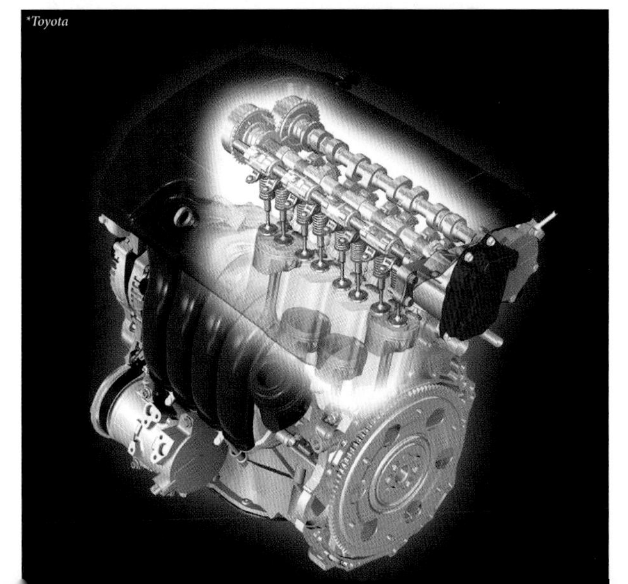

엔진구동 08

Atkinson cycle & Miller cycle
앳킨슨 사이클과 밀러 사이클

종래의 레시프로케이팅 엔진의 기본은 압축비=팽창비였지만 현재에는 '압축비<팽창비'를 실현한 가솔린 엔진도 있다. 이러한 연소의 사이클을 앳킨슨 사이클 또는 밀러 사이클이라고 한다. 이것은 고압축비에 의해 발생하는 문제에 신경 쓰지 않고 팽창비를 높일 수 있어서 효율을 향상시킬 수 있다.

'압축비<팽창비'는 흡기밸브를 닫는 타이밍을 바꿀 뿐이라는 단순한 원리로 실현되었다. 흡기밸브를 하사점 이전에 빨리 닫는 밀러 사이클과 하사점 이후에도 어느 정도 열어두어 늦게 닫는 밀러 사이클이 있으며, 주로 늦게 닫는 쪽을 사용하고 있다. 늦게 닫는 밀러 사이클은 압축행정에 들어가도 한동안 흡기밸브가 열려 있어서 흡기를 흡기포트 쪽으로 되돌리는 상태가 된다. 따라서 실질적인 압축비가 저하된다. 포트분사식은 연료의 일부가 흡기포트로 되돌아가지만, 다음 흡기행정에서 빨아들이기 때문에 크게 문제가 되지는 않는다.

밀러 사이클은 효율이 높지만 실질적인 흡기량이 적고, 연소시킬 수 있는 연료도 줄어들어서 토크가 작아지는 경향이 있다. 이런 이유로 가변밸브 시스템과 조합해서 상황에 따라 사용하는 경우도 많다. 앳킨슨 사이클이나 밀러 사이클이라는 단어를 사용하지 않는 엔진 중에서도 가변밸브 시스템에 의해 밀러 사이클 같은 효과를 내는 것이 있다. 토크 부족을 과급기로 보완하는 방법도 있다. 과급하면 흡기량을 늘릴 수 있고, 인터쿨러로 냉각하기 때문에 실린더 안의 온도를 내리는 것도 가능하다.

하이브리드 자동차에 밀러 사이클 엔진을 사용할 경우, 토크 부족을 모터로 보완할 수 있으므로 토크 부족을 허용하고 효율을 우선시 하는 설계를 할 수 있다.

1993년에 탄생한 세계 첫 밀러 사이클 엔진인 마츠다의 KJ-ZEM 엔진. 토크부족은 리숄므식 슈퍼차저로 보완하고 있다.

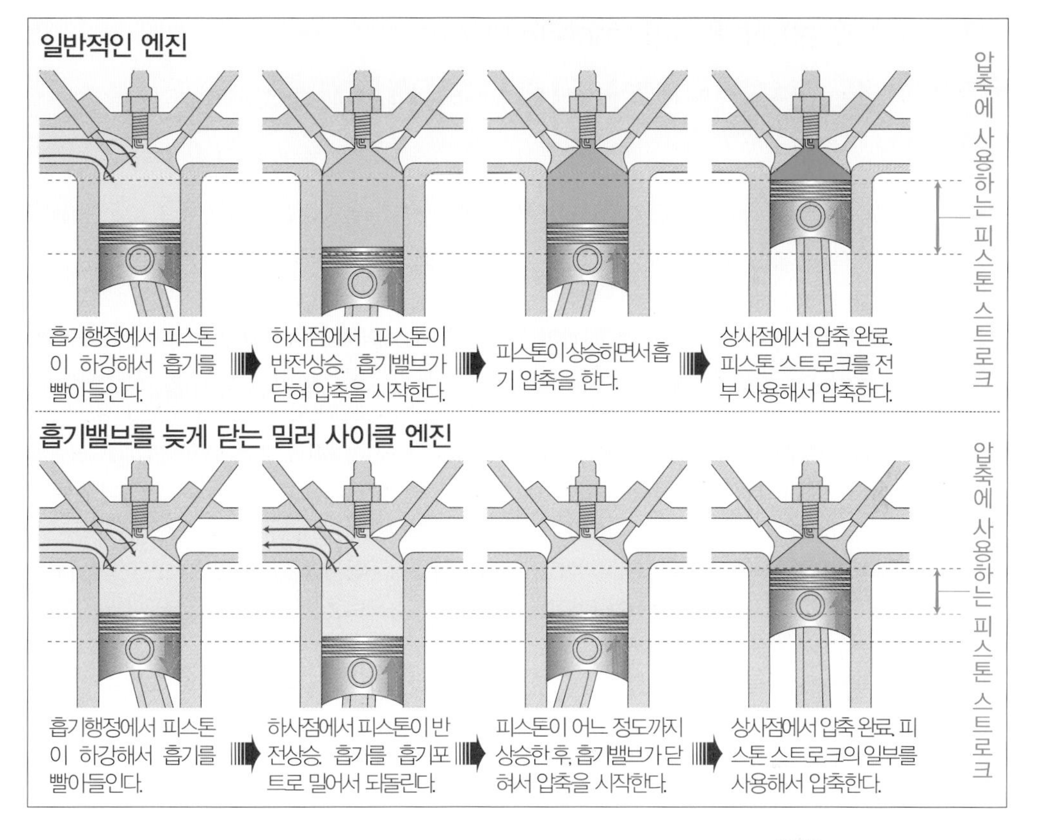

■앳킨슨 사이클에서 밀러 사이클로

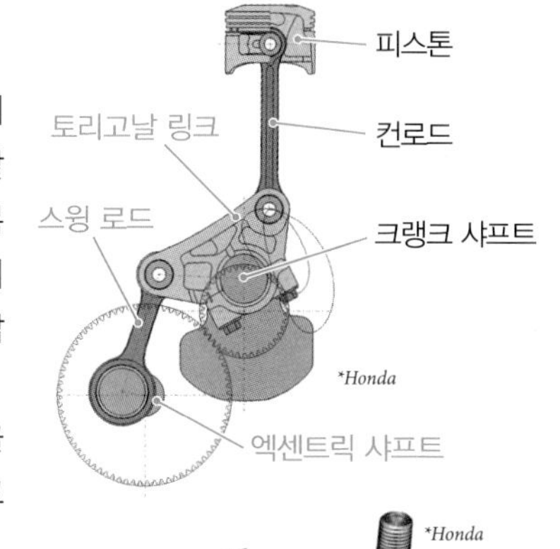

'압축비<팽창비'의 엔진은 1882년에 영국의 앳킨슨이라는 사람에 의해 개발되었다. 일반적인 레시프로케이팅 엔진과 기본구조는 같지만 크랭크 샤프트와 커넥팅 로드 부분에 링크 기구가 추가된 복잡한 구조다. 이 엔진에 의해 실현된 연소의 사이클을 앳킨슨 사이클이라고 한다. 이 엔진의 높은 효율은 증명되었지만 구조가 복잡하고 고회전에 대한 대응이 어려워서 널리 보급되지는 않았다.

1947년에는 미국의 밀러라는 사람이 흡기밸브의 개폐 타이밍을 바꿔서 앳킨슨 사이클과 같은 효과를 낼 수 있는 밀러 사이클을 고안해냈다. 하지만 실용화까지는 시간이 더 필요했다. 세계 첫 밀러 사이클 엔진의 탄생은 1990년대에 이루어졌다. 이것은 마츠다가 유노스800에 탑재한 엔진이다.

*Honda

➡ 혼다가 실용화한 앳킨슨 사이클 엔진. 혼다에서는 복링크식 고팽창비 엔진 Exlink라고 부르고 있지만, 자동차용이 아니다. 가정용 가스엔진 코제네레이션 유닛에 탑재되어있다. 크랭크 샤프트 주변의 구조가 복잡하다.

엔진구동 09

Drivetrain & Automobile layout
동력전달장치와 레이아웃

자동차가 주행하게 하려면 엔진에서 발생한 토크를 주행에 적합한 회전수와 토크로 변환해서 바퀴에 전달할 필요가 있다. 이것을 위한 장치를 동력전달장치라고 하며, 엔진을 포함한 파워트레인의 배치를 레이아웃이라고 한다. 엔진과 트랜스미션의 회전축을 차량의 전후 방향으로 하는 배치를 세로 설치, 좌우방향으로 하는 배치를 가로 설치라고 한다.

동력전달장치에는 트랜스미션, 회전을 전달하는 샤프트류, 파이널 드라이브 유닛이 포함된다. 파이널 드라이브 유닛은 최종적인 감속을 하는 파이널 기어와 코너링 때에 좌우의 바퀴에 회전을 분배하는 디퍼렌셜 기어로 구성된다. 이것은 트랜스미션에 내장되는 경우도 있으며, 일체화된 것을 트랜스 액슬이라고 한다. 샤프트류 중에서 최종적으로 바퀴에 회전을 전달하는 드라이브 샤프트는 필수적이지만, 차량의 전후 방향에 회전을 전달하는 프로펠러 샤프트는 레이아웃에 따라서는 사용되지 않는다.

구동에 사용하는 바퀴를 구동바퀴라고 하며, 그 수에 따라서 2륜구동(2WD)과 4륜구동(4WD)으로 나뉜다. 4WD는 AWD(전륜구동)라고 하기도 한다. 구동에 사용되지 않는 바퀴는 비구동륜 또는 종동륜이라고 한다. 2WD는 구동륜의 위치에 따라 전륜구동(FWD)과 후륜구동(RWD)이 있으며, 엔진의 위치를 포함해 FF, FR, MR, RR이라고 표현되는 경우가 많다. 앞쪽의 알파벳은 엔진의 위치, 뒤쪽 알파벳은 구동륜의 위치다. F는 전방, R은 후방을 의미한다. M은 미드쉽(mid-ship)의 약칭으로 차량의 전후 중앙부근에 엔진이 배치된다.

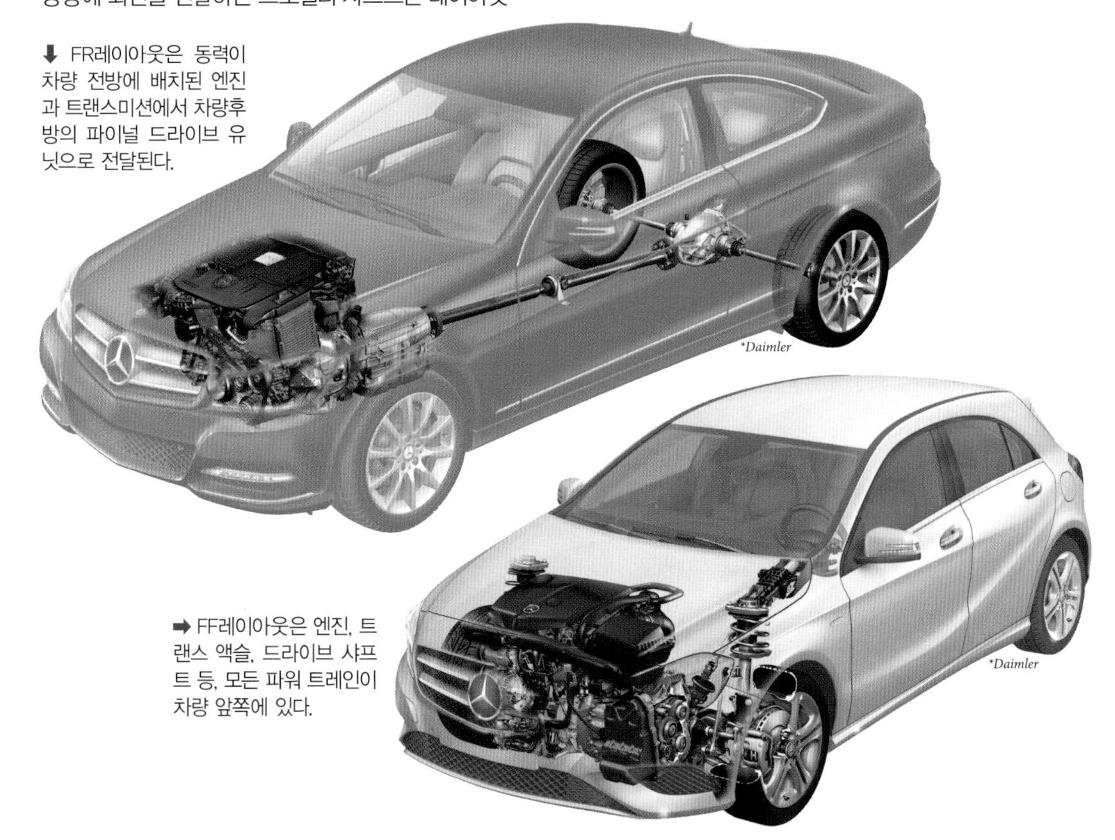

⬇ FR레이아웃은 동력이 차량 전방에 배치된 엔진과 트랜스미션에서 차량후방의 파이널 드라이브 유닛으로 전달된다.

➡ FF레이아웃은 엔진, 트랜스 액슬, 드라이브 샤프트 등, 모든 파워 트레인이 차량 앞쪽에 있다.

■FR

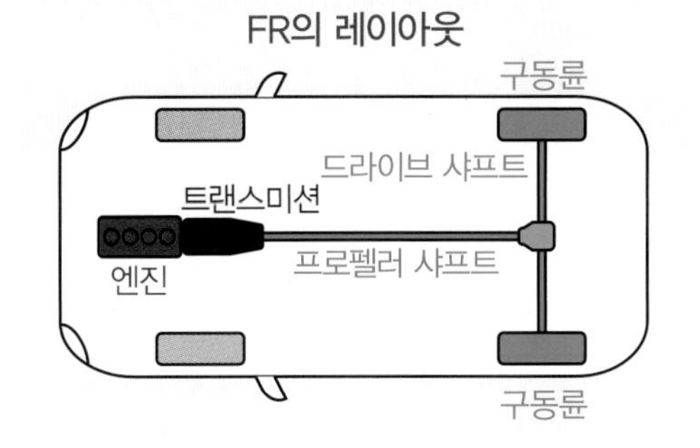

FR은 엔진과 트랜스미션을 세로로 설치하고 프로펠러 샤프트를 통해서 후륜 좌우중앙 부근의 파이널 드라이브 유닛으로 회전을 전달하는 것이 일반적이다. FF보다 앞뒤의 중량 밸런스가 뛰어나며, 가속 때에 하중이 늘어나는 후륜으로 구동하기 때문에 큰 구동력을 발휘하기 쉽다. 한계에 가까운 상태에서는 엑셀 조작으로 구동력을 변화시켜서 자동차의 움직임을 조정할 수도 있다. 전륜 부분의 구조가 심플하므로 최소회전 반경을 작게 할 수 있다.

하지만 트랜스미션이 내부 공간을 좁게 만들고, 프로펠러 샤프트에 의해 바닥이 볼록 튀어나오는 경우도 있다. 구동륜인 후륜의 서스펜션을 심플한 구조로 만들 수 없기 때문에 차 내부 공간이 줄어든다. 따라서 주행성능을 높여야 하는 스포츠 타입의 자동차나 내부 공간에 여유가 있는 큰 고급차량에서 FR 방식이 많이 사용된다.

■FF

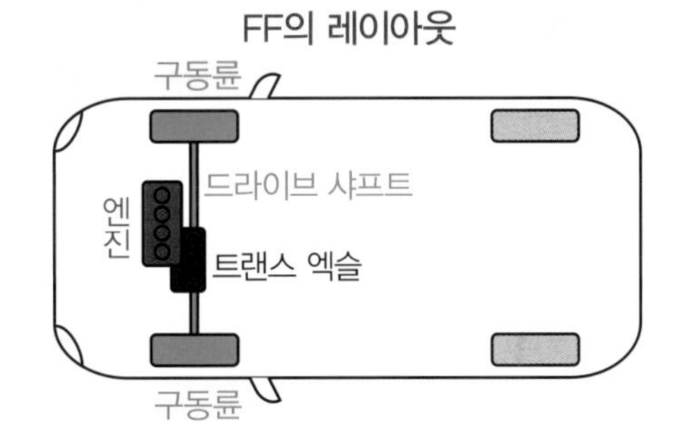

FF는 엔진과 트랜스미션을 가로로 배치하고 파이널 드라이브를 일체화한 트랜스 엑슬을 사용한다. 중량 밸런스가 앞쪽으로 치우쳐 있으며, 한계에 가까운 상황에서는 FR보다 주행성능이 떨어지지만, 방향과 구동을 담당하는 전륜의 하중이 크기 때문에 일반 주행에서는 안정성이 높다. 다만 전륜 부근의 구조가 복잡하고 최소회전반경이 커진다. 옛날에는 내부 공간을 넓게 잡아야 하는 소형차에서 이 방식이 많이 사용했지만, 요즘에는 큰 차체의 자동차에서도 많이 사용하고 있다.

일부에서는 좌우의 중량 밸런스를 좋게 하고, 드라이브 샤프트의 길이를 좌우 균등하게 하기 위해서 엔진과 트랜스 엑슬을 세로로 배치하는 레이아웃도 사용하고 있다. 앞뒤의 중량 밸런스를 개선하기 위해 엔진의 중심을 전륜차축보다 뒤에 배치하는 경우도 있다. 이것을 프론트 미드쉽이라고 한다.

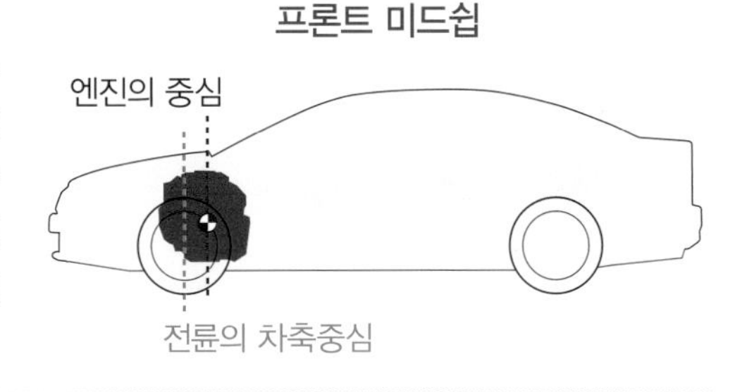

■MR과 RR

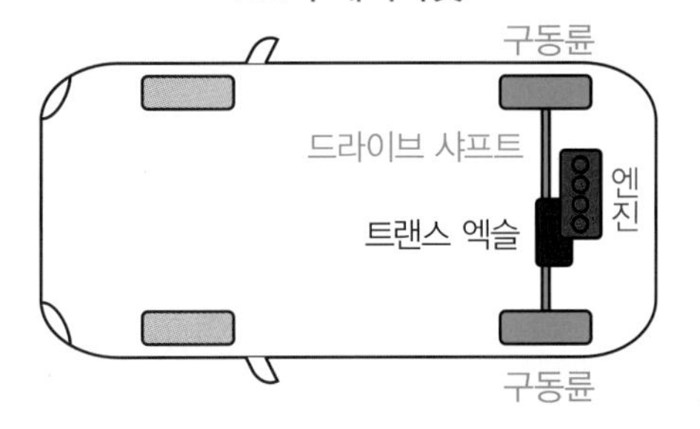

중심 부근에 무거운 것이 있으면 자동차의 선회가 쉬워진다. 따라서 미드쉽은 운동성능을 높이기 좋다. MR은 FR과 마찬가지로 주행성능을 높일 수 있지만, 차 안의 공간이 좁아지므로 한정된 스포츠 타입의 자동차에만 채용되고 있다.

RR은 구동륜에 중량이 가해져 제동 시의 4륜의 중량 밸런스가 좋지만, 주행안정성에 약점이 있어 RR을 사용하는 차량은 매우 적다.

엔진구동 10

Gear transmission & Wrapping transmission
톱니장치와 감기전동장치

트랜스미션의 변속기구에는 오랫동안 톱니장치가 사용되었으며, 현재에는 감기전동장치도 사용되고 있다. 이것은 기본 중의 기본이라고 할 수 있는 기계요소이며, 트랜스미션 이외에도 엔진을 비롯해 자동차의 다양한 장치에 사용되고 있다.

톱니장치는 회전의 전달과 변속을 할 수 있다. 가장 일반적인 형태의 톱니인 바깥쪽 톱니의 조합 이외에 여러 개의 바깥쪽 톱니와 안쪽 톱니를 조합한 플래니터리 기어(유성톱니바퀴) 등이 사용되고 있다.

벨트&풀리로 대표되는 감기전동장치는 체인&스프로킷(sprocket) 등의 다양한 베리에이션이 있다. 톱니장치와 마찬가지로 회전의 전달과 동시에 변속을 할 수 있다. 톱니의 경우, 회전을 전달할 수 있는 거리는 톱니의 크기에 따라 정해지지만, 감기전동장치는 어느 정도 떨어진 위치에도 회전을 전달할 수 있다.

변속기구의 입력 쪽과 출력 쪽의 회전수의 비율을 변속비라고 한다. 감속을 하는 변속비의 경우는 감속비라고 하는 경우도 있다. 변속기구에서 변속을 하는 경우에는 동시에 토크도 변화한다. 예를 들어 회전수를 1/2로 하면 토크는 2배가 된다. 회전수를 3배로 하면 토크는 1/3이 된다. 출력에는 변화가 없다. 다만 실제로는 회전축을 지탱하는 부분과 닿는 부분에 마찰이 발생하므로 전달효율이 100%가 될 수는 없으며, 운동에너지의 손실분은 열에너지가 된다.

스타팅 디바이스에 사용되는 토크 컨버터는 회전을 끊거나 잇는 것은 물론 변속도 가능하지만, 트랜스미션에서 메인변속기구로 채용되지는 않는다.

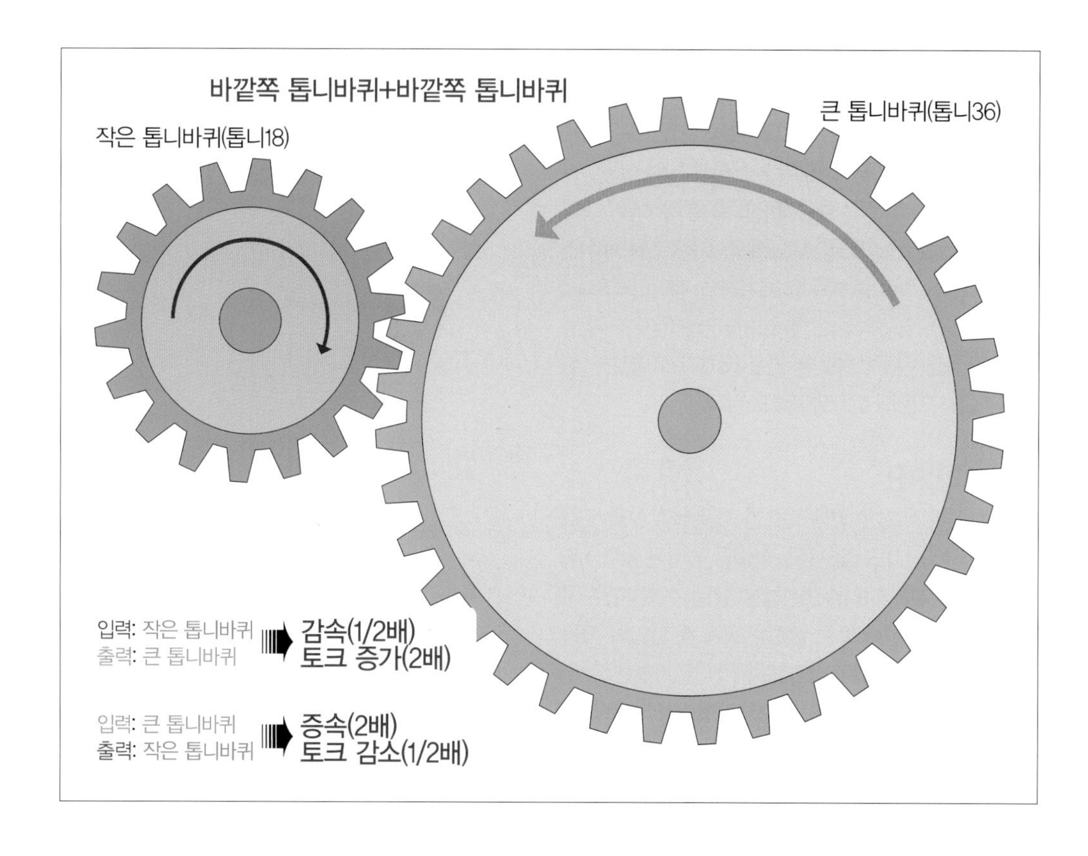

■톱니바퀴장치

가장 기본적인 모양의 톱니가 바깥쪽 톱니바퀴로 원반의 바깥쪽에 톱니가 있는 톱니바퀴다. 톱니바퀴장치는 맞물린 톱니의 톱니수의 비율로 변속이 이루어진다. 이 비율을 톱니바퀴 쪽에서 보면 톱니수의 비율인 기어비(톱니바퀴비율, 기어 레이쇼)이며, 회전수로 보면 변속비(스피드 레이쇼)가 된다. 일반적으로 두 톱니바퀴의 바깥쪽에 같은 크기의 톱니가 균등하게 설치되어 있으므로, 기어비와 톱니바퀴 직경의 비율은 거의 같다. 변속비가 1미만이라면 속도 증가와 토크 감소가 이루어지며, 변속비가 1을 넘으면 속도 감소와 토크 증가가 이루어진다. 회전방향은 입력과 출력이 반대방향이 된다.

⬇ MT에는 수많은 바깥쪽 톱니바퀴가 사용되고 있으며 대부분이 헬리컬 기어다.

■다양한 톱니장치

톱니바퀴에는 바깥쪽 톱니바퀴 외에도 다양한 모양이 있다. 링 안쪽에 톱니가 있는 것을 안쪽 톱니바퀴라고 하며 원추형에 톱니가 있는 것을 베벨기어(우산톱니바퀴)라고 한다. 45도의 경사에 톱니를 만든 베벨기어끼리는 회전축의 방향을 90도 바꿀 수 있다.

톱니모양에 따라 회전축과 톱니가 평행한 것을 스퍼(spur)기어(평톱니바퀴), 비스듬한 것을 헬리컬 기어(나선형 톱니바퀴)라고 한다. 헬리컬 기어는 톱니의 접촉부분이 분산되므로 큰 토크를 전달하기 좋고 소음이 작지만, 회전축 방향의 힘이 톱니에 가해진다.

나선형으로 톱니가 파인 것을 웜기어라고 하며, 웜휠이라는 바깥쪽 톱니바퀴의 헬리컬 기어와 조합되는 경우가 많다. 이것은 큰 변속비를 만들 수 있으며, 톱니의 각도에 따라서는 웜기어에서 웜휠로는 회전을 전달할 수 있지만, 역방향으로는 회전의 전달이 어렵게 할 수도 있다.

정확하게는 톱니장치는 아니지만, 스티어링 시스템에서는 랙&피니언이라는 톱니바퀴장치와 비슷한 기구가 사용되고 있다.

안쪽 톱니바퀴

안쪽 톱니바퀴는 톱니바퀴 자체의 중심에 회전축을 둘 수 없기 때문에 원통형 등으로 회전축을 만들 필요가 있다. 링 바깥쪽에도 톱니를 만들어 입력 또는 출력으로 사용할 수도 있다. 안쪽 톱니바퀴와 바깥쪽 톱니바퀴 조합의 경우, 입출력의 회전은 같은 방향이 된다.

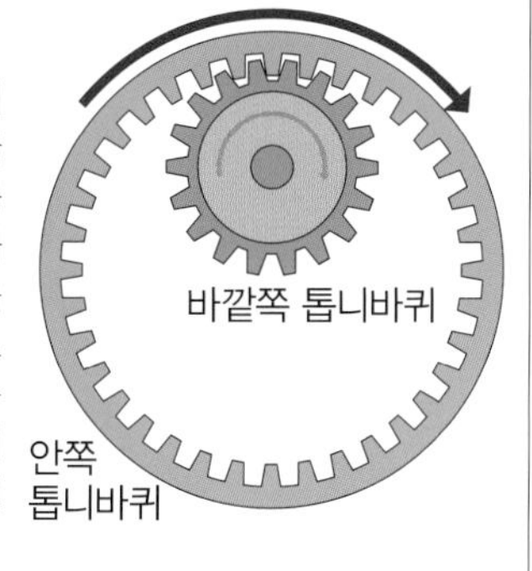

베벨기어

회전축의 방향을 바꿀 수 있는 톱니바퀴기구. 동력전달장치의 다양한 부분에서 사용되고 있다.

⬆ AT에는 일반적으로 여러 가지의 플래니터리 기어 세트가 사용된다. 사진의 8단 AT에는 3세트가 조합되어있다.

■플래니터리 기어

플래니터리 기어(유성톱니바퀴)란 톱니바퀴의 모양을 말하는 것이 아니라 톱니바퀴의 조합을 의미한다. 중앙에 선기어라는 바깥쪽 톱니바퀴가 있으며 주위에 여러 개의 작은 바깥쪽 톱니바퀴가 균등한 간격으로 물려있다. 이 기어를 플래니터리 피니언기어라고 하며, 추가로 바깥쪽에 링기어라 불리는 안쪽 톱니바퀴가 피니언기어와 맞물려 배치되어있다. 피니언기어의 회전축은 피니언기어 캐리어라는 틀에 장착되어있다. 이것이 플래니터리 기어의 기본 구조이며, 입출력에 이용할 수 있는 회전축은 선기어, 링기어, 피니언기어 캐리어가 가지고 있다. 피니언 캐리어의 움직임에는 회전하는 자전과 선기어의 주위를 이동하는 공전이 있다.

플래니터리 기어는 이 3곳의 회전축을 입출력으로 하거나 고정해서, 증속이나 감속에 따라 회전방향의 변환이 가능하다. 그리고 바깥쪽 톱니바퀴 2개의 조합인 경우에는 입출력을 같은 축 위에 배치할 수는 없지만, 플래니터리 기어에서는 같은 축 위에 배치할 수 있다. 이러한 장점으로 AT를 비롯한 다양한 트랜스미션과 자동차의 각종 장치에 플래니터리 기어가 사용되고 있다.

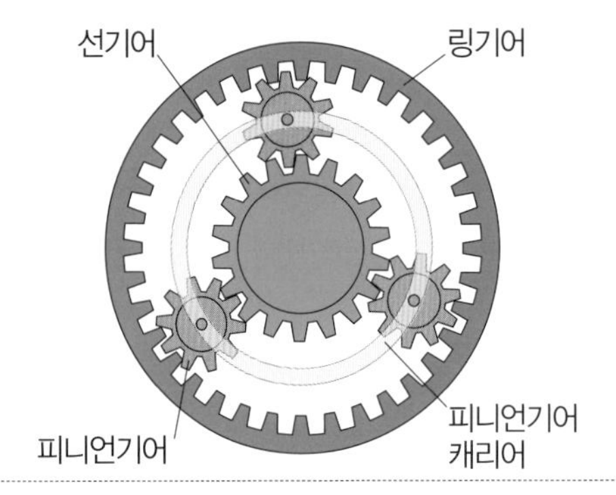

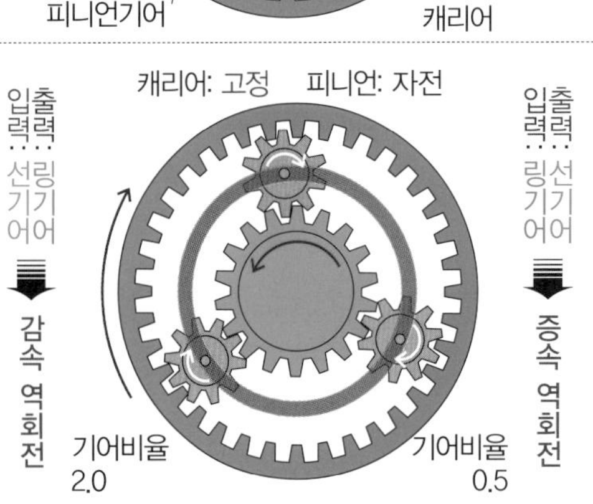

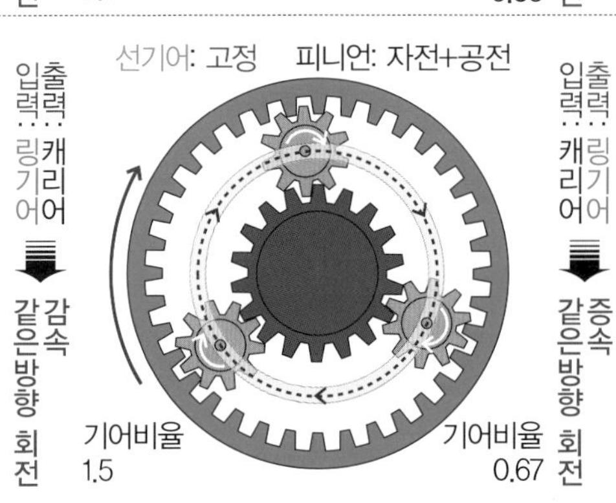

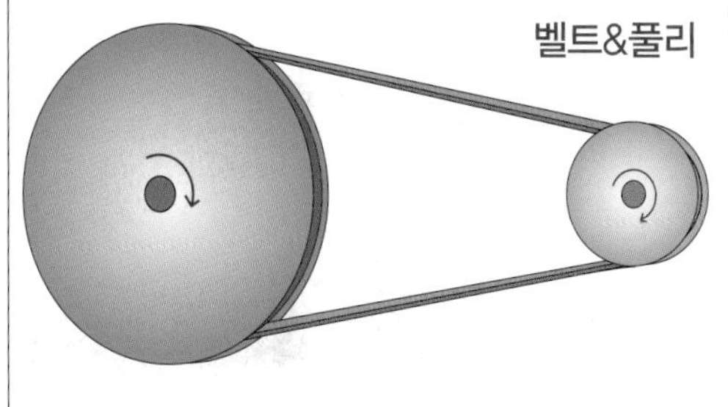

⬆ 벨트 드라이브는 풀리의 직경비율이 변속비율이다.

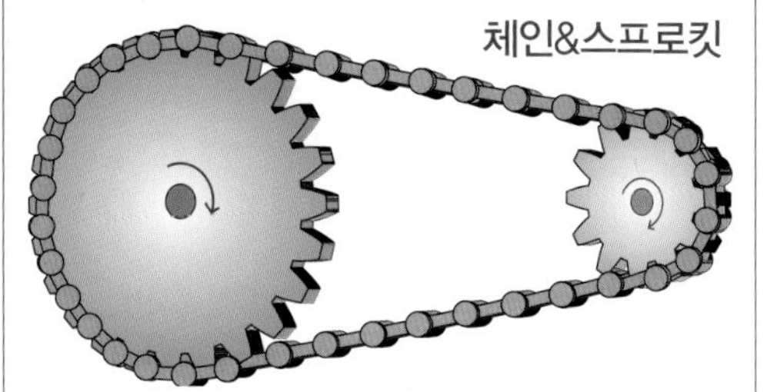

⬆ 체인 드라이브는 스프로킷의 톱니바퀴수 비율이 변속비율이다.

■감기전동장치

감기전동장치는 떨어진 위치에 있는 2개의 회전축에 원반모양의 풀리(활차)를 설치해 두 곳에 벨트를 걸어서 회전을 전달하는 장치로, 동시에 변속을 할 수 있다. 벨트&풀리 외에 일반적인 자전거에서 사용하고 있는 체인&스프로킷도 있다. 각각을 벨트구동(벨트 드라이브), 체인구동(체인 드라이브)이라고 한다.

풀리와의 접촉면이 평평한 벨트를 사용하는 경우, 변속비는 입력 쪽과 출력 쪽의 풀리의 직경(벨트가 접촉하는 부분의 직경)의 비율이 된다. 체인은 정식으로는 롤러체인이라고 하며, 여기에는 다양한 구조가 있다. 자전거에 사용되는 톱니바퀴 모양의 스프로킷의 톱니에 맞물리게 해서 사용하는 타입인 경우, 입력 쪽과 출력 쪽의 스프로킷의 톱니바퀴 수의 비율이 변속비가 된다. 벨트에서도 회전축과 평행으로 홈을 판 것과 같은 모양으로 홈을 판 풀리를 조합하는 경우도 있다. 이러한 벨트를 코그드(cogged) 벨트(이빨이 있는 벨트)라고 하며, 변속비는 풀리의 이빨수의 비율이다. 다만 톱니바퀴와 마찬가지로 스프로킷도 코그드 벨트도 톱니의 비율은 직경의 비율과 거의 같다.

감기전동장치에서는 벨트와 체인의 장력이 중요하다. 마찰로 힘을 전달하는 풀리와의 접촉면이 평평한 벨트는 물론이고 체인이라도 장력이 충분하지 않으면 고속회전 때에 원심력에 의해 풀릴 위험이 있다.

감기전동장치는 트랜스미션 외에 엔진의 밸브시스템에서도 사용된다. 그리고 이빨이 없는 벨트의 경우, 기어비율(톱니바퀴비율, 기어 레이쇼)이라는 용어를 사용하는 것은 정확한 표현이 아니지만, 실제로는 많이 사용되고 있다.

⬇ CVT는 특수한 풀리와 벨트에 의해 변속이 이루어진다.

엔진구동 11

Friction clutch & Torque converter
마찰 클러치와 토크 컨버터

트랜스미션의 스타팅 디바이스에는 마찰 클러치나 유체클러치(플루드커플링)의 일종인 토크 컨버터가 사용된다. 과거에는 자석 클러치가 사용되었던 때도 있었다. 클러치는 회전력의 전달과 차단을 하는 기계요소로 자동차의 곳곳에 사용되고 있다.

마찰 클러치는 이름처럼 마찰을 이용하는 클러치로, 회전수가 다른 회전축을 접속할 때에 마찰을 이용해서 매끄럽게 접속할 수 있다. 유체클러치는 액체 등의 유체의 흐름으로 회전을 전달하는 장치로, 발전형인 토크 컨버터는 변속기로서의 기능도 갖춰져 있다.

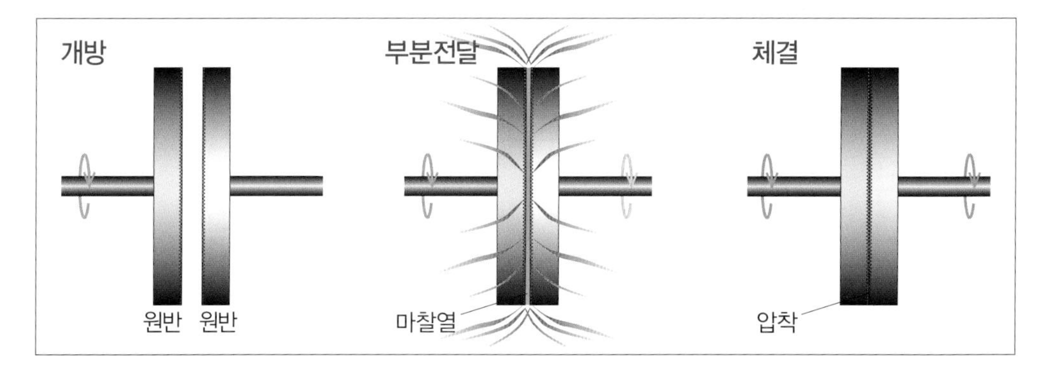

■마찰 클러치

마찰 클러치의 기본형은 마주보도록 배치된 2장의 원반으로, 같은 축에 회전축이 있으며, 마주보는 면은 마찰이 발생하기 쉽도록 되어있다. 원반이 점점 가까워지게 해서 닿을 듯 말 듯한 위치(반클러치)에 가면 회전이 전달되기 시작한다. 이때 원반이 완전히 밀착되지 않았기 때문에 입력 쪽의 회전이 고속이어도, 출력 쪽의 회전은 저속으로 전달되고 토크도 작다. 전달되지 못한 운동에너지는 마찰에 의해 열에너지가 된다. 원반을 더 가까이 붙이면 회전수의 차이가 적어지며, 완전히 밀착시키면 모든 회전이 전달된다.

마찰 클러치는 마찰을 발생시키는 면의 수에 따라 단판 클러치와 다판 클러치로 분류된다. 오일 등의 윤활이 있느냐 없느냐에 따라서 습식 클러치와 건식 클러치로 분류된다. 스타팅 디바이스에는 건식 단판 클러치, 습식 단판 클러치, 건식 다판 클러치, 습식 다판 클러치가 사용된다.

클러치에 사용되는 원반의 표면에는 마찰이 잘 발생하는 마찰재질이 붙어있다.

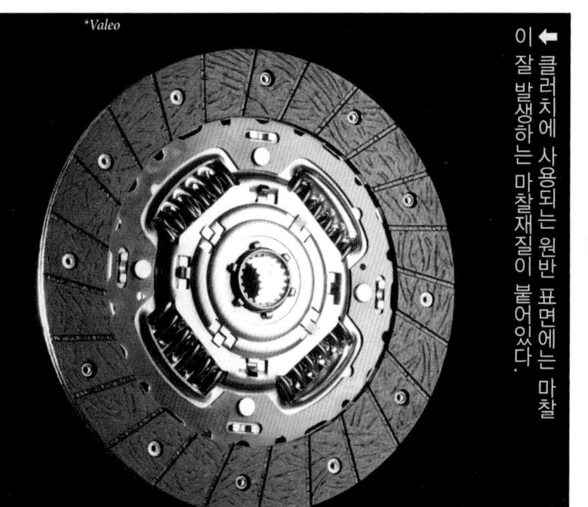

⬅ 클러치에 사용되는 원반 표면에는 마찰이 잘 발생하는 마찰재질이 붙어있다.

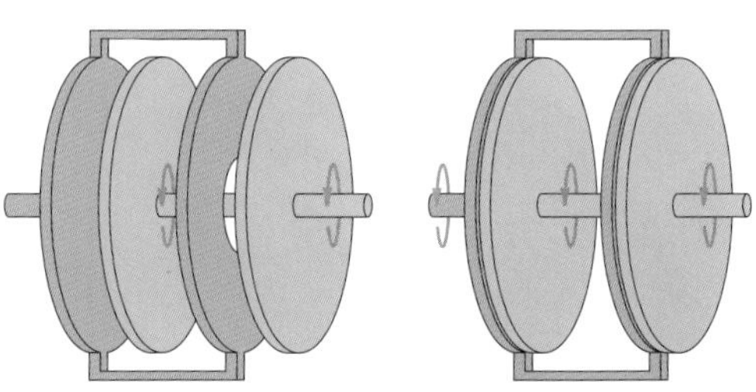

⬆ 다판 클러치는 입출력의 원반이 교대로 배치된다.

■토크 컨버터

선풍기 앞에 풍차를 두면 풍차가 돌아간다. 이것이 유체 클러치의 기본원리다. 공기라는 유체에 의해 회전이 전달되는 것이다. 유체란 기체나 액체처럼 흐를 수 있는 물체를 말한다. 풍차를 통과한 공기에도 운동에너지가 남아있기 때문에 전달 효율이 나쁘다. 따라서 유체를 순환시켜서 효율을 높인다.

토크 컨버터는 오일 등의 액체로 가득 찬 밀폐공간 안에 입출력 각각의 날개바퀴를 가지고 있다. 입력 쪽의 날개바퀴를 돌리면 오일이 흐르기 시작해서 출력 쪽의 날개바퀴가 회전한다. 출력 쪽의 날개바퀴를 통과한 오일은 다시 입력 쪽의 날개바퀴 뒤로 돌아들어가 그 회전을 돕는다. 그 결과 입출력에 회전수 차이가 있는 경우에는 토크가 증폭된다. 효율적으로 오일이 흐르도록 양쪽 날개바퀴 사이에 또 하나의 날개바퀴가 배치된다. 상세한 구조는 제3부(168p.)에서 설명하겠다.

⬆ 토크 컨버터는 AT와 CVT에서 중요한 역할을 맡는다.

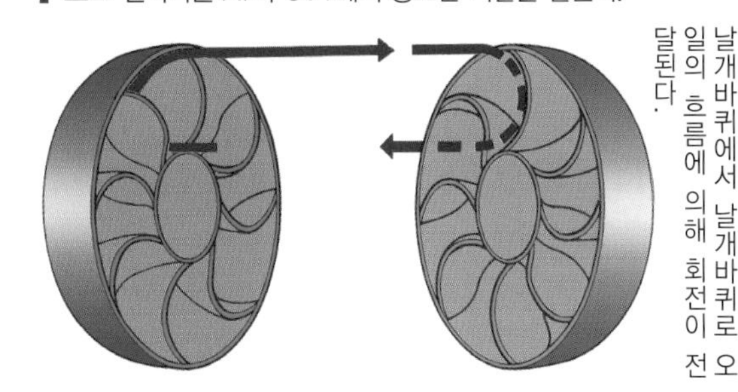
날개바퀴에서 날개바퀴로 오일의 흐름에 의해 회전이 전달된다.

■그 밖의 클러치

스타팅 디바이스 이외에 트랜스미션과 동력전달장치에도 다양한 클러치가 사용된다. 여기에는 마찰 클러치는 물론이고 도그클러치(맞물리는 클러치)와 원웨이 클러치, 자석 클러치 등이 있다.

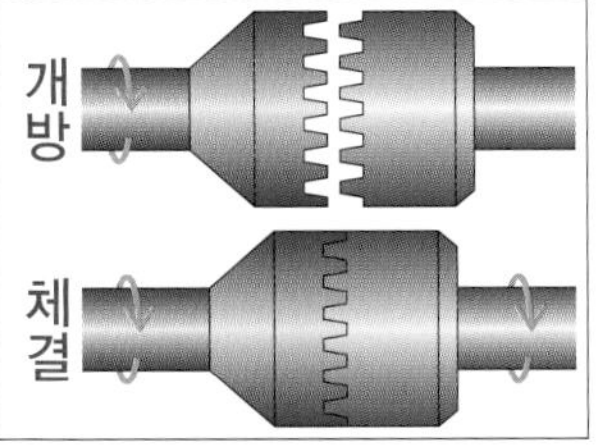

도그클러치

도그클러치는 양쪽의 톱니를 맞물리게 해서 회전축을 체결시킨다. 회전수가 다른 회전축의 체결은 어려운 기술이다. 도그클러치에는 다양한 구조의 제품이 있다.

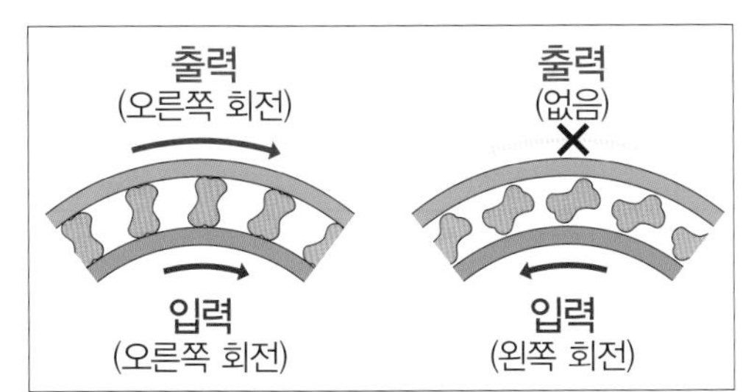

원웨이 클러치

원웨이 클러치는 정해진 일정한 방향으로만 회전을 전달하며 역회전 때에는 헛돈다. 양쪽 회전축의 회전수가 달라도 작동하며, 스프래그식과 캠식 등이 있다. 예를 들어 스프래그식의 경우, 두 회전축의 링 사이에 스프래그라는 특수한 형상의 받침이 배치되어있다. 회전수 차이에 따라서 받침이 작동하면 회전이 전달되고, 받침이 누우면 회전이 전달되지 않는다.

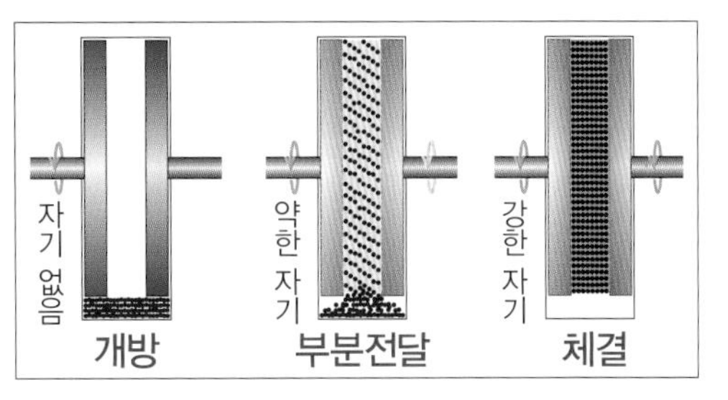

자기 클러치

자기 클러치는 자기의 작용을 이용한 클러치다. 입출력의 원반이 전자석으로 자기를 띠게 할 수 있도록 배치한다. 사이에 고운 철가루가 들어있다. 자기가 없을 때 두 원반은 독립되어있지만, 전자석으로 강한 자기를 가하면 두 원반을 철가루가 연결시켜 함께 회전한다. 자기가 약할 때에는 철가루가 단단히 뭉치지 않아서 내부에서 마찰을 일으키기 때문에 회전이 부분적으로 전달된다.

모터구동 01

Electricity & Magnetism
전기와 자기

엔진자동차에는 수많은 전동 모터가 사용된다. 소형 승용차에 30개 정도, 고급차에는 100개가 넘게 사용되기도 한다. 예전에는 와이퍼나 파워윈도우 같이 안전성과 쾌적성을 높이기 위한 보디장비로 사용되는 경우가 많았으며, 주행에 직결되는 장치로는 스타터 모터, 얼터네이터, 퓨얼 펌프 정도였다. 하지만 최근에는 전동 파워 스티어링 시스템과 전동 파킹 브레이크 등 전동화 되는 장치가 늘어나고 있다. 엔진 관련에서도 전동 스로틀 밸브, 전동 워터 펌프 등 모터를 사용하는 장치가 늘어나고 있다.

전기자동차와 하이브리드 자동차는 모터로 구동되는 자동차로 모터가 자동차의 중심적인 부분이다.

모터의 구조를 이해하기 위해서는 전기와 자기의 기초적인 지식이 필수적이다. 정식으로는 전동모터라고 표현해야겠지만 일반적으로 모터라고 하면 전동모터를 말하므로 이 책에서도 그냥 모터라고 하겠다.

전기

전기는 에너지의 형태 중 하나로 플러스와 마이너스의 극성을 가지고 있다. 전기가 흐르는 물질을 도체, 흐르지 않는 물질을 절연체라고 한다. 플러스극과 마이너스극을 도체로 연결하면 플러스극에서 마이너스극으로 전기가 흐른다. 정확한 표현은 아니지만 흐르는 세기를 전압, 일정시간 동안에 흐르는 양을 전류라고 생각하면 이해하기 쉽다. 전류의 크기는 플러스극과 마이너스극을 연결하는 도체에 전기가 얼마나 흐르기 어려운가에 따라 결정된다. 흐르기 어려운 정도를 전기저항이라고 하며, 같은 전압이라도 전기저항이 높으면 전류가 작아진다. 전기저항은 단순히 저항이라고도 한다.

전압, 전류, 저항의 관계를 나타낸 것을 옴의 법칙이라고 한다. 각각의 단위는 전압이 V(볼트), 전류가 A(암페어), 저항이 Ω(옴), 전력이 W(와트), 전력량이 J(줄)이다. 전력량은 일반적으로 Wh(와트아워)가 사용된다. 각 요소의 관계는 다음과 같다.

$$E = IR$$
$$P = EI$$
$$W = PT = EIT$$

E: 전압[V] I: 전류[A] R: 전기저항[Ω]
P: 전력[W] W: 전력량[J] T: 시간[초]

전력은 전기가 일정시간 동안 어느 정도의 일을 할 수 있는가를 의미하며, 작업률이라고도 한다. 전력은 전압과 전류를 곱한 것이다. 전력에 시간을 곱한 것이 전력량 또는 작업량이며 실제로 할 수 있는 작업량이다.

직류

직류(DC)는 흐르는 방향과 전압이 일정한 전류다. 전압이 주기적으로 변화하는 맥류나 일정 전압으로 ON과 OFF를 반복하는 펄스파(사각파라고도 한다)처럼 전압의 변화는 있어도 전류의 방향이 바뀌지 않으면 넓은 의미에서 직류로 본다. 맥류는 정류(교류를 직류로 변환하는 것)의 첫 단계에 나타나며, 펄스파는 반도체소자의 제어 등에 사용된다.

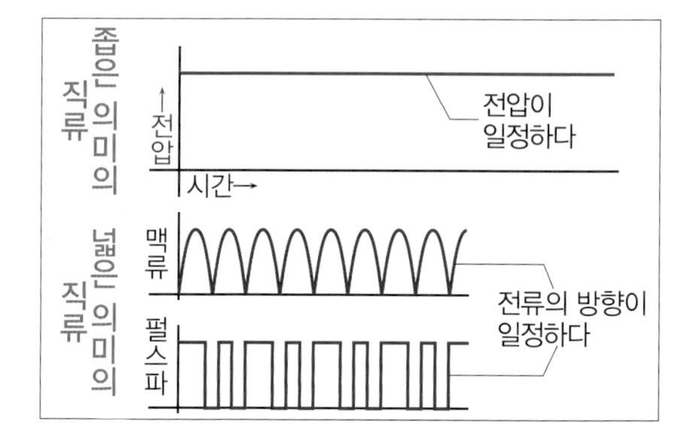

■교류

교류(AC)는 흐르는 방향과 전압이 주기적으로 변화하는 전류다. 좁은 의미에서 교류는 전압의 시간적 변화의 그래프가 사인커브(정현곡선)를 그린다. 사인커브가 아니더라도 주기적으로 극성과 전압이 변화하는 전류는 넓은 의미에서 교류로 본다. 교류의 사인커브가 가장 높을 때부터 가장 낮을 때까지 하나의 세트를 사이클, 1사이클에 필요한 시간을 주기라고 한다. 1초 동안 사이클의 횟수를 주파수라고 하며 1사이클의 위치를 위상이라고 한다.

이러한 하나의 흐름의 교류를 단상교류라고 한다. 교류에는 같은 주파수와 전압의 3개의 단상교류와 주기가 1/3(위상: 120도)씩 어긋난 상태로 합쳐진 3상교류가 있다. 3상교류는 각 상의 전압의 합계가 항상 0이 되는 것이 특징이며, 3개의 도선으로 보낼 수 있다. 일반적인 3상교류는 따로 만들어진 단상교류를 합친 것이 아니다. 3상교류 발전기에 의해 만들어진 것으로 모터를 작동시키기에 적합하다.

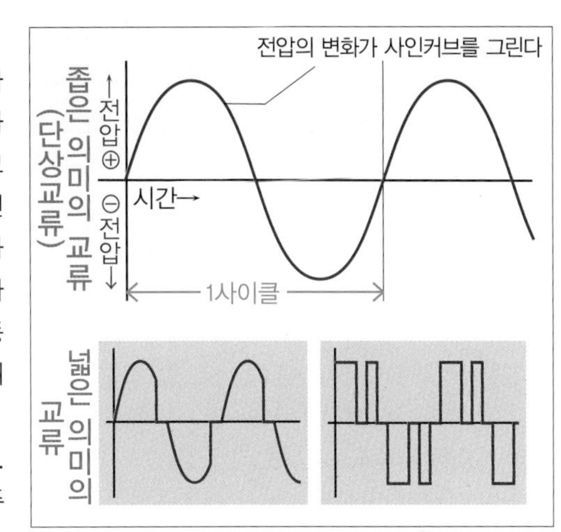

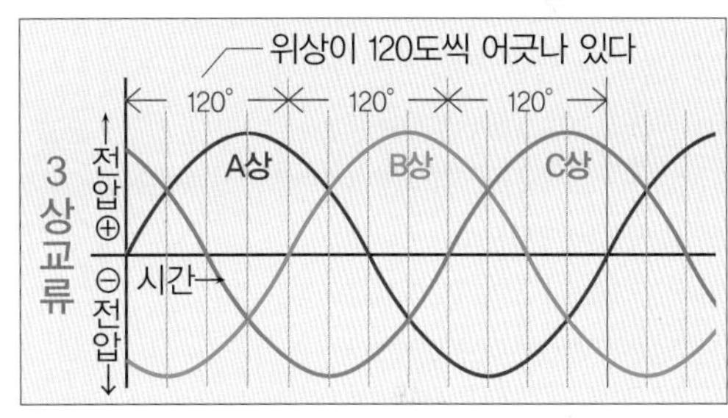

■반도체소자와 수동소자

전기회로에 사용되는 부품을 소자라고 한다. 현재 전기회로에서는 반도체소자가 중요한 역할을 하는 경우가 많다. 모터의 전력제어에 사용되는 반도체소자는 컴퓨터에 사용되는 것에 비해 고전압, 대전류를 다룰 수 있는 것이 특징으로 전력용 반도체소자, 파워디바이스라고 한다. 반도체소자 중에는 증폭작용을 하는 것도 있지만, 전력용 반도체소자는 스위칭 작용과 정류작용을 이용한다. 각각의 작용을 하는 소자를 스위칭 소자와 정류소자라고 한다. 스위칭 소자를 이용하면 기계적인 스위치로는 불가능한 고도의 스위치 조작이 가능하며, 고압의 대전류에서 발생되는 문제도 없다. 정류소자는 일정한 방향으로만 전류를 보내는 성질이 있어 교류를 직류로 변환할 때 사용된다.

반도체소자는 능동적인 작용을 하므로 능동소자라고 하며, 전기회로에서는 저항기, 콘덴서, 코일 등의 수동소자도 많이 사용된다. 저항기는 전력을 소비해서 전압과 전류를 제어하기 위해 사용된다. 콘덴서는 캐퍼시터라고도 하며, 전기를 비축하거나 방출할 수 있어 전압의 변화를 억제하기 위해서 사용된다. 코일에는 직류는 잘 흐르고 교류는 잘 흐르지 않는 성질이 있으므로 전류변화를 억제하기 위해서 사용된다.

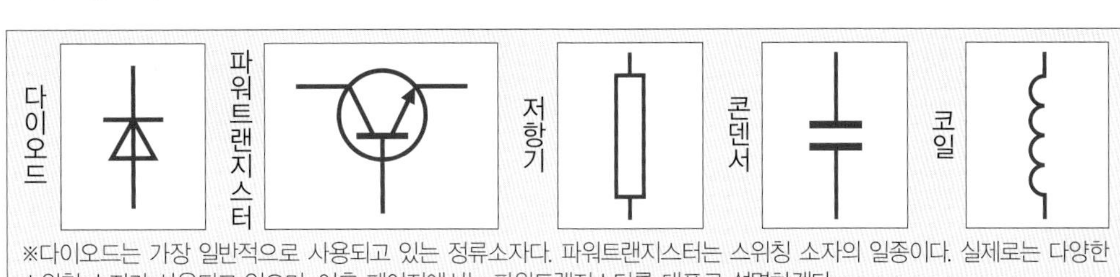

※다이오드는 가장 일반적으로 사용되고 있는 정류소자다. 파워트랜지스터는 스위칭 소자의 일종이다. 실제로는 다양한 스위칭 소자가 사용되고 있으며, 이후 페이지에서는 파워트랜지스터를 대표로 설명하겠다.

자기

자기는 자석이 철을 끌어당기는 성질을 말하며, 이때 발휘되는 힘을 자력이라고 한다. 자기에는 N극과 S극의 극성이 있으며 극성이 나타나는 부분을 자극이라고 한다. 자극은 다른 극끼리는 흡인력으로 당기고, 같은 극끼리는 반발력으로 반발하는 성질을 가지고 있다.

자기에 의한 흡인력은 철에도 발휘될 수 있다. 이렇게 자석에 의해 당겨지는 물질을 강자성체 또는 간단히 자성체라고 한다. 자성체의 원소는 철, 코발트, 니켈의 3종류의 금속뿐이다. 자성체가 자석에 의해 당겨지는 것은 일시적으로 자석의 성질이 나타나기 때문이다. 이처럼 자기를 띠는 것을 자화라고 하며, 자기는 어디까지나 일시적인 것이므로 시간이 지나면 자석의 성질은 없어진다. 시간이 지나도 자기의 성질을 계속 가지고 있는 것이 영구자석이다.

영구자석의 원료로는 자성체의 금속에 다양한 물질을 섞은 합금이 사용된다. 모터에 주로 사용되는 것은 페라이트 자석과 레어어스 자석(희토류 자석)이다. 이것은 자력이 강하며 레어어스(희토류) 가격 급등에 의해 매우 비싸졌다. 레어어스 자석 중에서 주로 사용되는 것이 네오디뮴 자석과 사마륨 코발트 자석이다. 네오디뮴 자석이 더욱 자력이 강하지만 고온 상태에서는 자력이 많이 저하된다.

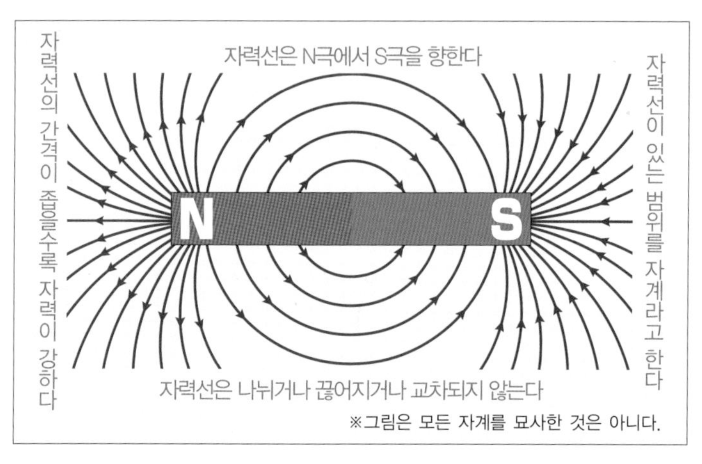

※그림은 모든 자계를 묘사한 것은 아니다.

자력선

자력이 미치는 범위를 자계 또는 자장이라고 하며, 자력은 눈에 보이지 않는다. 이것을 이해하기 쉽도록 고안한 것이 자력선이다. 자력선은 N극에서 나와서 S극으로 들어간다고 정의되어있다(자석 내부는 제외). 자력선은 도중에 나뉘거나 교차되거나 끊어지지 않으며, 간격이 좁을수록 자력이 강하다.

물질에 따라서 자력선이 잘 통과하느냐에 차이가 있다. 자성체는 공기에 비해 수 천 배나 자력선이 잘 통과한다. 이러한 자력선이 잘 통하는 정도를 나타낸 것을 투자율이라고 한다. 반대로 자력선이 통과하기 어려운 정도는 릴럭턴스(reluctance)(자기저항)로 나타낸다.

자력선은 통과하기 쉬운(투자율이 높은) 부분을 통과하려는 성질이 있으며, 최단거리를 통과하려는 성질을 가지고 있다. N극과 S극의 사이에 철과 같은 자성체가 있으면 자력선은 공기보다 투자율이 높은 자성체 속을 통과한다. 하지만 그것이 최단거리가 아닌 경우, 자력선이 늘어지게 된다. 이러한 경우, 늘어진 고무줄이 장력을 발휘하듯이 자력선이 최단거리가 되도록 자력체에 힘을 작용시킨다.

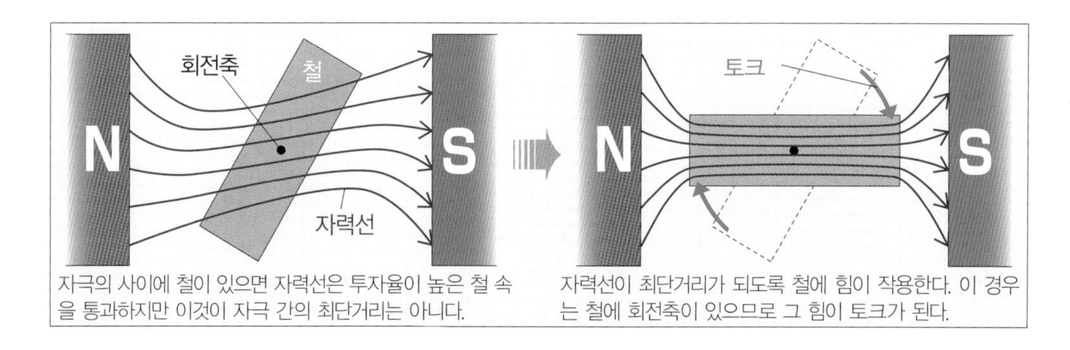

자극의 사이에 철이 있으면 자력선은 투자율이 높은 철 속을 통과하지만 이것이 자극 간의 최단거리는 아니다.

자력선이 최단거리가 되도록 철에 힘이 작용한다. 이 경우는 철에 회전축이 있으므로 그 힘이 토크가 된다.

■전자석

도선에 전류를 흘려보내면 도선을 휘감듯이 동심원 모양의 자계가 발생한다. 자력선의 방향은 오른쪽 나사 법칙으로 설명되듯이 전류의 방향에 대해 오른쪽 방향으로 회전한다. 이렇게 만들어지는 자석을 전자석이라고 하며, 도선 하나로 만들어지는 자력이 작기 때문에 일반적으로는 도선을 휘감은 코일이 사용된다. 코일로 만들면 이웃한 도선의 자력선이 합성되어 하나의 큰 자계가 만들어진다. 코일 안에 철심을 통과시키면 자력선이 통과하기 쉬워지므로 자계가 더욱 강해진다. 전자석의 자계는 전류에 비례해서 강해지며, 전류가 같다면 코일을 감은 횟수가 많을수록 자계가 강해진다.

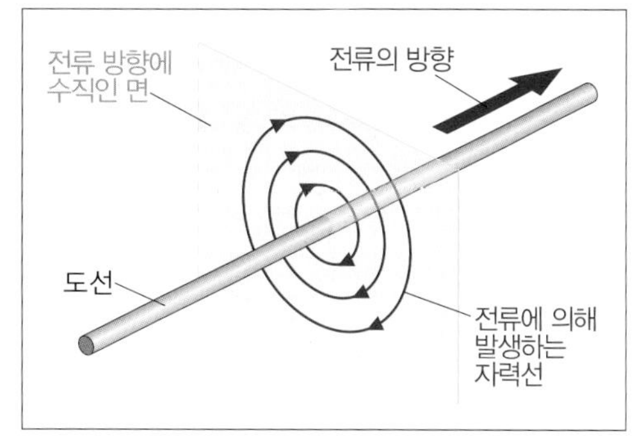

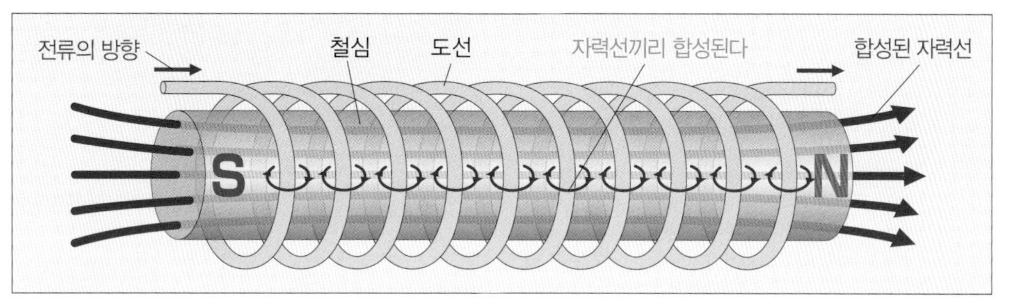

■전자력

자계 안에서 도선에 전류를 흘리면 그때까지 존재했던 자계와 전류에 의해 발생하는 자계가 영향을 주고받아 도선을 움직이는 힘이 생겨난다. 이 힘을 전자력 또는 로런츠 힘이라고 하며, 모터의 회전원리에 이용된다. 자기에는 안정되려는 성질이 있어 이러한 현상이 발생한다.

이때 전류, 자계, 전자력의 방향에는 일정한 관계가 있으며, 이것은 플레밍의 왼손 법칙으로 설명된다. 왼손의 엄지손가락, 집게손가락, 가운뎃손가락이 각각 직각을 이루도록 뻗으면 집게손가락이 자계의 방향, 가운뎃손가락이 전류의 방향을 가리키며 엄지손가락이 가리키는 방향에 전자력이 작용한다.

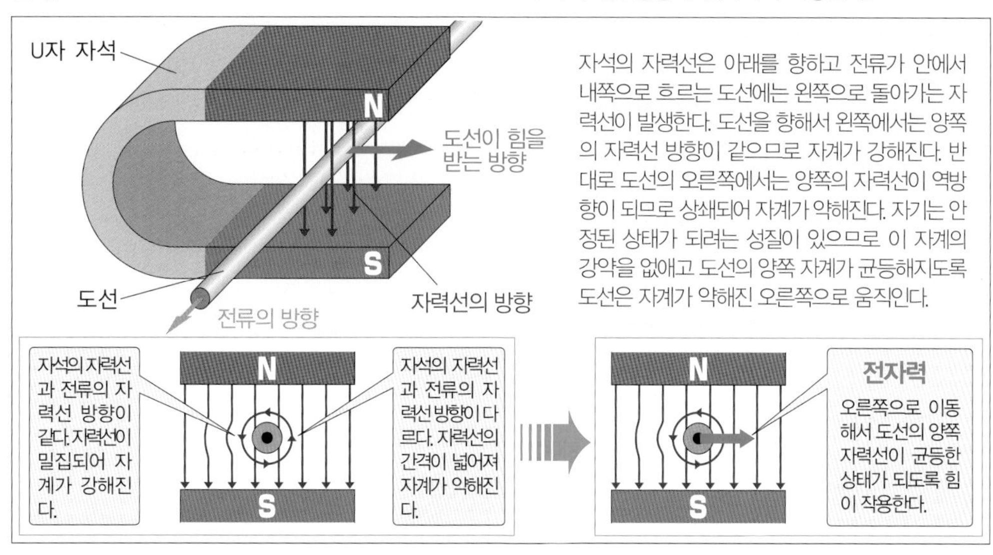

■유도기전력

자계 안에서 도선을 움직이면 도선이 자계에 영향을 주어 도선에 전류가 흐른다. 이 현상을 전자유도작용이라고 하며, 발전기의 발전원리에 이용된다. 발생하는 전압을 유도기전력, 흐르는 전류를 유도전류라고 한다. 자기의 안정을 추구하는 성질에 의해 이러한 현상이 발생한다.

이때 자기, 힘, 전류의 방향에는 일정한 관계가 있으며, 이것은 플레밍의 오른손 법칙으로 설명할 수 있다. 오른손의 엄지손가락, 집게손가락, 가운뎃손가락을 각각 직각이 되도록 뻗으면, 집게손가락은 자계의 방향, 엄지손가락은 도선의 이동방향을 가리키며, 가운뎃손가락이 가리키는 방향으로 전류가 흐른다.

자석의 자력선은 아랫방향이며 도선이 오른쪽에서 왼쪽으로 이동하면, 도선을 향해서 왼쪽에서는 자력선이 눌려져서 간격이 좁아지고 자계가 강해진다. 반대로 도선의 오른쪽에서는 자력선의 간격이 넓어져서 자계가 약해진다. 자기에는 안정된 상태가 되려는 성질이 있으므로 도선을 밀어내는 방향으로 힘이 작용한다. 때문에 도선의 주위에 왼쪽으로 돌아가는 자력선이 필요하므로 도선의 안쪽에서 내 쪽으로 전류가 흐른다.

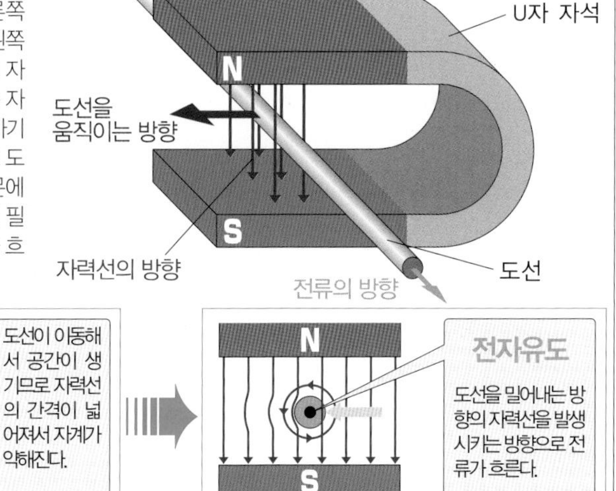

■전자유도작용

도선을 코일로 하면 전자석의 자계가 강해지는 것과 마찬가지로, 코일에도 전자유도작용이 일어난다. 코일 안으로 봉자석을 왕복시키면 봉자석이 움직이고 있을 때에는 코일에 유도전류가 흐른다. 자석의 이동이 빠를수록, 코일을 감은 횟수가 많을수록 유도기전력도 커진다.

전자유도작용은 도선이나 코일 이외에도 발생한다. 도체가 변화하는 자계 안에 있으면 유도전류가 흐른다. 예를 들어 동판 한 곳을 향해서 자석의 N극을 가까이 가져가면, 동판 위에 왼쪽으로 도는 전류가 흐른다. 이것을 소용돌이 전류라고 한다. 소용돌이 전류는 손실을 발생시켜 모터의 효율을 저하시키는 요인이 되기도 하지만, 모터의 회전원리에 이용되기도 한다.

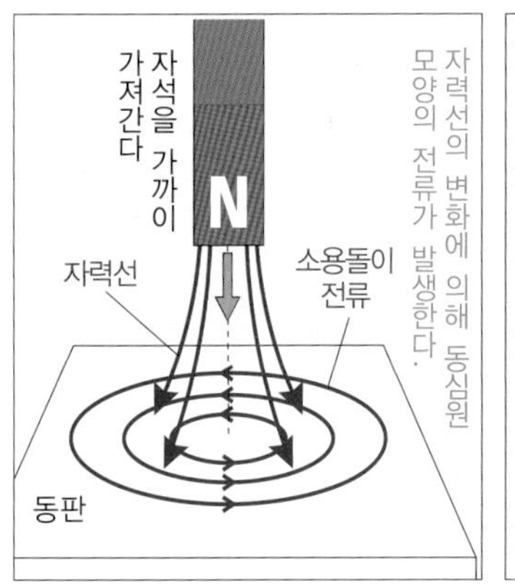

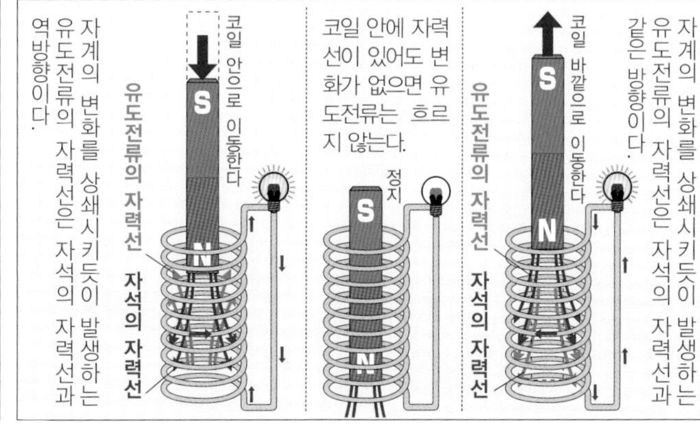

■자기(自己)유도작용과 상호유도작용

코일에 전류를 흘려보내면 전자석이 되지만 자석이 되는 과정에서 자계의 변화가 발생해 코일에 유도전류가 흐른다. 유도전류의 방향은 코일에 흘려보낸 전류와 역방향이 된다. 이것을 자기유도작용이라고 하며 자기유도작용은 전류를 정지시켰을 때에도 발생한다. 이때는 같은 방향의 유도 전류가 흐른다.

자계를 공유할 수 있도록 배치한 2개의 코일 사이에서도 전자유도작용이 발생한다. 이것을 상호유도작용이라고 하며, 한쪽 코일에 직류의 전류를 흘려보낸 순간과 전류를 정지시킨 순간에 다른 한쪽의 코일에 유도기전력이 발생한다. 교류라면 항상 자계가 변화하기 때문에 다른 한쪽의 코일에는 유도전류가 계속 흐른다.

상호유도작용에서는 코일을 감은 횟수에 비례해서 유도기전력이 변화한다. 일반적으로 전류를 흘려보내는 코일을 1차 코일, 유도전류가 흐르는 코일을 2차 코일이라고 하며, 감은 횟수의 비율이 1대2라면 2차 코일을 흐르는 전류의 전압은 1차 코일의 2배가 된다. 다만 전력이 일정하므로 전류는 1/2이 된다. 이 상호유도작용은 트랜스로 교류의 전압을 바꿀 때에 이용되며, 엔진의 점화장치에서도 이용되고 있다.

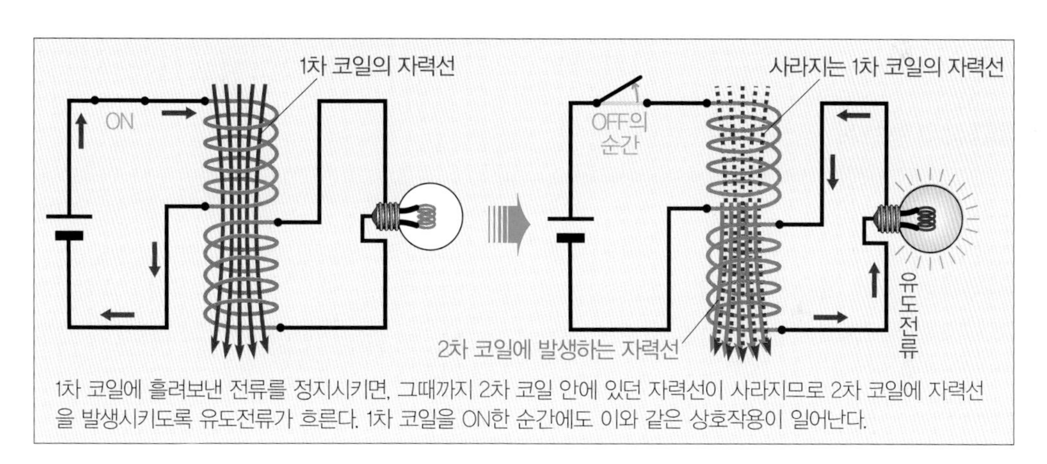

1차 코일에 흘려보낸 전류를 정지시키면, 그때까지 2차 코일 안에 있던 자력선이 사라지므로 2차 코일에 자력선을 발생시키도록 유도전류가 흐른다. 1차 코일을 ON한 순간에도 이와 같은 상호작용이 일어난다.

■모터와 발전기

대부분의 전동 모터는 전기와 자기(전자기)의 작용을 이용해서 전기에너지를 운동에너지로 변환한다. 직선적인 힘을 만들어내는 리니어 모터도 있지만, 대부분은 토크를 만들어내는 로터리 모터(회전형 모터)다. 모터의 경우도 엔진과 마찬가지로 토크와 회전수를 곱하면 출력이 된다.

모터는 스테이터(고정자)와 로터(회전자)로 구성된다. 스테이터와 로터에는 영구자석이나 전자석으로 작용하는 코일, 철심 등이 사용되며, 그 조합에 따라 다양한 종류의 모터가 있다.

가장 일반적인 구조의 모터인 경우, 모터 케이스에 스테이터가 있으며, 그 내부에 회전축을 가진 로터가 있다. 이러한 구조의 모터를 이너로터형 모터(내전형 모터)라고 한다. 이와는 반대로 중심에 스테이터가 있고, 그 주위에 원통형 로터가 있는 모터를 아우터로터형 모터(외전형 모터)라고 한다.

대부분의 모터는 발전기로도 기능한다. 발전기는 운동에너지를 전기에너지로 변환하는 장치다. 즉 모터는 운동에너지와 전기에너지를 쌍방향으로 변환할 수 있는 장치다.

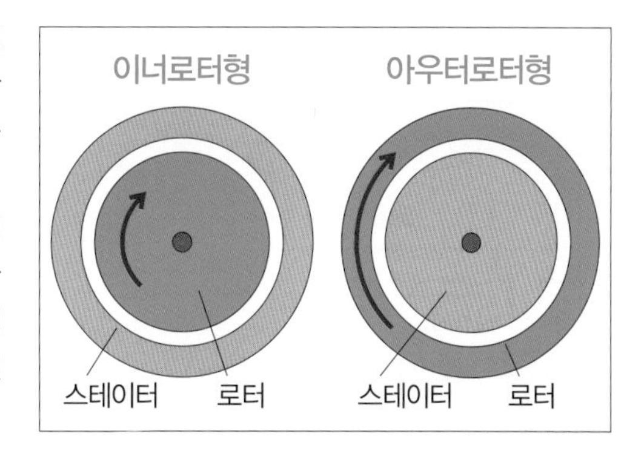

모터구동 02

Synchronous motor
동기모터

전기자동차와 하이브리드 자동차의 구동에 사용되는 모터의 주류는 교류모터의 일종인 동기모터(싱크로너스 모터)다. 더 정확하게는 3상교류를 전원으로 하기 때문에 3상동기모터라고 한다.

3상교류모터는 3상교류에 의해 만들지는 회전자계를 이용한다. 일반적으로 이너로터형 모터가 사용되며, 스테이터가 회전자계를 만들어내는 코일이다. 로터에는 다양한 것이 사용된다. 구동용 모터로는 영구자석을 로터에 사용하는 영구자석형 동기모터가 일반적이다. 이밖에 코일에 의한 전자석을 로터에 채용하는 권선형 동기모터, 철심만으로 로터를 구성하는 릴럭턴스형 동기모터 등이 있다.

이들 동기모터는 모두 동기발전기로도 작동한다. 엔진의 충전장치에 사용되는 얼터네이터는 권선형 동기발전기가 일반적이다.

3상회전자계

성능이 모두 비슷한 3개의 코일을 중심위치에서 120도 간격으로 배치하고, 각각의 코일에 3상교류의 각 상을 흘려보내면 회전자계가 만들어진다. 이것을 3상회전자계라고 한다. 각각의 코일은 N극과 S극이 교대로 나타나도록 변화할 뿐이지만, 3상교류의 각 상의 위상은 120도 어긋나 있고 각 코일의 위치도 120도씩 어긋나 있기 때문에 전체적으로는 합성된 자극이 회전한다. 회전속도는 교류의 주파수로 정해진다. 주파수는 1초 동안의 주기의 횟수지만 회전속도를 표현하는 회전수는 1분당의 횟수를 표현하기 때문에 주파수를 60배로 한 것이 회전자계의 회전수가 된다. 이것을 동기속도라고 한다.

이처럼 N극과 S극의 1세트의 자극이 회전하는 것을 2극기라고 한다. 6개의 코일을 60도 간격으로 배치하면 2세트의 자극이 회전하는 4극기가 된다. 더 많은 코일을 사용하는 경우도 있다.

개개의 코일이 독립되어있는 코일의 감는 방법을 집중권이라고 하며, 코일을 감는 방법에는 분포권이라는 것도 있다. 분포권의 경우는 회전축을 가진 면에 걸치듯이 코일을 감기 때문에 자극의 회전이 매끄러워진다.

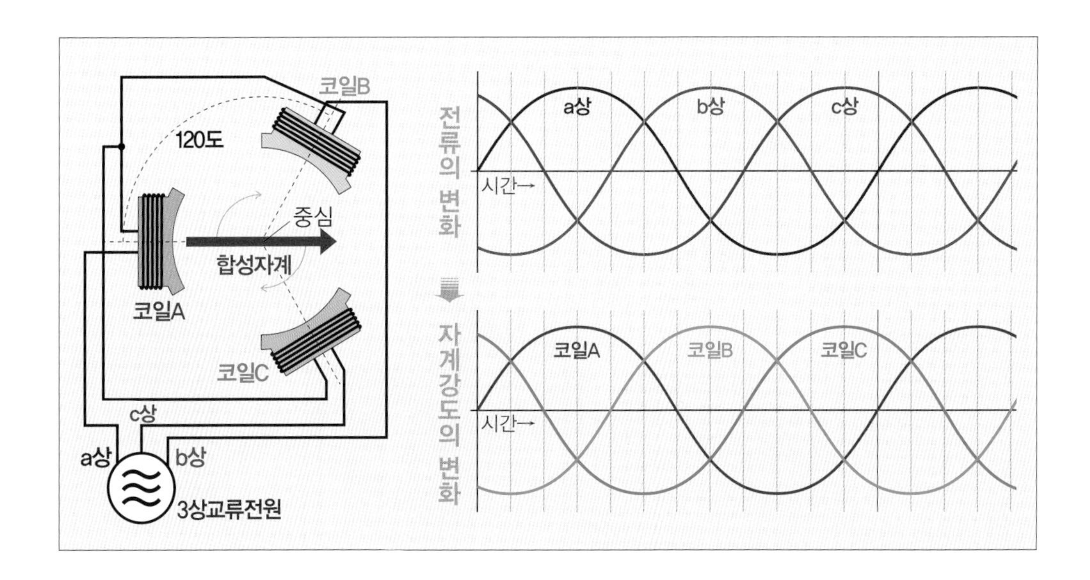

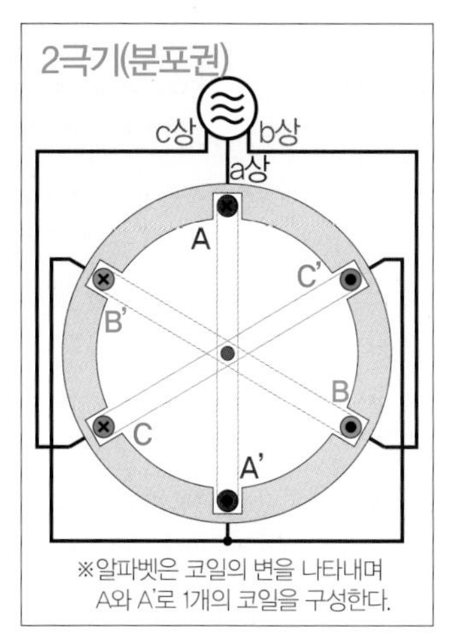

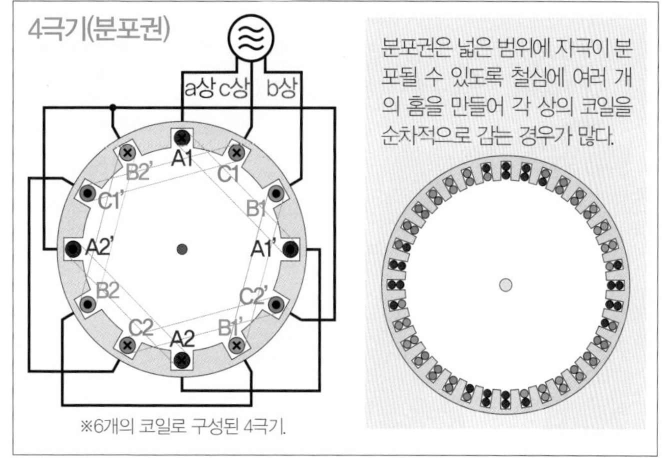

■영구자석형 동기모터와 권선형 동기모터

회전하는 자계 안에 회전축을 갖춘 로터로 영구자석을 배치하면 로터의 회전을 쉽게 상상할 수 있다. 자기의 흡인력에 의해 로터가 회전한다. 이것이 영구자석형 동기모터다. 모터에 부하가 걸리지 않았다면 로터의 N극과 스테이터의 S극이 정반대로 위치한 상태로 회전하지만, 실제의 모터 사용 때에는 부하가 걸리기 때문에 스테이터의 자극 회전보다 로터의 자극이 약간 늦게 회전한다. 로터가 늦다고 했지만 회전자계의 회전속도보다 늦는 것은 아니다. 회전속도는 같다. 부하가 일정하면 같은 각도만큼 어긋나서 회전한다. 이 각도를 부하각이라고 한다.

권선형 동기모터의 경우도 회전원리는 동일하다. 로터의 코일에 전류를 흘려보내면 전자석이 된다. 회전하는 로터에 슬립링과 브러시라는 부품으로 전기를 전달할 필요가 있으므로 그만큼 구조가 복잡해진다.

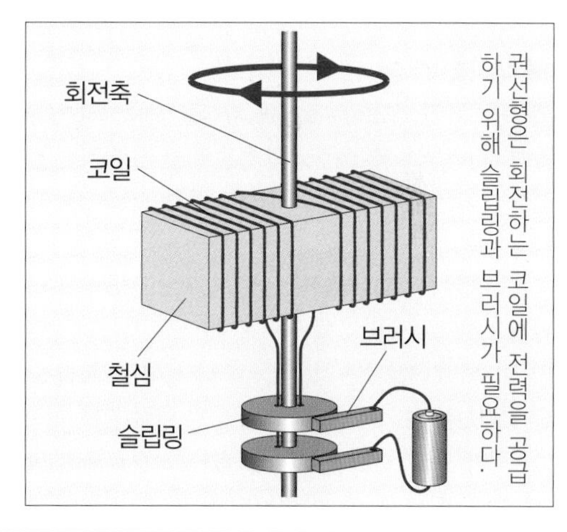

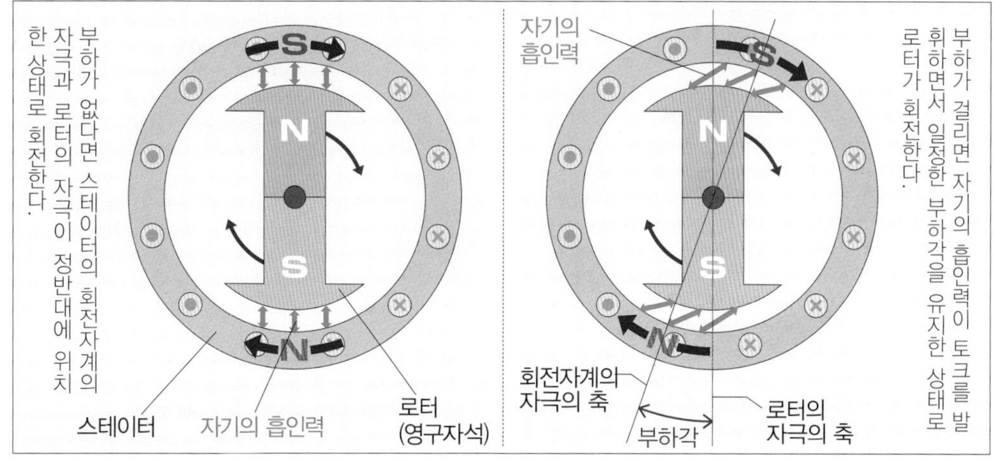

■SPM형 로터와 IPM형 로터

영구자석형 동기모터의 로터에는 자석의 배치방법에 따라 표면자석형 로터와 내부자석형 로터가 있다.

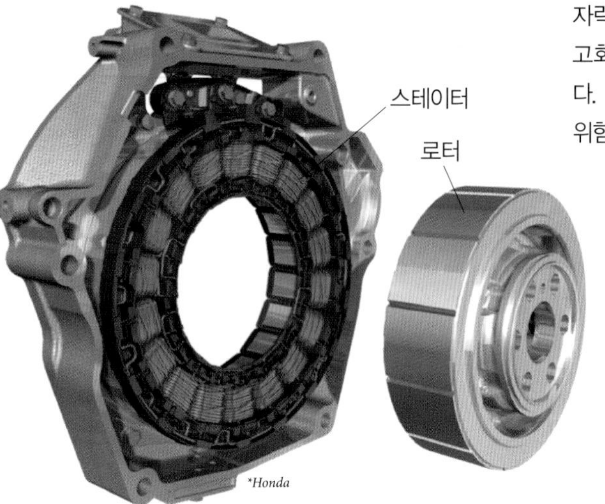

표면자석형은 영어를 줄여서 SPM형 로터라고 한다. SPM형 로터는 스테이터와 자석의 거리가 짧아지므로 자력을 효과적으로 활용할 수 있고, 토크가 커지지만 고회전 때의 원심력으로 자석이 떨어져나갈 우려가 있다. 내부자석형은 IPM형 로터라고 하며, 고회전 때의 위험성은 해결되지만 자력이 약하고 토크가 작다.

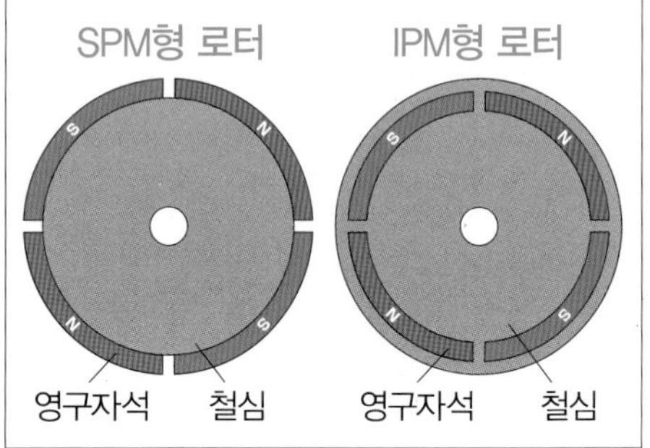

■릴럭턴스형 동기모터

릴럭턴스형 동기모터는 로터에 자석을 사용하지 않고 스테이터의 극수와 같은 수의 돌출부(돌극)를 가진 철심을 사용한다. 따라서 돌극철심형 동기모터라고도 한다.

전력선은 N극에서 S극으로 최단거리의 경로를 지나가려고 하므로 로터의 돌극이 스테이터의 자극의 정면이 되도록 로터를 회전시킨다. 로터에 부하가 걸려있으면 자력선이 늘어져서 마치 고무줄의 장력 같은 힘이 발휘되어 토크가 된다. 이처럼 릴럭턴스(자기저항)가 최소인 상태가 되려고 하면서 토크가 생기므로 릴럭턴스형이라고 하며, 그 토크를 릴럭턴스 토크라고 한다. 영구자석과 비교하면 구조가 단순하고 비용이 덜 들지만 얻을 수 있는 토크는 작다.

영구자석형은 자기의 흡인력으로 회전원리를 설명하고 있다. 하지만 영구자석형이라도 늘어진 자력선으로 회전원리를 생각할 수 있다. 영구자석형은 로터의 자력선이 추가되어 릴럭턴스형보다 큰 토크를 발휘할 수 있다.

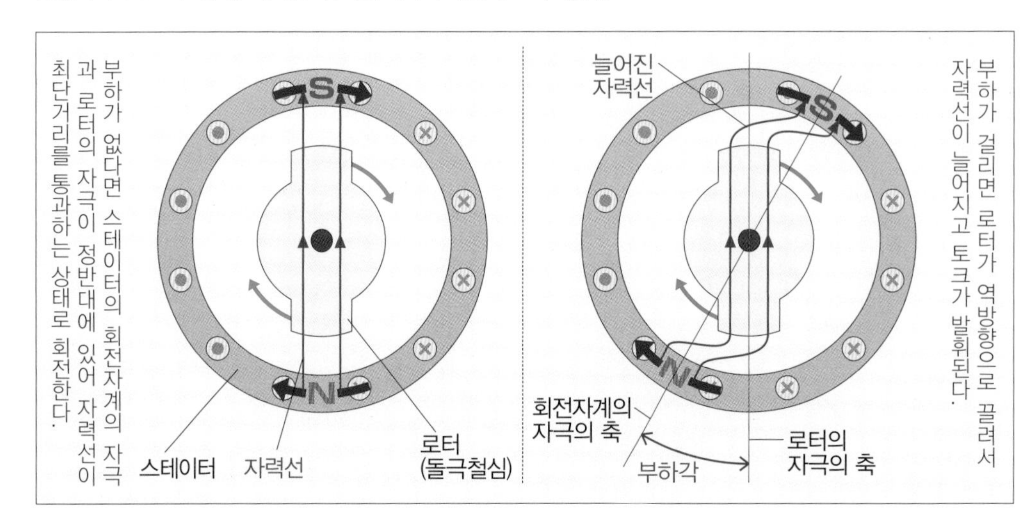

■IPM형 복합 로터

전기자동차와 하이브리드 자동차의 구동용 모터의 주류는 구조가 간단하고 레어어스 자석을 사용해서 큰 토크를 낼 수 있는 영구자석형 동기모터다. 로터에는 IPM형 로터가 주로 사용되고 있다.

원래 IPM형은 토크면에서는 SPM형 로터보다 불리하지만 자석에 의한 토크(마그넷 토크)와 릴럭턴스 토크도 얻을 수 있도록 철심에 돌극을 갖춘 구조가 채용되고 있다. 이러한 로터를 IPM형 복합 로터라고 한다. 로터의 위치에 따라서는 릴럭턴스 토크가 역방향의 토크가 되는 경우도 있어, 1회전 동안에 발생하는 토크의 변동이 커지지만, 전체적으로 얻을 수 있는 복합토크를 SPM형보다 크게 할 수 있다.

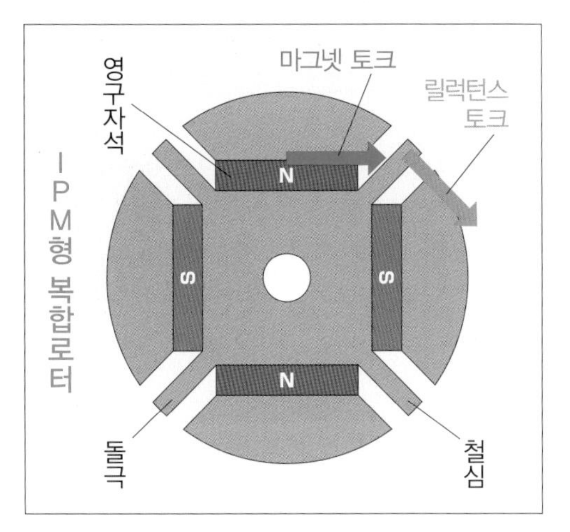

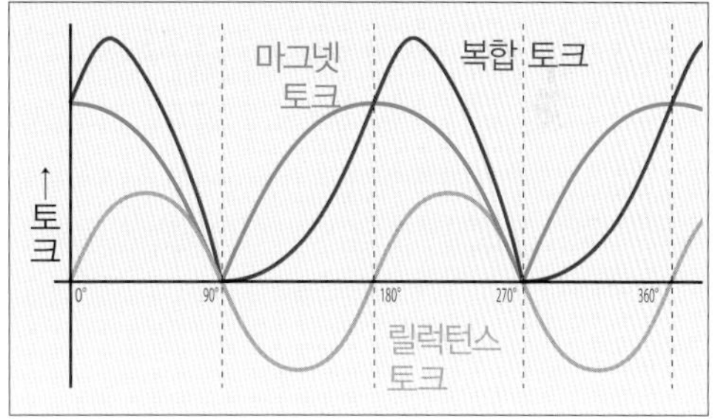

■인버터 제어

동기모터는 전원을 넣어도 대부분은 작동이 되지 않는다. 전원의 주파수가 매우 낮고 모터에 걸려있는 부하가 매우 낮은 상태가 아니면 스테이터의 회전자계와 함께 로터가 돌기 시작하지 않는다. 시동방법에는 다양한 것이 있지만, 현재에는 임의의 전압과 주파수의 교류를 출력할 수 있는 가변전압 가변주파수 전원으로 시동과 이후의 회전제어를 하는 경우가 많다. 이 전원을 일반적으로 인버터(52p. 참조)라고 하며, 이것은 전기자동차와 하이브리드 자동차에서도 채용하고 있다. 매우 낮은 주파수부터 전류를 흘려보내기 시작해서 모터를 움직이고, 조금씩 주파수를 높여서 회전수를 높인다. 이러한 제어를 주파수 제어라고 한다. 정확하게 제어하기 위해서는 로터의 회전속도와 스테이터와의 위치관계를 파악할 필요가 있으므로 회전축에는 회전위치 센서가 설치되어있다. 그 정보를 바탕으로 제어회로에서 인버터로 명령을 보낸다.

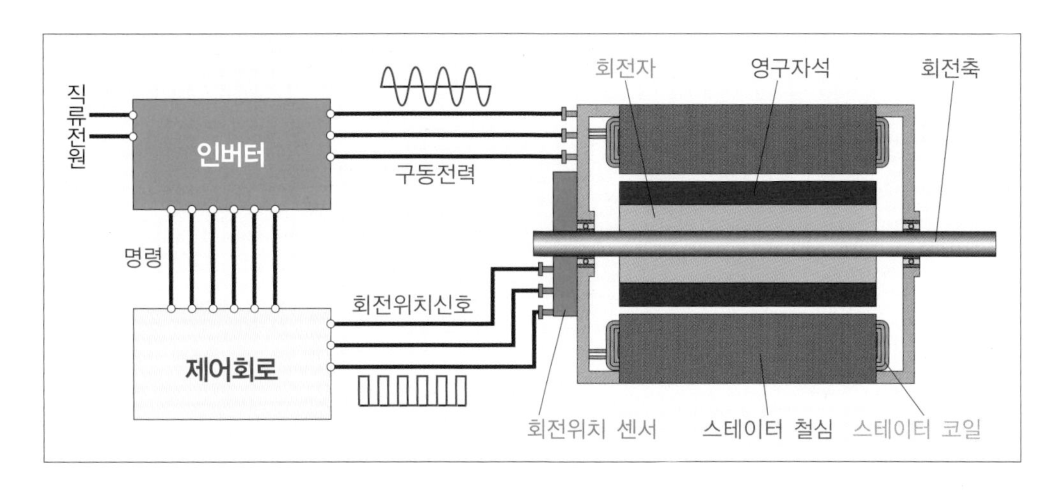

모터구동 03

Induction motor
유도모터

앞으로 전기자동차와 하이브리드 자동차의 구동용 모터의 주류가 될 것으로 예상되는 것이 교류모터의 일종인 유도모터(인덕션 모터)다. 더 정확하게는 3상 교류를 전원으로 하므로 3상유도모터라고 한다. 이미 이것을 사용하고 있는 전기자동차도 있으며, 각 사가 연구개발을 하고 있다. 참고로 같은 교통기관인 전동차의 구동용 모터는 3상유도모터가 일반적이다.

유도모터도 회전자계를 이용하는 모터로, 스테이터는 회전자계를 만들어내는 코일로 되어있다. 로터는 다양한 것이 사용되고 있으며, 새장형 로터가 일반적이다.

새장형 로터는 구조가 심플하고 튼튼하며, 영구자석을 사용하지 않으므로 비용을 줄일 수 있다. 하지만 시동 때에 큰 토크를 발휘할 수 없으며, 시내 주행에서 많이 사용되는 저부하(저속, 저토크) 영역의 효율이 동기모터보다 떨어지기 때문에 하이브리드 자동차에 사용되는 경우는 적다. 고회전 영역에서는 효율이 충분히 좋으므로 비교적 고속의 일정속도에서 사용하는 경우가 많은 전동차에서는 유도모터를 사용하고 있다.

아라고의 원판

유도 모터의 회전원리는 아라고의 원판으로 설명되는 경우가 많다. 이것은 회전축을 가진 알루미늄 등의 비자성체로 도체의 원판에 대해서 그림과 같이 자력선이 원판을 가로지르도록 해서 자석을 회전시키면 자기유도작용으로 원판이 회전한다. 이 실험을 아라고의 원판이라고 한다.

자석의 이동으로 자계가 이동하면 이 앞뒤에 전자유도에 의해 소용돌이 전류가 발생한다. 앞뒤의 소용돌이 전류의 회전방향은 반대가 되므로, 양쪽 방향의 소용돌이가 만나는 부분에서는 전류의 방향이 같아져서 더욱 강한 유도전류가 만들어진다. 이 유도전류와 자석의 자력선에 의해 전자력이 발생한다. 전자력의 방향은 플레밍의 왼손 법칙에 따라 자석의 이동하는 원호의 접선방향이 되어 원판을 자석과 같은 방향으로 회전시킨다. 이 원리는 가정의 전력 계량기에도 사용되고 있다.

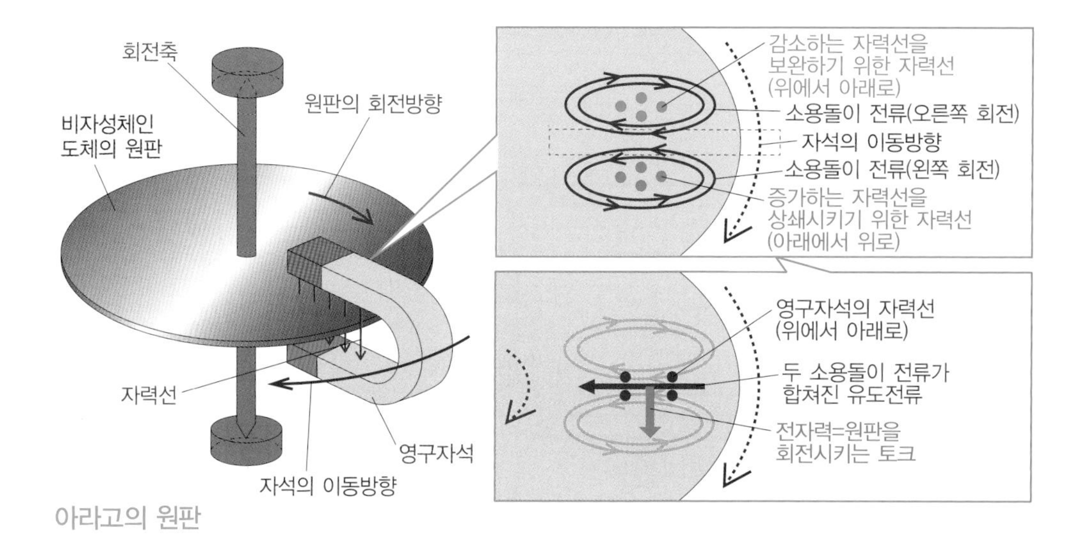

아라고의 원판

■새장형 유도모터

아라고의 원판의 자석 이동 대신에 회전자계를 이용해서 회전축을 가진 원통을 배치하면 원통에 유도전류가 발생해서 회전하는 유도모터가 된다. 이 원통처럼 유도전류를 발생시키는 물체를 유도체라고 한다.

원통을 로터로 사용하면 소용돌이 전류가 주위로 확산되어 효율이 나빠지기 때문에 실제의 3상유도모터는 새장형 로터를 사용한다. 이렇게 하면 유도체 주위의 자기가 잘 흐르게 할 수 있다. 유도모터는 새장형에 로터를 튼튼하게 하는 철심과 알루미늄 또는 동 등으로 만들어진 새장모양의 유도체로 로터가 구성된다. 스테이터의 구조는 3상동기모터와 같으며 코일에 의해 3상 회전자계를 발생시킨다.

⬅⬆ GM에서 개발 중인 유도모터의 새장형 로터(왼쪽)와 스테이터(오른쪽).

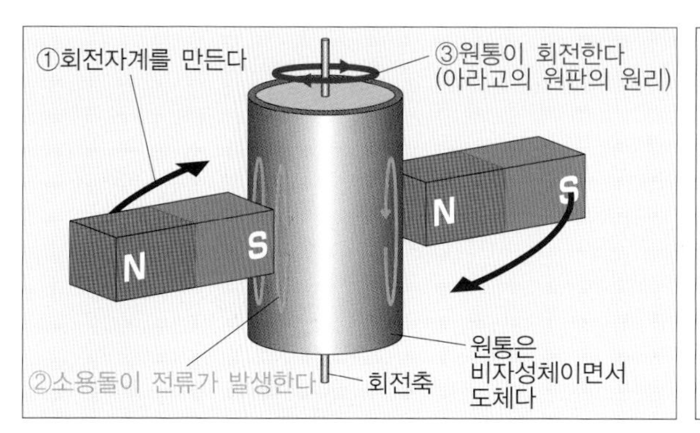

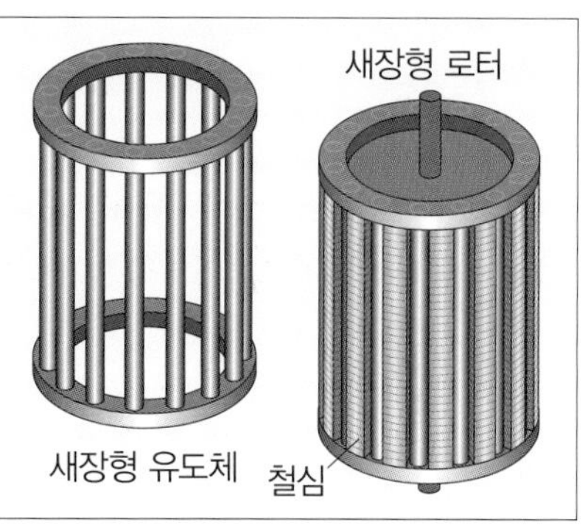

■유도모터의 미끄러짐

유도모터는 로터에 자계의 변화가 없으면 전자력이 발생하지 않으므로 회전자계의 회전속도(동기속도)보다 로터의 회전속도가 늦어야 한다. 동기속도와 회전속도가 다르기 때문에 유도모터는 비동기 모터로 분류된다. 또한 이 지연을 로터의 미끄러짐이라고 하며, 미끄러지는 정도는 일반적으로 동기속도와 속도차이의 비율로 나타낸다. 토크가 최대가 되는 것은 미끄러짐이 0.3 정도인 모터가 많다.

유도모터는 교류전원에 연결하기만 해도 시동이 되지만, 미끄러짐이 크면 토크가 작아진다. 인버터에 의한 제어로 미끄러짐을 작게 유지하면서 시동할 수 있으므로 시동 때의 토크를 크게 할 수 있다. 인버터라면 이후의 회전수를 자유자재로 제어할 수도 있다.

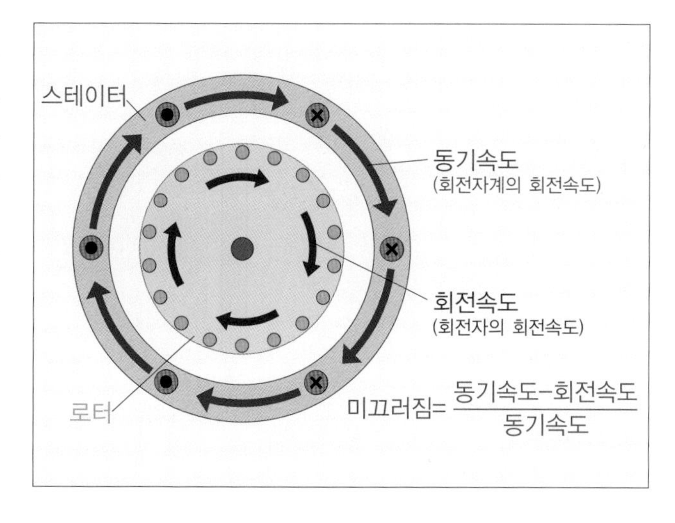

모터구동 04

Brushed DC motor 직류정류자 모터

구동용 이외에 자동차에 사용되고 있는 모터의 대부분은 직류정류자 모터다. 직류정류자 모터는 자동차 이외에서도 가장 친숙한 모터라 할 수 있다. 정류자와 브러시라는 부품이 중요한 역할을 하기 때문에 이런 이름이 붙었다. 스테이터에 영구자석, 로터에 코일을 사용하는 영구자석형 직류정류자 모터가 일반적이지만, 스테이터에도 코일을 사용하는 권선형 직류정류자 모터도 있다. 직류정류자 모터는 과거에는 전기자동차의 구동용으로 사용된 적이 있으며, 유도모터가 사용되기 전에는 오랫동안 전동차의 구동용 모터의 주류였다.

단순히 직류모터 또는 DC모터라고 하는 경우에는 직류정류자 모터, 그 중에서도 영구자석형을 의미하는 경우가 많다. 하지만 현재에는 브러시리스 모터의 사용도 조금씩 늘어나고 있어서, 이것을 구분할 필요가 있는 경우에는 브러시가 있는 직류모터 또는 브러시가 있는 DC모터라고 말하는 경우도 있다.

■영구자석형 직류정류자 모터

직류정류자 모터의 회전원리는 자기의 흡인력과 반발력으로 설명하면 이해하기 쉽다. 오른쪽 위의 그림처럼 로터의 코일에 전류가 흘러서 전자석이 되면, 자기의 흡인력과 반발력에 의해 회전한다. 회전원리를 전자력으로 설명하는 방법도 있다. 오른쪽 아래의 그림처럼 단순화시킨 4각 코일(사각형 코일이라고도 한다)에 전류를 흘려보내면, 플레밍의 왼손 법칙과 같이 전자력이 발생해서 코일이 회전한다.

하지만 어떤 경우라도 90도 회전하면 정지한다. 회전을 연속시키기 위해서는 전류의 방향을 역전시킬 필요가 있다. 이를 위해 사용하는 것이 정류자와 브러시다. 이것은 기계적인 스위치의 일종으로 이 페이지의 그림과 같은 모터라면 180도 회전을 할 때마다 전류의 방향을 바꾸면 모터가 연속해서 회전한다.

이러한 모터의 경우, 정류자의 간격을 벌려서 전류가 끊어지는 순간을 만들지 않으면 쇼트가 되지만, 만약 그 위치에서 로터가 정지하면 재시동을 할 수 없게 된다. 때문에 실제의 모터에서는 오른쪽 페이지의 그림과 같이 3개 이상의 코일을 사용한다.

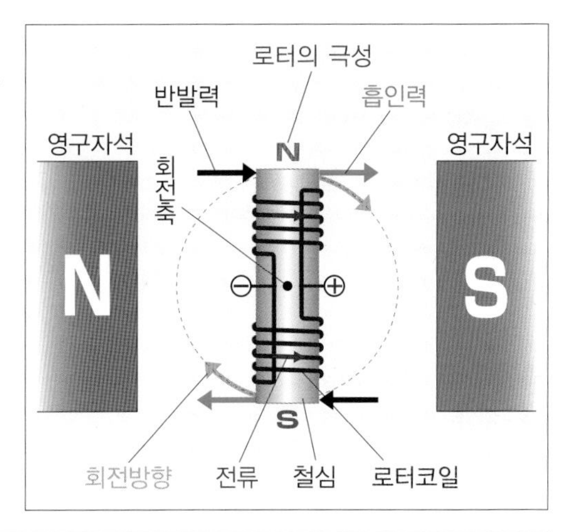

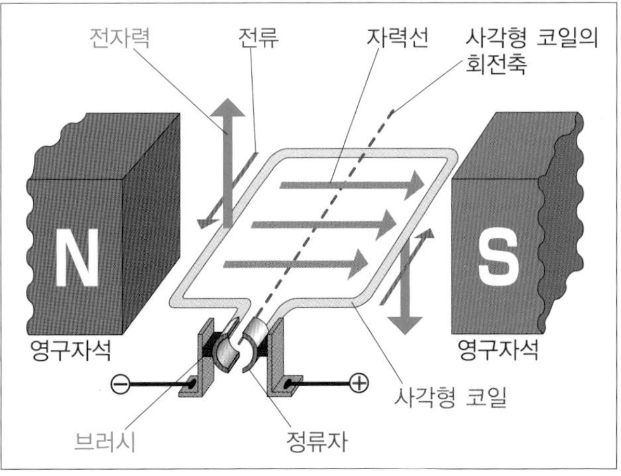

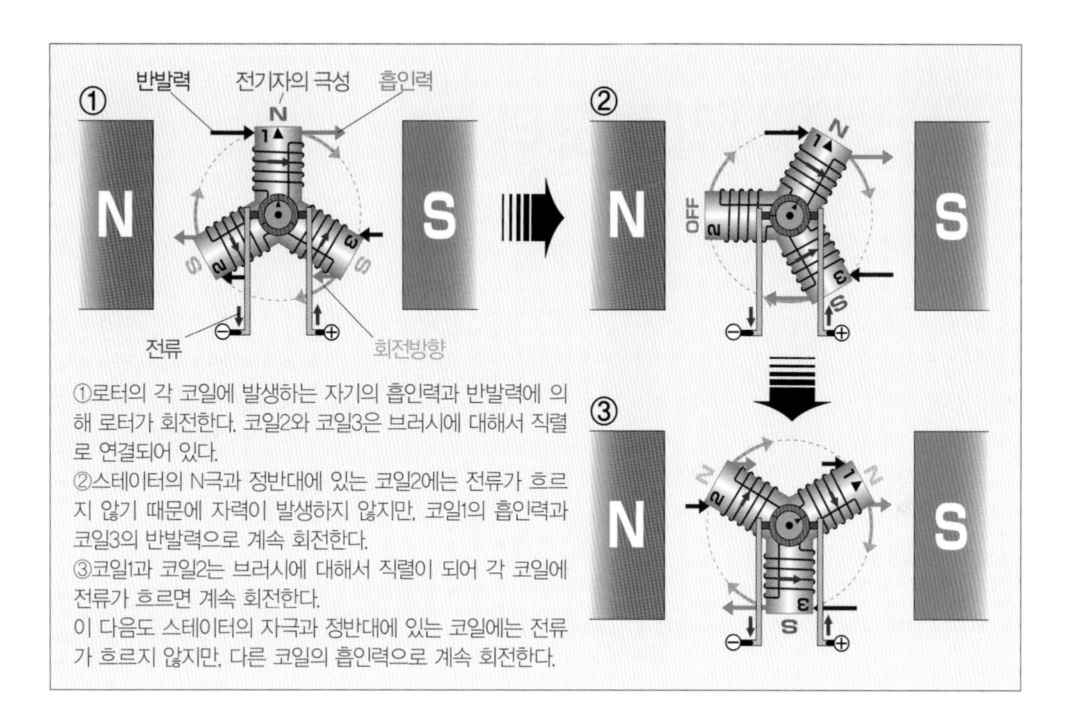

①로터의 각 코일에 발생하는 자기의 흡인력과 반발력에 의해 로터가 회전한다. 코일2와 코일3은 브러시에 대해서 직렬로 연결되어 있다.
②스테이터의 N극과 정반대에 있는 코일2에는 전류가 흐르지 않기 때문에 자력이 발생하지 않지만, 코일1의 흡인력과 코일3의 반발력으로 계속 회전한다.
③코일1과 코일2는 브러시에 대해서 직렬이 되어 각 코일에 전류가 흐르면 계속 회전한다.
이 다음도 스테이터의 자극과 정반대에 있는 코일에는 전류가 흐르지 않지만, 다른 코일의 흡인력으로 계속 회전한다.

■직류직권 모터

권선형 직류정류자 모터의 경우, 로터의 코일과 스테이터의 코일 모두에 전류를 흘려보낼 필요가 있다. 양쪽 코일의 접속방법에 따라 몇 가지 종류가 있지만, 가장 많이 사용되는 것이 양쪽 코일을 직렬로 접속하는 직류직권 모터다. 직류직권 모터는 시동 토크가 크다는 특성이 있다. 엔진 시동장치의 스타터 모터에 사용되는 것이 이 직류직권 모터다.

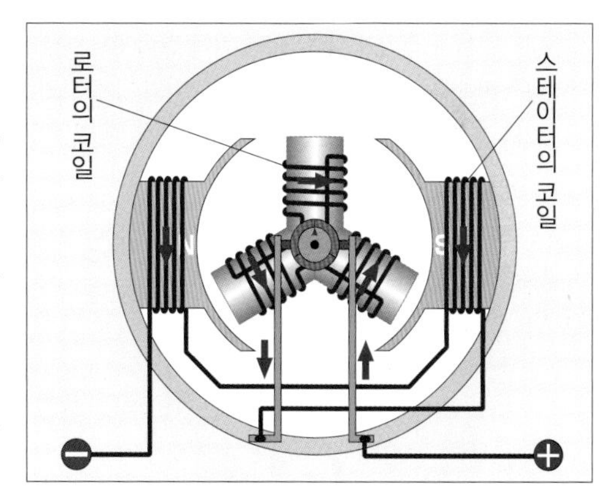

■정류자 모터의 약점

정류자와 브러시는 모터가 작동하는 동안에는 계속 마찰된다. 매끄럽게 접촉할 수 있는 소재를 사용하며, 정류자의 단면형상이 동그란 원이 되도록 만들지만, 그래도 소음이 쉽게 발생한다. 마모도 발생되어 보수가 필요하고 브러시도 교환해주어야 한다.

전류를 흘려보내고 멈추기를 반복하므로 고전압이 발생해서 브러시와 정류자 사이에서 불꽃방전이 발생하는 경우도 있다. 이 방전이 브러시를 소모, 손상시키며, 이때의 이상 전류가 코일을 손상시키기도 한다. 방전에서 발생하는 전자파가 라디오 등의 전파를 이용하는 기기에 잡음을 발생시키거나 가까이에 있는 전자기기의 오작동을 일으키기도 한다.

고회전 시에는 아주 작은 충격에도 브러시가 점프해서 전류가 정상적으로 전달되지 않는다. 고회전 중에는 원심력이 커져 정류자가 벗겨지거나 로터의 코일 위치가 어긋날 가능성도 높아진다. 때문에 직류정류자 모터는 회전속도를 높이는데 한계가 있다.

하지만 직류정류자 모터는 제어가 간단하고 효율이 높으며 다루기 쉽다. 자동차에 사용되고 있는 직류정류자 모터는 수명에 충분한 여유가 있으므로 정상적인 사용이라면 정비나 부품을 교환할 필요가 없을 것이다.

모터구동 05

Blushless motor
브러시리스 모터

영구자석형 직류정류자 모터는 시동 때의 토크가 크고 효율도 높으며 제어하기 쉽다는 특성이 있다. 하지만, 정류자와 브러시에 약점이 있다. 이 약점을 해소한 모터가 브러시리스 모터다. 직류정류자 모터는 기계적인 스위치라 할 수 있는 정류자와 브러시로 코일에 흐르는 전류의 방향을 전환한다. 브러시리스 모터는 이 스위치를 전자적인 회로로 바꾼 것이다. 스위치의 작동을 확실하게 하기 위해서는 회전 위치를 검출하는 센서가 필수적이다.

브러시리스 모터는 직류정류자 모터에서 발전한 모터라 할 수 있지만, 현재에는 교류로 구동되는 경우도 많다. 이 두 가지를 구분해서 부를 때에는 각각 브러시리스 DC모터와 브러시리스 AC모터라고 한다. 전기자동차와 하이브리드 자동차의 구동용 모터의 주류가 이 브러시리스 AC모터다. 구동용 이외의 목적으로도 자동차에 사용되는 모터 중에서 고도로 제어된 것은 브러시리스 모터가 사용되고 있다.

■브러시리스 모터의 회전원리

브러시리스 모터가 영구자석형 직류정류자 모터에서 발전되었다는 점을 잘 알 수 있는 것이, 아래 그림의 아우터로터형 모터다. 앞 페이지의 위쪽 그림에서 설명한대로 코일에서 3개의 직류정류자 모터의 정류자와 브러시를 전자적인 회로로 바꾼 것이라 할 수 있다. 다만 아래의 그림은 3개의 코일이 스테이터고 바깥쪽의 영구자석이 로터로 되어있는 아우터로터형이다. 구동회로의 스위치를 순서대로 ON/OFF 하면 로터가 연속해서 회전한다.

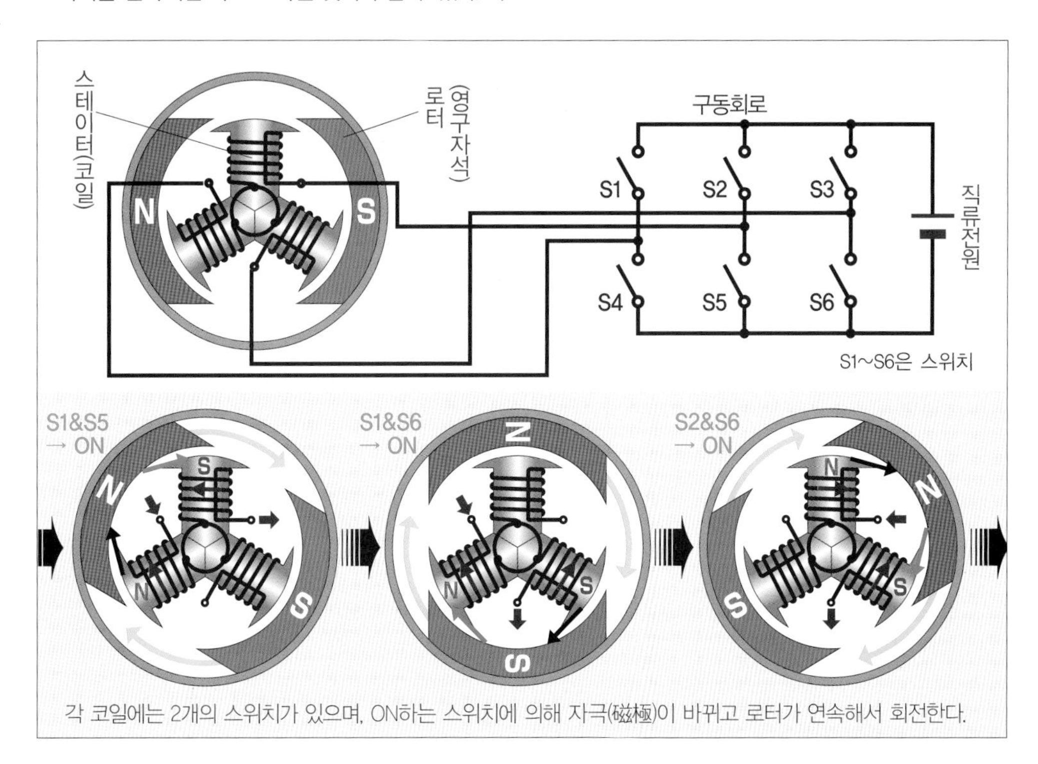

각 코일에는 2개의 스위치가 있으며, ON하는 스위치에 의해 자극(磁極)이 바뀌고 로터가 연속해서 회전한다.

■브러시리스 모터의 구동방법

왼쪽 페이지에서 설명한 것과 같이 스테이터의 코일이 3개, 로터의 자극이 2극인 브러시리스 모터의 경우, 6개의 스위치가 사용되며 각각의 스위치는 1회전 동안 120도씩 ON된다. 이러한 구동방법을 직사각파 구동 또는 사각파 구동이라고 하며, 전류를 흘려보내는 방법을 120도 통전이라고 한다.

하지만 현재에는 사다리꼴파 구동, 사인파 구동이라는 방법도 있다. 사다리꼴파로 하면 전류의 변화가 완만해져서 모터의 구동과 소음을 억제할 수 있다. 사인파로 하면 회전이 더욱 매끄러워지지만 제어를 위한 회로는 복잡해진다.

사인파의 전류는 교류다. 때문에 사인파 구동을 하는 브러시리스 모터를 브러시리스 AC모터라고 한다. 제어하는 회로는 인버터(52p. 참조)가 일반적이다. 교류로 구동하고 있으며, 인버터는 직류를 교류로 변환하는 장치이므로 전원으로는 직류가 필요하다.

그리고 직사각파 구동을 하는 것을 브러시리스 DC모터라고 한다.

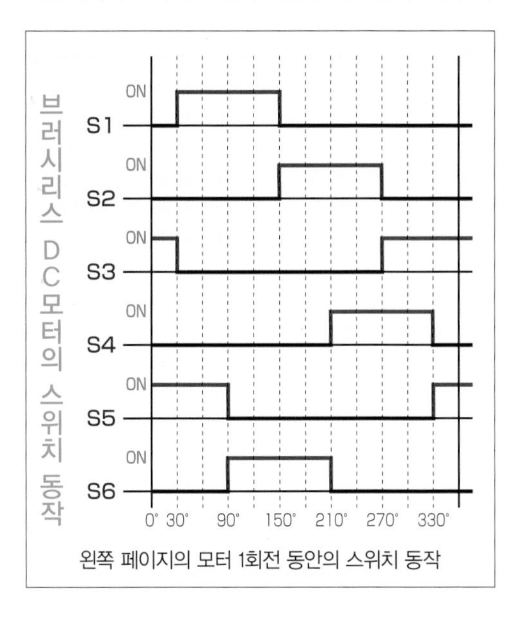

왼쪽 페이지의 모터 1회전 동안의 스위치 동작

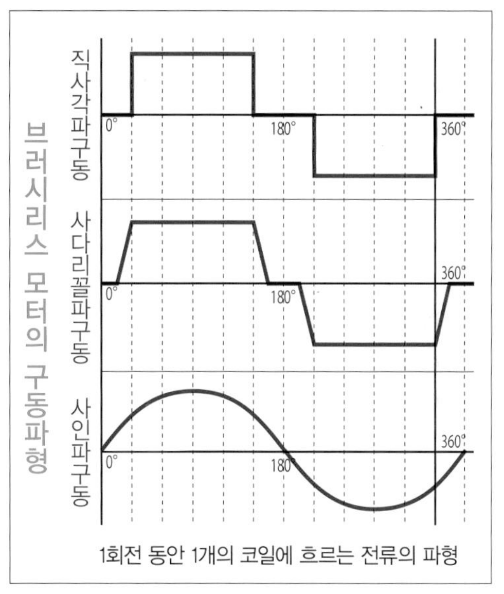

1회전 동안 1개의 코일에 흐르는 전류의 파형

■브러시리스 모터와 동기모터

왼쪽 페이지의 예는 아우터로터형 모터다. 이것을 이너로터형 모터로 바꾸면 오른쪽 그림과 같은 구조가 된다. 이것은 3상의 영구자석형 동기모터의 구조와 동일하다. 게다가 사인파로 구동하면 코일을 흐르는 전류도 완전히 동일해진다. 따라서 현재에는 인버터 등의 반도체에 의한 구동회로에서의 사용을 전제로 하는 경우, 동기모터를 브러시리스 AC모터라 부르는 경우도 많다.

인버터로 구동되고 있는 경우에는 동기모터 또는 브러시리스 AC모터라고 불러도 상관 없다.

위와 같은 이유로 전기자동차, 하이브리드 자동차의 구동용 모터의 메이커의 제원 표기에는 동기모터, 브러시리스 모터, 브러시리스 AC모터 등 다양하게 사용되지만, 모두 같은 것이다. 그 중에는 DC브러시리스 모터라는 표기도 있다. 하지만 이것은 직사각파 구동을 하는 모터일 가능성은 없다. 인버터도 모터의 일부로 보고 그 전원이 직류이기 때문에 DC를 붙여 표기한 것이라 생각된다.

모터구동 06 Motor characteristics & Drivetrain

모터의 특성과 동력전달장치

모터는 시동 시에 토크가 가장 크고, 회전수가 상승하면 토크가 작아져서 전류도 작아지는 특성이 있다. 따라서 자동차와 전동차의 구동용 모터에 적합하다는 설명을 하는 경우가 많다. 하지만 이 특성은 직류직권 모터와 영구자석형 직류정류자 모터를 말하는 것이다. 이러한 특성 때문에 직류직권 모터가 전동차의 구동용 모터로 오랫동안 사용되고 있으며, 과거의 전기자동차에도 사용되었다.

현재의 주류인 동기모터를 인버터로 주파수 제어한 경우의 특성은 더욱 뛰어나다. 최대 토크로 시동할 수 있으며, 그 토크를 어느 정도의 회전수까지 유지할 수 있다. 이러한 특성 때문에 엔진 구동에서는 필수적인 트랜스미션이 필요 없는 것이다. 모터의 회전을 직접 구동바퀴에 전달해도 문제가 없다. 모터로 엔진을 어시스트하는 하이브리드 자동차도 엔진과 모터를 직접 연결할 수 있다.

■동기모터의 특성

전기자동차와 하이브리드 자동차의 주파수 제어된 영구자석형 동기모터는 일반적으로 아래의 그래프와 같은 특성을 가지고 있다.

모터에는 정격이라는 것이 있다. 모터는 계속 사용하면 발열에 의한 온도상승으로 코일이 타서 끊어지거나 파손이 될 수 있다. 이러한 온도를 비롯해 기계적인 강도와 진동, 효율의 면에서 모터에 보증된 사용의 한계를 정격이라고 한다.

최대 토크는 모터에 흐르게 할 수 있는 전류의 정격으로 정해진다. 회전수가 높아질수록 출력이 상승하며, 발열이 증가하므로 출력을 억제해야 하는 경우도 있다.

일정 회전수가 되면 천천히 토크의 저하가 시작된다. 이것은 전원의 한계에 의한 것이다. 전기자동차의 경우, 모터의 전원은 2차 전지(56p. 참조)다. 전지의 출력에는 한계가 있으며, 그 이상의 전력을 방출할 수는 없다. 때문에 일정 회전수 이상에서는 모터의 출력이 일정해지며, 회전수가 상승함에 따라 토크가 저하된다.

회전수를 더 높이면 토크가 급격히 저하되어 최고회전수에 도달한다. 이 최고회전수도 2차 전지의 한계에 의해 정해진다. 2차 전지의 전압의 상한선 이상으로는 회전수를 높일 수 없는 것이다.

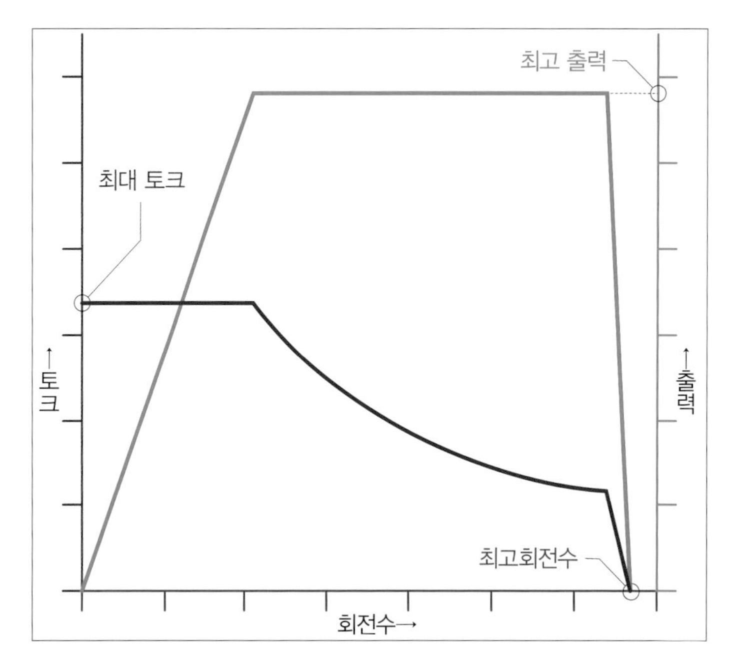

■구동장치

모터의 특성은 자동차의 구동에 적합하기 때문에 모터의 회전을 직접 구동바퀴에 전달해도 문제가 없다. 모터를 고회전에서 사용하면 출력을 높일 수 있으므로, 톱니바퀴에 의한 감속기구를 사용하는 경우도 있지만, 단계적인 변속을 하는 경우는 드물다. 또한 1개의 모터로 직접 구동을 하는 경우에는 코너링 때에 좌우의 구동바퀴에 회전을 분배하는 디퍼렌셜 기어가 필수적이며, 구동바퀴에 회전을 전달하는 드라이브 샤프트도 필요하다.

엔진은 회전방향이 일정하지만 모터는 전기적으로 회전방향을 역전시킬 수 있으므로 전후진 전환기구도 필요 없다. 3상교류로 구동하는 동기모터의 경우, 3상교류 중 2개의 상의 순서를 바꾸면 회전자계가 역방향으로 회전한다. 인버터로 구동하고 있다면, 각 코일에 보내는 순서를 바꾸면 역회전을 한다.

엔진과 모터를 구동에 이용하는 하이브리드 자동차의 경우도 양쪽을 직접 연결해서 모터의 토크를 엔진의 토크에 직접 더할 수 있다. 엔진의 토크가 부족한 영역에서 모터의 토크를 함께 사용하면 일반적인 트랜스미션을 사용하지 않아도 된다. 이러한 경우의 모터를 전기식 무단변속기(전기식 CVT)라고 한다.

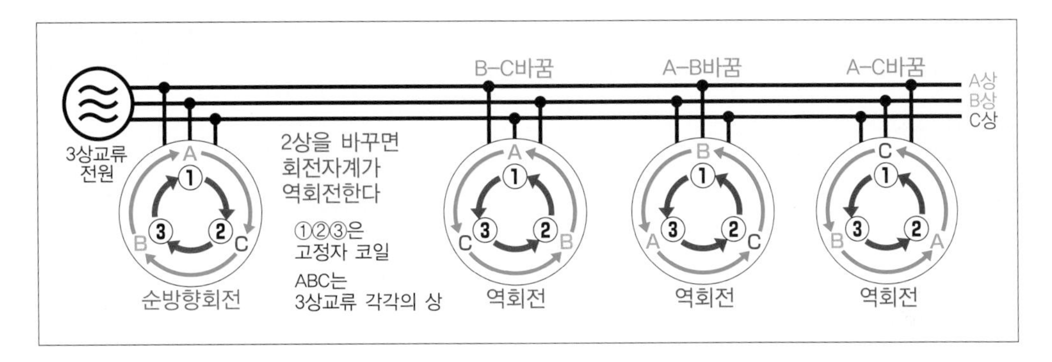

■모터의 효율과 손실

모터는 엔진에 비해 효율이 매우 높다. 구동용 모터의 주류인 영구자석형 동기모터의 효율은 95%에 달한다.

효율이 높지만 손실도 있다. 전기에너지의 일부가 열에너지로 변환된다. 이 열에 의해 모터가 과열되면 코일의 권선이 불에 타 끊어지는 문제가 발생한다. 그리고 영구자석은 고온이 되면 자력이 저하되는 성질이 있다. 때문에 냉각장치가 장비되는 경우가 있다. 냉각장치에는 공기의 흐름으로 냉각을 하는 공랭식과 모터 내부에 냉각수를 통과시켜 냉각을 하는 수랭식이 있다. 하이브리드 자동차의 경우는 엔진의 냉각장치로 모터를 냉각시키는 경우도 있다.

그밖에 모터 구동에 필수적인 2차 전지와 반도체 소자도 발열에 의해 에너지 손실이 일어나며, 과열되면 문제가 발생한다. 따라서 이러한 장치에도 냉각장치가 갖춰진 경우가 있다.

모터구동 07

Inverter
인버터

동기모터 등의 교류모터를 사용해서 구동을 할 때 인버터는 필수적이다. 인버터란 직류입력 교류출력전원으로 일정 주파수와 교류 전압을 지속적으로 출력한다. 모터 제어에서는 일반적으로 임의의 전압과 주파수를 출력할 수 있는 인버터를 사용한다. 가변전압 가변주파수 전원인 것을 명시하기 위해서 영어의 머리글자를 따와 VVVF인버터라고도 한다.

인버터는 스위칭 작용이 있는 전력용 반도체소자로 ON/OFF를 반복하면서 전류를 잘게 잘라 임의의 전압을 만들어낸다. 이러한 방법을 잘게 자른다는 의미의 영어로 초퍼 제어라고 한다. 초퍼 제어에는 다양한 방법이 있으며, 일반적으로 펄스폭 변조방식이 사용된다. 영어의 머리글자를 따서 PWM방식이라고도 한다. 3상교류를 출력하는 인버터의 경우, 6개의 스위칭 소자로 기본적인 회로가 구성된다.

■초퍼 제어

초퍼 제어의 스위치 ON과 OFF의 1세트를 스위칭 주기라고 하며, 1초 동안의 스위칭 주기 횟수를 스위칭 주파수라고 한다. 펄스폭 변조방식은 스위칭 주기를 일정하게 하고 ON의 시간의 비율을 바꿔 전압을 조정한다. 이 ON의 시간 비율을 듀티비라고 한다. 스위칭 주파수가 낮으면 출력된 전력을 사용하는 기기가 정상적으로 작동되지 않지만, 1초 동안에 몇 만 번의 스위치의 ON/OFF라면 전압의 평균치가 출력전압이 되어 기기가 정상적으로 작동한다. 예를 들어 듀티비의 50%로 하면 원래 전압의 50%의 전압을 출력할 수 있다. 실제 회로에서는 스위칭 소자가 사용되며 전압변화의 요철을 매끄럽게 하는 평활회로(55p. 참조)도 함께 사용한다. 다만 듀티비가 너무 작으면 (출력전압을 낮게 하면), OFF의 시간이 길어져 전류가 안정되지 않으므로 출력 가능한 전압에는 하한이 있다.

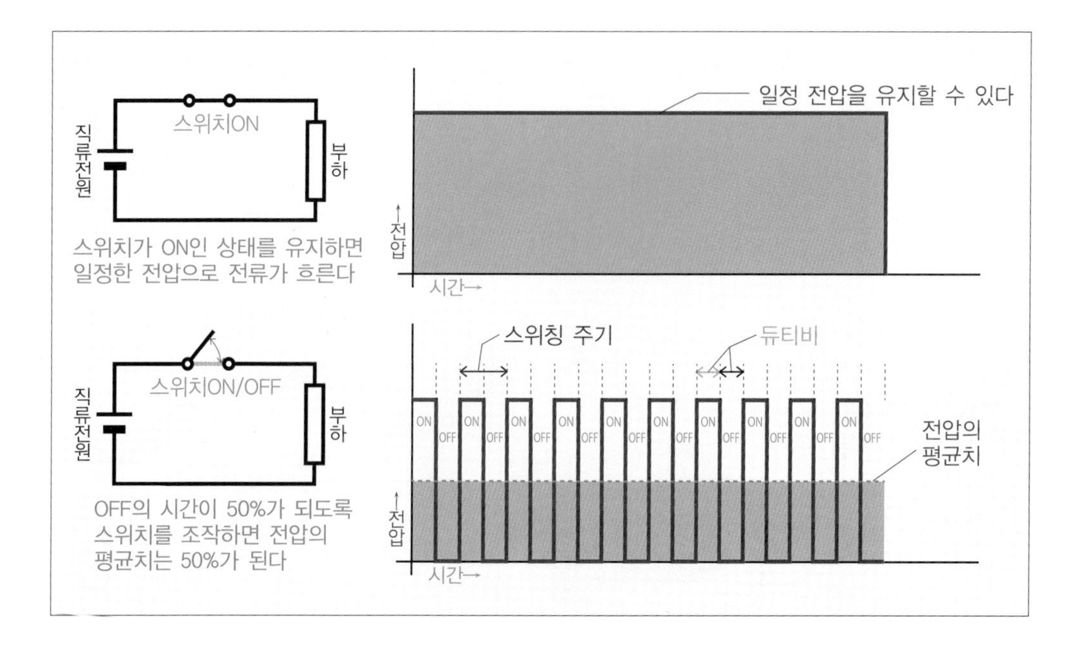

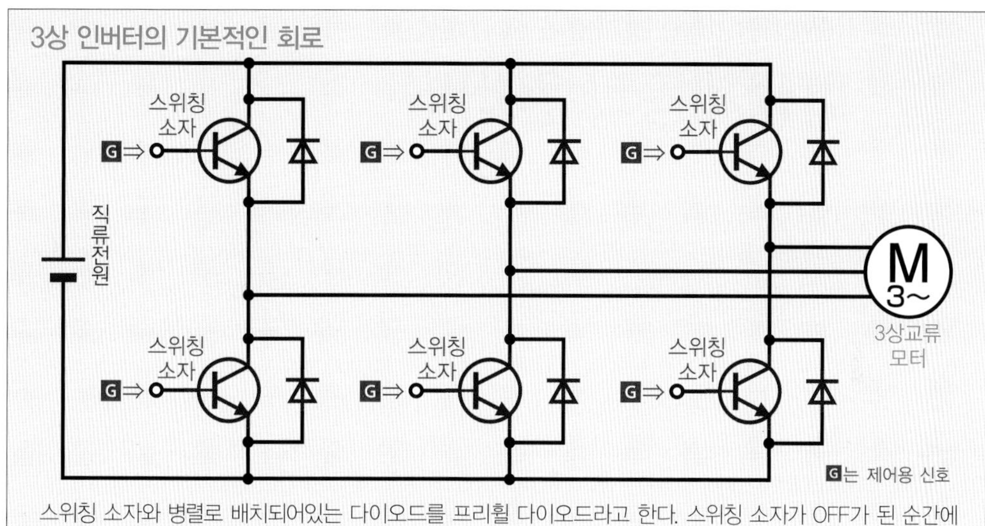

스위칭 소자와 병렬로 배치되어있는 다이오드를 프리휠 다이오드라고 한다. 스위칭 소자가 OFF가 된 순간에는 모터의 코일에 자기(自己)유도작용으로 고전압이 발생한다. 이 고전압이 스위칭 소자에 걸리면 소자가 파손되므로 다이오드에 의해 전원 쪽으로 되돌리는 경로를 만드는 것이다.

■유사 사인파 출력

왼쪽 페이지의 초퍼 제어 예에서는 직류의 전압을 바꿨지만, 6개의 스위치를 사용하면 3상교류의 출력이 가능하다. 고속 ON/OFF는 기계적인 스위치로는 불가능하므로 6개의 스위칭 소자를 사용하며, 2개 1세트로 1상을 담당한다. 한쪽 스위칭 소자가 ON일 때에 흐르는 전류를 순방향이라고 하면, 다른 한쪽의 스위칭 소자가 ON일 때에는 역방향의 전류가 출력된다. 듀티비를 연속적으로 변화시켜서 전압의 변화를 교류 본래의 파형인 사인커브에 가깝게 하면 교류 출력이 가능하다. 이러한 출력을 유사 사인파 출력이라고 한다.

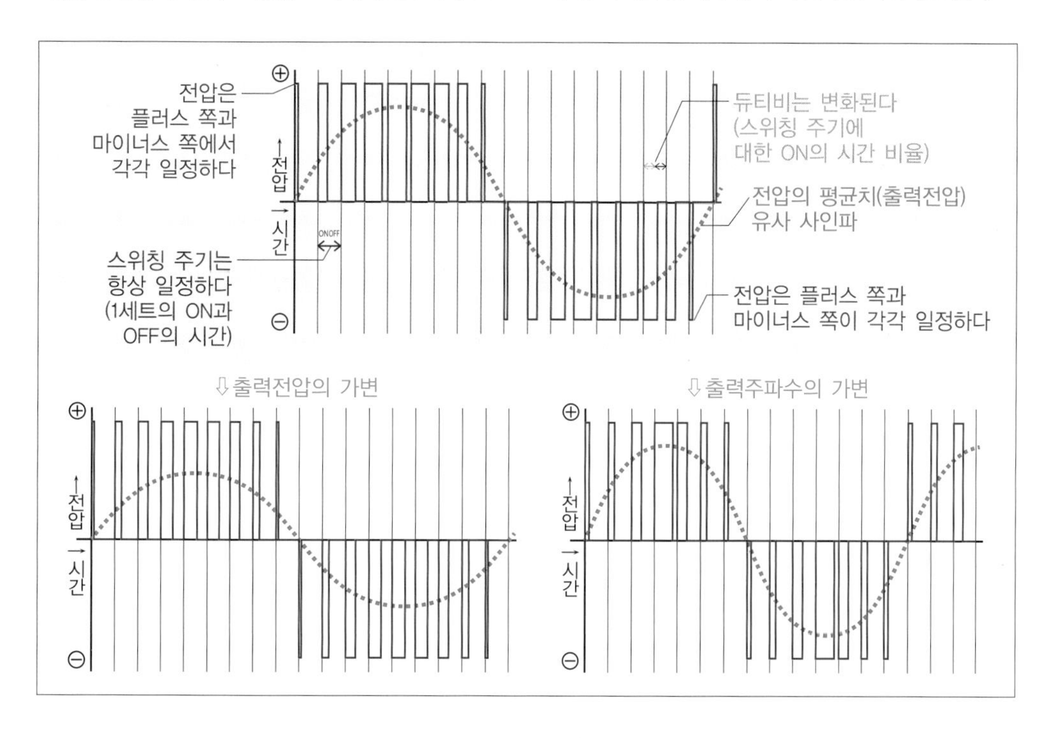

모터구동 08

Regenerative brake & Convertor
회생제동과 컨버터

모터는 발전기 기능도 갖추고 있다. 이것은 자동차 모터 구동의 큰 장점이다. 자동차는 감속할 때 운동에너지를 감소시킬 필요가 있다. 종래의 방식은 브레이크 시스템의 마찰에 의해 운동에너지를 열에너지로 변환시켜 주위에 버렸다. 이것은 에너지를 쓸모 없이 낭비한 것이라 할 수 있다. 하지만 구동용 모터를 발전기로 사용하면 운동에너지를 전기에너지로 변환할 수 있다. 이 에너지를 2차 전지(56p. 참조)에 저장하면 다시 구동에 사용할 수 있다. 이처럼 종래에는 손실로 버려졌던 에너지를 회수해서 재이용하는 것을 에너지 회생이라고 하며, 제동 때에 이루어지는 것을 회생제동 또는 회생 브레이크라고 한다.

현재 구동용 모터의 주류인 동기모터 등의 교류모터를 발전기로 사용하면 교류를 발생시킨다. 하지만 전지는 직류만 충전할 수 있다. 그리고 발전전압은 변동하지만 2차 전지를 충전하는 전압은 정해져 있다. 그래서 회생제동에는 교류입력 직류출력의 가변전압 전원이 필수적이다. 이 전원을 AC/DC컨버터라고 한다.

2차 전지의 전력이 구동 이외에 사용되는 경우도 있다. 구동에는 고전압이 필요하기 때문에 2차 전지도 고전압 사양으로 되어있지만, 다른 장치에서는 저전압이 필요한 경우도 있다. 이때 직류입력 직류출력의 가변전압전원인 DC/DC컨버터가 사용된다.

■3상동기발전기

영구자석형 동기모터의 로터가 회전하면 스테이터의 코일 주변의 자계가 변화하여, 전자유도작용에 의해 코일에 유도전류가 흐른다. 이것이 동기발전기의 발전 원리다. 로터가 2극인 영구자석이면 1회전으로 교류의 1사이클이 발전된다. 코일이 3개인 3상동기 모터라면 코일이 120도 간격이므로 각 코일의 위상이 120도 어긋난 교류, 즉 3상교류가 발생한다. 이것이 3상동기발전기의 기능이다.

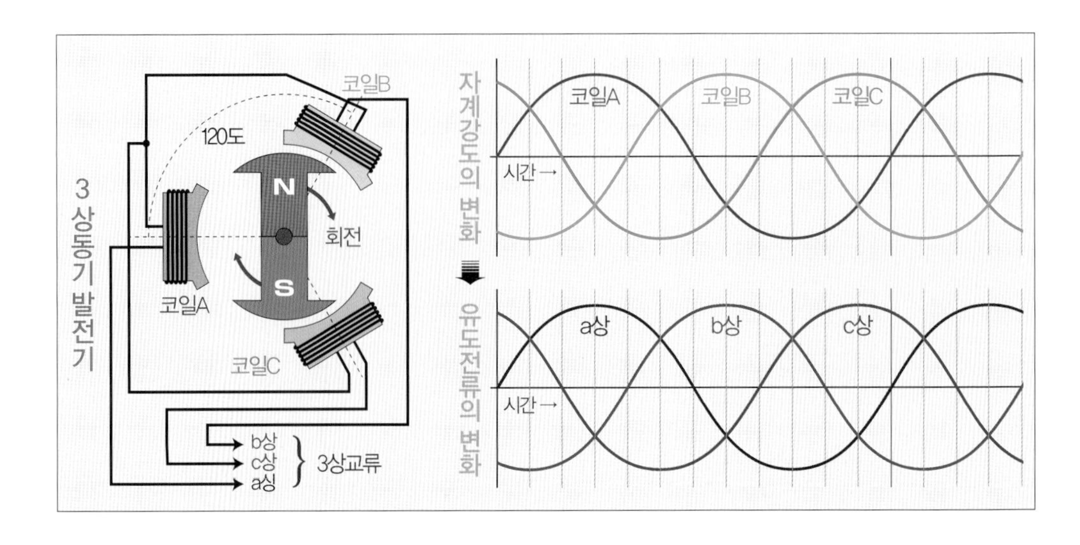

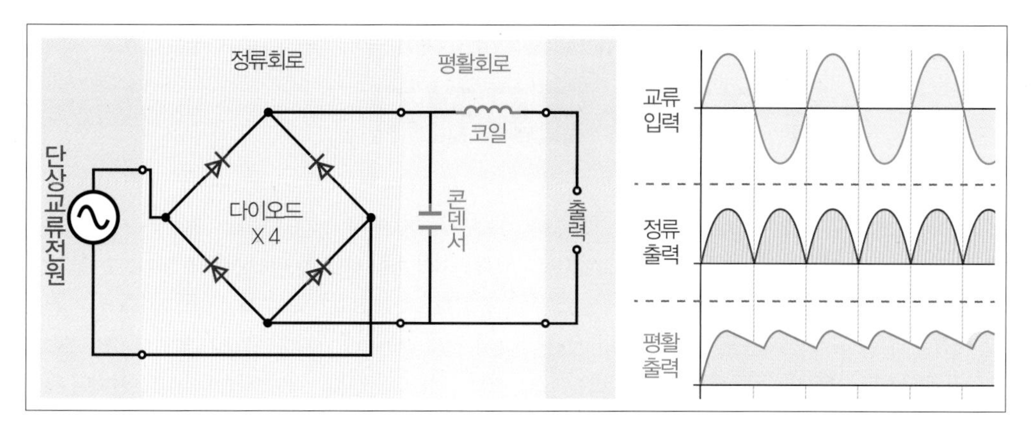

콘덴서는 전압이 상승할 때에는 충전을 하고, 전압이 내려갈 때에는 방전을 하는 성질이 있어 전압의 변화를 억제할 수 있다. 코일은 자기(自己)유도작용에 의해 전류의 변화를 억제하는 작용이 있으므로 전압의 변화를 억제할 수 있다.

■컨버터

교류를 직류로 변환하는 것을 정류라고 하며, 정류를 하는 장치를 AC/DC컨버터 또는 정류기라고 한다. 그냥 컨버터라고 하기도 한다. 정류는 반도체소자인 다이오드의 정류작용(일정한 방향으로만 전류를 지나가게 하는 작용)을 이용한다. 단상교류는 4개의 다이오드, 3상교류는 6개의 다이오드로 정류회로가 구성된다. 하지만 다이오드만으로는 전압이 변동하는 맥류만 변환할 수 있으므로, 콘덴서나 코일에 의한 평활회로로 변동을 억제하는 경우가 많다.

입력 전압이 일정하고 출력에 요구되는 전압이 일정한 AC/DC컨버터의 경우는 2개의 코일을 조합한 트랜스의 상효유도작용으로 교류의 전압을 변환한 후, 정류하는 것도 가능하다. 하지만, 입력 전압이 변동되거나 출력에 요구되는 전압이 변화되는 경우는 반도체인 스위칭 소자에 의한 초퍼 제어(52p. 참조)로 전압을 조정한다. DC/DC컨버터의 전압 조정에는 초퍼 제어가 사용된다.

전압을 내릴 때에는 스위치의 ON/OFF를 반복해서

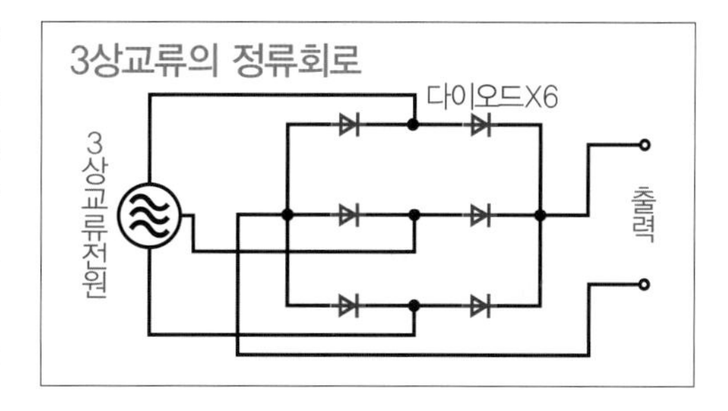

전압을 잘게 잘라 평균전압을 출력하는 것이 가능하다. 이것을 강압 컨버터라고 한다. 전압을 올릴 때에는 스위칭 소자에 코일을 함께 사용한다. 코일에는 전류를 축적하는 작용이 있으므로, 스위치가 ON일 때에는 코일에 전류가 흐르고, OFF가 되면 코일에 축적된 전류와 전원으로부터의 전류가 동시에 출력되어 전압이 높아진다. 이것을 승압 컨버터라고 한다.

강압 컨버터의 기본회로

스위칭 소자

코일

직류전원

G

다이오드

출력

스위치ON으로 전류가 흐르고, OFF로 코일이 평활화된다

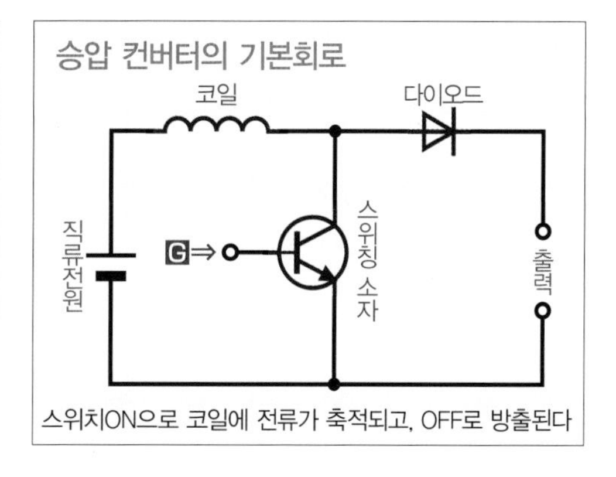

모터구동 09

Rechargeable battery & Fuel cell
2차 전지와 연료전지

자동차의 모터를 구동하기 위해서는 전원이 필요하다. 그 전원에 사용되는 것이 전지다. 하이브리드 자동차 중에는 발전기를 엔진으로 구동하는 방식도 있지만, 이러한 경우에도 회생제동을 위한 충전이 가능한 전지가 필요하다. 전지에는 태양전지처럼 물리전지로 분류되는 것도 있지만, 대부분은 화학반응을 이용하는 화학전지다. 전지는 전기 그 자체를 비축하기도 하지만 화학전지는 화학에너지를 전기에너지로 변환하는 장치다.

화학전지에는 1차 전지, 2차 전지, 연료전지가 있다. 1차 전지는 건전지처럼 사용하고 버리는 타입의 전지다. 2차 전지는 충전해서 반복사용할 수 있는 전지로 축전지라고도 한다. 일반적으로 충전지라고 부른다. 전기자동차와 하이브리드 자동차에 사용되는 것은 2차 전지 중에서도 에너지 밀도가 높은 니켈수소전지 또는 리튬이온전지다. 엔진자동차의 충전장치에 사용되고 있는 통칭 배터리도 납축전지라는 2차 전지다. 연료전지는 화학에너지를 연료로 공급하면 연속해서 사용할 수 있다.

전지로는 분류되지 않지만 마찬가지로 전기를 담을 수 있는 것으로 캐퍼시터가 있다. 캐퍼시터도 에너지 회생을 위해 자동차에 사용되기 시작하고 있다.

2차 전지

2차 전지는 전극인 2종류의 물질과 전해액(또는 전해질)의 조합으로 화학반응을 일으켜서 방전(전기를 발생시키는 것)한다. 이 조합에 의해 전지의 전압이 정해진다. 일반적인 사용에서 얻어지는 전압의 기준을 공칭전압이라고 한다. 충전 때에는 방전 때와는 정반대의 화학반응이 일어난다. 납축전지의 화학반응은 비교적 초보레벨이지만, 그 밖의 2차전지의 화학반응은 어렵기 때문에 이 책에서는 설명을 생략한다.

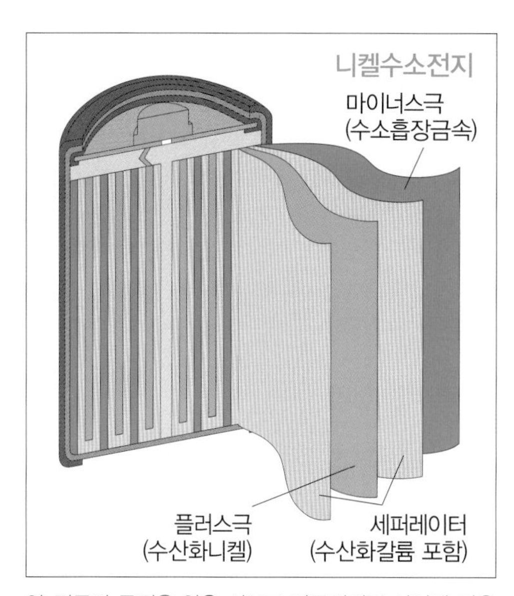

양 전극의 물질은 얇은 시트로 만들어지고 사이에 같은 두께의 시트 상태의 세퍼레이터가 들어간다. 세퍼레이터에는 전해액이 포함되어있으며, 이것이 여러 층으로 겹쳐져 있다. 모양은 원통형, 사각형, 라미네이션형 등이 있다. 리튬이온전지의 구조도 이것과 같다.

니켈수소전지는 공칭전압이 1.2V이며 건전지 타입의 2차 전지의 주류다. 효율과 에너지 밀도 등은 리튬이온전지보다 떨어지지만 안전성이 높고 가격이 저렴하다.

리튬이온전지에는 다양한 구성이 있으며, 대표적인 구성의 공칭전압은 3.6V다. 이것은 휴대전화의 전지에도 사용되고 있는 등, 매우 뛰어난 능력을 가지고 있지만 재료로 레어메탈(희소금속)인 코발트를 사용하기 때문에 제조비용이 높다. 그리고 과충전을 시키면 발열해서 파열이나 발화의 위험성이 있다. 완전방전을 시키면 전지로서의 기능을 할 수 없게 되므로 충전전압을 높은 정밀도로 제어하는 등, 전지를 관리하기 위한 전자회로가 필수적이다.

■에너지 밀도와 출력

에너지 밀도란 일정한 중량 또는 체적 안에 어느 정도의 에너지가 존재하는가를 의미한다. 2차 전지의 경우는 완전히 충전된 상태의 에너지 밀도로 표현한다. 이 때의 전력량을 전지의 용량이라고 한다. 2차 전지의 에너지 밀도가 높을수록 같은 용량이라도 경량 또는 소형으로 만들 수 있으므로 여러 가지 면에서 유리하다. 또한 같은 중량 또는 체적이라면 에너지 밀도가 높을수록 항속거리가 길어진다.

2차 전지의 성능에서는 출력도 중요하다. 전지의 출력이란 전력을 말하며, 일정시간에 할 수 있는 일의 양이다. 모터의 출력이 아무리 높아도 2차 전지의 출력이 작으면 모터의 출력은 전지의 출력을 넘어설 수 없다.

리튬이온전지는 에너지 밀도와 출력이 니켈수소전지보다 높다. 하지만 가솔린의 중량에너지밀도에 비하면 리튬이온전지는 1/50밖에 안 된다(개선되고 있는 중이다). 모터는 엔진에 비해 매우 효율이 높지만, 그래도 항속거리면에서 엔진자동차가 유리한 것은 가솔린 에너지의 밀도가 높기 때문이다.

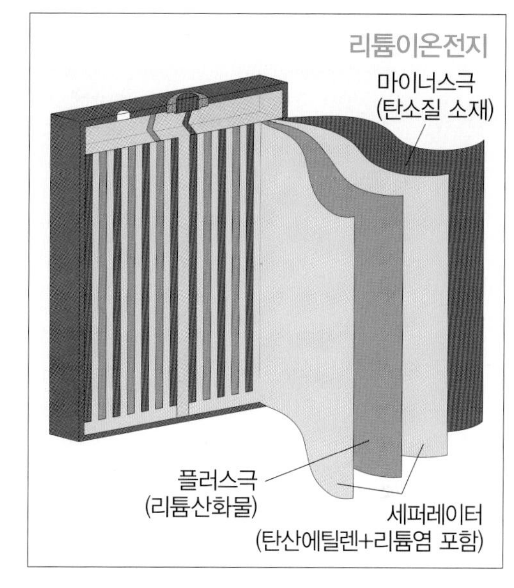

■연료전지

1차 전지, 2차 전지는 내부에 화학에너지가 축적되어 있지만, 연료전지는 화학에너지를 연료로 공급해서 연속해서 전기를 발생시킬 수 있다. 연료탱크까지 포함해서 생각하면 내부에 화학에너지를 축적하고 있다고 할 수 있지만, 연료전지만 보면 다른 형태의 에너지를 전기에너지로 변환하는 장치이므로 발전기에 가깝다. 한자로 '연료'라는 단어에는 '불태운다'라는 글자가 포함되어있어서 오해할 수 있지만, 내부에서는 연소가 이루어지지는 않는다. 발열이 적은 화학반응이다.

연료전지의 기본적인 원리는 전기분해와 반대되는 화학반응을 일으켜서 전기를 발생시킨다. 주로 물의 전기분해의 반대 반응, 즉 수소와 산소를 반응시켜서 전기를 발생시키고 있다. 다양한 구조가 있지만 연료전지 자동차에서 사용하고 있는 것은 고체 고분자형 연료전지다. 전극에는 탄소 등으로 만들어진 다공질의 소재가 사용되며, 사이에 특정 이온만 통과시키는 이온 교환막이 배치된다. 양쪽의 전극에 연료인 수소와 공기 중의 산소를 공급하면 발전이 된다. 화학반응에 의해 발생되는 것은 물뿐이다. 실제로는 반응할 때 열이 발생하기 때문에 고온의 물로 배출된다. 이 뜨거운 물을 열의 발생장치로 이용하는 것도 가능하다.

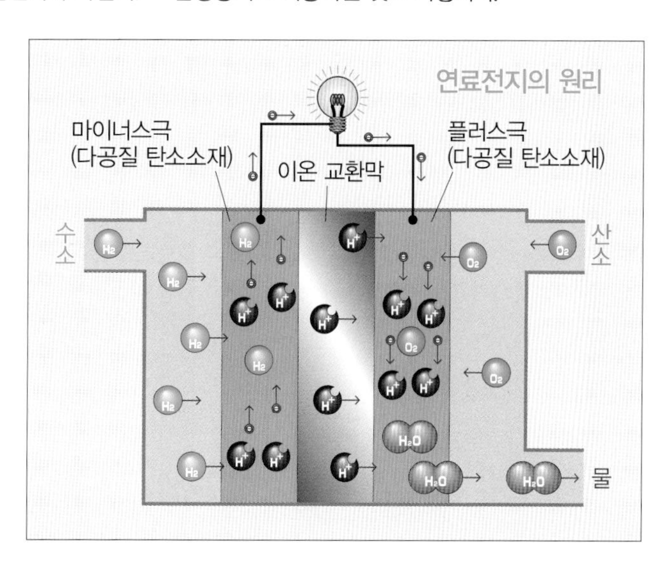

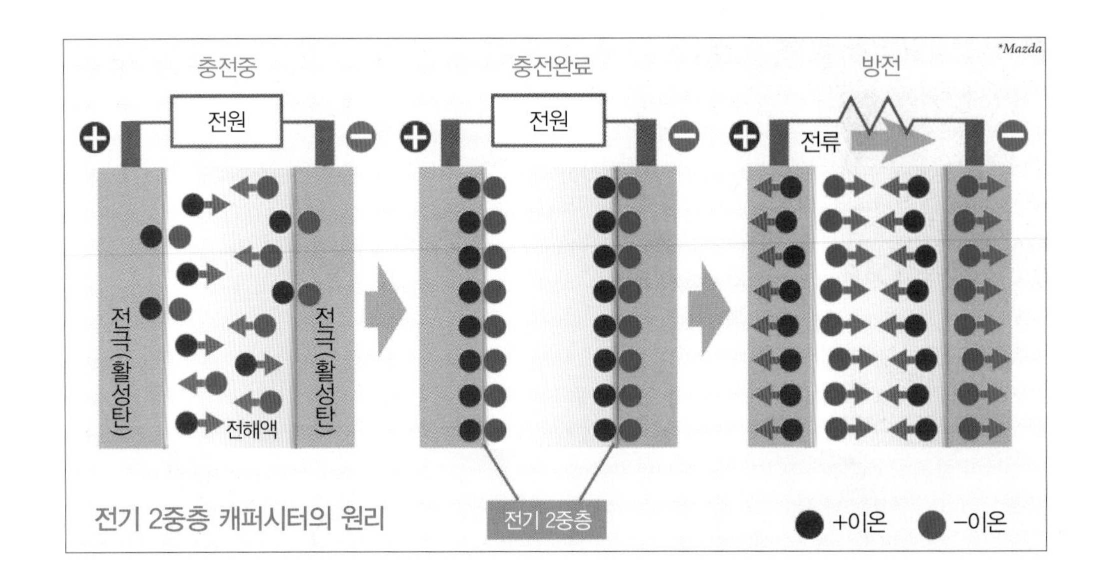

■전기 2중층 캐퍼시터

콘덴서는 다양한 전기회로에 사용되고 있는 부품이다. 최근에는 캐퍼시터가 널리 사용되고 있다. 이것은 정전기의 성질을 이용해서 전기의 정체라 할 수 있는 이온을 축적할 수 있다. 즉 화학에너지 등으로 변환하지 않고 전기에너지 그 자체를 축적할 수 있는 것이다.

예전 구조의 콘덴서는 큰 용량으로 만들기 어려웠다. 하지만 새로이 등장한 전기 2중층 캐퍼시터(전기 2중층 콘덴서)는 2차 전지 수준의 대용량에 대응할 수 있다. 울트라 캐퍼시터 또는 슈퍼 캐퍼시터라고도 하며, 전극을 경계로 해서 이온이 2중의 층 상태로 배열되는 성질을 이용하고 있다. 전극과 전해액을 사용하고 있지만 내부에서 화학반응은 일어나지 않는다.

개개의 전기 2중층 캐퍼시터가 대응할 수 있는 전압은 낮지만 층을 쌓으면 고전압에 대응할 수 있다. 2차 전지와는 달리 단번에 큰 전력을 받아들이는 것도 가능하기 때문에 충전전압 변동에도 대응할 수 있다. 자연방전이 잘 된다는 약점이 있지만 전기의 일시적인 보관에는 최적이다. 때문에 AV기기의 메모리백업이나 무정전전원장치 등에 사용되고 있으며, 자동차에도 사용되고 있다.

회생제동에서 얻어지는 전력은 매우 클 때가 있으므로 납축전지 등 용량이 작은 2차 전지로의 충전은 어렵다. 하지만 전기 2중층 캐퍼시터에 충전한 후에 그 전기를 조금씩 2차 전지에 충전하는 방법은 가능하다. 다만 2차 전지의 방전전압은 거의 일정하지만, 캐퍼시터의 방전전압은 직선적으로 저하된다. 따라서 2차 전지로의 충전이나 다른 부분에서 전기를 사용하기 위해서는 전압을 제어하는 DC/DC컨버터를 반드시 함께 사용해야 한다.

전기 2중층 캐퍼시터

*BMW

Part 2 엔진

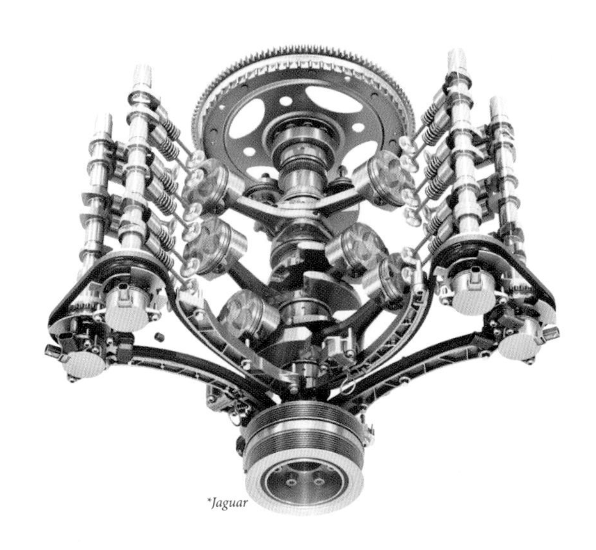
*Jaguar

엔진본체 01

Cylinder 실린더

엔진의 실린더는 실린더 블록과 실린더 헤드로 구성된다. 이 위아래에 실린더 커버와 오일 팬이 설치되어 엔진 본체의 외형을 이룬다. 실린더 헤드와 실린더 블록 사이에는 기밀성을 유지하기 위한 실린더 헤드 개스킷이 들어간다. 실린더의 배열에는 직렬형, V형, 수평대향형 등이 있다.

실린더 블록은 실린더의 통모양 부분을 구성하는 동시에 피스톤, 크랭크샤프트 등의 주운동계 부품이 들어가는 부분이다. 실린더 헤드는 실린더 천정의 파인 부분을 구성하며, 그 내부가 연소실이다. 이 연소실을 향해서 흡기와 배기의 통로인 흡기포트와 배기포트가 구성된다. 밸브 시스템을 비롯한 인젝터, 점화플러그, 글로 플러그 등은 실린더 헤드에 설치된다.

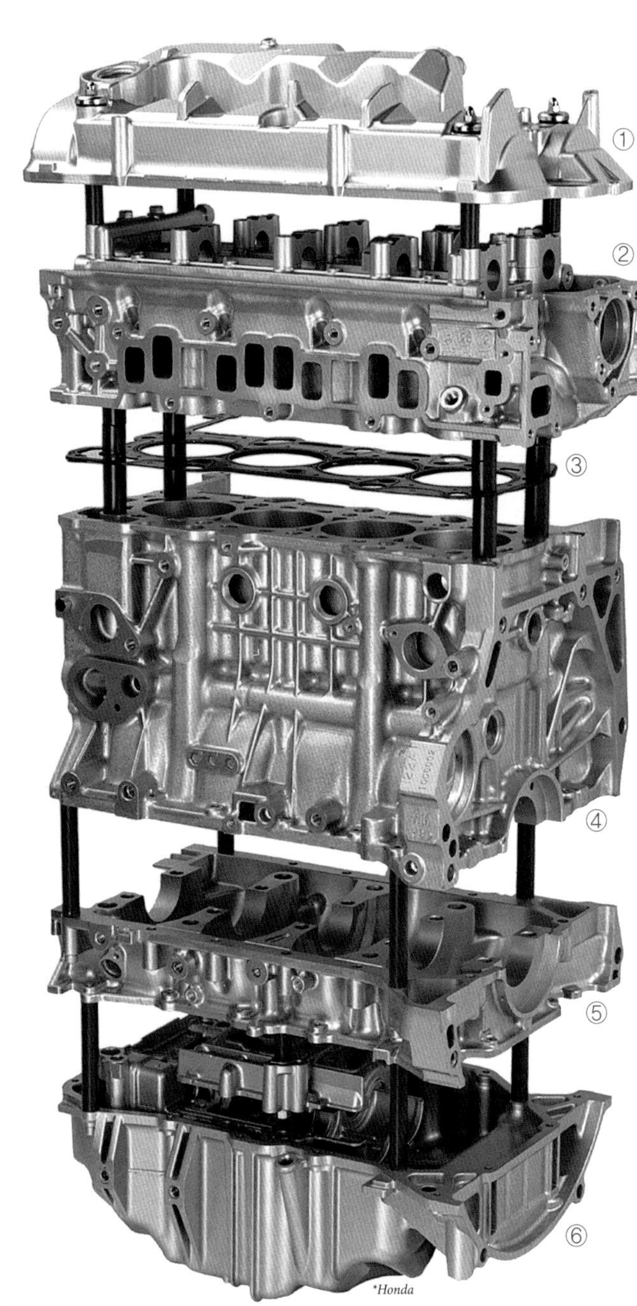

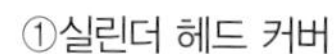

①실린더 헤드 커버
②실린더 헤드
③실린더 헤드 개스킷
④실린더 블록
⑤래더 프레임(로어 실린더 블록))
⑥오일 팬

※각 부품을 연결하는 검은 봉은 촬영을 위해 설치된 것이다.

⬇ 실린더 블록과 실린더 헤드로 구성된 엔진본체 안에 주운동계와 동변계(밸브시스템)가 들어간다.

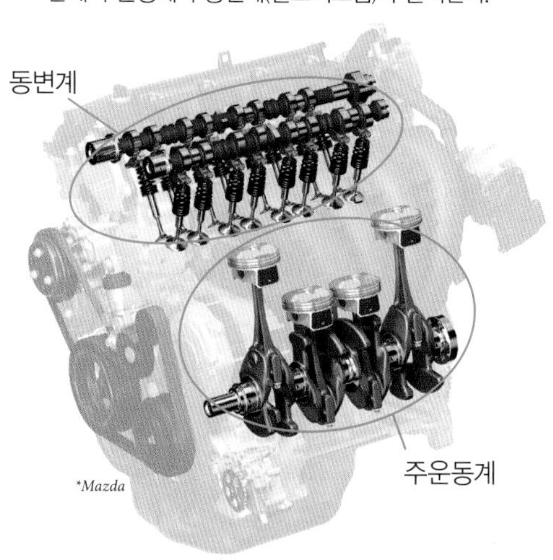

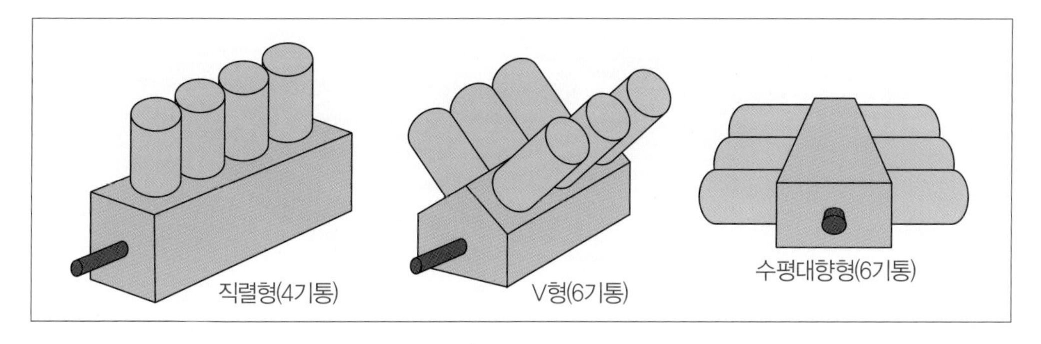

■실린더 배열

다기통 엔진의 실린더 배열은 직렬형, V형, 수평대향형이 일반적이다. 해외에는 협각V형이나 W형도 있다.

기통을 1열로 배열한 것이 직렬형이다. 영어의 line(열)에서 따와서 L형이라고도 한다. 기통수를 추가해서 직4(L4), 직6(L6)이라고 표현하는 경우가 많다. 기통수가 늘어날수록 엔진이 길어져서 엔진을 탑재하기 어려워지기 때문에 주로 2~6기통으로 사용한다. 해외에서는 영어의 in-line(열을 이루고 있다는 의미)이라는 뜻으로 I4, I6의 표현을 사용하는 경우도 있다.

총 기통수의 절반을 직렬로 배치하고 V자로 조합한 것이 V형이다. 각각의 열은 뱅크라고 하며, 뱅크가 이루는 각도인 V각은 60~90도가 대부분이다. 기통수를 표기해서 V6, V8이라고 표현하는 경우도 많다. V형 엔진은 직렬형에 비해 길이를 줄일 수 있고 무게중심도 낮출 수 있다. 하지만 밸브시스템이 두 뱅크에 갖춰져야 하므로 제작비용이 올라간다. V형 엔진은 6기통 이상에서 채용하는 경우가 일반적이다.

V형의 V각이 180도인 것을 수평대향형이라고 한다. 권투선수의 펀치처럼 피스톤이 움직이기 때문에 복서엔진이라고 하거나, 엔진이 평평한 구조를 이루므로 플랫 엔진이라고도 한다. 이것은 V형보다 폭이 넓어지지만 무게중심은 더 낮아진다.

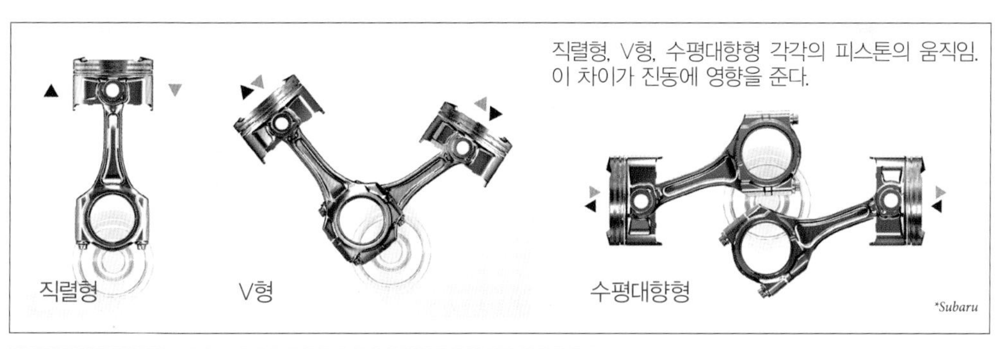

직렬형, V형, 수평대향형 각각의 피스톤의 움직임. 이 차이가 진동에 영향을 준다.

협각V형과 W형

협각V형은 직렬엔진의 전체 길이를 줄이기 위한 목적으로 개발된 것으로, V각은 15도 이하다. 뱅크를 구성하지 않고 각 기통이 맞물리듯이 교대로 배열된다. W형은 V형의 각 뱅크를 협각V형으로 한 것으로, 기통이 4열로 배열된다. 더블V형이라고 할 수 있다. 이밖에 현재는 실용화되지 않았지만 3뱅크로 기통이 3열로 배열된 엔진도 W형이라고 부른다. 하지만, 정확히 구별할 경우에 3뱅크 엔진은 Y형이라고 한다.

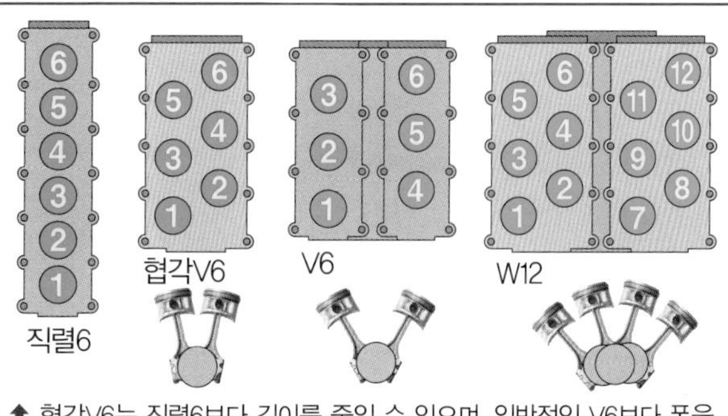

⬆ 협각V6는 직렬6보다 길이를 줄일 수 있으며, 일반적인 V6보다 폭을 줄일 수 있다. 협각V6의 구조를 각 뱅크에 채용한 것이 W12엔진이다.

■실린더 블록

실린더의 통 부분을 구성하는 실린더 블록과, 크랭크샤프트가 들어가는 크랭크 케이스를 따로 제조해서 합체하는 방법도 있지만, 자동차의 엔진에서는 한 덩어리로 제조한다. 이 전체를 일반적으로 실린더 블록이라고 한다. 다만 크랭크샤프트를 지탱하는 부분만 따로 만드는 경우가 있으며 이것을 래더 프레임 또는 로어 실린더 블록이라고 한다. V형은 양 뱅크를 한 덩어리로 만드는 것이 일반적이지만 수평대향형에서는 뱅크마다 분할되는 경우가 많다.

실린더 블록은 내부의 고온고압에 견뎌야 하지만, 중량이 무거워지면 연비가 나빠지므로 가능한 실린더의 간격을 좁혀서 불필요한 부분을 줄인다. 주철제의 사용이 일반적이지만 경량이면서도 방열성이 뛰어난 알루미늄 합금을 사용하는 경우도 늘어나고 있다.

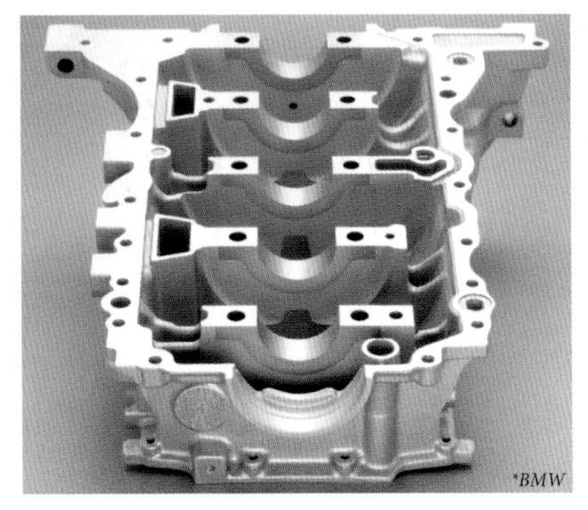

⬆ 직렬 4 기통 엔진의 실린더 블록(래더 프레임을 합체한 상태).
⬅ 래더 프레임 부분.

■오픈덱과 클로즈드덱

실린더 블록 내부에는 실린더의 주위를 감싸듯이 워터 재킷이라는 냉각액의 통로와 엔진오일의 통로인 오일갤러리가 있다. 실린더헤드와의 접합면에 이 통로의 구멍만 난 구조를 클로즈드덱이라고 하며, 실린더 블록의 외벽과 실린더 통 사이가 넓은 것을 오픈덱이라고 한다. 오픈덱은 가볍고 냉각성이 뛰어나며 제조도 쉬워서 현재 주류로 사용되지만 강도면에서는 클로즈드덱에 비해 떨어진다.

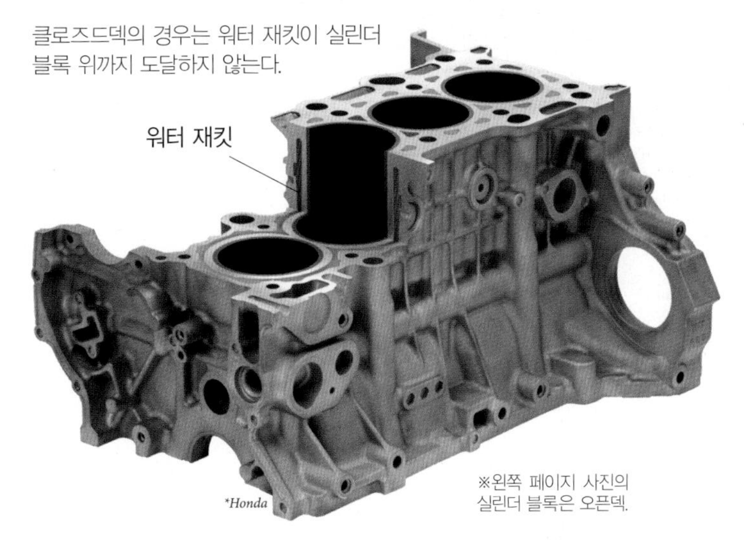

클로즈드덱의 경우는 워터 재킷이 실린더 블록 위까지 도달하지 않는다.

※왼쪽 페이지 사진의 실린더 블록은 오픈덱.

■실린더 라이너

실린더 블록의 직접 피스톤과 닿는 통모양의 부분을 실린더 라이너 또는 실린더 슬리브라고 하며, 여기에는 일체형 실린더 라이너와 분리형 실린더 라이너가 있다. 주철제 실린더 블록은 일체형이 많으며, 주조 단계에서 라이너가 될 부분에 내마모성이 높은 합금성분을 추가해서 제조된다. 알루미늄 합금제의 실린더 블록인 경우는 분리형이 많으며, 주철이나 더 내마모성이 높은 특수 주철로 만들어진 실린더 라이너가 들어간다. 실린더 라이너의 바깥에 냉각액이 직접 닿는 습식 라이너(웨트 라이너)와 냉각액이 닿지 않는 건식 라이너(드라이 라이너), 이렇게 2종류가 있다. 습식의 경우는 라이너와 실린더 블록의 사이에 냉각액 누액을 방지하기 위한 가공이 필요하다.

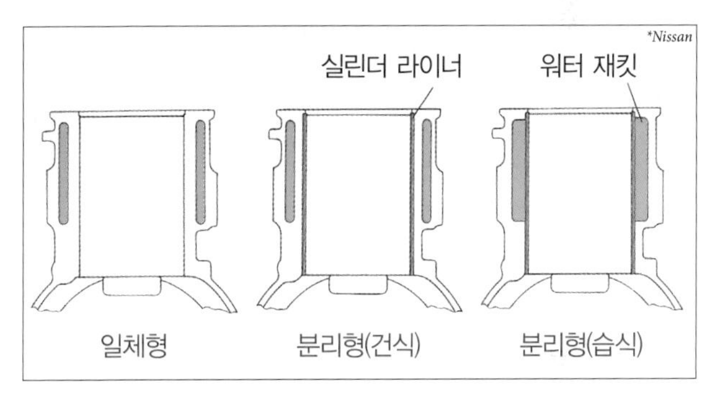

■실린더 헤드 개스킷

실린더 헤드 개스킷은 실린더 블록과 실린더 헤드 사이에 끼워지는 부품으로, 연소 시 고압에 견딜 수 있으며, 기밀성을 유지할 필요가 있다. 실린더 개구부 외에 엔진오일과 냉각액의 통로를 위한 위치에 구멍이 있다. 현재의 주류는 메탈 개스킷이며, 스테인리스 강판 또는 연강판으로 만들어진다. 3장의 판으로 구성되며, 사이에 끼워지는 판을 휘어서 용수철 효과를 낸다. 표면과 개구부의 주위는 불소 고무나 실리콘 고무 등으로 감싸서 밀착성을 높인다.

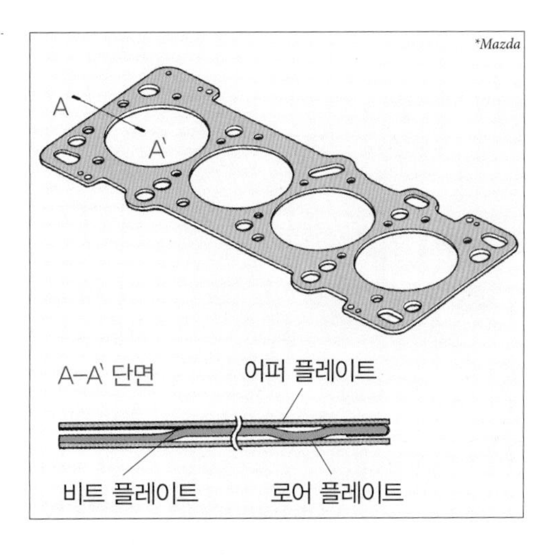

⬅ V6엔진의 실린더 헤드(실린더 블록 접합면 쪽). 연소실인 파인 부분, 냉각액과 오일의 통로가 있다.

*Nissan

⬆ 같은 실린더의 헤드 위쪽. 밸브시스템을 지탱하는 구조 외에 각종 부품장착용 구멍이 있다.

■실린더 헤드

실린더 헤드는 실린더의 연소실을 구성하는 부분이다. 연소실에는 흡기의 경로인 흡기포트와 배기의 경로인 배기포트의 개구부가 있으며, 이것은 실린더 헤드 측면까지 이어져있다. 이 개구부에 흡기밸브와 배기밸브가 설치된다. 연소실에는 엔진의 형식에 따라서 점화플러그, 글로 플러그, 인젝터를 장착하기 위한 구멍이 있다. 포트 분사식인 경우는 인젝터의 구멍은 흡기포트에 있다.

실린더 헤드에는 밸브 시스템을 지지하는 부분이 설치되어있어 내부에는 엔진오일과 냉각액의 통로가 만들어져 있다. 각각의 통로는 실린더 블록과의 접합면으로 연결된다.

실린더 헤드에는 연소실이 있어 실린더 블록 이상의 고온고압이 가해진다. 예전에는 주철제가 많았지만, 현재에는 일반적으로 방열성이 뛰어나고 가벼운 알루미늄 합금제로 만들어진다.

위쪽에는 오일이 튀거나 이물질이 들어오는 것을 막기 위한 실린더 헤드 커버 개스킷을 사이에 두고 실린더 헤드 커버가 설치된다. 이것은 실린더 헤드와 같은 소재인 경우도 있지만, 강도가 요구되는 부분이 아니므로 수지 소재를 사용하는 경우도 있다. 현재에는 엔진 전체를 감싸는 수지 재질의 엔진커버를 장착하는 경우가 많다.

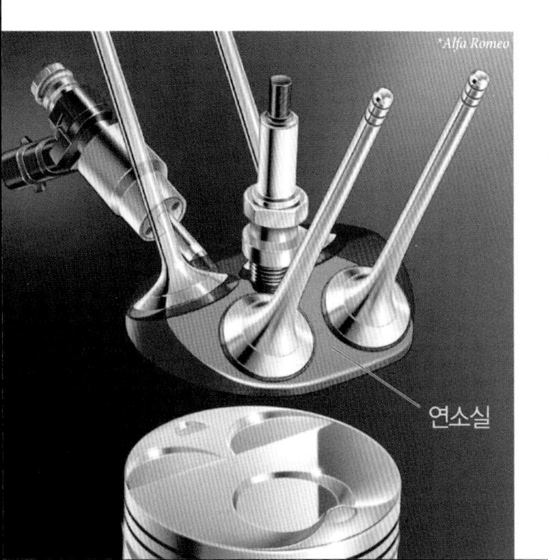

*Alfa Romeo

■연소실

과거에는 다양한 형태의 연소실이 개발되었다. 1기통에 4개의 밸브를 갖춘 4밸브식에서는 펜타루프형 연소실이 많이 사용된다. 이것은 지붕형 연소실이라고도 하며, 2개의 흡기밸브와 2개의 배기밸브가 삼각형 지붕의 양 슬로프를 형성한다. 이렇게 하면 구면으로 구성되는 연소실에 비해 표면적이 커져서 열이 빠져나가기 쉽지만, 압축비를 높이기 좋으며 내부에서 소용돌이가 잘 발생해서 현재는 주류로 사용되고 있다. 다만 지붕형이라고는 하지만 모양은 단순하지 않다. 이 모양을 베이스로 복잡한 곡면으로 구성된다.

■흡배기 포트

현재의 주류인 4밸브식은 각 연소실에 흡기 2개, 배기 2개의 개구부를 가지고 있다. 때문에 흡기포트(intake port)와 배기포트(exhaust port)는 각각의 기통마다 Y자형으로 실린더 헤드 측면에 기통수만큼의 개구부가 있는 구조가 일반적이다. 흡기의 분기와 배기의 합류는 외부에 장착되는 흡기 매니폴드와 배기 매니폴드로 이루어진다.

일부 엔진에서는 가변흡기 시스템을 위해 각 밸브의 포트가 독립된 상태로 실린더 헤드 측면까지 이어진 경우도 있다. 이러한 경우, 기통수의 2배의 개구부가 설치된다. 반대로 실린더 안에서 배기가 합류를 하는 엔진도 있다. 이러한 경우에는 측면의 개구부는 1개다.

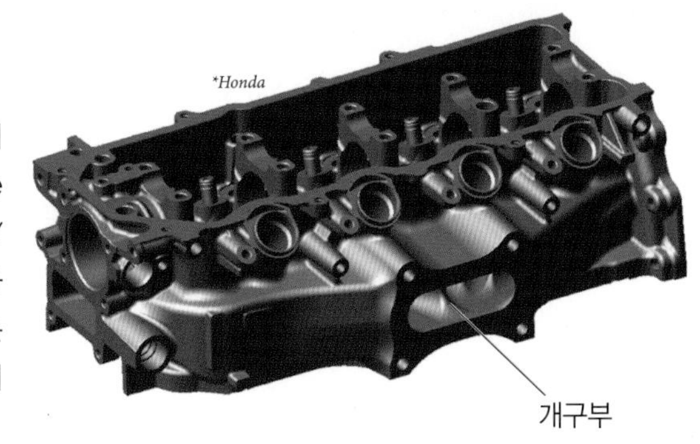

실린더 헤드 안의 집합배기포트의 형상

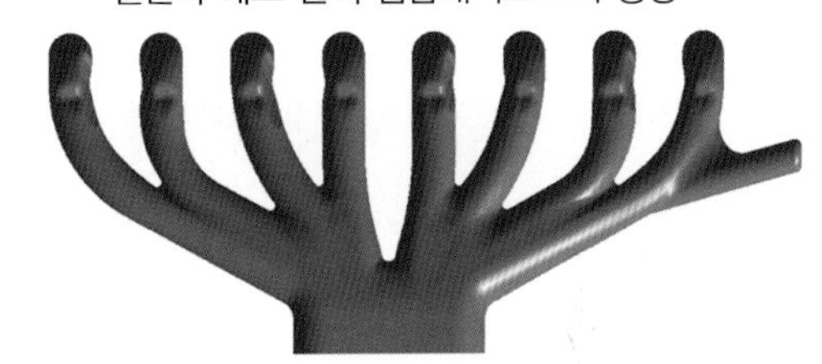

■스월 소용돌이와 텀블 소용돌이

실린더 안의 흡기와 배기의 흐름은 연소에 큰 영향을 준다. 특히 흡기 때에는 연료와 공기의 혼합을 촉진하기 위한 목적으로 실린더 안에 소용돌이 모양의 공기 흐름을 발생시키는 경우가 있다. 소용돌이 중에서 회전축이 피스톤 스트로크 방향인 것을 스월 소용돌이, 스월 흐름, 스월이라고 하며, 피스톤 스트로크에 대해서 직각인 것을 텀블 소용돌이, 텀블 흐름, 텀블이라고 한다. 이러한 소용돌이는 흡기포트의 모양을 이용해서 발생시키는 경우가 있어, 각각을 스월 포트, 텀블 포트라고 한다. 가변밸브 시스템이나 가변흡기 시스템을 이용해서 소용돌이를 발생시키는 경우도 있다.

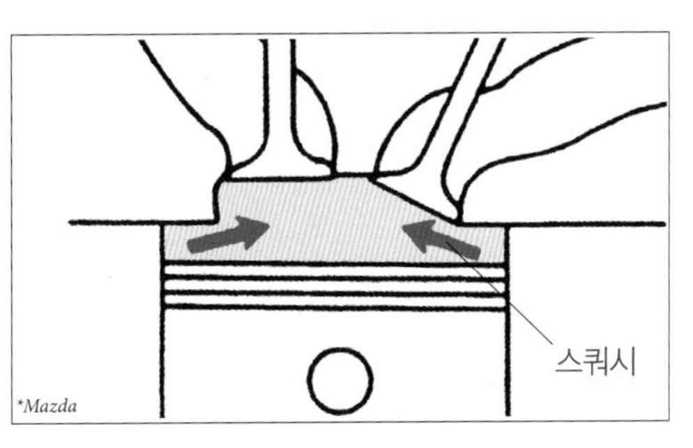

이밖에 실린더 안의 공기의 흐름에는 스쿼시(squish)라는 것도 있다. 피스톤 쪽에서 본 연소실의 면적은 피스톤 헤드의 면적보다 작기 때문에 피스톤이 상사점에 있을 때, 연소실 바깥쪽에는 작은 공간이 남는다. 이 부분을 스쿼시 에이리어라고 하며, 피스톤이 상사점에 도달하면 스쿼시 에이리어에서 단숨에 흡기가 밀려나가 강한 공기의 흐름이 발생한다.

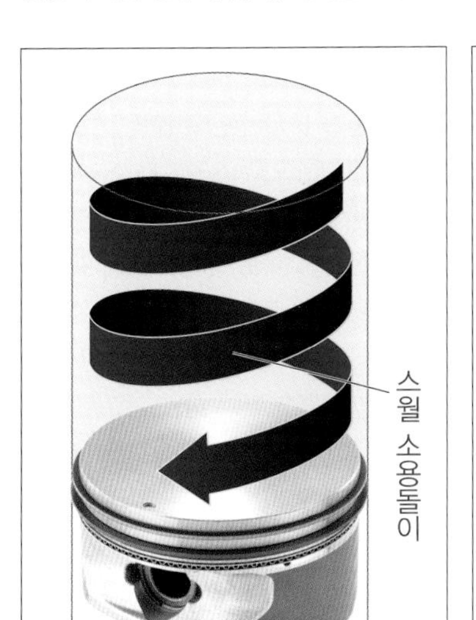

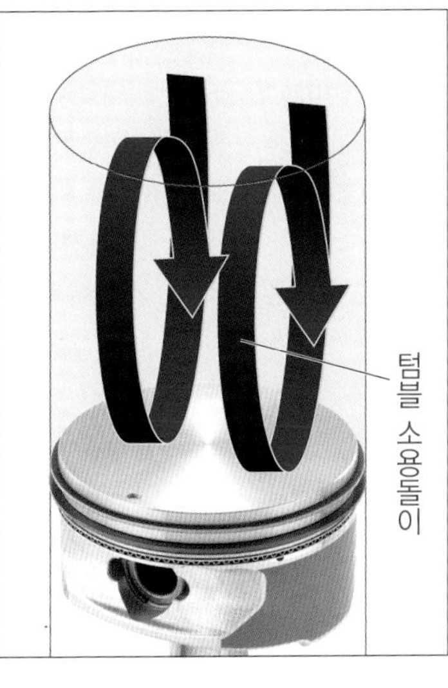

엔진본체 02

Piston & Connecting rod

피스톤과 커넥팅 로드(connecting rod)

피스톤은 실린더와 함께 엔진의 근본이라고 할 수 있는 부품으로 머리부분이 연소실의 일부를 구성한다. 모양은 컵을 뒤집은 형태가 기본형이다. 피스톤은 커넥팅 로드를 통해 크랭크샤프트에 연결되어 피스톤의 왕복운동과 크랭크샤프트의 회전운동이 상호 변환된다.

엔진이 가동 중일 때에는 피스톤과 커넥팅 로드 모두 큰 힘을 받기 때문에 높은 강도가 요구되며, 중량이 무거우면 손실이 커지므로 경량화도 필요하다.

■피스톤

피스톤은 가볍고 열전도성이 높은 알루미늄 합금으로 만들어진다. 고온상태에서 압력을 가해 제조하는 단조 피스톤은 강도가 높지만 제조비용이 높아 일반적으로 주조 피스톤이 사용된다.

피스톤의 머리를 피스톤 헤드 또는 피스톤 크라운이라고 하며, 바깥쪽의 아래쪽으로 뻗은 부분을 피스톤 스커트라고 한다. 바깥쪽의 피스톤 헤드 가까이에는 피스톤 링 홈(피스톤 링 그룹)이 만들어져 있다. 안쪽에는 커넥팅 로드와 연결하는 피스톤 핀 구멍이 있으며, 그 주위를 피스톤 보스라고 한다. 이곳에 엔진 오일이 통과하는 구멍이 설치된 경우도 있다.

피스톤 스커트는 피스톤이 기우는 것을 방지하는 역할을 한다. 피스톤 핀과 교차하는 쪽에만 있으며 경량화를 위해 짧아지는 경향으로 스커트가 거의 없는 피스톤도 있다. 가솔린 엔진의 피스톤 헤드의 모양은 기본적으로 평평하지만, 압축비를 높이기 위해 중앙부를 볼록하게 만든 것도 있다. 직분사식인 경우는 분사된 연료를 유도하거나 실린더 안에서 공기의 흐름을 만들기 위해 다양한 모양의 돌출부나 홈을 만드는 경우가 있다. 디젤 엔진인 경우는 연소를 시작하는 공간으로 피스톤 헤드에 홈을 크게 파는 것이 일반적이다. 이러한 피스톤의 파인 부분을 캐비티(cavity)라고 한다. 흡배기밸브와의 접촉을 피하기 위해 초승달 모양의 홈이 있는 것도 있다. 이 홈을 밸브 리세스라고 한다.

⬆ 압축비를 높이기 위해서 돌출부를 만든 가솔린 직분사 엔진용 피스톤. 중앙부에는 파인 곳이 만들어져 있다.
⬅ 큰 캐비티를 가진 디젤 엔진용 피스톤.

■피스톤 링

왕복운동을 할 수 있도록 피스톤의 직경은 실린더의 직경보다 조금 작다. 이 직경의 차이를 피스톤 클리어런스라고 하며, 이곳에 간격이 있으면 연소실의 기밀성을 유지할 수 없다. 엔진오일이 연소실로 들어가거나, 반대로 연소가스가 크랭크 케이스 쪽으로 들어가는 문제가 발생한다. 따라서 피스톤 바깥쪽에는 피스톤 링을 설치한다. 피스톤 링은 피스톤의 열을 실린더로 전달하는 역할도 한다.

피스톤 링은 주로 기밀성을 유지하는 컴프레션 링과 오일을 제거하는 오일 링, 이렇게 2종류가 사용된다. 컴프레션 링 2개와 오일 링 1개의 조합이 일반적이지만 둘 다 하나씩 사용하는 경우도 있다.

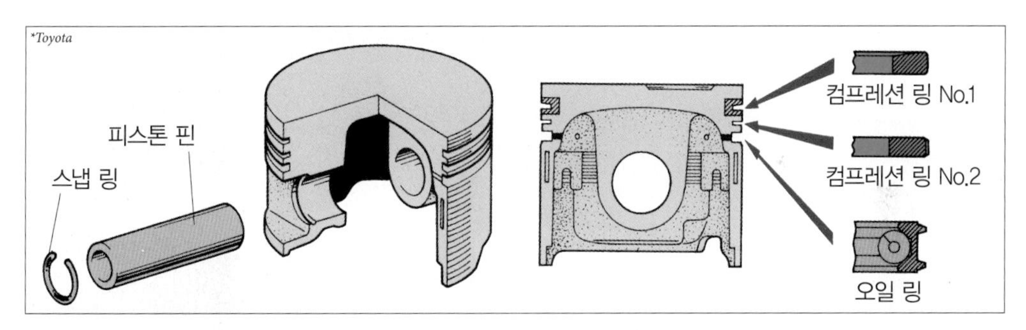

■커넥팅 로드

커넥팅 로드의 피스톤 핀에 연결되는 쪽을 스몰 엔드, 크랭크샤프트에 연결되는 쪽을 빅 엔드라고 한다. 커넥팅 로드는 강한 힘을 받기 때문에 가볍고 강도가 높은 탄소강이나 니켈 크롬강, 크롬 몰리브덴강 등을 단조해서 만든다. 로드 부분은 경량화를 위해 단면이 H자 모양(I자 모양이라고도 한다)으로 만들어진다. 빅 엔드 부분은 분할할 수 있으며, 커넥팅 로드 볼트로 결합된다. 빅 엔드 안쪽에는 커넥팅 로드 베어링, 스몰 엔드 안쪽에는 마모 방지를 위한 원통형 부시가 삽입된다.

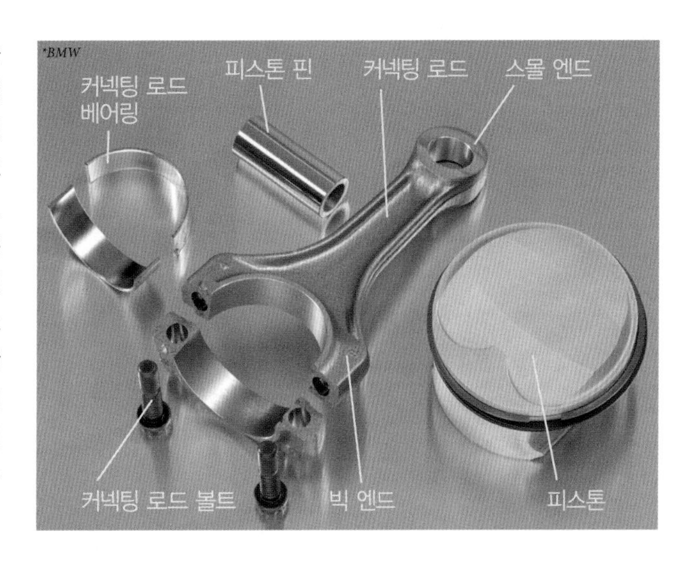

엔진본체 03

Crankshaft 크랭크샤프트

크랭크샤프트는 커넥팅 로드와 함께 피스톤의 왕복운동을 회전운동으로 변환시키는 엔진 출력의 회전축이다. 동시에 회전운동을 왕복운동으로 변환해서 기통의 피스톤을 움직인다.

크랭크샤프트의 모양에 따라서 각 기통이 작동하는 순서가 정해진다. 이 순서를 점화순서라고 한다. 맨 끝의 기통부터 순서대로 연소, 팽창행정을 하면 샤프트가 연속적으로 뒤틀어지는 힘을 받는다. 따라서 연소, 팽창행정이 분산되도록 점화순서를 정한다. 일반적인 엔진은 출력 쪽(트랜스미션 쪽)을 후방이라고 표현하고, 각 기통은 전방부터 1번, 2번…이라고 한다. 예를 들어 직렬4 엔진의 점화순서는 1→3→2→4 또는 1→2→4→3이 일반적이다.

크랭크샤프트의 전방에는 밸브 시스템을 구동하기 위한 크랭크샤프트 타이밍 풀리(또는 크랭크샤프트 타이밍 스프로킷), 보기를 구동시키기 위한 크랭크샤프트 풀리가 갖추어져 있다. 크랭크샤프트 후방에는 회전을 매끄럽게 해주는 플라이휠이 설치된다.

엔진은 왕복운동으로 힘을 발생시키기 때문에 구조에 따라서는 주기적인 진동을 피할 수 없다. 이러한 진동을 억제하기 위해 밸런스샤프트를 설치하는 경우도 있다.

■크랭크샤프트

크랭크샤프트는 회전축이 되는 부분을 크랭크저널, 커넥팅 로드의 빅 엔드가 접속되는 부분을 크랭크 핀이라고 하며, 이 두 가지를 접속하는 부분을 크랭크 암이라고 한다. 크랭크 암의 크랭크 핀의 반대쪽에 크랭크샤프트의 언밸런스를 제거해서 진동을 방지하기 위한 밸런스 웨이트가 설치된다.

크랭크샤프트는 다양한 방향에서 힘을 받으므로 높은 강도와 강성이 요구된다. 주조 크랭크샤프트도 있지만, 탄소강이나 크롬 몰리브덴강 등의 특수강으로 만들어진 단조 크랭크샤프트가 일반적으로 사용된다.

래더 프레임을 사용하는 엔진의 경우, 래더 프레임의 베어링에 크랭크 저널을 넣고, 위에서 베어링 캡을 볼트로 고정한다. 래더 프레임이 없는 실린더 블록의 경우는 내부의 베어링에 크랭크 저널을 넣은 다음, 아래에서 베어링 캡으로 고정시킨다. 크랭크 저널과 베어링 캡, 지지하는 부분 사이에는 크랭크샤프트 메인 베어링이 들어간다. 회전축 방향으로의 힘에 대응하는 크랭크샤프트 스러스트 베어링도 사용된다.

*BMW
크랭크
샤프트
래더 프레임

⬆ 피스톤 등을 조립한 크랭크샤프트는 래더 프레임에 들어가 위에서부터 베어링 캡으로 고정된다(그림은 베어링 캡 장착 전의 상태).

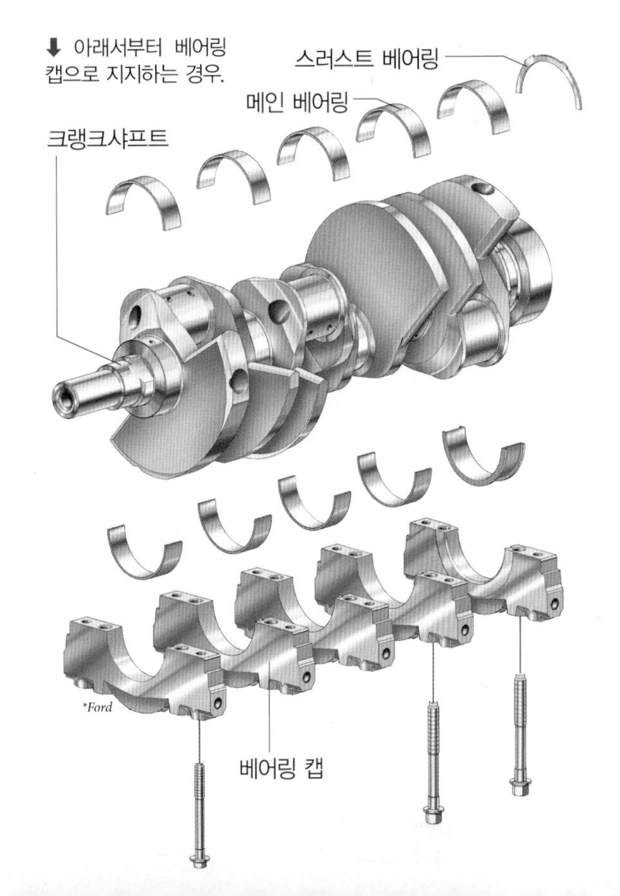

⬇ 아래서부터 베어링 캡으로 지지하는 경우.

⬆ 크랭크샤프트 아래에 배치된 밸런스샤프트. 측면 배치의 예는 68페이지 참조.

■밸런스샤프트

엔진의 진동은 크랭크샤프트의 회전 위치에 따라서 주기적으로 발생한다. 밸런스샤프트는 회전위치와 중심이 어긋나 있어 회전하면서 주기적으로 진동을 발생시킨다. 밸런스샤프트에서 발생하는 진동과 엔진에서 발생하는 진동이 역방향이 되면 진동을 상쇄시킬 수 있다. 밸런스샤프트는 크랭크샤프트의 측면이나 아래쪽에 배치되며, 톱니바퀴나 체인에 의해 크랭크샤프트의 회전이 전달된다.

■플라이휠

엔진은 각 기통이 다른 행정을 하면서 연속적으로 작동하도록 되어 있다. 실제로 힘이 발생하는 부분은 전반의 연소, 팽창행정이 중심이 된다. 때문에 1회전 동안에 토크의 변동이 발생한다. 이러한 토크 변동을 억제하기 위한 것이 플라이휠이다.

물체는 계속 움직이려고 하는 관성이라는 성질이 있다. 회전하는 물체도 계속 회전하려고 하는 성질이 있다. 이것을 관성 모멘트라고 한다. 플라이휠은 이 관성 모멘트를 이용하기 위한 원판이다. 중량이 클수록 관성이 커지며, 관성 모멘트에는 중량의 배분도 영향을 준다. 중량이 같다면 직경이 클수록 관성 모멘트가 커지고, 중량과 직경이 같다면 바깥쪽이 무거울수록 관성 모멘트가 커진다. 따라서 플라이휠은 바깥쪽이 무거운 구조인 경우가 많다. 자동차에서는 사용하지 않지만, 플라이휠을 이용하면 기통이 하나만 있는 단기통 엔진도 가능하다.

플라이휠은 주철제 외에도 경량화를 위해 특수강을 사용한 것이나, 알루미늄 합금을 사용하기도 한다. 토크 변동에 따른 충격을 피하기 위해, 플라이휠에 충격을 흡수하는 댐퍼가 갖춰진 경우도 있다. 토션 스프링이라는 여러 개의 코일 스프링에 의해 충격을 흡수한다.

⬇ 댐퍼가 장착된 플라이휠

플라이휠은 시동장치에도 이용되고 있다. 스타터 모터의 회전을 전달하기 위해 플라이휠 바깥쪽에는 톱니바퀴가 달려있다. 토크 컨버터를 채용하는 트랜스미션의 경우, 항상 엔진에 접촉되어있는 토크 컨버터가 플라이휠 역할을 하고 있기 때문에 플라이휠이 필요가 없다. 다만 시동 때에는 회전을 전달하는 기구가 필요하기 때문에 바깥쪽에 톱니바퀴가 있는 드라이브 플레이트라는 경량의 원판이 대신 설치되어있다.

■크랭크샤프트 풀리

크랭크샤프트 풀리는 보기 등을 구동시키기 위해 설치된다. 사용되는 벨트는 단면에 여러 개의 V홈이 난 V리브드(ribbed) 벨트로, 풀리 바깥쪽에도 벨트를 위한 홈이 파여있다. 엔진의 급격한 토크 변동으로 보기에 트러블이 발생하는 것을 방지하기 위해서 풀리에는 댐퍼가 설치되어있으며, 사이에 댐퍼 고무를 끼워서 충격을 흡수한다.

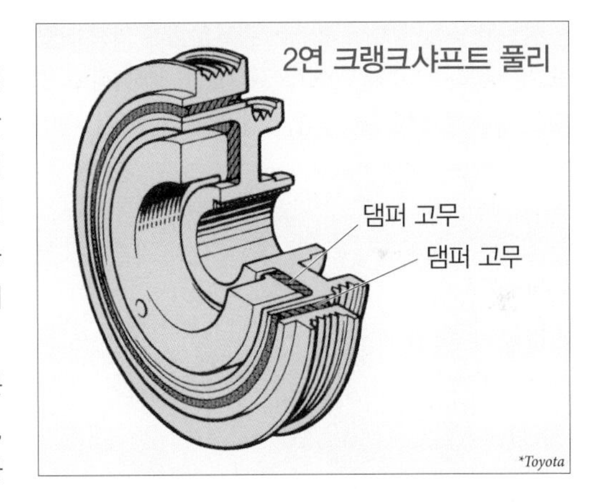

과거에는 이 풀리에 의해 냉각팬이 구동되었기 때문에 벨트를 팬벨트라고 했다. 충전장치의 얼터네이터, 냉각장치의 워터펌프, 유압 파워 스티어링 시스템의 파워 스티어링 펌프, 에어컨의 컴프레서 등이 크랭크샤프트 풀리에 의해 구동된다. 1개의 보기구동벨트로 여러 장치를 구동하는 경우와 크랭크샤프트 풀리가 2연이나 3연으로 있어 여러 벨트를 사용할 수 있는 경우가 있다.

하지만 제어의 고도화와 아이들링 스톱에 대한 대응, 엔진의 손실저감 목적 등으로 다양한 장비의 전동화가 이루어져 크랭크샤프트 풀리로 구동되는 장치는 줄어들고 있다. 하이브리드 자동차 엔진 중에는 크랭크샤프트 풀리가 없는 것도 있다.

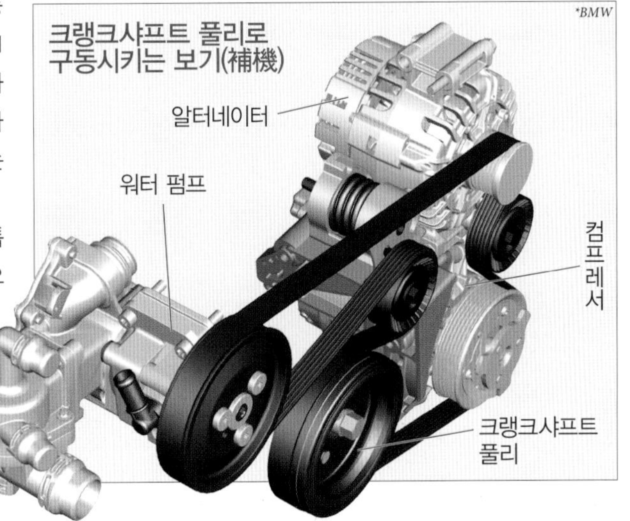

밸브장치 01

Intake & Exhaust valve 흡배기밸브

연소실의 포트 개구부를 열고 닫아서 흡기와 배기를 제어하는 것이 흡기밸브(인테이크 밸브)와 배기밸브(이그저스트 밸브)다. 현재의 주류는 1기통의 양쪽에 밸브가 2개씩 설치되는 4밸브식이다. 흡배기밸브에는 원형의 우산 부분과 가는 축으로 구성된 포핏 밸브를 사용한다. 밸브는 밸브 스프링에 의해 닫힌 상태가 유지되며, 밸브 시스템에 의해 캠으로 열리고 닫힌다.

■포핏 밸브

포핏 밸브는 우산모양의 연소실 쪽을 밸브 헤드, 반대쪽을 밸브 페이스, 축부분을 밸브 스템, 축부분의 끝을 밸브 스템 앤드라고 한다. 밸브 헤드는 일반적으로 평평하지만, 공모양이나 파인 것도 있다.

밸브는 높은 열에 노출되고, 왕복운동에 의해 마찰도 발생한다. 연료와 연소가스에 대한 내부식성도 요구된다. 때문에 열전도가 좋고 내열성, 내마모성, 내부식성이 뛰어난 특수내열강으로 제조된다. 800℃에 달하는 배기가스가 통과하는 배기밸브는 내열성과 내부식성이 높은 소재로 만들어진 우산부분과 내마모성이 높은 소재로 만들어진 축 부분을 용접으로 붙이는 경우도 있다.

방열성을 높이기 위해 속이 빈 밸브 스템 안에 빈 공간의 절반 정도를 금속나트륨으로 채운 나트륨 봉입 밸브를 사용하는 경우도 있다. 나트륨은 열전도성이 매우 높기 때문에 밸브의 왕복운동에 의해서 내부를 이동하는 나트륨이 고온이 되는 밸브 헤드 가까이에서 열을 뺏고, 비교적 저온인 스템 쪽에서 방열을 한다.

*BMW

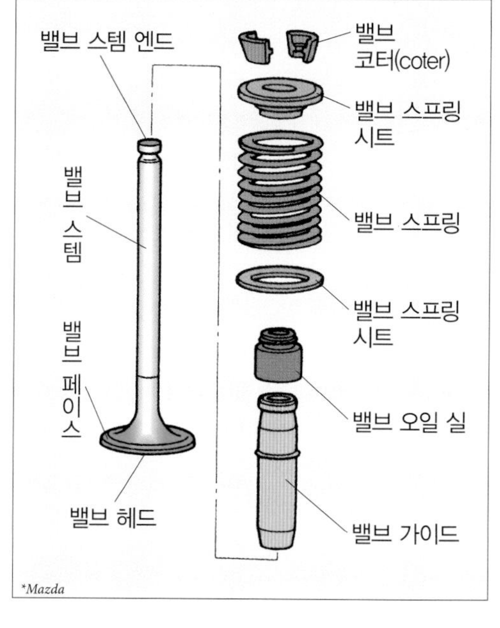

*Mazda

■밸브 스프링

실린더 헤드에 장착되었을 때 밸브 스템이 통과하는 밸브 스템 가이드를 밸브 가이드라고도 한다. 밸브 가이드는 밸브를 지지하는 동시에 열을 실린더로 내보내는 역할도 한다. 일반적으로 특수주철이나 특수소결합금으로 만들어진다.

포트개구부 주위의 밸브 페이스가 닿는 부분에는 밸브 시트가 설치되어 기밀성을 높인다. 밸브 시트도 고열에 노출되므로 내마모성과 내열성이 높은 특수소결합금으로 만들어진다. 이것은 기밀성에 큰 영향을 주므로 가공정밀도가 높아야 한다.

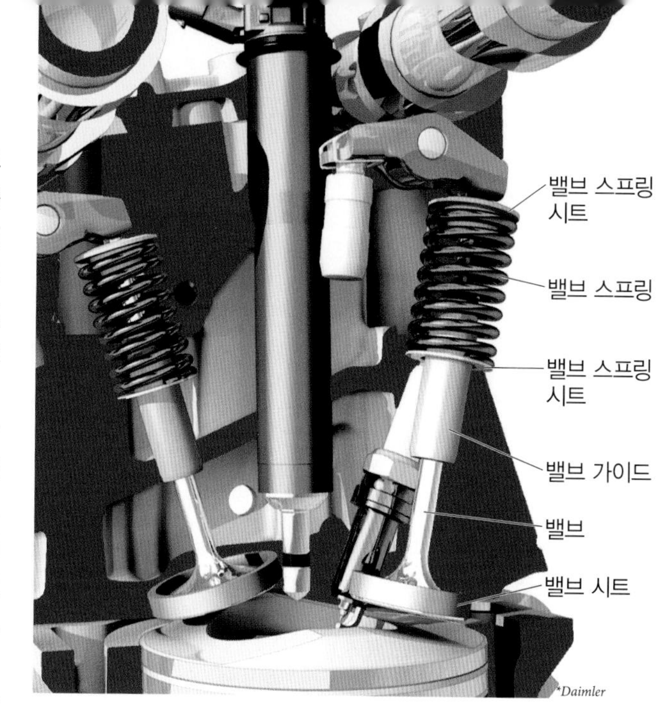

밸브 자체는 밸브 스프링이라는 코일 스프링의 탄력으로 닫힌 상태가 유지된다. 밸브 스프링은 내열성이 높은 스프링으로 만든다. 스프링의 힘이 너무 약하면 밸브 시스템에 의한 움직임이 원활하지 않으며, 너무 강하면 엔진 손실이 커진다. 단순한 코일 스프링을 사용하면 특정 엔진 회전수에서 밸브 서징이라는 이상진동이 발생해 기밀성이 떨어지는 경우도 있다. 때문에 직경이 다른 2개의 스프링을 함께 사용한 복합 스프링이나 권선 간격이 부분적으로 다른 부등피치코일 스프링을 사용하는 경우도 있다. 스프링의 위아래에는 위치를 유지하기 위한 밸브 스프링 시트(어퍼 밸브 스프링 시트와 로어 밸브 스프링 시트)가 설치되며, 밸브 코터에 의해 밸브에 장착된다.

■2밸브식과 4밸브식

연소실에 포트의 개구부를 만들 수 있는 면적에는 한계가 있다. 흡배기밸브가 각 1개인 2밸브식도 있지만, 흡배기밸브가 각 2개인 4밸브식 방식이 각각의 밸브 무게가 가벼워져 관성의 영향을 덜 받기 때문에 움직임이 좋다. 가솔린 엔진의 점화플러그나 디젤 엔진의 인젝터는 연소실 중앙에 배치되는 것이 유리한 경우가 많다. 2밸브식에서 개구부를 최대로 확보하면 중앙에 플러그를 배치할 수 없지만, 4밸브식에서는 중앙배치가 가능하다. 이러한 이유로 4밸브식이 현재의 주류지만, 구조가 복잡해서 제작비용이 높다. 흡기밸브 3개, 배기밸브 2개의 5밸브식 엔진도 있지만, 이것은 높은 제작비용에 비해 효과는 크지 않아서 사용 예는 매우 적다. 흡기가 엔진 성능에 주는 영향이 더 크므로 배기밸브보다 흡기밸브가 큰 경우가 많다.

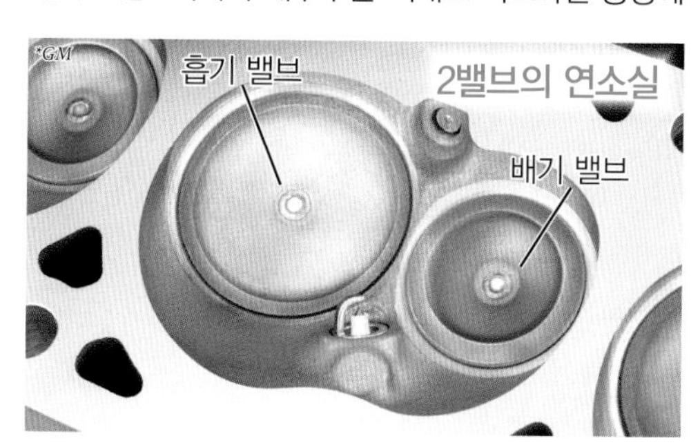

밸브장치 02

Cam 캠

캠은 기본적인 기계요소 중 하나로 회전운동을 왕복운동의 주기적인 움직임으로 변환할 수 있다. 엔진의 밸브 시스템에서는 단면형상이 계란모양인 캠이 사용된다. 다만 캠만으로는 왕복운동을 만들어낼 수 없다. 코일 스피링인 밸브 스프링을 함께 사용해서 흡기밸브와 배기밸브를 열고 닫는다.

캠이 밸브를 열고 닫는 방식에는 직접 캠이 밸브를 누르는 직동식과 로커암이라는 지렛대를 통해 밸브를 누르는 로커암식이 있다. 로커암과 캠 사이에 푸시로드라는 봉이 들어가는 경우도 있다.

밸브 시스템은 여러 개의 캠이 하나의 봉에 연결된 캠 샤프트에 의해 작동된다. 캠 샤프트로는 크랭크샤프트에서 벨트나 체인으로 회전이 전달된다. 이 구조에 의해 피스톤의 위치와 밸브가 열리고 닫히는 타이밍이 연동되기 때문에 벨트와 체인을 타이밍 벨트, 타이밍 체인이라고 한다.

*BMW

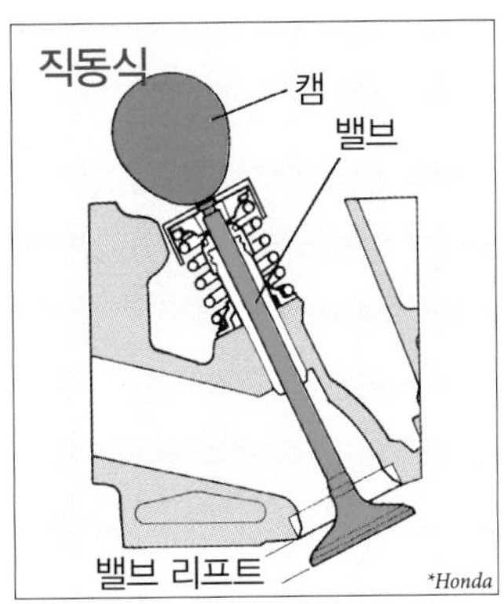

*Honda

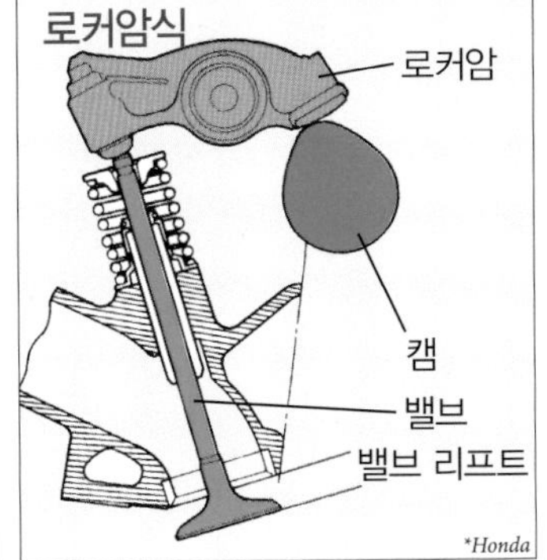

*Honda

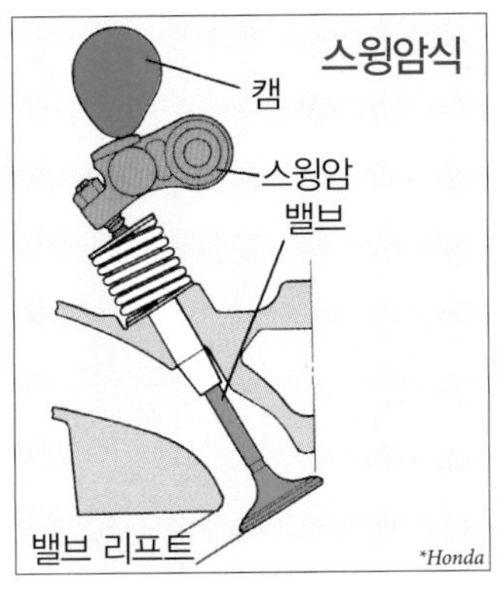

*Honda

■캠

캠의 단면형상을 캠 프로필이라고 한다. 밸브를 여는 돌출부를 캠 노즈, 밸브 리프트에 영향을 받지 않는 원호 부분을 베이스 서클이라고 한다. 캠 노즈의 정점을 포함한 직경을 장경, 베이스 서클의 직경을 단경이라고 하며, 그 차이를 캠 리프트라고 한다. 밸브가 가장 크게 열릴 때의 이동거리를 밸브 리프트라고 한다. 직동식은 캠 리프트와 밸브 리프트가 같지만, 로커암식의 경우는 지렛대의 비율에 따라 달라진다.

캠 리프트를 크게 하면 밸브 리프트도 커지지만, 밸브의 이동거리가 길어져 고회전에서는 밸브 작동이 지연된다. 캠 리프트가 같아도 캠 노즈를 굵게 하면 밸브가 빨리 열리고 늦게 닫힌다. 하지만, 그만큼 캠을 회전시키는 데에는 많은 힘이 필요하다.

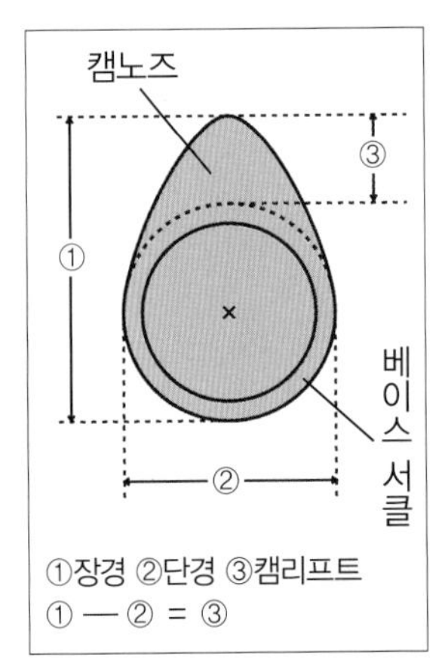

①장경 ②단경 ③캠리프트
① — ② = ③

■직동식

직동식이라도 가는 밸브 스템 엔드를 캠으로 직접 누르기는 어려우며, 이렇게 하면 스템 엔드의 마모가 발생한다. 따라서 캠과 접촉하는 면을 확보하기 위해서 스템 엔드에 밸브 리프터라는 원통형 부품을 사용한다. 캠에 직접 닿는 부분을 캠 팔로어라고 하며, 밸브 리프터 전체를 캠 팔로어라고 하는 경우도 있다.

밸브 리프터

직동식은 로커암식에 비하면 부품수가 적고 관성의 영향을 받는 부품도 적다는 것이 장점이다. 하지만 캠 샤프트의 위치에 따라서 제한을 받는 등, 연소실 주위의 설계 자유도는 낮다. 그리고 사용할 수 있는 가변밸브 시스템에도 한계가 있다.

직동식

■로커암식

로커암식은 지렛대를 통해 밸브를 열고 닫기 때문에 설계의 자유도가 높다. 캠에 닿는 힘점, 암의 회전축이 되는 지지점, 밸브를 누르는 작용점의 순서로 배치하는 안쪽 지지점 타입 외에, 지지점–힘점–작용점의 순서로 배치하는 바깥쪽 지지점 타입도 있다. 안쪽 지지점 타입을 로커암, 바깥쪽 지지점 타입을 스윙암이라고 한다.

로커암은 밸브마다 설치하는 것이 기본이지만, 캠 쪽이 하나, 밸브 쪽이 2개로 나뉘어진 Y자 로커암은 1개로 2개의 밸브를 열고 닫을 수 있다. 이 방식은 부품수는 줄어들지만 암의 중량이 무거워져서 관성의 영향이 더 강해진다.

암의 힘점인 캠 팔로어에는 캠과의 사이에서 마찰이 발생한다. 이 마찰에 의한 손실을 줄이기 위해서 베어링으로 지지를 하는 롤러 모양의 캠 팔로어를 사용하는 경우도 있다. 이것을 롤러 캠 팔로어라고 하며, 롤러 캠 팔로어를 사용하는 암을 롤러 로커암이라고 한다.

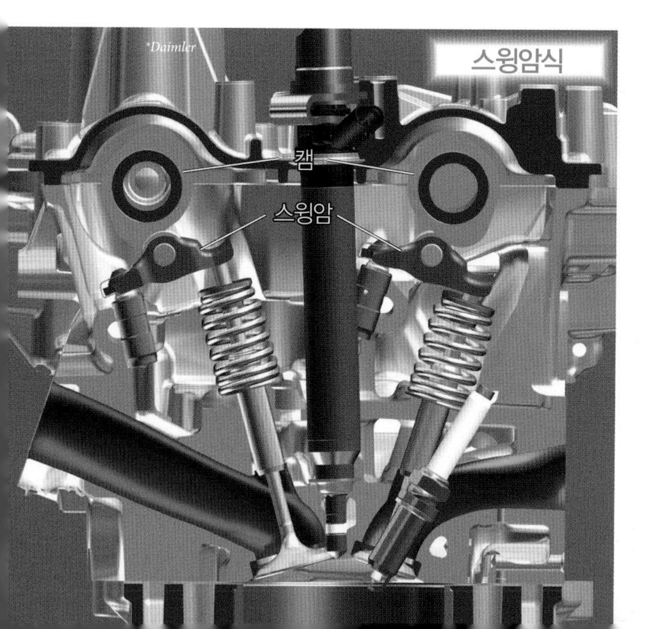

스윙암식

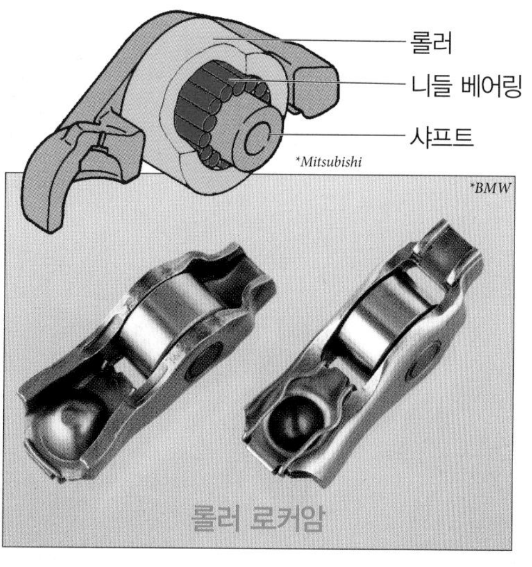

롤러 로커암

■밸브 클리어런스와 래시 어저스터

밸브 스템 엔드와 캠(또는 로커암) 사이에는 밸브 클리어런스라는 간격이 있다. 이것은 밸브의 열팽창에 대응하는 것으로, 밸브 클리어런스가 너무 작으면 온도가 상승할 때 밸브가 열려 기밀성이 떨어진다.

오래 사용하면 각 부분의 마찰에 의해 밸브 클리어런스가 커져서 소음이 발생하거나, 밸브가 정상적으로 작동하지 않게 되기도 한다. 과거에는 수동으로 조정했지만, 현재는 자동적으로 클리어런스가 조정되는 래시 어저스터를 사용하는 경우가 많다.

래시 어저스터에는 엔진오일의 유압을 이용한 유압식 래시 어저스터(하이드롤릭 래시 어저스터, HLA)가 일반적으로 사용된다. 어저스터의 높이는 유압으로 유지되며 간격이 벌어지면 내부에 축적된 오일양이 많아져서 간격이 좁혀진다.

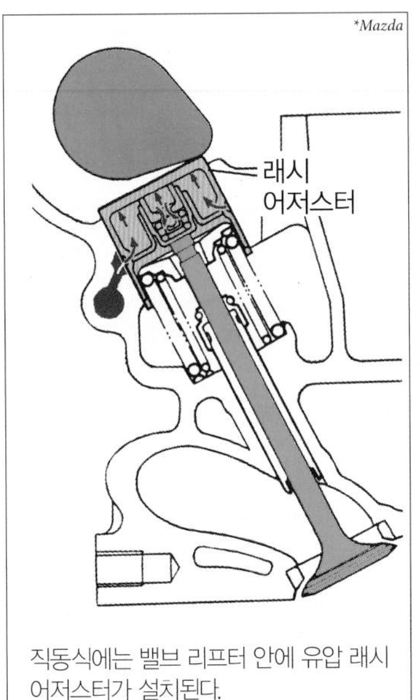

직동식에는 밸브 리프터 안에 유압 래시 어저스터가 설치된다.

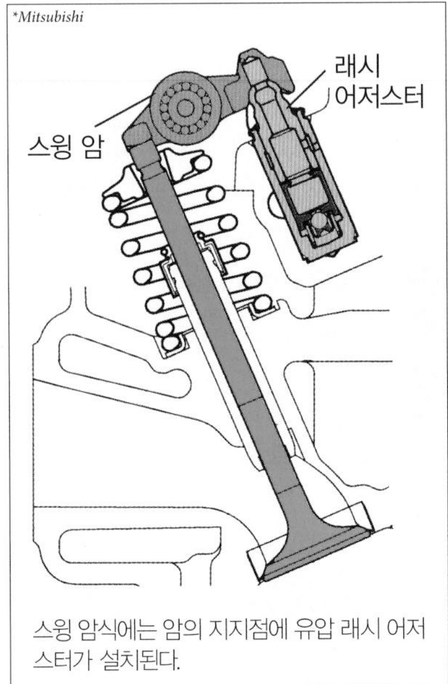

스윙 암식에는 암의 지지점에 유압 래시 어저스터가 설치된다.

■캠 샤프트

캠 샤프트에서 실제로 캠으로 작동하는 부분을 캠 로우브, 베어링의 지지를 받는 부분을 캠 저널이라고 한다. 특수강의 단조 캠 샤프트와 특수주철의 주철 캠 샤프트가 있으며, 캠 로우브 부분은 내마모성을 높이기 위해 담금질 가공을 한다. 따로 제조된 샤프트와 캠 로우브를 합체하는 조립 캠 샤프트도 있으며, 경량화를 위해 속이 빈 캠 샤프트도 있다.

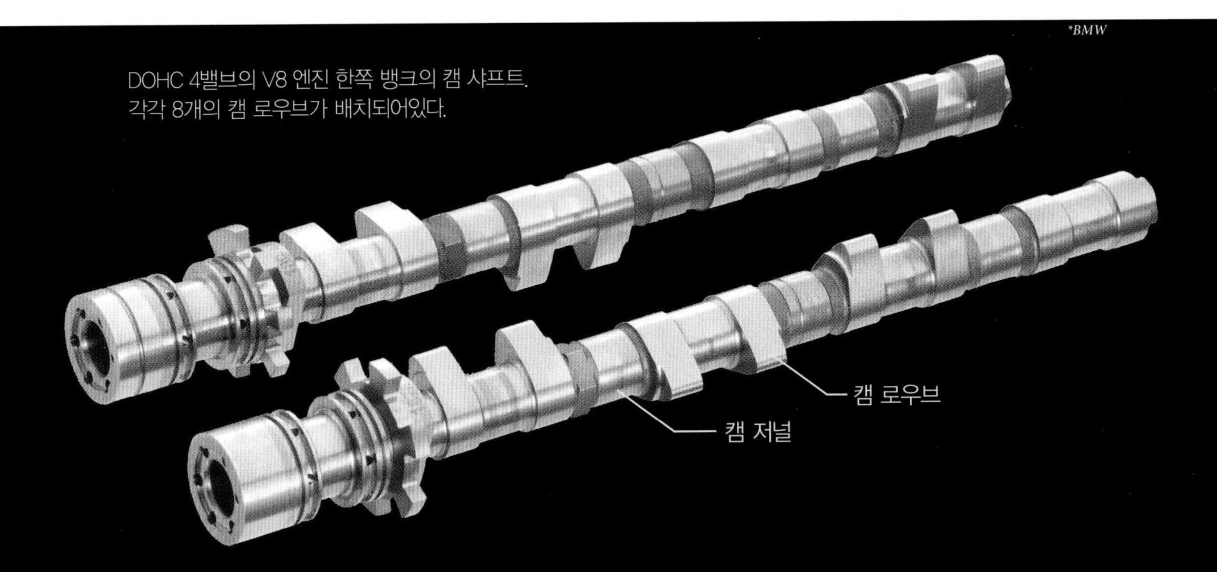

DOHC 4밸브의 V8 엔진 한쪽 뱅크의 캠 샤프트.
각각 8개의 캠 로우브가 배치되어있다.

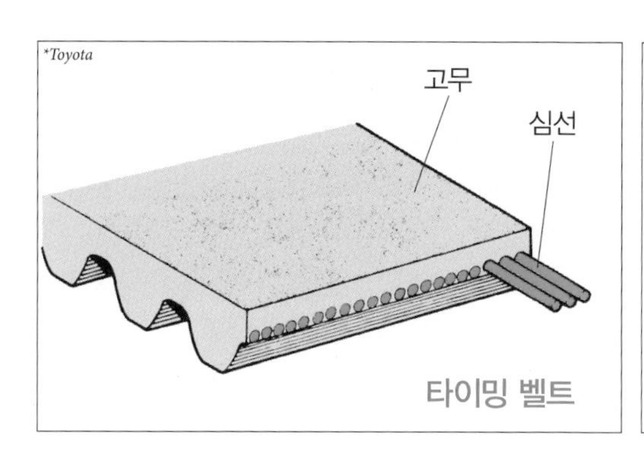

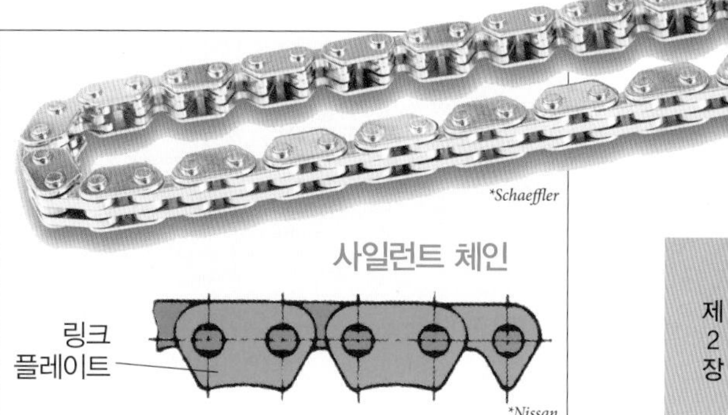

■캠 샤프트 구동

캠 샤프트의 구동에는 체인구동과 벨트구동이 있다. 샤프트의 한쪽 끝에는 캠 샤프트 타이밍 스프로킷(또는 캠 샤프트 타이밍 풀리)이 설치되며, 타이밍 체인(또는 타이밍 벨트)에 의해 크랭크 샤프트 타이밍 스프로킷(또는 캠 샤프트 타이밍 풀리)에서 회전을 전달받는다. 캠 샤프트는 4행정 동안에 1회 회전을 하므로, 크랭크샤프트의 스프로킷(또는 풀리)과 캠 샤프트의 스프로킷(또는 풀리)의 직경 비율은 1:2로 설정된다.

타이밍 체인에는 내구성이 높고 소음발생이 적은 사일런트 체인을 사용한다. 타이밍 벨트에는 회전축과 평행으로 홈이 파여진 코그드 벨트(이빨이 있는 벨트)를 사용한다. 이것은 유리섬유 등의 심선을 고무로 감싼 벨트다. 이 벨트에 맞춰서 풀리도 홈이 파인 것이 사용된다.

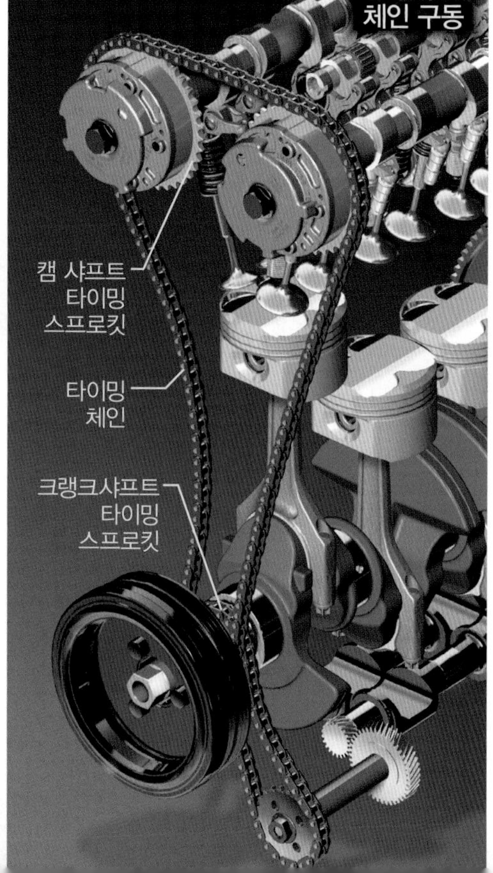

밸브장치 03

Valve system
밸브 시스템

흡배기밸브를 열고 닫는 기구 전체를 밸브 시스템(동변장치, 동변계)이라고 한다. 다양한 밸브 시스템이 개발되었지만, 현재의 주류는 오버헤드 캠 샤프트식(OHC식)이며, 일부에서 오버헤드 밸브식(OHV식)이 사용되고 있다. OHC식에는 캠 샤프트를 하나 사용하는 싱글 오버헤드 캠 샤프트식(SOHC식)과 2개를 사용하는 더블 오버헤드 캠 샤프트식(DOHC식)이 있다.

■OHV식

OHV식은 캠 샤프트를 크랭크샤프트 가까이에 배치하고 실린더 측면을 따라 배치된 푸시로드라는 봉모양의 부품으로 캠의 움직임을 로커암에 전달한다. 로드만으로는 캠과의 접촉면을 충분히 확보할 수 없으므로 푸시로드의 끝에 태핏이라는 원기둥 모양의 부품이 설치된다. 푸시로드는 경량화를 위해 속이 빈 구조지만 관성의 영향을 많이 받는다. 특히 고회전에서는 추종성이 떨어진다. 4밸브식으로 만들 수도 있지만, 이렇게 하면 부품이 늘어나서 더욱 관성의 영향을 많이 받고 구조도 복잡해지므로 기본적으로 2밸브식의 밸브시스템을 사용한다. OHV식은 OHC식보다 무게중심을 낮게 할 수 있다는 장점이 있지만, 이제는 거의 사용되지 않고 있다.

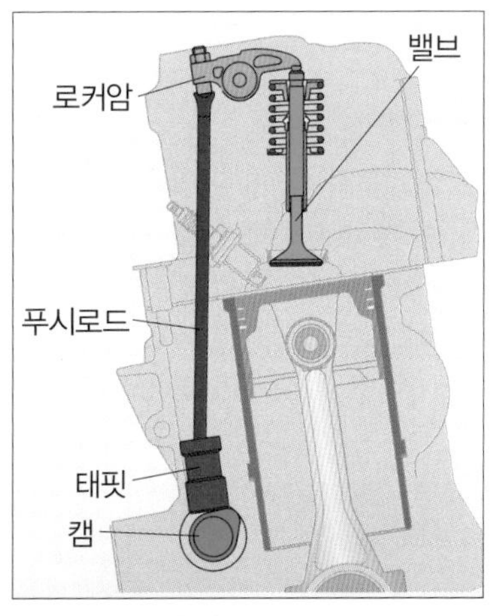

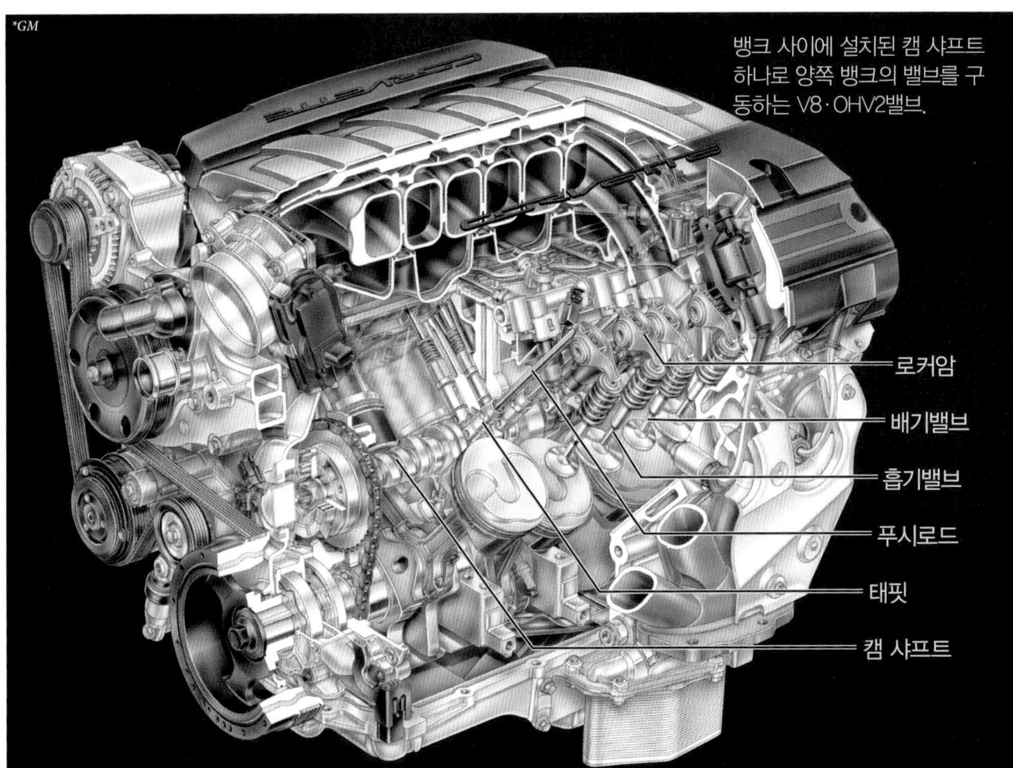

뱅크 사이에 설치된 캠 샤프트 하나로 양쪽 뱅크의 밸브를 구동하는 V8·OHV2밸브.

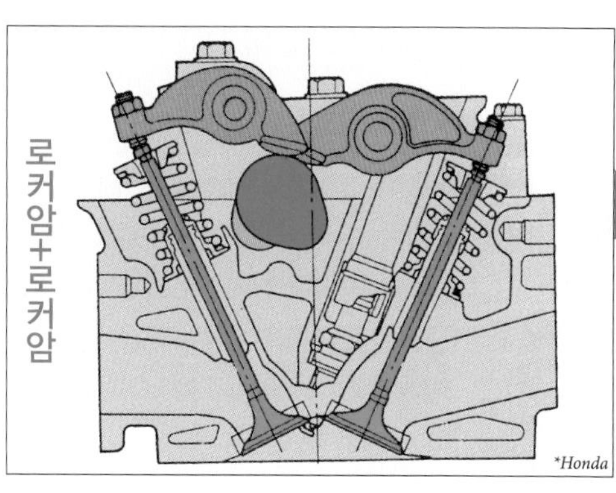

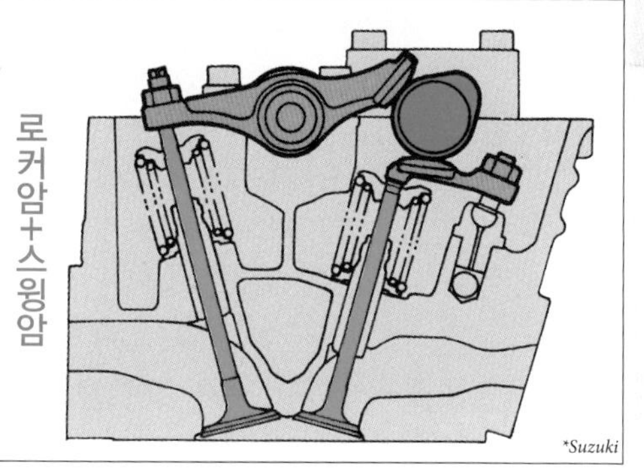

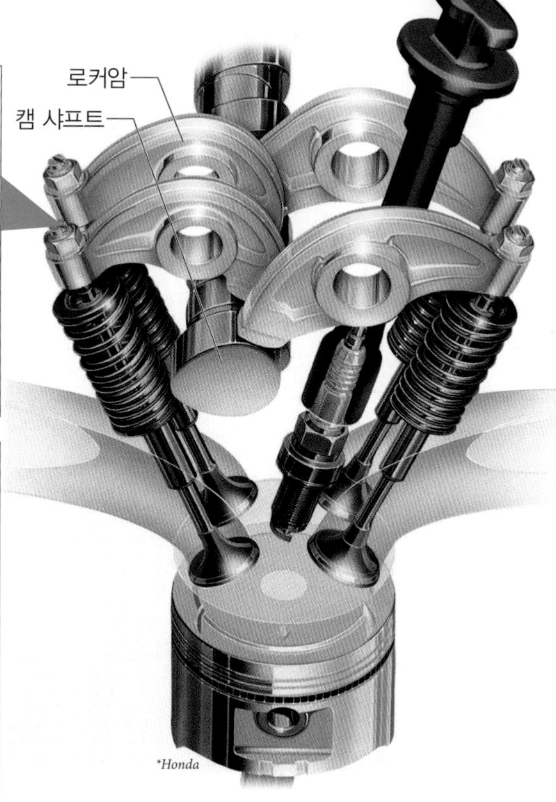

*Subaru

⬆ 직렬4, SOHC 4밸브

■SOHC식

SOHC식은 하나의 캠 샤프트로 흡배기밸브를 모두 열고 닫는다. 흡배기밸브가 각각 1개인 2밸브식은 모든 밸브를 일직선으로 배치하면 직동식을 사용할 수 있다. 4밸브식은 흡배기밸브 중 하나를 직동식으로 하고 남은 하나를 로커암식으로 하는 방법도 있지만, 대부분의 경우는 양쪽의 밸브에 로커암식이 사용된다. 로커암식과 스윙암식이 조합되는 경우도 있다.

SOHC식은 연소실 중앙 부근의 바로 위에 캠 샤프트가 배치되어 점화플러그나 인젝터의 배치에 악영향을 주는 경우도 있어 연소실 주변의 설계에 제한이 있다. 하지만 DOHC식보다 실린더 헤드가 작아져 일반적으로는 DOHC식보다 가벼우며, 엔진의 무게중심이 낮아진다. 또한 캠 샤프트가 하나이므로 구동에 의한 엔진 손실이 DOHC식보다 적으며, 제작비용도 줄일 수 있다.

↑ 직렬4, DOHC 4밸브.

■DOHC식

DOHC식은 2개의 캠 샤프트를 사용한다. 그런 이유로 트윈 캠이라고도 한다. V형과 수평대향 엔진에는 뱅크마다 캠 샤프트가 설치되므로 4캠(포캠)이라고도 한다. 캠 샤프트는 각각 흡기 캠 샤프트(인테이크 캠 샤프트)와 배기 캠 샤프트(이그저스트 캠 샤프트)로 사용된다. 2밸브식의 DOHC도 가능하지만 2밸브식이면 SOHC로도 충분히 높은 성능의 엔진을 만들 수 있으므로, 기본적으로 4밸브식에 사용한다.

DOHC식은 직동식, 로커캠식, 스윙암식 중 어느 방식이든 선택이 가능하며, 흡기와 배기에서 다른 방식을 선택할 수도 있다. 다만 양쪽 캠 샤프트의 간격을 좁히고 싶은 경우에는 캠 샤프트 타이밍 스프로킷(또는 캠 샤프트 타이밍 풀리)의 크기 때문에 제한이 생길 수도 있다. 그런 이유로 다양한 구동방법이 개발되어있다.

■DOHC의 캠 샤프트 구동

DOHC식은 크랭크샤프트 타이밍 스프로킷에서 타이밍 체인을 통해 각각의 캠 샤프트의 캠 샤프트 스프로킷으로 회전이 전달된다. 캠 샤프트 스프로킷의 직경은 크랭크샤프트 스프로킷의 2배가 될 필요가 있다. 하지만 이렇게 되면 회전 전달이 어려워지므로 크랭크샤프트 스프로킷은 작게 만드는 데 한계가 있다. 따라서 캠 샤프트 스프로킷은 사이즈가 상당히 크다. 이 스프로킷이 2개 배열된 DOHC식은 실린더 헤드가 커지는 경우가 많다. 2개의 캠 샤프트의 간격을 좁히려고 해도 스프로킷의 직경보다 작게 좁힐 수는 없다. 캠 샤프트 타이밍 풀리와 타이밍 벨트도 마찬가지다.

이러한 간격 문제를 해결하기 위해 개발된 캠 샤프트의 구동방법이 2단 감속식, 캠간 구동이라는 방법이다. 2단 감속식 타이밍 체인은 크랭크샤프트와 캠 샤프트의 사이에 아이들러 스프로킷을 배치해 2단계로 감속을 해서 캠 샤프트 타이밍 스프로킷의 직경을 줄인 것이다. 캠간 구동의 경우는 어느 한쪽의 캠 샤프트에만 타이밍 스프로킷이나 타이밍 풀리를 장착하고 다른 캠 샤프트에는 다른 톱니바퀴의 조합이나 스프로킷과 체인에 의해 회전을 전달한다. 각각의 것을 캠간 기어구동, 캠간 체인구동이라고 한다.

⬆ 2단 감속식(2단계 모두 체인을 사용).

⬆ 2단 감속식(1단계째에 톱니바퀴를 사용. 회전방향을 맞추기 위해서 톱니바퀴 3개로 감속).

⬇ 캠간 기어구동.

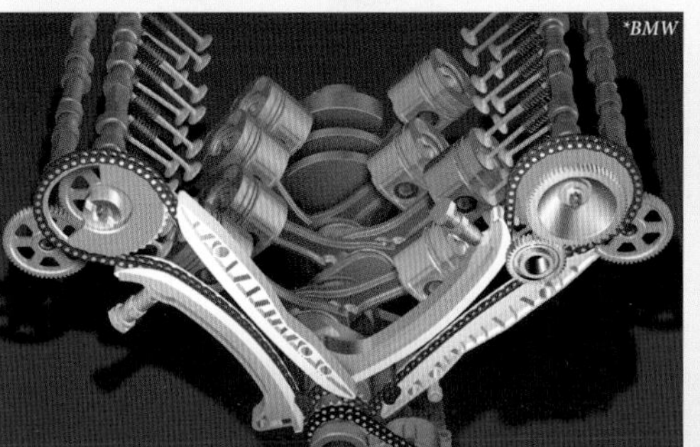

⬇ 캠간 체인구동.

밸브장치 04

Variable valve control system
가변밸브 시스템

최적의 밸브 타이밍과 밸브 리프트는 엔진의 운전상황에 따라서 달라진다. 이러한 변화에 대응해서 연소와 출력 등 엔진의 각종 성능향상을 실현하는 것이 가변밸브 시스템이다. 가변밸브 시스템에는 밸브 타이밍을 변화시키는 가변밸브 타이밍 시스템(VVT)과 밸브 리프트를 변화시키는 가변밸브 리프트 시스템(VVL)이 있으며, 두 가지 모두 가능한 것을 가변밸브 타이밍&리프트 시스템(VVTL)이라고 한다.

가변밸브 타이밍 시스템에는 위상식 가변밸브 타이밍 시스템이 주로 사용된다. 가변밸브 리프트 시스템에는 무단계로 연속적으로 밸브 리프트를 변화시킬 수 있는 연속식 가변밸브 리프트 시스템의 사용이 늘어나고 있다. 여러 개의 캠을 전환시켜서 사용해 밸브 타이밍과 밸브 리프트를 변화시키는 전환식 가변밸브 시스템도 있다.

가변밸브 리프트 시스템에서 밸브 리프트 0을 채용하면 기통휴지 엔진이 가능해지며, 연속식으로 밸브 리프트를 0까지 제어할 수 있으면 스로틀 밸브리스 엔진이 실현된다. 가변밸브 타이밍에서 상황에 따라 밀러 사이클을 사용하는 경우나, 가변밸브 리프트에서 흡기의 흐름을 제어해서 스월을 발생시키는 방법도 있다.

종래의 밸브 시스템은 크랭크샤프트에 연동하는 캠 샤프트가 작동의 기본이다. 지금은 캠 샤프트를 사용하지 않는 유압밸브 시스템도 사용되기 시작했으며, 전동밸브 시스템도 개발되고 있다. 이들 시스템은 캠의 제약을 받지 않고 밸브를 자유자재로 열고 닫을 수 있다.

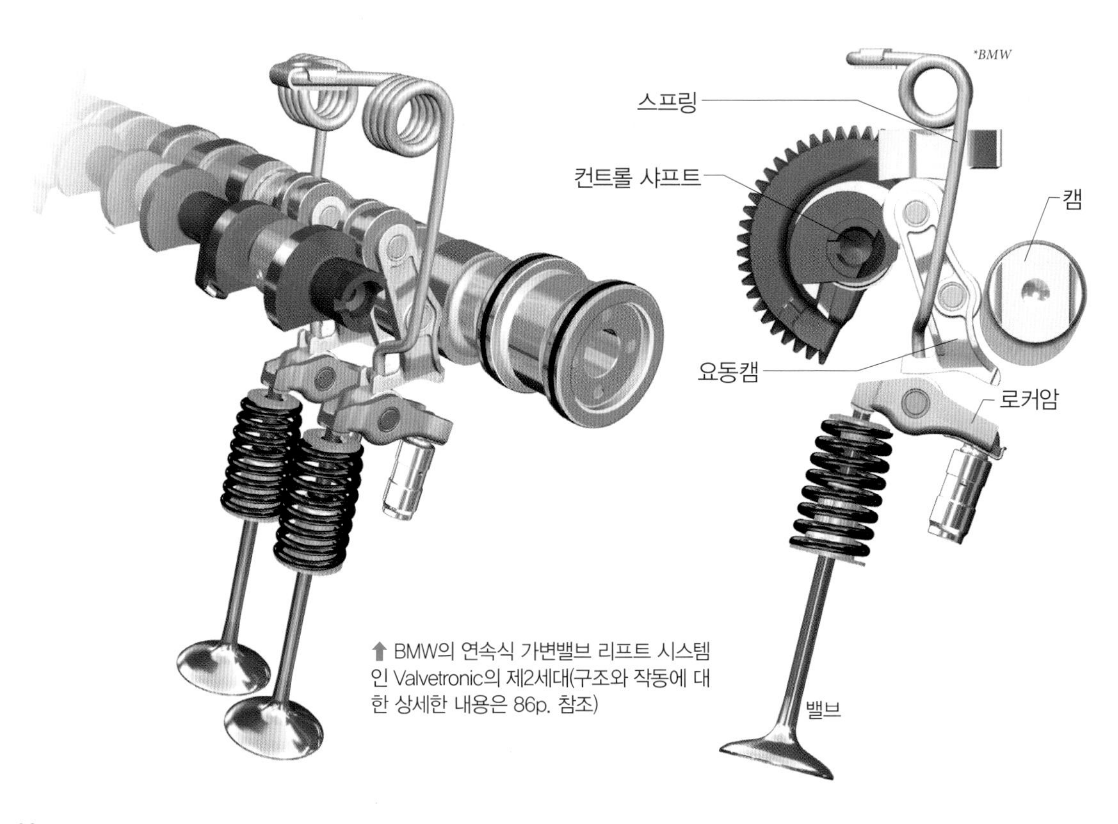

⬆ BMW의 연속식 가변밸브 리프트 시스템인 Valvetronic의 제2세대(구조와 작동에 대한 상세한 내용은 86p. 참조)

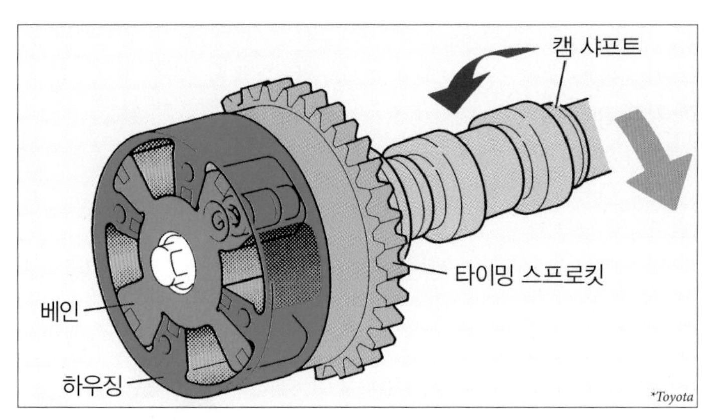

⬆ VVT는 캠 샤프트 타이밍 스프로킷 안에 설치된다.

■위상식 가변밸브 타이밍 시스템

일반적인 밸브 시스템의 캠 샤프트는 캠 샤프트 타이밍 스프로킷(또는 풀리)에 고정되어있지만, 캠 샤프트가 스프로킷에 대해서 회전할 수 있도록 하면 가변밸브 타이밍 시스템(VVT)이 된다. 1회전 동안의 회전위치를 위상이라고 하므로, 이러한 시스템을 위상식 가변밸브 타이밍 시스템이라고 한다. 캠의 위상(페이즈)을 바꾸기 때문에 캠 페이저라고도 한다. 각 메이커가 다양한 명칭으로 부르고 있지만, 위상식 이외의 VVT를 사용하는 경우는 거의 없기 때문에 간단히 VVT라고 하는 경우도 많다.

위상식 VVT로 밸브가 빨리 열리기 시작하게 하는 것을 진각, 느리게 열리기 시작하게 하는 것을 지각이라고 한다. 캠 프로필은 변화하지 않으므로 열리는 시기를 빠르게 하면 닫히는 시기도 마찬가지로 빨라지지만, 상황에 따라서 밸브 오버랩을 바꾸면 연비 등 다양한 성능 향상이 가능해진다. 이것은 흡배기의 캠이 1개의 캠 샤프트에 배열된 SOHC식에는 사용할 수 없으므로 DOHC식 전용 시스템이다. 비용면에서 흡기에만 사용하는 경우가 많지만 흡배기 양쪽에 사용하는 경우도 있다.

위상식 VVT에는 유압식과 전동식이 있다. 유압식 가변밸브 타이밍 시스템에서는 원통형 하우징이 스프로킷에 고정되고, 캠 샤프트는 내부의 베인(바람개비)에 고정된다. 베인의 어느 쪽으로 유압이 보내지는가에 따라서 캠 샤프트의 위상이 달라진다. 최대의 회전위상만 사용하는 2단 전환 제품이 많지만, 중간위상에서도 고정할 수 있는 방식도 나오고 있다. 처음에는 작동각이 작았지만, 현재는 100도가 넘는 것도 있다. 캠 샤프트를 회전시키기 위해서는 큰 힘이 필요하지만, 윤활장치의 유압을 이용하기 때문에 엔진의 저회전역에서는 VVT를 작동시킬 수 없는 시스템도 있다. 오일 펌프의 능력을 높이면 저회전역에서도 사용할 수 있지만 이렇게 하면 엔진의 손실이 커진다.

전동식 가변밸브 타이밍 시스템의 경우는 모터의 힘으로 캠 샤프트를 회전시킨다. 이것은 유압을 이용하는 것보다 세밀한 제어가 가능하며, 오일 펌프에 의한 손실 증가도 피할 수 있다. 하지만, 큰 토크가 필요하기 때문에 시스템이 대형화되기 쉽고, 제작비용도 유압식보다 올라간다.

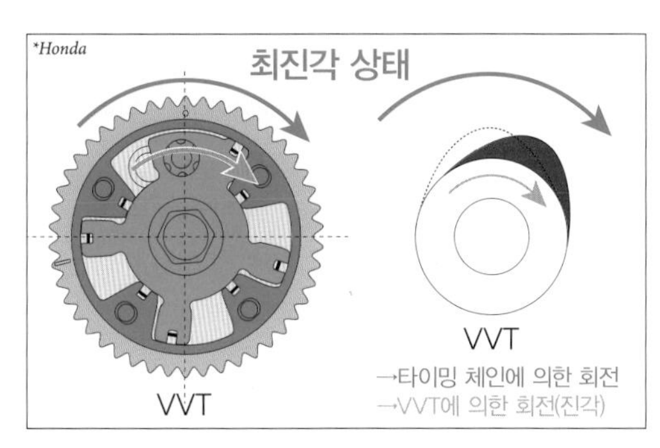

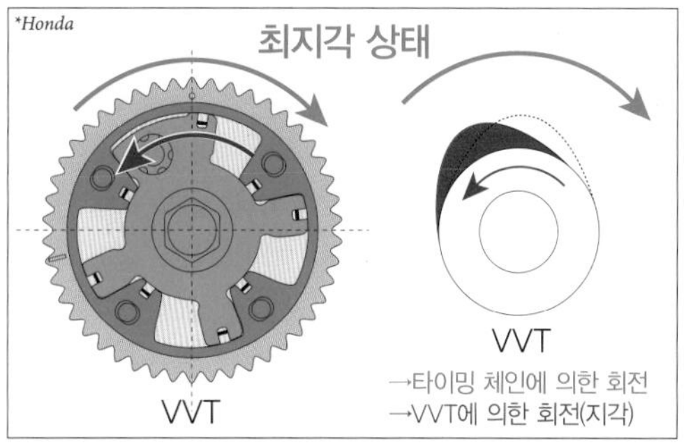

■전환식 가변밸브 시스템

전환식 가변밸브 시스템은 캠 샤프트에 저속용/고속용 등의 여러 가지 캠이 있어, 상황에 따라 밸브를 열고 닫는 캠을 바꿀 수 있다. 캠 프로필이 바뀌기 때문에 밸브 타이밍과 밸브 리프트가 달라진다. 하지만 각각의 캠은 밸브 타이밍이 정해져 있으므로 위상식 가변밸브 타이밍 시스템을 함께 사용하는 경우도 많다.

캠의 전환은 사용하는 로커암을 전환하는 방법과 밸브 리프터의 모양을 바꾸는 방법, 캠을 슬라이드 시켜서 위치를 바꾸는 방법 등이 있다.

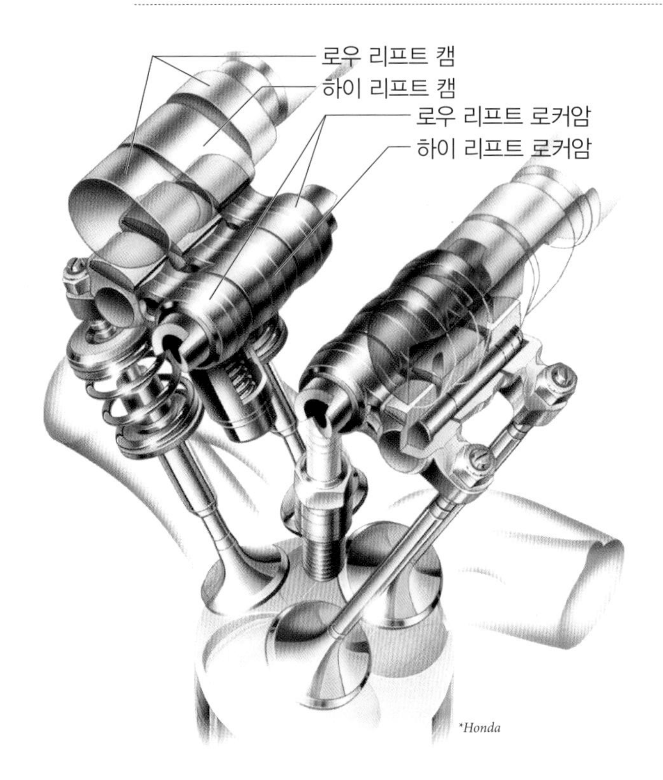

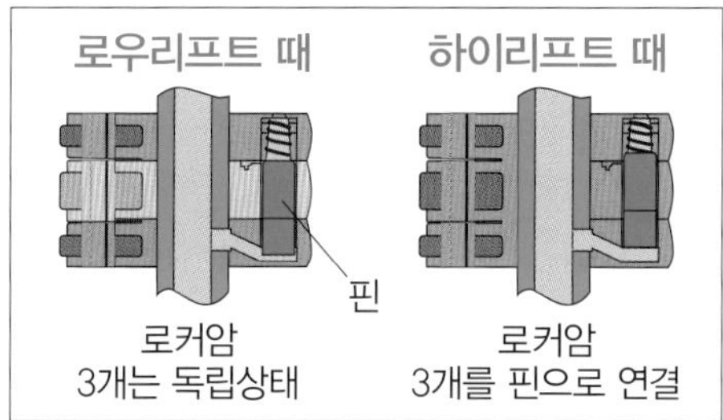

■로커암 전환식 가변밸브 시스템

혼다에서 1980년대부터 채용하고 있는 VTEC은 로커암으로 캠 전환을 하는 로커암 전환식 가변밸브 시스템이다. 이 시스템은 다양한 설정이 가능하며 기본적으로 1기통의 2개의 밸브에 대해서 3개의 캠과 3개의 로커암이 배치된다.

캠은 로우리프트 캠–하이리프트 캠–로우리프트 캠의 순서로 배열된다. 로우리프트 캠에 대해서 반응하는 2개의 로우 리프트 로커암은 각각 밸브 스템 엔드를 누를 수 있는 위치에 있지만, 하이리프트 캠에 대해서 반응하는 하이리프트 로커암은 밸브에 닿지 않는다. 대신 로우리프트 로커암과 핀(피스톤)으로 연결할 수 있다. 연결되지 않은 상태에서는 로우리프트 캠에 의해 밸브를 열고 닫으며, 하이리프트 캠은 헛돈다. 유압으로 핀을 이동시켜서 로커암을 연결하면 하이리프트 캠의 움직임이 밸브에 전달된다. 이때 하이리프트 캠에 의한 로커암의 움직임이 크기 때문에 로우리프트 캠은 로커암에 접촉되지 않았으므로, 밸브가 열고 닫히는 데에 영향을 주지는 않는다. 현재는 3단계의 전환이 가능한 시스템도 있기 때문에 캠 리프트 0인 캠을 장착하면 기통휴지 엔진을 실현할 수 있다.

GM에도 마찬가지로 로커암으로 캠 전환을 하는 가변밸브 시스템이 있다. 토요타에도 있었지만 현재는 사용하지 않는다.

■밸브 리프터 전환식 가변밸브 시스템

밸브 리프터에 의해 캠 전환을 하는 밸브 리프터 전환식 가변밸브 시스템은 직동식에 사용되며, 매우 콤팩트하다. 일반적으로 1개의 캠이 3분할되며 양쪽이 하이리프트 캠, 중앙이 로우리프트 캠이다. 밸브 리프터는 스위처블 밸브 리프터라 불리며 동심원 모양이 분할되어 하이리프트 캠이 바깥쪽, 로우리프트 캠이 중앙부에 닿아있다. 밸브 리프터 내부의 락핀이 락이 되어있지 않은 상태에서 바깥쪽 부분은 프리의 상태다. 따라서 중앙부에 접촉하는 로우리프트 캠에 의해 밸브가 열린다. 락 기구에 유압이 걸리면 락핀으로 밸브 리프터가 일체화되어 하이리프트 캠에 의해 밸브가 열린다. 이때 로우리프트 캠은 헛돈다. 스바루와 포르쉐가 이러한 밸브 시스템을 사용하고 있다.

■캠 슬라이드식 가변밸브 시스템

캠을 슬라이드시켜서 전환하는 캠 슬라이드식 가변밸브 시스템은 캠 샤프트의 샤프트에 대해서 캠 부분이 회전축 방향으로 이동이 가능하다. 이 이동이 가능한 부분에는 캠 프로필이 다른 2종류의 캠과 나선모양의 홈이 2군데 나있다. 이 홈에 전자 솔레노이드 핀을 끼우면 샤프트의 회전에 의해 가로 방향의 힘이 발생해 캠이 이동한다. 나선모양의 홈은 일정한 방향으로만 이동하게 하므로 반대쪽으로 이동시킬 때에는 다른 홈에 다른 핀을 끼운다. 캠 이동에는 샤프트가 회전하는 힘이 이용되므로 핀의 작동에 큰 힘은 필요 없다.

폭스바겐 아우디 그룹 등이 사용하는 방식으로, 밸브 리프트 0의 캠과 조합하면 기통휴지 엔진도 가능하다. 다임러 벤츠도 이것과 비슷한 시스템을 사용하고 있다.

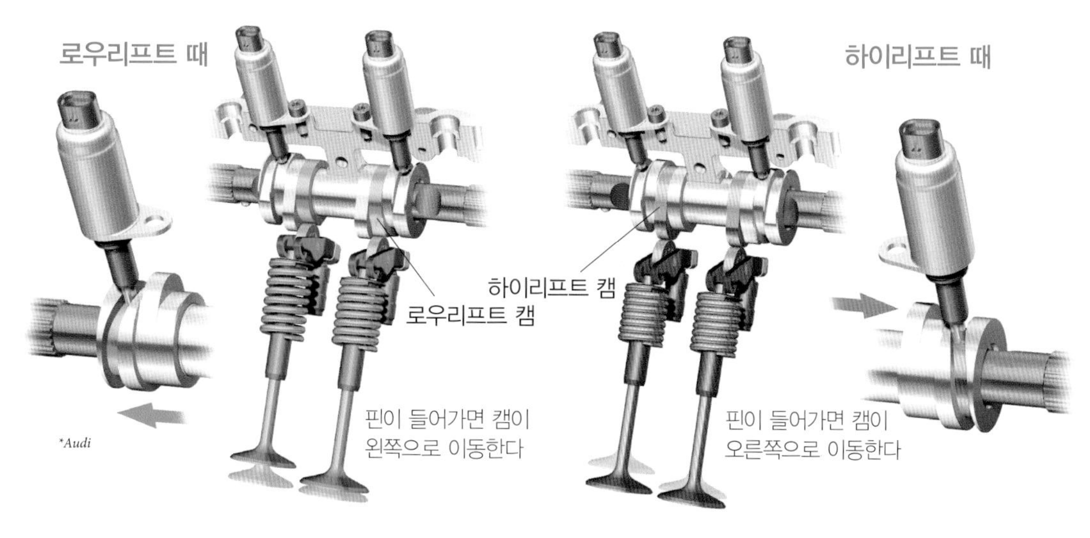

■연속식 가변밸브 리프트 시스템

전환식 이상으로 세밀한 밸브 리프트 제어가 가능한 것이 연속식 가변밸브 리프트 시스템(연속식 VVL)이다. 이 시스템에 의해 스로틀 밸브리스 엔진을 실현한 메이커도 있다.

다양한 방식이 연구되고 있지만, 현 시점에서 실용화된 것은 지렛대로 작용하는 요동캠(스윙 캠)을 이용하는 타입이다. 이러한 캠과 밸브 사이에 배치된 지렛대의 접속점을 이용하거나 지지점을 이동시켜서 지렛대의 비율을 변화시켜 밸브를 누르는 양, 즉 밸브 리프트를 변화시킨다. 이 사양에 의해 캠에 필요 없는 움직임(로스트모션)을 발생시키는 것이다. 접촉면에는 가능하다면 롤러를 채용해서 마찰에 의한 손실을 억제하고 있다. 밸브 리프트를 변화시킬 때 밸브 타이밍도 변화되는 시스템에는 위상식 가변 밸브 타이밍 시스템을 함께 사용하고 있다.

BMW/Valvetronic

BMW의 연속식 VVL이 Valvetronic이며 가장 먼저 실용화된 연속식이다. 모터에 의해 컨트롤 샤프트의 반원형 톱니바퀴를 회전시키면 컨트롤 샤프트캠이 회전해서 요동캠의 지지점의 위치가 변화된다. 요동캠의 지지점 위치가 캠에 가까워지면 밸브리프트가 작아진다. 요동캠이 공중에 뜬 상태로 스프링에 의해 위치를 유지하고 캠에 힘 전달을 한다.

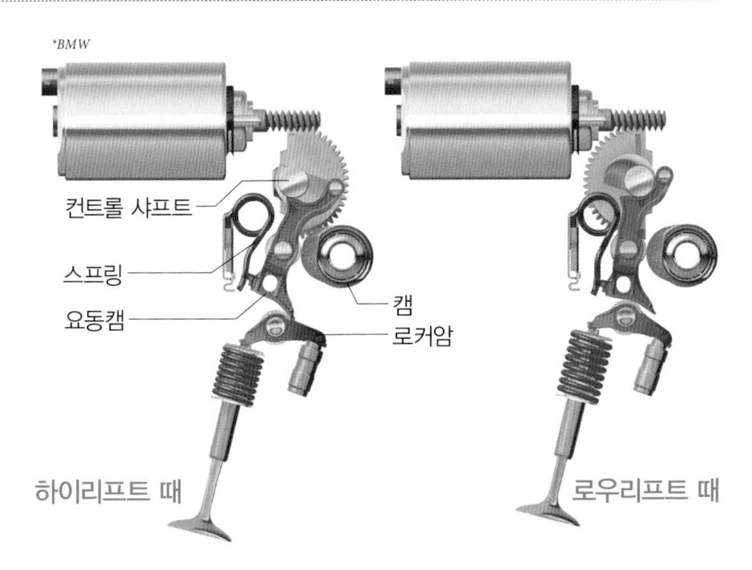

위의 그림은 2001년에 만들어진 1세대의 것이다. 현재는 2세대로 진화해서 부품의 모양과 배치가 다소 변화되었지만, 기본적인 작동원리는 같다.

토요타/Valvematic

토요타의 연속식 VVL이 Valvematic이다. 캠의 회전이 센터암으로 전달되고 컨트롤 샤프트의 같은 축에 배치된 요동암에서 로커암으로 전달된다. 컨트롤 샤프트를 회전시키면 요동암이 회전축 방향으로 이동해서 로커암에 접촉하는 각도가 변화된다. 이 각도의 크기에 따라 밸브 리프트를 변화시킬 수 있다.

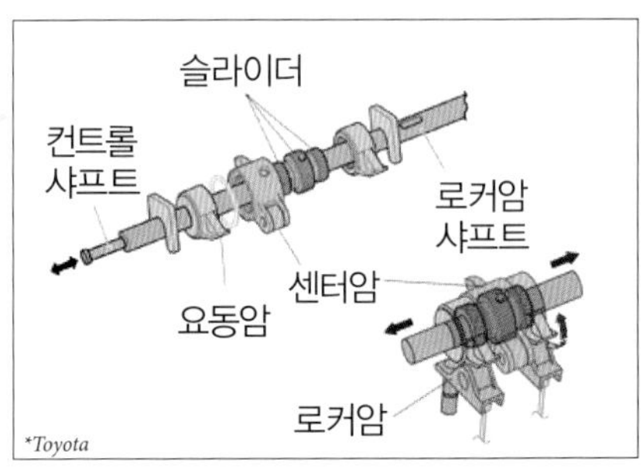

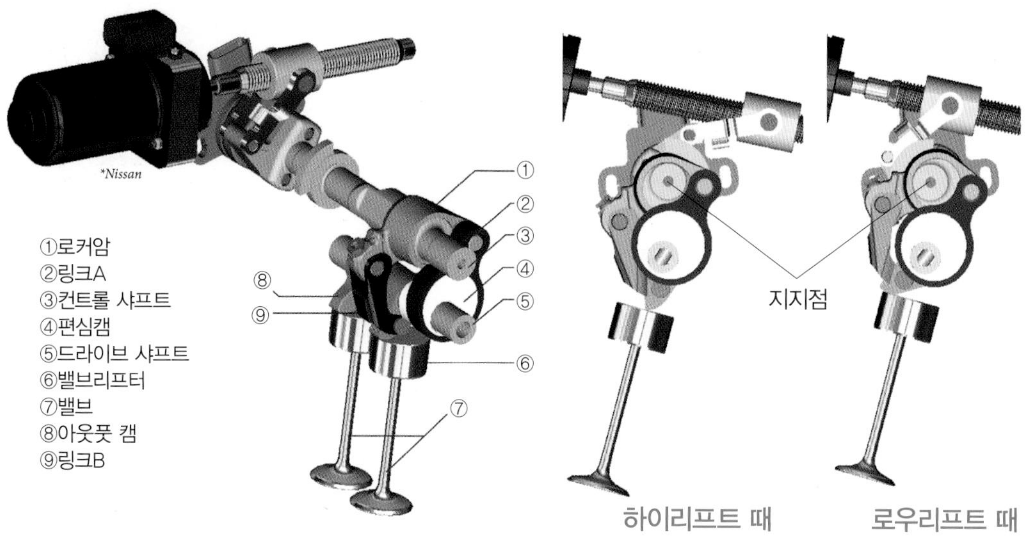

닛산/VVEL

닛산의 VVEL은 직동식 배치를 바탕으로 고안된 연속식 VVL이다. 일반적인 캠 샤프트 위치에는 편심캠을 장착한 드라이브 샤프트가 배치된다. 드라이브 샤프트가 회전하면 편심캠에 의해 링크A가 상하운동을 한다. 이 상하운동이 로커암을 통해 링크B로 전달되며 아웃풋 캠이 밸브 리프터를 누른다. 로커암의 회전축은 컨트롤 샤프트에 대해서 편심되어있기 때문에 샤프트를 회전시키면 로커암의 지지점 위치를 변화시킬 수 있다. 이 변화에 의해 로커암의 지렛대 비율이 달라져 밸브 리프트가 변화된다.

미츠비시/MIVEC

미츠비시의 연속식 VVL이 MIVEC이다(이 명칭은 가변밸브 시스템의 총칭으로 사용되고 있으며, 다른 구조의 것도 있다). SOHC식을 베이스로 콤팩트하게 만들어진 것이다. 캠의 회전은 센터 로커암에서 핀에 의해 흡기 로커암으로 전달된다. 센터 로커암의 다른 한쪽은 스윙캠에 접촉되어있다. 흡기 로커암 샤프트는 컨트롤 샤프트로도 작동해, 회전시키면 연결된 핀이 회전해서 센터 로커암이 이동한다. 이 이동에 의해 지지점의 위치가 바뀌고 지렛대의 비율이 달라져 밸브 리프트가 변화된다.

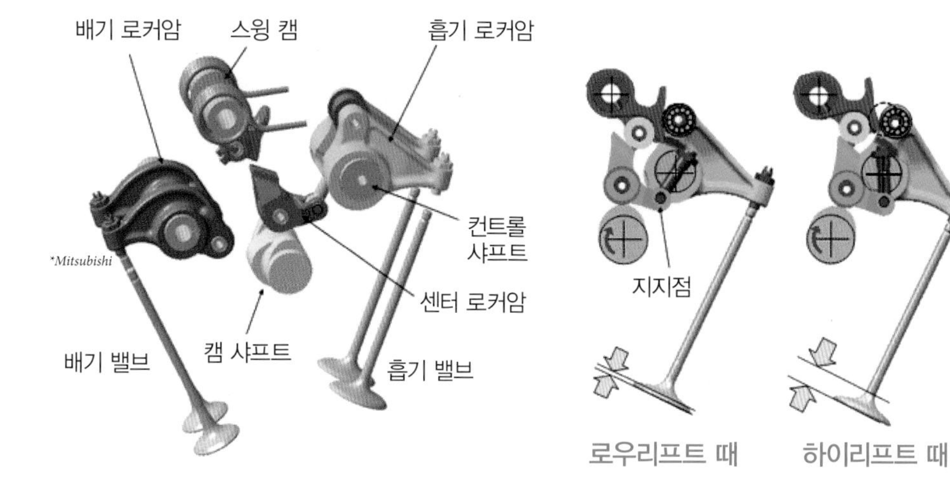

■기통휴지(休止) 엔진

⬆ 폭스바겐의 기통휴지 엔진. 붉은 캠은 캠 리프트 0.

기통휴지 엔진은 실린더 온디맨드라고도 하며, 운전상황에 따라 가동시키는 기통수를 변화시킨다. 가변밸브 리프트 시스템에서 밸브 리프트를 0으로 하면 기통휴지가 가능하다. 휴지 중의 기통은 흡배기밸브가 모두 닫힌 상태로 유지된다. 피스톤이 상승하는 행정에서는 공기를 압축하기 때문에 다른 기통에서 발생한 힘이 사용되지만, 피스톤이 하강하는 행정에서는 압축된 공기가 피스톤을 밀어내므로 손실은 발생하지 않는다. 혼다는 로커암식으로, 폭스바겐 아우디 그룹은 캠 슬라이드식으로 기통 휴지엔진을 실현하고 있다.

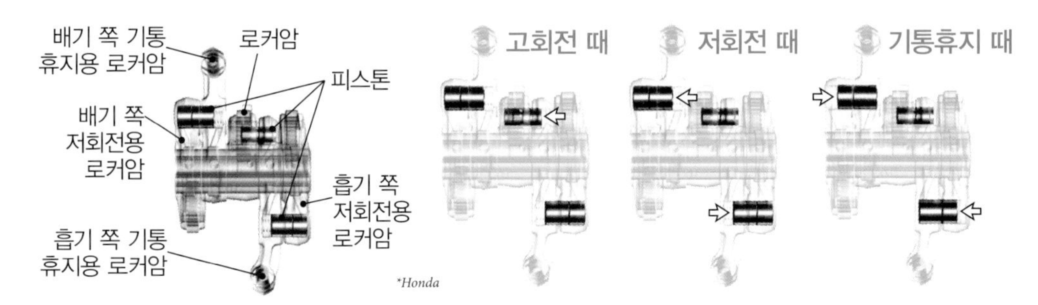

⬆ 혼다의 3스테이지 VTEC은 기통휴지, 하이밸브 리프트와 로우밸브 리프트의 전환도 하기 때문에 로커암 주변의 구조가 매우 복잡하다. 흡배기 양쪽에 5개의 로커암이 있으며 3곳의 피스톤에 의해 연결과 개방을 한다.

■가변밸브 시스템에 의한 스월

흡기행정에서 2개의 흡기밸브의 한쪽의 밸브 리프트를 작게 하면 흡기의 흐름이 불균형 상태가 된다. 흡기포트의 모양을 최적으로 설계해두면 이 불균형에 의해 스월 등의 소용돌이를 발생시킬 수 있다. 흡기량이 적은 저회전 때에 스월을 발생시키면 연료와 공기의 혼합이 촉진되어 연비향상이 가능하다. 스바루는 밸브 리프트식으로, 폭스바겐 아우디 그룹은 캠 슬라이드식으로 스월을 발생시키고 있다.

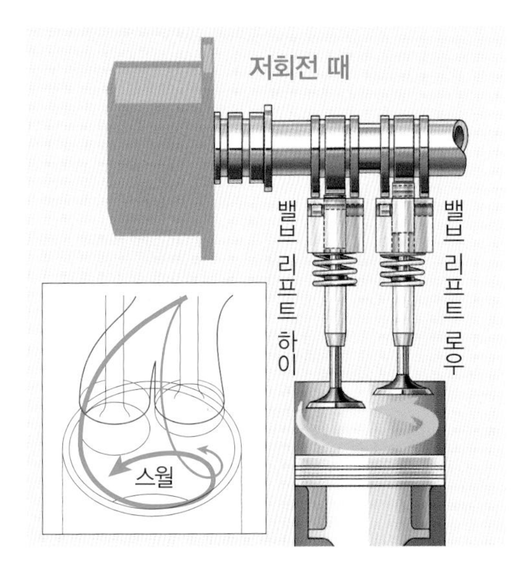

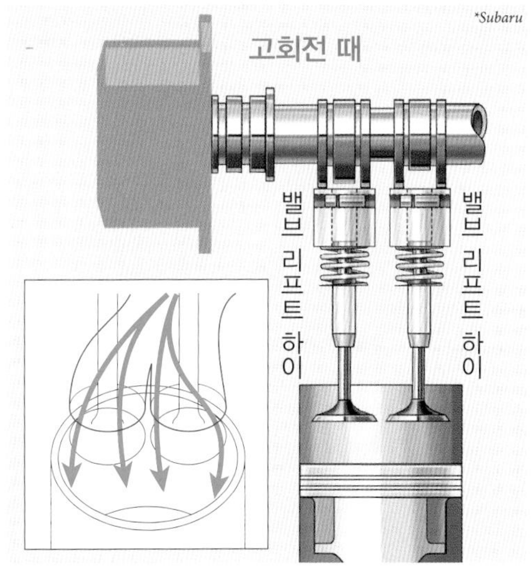

■유압밸브 시스템

유압밸브 시스템은 Schaeffler사가 개발해 피아트와 알파로메오가 Multiair라는 명칭으로 흡기밸브에 사용하고 있다. 밸브는 밸브 스프링에 의해 닫힌 상태가 유지되며, 밸브 스템 엔드에 설치된 유압 액추에이터에 유압을 보내면 밸브가 밀려내려가서 열린다. 유압은 배기캠 샤프트에 설치된 캠으로 유압 펌프를 구동시켜 발생시킨다. 펌프와 액추에이터 사이에는 어큐뮬레이터(축압실)와 솔레노이드 밸브(전자 밸브)가 있다. 이 밸브로 액추에이터에 보내는 유압을 조정해서 밸브 리프트를 변화시킨다. 솔레노이드 밸브를 전자제어해서 임의의 밸브 타이밍과 밸브 리프트로 밸브를 열고 닫을 수 있다. 1행정 동안 밸브를 2번 여는 것도 가능하다.

⬅ 캠 샤프트는 배기밸브용이지만 여기에 유압 펌프를 작동시키기 위한 캠도 설치된다.

■전동밸브 시스템

자동차에는 다양한 장치의 전동화가 진행되고 있다. 밸브 시스템도 전동화 연구개발이 진행되고 있다. 전동밸브 시스템은 밸브의 타이밍을 자유롭게 설정할 수 있으며, 밸브 리프트의 가변도 가능하다. 캠으로 밸브를 열고 닫을 때에는 조금씩 밸브가 열리고 조금씩 밸브가 닫히기 때문에 완전히 열리는 시간은 짧지만, 전동식이라면 밸브가 열리고 닫히는 속도를 높여서 완전히 열린 상태를 길게 유지시킬 수도 있다.

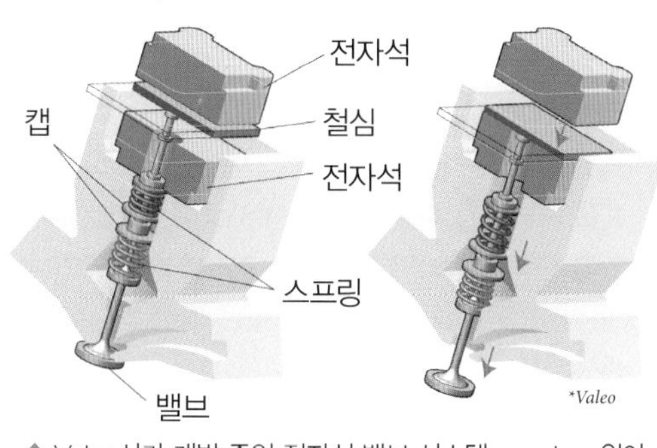

⬆ Valeo사가 개발 중인 전자식 밸브 시스템 e-valve. 위아래 2개의 전자석에 의해 밸브를 열고 닫는다.

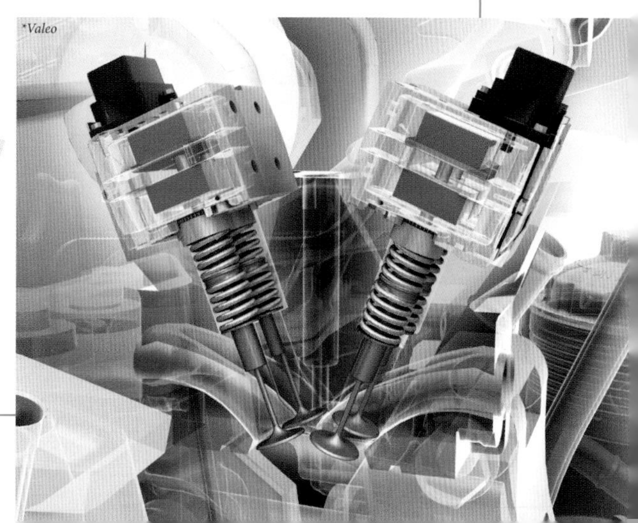

흡배기장치 01 Intake system

흡기 시스템

흡기 시스템(인테이크 시스템, 흡기장치)은 엔진의 연소에 필요한 공기를 공급하는 장치다. 공기를 끌어들이는 입구, 공기를 정화하는 에어클리너, 흡기량을 제어하는 스로틀 밸브, 흡기를 기통마다 분배하는 흡기 매니폴드로 구성되며, 배치에 따라 에어덕트라는 파이프로 접속된다. 공명을 이용해서 흡기의 소음을 줄이는 레저네이터(resonator)가 설치되는 경우도 있다. 디젤 엔진과 스로틀 밸브리스 엔진에는 스로틀 밸브가 없다.

공기와 같은 기체라도 통로가 심하게 휘어지거나 급격하게 굵기가 달라지면 공기의 흐름이 나빠져서 흡기의 효율이 떨어지거나, 펌프 손실이 늘어나기도 한다. 기통끼리 서로 흡기에 영향을 주는 경우도 있다. 이것을 고려해서 인테이크 시스템이 설계된다. 공기가 들어가는 입구는 엔진룸 안에서 주행 중에는 공기압이 높아지기 쉽고, 습기가 없는 곳에 설치된다.

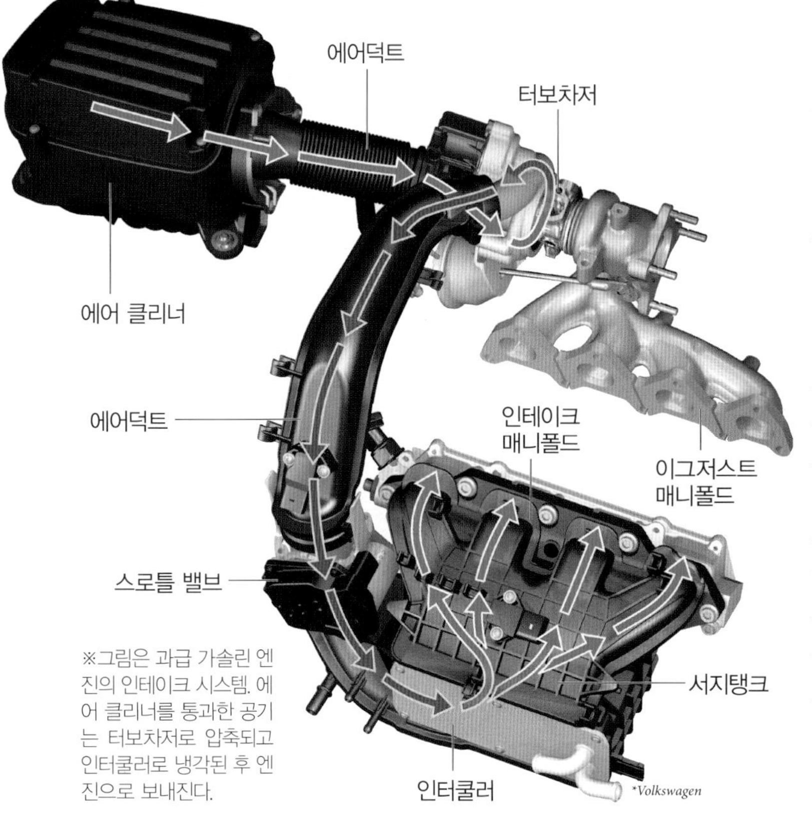

※그림은 과급 가솔린 엔진의 인테이크 시스템. 에어 클리너를 통과한 공기는 터보차저로 압축되고 인터쿨러로 냉각된 후 엔진으로 보내진다.

■에어 클리너

공기 중에는 미세한 이물질이 섞여있다. 이물질 중에는 딱딱한 것도 있으며, 연소과정을 거치면 딱딱해지는 것도 있어 실린더와 피스톤을 마모시키는 원인이 될 수 있다. 딱딱하지 않은 이물질이라도 엔진오일과 함께 흡기밸브나 점화플러그의 전극에 눌러 붙으면 밸브에 틈이 벌어지거나 점화되는 불꽃이 약해지기도 한다. 때문에 이물질을 제거하기 위한 필터로 에어 클리너가 장착된다.

승용차에는 일반적으로 건식 에어 클리너와 습윤식 에어 클리너가 사용된다. 건식은 에어 클리너 케이스 안에 부직포 필터가 들어간다. 필터는 에어 클리너 엘리먼트라고 하며 표면적을 늘리기 위한 주름이 있다. 습윤식은 반습식 에어 클리너라고도 하며, 건식에서 사용하는 필터에 점성이 높은 특수한 오일을 적셔서 사용한다. 이 점성은 이물질 흡착 능력을 높여준다.

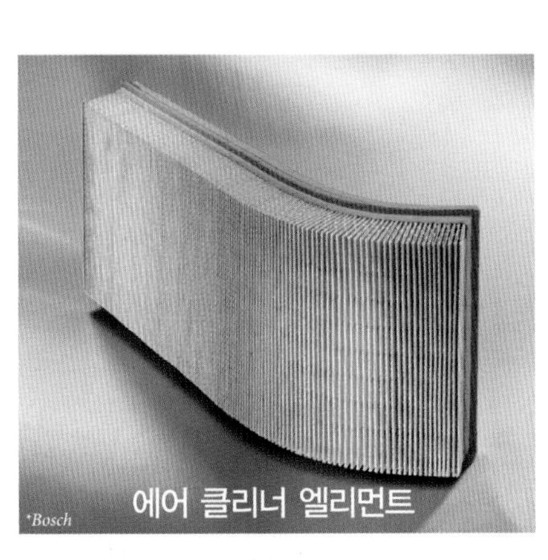

■흡기 매니폴드

흡기 매니폴드(인테이크 매니폴드)는 기통마다 흡기를 나눠서 보내는 것으로 기밀성을 높이기 위해 인테이크 매니폴드 개스킷과 함께 실린더 헤드에 장착된다. 매니폴드란 여러 갈래로 나뉘어진 파이프를 의미하며, 각각의 가지 부분을 브랜치라고 한다. V형과 수평대향형의 경우는 뱅크마다 설치되며, V형의 경우는 뱅크의 움푹 들어간 곳에 두 뱅크의 매니폴드가 하나로 장착되는 경우도 있다. 열전도성이 높은 알루미늄 합금을 많이 사용했지만, 현재에는 경량화가 가능한 수지재질 인테이크 매니폴드의 사용도 늘어나고 있다.

인테이크 매니폴드는 기통간의 상호 영향이 발생하기 쉽다. 예를 들면 각 기통의 흡기행정이 겹치지 않는 4기통 엔진이라도 실제로는 밸브 오버랩이 있으며 흡기 타이밍이 겹친다. 앞쪽 기통 브랜치에서 흡기가 힘차게 이루어지고 있으면, 다음 기통의 흡기밸브가 열리기 시작해도 그 기통의 브랜치 공기를 앞쪽 기통의 흡기의 흐름이 빨아들여 흡기의 효율이 악화된다. 때문에 일단 2개로 나눈 다음에 각각을 다시 2개로 나누는 1-2-4타입의 매니폴드 또는 흡기행정이 반대가 되는 1번과 4번, 2번과 3번 기통을 세트로 하는 매니폴드가 사용되는 경우가 있다. 직렬 6기통에는 흡기행정이 겹치지 않는 3기통씩 독립된 매니폴드를 사용하는 것이 일반적이다.

나뉘기 직전에 넓은 공간이 있으면 기통 사이의 영향이 줄어들기 때문에 컬렉터나 서지탱크라는 상자 모양의 공간을 두는 경우도 있다. 이러한 경우는 서지탱크에서 짧은 파이프를 통해 각각의 기통으로 흡기가 보내지는 경우가 많다.

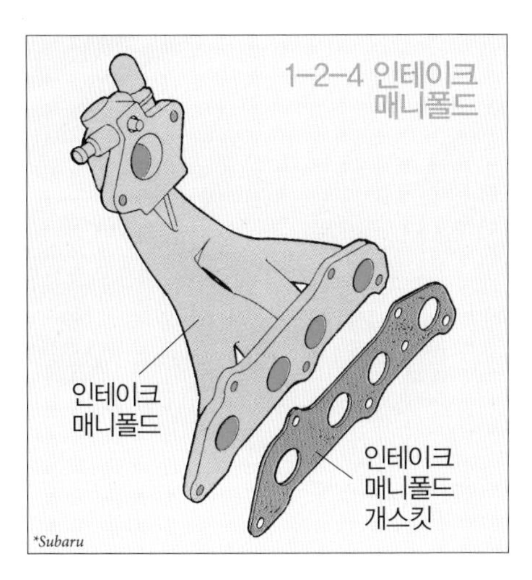

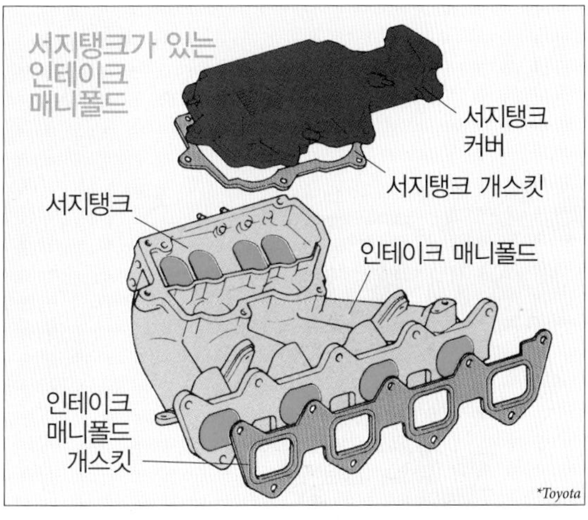

흡배기장치 Variable intake system

02 가변흡기 시스템

과급이라는 방법으로 흡기를 압축해서 실린더 용적 이상의 공기를 실린더에 보내 엔진의 출력을 높일 수 있다. 과급에는 터보차저 등의 과급기에 의한 방법 외에 흡기 시스템(인테이크 시스템)의 구조와 형상에 의한 관성과급과 공명과급이 있다. 관성과급과 공명과급은 엔진의 회전수에 의해 구조와 형상이 적절하게 변화된다. 때문에 상황에 따라서 흡기 시스템의 구조나 형상을 바꿀 수 있다면 과급 효과를 높일 수 있다. 이것을 위한 시스템이 가변흡기 시스템(가변 인테이크 시스템)이다. 이 시스템은 과급기에 비해서 효과는 적지만 제작비용은 절감시킬 수 있다.

일반적으로 가변흡기 시스템은 과급을 목적으로 하는 시스템을 말한다. 이밖에도 혼합기의 혼합 촉진을 위한 스월이나 텀블을 발생시키는 목적으로 인테이크 시스템의 일부에 가변구조를 갖춘 엔진도 있다.

■관성과급과 공명과급

흡기밸브가 닫혀서 흡기행정이 끝난 후에도 흡기의 관성 때문에 공기는 계속 흐르려고 한다. 따라서 밸브 부근의 압력이 높아진다. 엔진이 연속해서 가동되고 있으면 흡기 시스템 안에는 압력이 높고 공기의 밀도가 높은 부분과 압력이 낮고 공기의 밀도가 옅은 부분이 교대로 배치되는 소밀파가 발생한다. 다음 흡기행정이 시작될 때에 밸브 부근의 압력이 높으면 과급이 행해진다. 이러한 과급 중, 흡기 매니폴드의 브랜치 소밀파를 이용하는 것을 관성과급, 브랜치 이전의 공간을 이용하는 것을 공명과급이라고 한다.

소밀파의 주기는 엔진 회전수에 의해 변화하며 관성과급에 최적인 브랜치 길이와 공명과급에 최적인 공간의 넓이가 변화한다. 따라서 가변흡기 시스템은 상황에 따라서 브랜치의 길이와 공간을 변화시키고 있다.

관성과급을 하는 가변흡기 시스템

관성과급은 일반적으로 저회전 영역에서는 브랜치가 길고 가늘수록 효과가 잘 나며, 고회전에서는 브랜치가 짧고 굵을수록 효과가 높아진다. 때문에 관성과급을 목표로 하는 가변흡기 시스템은 길고 짧은 2개의 브랜치를 준비해, 저회전 영역에서는 긴 브랜치만 사용한다. 고회전 영역에서는 짧고 굵은 브랜치가 작동하도록 하는 경우가 많다.

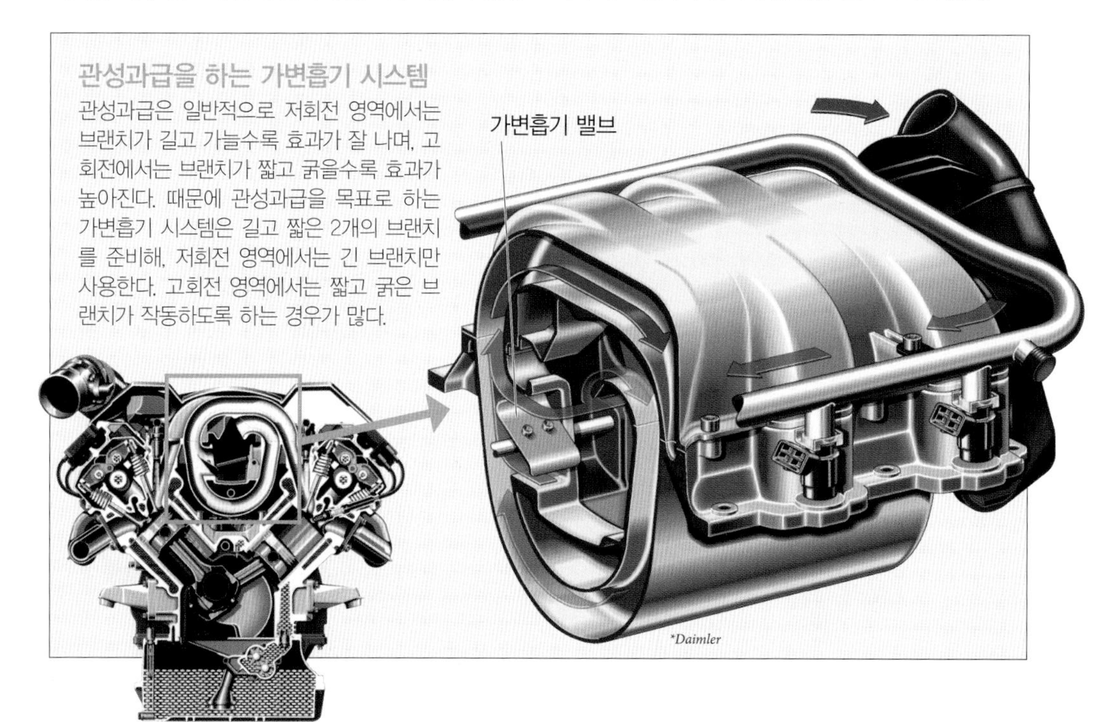

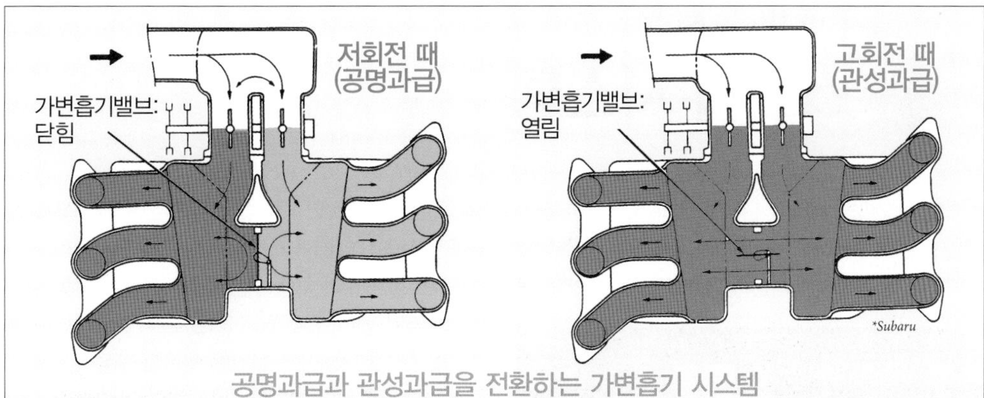

공명과급과 관성과급을 전환하는 가변흡기 시스템

공명과급은 3기통 엔진에서 효과가 좋으며, 특히 저회전 영역에서 효과가 높다. 6기통 엔진은 3기통씩 분할할 수 있으므로 공명과급을 채용하는 경우가 많다. 그림의 시스템은 저회전 영역에서는 서지탱크를 분할해서 공명과급을 하고, 공명과급의 효과가 줄어드는 고회전 영역에서는 서지탱크를 연결하고 짧은 브랜치를 사용해서 관성과급을 하고 있다.

■스월&텀블 컨트롤 밸브

실린더 안에서 스월이나 텀블 소용돌이를 발생시키면 공기와 연료의 혼합이 촉진되어 연소가 잘 된다. 특히 흡기량이 적은 저회전 시에 효과적이다. 스월이나 텀블은 한쪽으로 치우친 위치에서 실린더 안으로 흡기가 들어오면 발생이 잘 되므로, 2개의 흡기밸브 중 한쪽에서만 흡기를 하거나 포트의 벽면을 따라 흡기를 보내면 만들어진다. 하지만 이러한 구조는 고회전 시에는 흡기의 저항을 높인다. 때문에 시스템 안에 밸브를 두고 상황에 따라서 열고 닫는다. 이러한 밸브를 스월 컨트롤 밸브 또는 텀블 컨트롤 밸브라고 한다.

이러한 소용돌이를 적극적으로 발생시키는 시스템에는 가변 밸브 시스템을 이용하는 것이나 피스톤 헤드의 모양을 이용하는 것도 있다.

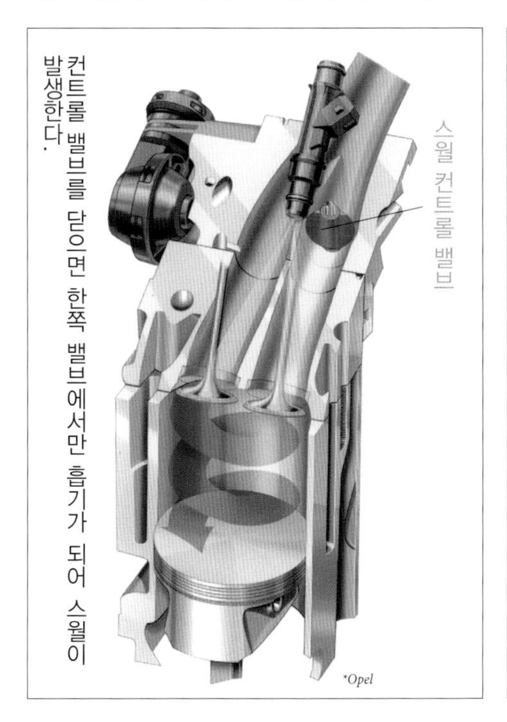

컨트롤 밸브를 닫으면 한쪽 밸브에서만 흡기가 되어 스월이 발생한다.

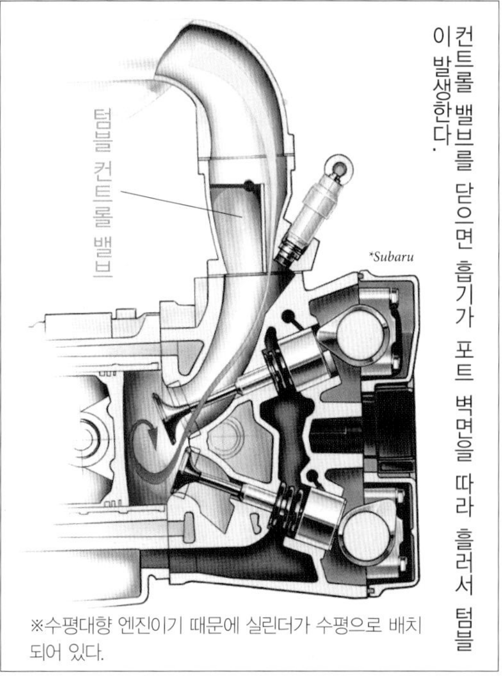

컨트롤 밸브를 닫으면 흡기가 포트 벽면을 따라 흘러서 텀블이 발생한다.

※수평대향 엔진이기 때문에 실린더가 수평으로 배치되어 있다.

흡배기장치 03

Throttle system
스로틀 시스템

스로틀 시스템은 스로틀 밸브를 열고 닫으면서 흡기량을 조정하는 기구다. 드라이버의 액셀 페달 조작에 의해 스로틀 밸브가 열리는 정도를 조정할 수 있다. 스로틀 시스템은 일반적으로 1개의 엔진에 1개가 사용되지만, 스포츠 타입의 자동차에는 기통마다 장비된 다연 스로틀 밸브가 사용되는 경우도 있다. 스로틀 밸브는 가솔린 엔진에는 필수적이었지만, 연속식 가변밸브 리프트 시스템이 등장함에 따라 스로틀 시스템을 사용하지 않는 스로틀 밸브리스 엔진도 나오게 되었다.

*BMW

스로틀 시스템에는 기계식 스로틀 시스템과 전자제어식 스로틀 시스템이 있다. 기계식의 경우, 드라이버의 액셀 페달 조작과 스로틀 밸브의 개폐가 완전히 연동된다. 전자제어식은 페달 조작과는 별개로 스로틀 밸브가 열리는 정도를 조정할 수 있고, 세밀한 제어도 가능하다.

■기계식 스로틀 시스템

기계식 스로틀 시스템은 흡기의 통로인 원통형 스로틀 보디에 원판 모양의 스로틀 밸브를 장착할 수 있는 버터플라이 밸브가 일반적으로 사용된다. 스로틀 밸브에는 그 면을 따라 중심을 통과하는 회전축이 설치되어있어, 이 축을 회전시켜서 스로틀 밸브가 열리는 정도를 조정한다. 회전축에는 밸브보디의 측면에 이끌려서 회전을 전달하는 풀리 모양의 스로틀 드럼과 밸브가 닫힌 상태를 유지하는 리턴 스프링이 설치된다.

액셀 페달과 스로틀 드럼은 액셀 와이어 또는 액셀 케이블이라는 금속 재질의 와이어로 연결되어있다. 페달을 밟으면 액셀 와이어가 당겨져 스로틀 드럼이 회전하고 스로틀 밸브가 열린다. 이것으로 페달을 밟는 정도와 스로틀 밸브가 열리는 정도가 연동된다.

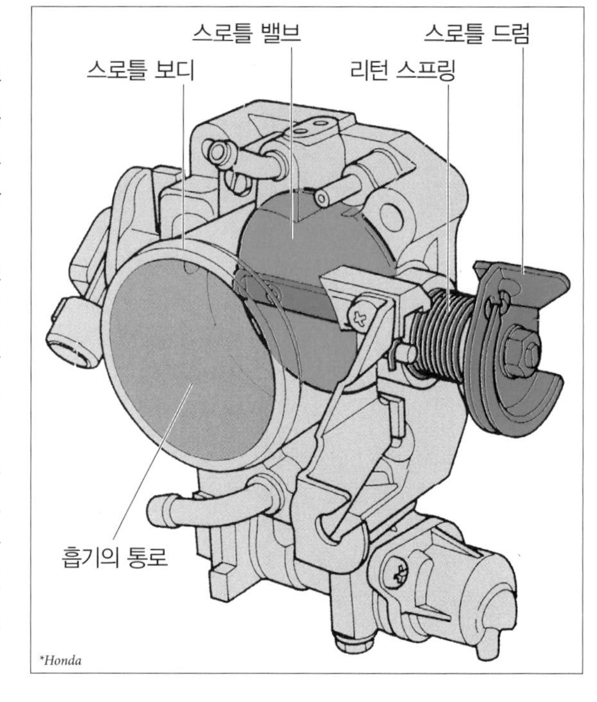

*Honda

■전자제어식 스로틀 시스템

전동 스로틀 밸브라고도 하는 전자제어식 스로틀 시스템의 경우도 스로틀 보디와 스로틀 밸브의 기본적인 구조는 기계식과 같다. 스로틀 드럼이 없으며, 톱니바퀴에 의한 감속기구를 통해서 모터의 회전이 밸브의 회전축으로 전달된다. 회전축에는 스로틀 밸브가 열린 정도를 검출하는 스로틀 포지션 센서가 설치되어 있어 ECU(엔진을 제어하는 컴퓨터)로 정보가 보내진다.

액셀 페달에는 밟은 정도를 검출하는 액셀 포지션 센서가 설치되어 있어 ECU에 정보를 보낸다. 이 센서에 의해 드라이버의 생각을 전달받은 ECU는 최적의 스로틀 밸브 개폐 정도를 결정해서 스로틀 밸브를 구동하는 모터에 지시를 내린다. 동시에 지시가 정확하게 반영되고 있는가를 스로틀 포지션 센서의 정보를 통해 확인한다.

스로틀 밸브와 액셀 페달에는 기계적인 연결이 전혀 없으며, 전기신호를 보내는 전선(와이어)만으로 연결되어있다. 이러한 시스템을 드라이브 바이 와이어라고도 한다.

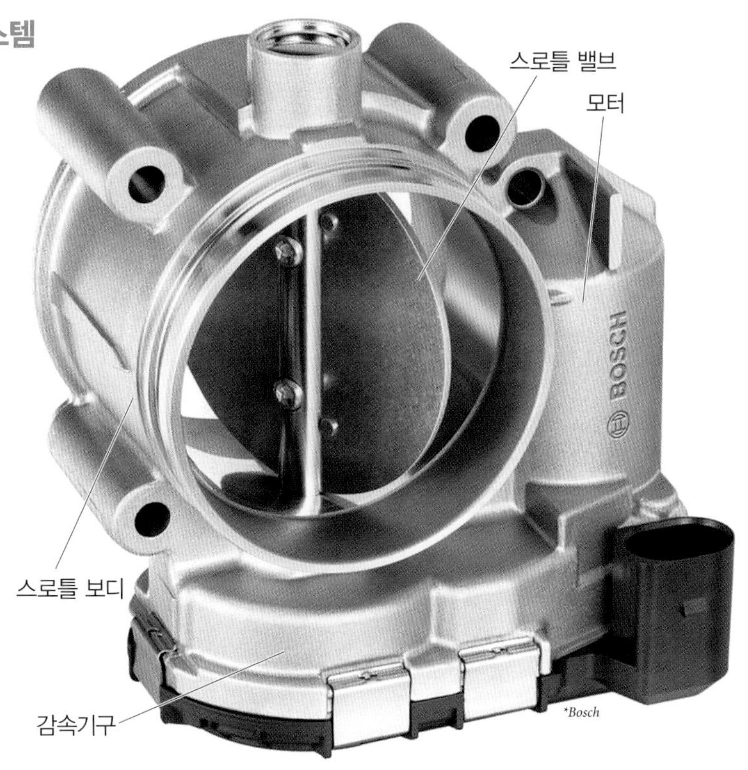

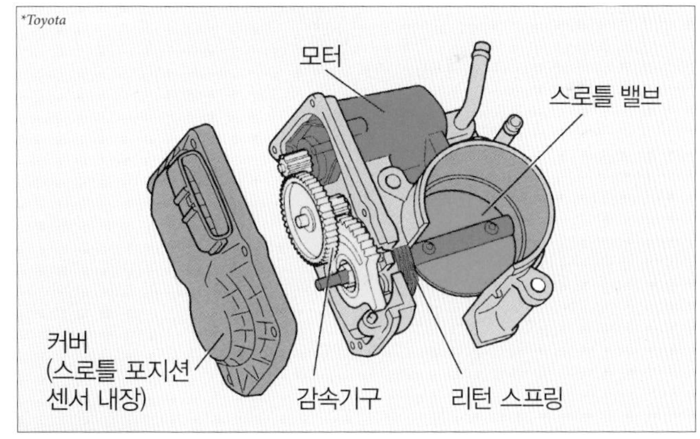

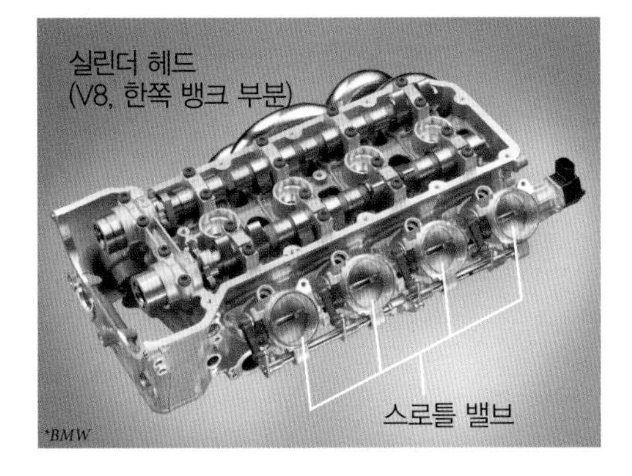

■다연 스로틀 밸브

다연 스로틀 밸브는 기통수와 같은 수만큼의 스로틀 밸브를 사용한다. 기통수에 따라 6연 스로틀 밸브, 8연 스로틀 밸브라고 한다. 각각의 스로틀 보디는 실린더 헤드의 흡기 포트 입구에 설치된다. 이렇게 하면 스로틀 밸브에서 연소실까지의 거리가 일반적인 스로틀 시스템보다 짧아지고 엔진의 리스폰스가 향상된다. 아울러 펌프손실도 경감시킬 수 있다.

흡배기장치 04

Exhaust system

배기 시스템

배기 시스템(이그저스트 시스템, 배기장치)은 사용한 연소가스를 배기가스로 안전하고 효율적으로 배출하기 위한 장치다. 배기 시스템은 각 기통의 배기를 합류시키는 배기 매니폴드, 배기가스 안의 대기오염물질을 제거하는 배기가스 정화장치, 배기소음을 저감시키는 머플러 등으로 구성되며, 배치에 따라서 이그저스트 파이프(배기관)로 접속된다. 배기의 일부를 흡기에 혼합하는 EGR을 사용하는 엔진은 배기를 가져오는 통로가 배기경로 도중에 만들어진다. 터보차저를 채용한 엔진은 배기경로 도중에 터빈 하우징이 설치된다.

배기 시스템은 흡기 시스템 이상으로 기통마다의 기체의 흐름이 서로에게 많은 영향을 준다. 어떤 기통의 배기가 다른 기통의 배기와 배기 경로 도중에 충돌하는 배기간섭이 발생하면, 배기 경로 안의 압력이 높아져서 배기의 효율이 나빠진다. 때문에 각 기통의 배기 경로 길이를 균등하게 하거나, 상호 영향이 발생하기 쉬운 기통의 배기는 가능한 하류에서 합류시키는 방법을 사용하고 있다. V형과 수평대향형은 두 뱅크의 배기를 합류시키지 않고 독립된 배기 시스템을 구성하는 경우도 있다. 이러한 것을 듀얼 이그저스트 시스템이라고도 한다.

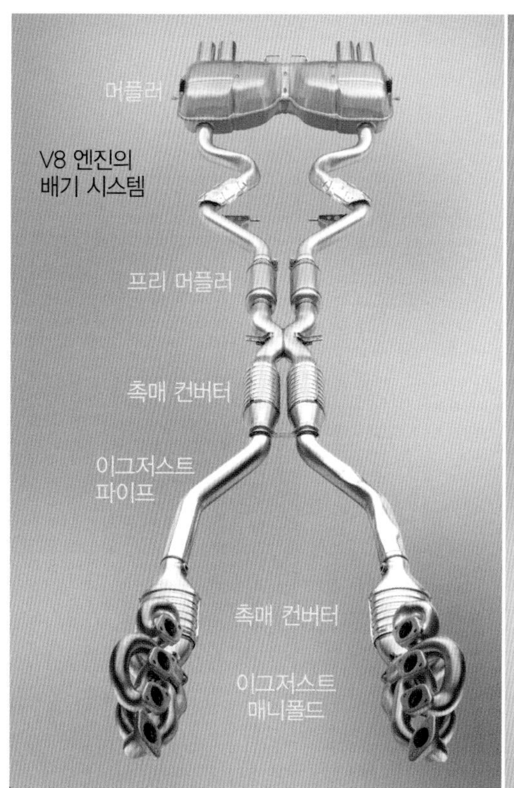

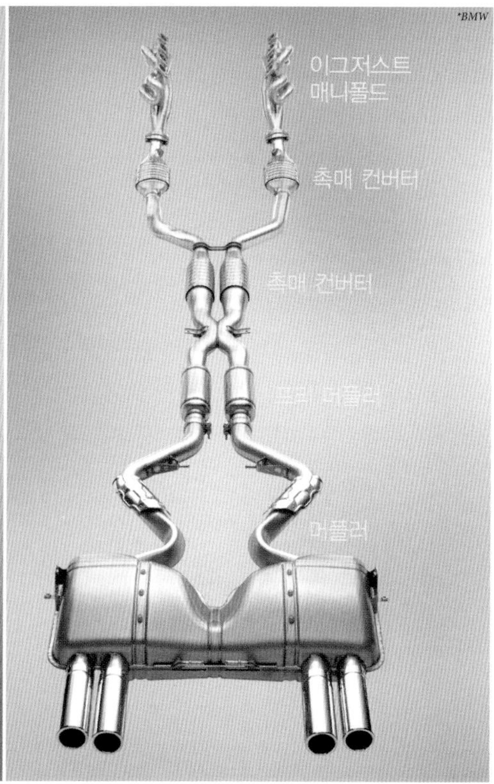

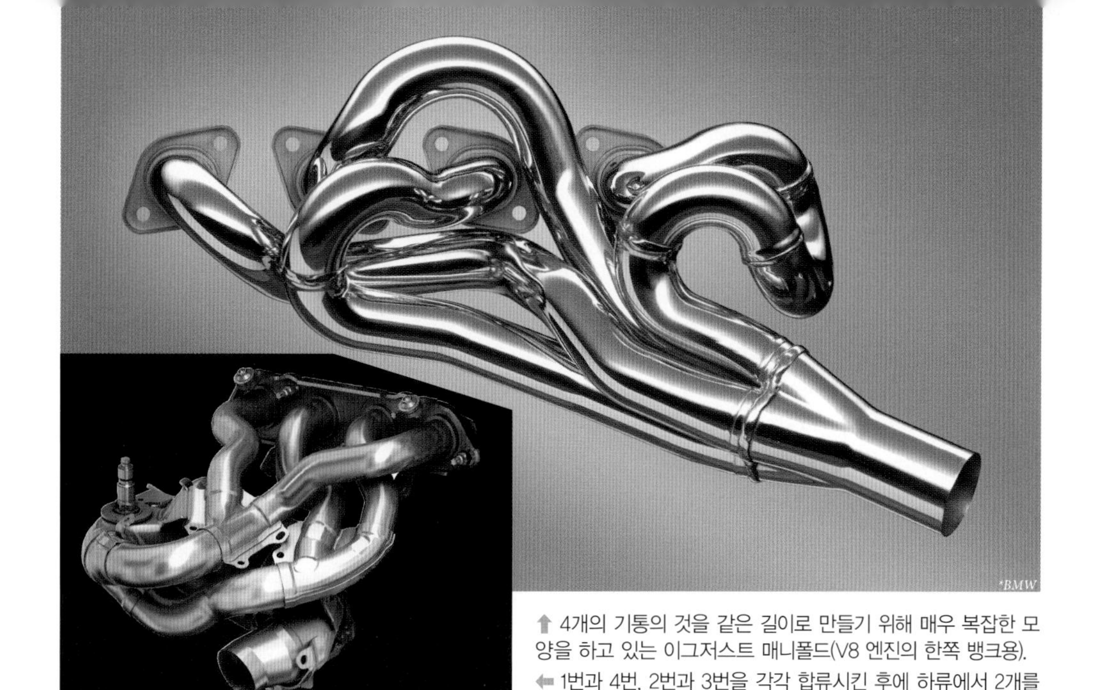

⬆ 4개의 기통의 것을 같은 길이로 만들기 위해 매우 복잡한 모양을 하고 있는 이그저스트 매니폴드(V8 엔진의 한쪽 뱅크용).
⬅ 1번과 4번, 2번과 3번을 각각 합류시킨 후에 하류에서 2개를 합류시키는 직렬4기통 이그저스트 매니폴드.

■배기 매니폴드

배기 매니폴드(이그저스트 매니폴드)는 각 기통의 배기를 집합시키는 것으로 흡기 매니폴드와 같은 다지관으로 되어있다. 집합관이라고도 한다. 기밀성을 높이기 위해 이그저스트 매니폴드 개스킷을 통해 실린더 헤드에 장착된다. 고온고압의 배기를 통과시키기 때문에 예전에는 주철을 많이 사용했지만, 현재는 주로 스테인리스 강관이 사용된다. 이그저스트 파이프에도 스테인리스 강관이 사용된다.

배기간섭을 방지하는 기본적인 수단으로 각 브랜치의 길이가 같은 이그저스트 매니폴드가 사용되는 경우가 있다. 같은 길이를 위해 브랜치의 모양이 매우 복잡해지는 경우도 있다. 4기통 엔진에서는 단번에 합류하지 않고, 우선은 이웃한 2개를 합류시키고 그 다음에 하나로 모으는 4-2-1타입의 매니폴드 또는 배기행정이 반대인 1번과 4번, 2번과 3번의 기통을 먼저 합류시키는 매니폴드가 사용되는 경우도 있다.

가솔린 엔진의 배기가스 정화장치인 촉매 컨버터는 엔진에 가까운 위치에 배치되는 것이 바람직(101p. 참조)하다. 따라서 촉매 컨버터를 일체화시킨 이그저스트 매니폴드도 사용된다. 더욱 엔진과 가깝게 하기 위해서 이그저스트 매니폴드를 없애고 실린더 헤드 안에서 배기를 합류시키는 엔진도 있다. 이밖에도 시스템을 심플하게 하기 위해서 터보차저의 터빈 하우징을 일체화시킨 이그저스트 매니폴드도 있다.

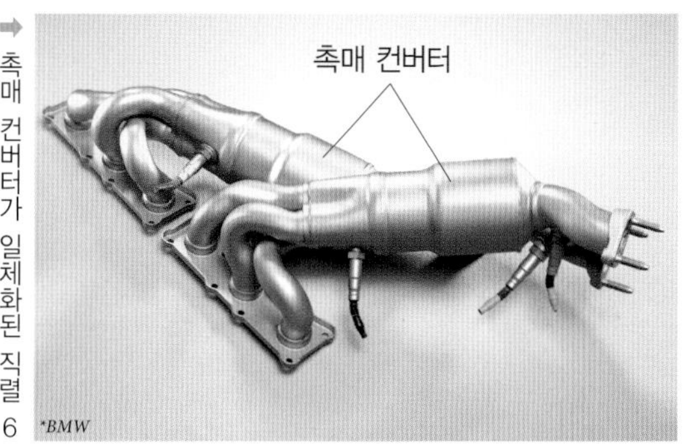

➡ 촉매 컨버터가 일체화된 직렬6기통의 이그저스트 매니폴드.

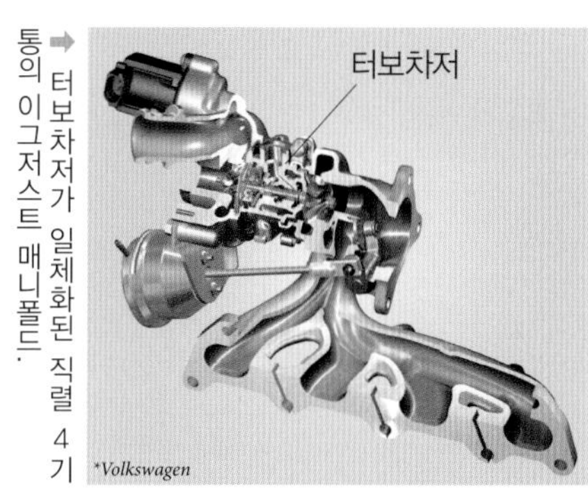

➡ 터보차저가 일체화된 직렬4기통의 이그저스트 매니폴드.

흡배기장치 05

Muffler 머플러

배기가스는 고온고압이다. 이것을 그대로 대기 중으로 방출시키면 급속히 팽창되어 소음이 발생한다. 게다가 최고 900℃에 달하는 배기를 그대로 방출시키는 것도 위험하다. 따라서 배기 시스템에는 소음을 저감하는 머플러가 설치된다. 머플러는 사일렌서라고도 하며, 배기의 온도를 내리는 효과도 있다. 소음을 줄이는 방법에는 팽창식, 흡음식, 공명식이 있다. 머플러의 구조에는 스트레이트식 머플러와 다단식 머플러가 있다.

머플러로 소음을 줄이기 위해서는 어느 정도의 넓은 공간이 필요하다. 그리고 소음을 줄이는 효과를 높이면 압력도 높아지기 쉽다. 일반적으로 머플러는 이그저스트 시스템의 마지막 단계에 배치되지만, 설치 가능한 공간의 넓이에 따라서는 소음을 줄이는 능력이 충분하지 못한 경우도 있다. 이러한 경우에는 이그저스트 시스템의 도중에도 별도의 머플러를 설치해서 2단계로 소음을 줄인다. 이렇게 도중에 설치되는 머플러를 프리 머플러라고 한다.

이그저스트 노이즈는 소음을 의미하지만, 기분 좋은 배기음을 이그저스트 노트라고 하는 경우도 있다. 스포츠 타입의 자동차 중에는 기분 좋은 음을 위해 머플러를 설계하는 경우도 있다.

배압(背壓)과 배기음을 조정하는 목적으로 엔진의 회전수에 따라서 소음을 제거하는 기능을 바꿀 수 있는 가변식 머플러도 있다.

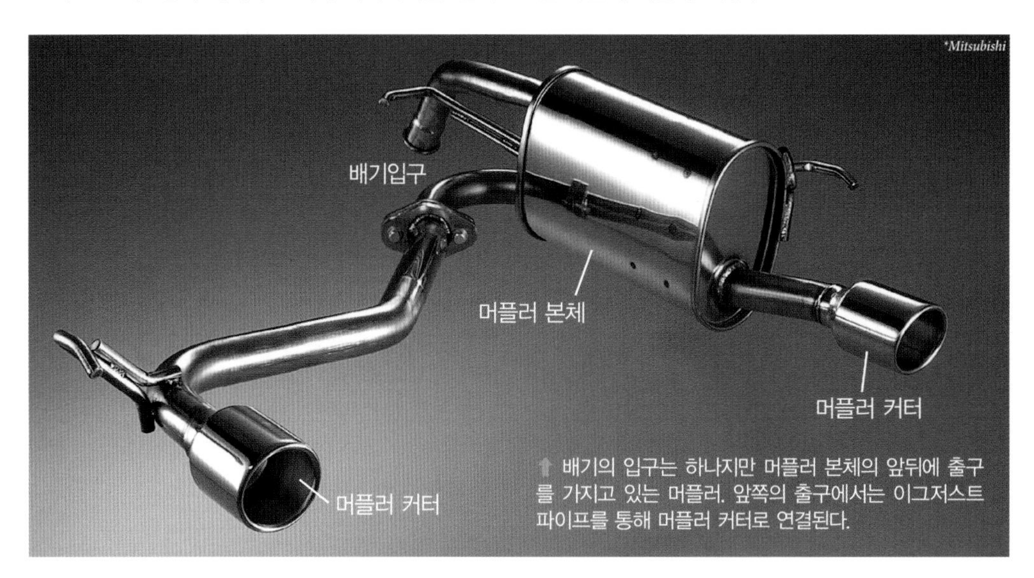

⬆ 배기의 입구는 하나지만 머플러 본체의 앞뒤에 출구를 가지고 있는 머플러. 앞쪽의 출구에서는 이그저스트 파이프를 통해 머플러 커터로 연결된다.

팽창식 소음(消音)

배기의 팽창 정도가 클수록 소음도 커진다. 따라서 용적의 크기로 팽창시킬 수 있는 머플러 내부의 방 공간의 넓이를 제한해 단계적으로 팽창시켜 소음을 줄이는 방식이다.

흡음식 소음

흡음재를 사용해서 소음을 저감시키는 것이 흡음식 소음이다. 음은 압력에 의한 에너지이므로 흡음재와 마찰을 발생시키면 열에너지로 변환되어 음이 작아진다. 머플러는 유리섬유를 흡음재로 사용한다. 유리섬유는 섬유가 가늘고 적은 양이라도 표면적이 넓으며 열에 강하다.

공명식 소음

음은 압력의 강약을 반복하는 압력파다. 따라서 역위상의 음(강약이 정반대인 음)을 만나면 압력이 상쇄되어 소리가 작아진다. 때문에 벽에 반사된 음이 역위상이면 소음을 줄일 수 있다. 이것이 공명식 소음이며 효과가 높다. 공간의 넓이(벽까지의 거리)에 의해 소음을 줄일 수 있는 주파수(음의 높이)가 정해진다.

■스트레이트식 머플러와 다단식 머플러

스트레이트식 머플러는 여러 개의 작은 구멍이 난 파이프가 머플러 케이스를 관통한다. 케이스 안은 하나의 공간이며 흡음재가 채워져 있다. 팽창식과 흡음식으로 소음 제거 작용을 하지만, 소음 제거능력을 높이기 어렵기 때문에 자동차에 사용되는 예는 적다.

다단식 머플러는 다실식 머플러라고도 하며, 현재 머플러의 주류로 사용되고 있다. 케이스 안은 여러 개의 방으로 나뉘어져 있으며 각각의 방은 파이프로 연결되어 있다. 여러 개의 작은 구멍이 난 파이프가 부분적으로 사용되며, 방에 따라서는 흡음재가 배치된다. 배기가 방에서 방으로 이동할 때와 파이프의 작은 구멍에서 나올 때에 팽창식 소음이 이루어지며, 흡음재가 있는 방에서는 공명식 소음이 이루어진다. 다양한 주파수의 음을 소음할 수 있도록 방의 크기는 각각 다르다.

최종적으로 배기를 배출하는 파이프를 머플러 커터 또는 테일 파이프라고 한다. 이것은 눈에 보이는 부분이므로 소재와 디자인이 중시되며, 그 모양은 머플러의 성능에도 영향을 준다.

■가변식 머플러

가변식 머플러는 다단식 머플러를 바탕으로 만들어졌으며, 배기경로의 중간에 밸브가 설치되어있다. 이 밸브를 열고 닫아 경로를 전환하거나 늘리거나 줄여서 배압과 배기음을 변화시킨다.

가변식에는 전동가변식 머플러와 배압가변식 머플러가 있으며, 전동가변식의 경우는 ECU의 지시에 의해 모터를 작동시켜서 밸브를 열고 닫는다. 배압가변식의 경우는 밸브가 스프링으로 지지된다. 배압이 일정 이상이 되면 스프링의 힘보다 강해져서 밸브가 열린다.

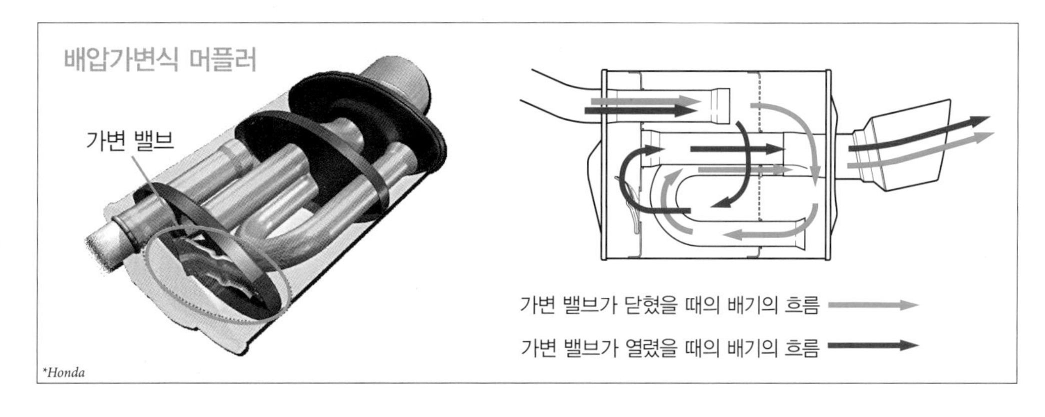

흡배기장치 06

Exhaust emission control system
배기가스 정화장치

배기가스에는 다양한 대기오염물질이 포함되어있다. 연소상태를 개선시키는 것이 최선의 방법이지만 현재 기술로는 대기오염물질의 발생을 완전히 막을 수는 없다. 때문에 배기 시스템에 배기가스 정화장치(배출가스 정화장치)를 설치해서 대기오염물질을 제거하고 있다.

가솔린 엔진의 배기가스에는 질소산화물(NOx), 일산화탄소(CO), 탄화수소(HC)의 3종류의 대기오염물질이 포함되어있다. 이 물질들은 삼원촉매를 이용해서 상호 화학반응을 일으키면 안전한 물질로 바꿀 수 있다. 따라서 촉매 컨버터에 의해 배기가스정화가 이루어진다.

디젤 엔진의 경우는 검댕(검은 연기) 등의 입자형태 물질(PM)이 추가되며 3가지 대기오염물질의 비율이 가솔린 엔진과는 다르다. 질소산화물의 비율이 높기 때문에 삼원촉매로는 정화할 수 없다. 현재로는 입자형태의 물질을 필터로 제거하는 DPF와 질소산화물을 집중적으로 처리하는 NOx후처리 장비를 조합하는 경우가 많다. 후처리장치로는 요소SCR, NOx흡장촉매 등이 개발되어 있다.

탄화수소(HC)

탄화수소는 탄소와 수소만으로 이루어진 화합물의 총칭으로 가솔린과 경유에 포함되어 있다. 배기가스 안의 탄화수소는 연소되지 않고 배출된 연료이며, 광화학 스모그의 원인물질이 된다.

일산화탄소(CO)

탄소의 불완전 연소로 생성된다. 연료의 불완전 연소에 의해 배기가스에 포함된다. 독성이 있으며 인체에 중독증상을 일으킨다. 농도에 따라서 사망의 위험성도 있다.

질소산화물(NOx)

다양한 질소산화물의 총칭으로 녹스라고도 한다. 고온에서 연소가 되면 공기 중의 산소와 질소가 반응해서 생성된다. 산성비와 광화학 스모그의 원인 물질이다.

입자형태 물질(PM)

공기 중을 떠다니는 ㎛ 단위의 미립자다. 배기가스에 포함된 검댕 이외에 연료와 오일의 휘발성분이 변질된 것도 있다. 호흡기 안에 쌓이면 건강에 악영향을 미친다.

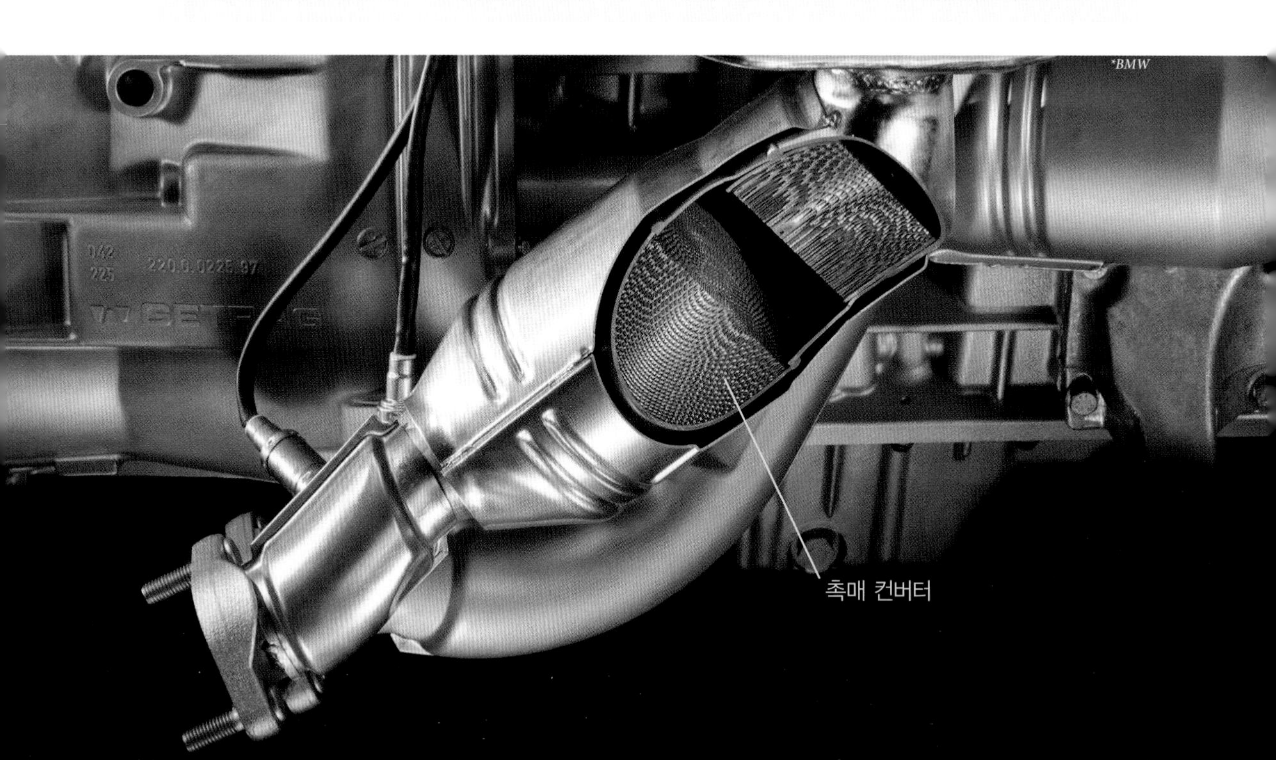

■촉매 컨버터

촉매란 그 물질 자체는 화학변화를 일으키지 않지만 주위의 화학변화를 촉진시키는 것이다. 가솔린 엔진의 배기가스 정화에 사용되는 촉매는 3종류 물질의 화학변화를 촉진시키기 때문에 삼원촉매라고 한다. 이 삼원촉매에 의해 배기가스를 정화하는 장치를 촉매 컨버터(캐털리틱(catalytic) 컨버터) 또는 캐털라이저라고 한다. 촉매물질에는 백금(플래티넘)과 로듐, 또는 여기에 팔라듐을 추가한 것이 사용되며, 세라믹이나 알루미나로 만들어진 격자 모양의 운반체 표면에 부착시킨다. 이러한 구조를 모노리스형 촉매 컨버터라고 한다.

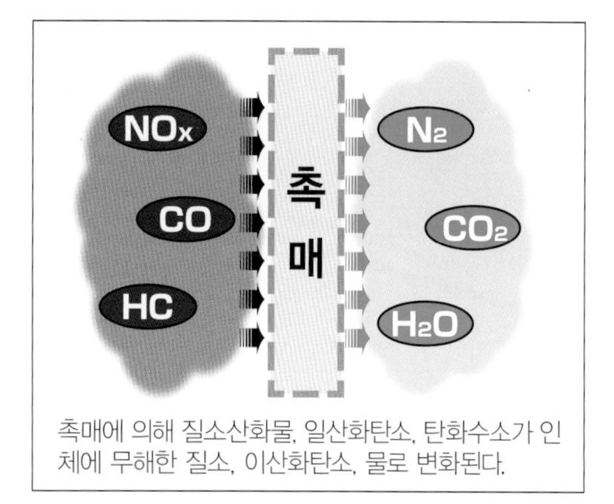

촉매에 의해 질소산화물, 일산화탄소, 탄화수소가 인체에 무해한 질소, 이산화탄소, 물로 변화된다.

화학반응으로 반응하는 물질의 비율은 일정하다. 삼원촉매로 완전히 정화되기 위해서는 가솔린이 이론 공연비로 완전연소되어 산소가 남아있지 않는 상태가 바람직하다. 때문에 현재의 가솔린 엔진은 이론 공연비로 운전하는 것을 전제조건으로 하고 있다. 추가로 공연비 센서(A/F센서), 산소농도 센서(O_2센서)로도 배기가스를 감시해서 정화가 완전히 이루어지도록 ECU가 연료분사를 제어한다.

촉매 컨버터는 일정 이상의 온도가 되지 않으면 정상적으로 기능을 하지 않으므로, 시동 때에는 배기가스로 빨리 따뜻하게 만들어둘 필요가 있다. 예전에는 자동차의 바닥에 배치되는 경우가 많았지만, 현재에는 일반적으로 엔진 가까이에 배치된다. 이러한 것을 엔진 직하 컨버터라고 한다. 처리능력을 높이기 위해서 바닥 아래에도 컨버터를 장착해 2단계로 정화를 하는 경우도 많다.

촉매 컨버터는 과열에 약하다. 특히 미연소된 연료가 흘러들어오면 내부에서 연소가 일어나 고온상태가 되어 파손되거나 차량화재의 원인이 되기도 한다. 따라서 이 부분은 배기온도 센서로 감시하고 있다.

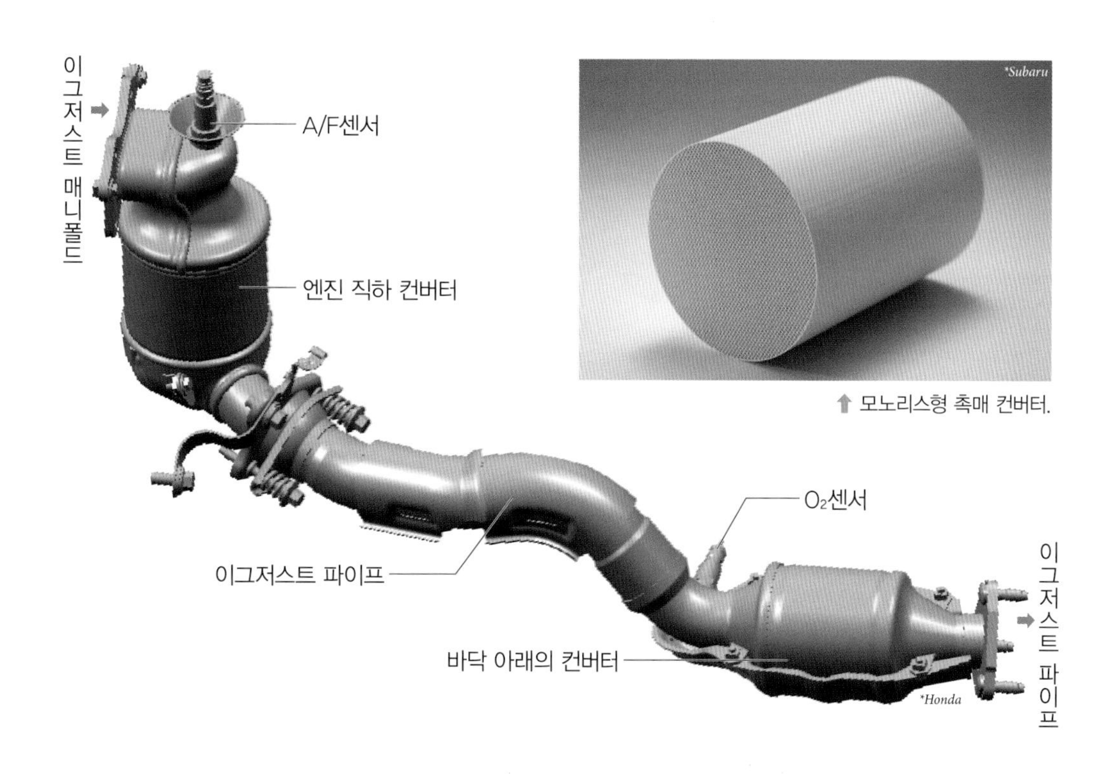

⬆ 모노리스형 촉매 컨버터.

■DPF

DPF(디젤 퍼티큘레이트 필터)는 디젤 미립자 포집 필터라고 하며, 디젤 엔진의 배기가스에 포함된 입자상태의 물질(PM)인 검댕을 제거하는 역할을 한다. 많이 사용되는 것은 월 플로우형 DPF로, 다공질의 세라믹스 등으로 격자모양의 무수한 통로가 만들어져 있으며, 입구 쪽의 구멍과 출구 쪽의 구멍이 교대로 막혀있다. 입구 쪽이 열린 통로로 들어간 배기가스는 통로를 나누는 벽을 통과해서 출구 쪽이 열린 통로로 빠져나간다. 이 벽이 필터 역할을 한다.

연속해서 사용하면 필터가 검댕으로 막히기 때문에 검댕을 제거할 필요가 있다. 이 처리를 재생이라고 한다. 필터에는 백금(플래티넘) 등의 촉매물질이 포함되어 있어서 300℃ 정도의 고온이 되면 검댕이 연소되어 이산화탄소로 바뀌어 배출된다. 필터를 고온으로 만드는 방법은 연료분사 제어에 의해 배기가스 자체를 고온으로 만드는 방법과 연료를 배기에 섞는 방법이 있다.

탄화촉매를 DPF의 앞 단에 배치하는 방법도 있다. 탄화촉매는 일산화탄소와 탄화수소를 정화할 수 있으며, 동시에 질소산화물 안의 이산화질소의 농도를 높일 수 있다. 이산화질소는 강한 산화능력이 있어 검댕을 연소시킬 수 있다.

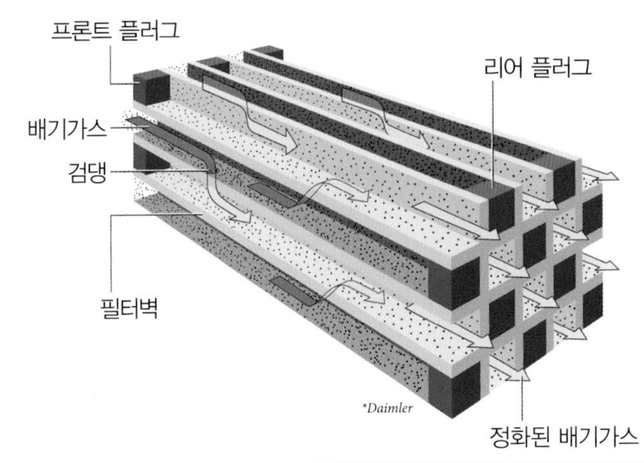

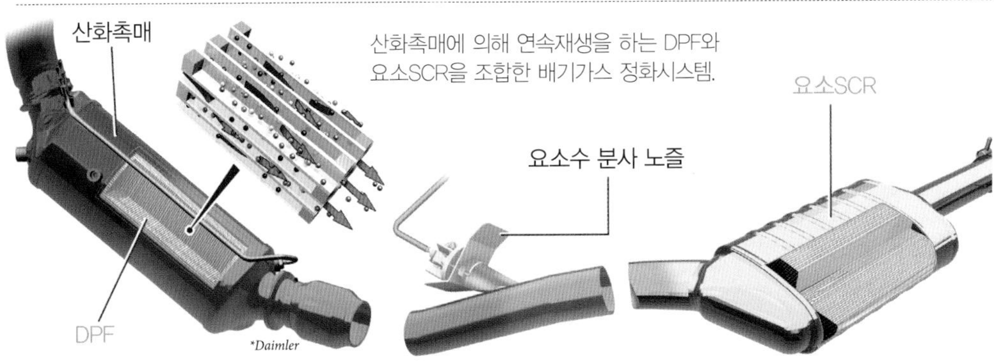

산화촉매에 의해 연속재생을 하는 DPF와 요소SCR을 조합한 배기가스 정화시스템.

■NOx후처리장치

디젤 엔진의 배기가스에 포함된 질소산화물을 정화하는 NOx후처리장치에는 요소SCR과 NOx흡장촉매 등이 있다. 이들 장치에서는 질소산화물을 무해한 질소로 변화시킨다.

암모니아는 질소산화물과의 화학반응에 의해 질소와 물이 되므로, 후처리장치에 적합한 물질이지만, 농도에 따라서는 인체와 환경에 악영향을 줄 수 있다. 때문에 요소수를 이용한다. 요소수를 배기가스에 분사하면 고온에서는 가수분해라는 화학반응이 일어나 암모니아가 생성된다. 이 암모니아에 의해 질소산화물을 정화하는 것이 요소SCR(선택식 환원촉매)이다.

NOx흡장촉매는 NOx트랩촉매라고도 하며, 일반 운전 시에는 질소산화물을 촉매로 흡장해두고 양이 늘어나면 연료분사를 리치하게 하는 방법으로 연소상태를 변화시킨다. 또한 대기오염물질의 발생비율을 변화시켜서 정화를 한다. 닛산, 혼다에서 다양한 촉매를 개발했으며, 토요타는 DPF에 NOx흡장촉매 기능을 추가해 입자모양물질과 동시에 질소산화물의 정화가 가능한 것을 개발했다.

마츠다는 연소상태의 개선으로 질소산화물 발생을 억제하는 엔진을 실용화해서 DPF만으로 배기가스를 정화하고 있다.

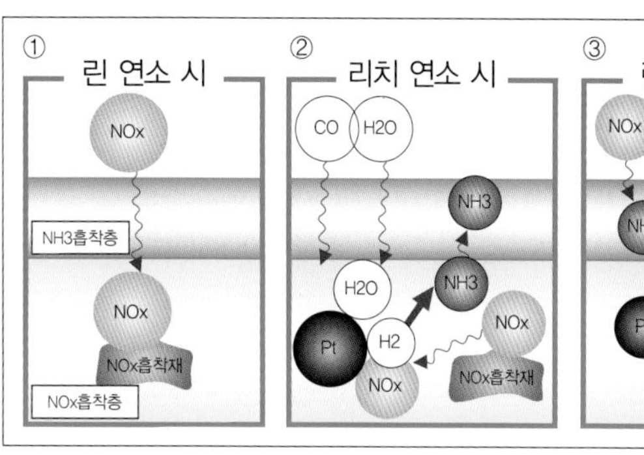

혼다/NOx촉매

혼다가 개발한 디젤 엔진용 NOx촉매. 디젤 엔진의 일반적인 연소인 린 연소 때에 질소산화물(NOx)을 NOx흡착층에 흡장. 적절한 타이밍에 리치 연소를 하면, 배기가스에 포함된 수소(H_2)와 흡착된 질소산화물이 반응해서 암모니아(NH_3)가 생성되어 NH_3흡착층에 쌓인다. 다시 린 연소로 전환하면 암모니아와 질소산화물이 반응해서 인체에 무해한 질소로 정화된다.

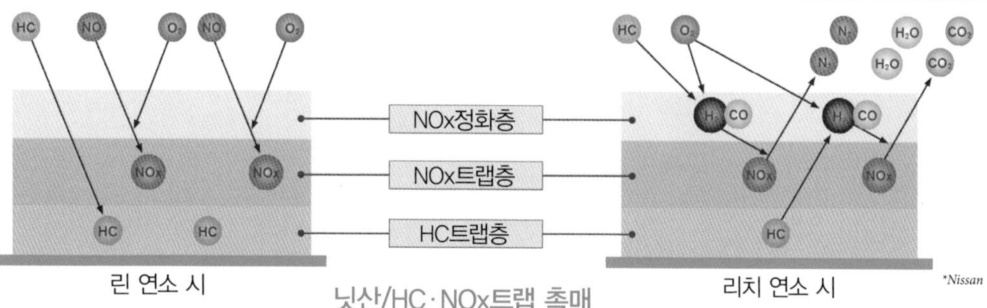

닛산/HC·NOx트랩 촉매

닛산이 개발한 탄화수소(HC)와 질소산화물(NOx)을 정화할 수 있는 트랩촉매. 린 연소 때에 탄화수소와 질소산화물을 각각의 트랩층에 흡착. 정화 때에는 리치 연소로 발생한 탄화수소(HC)와 산소(O_2)가 NOx정화층에서 흡착된 물질과 화학반응을 일으켜 질소와 물과 이산화탄소가 되어 정화된다.

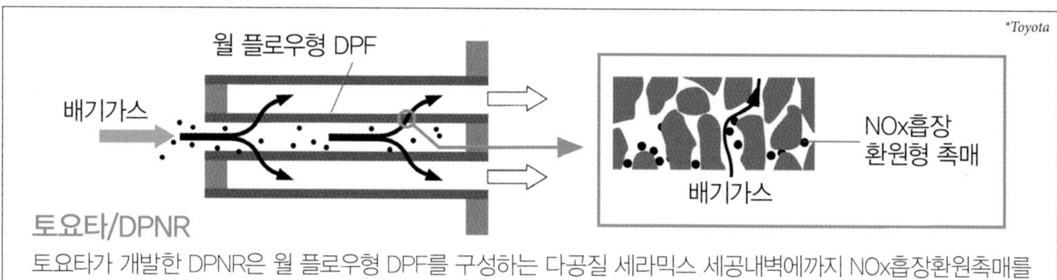

토요타/DPNR

토요타가 개발한 DPNR은 월 플로우형 DPF를 구성하는 다공질 세라믹스 세공내벽에까지 NOx흡장환원촉매를 도포해서 질소산화물의 정화를 실현했다. 1개의 장치로 정화를 마칠 수 있다.

흡배기장치 07

Exhaust gas recirculation 배기가스 재순환

배기 시스템 안에 흐르는 배기가스의 일부를 흡기 시스템으로 되돌려서 흡기에 혼합하는 것을 배기가스 재순환 또는 배기가스 환류라고 하며, 영어 머리글자를 따서 EGR이라고 하는 경우도 많다. EGR은 재순환을 하는 장치인 배기가스 재순환장치나 배기가스 환류장치를 말하기도 하며, 재순환되는 배기 그 자체를 의미하는 경우도 있다.

배기에 포함되는 이산화탄소와 물(수증기)은 질소에 비해 비열(클수록 늦게 데워지고 늦게 식는 것을 의미)이 크기 때문에, 흡기에 배기를 섞으면 연소온도를 낮출 수 있다. 가솔린 엔진에서는 노킹 발생을 낮출 수 있으며, 질소산화물의 발생을 억제할 수 있다. 또한 배기를 섞으면 산소농도가 저하되기 때문에 필요한 산소량을 확보하기 위해서는 스로틀 밸브를 크게 열어 펌프손실을 줄인다. 디젤 엔진에서도 연소온도를 저하시키면 질소산화물 발생을 억제할 수 있다.

다만 가솔린 엔진의 경우는 스로틀 밸브를 열면 산소량을 확보할 수 있지만, 디젤 엔진에서는 산소량이 줄어들기 때문에 연소가 완만해져서 검댕이 쉽게 발생한다. 가솔린 엔진이라도 산소량이 부족하면 불완전연소가 발생한다. 때문에 EGR의 양은 정확히 제어할 필요가 있으며, 재순환의 경로 도중에 EGR밸브가 설치되어 ECU로 제어된다.

밸브 오버랩을 이용해 배기가스를 실린더 안에 남기거나 되돌리는 것도 EGR로 할 수 있다. 이러한 EGR을 내부EGR이라고 한다. 이에 비해 배기가스 재순환장치로 사용하는 EGR을 외부EGR이라고 한다.

⬆ 촉매 컨버터 통과 후의 배기를 EGR쿨러로 냉각시킨 후에 인테이크 시스템으로 되돌리는 쿨드EGR.

■핫EGR과 쿨드EGR

배기가스를 직접 재순환시키는 것을 핫EGR이라고 한다. 배기가 고온인 상태로는 연소온도를 저하시키는 효과가 작으며, 팽창에 의해 이산화탄소의 밀도가 저하되어버린다. 때문에 현재는 배기를 EGR쿨러로 냉각시킨 후에 인테이크 시스템으로 되돌리는 방식을 많이 사용하고 있다. 이러한 시스템을 쿨드EGR 또는 쿨EGR이라고 한다. EGR쿨러는 냉각장치의 냉각액으로 냉각을 하는 수랭식이 사용된다.

또한, 로우 프레셔EGR(아래에 설명)이 등장했다. 구별이 필요할 때에는 위의 EGR은 하이 프레셔EGR(고압EGR)이라고 한다.

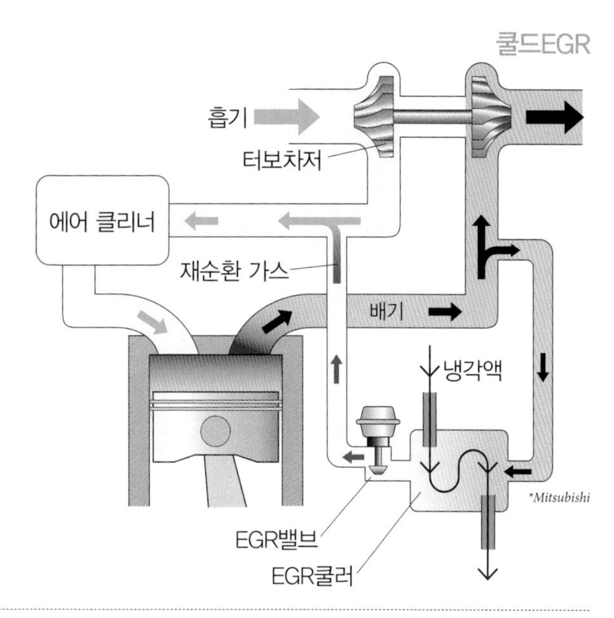

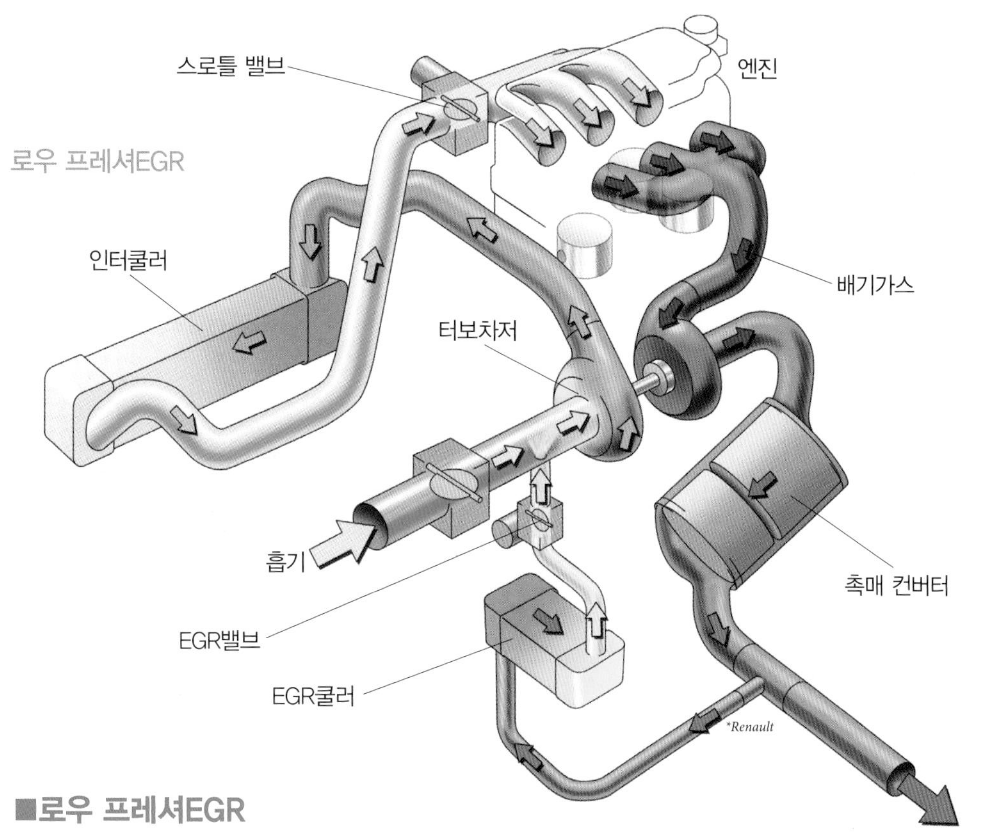

■로우 프레셔EGR

터보차저를 장비한 엔진의 경우, EGR의 양이 늘어나면 터보차저를 통과하는 배기가 줄어들어 과급의 능력이 저하된다. 이런 이유로 터보차저 통과 후에 힘과 온도가 떨어진 배기가스를 재순환시키는 시스템이 등장했다. 이러한 EGR을 로우 프레셔EGR(저압EGR)이라고 한다.

슈퍼차저 01

Supercharger
슈퍼차저

압축된 공기를 엔진에 공급해서 실질적인 배기량을 높이는 것을 과급이라고 하며, 이것을 위한 시스템을 과급장치라고 한다. 과거에는 과급장치를 엔진 출력 상승을 위해 사용했지만 현재는 저회전 영역에서 토크 증강을 목적으로 사용되고 있으며, 엔진의 다운사이징에도 중요한 역할을 하고 있다.

실제로 과급기는 흡기를 압축하는 장치지만 시스템 전체를 말하는 경우도 많다. 현재 사용되고 있는 과급기에는 배기의 압력을 동력원으로 하는 터보차저와 엔진 자체를 동력원으로 하는 메커니컬 슈퍼차저(기계식 슈퍼차저)가 있다. 슈퍼차저란 원래는 과급기를 의미하는 영어로 터보차저도 포함되지만, 메커니컬 슈퍼차저를 단순히 슈퍼차저라고 하는 경우가 많다. 한편 터보차저는 터보라고 줄여서 말하는 경우가 많다.

과급기에는 이밖에도 모터를 동력원으로 하는 전동 슈퍼차저(전동식 과급기)가 있다. 과거에는 서드파티 제품이 존재했으며, 최근에 다시 주목을 받고 있다.

과급을 위해 흡기를 압축하면 온도가 상승한다. 기체는 온도가 상승하면 팽창하려고 하며, 팽창을 하면 산소의 밀도가 낮아져서 과급의 의미가 없어진다. 때문에 과급 후에는 냉각을 한 후에 엔진으로 보내는 것이 일반적이다. 여기서 공기를 냉각하는 장치를 인터쿨러라고 한다.

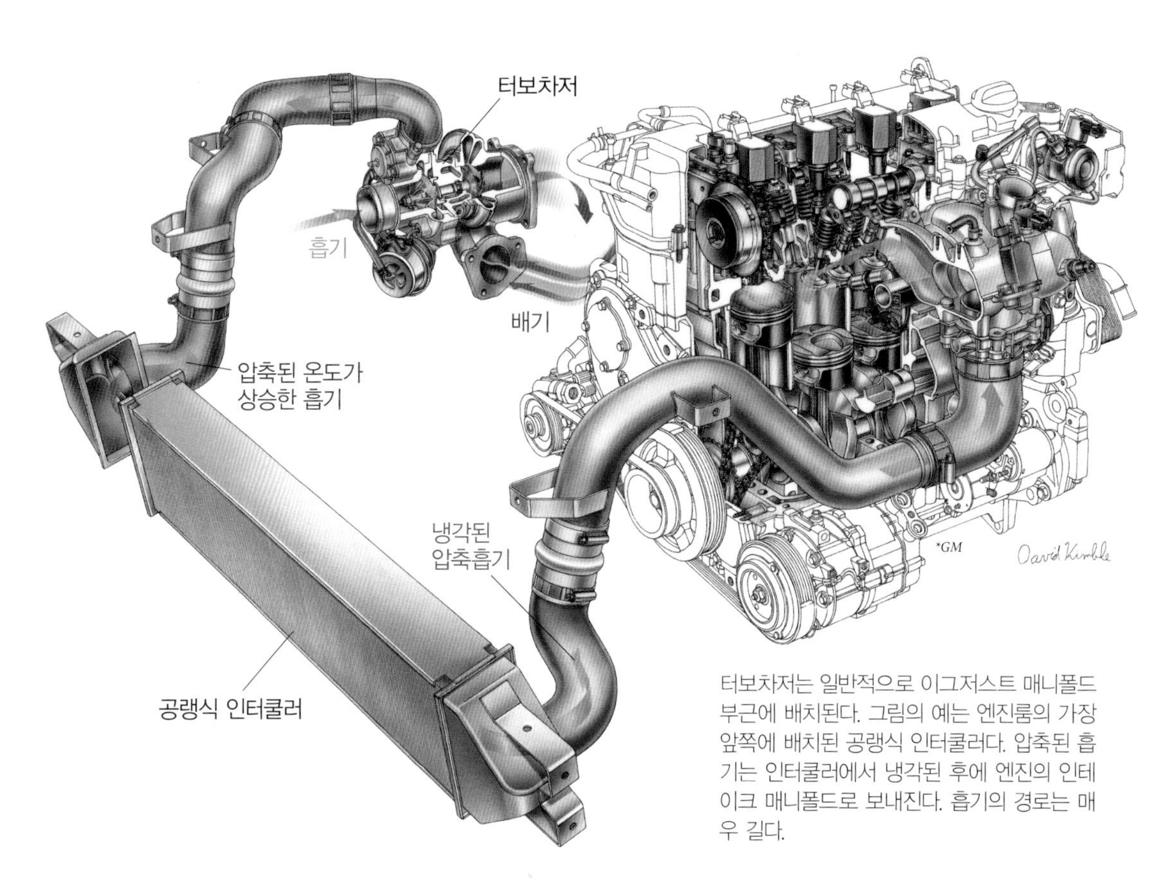

터보차저는 일반적으로 이그저스트 매니폴드 부근에 배치된다. 그림의 예는 엔진룸의 가장 앞쪽에 배치된 공랭식 인터쿨러다. 압축된 흡기는 인터쿨러에서 냉각된 후에 엔진의 인테이크 매니폴드로 보내진다. 흡기의 경로는 매우 길다.

■인터쿨러

과급 후의 흡기를 냉각하는 인터쿨러에는 공랭식과 수랭식이 있다. 두 가지 모두 냉각장치인 라디에이터 코어(140p. 참조)와 구조가 비슷하다. 통로를 수많은 가는 파이프로 만들어서 표면적을 넓히고, 추가로 핀으로 표면적을 늘려서 방열효과를 높인다. 수랭식의 경우는 인터쿨러 안에 라디에이터 코어와 비슷한 구조가 있으며, 이곳으로 냉각액이 통과한다. 흡기가 이곳을 통과할 때 흡기의 열이 냉각액으로 이동되어 냉각이 된다. 공랭식의 경우는 흡기가 라디에이터 코어와 비슷한 구조 안을 통과할 때, 흡기의 열이 대기로 방출되어 냉각된다.

수랭식은 인터쿨러를 설치하는 위치의 자유도가 높으며 흡기경로를 심플하게 만들 수 있지만, 냉각액을 어떻게 돌릴 것인가의 문제에서는 복잡해진다. 공랭식은 달릴 때 바람이 잘 닿는 부분에 인터쿨러를 설치할 필요가 있어, 흡기경로가 길어지거나 복잡해진다.

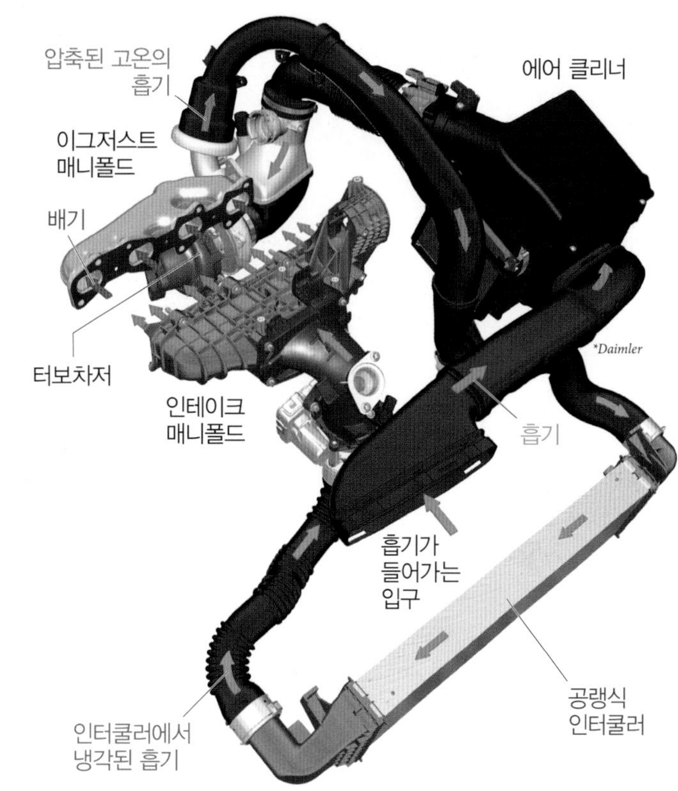

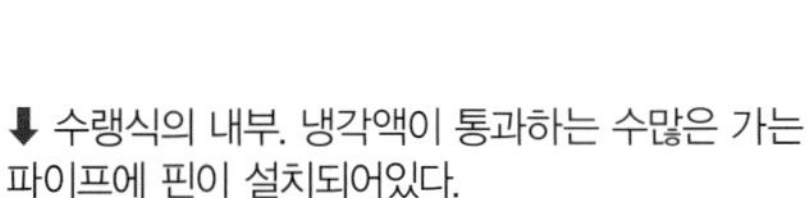
⬇ 수랭식의 내부. 냉각액이 통과하는 수많은 가는 파이프에 핀이 설치되어있다.

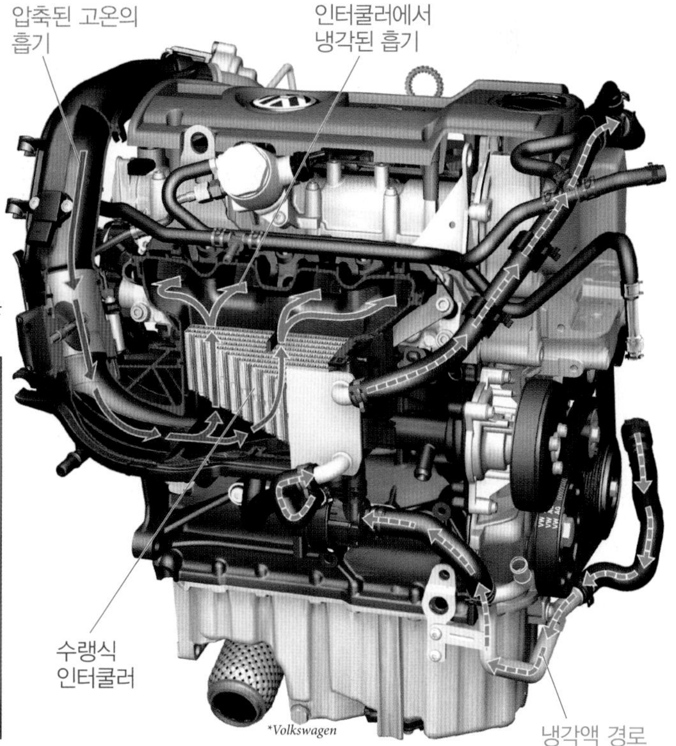

슈퍼차저 02

Turbocharger
터보차저

터보차저의 기본구조는 하나의 회전축의 양 끝에 바람개비를 설치한 것이다. 한쪽 바람개비를 배기로 회전시키고 그 회전에 의해 또 하나의 바람개비가 돌아서 흡기를 압축한다. 배기로 돌아가는 바람개비를 터빈휠, 흡기를 압축하는 바람개비를 컴프레서 휠이라고 한다.

원래는 버렸던 배기의 에너지를 동력원으로 사용하기 때문에 높은 효율의 과급을 할 수 있지만, 엔진이 저회전을 할 때에는 충분한 과급을 할 수 없다. 어느 정도는 저회전 영역에서 과급이 가능하도록 설계를 하면 고회전에서는 과급압이 너무 높아져 노킹 등의 문제가 발생한다. 따라서 과급압의 제어가 필요하다. 출력을 높이려고 하면 엔진 회전수도 높아져서 배기량이 늘어나지 않으면 과급 효과는 나타나지 않는다. 이 지연을 터보랙이라고 한다. 배기 경로 도중에 터빈휠이 있으면 배압(背圧)의 상승이나 배기간섭의 문제가 발생할 수 있다. 이와 같이 터보에는 약점도 많다.

20세기의 터보는 출력을 높이기 위한 목적으로 사용되었다. 충분한 효과를 내는 엔진도 있었지만 리스폰스가 나빠서 다루기 힘들었다. 게다가 연비도 나빠서 한때는 거의 사용되지 않았다.

현재의 터보는 저회전 영역에서의 토크 증강을 목적으로 사용되고 있으며, 다양한 기술 도입에 의해 많은 약점이 극복되었다. 주요 기술로는 트윈 스크롤 터보차저, 가변용량 터보차저, 트윈터보차저, 시퀀셜 터보차저 등이 있다. 슈퍼차저와 함께 사용되는 경우도 있다.

*BMW

가변용량 터보차저(111p. 참조). 터빈의 주변에 가변 베인이 배치되어있다. 터빈 하우징의 스크롤부의 굵기는 균일하다.

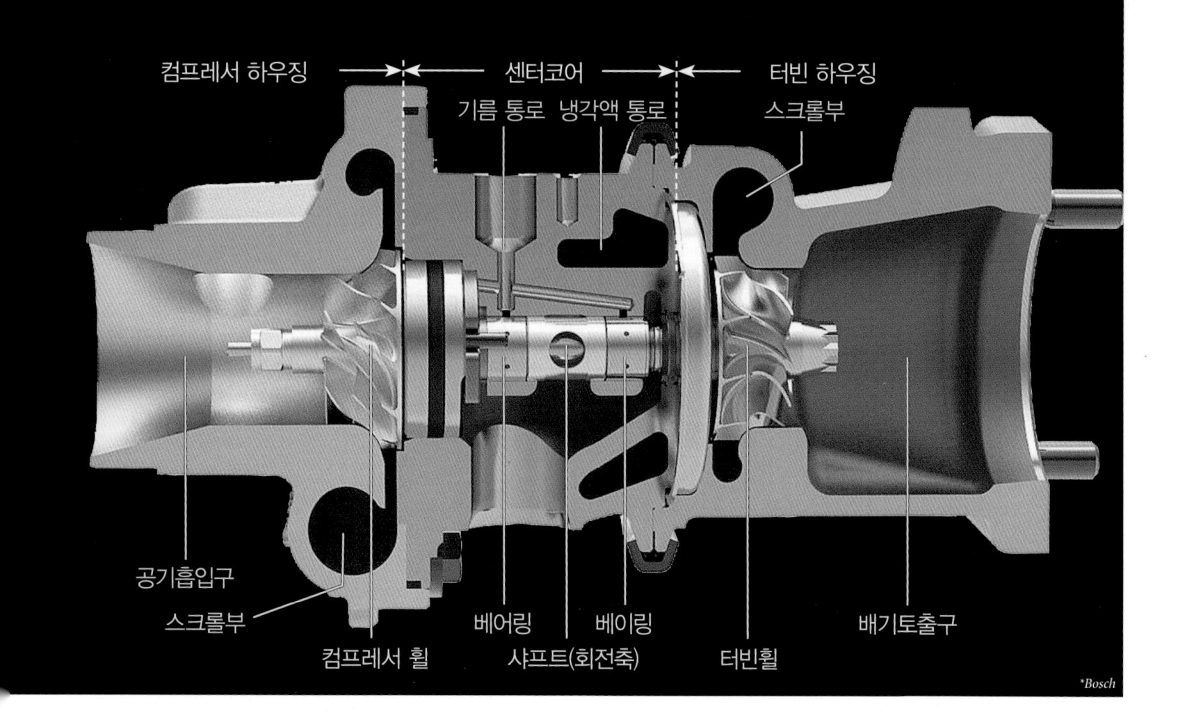

■터빈과 컴프레서

배기로 회전되는 터빈휠은 터빈로터, 터빈 블레이드, 단순히 터빈이라고도 한다. 배기는 900℃에 달하는 경우도 있기 때문에 내열성, 내식성, 내산화성이 높은 인코넬이라는 합금으로 만들어지는 경우가 많다. 터빈은 터빈 하우징 안쪽에 설치된다. 소용돌이 모양의 하우징 바깥쪽을 스크롤부라고 하며, 조금씩 가늘어진다. 배기는 여기서 속도가 높아져 터빈을 회전시키며, 회전축 방향으로 방향을 바꾸어 출구를 향한다. 이곳을 통과한 배기는 온도와 유속 모두 떨어진다.

⬆ 고열이 되는 터빈휠은 일반적으로 회전축에 용접으로 고정된다. 컴프레서 휠은 너트로 고정된다.

흡기를 압축하는 컴프레서 휠은 컴프레서 로터 또는 컴프레서 블레이드라고도 한다. 일반적으로 알루미늄 합금의 주조 또는 단조로 만들어지지만, 경량화를 위해 티탄알루미늄 합금이 사용되는 경우도 있다. 컴프레서 하우징에 담긴 컴프레서 휠로는 회전축 방향에서 흡기가 보내진다. 흡기는 회전에 의한 원심력으로 바깥쪽의 스크롤부로 향하며, 압력이 높아져 나간다.

양쪽 바람개비를 연결하는 회전축 부분은 센터 코어 또는 베어링 하우징, 센터 하우징이라고 한다. 회전축은 일반적으로 2개의 베어링으로 지지된다. 회전수가 높은 것은 20만 rpm이 넘기 때문에 높은 정밀도가 요구된다. 베어링에는 윤활을 위해 엔진오일의 기름 통로가 설치된다. 오일은 냉각작용도 한다. 냉각능력을 더 높이기 위해서 냉각액의 경로가 센터코어에 설치되는 경우도 있다.

⬆ 회전축을 지지하는 2개의 베어링.

■과급압 제어

과급압은 기본적으로 웨이스트 게이트 밸브에 의해 제어된다. 배기경로 도중에는 터빈휠을 우회하는 바이패스 경로가 만들어져 있으며, 그 경로 도중에 웨이스트 게이트 밸브가 설치된다. 밸브를 작동시키는 웨이스트 게이트 액추에이터는 공기압으로 작동되며 컴프레서 휠을 통과한 후의 흡기가 인도된다. 일반적으로는 스프링의 힘으로 밸브를 닫은 상태가 유지되지만, 과급압이 높아져서 스프링의 힘보다 강해지면 밸브가 열린다. 이렇게 되면 배기의 일부가 바이패스 경로를 통과하게 되어 규정치 이상으로 과급압이 높아지는 경우는 없다. 흡기 쪽에서 액추에이터로 이끄는 경로 도중에 과급압을 내보내는 솔레노이드 밸브(전자 밸브)가 설치되는 경우도 많다. 이 밸브로 과급압의 전자 제어가 가능하다.

현재는 전자 솔레노이드로 작동하는 전동식 웨이스트 게이트도 있어 전자제어에 의해 더욱 적극적으로 과급압을 제어한다. 전동식이 아닌 종래의 것은 공기압식 웨이스트 게이트라고 한다.

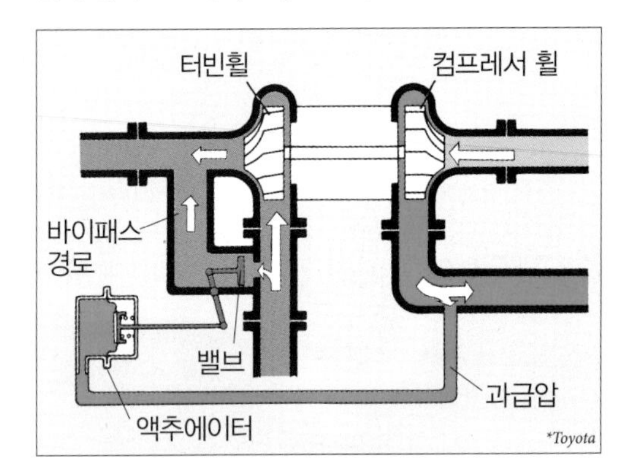

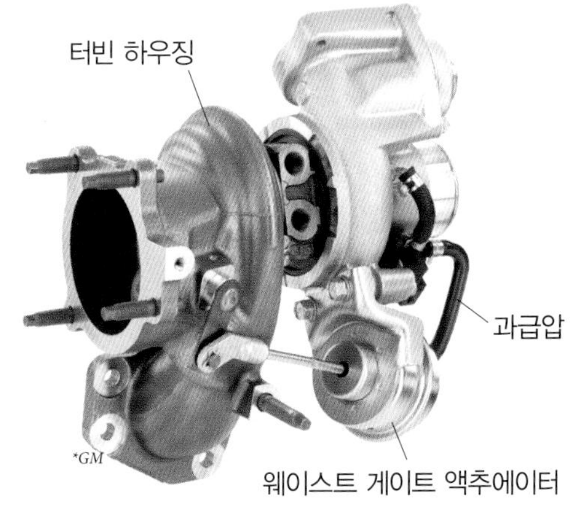

■트윈 스크롤 터보차저

트윈 스크롤 터보차저에는 트윈이라는 단어가 붙어있지만 터보차저는 1기다. 터빈 하우징의 스크롤부가 2계통으로 분리되어있다. 이것은 배기간섭을 방지하기 위한 구조로, 예를 들어 4기통 엔진이라면 1번-4번과 2번-3번의 배기를 독립시킨 상태로 스크롤부까지 인도한다. 트윈 스크롤 터보는 일반적인 터보보다 스크롤부가 좁기 때문에 스크롤부를 가늘게 좁힐수록 유속이 높아져 저회전 영역에서 과급효과를 낼 수 있다.

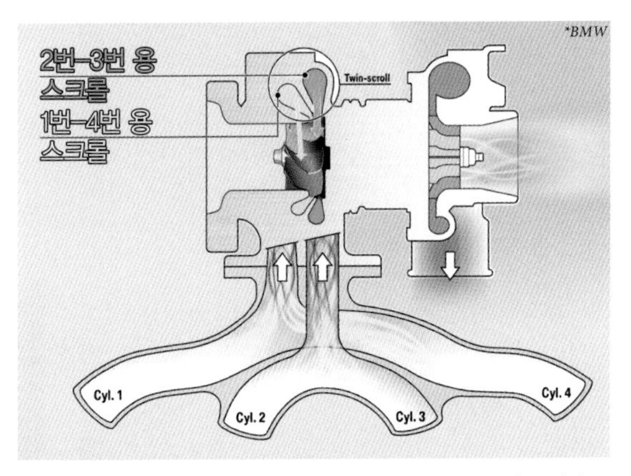

⬆ 4기통 용 트윈 스크롤 터보. 매니폴드는 1번-4번과 2번-3번이 독립되어있으며, 터빈 하우징 안에서 합류한다.

트윈 스크롤 터보차저

■가변용량 터보차저

터보차저는 배기가 흐르는 경로를 좁게 할수록 저회전 영역에서 과급 효과를 낼 수 있지만, 배기의 양이 늘어나는 고회전 영역에서는 배기가 흐르기 어려워진다. 그런 이유로 상황에 따라서 흐르는 경로의 좁혀진 정도를 조정해서 저회전 영역부터 고회전 영역까지 높은 과급효과를 낼 수 있도록 한 것이 가변용량 터보차저다. 이것은 가변 지오메트리 터보차저(VG터보차저) 또는 가변노즐 터보차저라고도 한다.

가변용량 터보는 터빈휠 바깥쪽을 따라서 다수의 가동 베인이 설치되어 있다. 이 베인을 노즐 베인이라고도 하며, 각각을 회전시켜서 베인의 간격을 좁히면 그만큼 흐르는 경로가 좁아져서 유속이 높아지기 때문에 저회전 영역의 과급효과를 낼 수 있다. 고회전 영역에서는 베인의 간격을 넓혀서 배기가 흐르기 쉽도록 한다. 베인의 열리는 정도는 전자제어를 한다.

과급압을 가동 베인으로 제어할 수 있으므로 최고 회전수에서 베인이 완전히 열리도록 설계하면 웨이스트 게이트 밸브를 없애는 것도 가능하다(저회전 영역의 리스폰스를 높이고 싶은 경우에는 웨이스트 게이트 밸브를 함께 사용한다). 매우 효율이 높은 터보지만 구조가 복잡하고 베인은 가격이 비싼 내열소재를 사용해야 하기 때문에 제작비용이 올라간다.

가변용량 터보차저

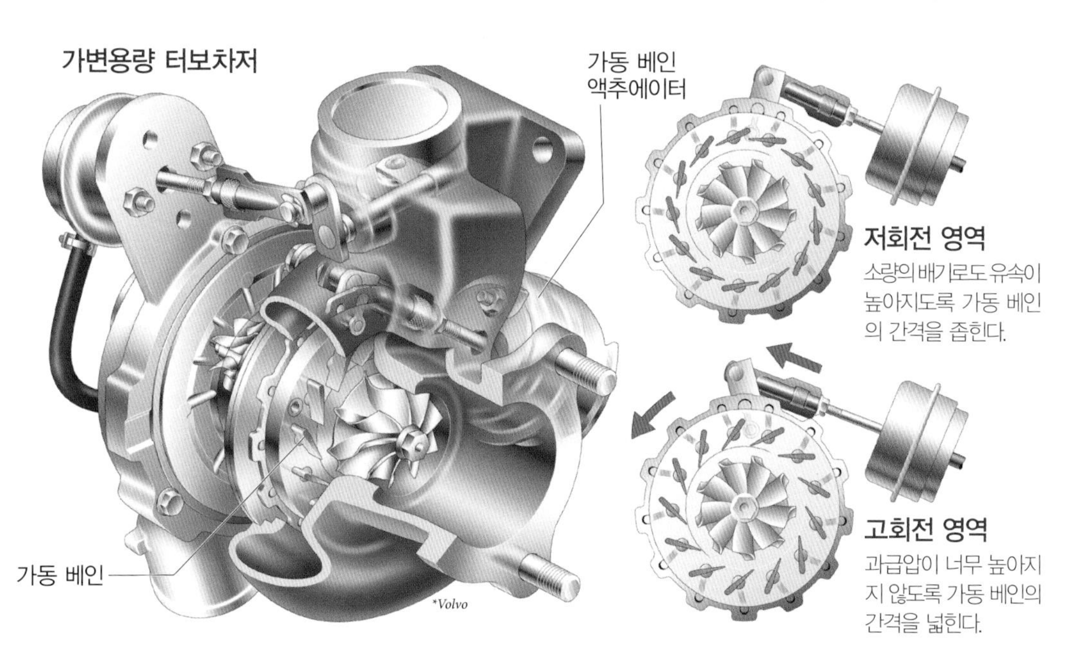

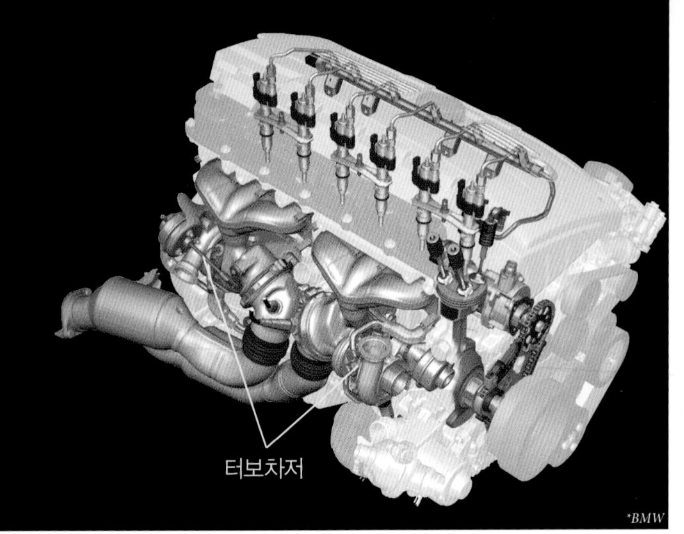

■트윈터보차저

트윈터보차저는 2기의 터보차저를 각각 독립된 배기계통에 사용하는 방법으로 배기간섭이 발생하기 쉬운 6기통 이상의 엔진에서 사용되는 경우가 많다. 패럴렐 트윈터보차저라고도 하며, 트윈터보는 싱글터보에 비해 각각의 터보차저를 소형화할 수 있으므로 저회전 영역에서도 과급효과를 낼 수 있다.

⬅ 직렬 6기통이 3기통씩 나뉘어 터보가 배치되어 있다.

■시퀀셜 터보차저

시퀀셜 터보차저는 2기 이상의 터보차저를 일련의 배기계통에서 상황에 따라 선택 사용하거나 함께 사용하는 방법이다. 터보가 2기인 경우는 시퀀셜 트윈터보차저, 2스테이지 터보차저 또는 2웨이 터보차저라고도 한다. 현재는 터보를 3기 사용하는 시퀀셜 트리플터보차저도 개발되어 있다.

시퀀셜 트윈터보는 소용량과 대용량의 터보가 조합되는 경우가 많으며, 같은 사이즈의 터보 2기가 조합되는 경우도 있다. 2기의 사용방법은 다양하다. 병렬로 배치하는 경우는 배기경로를 전환하거나 양쪽을 모두 사용해서 과급의 능력을 전환시킬 수 있다. 한편 터빈을 통과한 배기가 다른 터빈을 추가로 통과하도록 직렬로 배치하는 경우도 바이패스 경로에 아이디어를 동원하면 과급능력을 전환시킬 수 있다. 직렬과 병렬의 조합도 있다. 조합에 따라서 저회전 영역부터 고회전 영역까지 과급효과를 낼 수 있지만, 이렇게 하면 시스템이 복잡해지고 경로를 전환시키기 위한 밸브도 필요하기 때문에 제작비용이 올라간다.

소형 가변용량 터보 2기와 대형 터보 1기를 조합한 BMW의 트리플 터보. 직렬 6기통 디젤 엔진에 사용된다. 저회전 영역에서는 소형 가변용량 터보 1기가 가동되며, 중회전 영역에서는 대형이 추가된다. 고회전 영역에서는 3기가 가동된다.

■전동 어시스트 터보차저

현재 개발 중인 것이 터보차저의 회전축에 모터를 장비한 전동 어시스트 터보차저다. 저회전 영역에서는 모터를 회전시켜서 과급효과를 낼 수 있다. 터보차저와 전동 슈퍼차저를 일체화 시킨 것이라고 할 수 있다. 이 시스템은 과급이 필요 없을 때나 배기의 압력이 크게 높을 때에는 터빈의 회전으로 모터를 돌려서 발전을 할 수도 있다. 발전된 전기를 활용해서 연비를 향상시키는 것도 가능하다. 이러한 측면에서 전동 어시스트 터보는 하이브리드 터보차저라고도 할 수 있다.

⬆ IHI에서 개발 중인 전동 어시트트 터보차저.

시퀀셜 트윈 터보차저의 작동 예

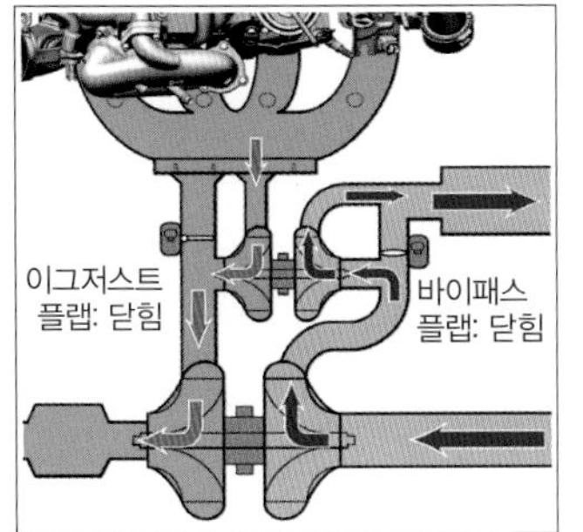

이그저스트 플랩이 닫혀 있어 소형터보→대형터보의 순서로 배기가 흐른다. 흡기는 대형터보→소형터보의 2단계로 압축된다.

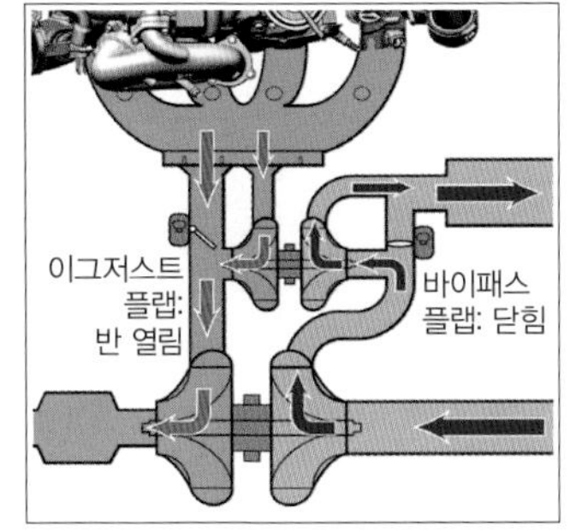

이그저스트 플랩이 반만 열려 직접 대형터보로 향하는 배기의 흐름을 만들어 두 터보의 회전수를 억제한다. 흡기는 2단계로 압축된다.

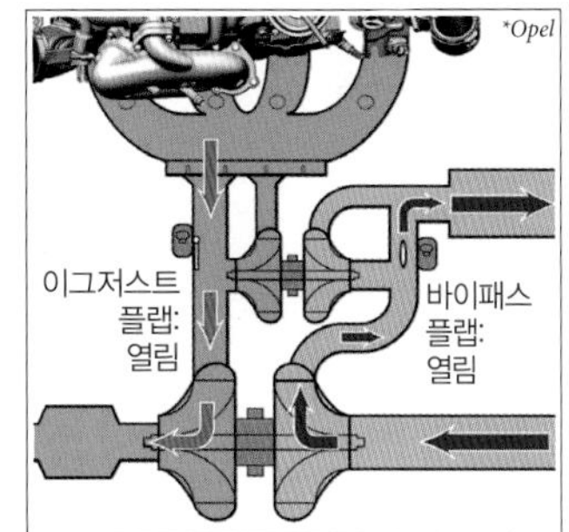

이그저스트 플랩이 완전히 열리고, 배기는 소형터보를 우회한다. 흡기도 바이패스 플랩이 열려서 대형터보만으로 압축된다.

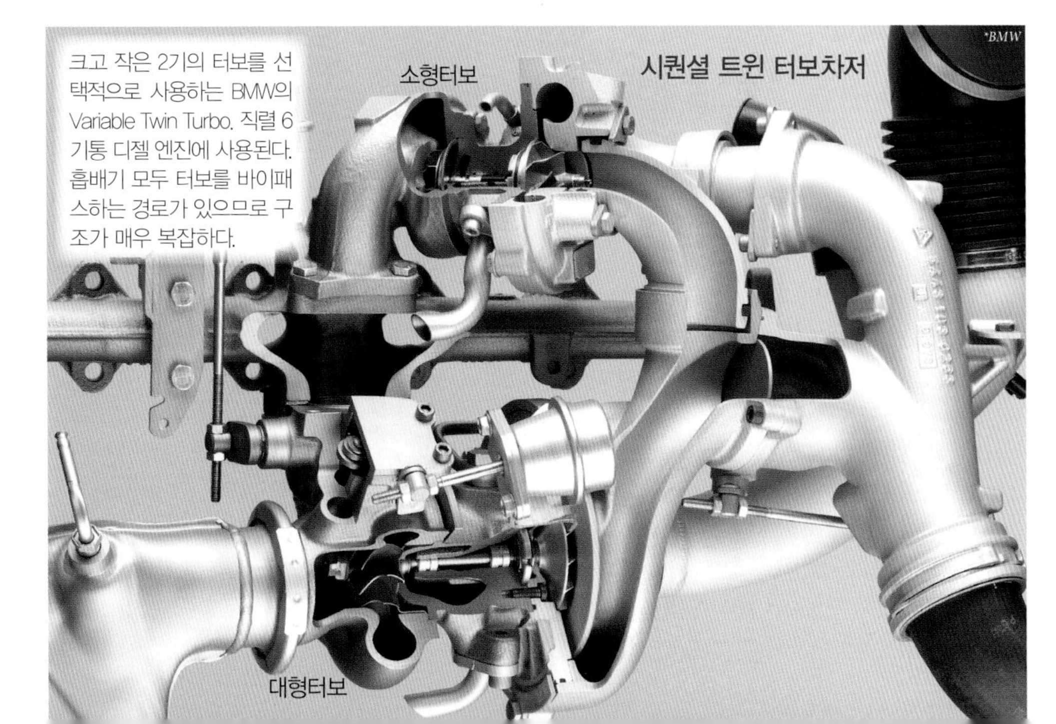

크고 작은 2기의 터보를 선택적으로 사용하는 BMW의 Variable Twin Turbo. 직렬 6기통 디젤 엔진에 사용된다. 흡배기 모두 터보를 바이패스하는 경로가 있으므로 구조가 매우 복잡하다.

슈퍼차저 03

Supercharger
메커니컬 슈퍼차저

메커니컬 슈퍼차저에는 다양한 구조가 있다. 과거에는 리솔름식 슈퍼차저, 스크롤식 슈퍼차저가 사용된 적도 있지만, 현재의 주류는 루츠식 슈퍼차저다. 슈퍼차저는 엔진 그 자체를 동력원으로 하고 있기 때문에 저회전 영역에서 과급 효과를 낼 수 있어 리스폰스도 높다. 하지만 터보에 비하면 얻어지는 과급압이 낮고, 본체 자체도 대형화되기 쉽다는 단점이 있다. 엔진 자체의 효율이 높아지는 영역에서는 전체적으로 효율을 저하시키는 경우가 있다. 때문에 크랭크샤프트에서 회전이 전달되는 풀리에 전자 클러치를 장착해 상황에 따라서는 엔진에서 분리시키는 경우가 많다. 터보의 경우와 마찬가지로 과급된 흡기는 온도가 상승하기 때문에 일반적으로 인터쿨러를 함께 사용한다.

V6 엔진 뱅크의 사이에 들어간 4엽 로터의 루츠식 슈퍼차저. 전동펌프로 냉각액을 순환시키는 인터쿨러도 내장되어 있다.

■루츠식 슈퍼차저

루츠식 슈퍼차저는 1980년대부터 사용되고 있다. 당시는 2엽 로터가 사용되었지만, 현재는 독특한 곡면이 추가된 4엽 로터가 사용되고 있다. 로터의 날개끼리는 맞물려 있지는 않으며, 그 사이에 밀폐된 공간을 만든다. 2개의 로터가 역방향으로 회전하면 사이의 공간이 이동되어 흡기가 보내진다. 로터를 회전시키는 힘은 엔진의 크랭크샤프트 풀리에서 슈퍼차저의 드라이브 풀리로 벨트를 통해 전달된다. 한쪽의 로터에는 직접 회전이 전달되고, 다른 한쪽의 로터에는 동기 기어를 통해 회전이 전달된다. 로터의 회전을 높이는 방법 중에는 풀리의 회전축에 증속 기어가 장비되는 경우도 있다.

⬆ 1980년대부터 최근까지 사용된 2엽 로터의 슈퍼차저.

■트윈차저

터보차저와 슈퍼차저를 함께 사용하는 시스템을 트윈차저라고 한다. 2종류의 과급기를 사용하므로 하이브리드 슈퍼차저라고도 한다. 터보의 약점인 저회전 영역에서는 슈퍼차저로 과급을 하고, 고회전 영역에서는 효율이 높은 터보차저로 과급을 할 수 있다.

아우디에서 개발 중인 일렉트릭 바이터보(Electric Biturbo)도 일종의 트윈차저라고 할 수 있다. 터보에 전동 컴프레서가 조합되어있지만, 이것은 소형 전동 슈퍼차저다.

터보차저로 충분한 과급을 할 수 없는 저회전 영역에서 전동 컴프레서로 과급을 하는 시스템.

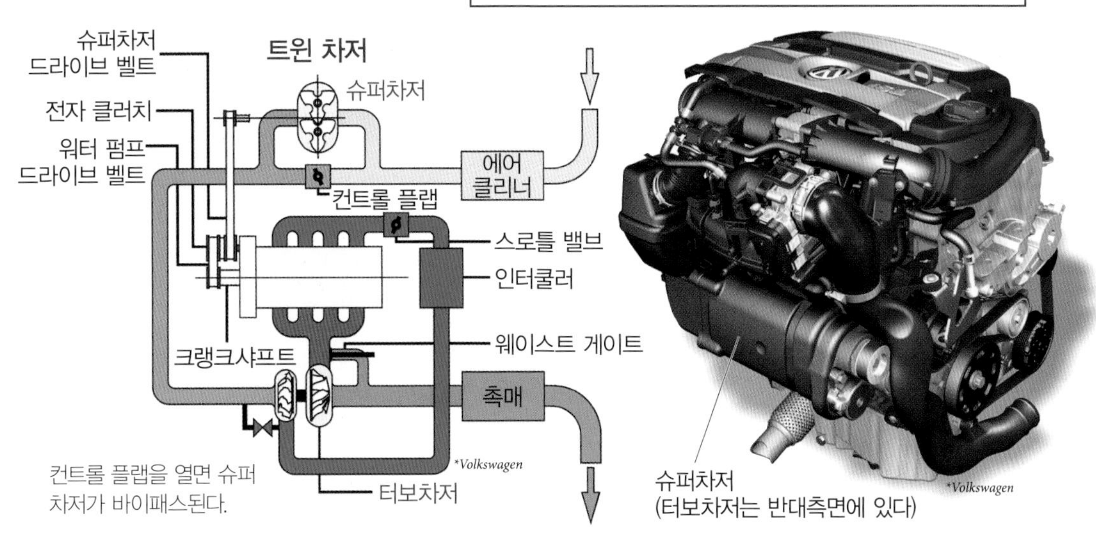

컨트롤 플랩을 열면 슈퍼차저가 바이패스된다.

연료장치 01

Fuel injection system
연료분사장치

퓨얼 시스템(연료장치)은 엔진의 연소에 필요한 연료를 모아두었다가 필요에 따라서 엔진에 공급하는 장치다. 현재의 엔진은 인젝터라는 밸브의 노즐에서 연료를 분사하는 퓨얼 인젝션 시스템(연료분사장치)을 사용하는 경우도 많다. 연료의 공급방식은 가솔린 엔진의 경우 포트분사식과 직분사식의 2종류가 있으며, 디젤 엔진의 경우는 직분사식 중에서도 커먼 레일식이 주로 사용된다.

퓨얼시스템 중에서 연료를 엔진 부근으로 운반하는 장치를 퓨얼 딜리버리 시스템이라고 하며, 가솔린 엔진과 디젤 엔진 모두 기본적인 구성은 같다. 퓨얼 탱크에 담긴 연료는 퓨얼 펌프에 의해 압력이 올라가고, 금속재질의 퓨얼 파이프(연료 파이프)나 고무재질의 퓨얼 호스(연료 호스)를 통해 엔진 부근으로 보내진다. 연료의 이동 경로 도중에는 연료 안의 이물질을 제거하기 위한 퓨얼 필터를 거친다.

퓨얼 인젝션 시스템은 퓨얼 시스템 전체를 의미하지 않는 경우도 있다. 이러한 경우에 퓨얼 시스템은 퓨얼 딜리버리 시스템과 퓨얼 인젝션 시스템으로 구성된다.

■퓨얼 탱크

퓨얼 탱크(연료 탱크)는 연료를 저장해 두는 용기이며, 가솔린 엔진의 경우는 가솔린 탱크라고도 한다. 과거에는 방청도료를 칠한 강판재질 탱크가 주류였지만 현재는 경량화가 가능한 수지재질 퓨얼 탱크(수지재질 연료 탱크)가 일반적으로 사용된다. 대부분은 뒷좌석 아래쪽에 배치되지만, 차량 내부공간을 넓히기 위해서 앞좌석 아래에 배치되는 경우도 있다. 프로펠러 샤프트, 이그저스트 시스템의 공간을 확보하기 위해서 바닥면에 홈이 있는 안장 같은 모양의 것도 있다.

차량 측면의 급유구와는 퓨얼 인렛 파이프로 연결된다. 급유 때에 내부의 공기를 배출하기 위해 브리더 튜브라는 가는 호스가 병행해서 설치되어있다. 증발하는 연료의 압력으로 탱크가 파손되는 것을 막기 위해 압력이 일정 이상이 되면 열려서 압력을 개방하는 퓨얼 베이퍼 밸브도 설치되어 있다.

⬇ 뒷좌석 아래에 배치된 퓨얼 탱크.

■퓨얼 펌프

퓨얼 딜리버리 시스템의 펌프를 일반적으로 퓨얼 펌프(연료 펌프)라고 하며, 연료의 분사압력을 높이기 위해 사용되는 펌프와 구별하는 경우에는 퓨얼 피드펌프(연료 공급펌프)라고 한다. 퓨얼 펌프는 직류정류자 모터를 사용하는 전동 퓨얼 펌프(전동 연료 펌프)가 일반적으로 사용된다. 펌프 자체는 터빈식이 많으며, 모터의 회전축에 설치된 임펠러라는 날개바퀴가 회전해서 연료를 보낸다. 모터 자체의 냉각은 내부를 통과하는 연료로 한다.

과거에는 퓨얼 펌프가 엔진룸에 설치된 경우도 있었지만, 현재는 퓨얼 탱크 안에 설치되는 인탱크식 퓨얼 펌프가 일반적이다. 인탱크식은 펌프에 추가로 연료의 잔량을 계측하는 퓨얼 게이지 유닛과 압력을 일정하게 유지하는 퓨얼 프레셔 레귤레이터, 이물질을 제거하는 퓨얼 필터가 일체화된 퓨얼 펌프 유닛의 형태로 탱크에 설치되는 경우가 많다.

전동 퓨얼 펌프

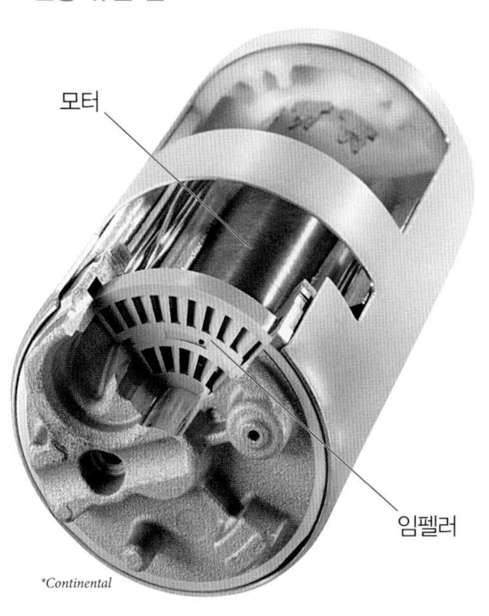

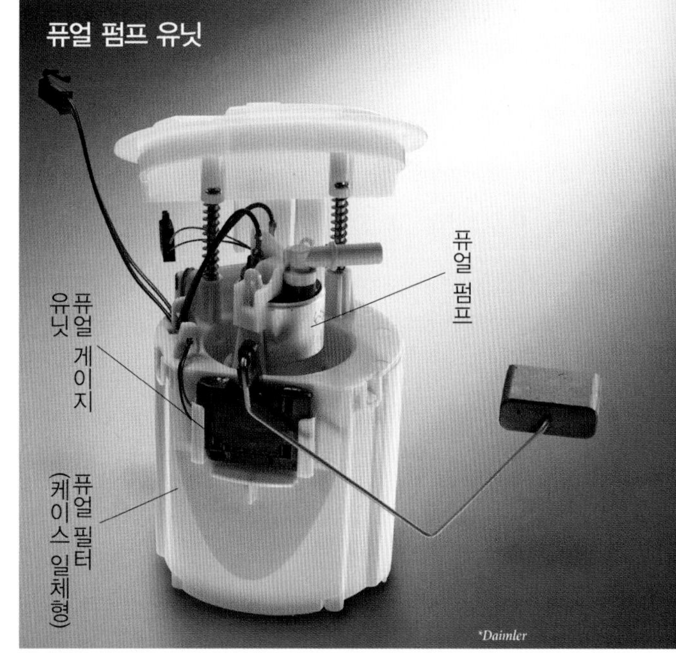

■퓨얼 필터

연료 안의 이물질을 제거하기 위해 퓨얼 필터(연료필터)가 설치된다. 퓨얼 필터는 부직포 등으로 만들어진 필터다. 현재는 연료에 이물질이 들어가는 경우가 거의 없으며, 퓨얼 탱크가 녹스는 경우도 없으므로 가솔린 엔진에서는 정비가 거의 필요 없다. 때문에 퓨얼 펌프 유닛에 퓨얼 필터가 내장되는 경우가 늘어나고 있다. 디젤 엔진의 경우는 퓨얼 필터에 경유 안의 수분을 분리하는 기능이 있는 것도 있으며, 모인 물은 바닥의 밸브를 열어서 배출할 수 있다. 때문에 엔진룸 안에 배치되는 경우가 많다.

⬇ 최근에는 사용되는 경우가 거의 없는 단독 가솔린 엔진용 퓨얼 필터.

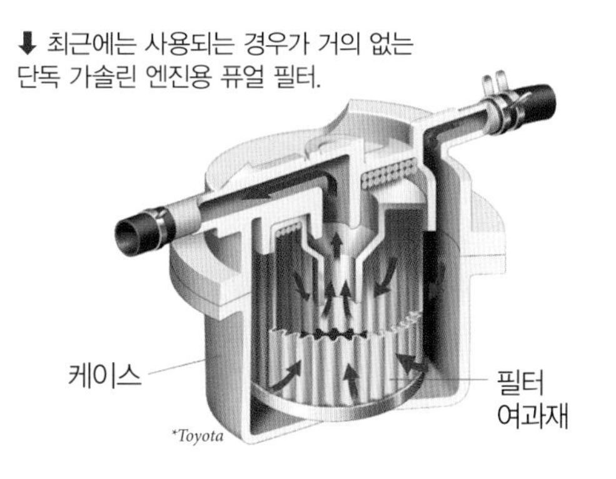

연료장치 02

Fuel injector
인젝터

퓨얼 시스템 중에서 최종적으로 연료를 분사하는 부품이 퓨얼 인젝터다. 그냥 인젝터라고 부르는 경우가 많다. 인젝터는 전기신호로 열고 닫을 수 있는 밸브로 끝은 가는 노즐로 되어있다. 전기신호로 밸브가 열리면 압력이 가해진 연료가 힘차게 분사된다. 이때 연료에 가해진 압력을 연압이라고 한다. 연압을 일정하게 유지하되 밸브를 여는 시간으로 분사량을 제어할 수 있다.

인젝터에는 솔레노이드 인젝터와 피에조 인젝터가 있다. 피에조 인젝터는 반응속도와 정밀도가 높아 분사를 세밀하게 제어할 수 있지만 가격이 비싸다. 가솔린 엔진에는 주로 솔레노이드 인젝터를 사용하며, 디젤 엔진은 피에조 인젝터의 사용이 늘어나고 있다.

인젝터의 분사홀은 1개만 있는 것 이외에 2방향으로 연료의 분사를 분산할 수 있는 2홀 인젝터, 여러 개의 구멍이 있는 멀티홀 인젝터가 있다.

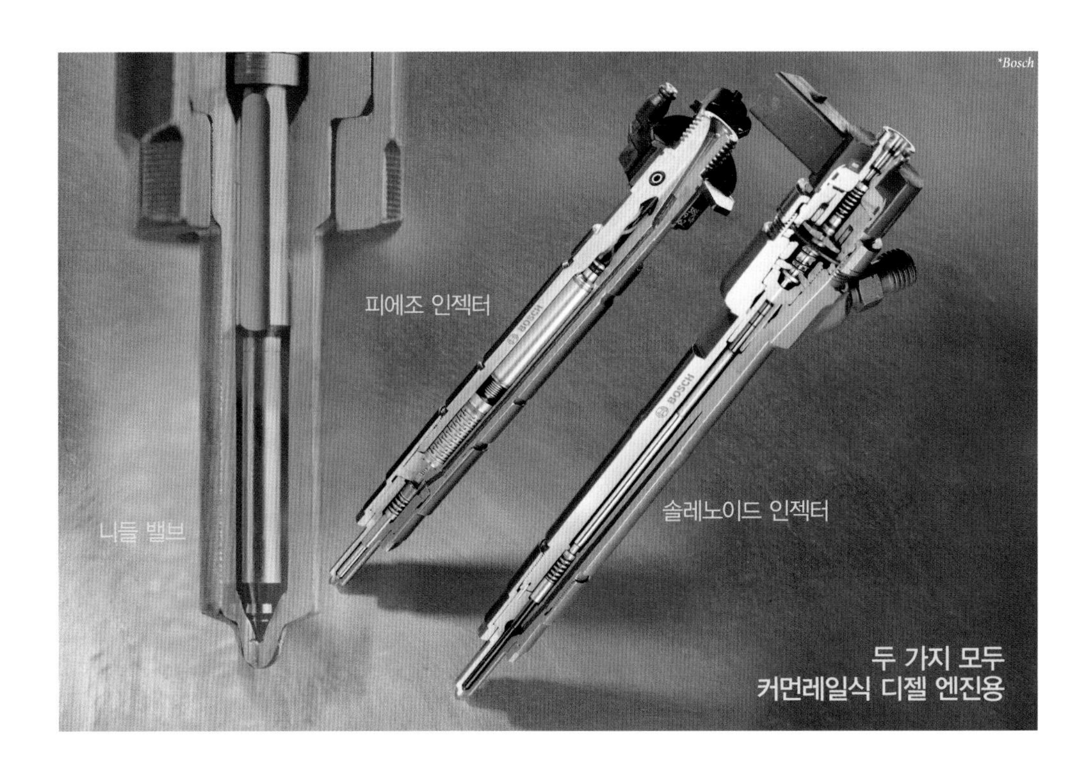

■연압

연료를 분사할 때의 연압은 가솔린 엔진의 포트분사식은 2.5~3.0기압, 직분사식은 100~300기압, 디젤 엔진의 커먼 레일식은 1,200~2,000기압이 일반적이다. 특히 디젤 엔진은 연압을 높이는 경향이 있다. 연압을 높이면 분사홀이 가늘어도 같은 시간에 분사할 수 있는 연료의 양은 늘릴 수 있다. 분사홀이 가늘면 분사된 연료의 입자가 작아진다. 같은 양의 연료로 생각하면 연료 전체의 면적이 커져서 그것만으로도 기화가 되기 쉬워진다. 이렇게 되면 연료가 잘 타고 연소상태가 좋아진다.

■솔레노이드 인젝터

솔레노이드 퓨얼 인젝터(솔레노이드 인젝터)는 전자석에 의해 밸브를 열고 닫는다. 밸브는 니들 밸브이며, 플런저(plunger) 끝에 설치된 바늘 모양의 니들이 분사홀에 스프링으로 밀려들어가 닫힌 상태를 유지한다. 플런저에는 플런저 코어라는 철심이 있으며, 플런저 코어와 어긋난 위치에 솔레노이드 코일이 있다. 코일에 전기가 통하면 전자석이 되어 플런저 코어를 끌어당겨 플런저가 이동하고 밸브가 열린다.

⬆ 가솔린 직분사 엔진용 솔레노이드 인젝터. 분사홀 6개가 있는 멀티홀 타입이다.

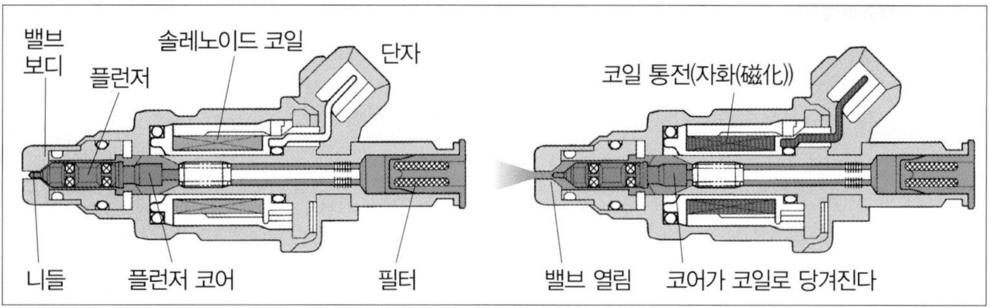

■피에조 인젝터

피에조 소자는 압전소자라고도 하며, 힘을 전압으로 변환하거나 전압을 힘으로 변환할 수 있다. 피에조 소자는 다양한 센서와 액추에이터에 이용되고 있다. 피에조 퓨얼 인젝터(피에조 인젝터)에 사용되고 있는 피에조 소자는 전압에 의해 길이가 달라지는 소자를 사용하고 있다. 하지만 소자의 길이 변화는 아주 작으며, 증폭모듈을 통해서 밸브를 열고 닫는다. 피에조 소자는 반응속도가 빠르다. 따라서 현재의 디젤 엔진에서는 밸브를 열고 닫는 시간을 1/1000초 단위로 제어할 수 있어 1/1000cc 단위의 분사량 조정이 가능하다.

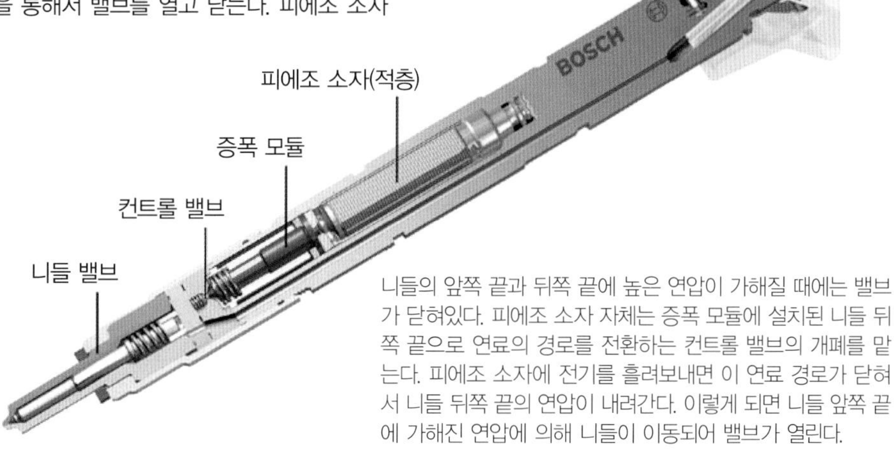

니들의 앞쪽 끝과 뒤쪽 끝에 높은 연압이 가해질 때에는 밸브가 닫혀있다. 피에조 소자 자체는 증폭 모듈에 설치된 니들 뒤쪽 끝으로 연료의 경로를 전환하는 컨트롤 밸브의 개폐를 맡는다. 피에조 소자에 전기를 흘려보내면 이 연료 경로가 닫혀서 니들 뒤쪽 끝의 연압이 내려간다. 이렇게 되면 니들 앞쪽 끝에 가해진 연압에 의해 니들이 이동되어 밸브가 열린다.

연료장치 03

Port fuel injection system

포트분사식 퓨얼 시스템

포트분사식(PFI)은 기통마다 1개의 인젝터를 사용해서 흡기포트에 연료를 분사한다. 포트 안의 압력은 높지 않으며, 게다가 흡기와 함께 연료가 들어오므로 높은 연압은 필요 없다. 때문에 퓨얼 피드 펌프의 압력을 그대로 사용한다.

인젝터는 일반적으로 솔레노이드 인젝터가 사용되며, 실린더 헤드에 배치되어 앞쪽 끝부분의 노즐에서 흡기 포트가 2개로 나뉘기 전에 연료를 분사한다. 2방향으로 연료를 분사해야 포트 벽면으로의 연료부착을 막을 수 있기 때문에 2홀 인젝터나 멀티홀 인젝터에 의해 분사방향이 2곳으로 나뉘어진 것을 사용하는 경우가 많다. 각 인젝터에는 퓨얼 딜리버리 시스템에 의해 연료가 공급된 퓨얼 딜리버리 파이프(퓨얼 레일이라고도 한다)에서 연료가 들어온다.

포트 분사식은 연료와 공기가 혼합되면서 실린더에 들어가며 흡기행정과 압축행정을 사용해서 혼합이 이루어지므로 균질연소의 부분에서 유리하다. 하지만 흡기 밸브의 뒤쪽이나 포트 벽면에 부착된 연료가 늦게 실린더 안으로 들어오기 때문에 엔진의 리스폰스가 나쁘며, 연료분사의 정확한 제어가 어렵다. 이러한 약점을 해소하기 위해서 각 기통에 2개씩 인젝터를 장비한 듀얼 인젝터를 채용하는 엔진도 나오고 있다.

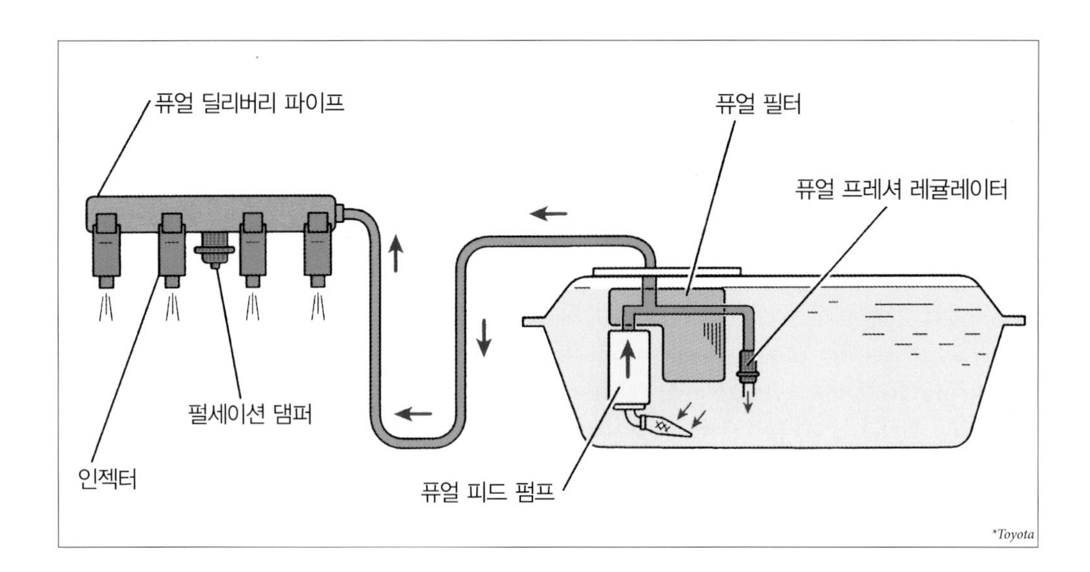

■프레셔 레귤레이터와 펄세이션 댐퍼

포트 분사식은 퓨얼 피드 펌프의 연압으로 연료를 분사하므로, 연압이 일정하지 않으면 분사량의 전자제어를 할 수가 없다. 때문에 퓨얼 프레셔 레귤레이터(연압 레귤레이터)로 연압을 제어한다. 프레셔 레귤레이터는 스프링으로 유지되는 뚜껑으로, 연압이 규정치 이상이 되면 밸브가 열려서 초과된 연료를 되돌려 연압을 유지한다. 현재에는 프레셔 레귤레이터가 퓨얼 펌프 유닛에 장비되어있는 경우가 많다.

퓨얼 딜리버리 파이프에는 펄세이션 댐퍼가 갖춰진 경우가 많다. 이것은 인젝터가 연료를 분사했을 때에 발생하는 연압맥동을 줄이는 것으로 퓨얼 딜리버리 시스템으로의 맥동 전달을 줄여서 소음발생을 억제시키기 위해 장착된다.

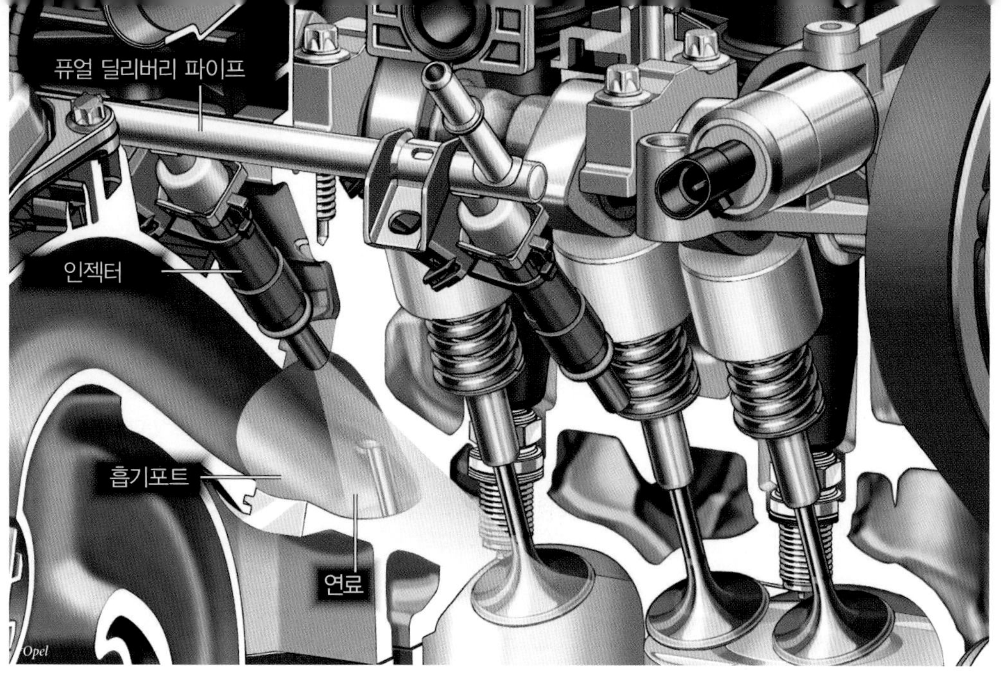

⬆ 일반적인 포트 분사식은 기통마다 인젝터가 1개 장착된다. 흡기포트에 분사된 연료가 흡기와 함께 실린더로 들어간다.

■듀얼 인젝터

듀얼 인젝터는 1기통에 2개의 인젝터를 사용하는 것으로 흡기포트가 2개로 나뉘어진 이후의 부분에 배치된다. 인젝터가 1개인 경우에 비해 분사 위치가 밸브에 가까우므로 포트 벽면의 연료부착이 줄어들고 리스폰스가 향상된다. 그리고 개개의 인젝터가 담당하는 분사량이 절반으로 줄어들기 때문에 분사시간이 짧아진다. 흡기행정 후반에 분사를 하도록 하면, 밸브 오버랩을 크게 해도 연료가 빠져나가는 일이 없다. 분사홀을 가늘게 해서 연료를 미립자화해 연소상태를 개선하는 것도 가능하다.

제5장 연료장치

연료장치 04

Direct fuel injection system
직분사식 퓨얼 시스템

통내분사식이라고 하는 직분사식(DI)은 기통마다 1개의 인젝터를 사용해서 실린더 안으로 직접 연료를 분사한다. 실린더 안의 압력이 높아지는 압축행정 후반에 분사하는 경우도 있기 때문에 퓨얼 피드펌프의 연압으로는 부족하다. 포트 분사식과 비교하면 연료와 공기를 혼합하는 시간이 짧기 때문에 분사홀을 가늘게 해서 연료를 미세화시킬 필요가 있다. 때문에 퓨얼 인젝션 펌프가 장착된다. 퓨얼 딜리버리 시스템에서 온 연료는 인젝션 펌프를 통해서 퓨얼 딜리버리 파이프(퓨얼 레일)로 보내진다.

인젝터는 솔레노이드 인젝터가 일반적이지만, 더욱 압력을 높일 수 있는 피에조 인젝터의 사용도 늘어나고 있다. 어느 경우든 분사홀이 여러 개인 멀티홀 인젝터가 대부분이다.

연료의 분사위치는 연소실 측면에서 하는 사이드 분사와, 중앙에서 하는 센터분사(톱분사)가 있다. 흡기의 소용돌이를 만드는 방법, 공기와 연료의 혼합에 대한 사고방식에 의해 피스톤 헤드의 모양도 다르다. 현재는 포트 분사식과 직분사식을 함께 사용하는 엔진도 있다.

⬇ 센터 분사의 인젝터 배치.

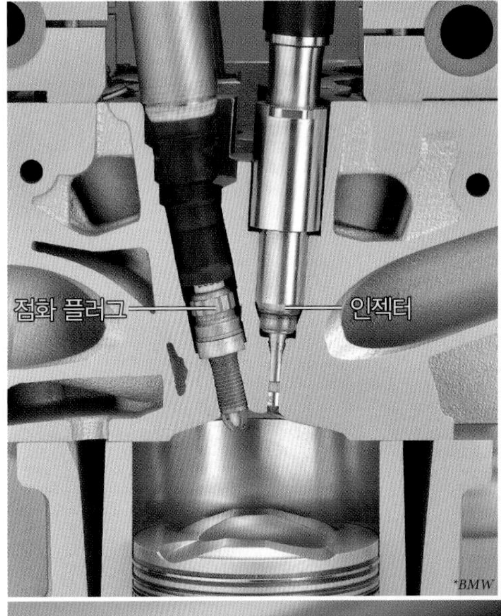

⬇ 사이드 분사의 인젝터 배치.

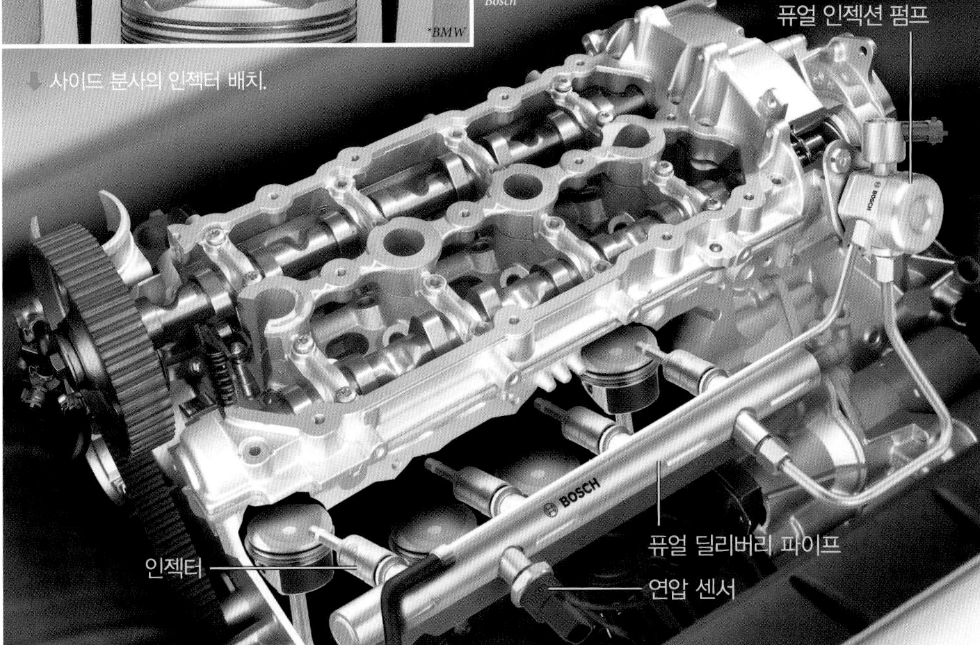

■퓨얼 인젝션 펌프

퓨얼 인젝션 펌프(연료분사 펌프)는 고압 퓨얼 펌프(고압 연료 펌프)라고도 한다. 일반적으로 1개가 사용되지만, 6기통 이상인 경우에는 각 뱅크에 장비되기도 한다. 펌프는 플런저 펌프가 일반적이며, 캠으로 플런저(피스톤)를 움직여 연료의 압력을 높인다. 구동용 캠은 캠 샤프트에 설치된다. 펌프에는 압력을 조정하기 위한 밸브가 설치되어 ECU로 제어된다. 이 제어를 위해 연료경로에 연압 센서가 설치된다.

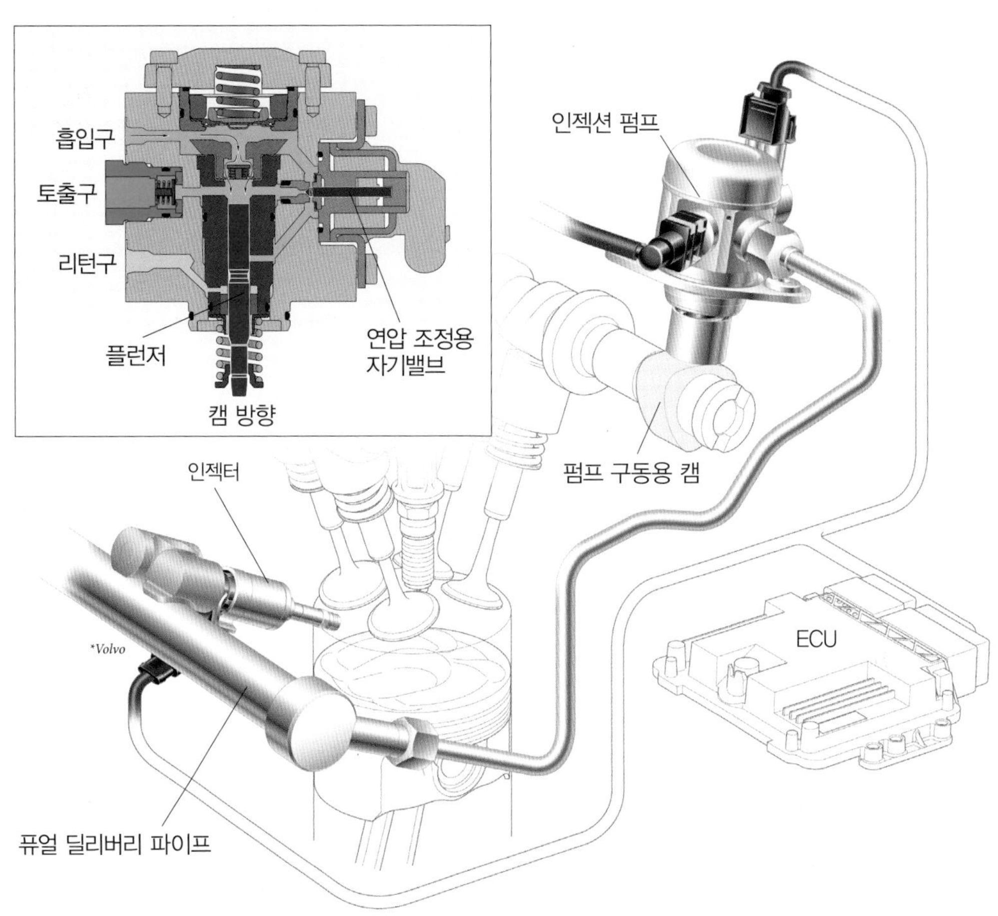

■포트분사+직분사

포트분사식과 직분사식의 인젝터를 장비하면 두 가지를 모두 사용할 수 있을 뿐만 아니라, 1회의 연소에 대해서 양쪽에서 다른 타이밍으로 연료를 분사할 수 있다. 예를 들어 직분사에 의한 냉각효과로 연소온도를 낮추고 싶은 고회전 영역에서는 직분사만 사용하고, 중저회전 영역에서는 균질 연소에 적합한 포트분사를 중심으로 사용한다. 상황에 따라 직분사를 추가해 온도를 억제하는 것이 가능하다.

연료장치 05

Common rail direct fuel injection system
커먼 레일 다이렉트 퓨얼 시스템

디젤 엔진의 퓨얼 인젝션 시스템은 직분사식이지만, 가솔린 엔진에 비해 높은 연압이 요구되기 때문에 작은 1개의 퓨얼 인젝션 펌프로 모든 기통 분량의 분사를 담당하기는 힘들다. 때문에 열형(列型) 인젝션 펌프 등 과거에는 다양한 방식이 사용되어있지만, 배기가스 정화를 위해 연료분사제어의 고도화가 요구되고, 커먼 레일식이 실용화되어 현재의 주류가 되었다.

커먼 레일식은 연압을 높이는 펌프에서 직접 인젝터로 연료를 보낼 수 없다. 일단 어큐뮬레이터(축압실)에 고압의 연료가 모이고, 여기서 인젝터로 보내진다. 어큐뮬레이터를 사용하면 안정적이고 높은 연압을 유지할 수 있으며, 플런저 펌프에 의해 압력이 높아지는 타이밍에 맞춰서 분사를 할 필요가 없으므로 분사 시기의 자유도도 높아진다. 펌프는 직접 연료를 분사하지 않으므로 퓨얼 서플라이 펌프라고 한다. 여기로 퓨얼 딜리버리 시스템에서 연료가 들어온다. 어큐뮬레이터에는 퓨얼 레일이 사용된다. 이 레일이 모든 인젝터 공통(common)의 어큐뮬레이터이기 때문에 커먼 레일식이라고 한다.

인젝터는 고압에도 대응할 수 있는 피에조 인젝터가 일반적이다. 다소 성능이 떨어지지만 비용을 절감할 수 있는 커먼 레일식을 위한 솔레노이드 인젝터도 개발되어있다. 디젤 엔진은 분사된 연료가 순차연소되기 때문에 가솔린 엔진과 같은 사이드 분사는 없으며 모두 센터분사(톱분사) 방식이다.

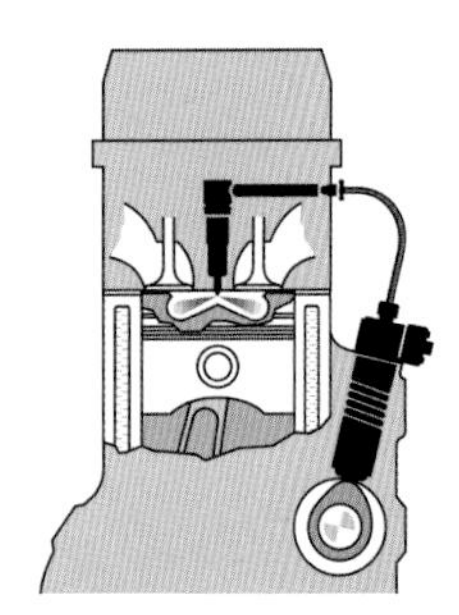
독립형 인젝션 펌프

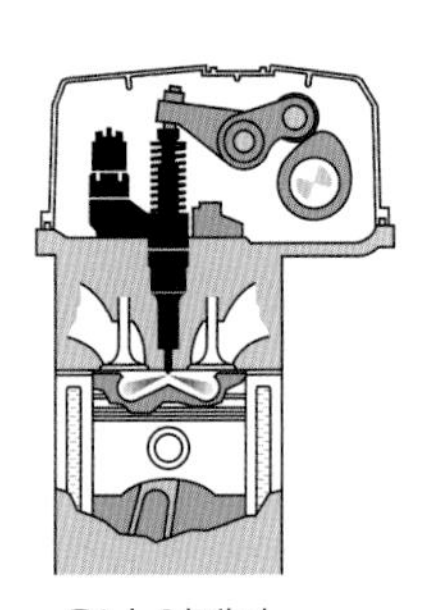
유닛 인젝터

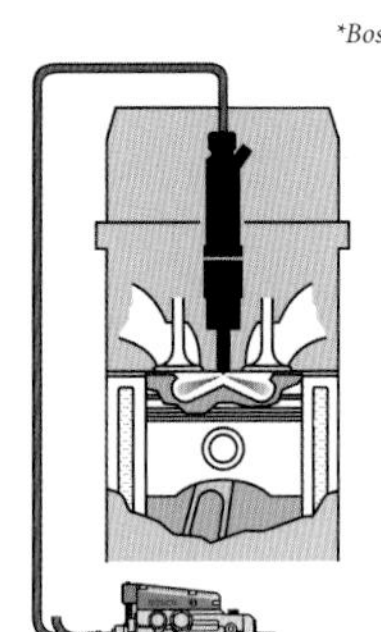
분배형 인젝션 펌프

*Bosch

열형(列型) 인젝션 펌프

■디젤 엔진의 퓨얼 인젝션 펌프

독립형 인젝션 펌프는 기통 수만큼의 인젝션 펌프를 설치해서 인젝터와 1대1로 사용한다. 유닛 인젝터는 인젝터와 펌프를 일체화한 것이다. 두 가지 모두 캠 샤프트로 펌프를 구동한다.

기통 수만큼의 인젝션 펌프를 일렬로 배치해서 일체화한 것이 열형 인젝션 펌프다. 분배형 인젝션 펌프는 파도 모양 캠으로 플런저 펌프를 구동해서 모든 기통 분량의 연압을 만들어낸다. 둘 다 캠 샤프트 또는 크랭크샤프트로 구동되며 펌프로부터는 기통수 만큼의 퓨얼 파이프로 개별적으로 보낸다.

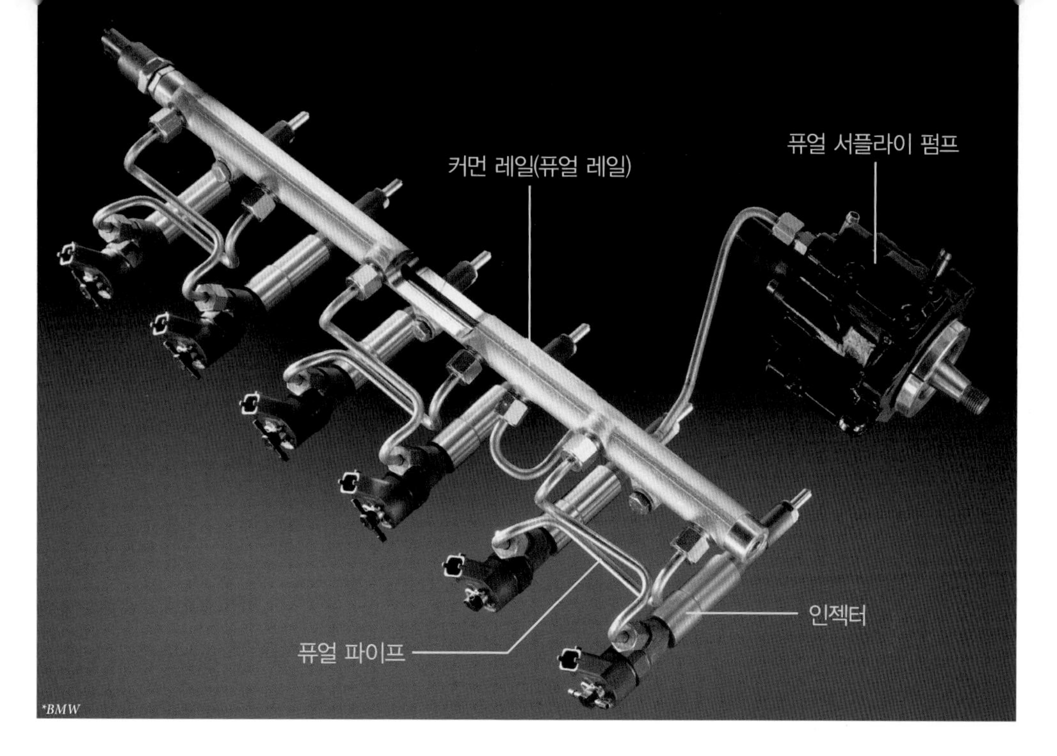

■복수회 분사

현재 커먼 레일식은 1회의 연소에 대해서 여러 회로 나누어 분사를 한다. 이것을 복수회 분사 또는 다단분사라고 한다. 순서대로 파일럿 분사, 프리 분사, 메인 분사, 애프터 분사, 포스트 분사라고 한다. 사전에 연소실 안에 혼합기를 만들어두어 착화성을 높이는 것이 파일럿 분사다. 메인 분사 전에 연소실 안에 불씨를 만드는 것이 프리 분사, 타고 남은 연료를 완전 연소시키기 위한 분사가 애프터 분사, 배기온도를 상승시켜서 배기가스 정화의 효율을 높이기 위한 분사가 포스트 분사다.

■퓨얼 서플라이 펌프

퓨얼 서플라이 펌프로는 일반적으로 플런저 펌프가 사용된다. 플런저 펌프가 1개인 것 이외에, 캠 주위에 방사형으로 여러 개의 플런저 펌프를 배치한 레이디얼형 플런저 펌프가 사용되는 경우도 있다. 직분사식 가솔린 엔진은 인젝터가 직접 퓨얼 딜리버리 파이프에 설치된 경우가 많지만, 커먼 레일식은 퓨얼 레일에서 고압에 견딜 수 있는 퓨얼 파이프로 인젝터에 연료를 보내는 경우가 많다.

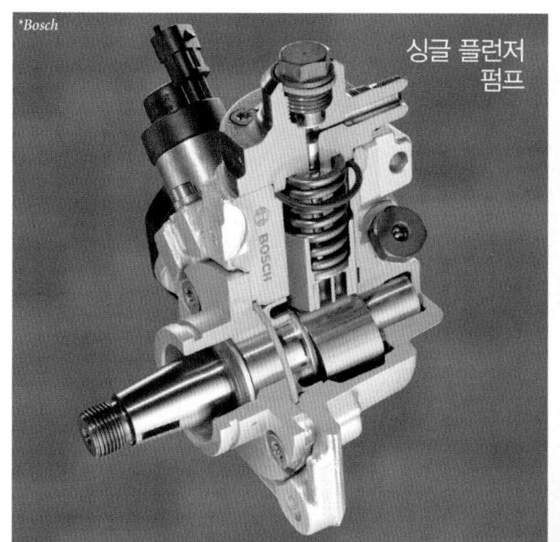

제5장 연료장치

연료장치 06

Electronic control unit
ECU

엔진의 전자제어를 하는 컴퓨터를 ECU라고 한다. 원래는 엔진 컨트롤 유닛의 머리글자를 줄인 것이지만, 자동차의 다양한 장치가 전자제어를 받게 되면서 각각이 컴퓨터를 탑재하게 된 후부터는 일렉트로닉 컨트롤 유닛의 머리글자를 줄인 것이 되었다. 각 장치의 ECU는 각각의 장치의 명칭을 따서 트랜스미션ECU, 브레이크ECU라고 한다. 엔진 제어를 하는 것은 엔진ECU이며, 그냥 ECU라고 하면 대부분은 엔진ECU를 의미한다.

엔진에서 가장 처음 전자제어가 도입된 부분이 연료 분사였기 때문에 ECU는 퓨얼 시스템으로 보기도 한다. 하지만, 현재 엔진에서 전자제어가 되지 않는 장치는 거의 없다. 단독의 전자제어를 하나의 보기로 다루어도 될 정도다.

엔진의 전자제어는 ECU에서 다양한 액추에이터로 지시를 보내 작동시키며, 이것을 위해서는 판단을 위한 정보가 필요하다. 그 정보를 모으는 역할을 하는 것이 센서다. 액추에이터가 지시대로 작동했는가를 확인하기 위해서도 센서가 사용된다. 현재에는 매우 많은 센서가 엔진에 탑재되어 있다.

다양한 ECU의 협조제어도 이루어지고 있다. 예를 들어 AT로 변속이 이루어질 때 순간적으로 연소분사를 정지하고 토크를 저하시켜 변속 쇼크를 억제하는 협조제어가 엔진ECU와 트랜스미션ECU 사이에서 이루어진다. 협조제어 기술의 초기에는 ECU 간에 필요한 지시와 정보만 주고받았다. 하지만 현재는 협조제어의 요소가 늘어나고 기능도 고도화되었다. ECU 간에 공유해야 하는 정보의 양도 많아졌다. 때문에 각 ECU는 통신 네크워크로 연결되어 있다. 일정한 룰을 따라서 통신하면 대량의 정보를 신속하게 교환할 수 있다. 이러한 통신 네트워크를 차량탑재 LAN 또는 차내 LAN이라고 하며, 여기에는 다양한 규격이 책정되어 있다.

*Toyota

컴퓨터지만 키보드와 디스플레이가 없다. ECU본체는 기판뿐이다.

⬆ 에어 플로우 센서.

에어플로우 센서
흡기량 센서라고도 하며 흡기의 양을 계측한다. 공연비를 정하기 위한 기본 정보가 된다. 부압센서(베큠 센서)로 간접적으로 계측하는 경우도 있다.

흡기온도 센서
흡기 온도를 검출하는 센서. 온도에 의해 산소의 밀도가 변화하기 때문에 정확한 공연비를 설정하기 위해 필요한 정보다.

스로틀 포지션 센서
스로틀 포지션 밸브의 열린 상태를 검출하는 센서. 전자제어 스로틀인 경우는 동작결과를 확인한다. 기계식 스로틀인 경우는 드라이버의 의사를 검출한다.

액셀 포지션 센서
액셀 페달을 밟은 정도를 검출하는 센서. 드라이버의 가감속 의사를 검출한다.

노크센서
노킹센서라고도 하며 노킹 때에 발생하는 특유의 진동을 검출한다. 연소온도 상승에 의해 발생하는 노킹을 탐지한다.

수온센서
냉각장치의 냉각수 온도를 계측하는 센서. 간접적이지만 엔진온도의 정보가 된다.

크랭크 포지션 센서
크랭크샤프트의 회전위치를 검출하는 센서. 이것으로 피스톤의 위치를 검출할 수 있다. 엔진 회전수의 산출도 가능하다.

캠 포지션 센서
캠샤프트의 회전위치를 검출하는 센서. 크랭크 포지션 센서에서 비슷한 정보를 얻을 수 있지만, 위상을 가변시키는 밸브 시스템인 경우에는 동작결과를 검출할 수 있다.

배기온도 센서
배기의 온도를 검출하는 센서. 배기가스 정화장치의 촉매는 과열에 약하기 때문에 이것을 보호하기 위해서는 배기온도의 정보가 필요하다.

A/F센서
공연비 센서라고도 한다. 배기 중의 산소농도를 검출하고 연소결과에서 공연비를 알아낼 수 있다. 리니어O_2센서 또는 리니어A/F센서(LAF센서)라고도 한다.

O_2센서
산소의 농도를 검출해서 이론공연비보다 리치한지 린한지를 알아낼 수 있다. 일반적으로 A/F센서는 이그저스트 매니폴드가 촉매 앞에 배치되며 O_2 센서는 촉매 뒤에 배치된다.

⬆ 크랭크/캠 포지션 센서.

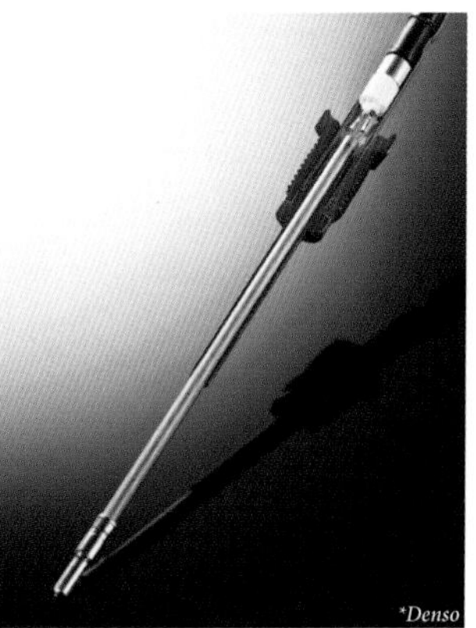

⬆ 배기온도 센서.

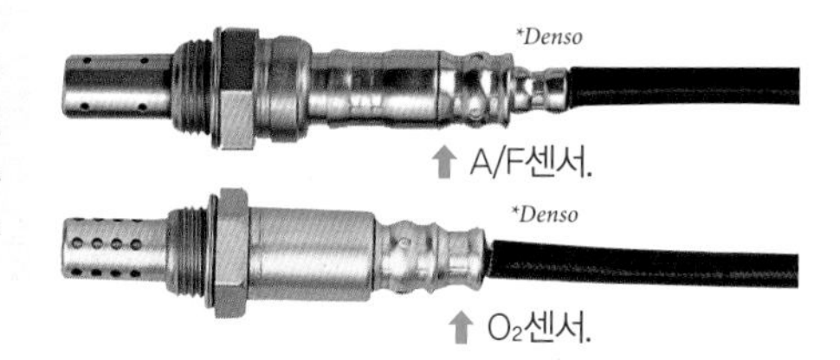

⬆ A/F센서.

⬆ O_2센서.

점화장치 01

Ignition system
이그니션 시스템

이그니션 시스템(점화장치)은 혼합기에 착화해서 연소, 팽창행정을 시작하게 하는 가솔린 엔진의 시스템이다. 착화는 점화 플러그의 전극에 불꽃방전을 일으키는 것이다. 방전에는 고압전류가 필요하지만, 자동차에서는 일반적으로 저압전류가 사용된다. 코일의 상호유도작용을 이용해서 저압전류에서 고압전류를 만들어낸다. 이것을 승압이라고 하며, 승압에 사용되는 코일을 이그니션 코일이라고 한다.

가솔린 엔진의 4행정 원리에서는 피스톤이 상사점에 있을 때에 착화가 이루어진다고 설명할 수 있다. 하지만 실제의 엔진에서는 다르다. 최적의 타이밍은 엔진의 회전수와 부하에 따라 달라지기 때문에 점화시기(점화 타이밍)를 조정할 필요가 있다. 이처럼 최적의 점화시기에 점화 플러그로 고압전류를 보내는 것을 배전이라고 한다.

과거에는 기계적인 스위치로 승압과 배전을 하는 이그니션 시스템을 사용했다. 하지만, 고압전류를 보내는 거리가 길어지고 기계적인 스위치로 다루면 많은 손실이 발생한다. 게다가 점화시기의 정밀한 제어도 어렵다. 따라서 현재는 ECU로 점화시기를 결정하고 고압전류를 최단거리에 플러그로 보내는 다이렉트 이그니션 시스템이 일반적이다. 이 시스템은 ECU와 여기에서 나오는 배선을 제외하면 구성요소는 점화플러그와 점화플러그 캡뿐이다.

점화플러그로 보내는 전류를 고압으로 할수록 불꽃이 강해져서 착화가 잘 되며, 연소 상태가 개선된다. 전극이 멀어질수록 불꽃이 커지고 연소상태가 개선되지만, 방전거리를 길게 하려면 전압을 높일 필요가 있다. 예전에는 1만~2만5000V가 일반적이었지만, 현재는 4만V가 넘는 엔진도 있다.

■다이렉트 이그니션 시스템

이그니션 코일은 1차 코일과 2차 코일의 감긴 횟수의 비율이 크다. 1차 코일에 저압전류를 흘려서 정지하면, 그 순간에 유도기전력으로 2차 코일에 고압전류가 흐른다. 다이렉트 이그니션 시스템은 고압전류의 배전을 최단거리로 만들기 위해 기통마다 이그니션 코일이 장착되어있으며, 점화플러그에 고압전류를 공급하는 점화플러그 캡(스파크 플러그 캡)이 설치되어있다.

최적의 점화 타이밍에 ECU가 점화신호를 보내지만 ECU가 보내는 신호는 매우 미약한 전류이므로 1차 코일의 전류로 사용할 수 없다. 때문에 반도체소자의 증폭작용으로 전압을 높인 다음, 이그니션 코일로 보낸다. 이 증폭회로를 이그나이터라고 하며, 다이렉트 이그니션 시스템에서는 코일과 함께 점화플러그 캡에 내장된다.

이그니션 코일은 이그나이터와 함께 플러그 캡의 머리 부분에 들어있는 경우가 많지만, 통 모양의 부분에 넣어서 고압전류를 보내는 방식으로 거리를 더 짧게 한 것도 있다.

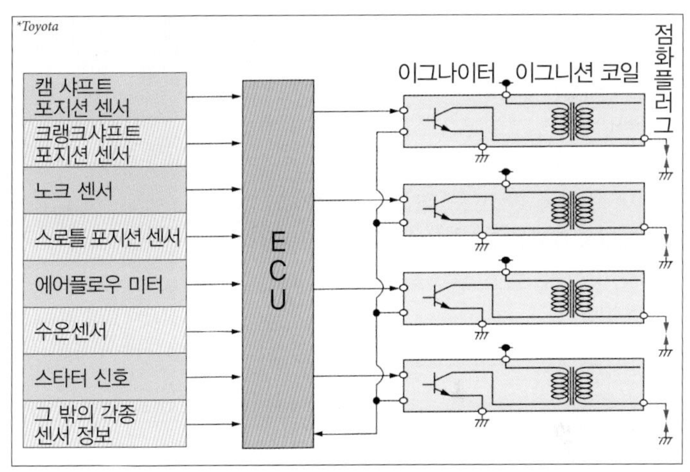

■다점점화와 다단점화

연소실에 여러 개의 점화 플러그를 장비해서 착화시키는 것을 다점점화라고 한다. 동시착화를 하면 연소가 번져나가는 거리가 짧아져서 급속연소가 가능하다. 착화 타이밍을 바꾸면 연소상태를 다양하게 컨트롤 할 수 있다. 현재 2플러그 이그니션 시스템이 실용화되어 있다. 하지만 한정된 연소실의 표면적 안에 여러 개의 플러그를 배치하면 설계의 자유도가 떨어진다. 특히 4밸브식, 직분사식에 이 방식을 사용하기는 어렵기 때문에 채용된 예는 매우 적다.

한편 1회의 연소와 팽창행정에서 여러 번 착화를 하는 것을 다단점화 또는 멀티 스파크라고 한다. 직분사식과 조합해서 여러 번 연료분사를 하고, 각각에 대해서 착화를 하여 연소상태를 개선시킬 수 있다. 조금씩 실용화되고 있어서 앞으로의 발전이 기대되는 점화방식이다.

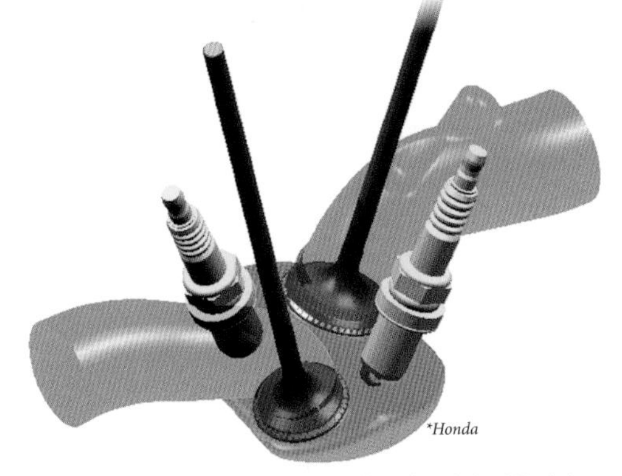

⬆ 혼다의 2플러그 이그니션 시스템. 2밸브식에 사용된다.

점화장치

Spark plug
02 점화플러그

점화플러그(스파크 플러그)의 전극은 중심전극과 접지전극으로 구성된다. 중심전극은 내부를 통과하는 중심축을 통해 후단의 터미널에 접속된다. 이 터미널이 플러스 쪽의 단자이며 이그니션 시스템의 점화플러그 캡에서 고압전류가 전달된다. 중심축의 주위에는 절연을 확보하기 위한 세라믹스 재질의 애자가 있으며, 금속 재질의 하우징으로 커버가 된다. 하우징에는 실린더 헤드에 고정시키기 위한 나사홈과 착탈 시에 사용하는 6각 너트부가 있으며, 끝에는 접지전극이 설치되어있다. 이 하우징이 마이너스 쪽 단자이며, 엔진 그 자체가 어스로서 배터리의 마이너스 쪽과 연결되어있다.

전극의 소재는 예전에는 니켈합금이 일반적이었지만 현재에는 불꽃을 강하게 할 수 있고, 정비도 필요없기 때문에 백금이나 이리듐 합금을 사용하는 경우가 많다. 이 플러그들을 플래티넘 플러그, 이리듐 플러그라고 한다.

방전 시에 발생하는 전자파는 라디오 등 전파를 다루는 기기에 노이즈가 발생하게 하거나 ECU의 오작동을 일으키는 원인이 되기도 한다. 때문에 전기 노이즈를 방지하는 전기저항이 중심축에 설치된다.

⬆ 중심전극과 접지전극 사이에서 일어나는 불꽃방전으로 착화가 된다. 착화성을 높이기 위해 접지전극에는 홈이 있다.

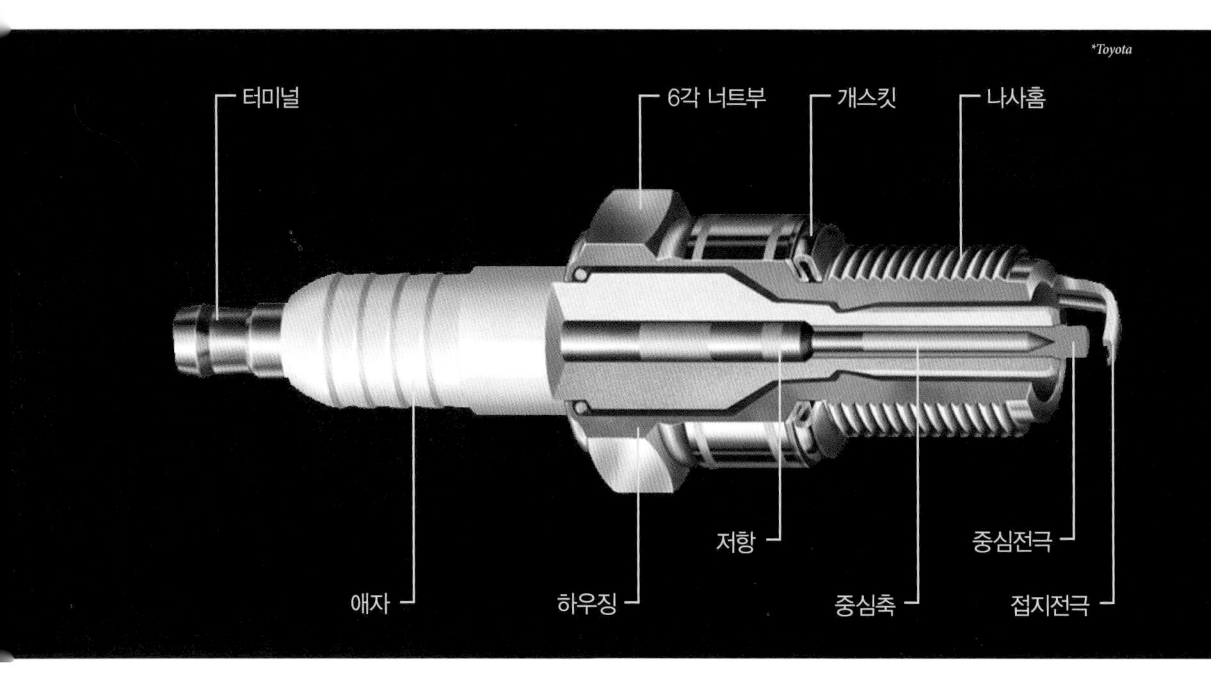

■전극의 모양

전극의 모양은 중심전극이 원주, 접지전극이 L자형으로 구부러진 각봉의 형태다. 방전은 전극의 뾰족한 부분에서 잘 발생한다. 뾰족한 부분을 늘리기 위해 전극에 홈을 만드는 경우도 있다. 중심전극을 가늘고 뾰족하게 하거나 접지전극에 작은 돌기를 만들면 불꽃이 더 잘 발생한다. 접지전극의 수를 늘려서 소모를 분산시킬 수도 있다.

⬆ 왼쪽이 표준적인 접지전극의 모양. 오른쪽의 2개는 접지전극의 수를 늘린 것이다.

■자정작용과 열가

전극에는 불완전연소로 발생한 검댕(카본)과 엔진오일이 부착되는 경우가 있다. 이러한 이물질이 부착되면 불꽃이 정상적으로 발생하기 어렵다. 전극이 고온상태를 유지하면 이물질이 타서 전극이 깨끗해진다. 이것을 점화플러그의 자정작용이라고 한다.

전극이 고온이 되면 불꽃방전이 잘 발생하지만 너무 고온이면 프리 이그니션 등의 이상연소의 원인이 되며 전극이 녹거나 방전 충격으로 부서질 수도 있다. 때문에 하우징을 통해 실린더 헤드로 방열을 해서 일정 온도를 유지하도록 하고 있다. 이러한 방열로 열을 잘 내보내는 능력을 점화플러그의 열가(히트 밸류 또는 히트 레인지)라고 하며, 열가는 엔진마다 최적의 수치가 정해져있다.

■플래티넘 플러그와 이리듐 플러그

점화플러그의 전극은 가늘게 만들수록 불꽃이 잘 튀지만, 그만큼 열을 내보내기 힘들어 온도가 올라간다. 니켈 합금은 내열성과 내구성이 낮기 때문에 가늘게 만들기 힘들고 고온을 유지하기도 어려워 불꽃이 약하고 자정작용도 어렵다. 방전 충격에 의한 전극의 소모로 뾰족한 부분이 소모될 수도 있다. 때문에 수명은 수만㎞ 주행 정도이며 그 사이에 정기적인 청소가 필요하다.

플래티넘(백금)은 니켈 합금보다 내열성과 내구성이 높아서 불꽃이 잘 나도록 전극을 가늘게 해도 충격에 견딜 수 있다. 온도도 높게 설정할 수 있어서 이렇게 하면 불꽃이 강해지고 자정작용도 높다. 이리듐 합금은 내열성과 내구성이 더 높기 때문에 전극을 매우 가늘게 할 수 있다. 플래티넘 플러그(백금 플러그)와 이리듐 플러그의 수명은 10만㎞ 주행이며 그 사이에 메인터넌스는 필요 없다.

윤활장치 01

Lubricating system
윤활장치

엔진 안에는 피스톤과 실린더, 밸브 스템과 밸브 스템 가이드처럼 금속부품끼리 마찰되는 부분, 크랭크샤프트와 캠 샤프트처럼 회전축과 지탱하는 부분이 닿는 경우가 있다. 이러한 부분이 매끄럽게 움직이도록 오일로 윤활을 하는 것이 윤활장치(루브리케이팅 시스템)다. 여기에 사용되는 오일을 엔진오일이라고 한다.

윤활방식에는 드라이 섬프라는 방법도 있지만 대부분의 자동차는 웨트 섬프 방식이 사용되고 있다. 엔진오일은 엔진 아래쪽에 장비된 오일 팬이라는 접시 모양의 용기에 담겨 있다. 오일 펌프의 힘으로 올라온 오일은 실린더 블록과 실린더 헤드 안에 설치된 오일 갤러리라는 통로를 통해 엔진의 윤활이 필요한 부분으로 보내져 구멍을 통해 흘러나오거나 뿜어진다. 각 부품으로 공급된 오일은 낙하되거나 내부의 벽을 타고 흘러 떨어져서 오일 팬으로 다시 돌아간다. 오일의 순환경로 도중에는 오일을 정화하는 오일 필터와 오일 스트레이너가 설치되어 있다. 쉽게 온도가 올라갈 수 있는 엔진에는 오일을 냉각하는 오일 쿨러가 장비되어 있다.

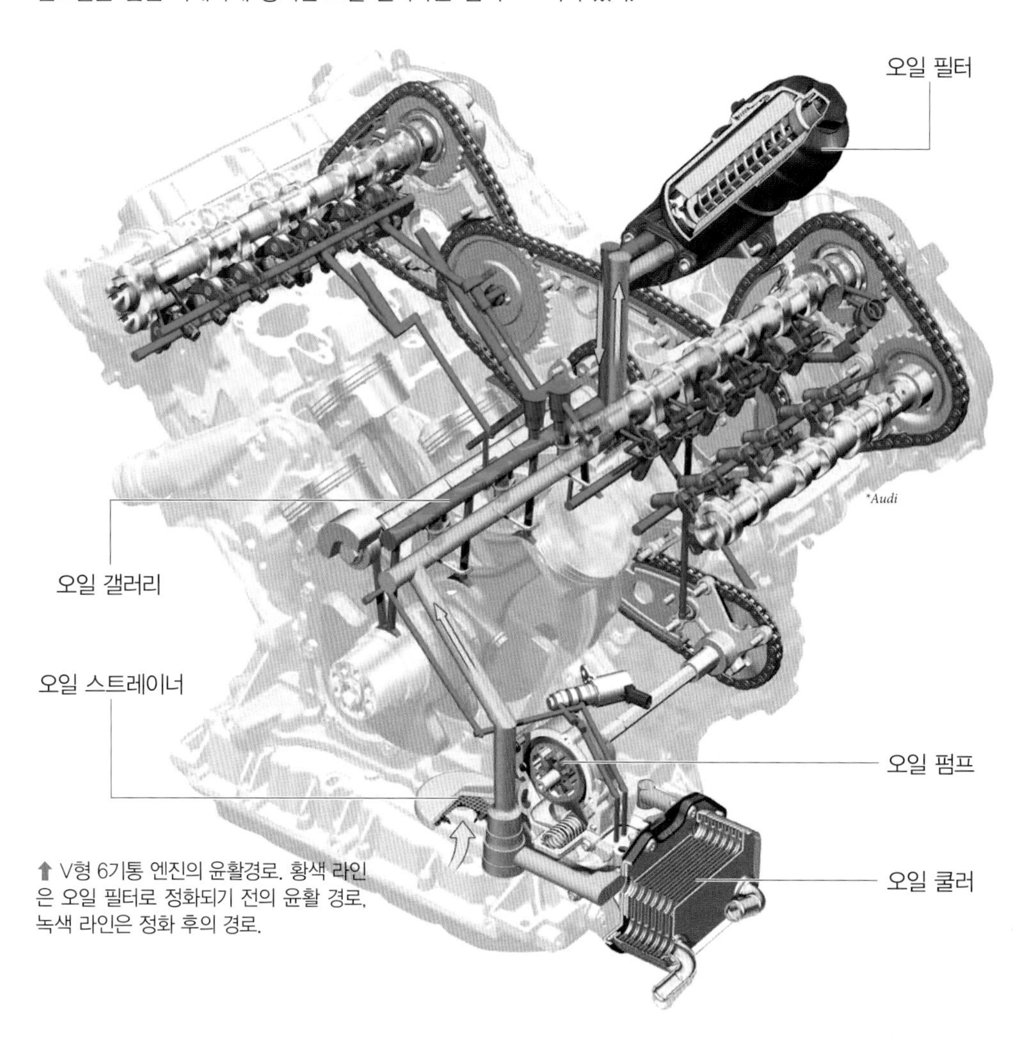

⬆ V형 6기통 엔진의 윤활경로. 황색 라인은 오일 필터로 정화되기 전의 윤활 경로, 녹색 라인은 정화 후의 경로.

■드라이 섬프

웨트 섬프는 급제동이나 급선회를 하면 관성력과 원심력에 의해 오일 팬의 오일이 기울어져서 정상적으로 올라오지 않는 경우가 있으며, 오일 공급이 끊어질 우려가 있다. 드라이 섬프는 오일 팬과는 별도로 오일 서버 탱크를 갖추고 있으며, 여기서 오일 펌프로 엔진 각 부분에 오일을 공급한다. 오일 팬에서는 오일 스캐빈지 펌프라는 별도의 펌프로 오일을 끌어올려서 리저버 탱크로 보낸다. 리저버 탱크를 대용량으로 하면, 어떠한 주행상황에서도 오일을 안정적으로 공급할 수 있다. 오일 팬은 용량이 적어도 되기 때문에 엔진의 높이도 낮추어 무게중심을 낮게 할 수 있다. 이러한 장점 때문에 드라이 섬프는 스포츠 타입의 자동차에 사용되는 경우가 많다.

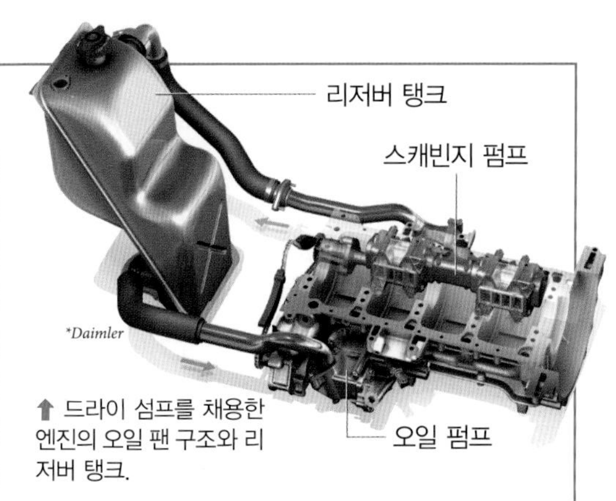

⬆ 드라이 섬프를 채용한 엔진의 오일 팬 구조와 리저버 탱크.

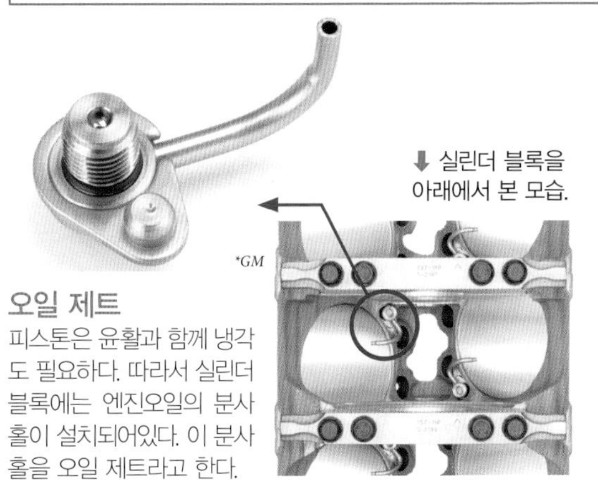

⬇ 실린더 블록을 아래에서 본 모습.

오일 제트

피스톤은 윤활과 함께 냉각도 필요하다. 따라서 실린더 블록에는 엔진오일의 분사홀이 설치되어있다. 이 분사홀을 오일 제트라고 한다.

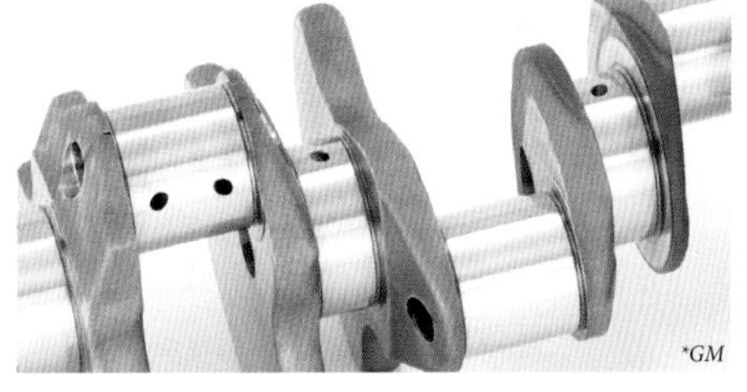

크랭크샤프트의 오일 구멍

크랭크샤프트의 크랭크 저널과 크랭크 핀에는 메탈이라는 베어링이 장비되어있다. 메탈은 오일이 공급되어야 비로소 베어링으로 기능한다. 때문에 샤프트의 각 부분에는 오일 구멍이 있으며 이 구멍으로 엔진오일이 공급된다. 샤프트 안에는 오일의 통로가 있다.

■엔진오일의 역할

엔진오일은 윤활작용과 함께 냉각작용, 기밀작용, 청정작용, 완충작용, 녹방지도 하고 있어 엔진에 필수적이다. 오일에는 유막이라는 얇은 막이 있어서 부품 표면에 남아 윤활과 완충, 녹방지를 한다. 점도가 높을수록 유막이 잘 되지만 너무 높으면 부품이 움직일 때 저항이 발생해 엔진 손실이 높아진다. 현재의 연비 절약 엔진오일은 매끄럽고 점도는 낮지만 유막을 형성하는 능력이 높은 것이 사용되고 있다.

냉각작용

연소실 주변 등 온도가 높은 부분을 통과할 때에는 오일이 주위의 열을 빼앗고 바깥 공기가 닿는 오일팬으로 방열해서 엔진을 냉각시킬 수 있다.

기밀작용

피스톤과 실린더의 빈틈은 피스톤링으로 막혀있지만, 완벽하게 막혀있지는 않다. 그 틈에 오일이 들어가서 기밀성을 높일 수 있다.

청정작용

엔진 각 부분을 순환하는 오일로 이물질과 오염을 씻어낼 수 있다. 이물질과 오염물질은 오일필터와 스트레이너에서 제거되므로 재순환되는 경우는 없다.

완충작용

엔진 안의 부품은 마찰 이외에 부딪혀서 움직이는 경우도 있다. 부품표면에 오일막(유막)을 만들어주면 충격을 완화할 수 있어 부품을 보호할 수 있다.

녹방지

철 재질의 부품은 물이나 공기를 만나면 녹이 슨다. 하지만 부품의 표면이 유막으로 덮고 있으면 물과 공기가 차단되어 녹을 방지할 수 있다. 엔진이 정지되어 있어도 유막이 남아있으면 보호된다.

■오일 필터와 스트레이너

엔진 안에서는 금속부품의 마찰에 의해 금속 가루가 생기는 경우가 있다. 이러한 이물질을 엔진오일이 씻어낸다. 오일 자체의 열화에 의해서도 이물질이 발생한다. 이러한 이물질의 발생과 오염이 재순환되면 오일로 깨끗이 씻어도 의미가 없다. 때문에 오일 스트레이너와 오일 필터가 장착된다.

오일 스트레이너는 오일 팬에시 오일을 끌어올리는 파이프의 끝에 장착되는 금속 재질의 망으로 큰 이물질을 제거해준다. 오일 팬에 쌓인 이물질은 오일을 교환할 때 배출된다.

오일 필터는 부직포 등으로 만들어진 필터로 미세한 이물질을 제거한다. 오일 순환경로 중에는 오일 펌프의 바로 뒤에 배치되어 정화된 오일이 엔진 각 부분으로 보내진다. 필터 부분은 오일필터 엘리먼트라고 하며, 오염물질이 쌓이면 막힐 수 있으므로 정기적인 교환이 필요하다.

만약 필터가 막힌 상태로 자동차를 운행하면 오일이 공급되지 않아서 엔진이 크게 손상될 수 있다. 때문에 오일 필터에는 바이패스 경로와 바이패스 밸브가 있다. 막혀서 필터 안의 유압이 상승하면 바이패스 필터가 열려서 필터를 우회한 오일이 엔진 각 부분으로 보내진다. 이것은 정화되지 않은 오일을 사용하는 것이지만 오일 공급이 끊어지는 것보다는 엔진이 받는 손상이 적다.

예전의 엘리먼트는 바이패스 밸브와 함께 금속이나 수지 재질의 케이스에 담긴 카트리지 타입이 많았다. 하지만 카트리지를 통째로 교환, 폐기하는 것은 낭비가 심하고 자연환경에 부담도 크기 때문에 현재는 엔진 쪽 케이스에 설치해 엘리먼트만 교환하는 방법을 사용하고 있다.

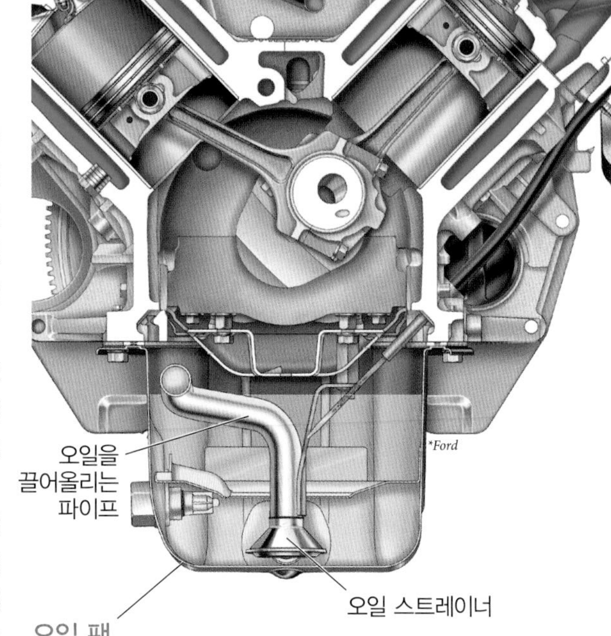

오일 팬

오일 팬은 방열성이 높은 강판 재질이 주로 사용된다. 엔진의 강도를 높이기 위해서 알루미늄 합금 재질의 오일 팬을 사용하는 경우도 있다. 이 경우는 엔진의 정숙성은 높아지지만 방열성은 떨어진다. 현재는 경량화가 가능한 수지 재질의 오일 팬도 개발되었다.

카트리지식 오일 필터

엘리먼트 교환식 오일 필터에는 단독으로 만들어진 오일 필터 케이스를 실린더 블록에 장착하는 형식(오른쪽)과 실린더 블록 자체에 케이스에 해당하는 부분이 만들어진 형식(위)이 있다.

엘리먼트 교환식 오일 필터

■오일 쿨러

엔진오일은 온도가 올라가면 점도가 낮아지는 성질이 있다. 점도가 낮아지면 유막을 유지할 수 없어 오일이 부족해진다. 일반적인 엔진은 오일 팬의 바깥쪽에 닿는 주행 시의 바람으로 오일이 냉각되지만, 스포츠 타입의 자동차 엔진은 오일 팬만으로는 충분히 냉각이 되지 않는 경우도 있다. 따라서 전용 오일 쿨러가 설치된다. 오일 쿨러에는 공랭식과 수랭식이 있다.

공랭식 오일 쿨러는 냉각장치의 라디에이터 코어(140p. 참조)에 유사한 구조의 쿨러 코어를 장착하는 방식이다. 이것은 핀에 의해 표면적이 확대된 다수의 가는 파이프 안을 오일이 통과할 때 주행 시의 바람으로 냉각된다. 쿨러는 엔진 룸의 가장 앞쪽에 배치된다. 수랭식 오일 쿨러는 쿨러 코어의 주위에 냉각액의 통로가 있으며, 냉각액으로 방열을 해서 냉각된다. 냉각액은 냉각장치의 것을 사용한다.

오일 필터

수랭식
오일 쿨러

오일 통로

냉각액

*Daihatsu

⬆ 오일 필터 장착부에 설치된 콤팩트한 수랭식 오일 쿨러(※132p.의 윤활장치도 수랭식을 사용하고 있다).

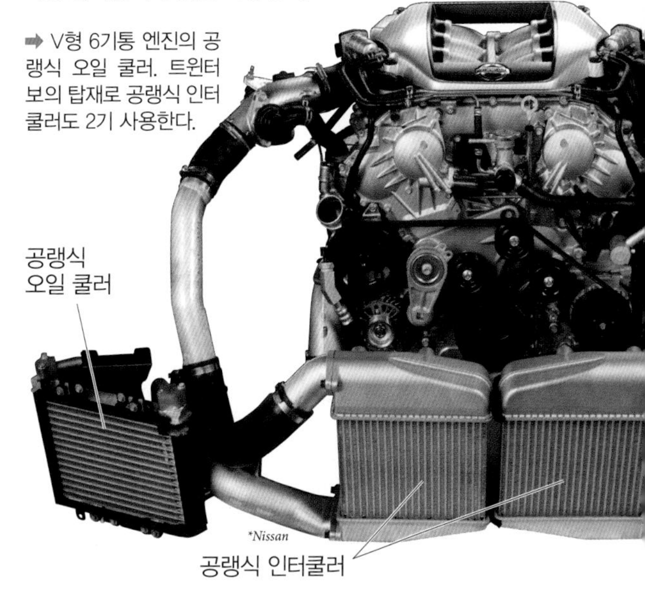

➡ V형 6기통 엔진의 공랭식 오일 쿨러. 트윈터보의 탑재로 공랭식 인터쿨러도 2기 사용한다.

윤활장치 02

Engine oil pump
오일 펌프

엔진의 윤활장치는 오일 펌프로 엔진오일을 엔진의 각 부분으로 보낸다. 트랜스미션에도 오일 펌프가 설치되어있는 경우가 많기 때문에 정식으로는 엔진오일 펌프라고 표현해야겠지만 자동차 관련에서 그냥 오일 펌프라고 하면 엔진의 윤활장치를 의미하는 경우가 대부분이다. 오일 피드 펌프, 오일 프레셔 펌프라는 말이 사용되기도 하며, 드라이 섬프로 오일을 회수하는 펌프는 오일 스캐빈지 펌프 또는 오일 석션 펌프라고 한다.

오일 펌프의 구조는 트로코이드 펌프가 일반적이다. 이밖에 베인 펌프, 내접식 기어 펌프, 외접식 기어 펌프 등을 사용하는 엔진도 있다. 오일 펌프는 크랭크샤프트로 구동된다. 크랭크샤프트의 회전축에 펌프가 설치되는 경우가 있고, 톱니바퀴와 체인으로 회전을 전달하는 경우도 있다. 이 구동이 보기구동손실이 된다.

이렇게 구동되므로 엔진의 회전수가 높아질수록 유압도 높아진다. 이 유압을 일정하게 유지하기 위해 유압경로에는 오일 프레셔 레귤레이터가 설치되어 있다. 보기구동손실을 줄이기 위해 회전수에 따라 오일 펌프의 능력이 달라지게 하는 가변용량 오일 펌프를 사용하는 경우가 늘어나고 있다.

오일 펌프의 본래 역할은 엔진오일을 보내기 위한 유압을 발생시키는 것이다. 현재에는 윤활장치 이외에 밸브 시스템의 유압식 래시 어저스터, 위상식 가변밸브 타이밍 시스템 등에서 오일 펌프의 유압이 활용되고 있다. 이러한 장치를 구동하는 것도 손실을 증대시키는 원인이 된다.

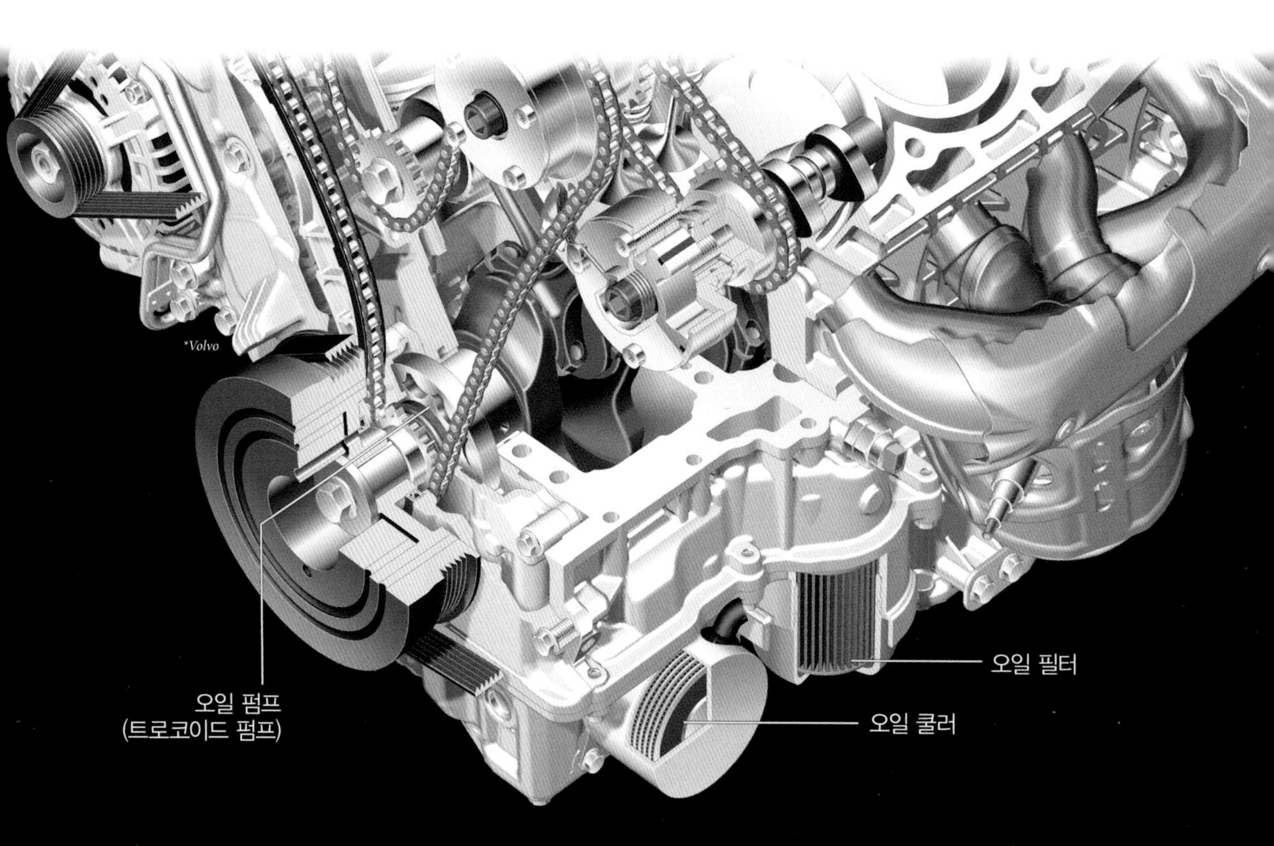

*GM

트로코이드 펌프

여러 개의 완만한 돌기가 있는 이너로터와 그 돌기+1의 완만한 홈이 있는 아우터로터로 구성된다. 이너로터가 회전하면 아우터로터도 회전하지만 돌기와 홈의 수가 다르기 때문에 빈틈의 용적에 의해 연속적으로 변화하는 압력으로 액체를 보낼 수 있다.

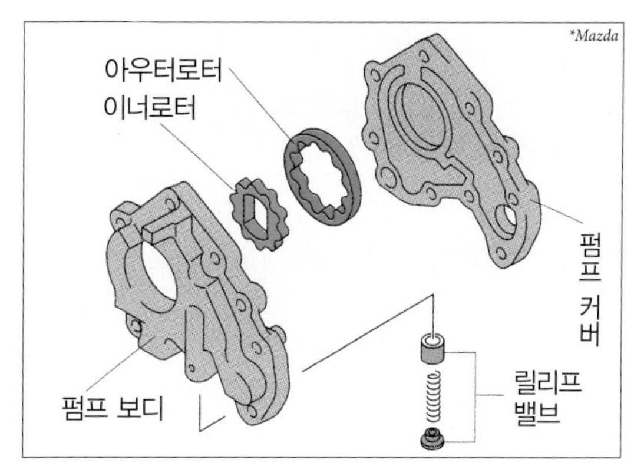

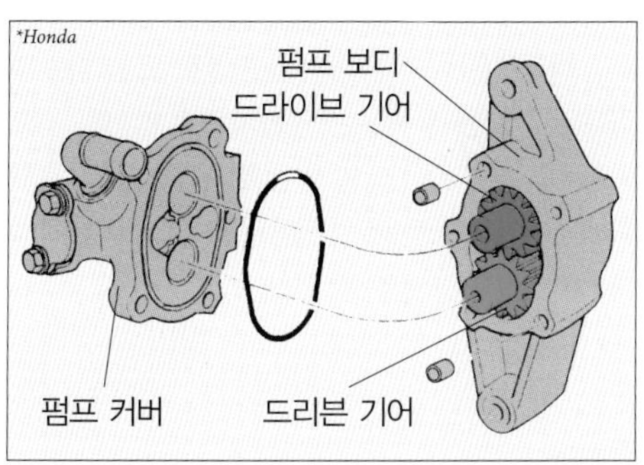

기어 펌프

바깥쪽 톱니바퀴를 2개 조합한 것이 외접식 기어 펌프다. 하우징과 톱니바퀴의 톱니에 끼인 공간의 용적에 의해 연속적으로 변화하는 압력으로 액체를 보낼 수 있다. 내접식 기어 펌프는 트로코이드 펌프의 로터를 바깥쪽 톱니바퀴와 안쪽 톱니바퀴로 바꾼 것이다.

베인 펌프

원형의 하우징 중심과는 다른 위치에 로터가 설치된다. 로터에는 회전중심에서 방사상으로 베인이라는 날개가 설치되어 중심으로부터의 거리를 바꿀 수 있다. 로터가 회전하면 베인에 둘러싸인 용적에 의해 연속적으로 변화하는 압력으로 액체를 보낼 수 있다(아래 왼쪽 그림 참조).

■가변용량 오일 펌프

오일 펌프에 의한 보기구동손실을 줄이는 가변용량 오일 펌프에는 외접식 기어 펌프의 톱니 맞물림을 바꾸는 것이나, 트로코이드 펌프를 베이스로 한 것 등의 다양한 구조가 있다. 아래 그림은 베인 펌프에 의한 것이다.

고정용량의 펌프에서는 하우징에 해당하는 부분을 이동가능 컨트롤링으로 하고, 로터와의 빈틈의 용적을 바꿔서 배출량을 다르게 하고 있다. 컨트롤링은 펌프에 발생한 유압과 스프링 힘의 밸런스에 의해 움직인다.

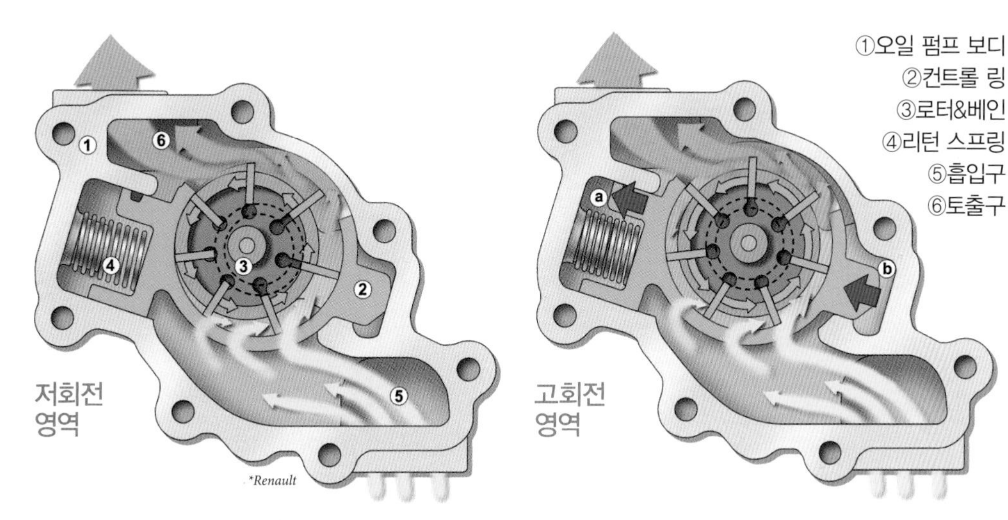

엔진이 고회전 영역이 되어 유압이 높아지면 발생유압이 작용하는 ⓑ부분의 유압이 ⓐ부분보다 높아지고, 스프링을 밀어서 컨트롤 링을 이동시킨다. 이렇게 되면 오일의 일부가 흡입 쪽으로 되돌아가는 빈틈이 생긴다.

냉각장치 01

Cooling system 냉각장치

엔진은 연소, 팽창행정에서 발열한다. 이 열로 엔진이 과열상태가 되는 것을 오버히트라고 하며, 노킹 등 이상연소의 원인이 된다. 이렇게 되면 엔진오일의 능력도 떨어진다. 더 과열되면 부품의 변형과 용해가 발생한다. 때문에 엔진에는 냉각장치(쿨링 시스템)가 장비되어있다. 냉각장치에 의한 냉각은 냉각손실이 되며, 과도한 냉각은 연비를 악화시킨다. 과도한 냉각에 의한 저온상태에서는 연소상태도 악화시킨다. 이렇게 심하게 냉각된 상태를 오버쿨이라고 한다. 따라서 냉각장치에는 적절한 온도를 유지하는 능력이 요구된다.

공랭식이라는 방법도 있지만, 현재의 냉각장치는 냉각액을 사용하는 수랭식이 대부분이다. 엔진의 열을 식히기 위해 만들어진 공간인 워터 재킷과 냉각액의 통로인 워터 갤러리를 냉각액이 통과할 때 엔진 각 부분의 열을 빼앗는다. 고온이 된 냉각액은 라디에이터로 보내져 대기 중에 열을 방출해서 식혀지며 이 냉각액은 다시 엔진으로 보내진다. 이러한 냉각액의 순환을 강제적으로 하기 위해서 순환경로 도중에는 워터 펌프가 설치된다. 펌프는 일반적으로 엔진의 힘으로 구동된다. 라디에이터의 방열효과를 높이기 위해서는 냉각팬이 사용된다. 엔진에서 고온이 된 냉각액은 차내의 난방에 사용되고 있다.

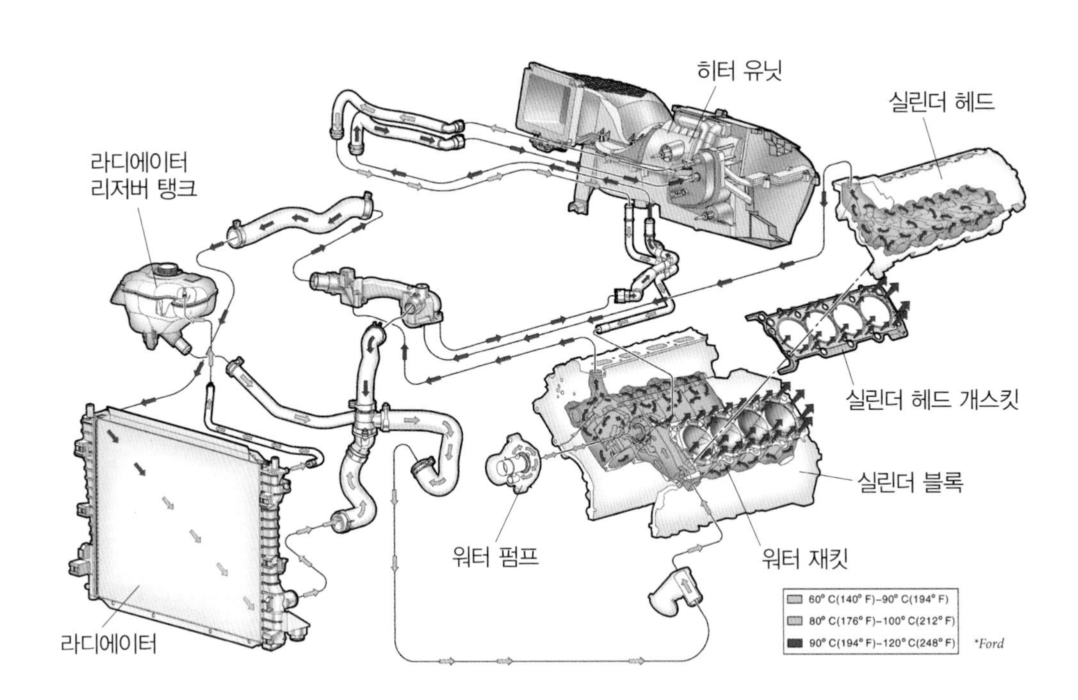

■냉각액

냉각액은 냉각수, 라디에이터액이라고도 한다. 일반적인 물로도 냉각장치를 작동시킬 수 있지만, 물은 0℃ 이하가 되면 얼어서 팽창되고 냉각장치를 파열시킨다. 때문에 부동액(쿨런트)을 섞어 넣어야 한다. 그리고 물은 물때 등의 이물질이 발생하고 부품이 녹슬게 하는 원인이 되기도 하므로, 현재는 방부, 녹방지 작용이 있는 부동액인 LLC(롱 라이프 쿨런트)를 물에 섞어서 사용하고 있다.

■워터 펌프

냉각액은 엔진 본체와 라디에이터의 온도차만으로도 대류에 의해 순환하지만 효율을 높이기 위해 워터 펌프로 순환시키고 있다. 워터 펌프는 순환경로의 어느 위치에든 설치할 수 있지만, 엔진 안에는 좁은 통로가 있기 때문에 라디에이터에서 냉각액이 돌아오는 위치에 배치하는 경우가 많다. 전동 워터 펌프를 사용하기도 하지만 일반적으로는 엔진 자체의 힘으로 펌프를 구동한다. 보기구동 벨트로 크랭크샤프트의 회전을 전달하는 경우가 많다. 엔진에 의한 워터 펌프의 구동은 보기구동손실이 된다.

워터 펌프에 사용되는 펌프는 임펠러 펌프, 소용돌이 펌프라는 것으로 임펠러라는 소용돌이 모양의 바람개비 바퀴를 회전시켜서 냉각액을 흐르게 한다.

임펠러는 아래의 그림처럼 철판을 프레스 성형한 것이 많았다. 현재는 토출능력을 높이고 엔진의 손실을 저감시키기 위해 더욱 복잡한 구조와 주철, 수지로 만든 임펠러가 사용되고 있다.

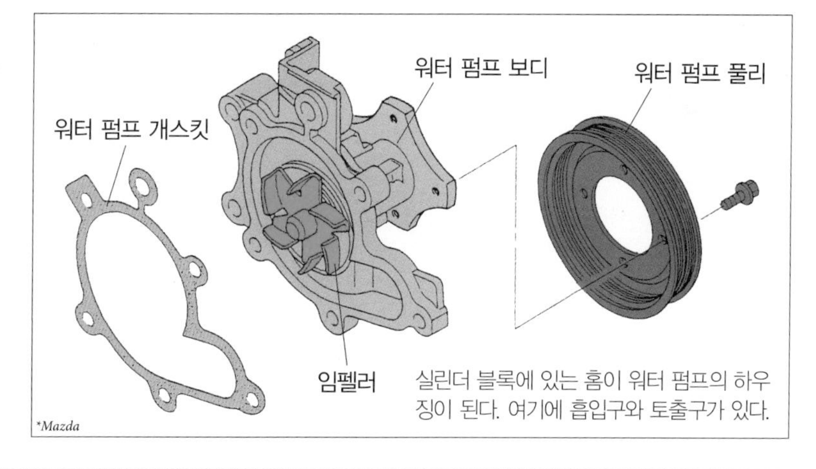

실린더 블록에 있는 홈이 워터 펌프의 하우징이 된다. 여기에 흡입구와 토출구가 있다.

■전동 워터 펌프

시동을 건지 얼마 안 되어 엔진이 차가울 때나 주행속도가 높아 라디에이터의 방열능력이 높을 때에는 워터 펌프의 능력을 저하시키거나 정지시키는 것이 좋은 경우가 있다. 모터로 구동하는 전동 워터 펌프라면 이러한 상황에 따른 제어를 손쉽게 할 수 있으며, 보기구동손실을 저감시킬 수 있다.

엔진으로 구동되는 워터 펌프는 엔진 정지와 동시에 작동을 멈춘다. 엔진이 정지되어도 아직 남은 열에 의해 엔진의 온도가 상승한다. 그대로 주차한다면 온도가 내려가서 문제가 없지만, 아이들링 스톱을 사용하는 자동차, 하이브리드 자동차에서는 엔진 정지 직후에 재시동하는 경우가 있다. 이런 경우는 엔진이 적정 온도보다 뜨겁기 때문에 이상연소가 발생할 수 있다. 하지만 전동 워터 펌프라면 엔진 정지 중에도 온도를 감시하면서 필요에 따라 펌프를 작동시킬 수 있다.

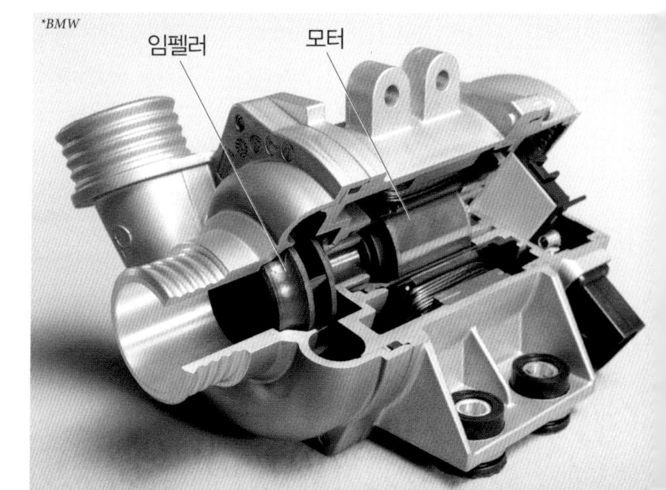

냉각장치 02

Radiator & Cooling fan
라디에이터와 냉각팬

엔진에서 고온이 된 냉각액을 방열시켜서 온도를 낮추는 것이 라디에이터의 역할이다. 방열기라고도 한다. 라디에이터는 주위의 공기로 방열을 하므로 그 공기가 이동하면 방열 효율이 높아진다. 따라서 주행 중에 공기가 잘 닿도록 라디에이터는 엔진룸의 가장 앞에 설치된다. 이러한 통풍을 자연통풍이라고 한다.

하지만 저속의 고부하 운전 때에는 주행 중의 공기만으로는 냉각이 부족하다. 정차 중에는 저부하이므로 주행 중의 공기가 없어도 문제없지만, 바깥 공기가 매우 높은 경우에는 충분히 방열을 할 수 없을 때도 있다. 때문에 강제통풍을 할 수 있도록 라디에이터의 뒤에 냉각팬(쿨링팬)이 설치된다. 과거에는 엔진의 크랭크샤프트 풀리에서 보기구동벨트로 회전을 전달하는 벨트 구동식 냉각팬이 사용되었지만 현재는 전자제어를 할 수 있는 전동 냉각팬이 일반적으로 사용되고 있다.

라디에이터

라디에이터에는 중력을 거스르지 않고 위에서 아래로 냉각액을 보내는 세로 흐름식 라디에이터와 냉각액을 수평으로 흐르게 하는 가로 흐름식 라디에이터가 있다. 가로 흐름식이 효율을 높이기 좋지만 필요 이상으로 냉각되어 오버쿨이 되는 경우도 있다. 때문에 고속주행이 많은 유럽에서는 가로 흐름식을 주로 사용하고, 일본에서는 세로 흐름식을 주로 사용한다.

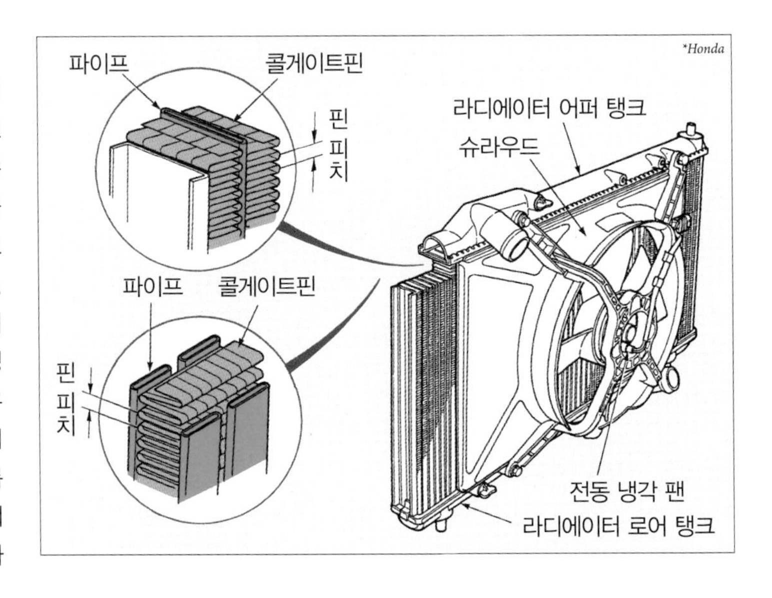

세로 흐름식 라디에이터는 라디에이터 어퍼 탱크, 라디에이터 코어, 라디에이터 로어 탱크로 구성되어있다. 어퍼 탱크가 냉각액의 입구이며 엔진 쪽의 출구인 워터 아웃렛과 어퍼 라디에이터 호스로 연결된다. 로어 탱크는 냉각액의 출구이며 엔진 쪽의 입구인 워터 인렛과 로어 라디에이터 호스로 연결된다.

라디에이터 코어는 표면적을 크게 하기 위해 여러 개의 파이프(튜브)로 구성된다. 더 표면적을 크게 해서 방열 효율을 높이기 위해 파이프에 핀이라는 판을 설치한다. 파이프와 파이프 사이에 파도모양의 핀을 배치하는 콜게이트형 핀이 일반적이지만, 모든 파이프를 연결하는 판을 다수 배치하는 플레이트형 핀도 있다.

라디에이터는 일반적으로 방열성이 높고 가벼운 알루미늄 합금 재질을 사용한다. 경량화를 위해 탱크를 수지로 만든 것도 있다. 어퍼 탱크에는 주수구(注水口)가 있으며 여기에는 라디에이터 캡이 달려있다.

가로 흐름식의 경우는 2개의 라디에이터 사이드 탱크와 라디에이터 코어로 구성된다. 냉각액 입구는 한쪽 사이드탱크의 높은 위치, 출구는 다른 한쪽 사이드 탱크의 낮은 위치에 있다.

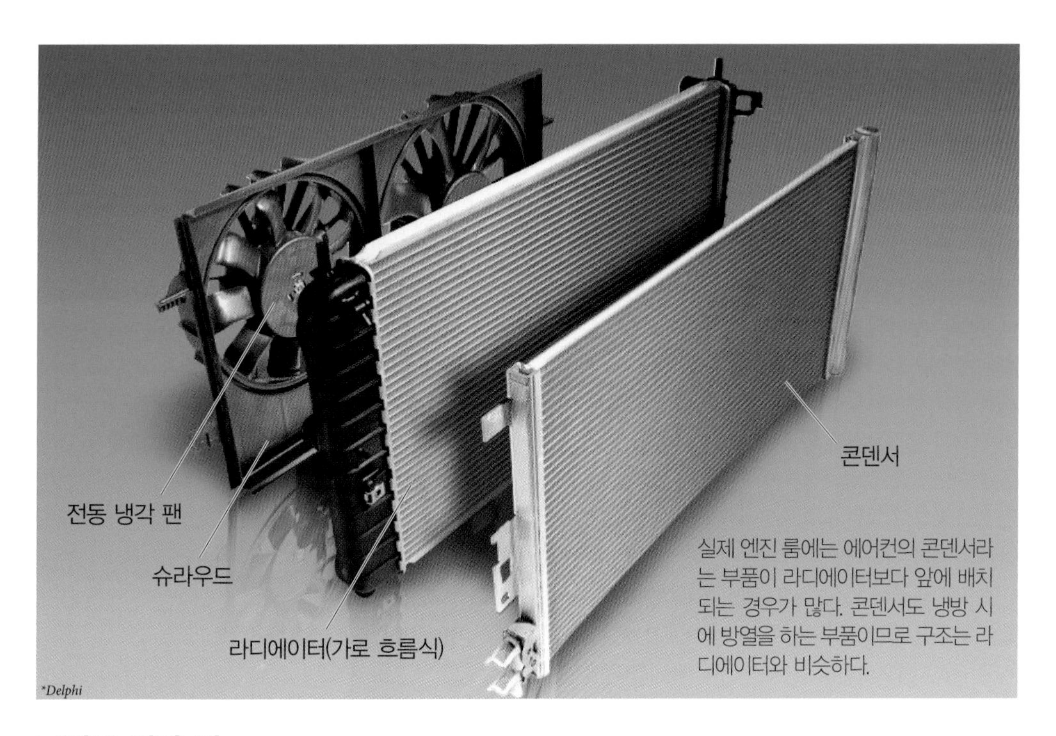

■전동 냉각 팬

주행속도가 높고 주행 시 대량의 공기가 들어올 때, 바깥기온이 매우 낮고 방열효율이 높을 때 냉각팬이 작동하면 오버쿨이 될 수 있다. 모터로 구동하는 전동 냉각 팬(전동 쿨링 팬)은 냉각액의 온도에 따라 ECU로 팬의 작동을 제어할 수 있다.

냉각팬은 수지로 만들어지며, 프로펠러 모양의 바람개비 날개를 가지고 있다. 바람개비 날개의 수는 일반적으로 3~7장이다. 라디에이터는 4각형이지만 팬은 원형이다. 때문에 라디에이터 주변부의 공기를 빨아들일 수 있도록 수지 재질의 커버를 덮는다. 이 커버를 라디에이터 슈라우드, 팬 슈라우드, 또는 그냥 슈라우드라고 한다.

냉각장치 03

Pressurized cooling system & Thermostat
가압식 냉각과 서모스탯

열에너지는 온도차가 클수록 빠르게 이동하기 때문에 냉각액의 온도를 높게 설정하면 냉각효율이 높아진다. 때문에 냉각장치는 가압식 냉각을 사용하고 있다. 냉각액의 물은 100℃가 되면 끓어올라서 기체가 된다. 기체 상태로는 열을 이동시킬 수 없으며 체적이 급격히 커져서 냉각장치가 파손된다. 하지만 액체는 압력을 높이면 끓는점이 상승한다. 냉각경로를 밀폐시키면 온도상승에 의한 팽창으로 냉각액의 압력이 높아져 끓는점이 상승하고, 냉각효율이 높아진다. 압력을 높일수록 냉각효율은 높아지지만, 고압에 견딜 수 있도록 하려면 냉각장치의 중량은 늘어난다. 때문에 압력이 규정치 이상이 되면 남는 냉각액을 라디에이터 서버 탱크로 보내서 압력을 제어한다.

시동을 걸었을 때에는 신속하게 엔진의 온도를 올려서 적정한 온도로 만들 필요가 있다. 이처럼 엔진을 적정한 온도로 하는 것을 난기(暖機)라고 한다. 냉각액이 라디에이터를 통과하지 않으면 온도상승이 빨라지므로 냉각액의 순환경로에는 라디에이터를 우회하는 바이패스 경로와 온도에 의해 개폐되는 밸브인 서모스탯이 설치되어있다. 서모스탯으로 순환을 전환해서 난기 중에는 냉각액이 라디에이터를 통과하지 않도록 하고 있다. 바이패스 경로의 구조에는 엔진 출구 제어식과 엔진 입구 제어식이 있다.

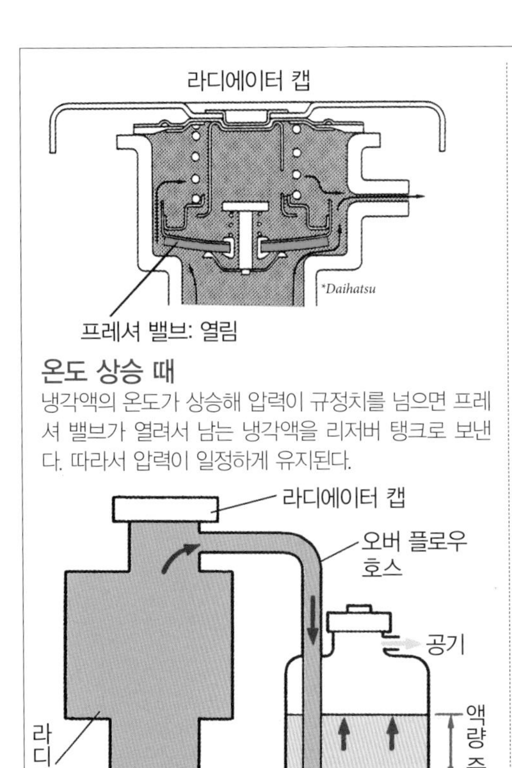

온도 상승 때
냉각액의 온도가 상승해 압력이 규정치를 넘으면 프레셔 밸브가 열려서 남는 냉각액을 리저버 탱크로 보낸다. 따라서 압력이 일정하게 유지된다.

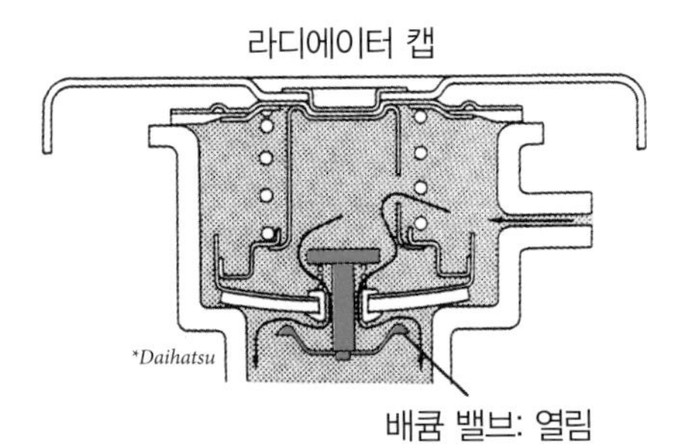

온도 하강 때
온도가 하강해 냉각액이 수축되면 라디에이터 내부의 압력이 떨어진다. 이 경우 베큠 밸브가 열려서 리저버 탱크에서 냉각액이 들어온다.

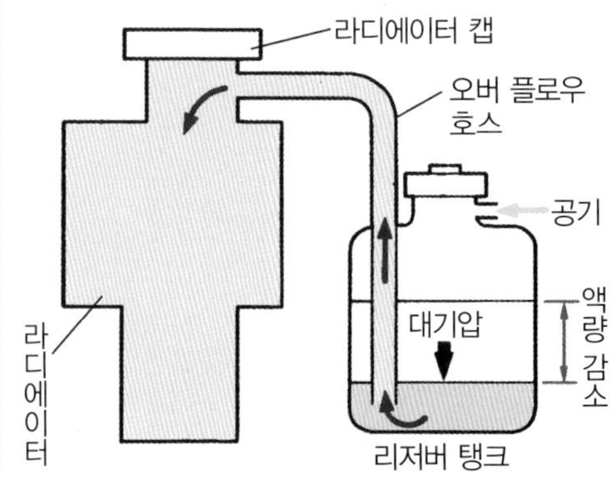

■라디에이터와 리저버 탱크

가압식 냉각을 하는 냉각장치의 압력조정은 냉각액의 주입구에 설치된 라디에이터 캡으로 하는 경우가 많다. 라디에이터 리저버 탱크는 오버플로우 호스로 라디에이터 캡 밑동 부근에 접속되어있어, 라디에이터 캡에 설치된 밸브로 호스로의 경로 개폐를 할 수 있도록 되어있다. 라디에이터 캡에는 내부의 압력이 일정 이상이 되면 열리는 프레셔 밸브와 압력이 낮아지면 열리는 베큠 밸브의 2종류의 밸브가 있다. 이 밸브를 열고 닫으면서 냉각액을 리저버 탱크와 주고받아 내부의 압력을 일정하게 유지한다.

현재는 라디에이터 캡이 없는 라디에이터도 있다. 이러한 엔진은 냉각경로 도중에 설치된 밸브에 의해 리저버 탱크와 접속되어있다.

■엔진 출구 제어식과 엔진 입구 제어식

가장 일반적인 서모스탯의 배치가 엔진 출구 제어식으로 인라인 바이패스식이라고도 한다. 라디에이터로 가는 엔진 쪽 출구를 개폐하기 때문에 엔진의 온도가 올라간 후에도 냉각액의 일부가 바이패스 경로를 통과한다. 한편 엔진 입구 제어식은 보텀 바이패스식이라고도 하며, 난기 중과 난기 후에 냉각액이 지나가는 길을 완전히 다르게 할 수 있기 때문에 출구 제어식보다 냉각효율이 높다. 예전에는 출구 제어식이 일반적이었지만, 입구 제어식도 많이 사용되고 있다.

서모스탯은 80~84℃에서 열리기 시작해 90℃에서 완전히 열리는 것이 많이 사용되고 있다. 여기에는 다양한 구조의 제품이 있으며 밸브 축인 스핀들을 왁스로 지탱하는 왁스 펠릿식 서모스탯이 주로 사용된다. 냉각액 온도가 상승하면 왁스의 온도도 상승해서 팽창되고, 스프링을 눌러서 위치가 유지되던 밸브를 연다.

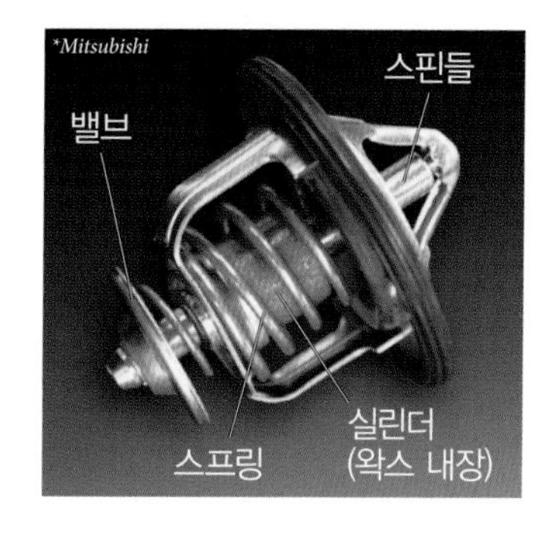

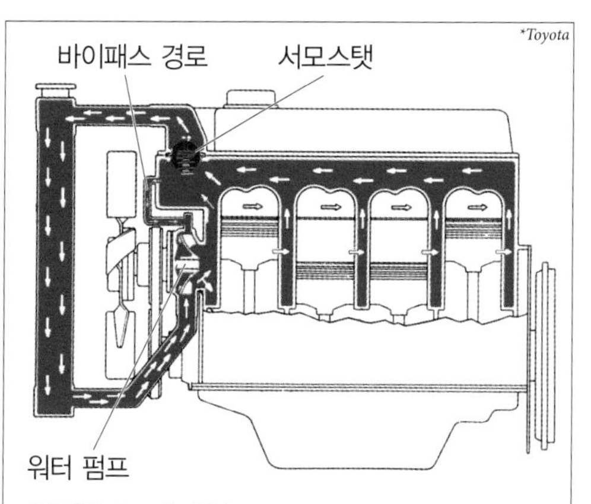

엔진출구 제어식

엔진의 워터 아웃렛의 바로 앞과 워터 펌프의 흡입구 부근을 접속하고 워터 아웃렛에 서모스탯을 설치한다. 냉각기간 동안에는 서모스탯이 닫혀있기 때문에 냉각액이 라디에이터로 가지 못하고 바이패스 경로를 통해 엔진 안으로 돌아간다. 서모스탯이 열리면 일반적인 순환경로를 사용할 수 있다.

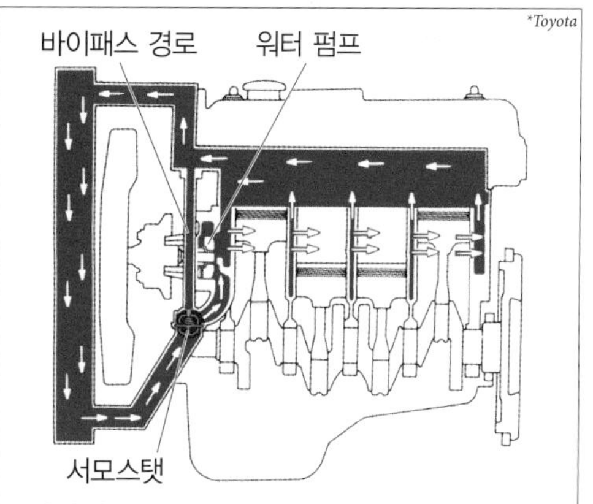

엔진입구 제어식

엔진의 워터 아웃렛 바로 앞과 워터 인렛을 접속해서 그 합류부분에 서모스탯을 설치한다. 냉각기간 동안에는 서모스탯이 워터 인렛을 닫아 바이패스 경로를 연 상태이므로 냉각액이 엔진 안으로 돌아간다. 서모스탯이 바이패스 경로를 닫으면 일반적인 순환경로가 된다.

충전시동 장치 01

Charging system & Starting system
충전시동장치

자동차에 사용되는 내연기관 엔진은 시동 때에는 외부에서 힘을 받아 처음의 흡기와 압축을 해야 한다. 이를 위해 장비되는 것이 시동장치다. 시동장치는 스타터모터로 시동을 하며, 이 모터를 작동시키기 위해서는 전력이 필요하다. 그 전력을 발전해서 담아두는 곳이 충전장치다. 충전장치는 발전기인 얼터네이터와 2차 전지인 납축전지로 구성된다. 납축전지는 배터리라고 부르기도 한다. 충전장치와 시동장치를 합쳐서 충전시동장치라고 한다.

충전장치의 전력은 시동장치에만 사용되는 것이 아니다. 가솔린 엔진의 점화장치에는 전력이 필수적이다. 연비향상과 기능향상을 위해 다양한 장치가 전동화되었으며 전자제어에도 전력이 필요하다. 이러한 전동화는 엔진 이외의 곳에서도 이루어지고 있다. 라이트와 와이퍼 등 주행에 필수적인 장치도 전력을 사용하며, 쾌적한 승차를 위한 장비의 상당수가 전력을 사용한다.

전력이 사용되는 상황을 얼터네이터의 발전량만으로 충족시키려 하면 얼터네이터가 대형화 되어야 한다. 얼터네이터는 엔진으로 구동되므로 발전은 보기구동손실이 된다. 하지만 2차 전지를 탑재하면 소비전력의 변동에 대처할 수 있다. 전동장치의 증가에 따라 배터리의 용량은 커지고 있다.

자동차의 장치에서 전력을 사용하는 것을 전장품이라고 한다. 이 중 엔진에 관련된 것을 엔진 전장품, 그 외의 것을 보디 전장품, 섀시 전장품이라고 한다.

하이브리드 자동차의 경우는 구동용 모터의 2차 전지의 전력을 사용하기 때문에 충전장치를 장비하지 않는 경우도 있다. 구동용 모터로 엔진 시동을 할 수 있는 시스템인 경우는 스타터 모터를 탑재하지 않는 경우도 있다.

자동차에서는 충전장치의 납축전지를 배터리라고 부르고 있다. 하지만 배터리는 전지를 의미하는 영어이며, 하이브리드 자동차와 전기자동차의 2차 전지도 배터리에 포함된다. 이 책에서는 오해를 피하기 위해 납축전지를 단순히 배터리라 하고, 하이브리드 자동차의 것은 2차 전지 또는 리튬이온전지로 전지의 종류를 구분한다.

배터리(납축전지)

납축전지는 전극에 이산화납과 납, 전해액으로 희류산을 사용하고 있다. 전해액은 배터리액이라고 부르는 경우가 많다. 납축전지의 공칭전압은 약 2.1V지만 승용차의 전장품은 12V를 기본으로 하고 있기 때문에 6개를 직렬로 조합해서 12V로 만든다.

전극은 격자 형태의 얇은 금속으로, 전극에 이산화납과 페이스트 상태의 납이 도포되어있다. 전극의 금속은 예전에는 철안티모니 계열의 합금이 많았지만, 성능을 높일 수 있는 납칼슘 계열의 합금과 은을 포함한 합금의 사용이 늘어나고 있다. 플러스와 마이너스 전극 사이에는 접촉을 막기 위한 합성섬유의 세퍼레이터가 들어간다. 배터리 케이스 안은 6개의 구획으로 나뉘어져 있다. 각각의 구획은 여러 장의 전극을 겹친 것과 배터리액이 담겨 있어 1개의 전지(셀)를 구성한다. 각 셀의 전극은 직렬로 접속되어 있으며, 양 끝의 셀이 케이스 위쪽에 돌출되어있는 터미널에 접속된다.

전해액은 화학반응과 증발에 의해 감소되므로 정기적인 물 보충이 필요했지만, 현재는 케이스 안에 회수기구가 설치되어 액 보충의 번거로움을 없앤 메인터넌스 프리 배터리(MF배터리)가 사용되고 있다.

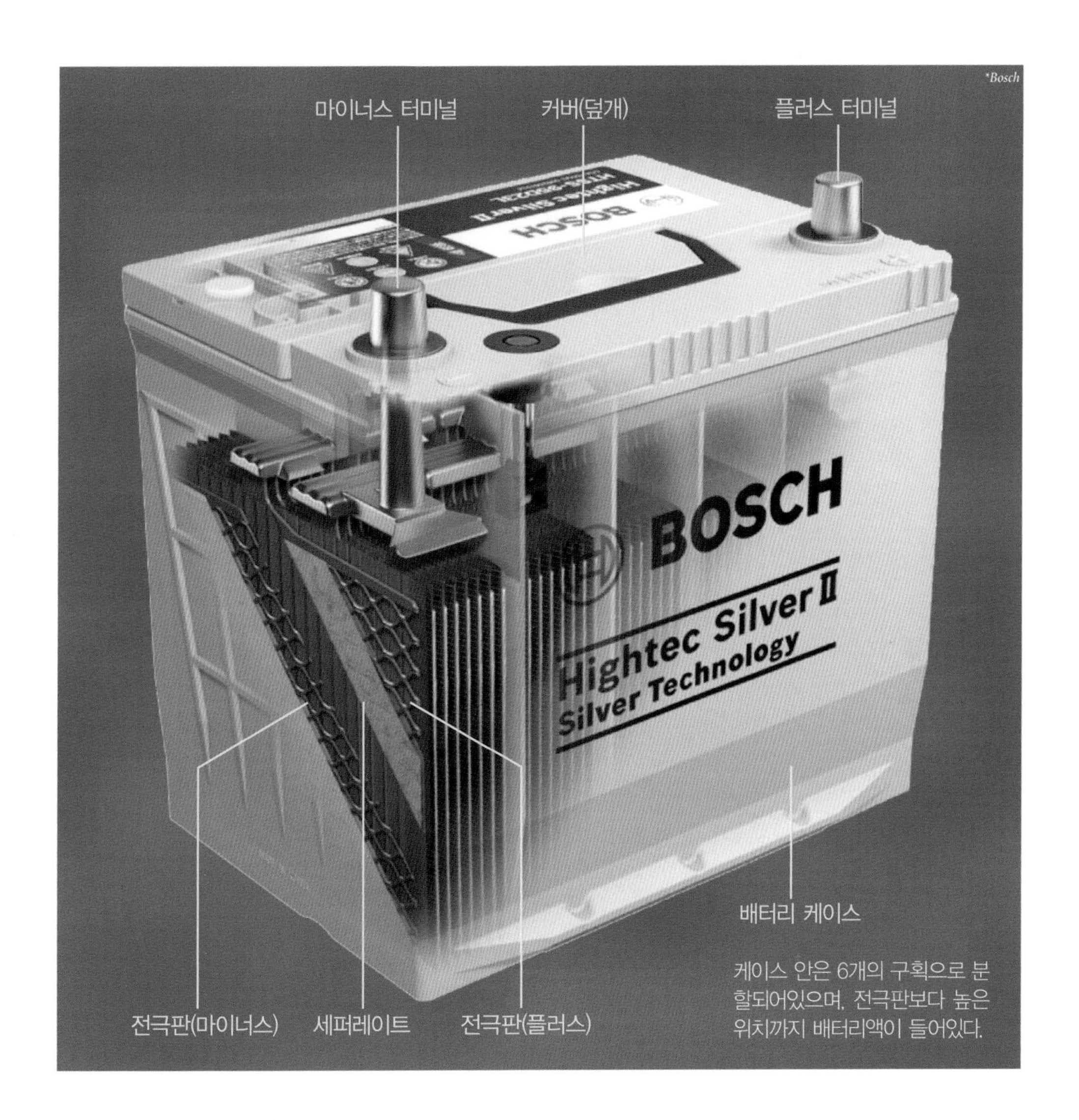

■글라스매트 배터리

전해액을 유리섬유의 매트에 적셔서 전극 사이에 끼우는 배터리를 글라스매트 배터리라고 한다. 일반적인 배터리는 전해액의 농도가 높낮이에 따라 차이가 생기기 쉬워 전극 전체가 균등한 성능을 발휘할 수 없었지만, 글라스매트 배터리에서는 이러한 농도의 차이가 쉽게 발생하지 않는다. 전해액의 양도 줄일 수 있다. 액체 전해액만 사용하면 양의 증감에 대처하기 위해 전극보다 위쪽에 여유 공간이 필요했지만, 글라스매트 배터리는 항상 전극이 전해액에 닿아있기 때문에 이러한 공간이 필요 없다. 따라서 같은 사이즈라면 배터리 용량을 크게 만들 수 있다.

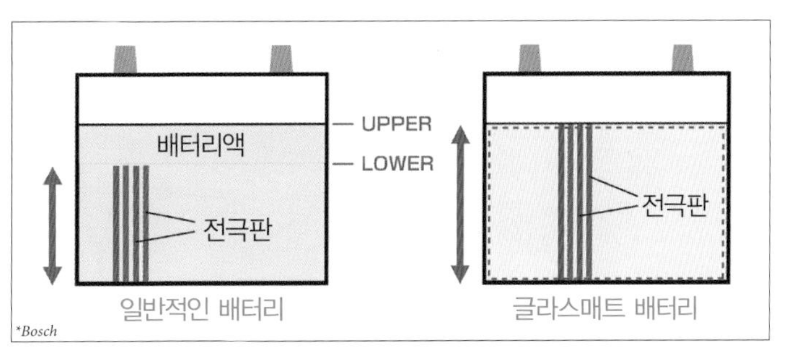

충전시동 장치 02

Alternator
얼터네이터

과거에는 다이너모라 불리는 직류정류자 발전기가 충전장치에 사용되었지만 효율이 좋지 않아 현재에는 동기발전기인 얼터네이터를 사용하고 있다. 발전된 교류는 직류로 정류해서 사용한다.

얼터네이터는 엔진으로 구동되며, 이 구동은 보기구동손실이 된다. 때문에 최근에는 충전제어를 해서 손실을 줄이는 엔진도 있다.

얼터네이터에 의한 에너지 회생도 가능하다. 회생제어에 의한 충전으로 주행 중의 충전을 줄일 수 있으므로 보기손실이 더욱 낮아진다. 얼터네이터가 구동을 보조하는 마이크로 하이브리드(237p. 참조)를 채용하는 자동차도 있다. 그리고 스타터 모터를 겸용하는 얼터네이터도 있다.

■3상동기발전기

얼터네이터에 사용되는 3상동기발전기에는 일부 영구자석형 동기발전기도 있지만 대부분은 권선형 동기발전기다. 로터와 스테이터 양쪽에 코일을 감으며, 로터 코일로는 브러시와 슬립링을 통해 배터리의 전력이 공급된다. 로터에는 엔진의 크랭크샤프트에서 보기구동 벨트로 회전이 전달된다. 이 회전자계에 의해 3개의 스테이터 코일에 유도전류가 흐르며, 3상교류가 발전된다.

발전된 3상교류는 렉티파이어(rectifier, 정류회로)로 정류한다. 로터 코일의 전류가 일정하면 발전전압이 엔진회전수로 변화하기 때문에 IC레귤레이터라는 전자회로가 설치된다. 이 회로로 로터 코일의 전류를 제어해서 발전전압을 배터리 충전에 적합한 14V로 유지시킨다.

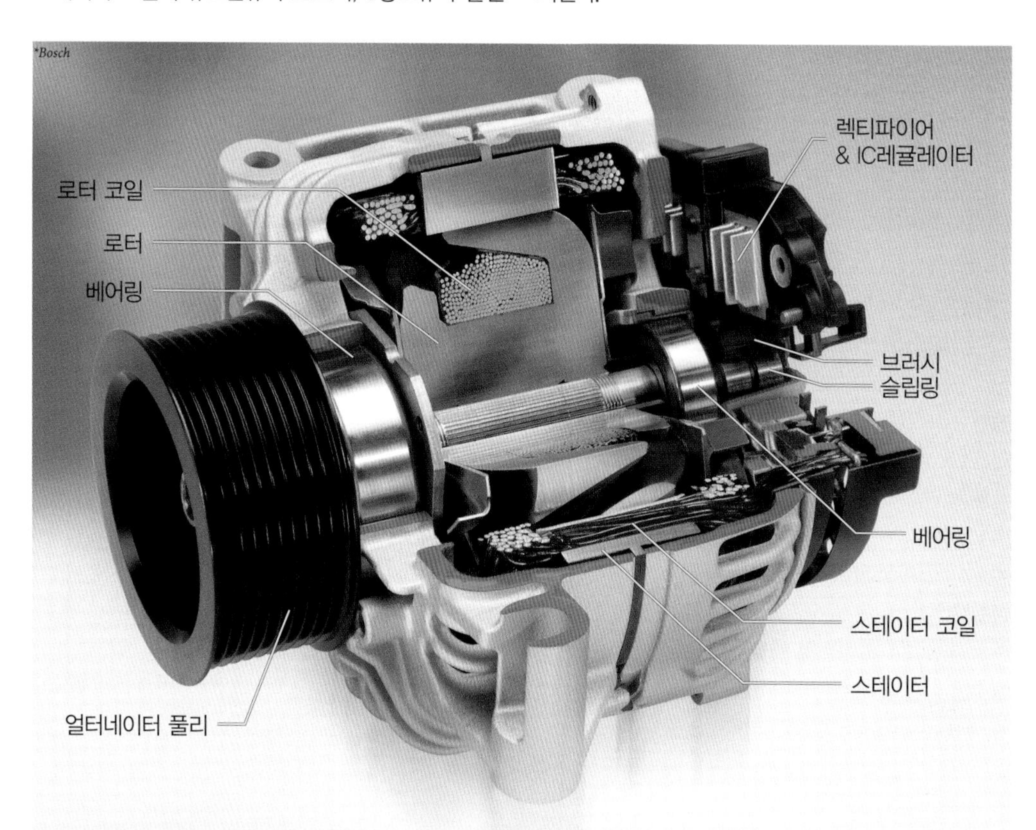

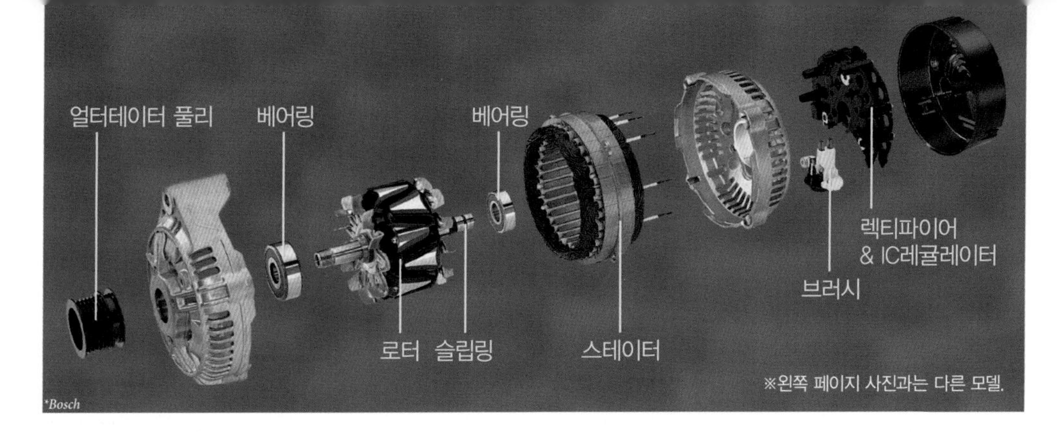

▨충전제어

충전장치는 배터리가 최대한 충전된 상태를 유지시키기 위해 일반적으로 항상 발전을 한다. 이것은 배터리의 능력에 대한 불안이 있었기 때문이다. 현재는 반복충전에 강하고 자연방전이 억제되는 배터리도 존재한다. 이러한 배터리를 사용하면 충전량을 일정범위로 하는 충전제어에 의해 보기구동손실을 억제할 수 있다.

얼터네이터는 권선형 동기발전기이므로 로터 코일에 전력을 공급하지 않으면 발전을 하지 않는다. 따라서 클러치 등의 기계적인 장치를 추가하지 않아도 전기적인 제어만으로 얼터네이터의 작동과 정지를 할 수 있다. 정지 중에도 로터는 회전하지만 부하는 매우 작다. 다만 충전량을 감시할 필요가 있기 때문에 배터리에는 전류센서가 설치된다.

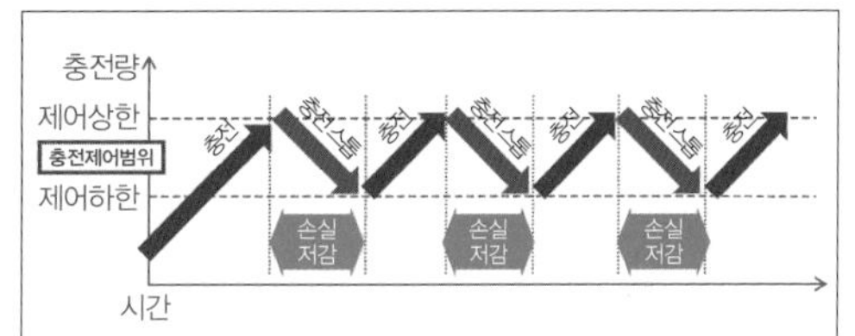

규정범위 상한의 충전량에 도달하면 얼터네이터의 작동을 정지시킨다. 전력을 사용해서 규정범위 하한의 충전량이 되면 다시 얼터네이터를 작동시킨다. 에너지 회생을 하는 경우에는 더 적은 위치에 충전량의 규정범위가 설정되기도 한다.

▨에너지 회생

감속 시에 자동차 바퀴의 회전을 엔진에 전달하면 얼터네이터에 의해 회생제어를 할 수 있다. 발전량을 로터코일의 전류로 제어하면 제동력도 조정할 수 있다. 큰 전력량의 에너지를 회생하는 것은 가능하지만, 납축전지는 한 번에 큰 전력을 충전할 수 없다. 때문에 전기 2중층 캐퍼시터 또는 리튬이온전지 등의 2차 전지를 탑재해야 한다.

캐퍼시터는 받아들일 수 있는 전력이 크지만 충전이 진행될수록 충전전압을 올려야 할 필요가 있다. 또한 가변전압식 얼터네이터를 채용할 필요가 있고, 방전 때에도 전압이 변화하기 때문에 DC/DC컨버터가 필수적이어서 제작비용이 높다. 리튬이온전지는 셀의 수에 의해 12V 전후의 2차 전지로 만들면 회생할 수 있는 전력량은 작아지지만 비용은 줄일 수 있다.

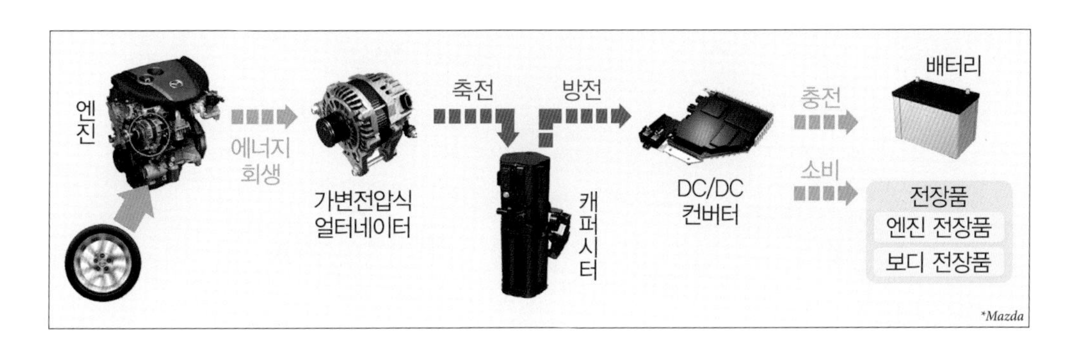

충전시동 장치 03

Starter motor
스타터 모터

엔진 시동을 하는 모터를 스타터 모터라고 한다. 시동에는 큰 토크가 필요하기 때문에 모터에는 시동 토크가 큰 직류직권모터를 사용한다. 플라이휠 또는 드라이브 플레이트의 바깥쪽 둘레에 설치된 큰 링기어에 스타터 모터의 피니언 기어(작은 바깥톱니바퀴)를 맞물리게 해서 감속을 하고 토크를 늘린다.

이 피니언 기어가 항상 링기어에 맞물려 있으면 엔진에 보기구동손실이 발생하고 항상 소음이 난다. 때문에 스타터 모터에는 시동 때에만 피니언 기어를 밀어내서 맞물리게 하는 기구가 설치되어있다. 이 기구를 솔레노이드 스위치 또는 마그넷 스위치라고 한다.

엔진의 출력이 크면 그만큼 큰 시동 토크가 필요하므로 모터의 회전을 톱니바퀴 기구로 감속증 토크하고 있는 스타터 모터도 있다. 이러한 타입을 리덕션형 스타터 모터라고 하며, 모터의 회전을 그대로 사용하는 타입을 다이렉트형 스타터 모터라고 한다.

예전에는 이그니션키를 START위치로 하면 스타터 모터로 전기가 공급되고 운전자가 시동을 확인한 후, 키를 ON의 위치로 되돌렸다. 하지만, 현재에는 스위치식 시동기구가 일반적이다. 스위치를 누르면 스타터 모터로 전기가 공급되고 ECU가 시동을 확인하면 전기 공급이 멈춘다.

예전의 스타터 모터로는 아이들링 스톱에 대응하기 어렵다. 때문에 전용 제품을 사용하고 있다.

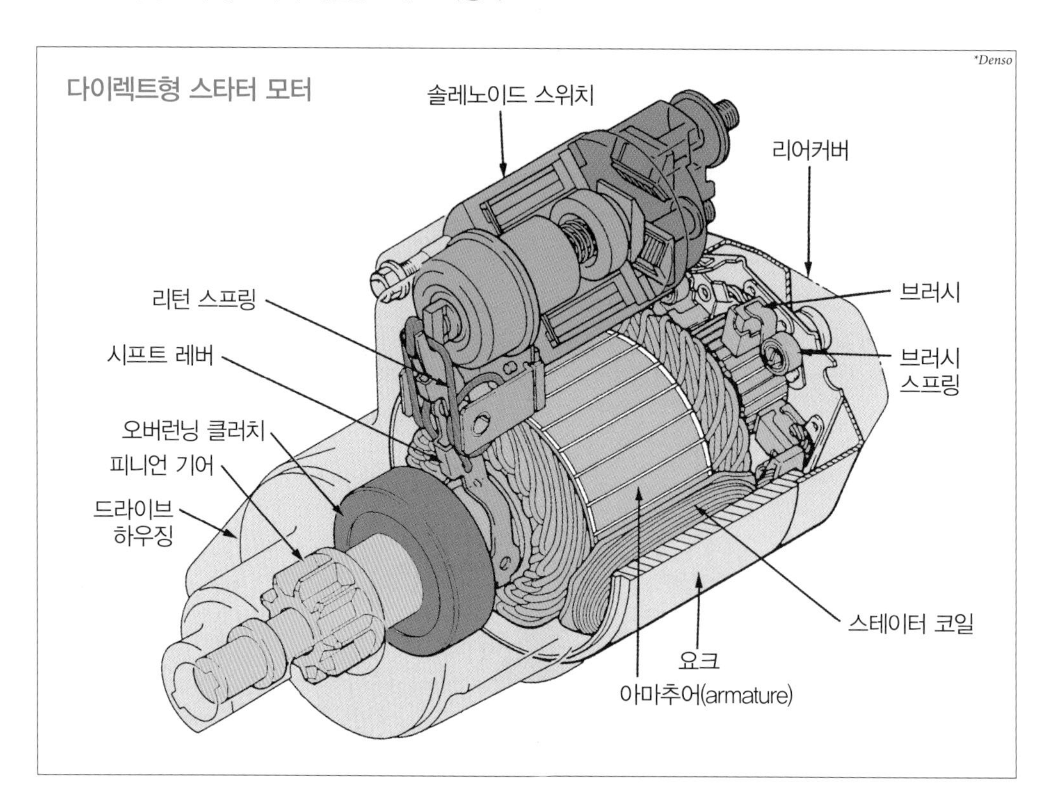

스타터 모터는 플라이휠 등의 링기어와 피니언 기어를 맞물리게 할 필요가 있으므로 엔진 측면에 배치된다.

■다이렉트형 스타터 모터

다이렉트형 스타터 모터는 모터 측면에 솔레노이드 스위치가 배치되는 경우가 많으며, 같은 축에 솔레노이드 스위치를 배치하는 것도 있다. 솔레노이드 스위치는 지렛대를 통해 피니언 기어를 밀어내는 동시에 모터 부분으로의 통전을 제어하는 기계적인 스위치 작동을 한다. 스타터 모터에 전기가 공급되면 먼저 솔레노이드 스위치의 코일이 자화(磁化)되어 피니언 기어를 밀어낸다. 이때 모터 부분에도 전기가 공급되지만 전류가 작아 회전을 준비하는 정도다. 피니언 기어가 링 기어와 완전히 맞물리는 위치까지 밀어내지면 모터 부분에 전기를 보내는 스위치가 눌려져 본격적으로 통전이 시작된다. 이것으로 모터가 회전해 시동이 걸린다.

시동이 걸리면 엔진은 큰 토크로 빠르게 회전한다. 이 회전이 모터에 전달되면 모터가 파손된다. 때문에 모터와 피니언 기어 사이에는 오버런닝 클러치라는 원웨이 클러치가 설치되어 있다. 이것으로 시동 후에 피니언 기어가 맞물려 있어도 모터를 보호할 수 있다.

■리덕션형 스타터 모터

리덕션형 스타터 모터도 기본적인 구성요소는 다이렉트형과 같으며, 추가로 감속을 하는 톱니바퀴 기구(리덕션 기구)가 설치된다. 리덕션 기구에는 바깥쪽 톱니바퀴를 사용하는 것과 플래니터리 기어를 사용하는 것이 있다.

플래니터리 기어는 같은 축에서 감속을 할 수 있으므로 부품 배치는 다이렉트형과 거의 같다. 바깥쪽 톱니바퀴로 감속을 할 때에는 피니언 기어와 같은 축에 드리븐 기어가 배치되고 측면에 배치된 모터에서 톱니바퀴로 회전을 전달한다.

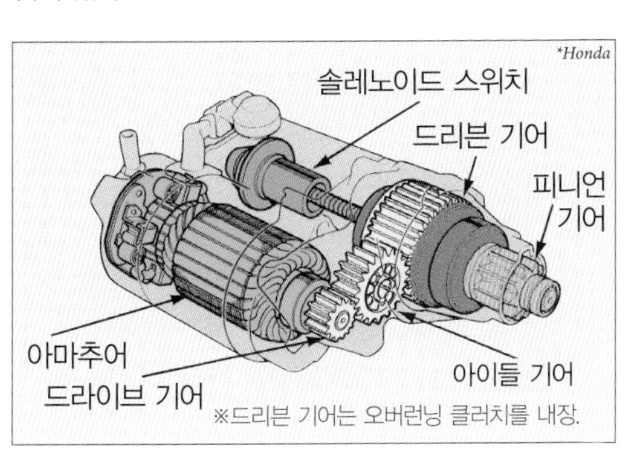

※드리븐 기어는 오버런닝 클러치를 내장.

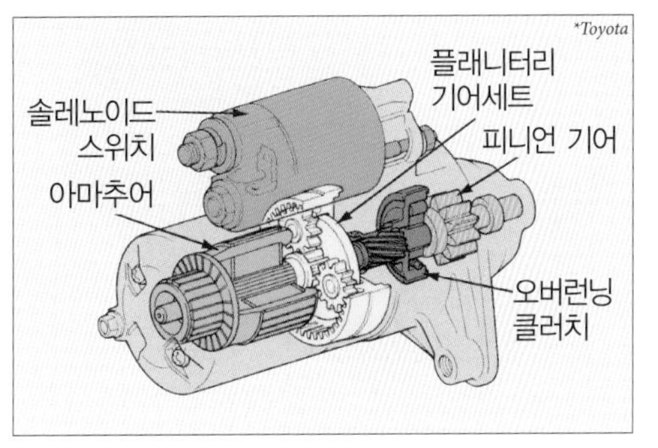

충전시동 장치 04

Idle reduction

아이들링 스톱

예전의 엔진은 시동을 걸 때 진한 농도의 연료를 분사할 필요가 있었다. 따라서 신호를 기다리는 짧은 시간의 정차 시에 엔진을 멈춰도 연비를 향상시키기 힘들었다. 하지만 현재의 고도로 전자제어된 엔진은 최소한의 연료분사로도 시동이 가능하며, 정차 시에 아이들링을 정지시키는 엔진도 늘어나고 있다. 이러한 기구를 아이들링 스톱, 아이들 스톱 또는 아이들링 리덕션이라고 한다.

초기에는 자동차가 완전히 멈춘 후에 엔진을 정지시켰지만 현재는 시속 몇 ㎞의 단계에서 정지하는 경우도 많다. 적신호를 보고 감속을 해서 엔진을 정지했지만, 차가 멈추기 전에 청신호로 바뀌는 경우도 있다. 이때 엔진은 아직 회전하고 있다. 자동차가 정지한 후 엔진을 정지시키는 시스템의 경우에도 엔진의 관성으로 회전하고 있는 경우가 있다. 이러한 상태에서 스타터 모터의 피니언 기어를 맞물리게 하면 톱니가 튕겨나와 버린다. 억지로 맞물리게 하면 큰 소음이 발생하고 톱니에 큰 부담을 준다. 때문에 아이들링 스톱이 가능한 스타터 모터를 사용할 필요가 있다.

아이들링 스톱을 사용하면 시동을 거는 횟수가 크게 늘어난다. 때문에 예전의 스타터 모터보다 내구성이 강해야 한다. 배터리의 부담이 커져서 용량도 커지는 경우가 많기 때문에 반복 충전에 강한 타입이 사용된다.

스타터 모터를 사용하지 않고 얼터네이터에 시동기능을 갖추는 경우도 있다(237p. 참조). 얼터네이터는 크랭크샤프트와 보기구동 벨트로 연결되어있기 때문에 엔진이 회전하고 있어도 시동을 걸 수 있다.

엔진 정지 시에 압축행정과 연소, 팽창행정에 있는 실린더의 피스톤 위치를 최적으로 유지시켜 연료분사에 의해 시동을 거는 시스템도 개발되어있다.

■아이들링 스톱을 위한 스타터 모터

아이들링 스톱을 위한 스타터 모터에는 항상 맞물려 있는 스타터 모터와 탠덤 솔레노이드식 스타터 모터가 있다. 항상 맞물려 있는 스타터 모터에서는 보기구동 손실이 발생하지 않도록 링기어 쪽에 원웨이 클러치를 설치할 필요가 있다. 이것으로 스타터 모터의 회전이 엔진으로 전달되지만 엔진의 회전은 스타터 모터로 전달되지 않는다.

종래의 스타터 모터에서는 피니언 기어를 밀어내는 것과 모터로의 통전을 1개의 솔레노이드로 했다. 탠덤 솔레노이드식은 이 2가지를 독립시켜 2개의 솔레노이드를 사용하고 있다. 이것으로 피니언 기어의 회전수와 밀어내는 타이밍을 독립시켜 제어할 수 있다. 링기어가 회전할 때에는 먼저 모터로 통전해서 피니언 기어의 회전수를 높이고, 맞물리는 회전수가 되었을 때 피니언 기어를 밀어낸다.

⬆ 일반적인 스타터 모터와 외관상 차이는 없다.

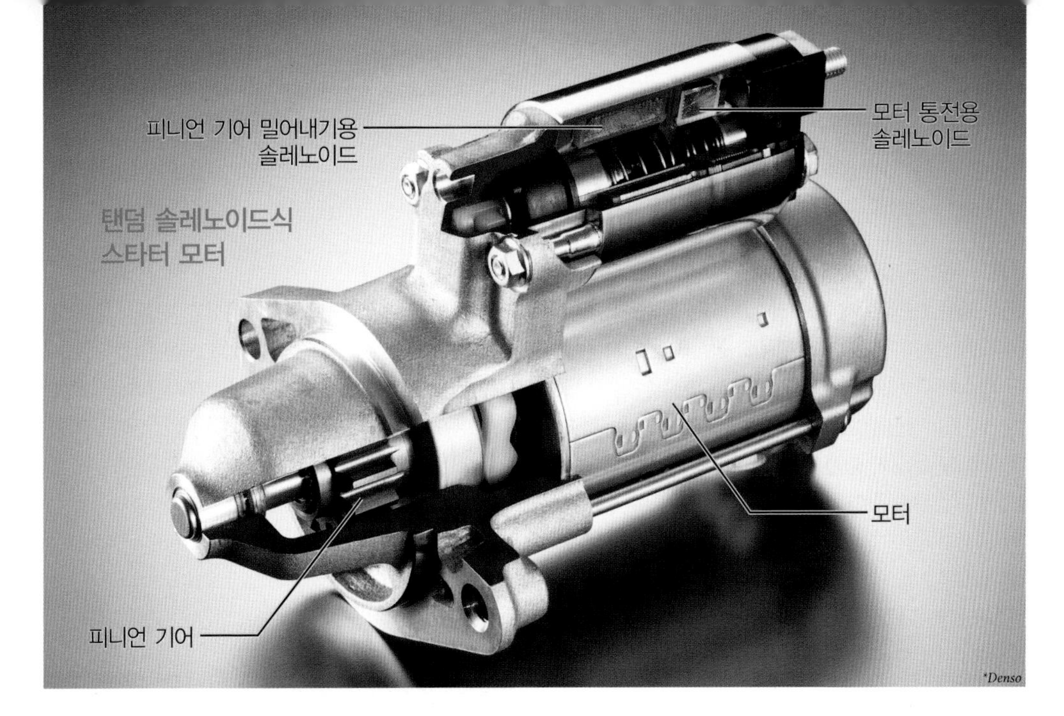

■피스톤 위치에 의한 재시동 어시스트

엔진 정지 시에 피스톤의 위치를 최적으로 제어해서 시동이 잘 되도록 하면 재시동 시간과 스타터 모터의 부담을 동시에 줄일 수 있다. 이것은 마츠다가 개발해서 i-stop이라는 명칭으로 사용되고 있다. 가솔린 엔진은 엔진 정지 시에 얼터네이터를 제어해서 압축행정에 있는 실린더와 연소, 팽창행정에 있는 실린더의 피스톤이 상사점과 하사점의 중간에서 멈추게 한다. 스로틀 밸브도 제어해서 흡기량을 조정해둔다. 재시동 때에는 이미 어느 정도의 흡기 압축이 진행되고 있으므로 연료분사와 착화를 하면 바로 엔진을 재시동할 수 있는 경우가 많다. 시동의 확실성을 높이기 위해서 동시에 스타터 모터도 작동시키지만 모터의 부담은 줄어든다.

디젤 엔진의 경우는 충분한 압축이 필요하고 착화가 이루어지지 않으므로 연료의 분사만으로는 시동이 걸리지 않는다. 하지만 정지 때에 피스톤의 위치를 최적으로 제어하면 일반적으로는 2압축 때에 시동이 걸리는 디젤 엔진을 1압축 때에서 시동이 걸리게 할 수 있어 재시동 소요시간을 단축시킬 수 있다.

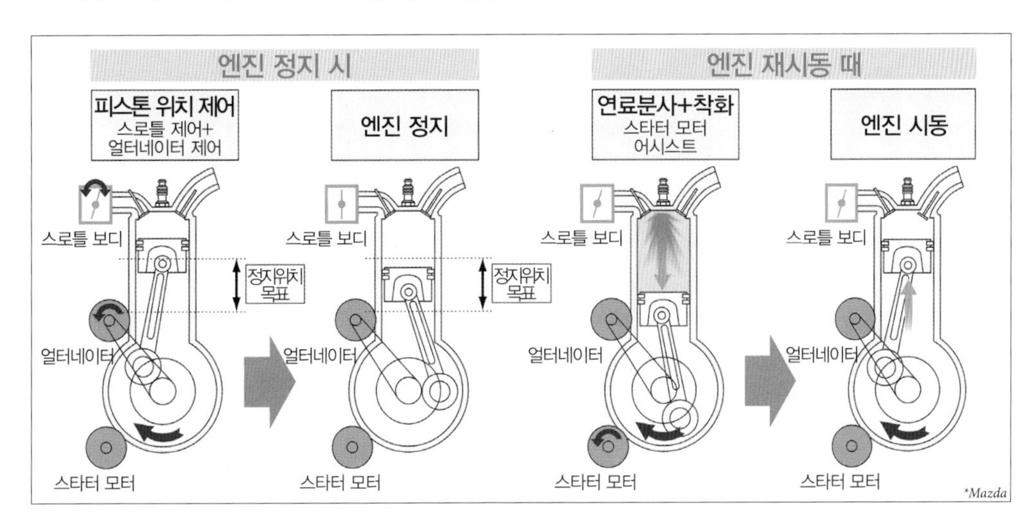

충전시동장치

제9장

충전시동장치 05

Glowplug
글로 플러그

글로 플러그는 디젤 엔진에만 설치되는 시동보조장치다. 외부기온이 낮은 상태에서도 엔진의 온도가 높으면 압축해서 연료 착화가 가능한 온도로 높일 수 있다. 하지만, 엔진 본체가 차가운 상태에서의 시동은 압축을 해도 온도가 충분히 올라가지 않아 시동이 걸리지 않는 경우가 있다. 때문에 예열장치로 글로 플러그가 설치되어있으며, 이것으로 연소실 안의 돌출된 끝부분의 온도를 1,000℃ 이상으로 가열할 수 있다. 시동 시에 연소실의 온도를 높이면 배기가스 정화에도 도움이 된다. 이처럼 시동 전에 글로 플러그를 사용해서 연소실 안을 가열시키는 것을 프리 글로라고 한다.

시동 후에도 연소실 안의 온도가 낮으면 연소를 안정시키기 위해서 글로 플러그를 사용하는 경우가 있다. 이런 경우를 글로 플러그에 의한 애프터 글로라고 한다.

글로 플러그에는 메탈 글로 플러그와 세라믹 글로 플러그가 있다. 메탈 글로 플러그는 금속 재질의 튜브 안에 발열 코일과 분말 마그네슘을 담은 것으로 시동 가능한 온도에 도달하는 데 몇 초가 걸리지만, 최근에는 2~3초 정도로 단축된 것도 있다. 세라믹 글로 플러그는 발열부분에 세라믹 소자를 사용한 것으로 시동 시간이 2~3초의 것이 많으며, 메탈 글로 플러그보다 고온으로 만들 수 있다.

현재는 단순히 배터리의 전력을 공급하는 것이 아니라 전용회로에 의해 PWM방식 등의 전력제어를 하는 경우도 있다. 이것으로 온도상승의 시간 단축과 고온화를 실현했다.

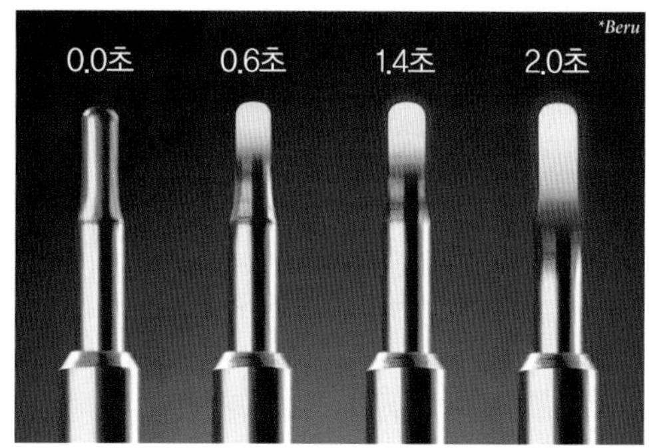

⬆ 세라믹 히터의 온도상승 과정.

*Subaru

Part 3 동력전달장치

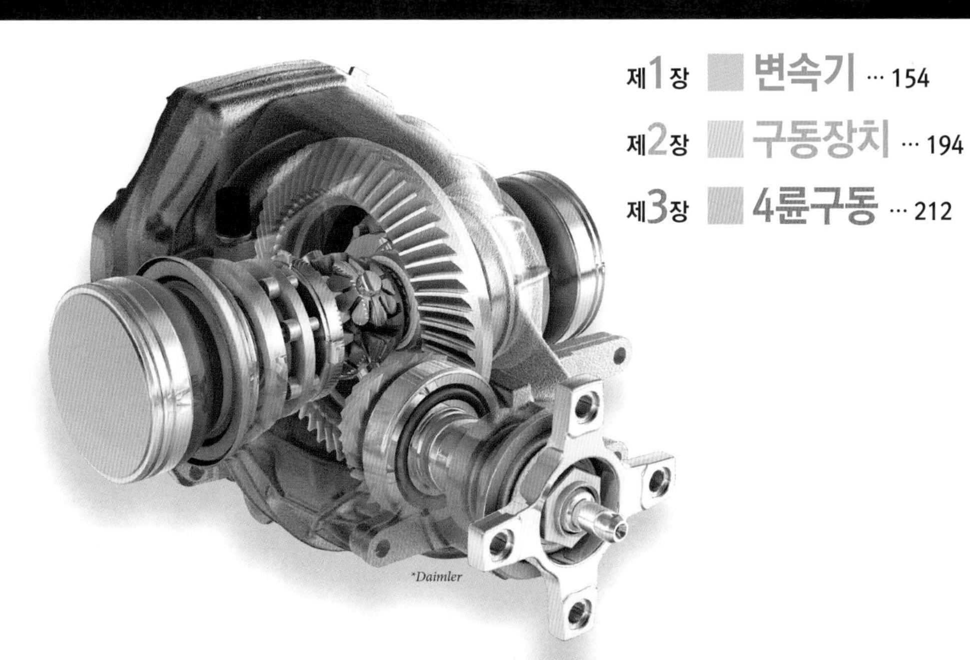

*Daimler

변속기 Transmission

01 트랜스미션

엔진을 동력원으로 하는 자동차에는 변속비의 폭을 갖춘 변속기구, 그리고 변속기구와 엔진의 연결과 분리를 담당하는 스타팅 디바이스가 필요하다. 트랜스미션(변속기)은 변속기구를 의미하지만, 자동차에서 트랜스미션은 일반적으로 스타팅 디바이스를 포함한다.

변속기구에는 변속비를 전환하는 다단식과 연속적으로 변속비를 변화시키는 무단식이 있다. 다단식 변속기(스텝식 변속기)에는 바깥쪽 톱니바퀴의 결합을 이용하는 평행축 톱니바퀴식 변속기와 플래니터리 기어의 조합을 이용하는 플래니터리 기어식 변속기(유성 톱니바퀴식 변속기)가 있다. 무단식 변속기(CVT)에는 벨트전동식 변속기가 사용되고 있다. 토크 컨버터도 무단식 변속기의 일종이지만 자동차에서 메인 변속기로 사용되는 경우는 없다. 토로이덜(Toroidal)식 변속기라는 무단식도 한때는 사용되었지만, 현재는 토로이덜식 변속기를 탑재한 자동차는 생산되지 않고 있다. 하이브리드 자동차의 경우, 모터를 무단식 변속기로 사용하는 방법도 있다.

스타팅 디바이스에는 마찰 클러치와 토크 컨버터가 있다. 마찰 클러치에는 건식 단판 클러치와 건식 다판 클러치, 습식 다판 클러치가 있다.

조작성에서 트랜스미션을 생각하면 변속기의 변속비를 필요에 따라 드라이버가 전환해야 하는 매뉴얼 트랜스미션(수동변속기, MT)과 주행 중의 조작이 불필요한 오토매틱 트랜스미션(자동변속기, AT)으로 나눌 수 있다.

※오른쪽 끝의 명칭은 일반적인 통칭으로 정확한 분류에 의한 호칭은 아니다.

AT(플래니터리 기어식 변속기+토크 컨버터)

매뉴얼 트랜스미션은 건식 단판 클러치와 평행축 톱니바퀴식의 다단식 변속기를 조합한 것이다. 클러치의 조작만 자동화한 2페달 MT라는 것도 있다.

오토매틱 트랜스미션에는 다단식 AT(스텝AT)와 무단식 AT가 있다. 무단식 AT는 CVT라고 한다. 다단식 변속기는 플래니터리 기어식이거나 평행축 톱니바퀴식이다. 플래니터리 기어식의 경우는 토크 컨버터와의 조합이 일반적이며, 단순히 AT라고 통칭되는 경우가 많다. 평행축 톱니바퀴식은 마찰 클러치와의 조합이 일반적이며 AMT(오토메티드MT)라고 한다. AMT 중에서 클러치를 2세트 사용하는 것을 DCT(듀얼 클러치 트랜스미션)라고 한다. 무단식 AT는 벨트전동식 변속기를 사용하는 벨트식 CVT다. 이 방식은 습식 다판 클러치 또는 마찰 클러치와의 조합도 있었지만 현재는 일반적으로 토크 컨버터와 조합된다.

■토로이덜식 CVT

과거에 승용차에서 사용되던 토로이덜식 CVT를 정식으로는 하프 토로이덜식 CVT라고 한다. 변속기구는 토로이덜 곡면이라는 독특한 곡면을 그리는 원추형의 입출력 디스크와 파워 롤러로 구성된다. 롤러는 양 디스크에 닿아있어 입력 디스크→롤러→출력 디스크로 전달된다. 입력 디스크와 롤러가 접촉하는 원의 직경비가 변속비이므로 롤러의 각도로 연속적으로 변속비를 바꿀 수 있다. 시판용 자동차에 사용된 당시에는 큰 토크를 전달할 수 있는 벨트식 CVT가 없었지만, 토로이덜식은 큰 토크를 전달할 수 있었다. 하지만 전달효율이 낮고 제작비용이 높아서 현재에는 사용되지 않고 있다.

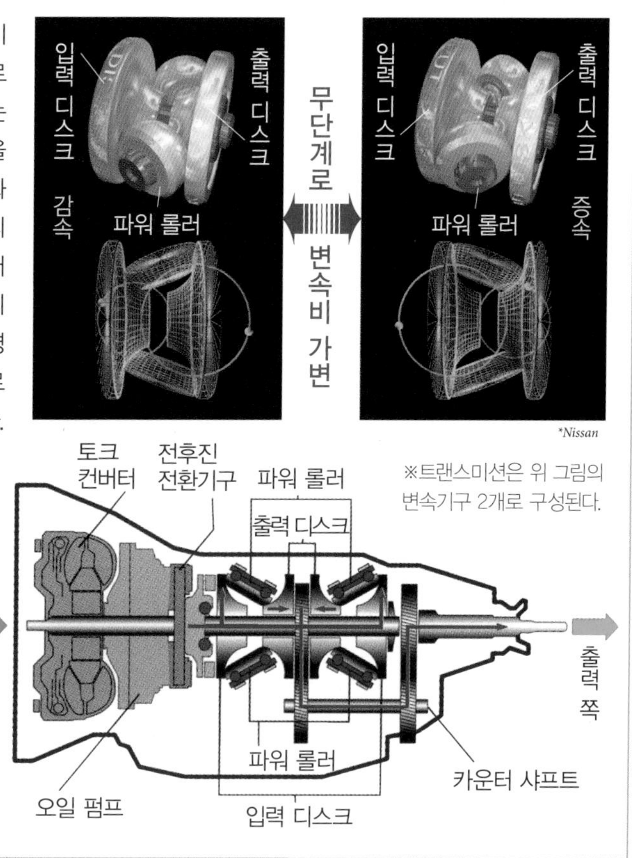

변속기 02

Speed ratio 변속비

통칭 AT, AMT, DCT 등의 다단식 AT, MT 변속기를 사용하는 트랜스미션은 단수를 포함해 5속 AT(5AT), 6속 MT(6MT) 등으로 부르는 경우가 많다. 각각의 변속비는 큰 것(저속용)부터 순서대로 1속(퍼스트), 2속(세컨드)…라고 하며, 가장 큰 것을 로우, 가장 작은 것을 톱이라고 한다. 그리고 변속비가 1보다 작은 경우를 오버드라이브(OD)라고 한다. 평행축 톱니바퀴식 변속기의 경우는 각각의 단에서 사용되는 톱니바퀴를 1속 기어, 2속 기어…라고 하지만, 플래니터리 기어식 변속기는 단에 따른 특정한 톱니바퀴가 존재하지 않는다.

플래니터리 기어식 변속기를 채용하는 AT의 변속 단수는 일반적으로 상한이 5단이었지만, 다단화 경향이 있어 현재는 9속 AT도 있다. DCT에서는 7속 DCT가 등장했다. 그리고 트랜스미션이 커버하는 변속비의 범위가 넓어지는 경향도 있다. 이 범위는 가장 높은 변속비를 가장 낮은 변속비로 나눈 수치인 스피드 레이쇼 커버리지(또는 기어 레이쇼 커버리지)로 표현한다. AT에서는 레이쇼 커버리지 5 정도의 기간이 길게 유지되었지만, 현재는 7 정도가 일반적이며 10에 가까운 것도 있다. 다단화의 경향도, 변속비의 범위가 넓어지는 경향도 모두 연비 등 다양한 효율향상을 위한 것이다. 변속비의 범위가 넓어지는 경향은 CVT에서도 볼 수 있다. 다단식인 MT에서는 단수를 너무 늘리면 조작이 복잡해지므로 6속까지가 일반적이다.

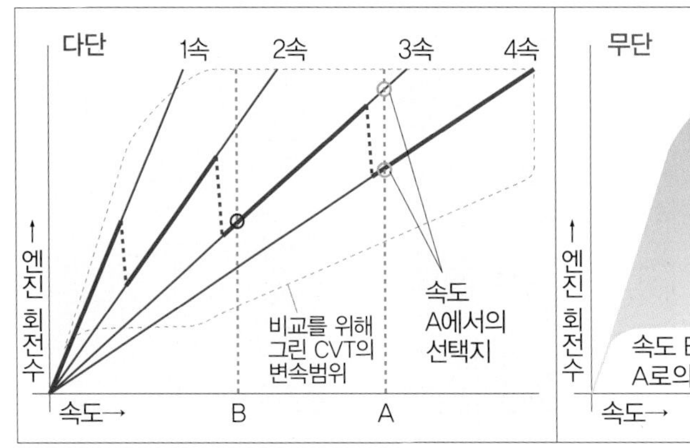

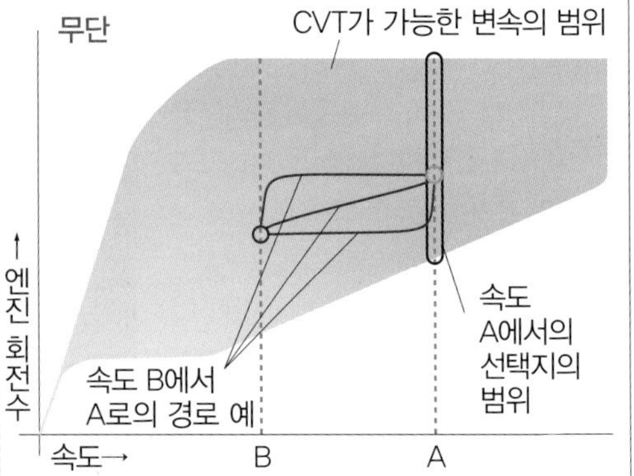

■트랜스미션에 의한 변속

다단식 변속기에서의 주행은 위의 그래프처럼 굵고 붉은 실선과 점선을 따라간다. 연비 중시인가, 가속중시인가에 따라 변속 타이밍(붉은 점선의 위치)은 다르지만, 선택지는 그래프의 붉은 실선에만 있다. 예를 들어 자동차의 속도A일 때의 선택지는 2가지다. 크루징 중이라면 4속이 일반적이며, 비탈길을 올라가거나 빠르게 가속하고 싶은 경우에는 3속을 선택한다. 속도B에서 A로 가속할 경우도 반드시 붉은 실선 위를 지나가게 된다(점선의 위치는 선택할 수 있다). 급하게 가속하고 싶다면 일단 2속을 선택한다.

한편 무단변속기의 경우는 푸른색으로 칠해진 범위 전체가 선택지다. 속도A일 때의 변속비를 세밀하게 선택할 수 있다. 속도B에서 A로 가속할 경우에도 경로의 선택은 다양한다. 다만 이것은 이론상의 이야기이며, 연비와 가속 등 우선하는 요소에 따라 경로는 정해져 있다.

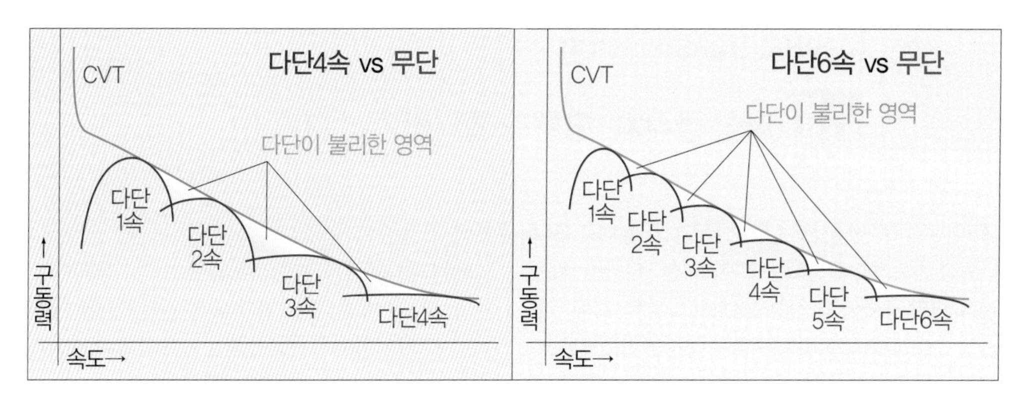

■트랜스미션의 다단화

다단식 변속기에서는 토크와 연비 모두에서 항상 최적의 엔진회전수를 선택할 수 있는 것은 아니다. 그 앞뒤의 영역도 사용할 필요가 있다. 무단식 변속기라면 이론상으로는 최고의 영역만 지속적으로 사용할 수 있다. 위의 그래프와 같이 구동력과 속도로 비교해보면 이상적인 회전수를 지속적으로 사용하는 무단변속기의 푸른 선에서 다단변속기의 붉은 선이 떨어지는 부분이 있으며, 그만큼 불리한 것이다. 하지만 더욱 다단화해서 이웃한 변속비와의 간격을 좁히면 이상적인 라인에 가까워진다. 연비의 경우도 마찬가지다.

다단식 변속기는 변속 시에 엔진회전수가 변화되어 변속쇼크가 발생한다. 다단화에서 변속비의 변화가 작아지면 쇼크도 작아진다. 다단화는 제작비용이 높으므로 매끄러운 변속이 요구되는 고급차부터 시작해서 가속성능을 중시하는 스포츠 타입의 자동차로 확산되었으며, 현재에는 연비를 중시하는 폭넓은 차종에 사용되고 있다.

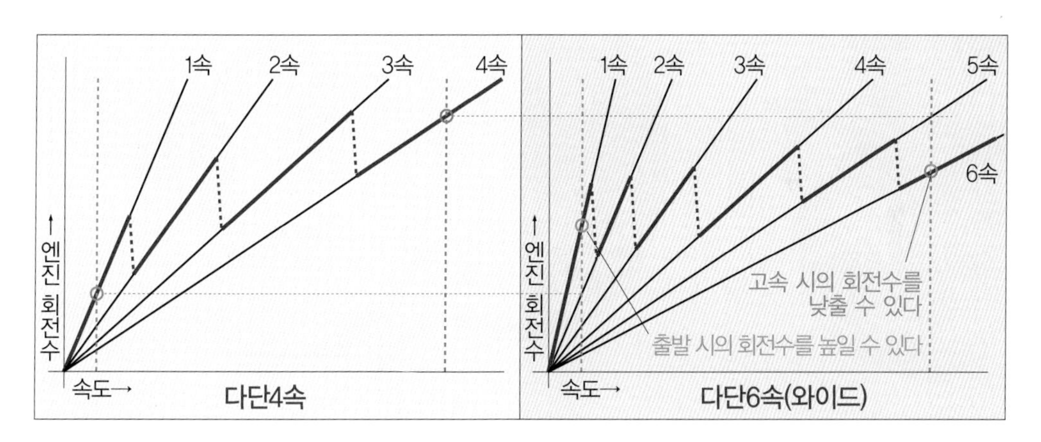

■레이쇼 커버리지의 와이드화

고속 크루징과 같은 상황에서는 요구되는 토크가 작다. 최고속 쪽의 기어비를 작게 하면 엔진 회전수를 그만큼 억제할 수 있으며 연비가 좋아진다. 때문에 스피드 레이쇼 커버리지는 와이드화 되는 경향이 있다.

레이쇼 커버리지의 와이드화는 저속 쪽에 채용되는 경우도 있다. 최저속 쪽의 기어비를 크게 하면 발진 때의 엔진 회전수를 높여서 엔진의 부하를 작게 할 수 있으므로 연비를 좋게 할 수 있다. 연비 중심의 설계에 의해서 저회전 영역의 토크가 부족한 엔진이라도 그 단점을 커버할 수 있다.

같은 단수의 상태로 레이쇼 커버리지를 와이드화 하면 이웃한 변속비와의 간격이 커지는 단점이 생긴다. 때문에 더욱 다단화를 한 후에 와이드화를 한다. 위의 그래프는 비교를 하기 쉽도록 고속과 저속 각각의 변속비를 늘린 것으로 실제와는 다르다.

변속기 Manual transmission

03 MT(마찰 클러치+평행축 톱니바퀴식 변속기)

MT(매뉴얼 트랜스미션)는 마찰 클러치와 평행축 톱니바퀴식 변속기로 구성되는 트랜스미션이다. 클러치는 건식 단판 클러치가 일반적이지만 고출력 차에서는 습식 다판 클러치의 일종인 트윈 디스크 클러치를 사용하는 경우도 있다. 클러치는 클러치 페달에 의해 조작된다. 조작력의 전달을 유압으로 하는 유압식 클러치와 케이블로 하는 기계식 클러치가 있다. 클러치 조작을 자동화한 2페달 MT의 경우는 AMT(186p. 참조)와 마찬가지로 액추에이터로 클러치의 연결과 분리를 한다.

평행 톱니바퀴식 변속기는 전진4~6단, 후진1단의 변속비를 장비하는 것이 일반적이다. 평행축 톱니바퀴식은 각각의 변속비의 헬리컬 기어의 조합이 평행한 회전축에 설치된다. 변속 시에는 회전수가 다른 톱니바퀴를 맞물리게 하므로 싱크로메시 기구로 회전수를 동기시켜서 매끄럽게 톱니바퀴 조합을 바꿀 수 있는 동기 맞물림식 변속기가 사용된다. 변속조작은 시프트 레버로 한다.

⬆ 클러치는 엔진의 플라이휠에 설치된다.

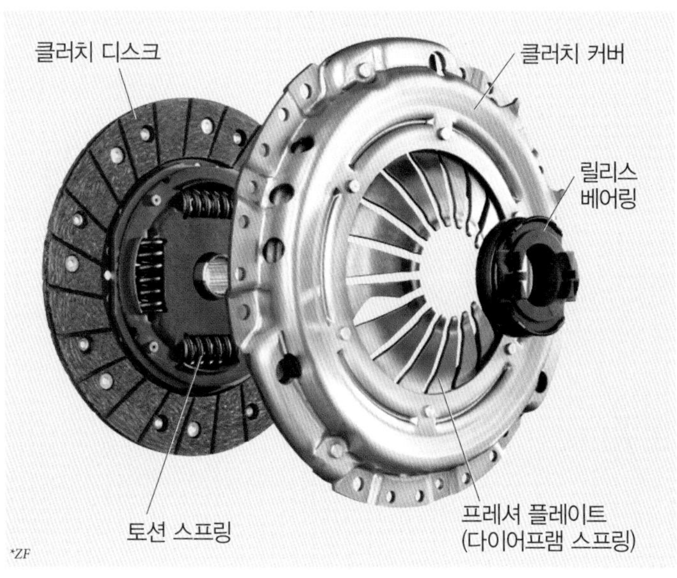

■건식 단판 클러치

건식 단판 클러치는 2장의 원판이 필요하며, MT 클러치의 한쪽 원판에는 엔진의 플라이휠이 사용된다. 다른 한쪽의 원판은 클러치 디스크이며, 여기에는 마찰재가 붙어있다. 토크 변동에 의한 충격을 피하기 위해서 클러치 디스크에는 토션 스프링이라는 여러 개의 코일 스프링이 설치되어있으며, 이것은 충격을 흡수하는 댐퍼로 작용한다.

클러치 체결상태에서는 클러치 커버에 내장된 프레셔 플레이트의 스프링 힘으로 클러치 디스크가 플라이휠로 밀려 붙어있으며, 클러치 디스크가 플라이휠과 하나가 되어 회전한다. 프레셔 플레이트는 원판 중앙에서 방사상으로 파인 다이어프램 방식의 스프링이 주로 사용되며, 코일 스프링을 사용하는 것도 있다.

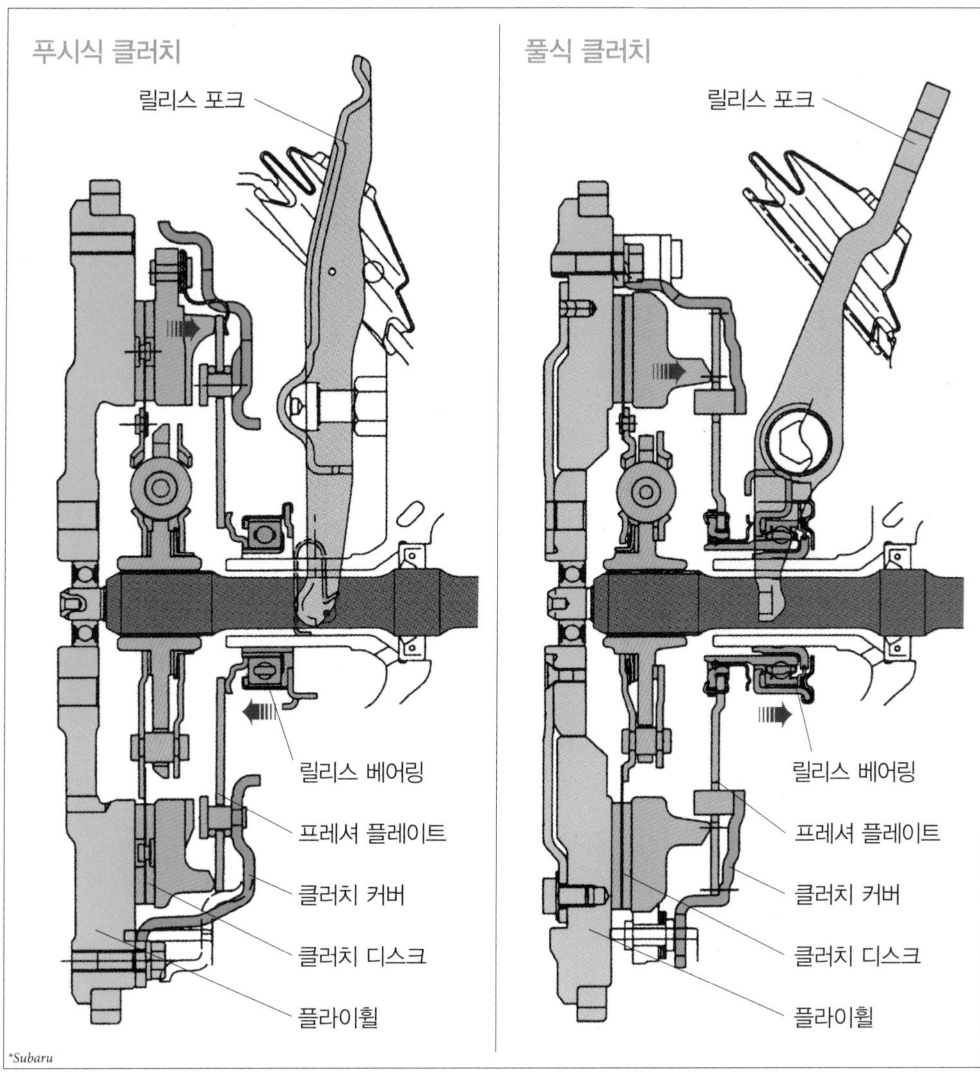

*Subaru

■푸시식과 풀식 클러치

출력용 샤프트에는 릴리스 베어링이 있으며, 이것은 축방향으로 움직일 수 있다. 릴리스 베어링은 프레셔 플레이트에 접속되어 있으며, 릴리스 포크라는 부품을 움직여서 클러치를 개방시킨다. 이때 동작에 따라 푸시식과 풀식으로 분류된다. 릴리스 베어링이 프레셔 플레이트를 눌러서 개방하는 푸시식 클러치가 일반적이지만, 당겨서 개방하는 풀식 클러치도 있다. 풀식은 클러치 페달을 밟을 때 들어가는 힘을 줄일 수 있다.

*ZF

⬅릴리스 베어링이 프레셔 플레이트를 누르거나 당겨서 클러치가 개방된다.

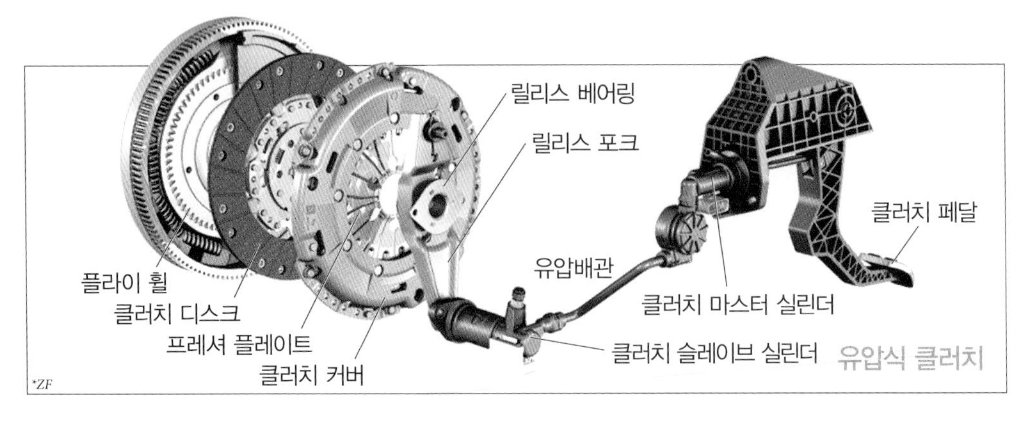

■기계식 클러치와 유압식 클러치

MT의 클러치는 조작력의 전달방법에 따라 기계식과 유압식으로 분류된다. 기계식 클러치의 경우는 클러치 페달의 조작이 클러치 케이블로 릴리스 레버에 전달되어, 레버의 움직임에 의해 릴리스 포크가 이동한다. 유압식 클러치의 경우는 클러치 페달의 바로 아래에 설치되어 있는 클러치 마스터 실린더에서 발생된 유압이 릴리스 포크에 설치된 클러치 슬레이브 실린더(클러치 릴리스 실린더라고도 한다)로 보내져서, 릴리스 포크를 움직인다.

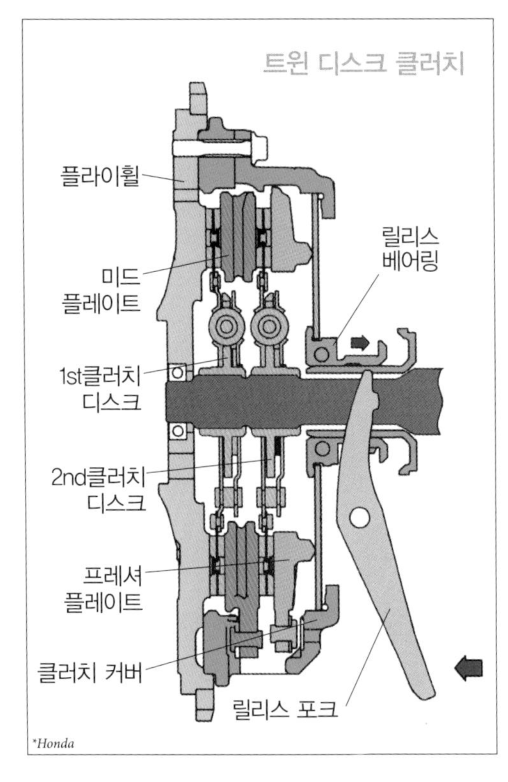

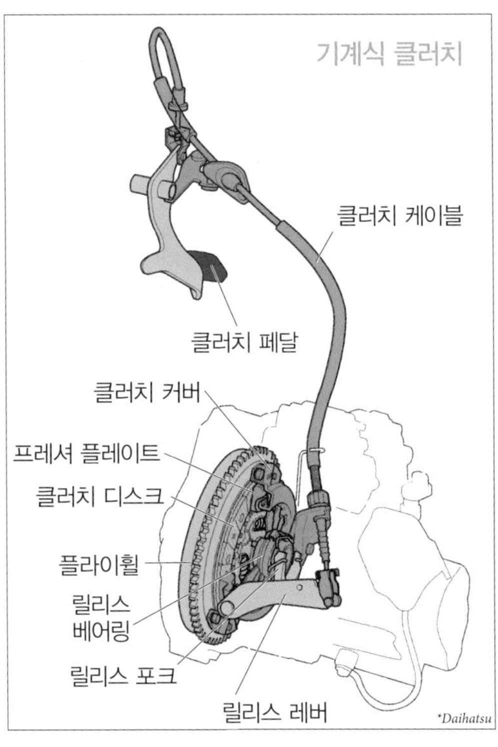

■트윈 디스크 클러치

마찰 클러치는 마찰에 의해 운동에너지를 열에너지로 변환하여 매끄럽게 클러치를 연결하므로 마찰을 일으키는 면적이 클수록 큰 토크를 전달할 수 있다. 클러치의 지름을 크게 하면 마찰을 일으키는 면적을 크게 할 수 있지만, 지름을 크게 하는 데에는 한계가 있다. 때문에 토크가 큰 고출력 자동차에서는 건식 다판 클러치가 사용되는 경우가 있다. 다판이라고는 하지만 디스크는 2장이며 일반적으로 트윈 디스크 클러치 또는 트윈 클러치라고 한다. 2장의 클러치 디스크 사이에는 미드 플레이트라는 디스크가 들어간다.

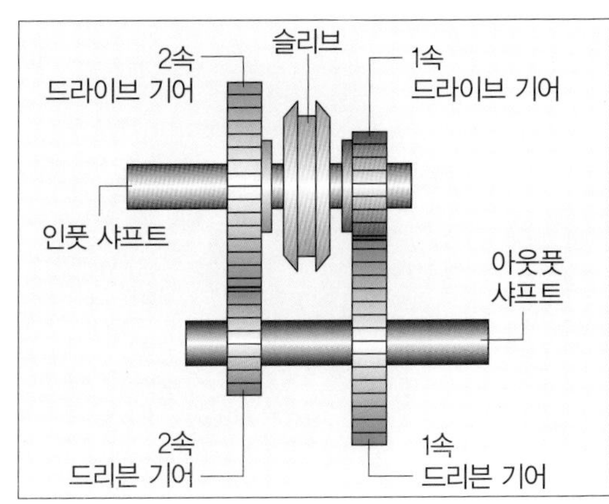

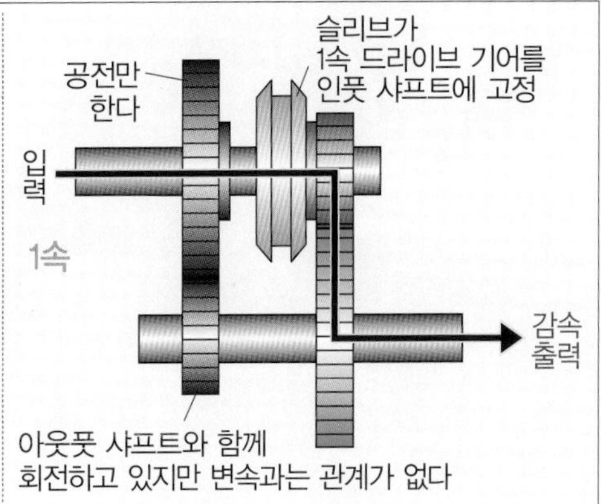

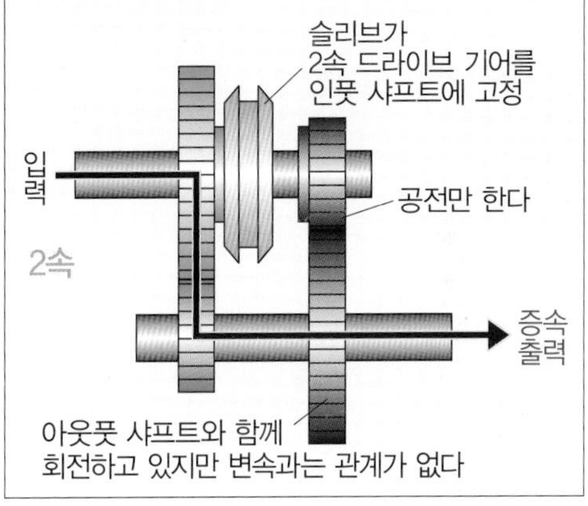

■평행축 톱니바퀴식 변속기

평행축 톱니바퀴식 변속기에는 다양한 구조가 있다. MT에는 항상 맞물려 있는 변속기를 발전시킨 동기 맞물림식 변속기가 사용된다.

가장 심플한 2단 변속기의 경우, 평행한 회전축으로 있는 인풋 샤프트와 아웃풋 샤프트에 각각의 변속비의 드라이브 기어(회전시키는 쪽의 톱니바퀴)와 드리븐 기어(회전되는 쪽의 톱니바퀴)가 배치되어있다. 모든 조합된 톱니바퀴가 항상 맞물려 있기 때문에 맞물림식이라고 한다. 이 배치에서 모든 톱니바퀴가 회전축에 고정되어있으면 회전축이 회전을 할 수 없다. 따라서 드라이브 기어는 회전축을 고정하지 않고, 공전할 수 있도록 해서 회전축과 함께 회전하며, 축방향으로는 이동할 수 있는 슬리브라는 부품을 배치한다. 슬리브의 측면과 드라이브 기어의 측면에는 도그 클러치가 있다. 슬리브를 1속 드라이브 기어 쪽으로 이동시켜서 도그 클러치를 맞물리게 하면 1속 드라이브 기어가 인풋 샤프트와 함께 회전해서 1속의 변속비로 아웃풋 샤프트에 회전이 전달된다. 슬리브를 2속 드라이브 기어에 맞물리게 하면 2속의 변속비로 변속이 이루어진다.

하지만 변속비를 바꿀 때 회전수가 다른 슬리브와 드라이브 기어의 도그 클러치를 맞물리게 하는 것은 곤란하다. 때문에 마찰을 발생시키면서 둘의 회전수를 맞춰가는 싱크로메시 기구(동기기구)가 도그 클러치와 함께 설치되어있다. 이것이 동기 맞물림식 변속기다.

MT에서는 이처럼 2개의 회전축으로 변속기가 구성되는 평행2축식이 일반적이지만, FF차량의 가로배치 트랜스미션을 다단화 하면 회전축 방향으로 길어지므로 3축으로 해서 톱니바퀴의 배치를 분산시킨 평행3축식을 사용하는 경우도 있다.

※실제의 변속 예는 다음 페이지에.

평행2축식(FR세로 배치)

왼쪽 사진과 같은 FR용 세로 배치 트랜스미션은 보기에는 2축이지만 인풋과 아웃풋을 같은 축에 배치해서 카운터 샤프트와의 사이에서 변속을 하는 경우가 많다. 평행2축식이라고 해도 실제로는 후진용 역회전을 만들기 위해 짧은 회전축이 하나 더 있는 것이 일반적이다.

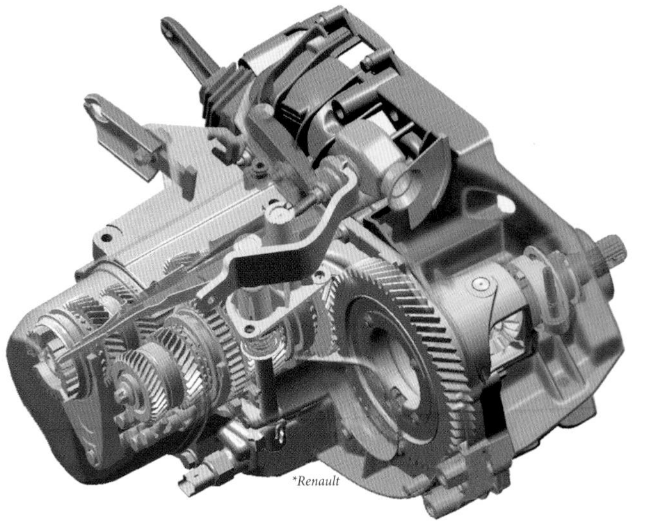

평행2축식(FF가로 배치)

FF용 가로 배치 평행2축식 5속 MT. 인풋 샤프트와 아웃풋 샤프트로 구성된다. 3축이 있는 것처럼 보이지만, 가장 앞의 1축은 파이널 드라이브 유닛의 것이다. 축 위의 큰 톱니바퀴가 파이널 기어이며 변속기의 아웃풋 샤프트에서 회전이 전달된다.

평행3축식(FF가로 배치)

FF용 가로 배치 평행3축식 6속 MT. 왼쪽 그림과 마찬가지로 가장 앞쪽의 1축은 파이널 드라이브 유닛의 것이다. 6속 분량의 톱니바퀴를 3축에 분산시켜서 회전축 방향으로 짧고 콤팩트한 트랜스미션이 되었다.

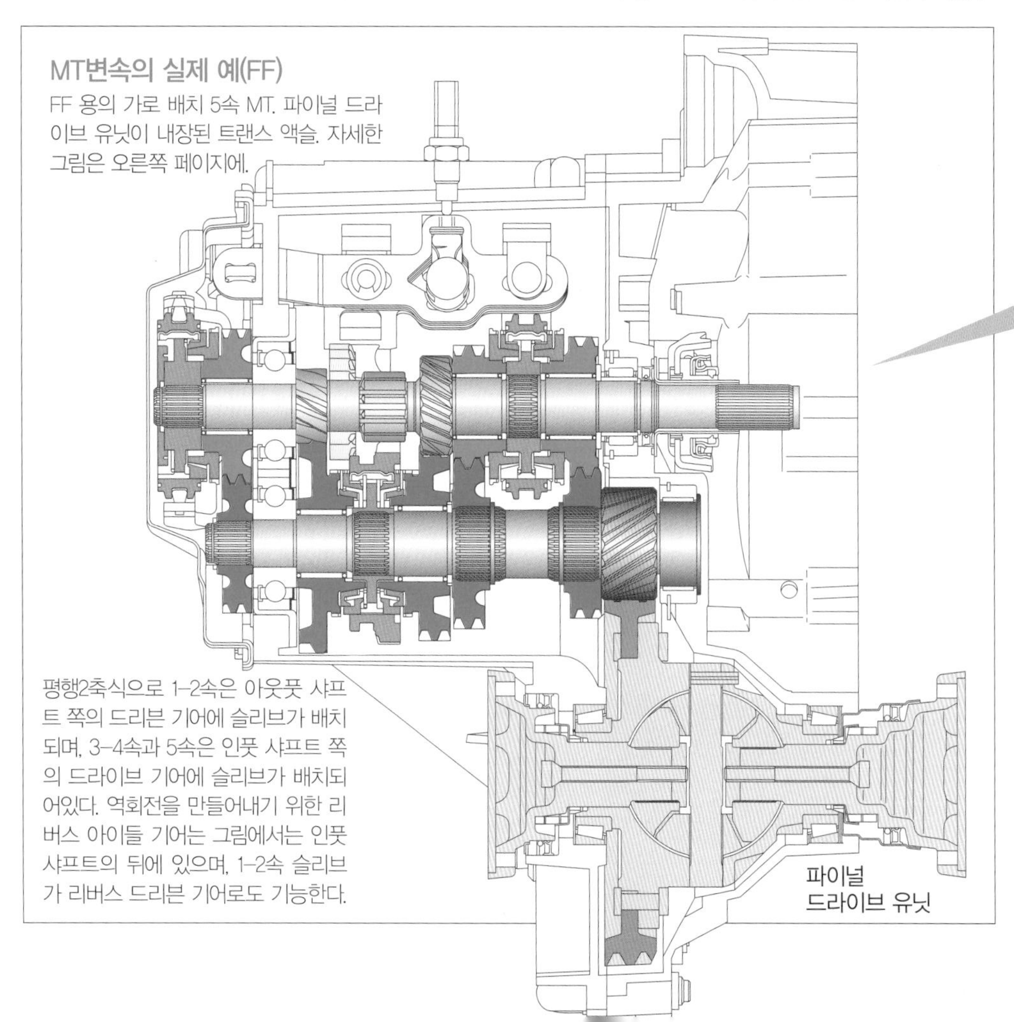

MT변속의 실제 예(FF)

FF 용의 가로 배치 5속 MT. 파이널 드라이브 유닛이 내장된 트랜스 액슬. 자세한 그림은 오른쪽 페이지에.

평행2축식으로 1-2속은 아웃풋 샤프트 쪽의 드리븐 기어에 슬리브가 배치되며, 3-4속과 5속은 인풋 샤프트 쪽의 드라이브 기어에 슬리브가 배치되어있다. 역회전을 만들어내기 위한 리버스 아이들 기어는 그림에서는 인풋 샤프트의 뒤에 있으며, 1-2속 슬리브가 리버스 드리븐 기어로도 기능한다.

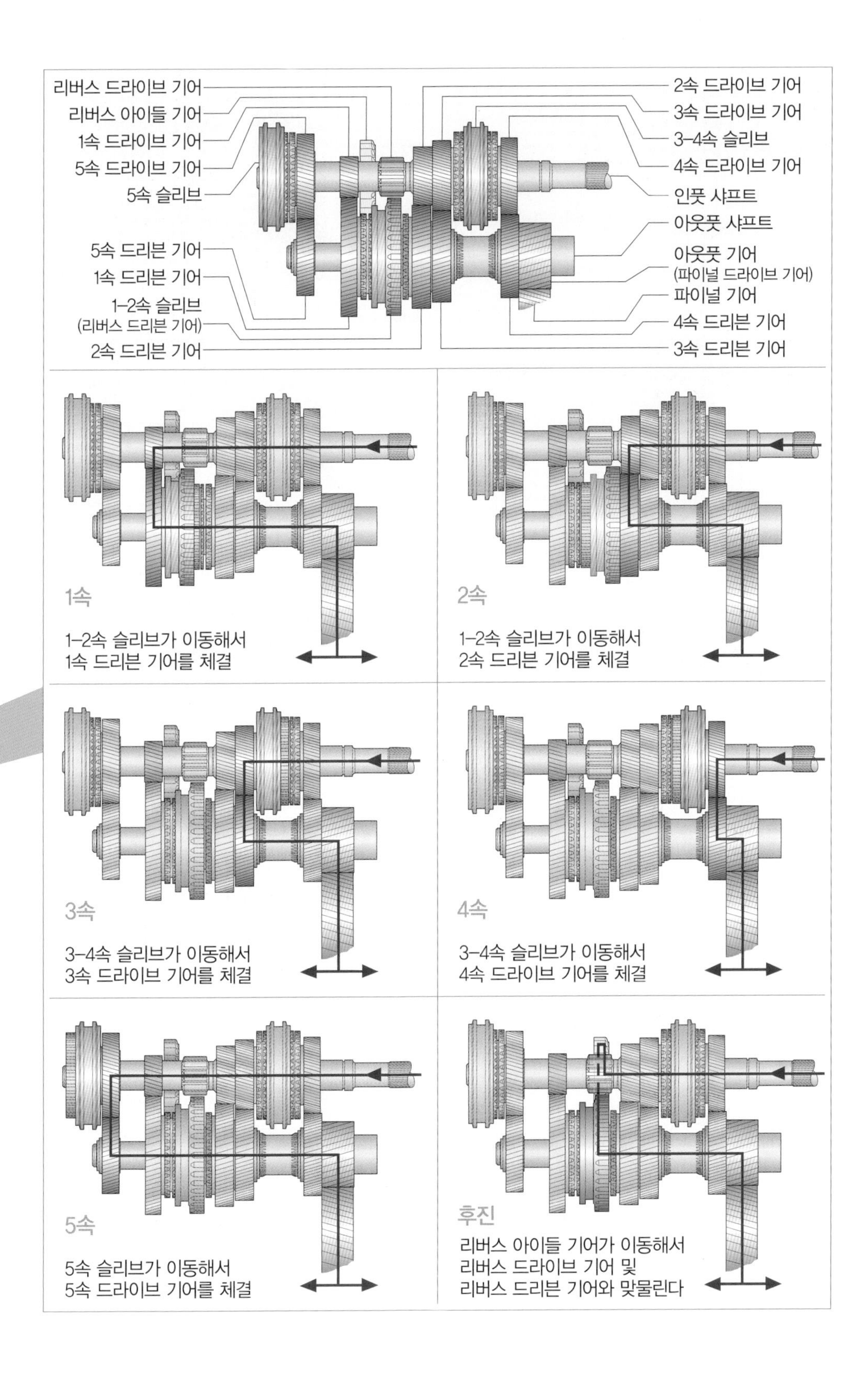

리버스 드라이브 기어
리버스 아이들 기어
1속 드라이브 기어
5속 드라이브 기어
5속 슬리브
5속 드리븐 기어
1속 드리븐 기어
1-2속 슬리브
(리버스 드리븐 기어)
2속 드리븐 기어
2속 드라이브 기어
3속 드라이브 기어
3-4속 슬리브
4속 드라이브 기어
인풋 샤프트
아웃풋 샤프트
아웃풋 기어
(파이널 드라이브 기어)
파이널 기어
4속 드리븐 기어
3속 드리븐 기어
1속
1-2속 슬리브가 이동해서
1속 드리븐 기어를 체결
2속
1-2속 슬리브가 이동해서
2속 드리븐 기어를 체결
3속
3-4속 슬리브가 이동해서
3속 드라이브 기어를 체결
4속
3-4속 슬리브가 이동해서
4속 드라이브 기어를 체결
5속
5속 슬리브가 이동해서
5속 드라이브 기어를 체결
후진
리버스 아이들 기어가 이동해서
리버스 드라이브 기어 및
리버스 드리븐 기어와 맞물린다

1속

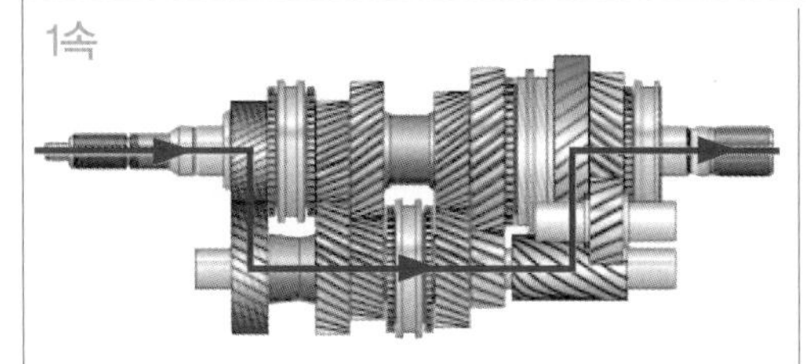

1-2속 슬리브가 이동해서 1속 드리븐 기어를 체결

2속

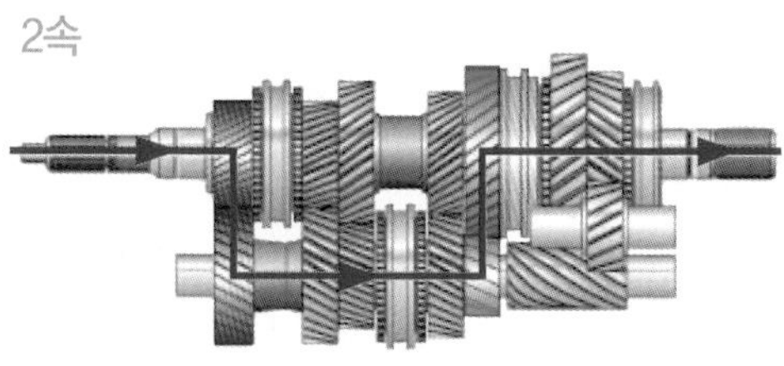

1-2속 슬리브가 이동해서 2속 드리븐 기어를 체결

3속

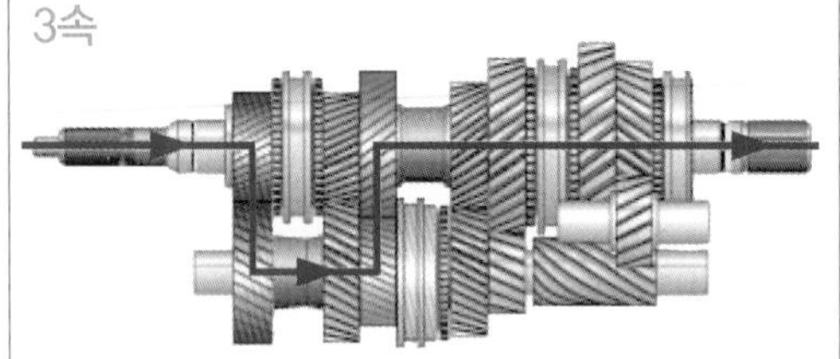

3-4속 슬리브가 이동해서 3속 드라이브 기어를 체결

4속

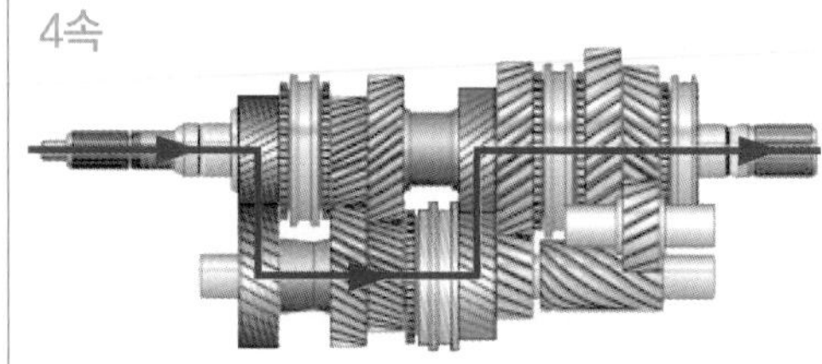

3-4속 슬리브가 이동해서 4속 드라이브 기어를 체결

5속

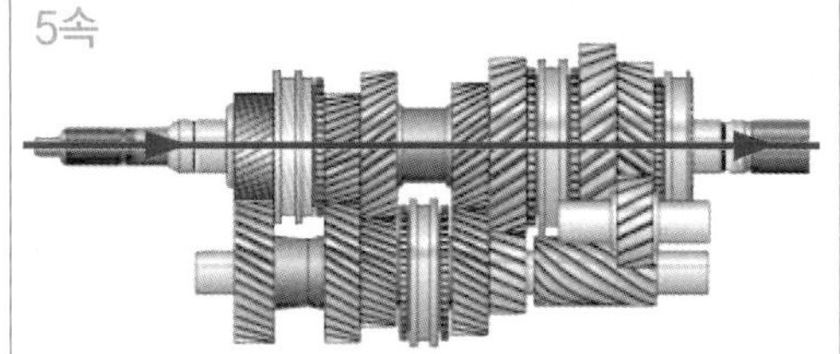

5-6속 슬리브가 이동해서 메인 드라이브 기어를 체결

6속

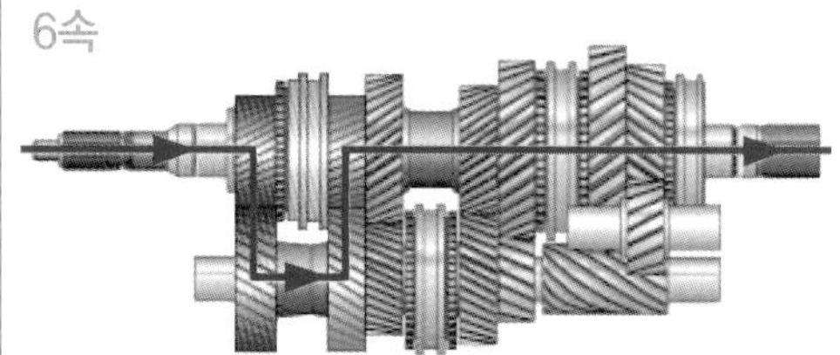

5-6속 슬리브가 이동해서 6속 드리븐 기어를 체결

MT 변속의 실제 예(FR)

FR용 세로배치 6속 MT. 인풋샤프트와 아웃풋샤프트가 하나의 회전축처럼 보이지만, 인풋 샤프트는 왼쪽 끝부터 메인 드라이브 기어까지, 아웃풋 샤프트는 오른쪽 끝부터 5-6속 슬리브까지다. 기본적으로 인풋 샤프트의 회전은 카운터 샤프트에 전달되어 카운터 샤프트와 아웃풋 샤프트 사이에서 변속이 이루어진다. 5속은 변속비 1의 상태로 인풋 샤프트와 아웃풋 샤프트가 연결된다. 때문에 5속 드라이브 기어도 드리븐 기어도 없다.

후진

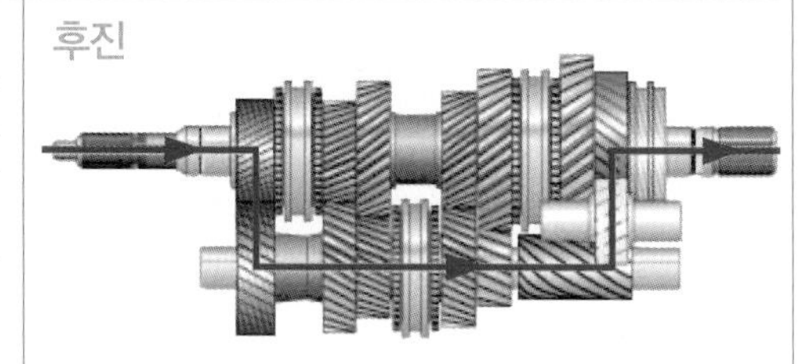

리버스 슬리브가 이동해서 리버스 드리븐 기어를 체결

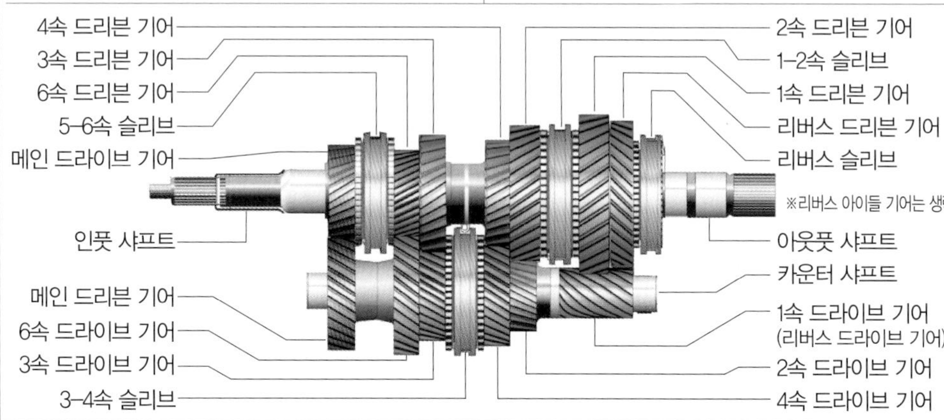

■시프트 기구

변속 시에는 시프트 포크와 시프트 로드에 의해 슬리브가 움직인다. 시프트 포크는 원호 모양의 양 갈래를 가진 부속품으로, 슬리브의 바깥쪽 둘레에 끼운다. 시프트 로드는 변속기의 회전축과 평행하게 배치된다. 시프트 포크는 시프트 로드에 고정되는 경우와 시프트 로드가 가이드로 기능해서 시프트 포크 밑동의 파이프 형태의 부분이 통과하는 경우가 있다. 시프트 레버의 좌우방향의 움직임으로 시프트 포크 또는 시프트 포크가 고정된 시프트 로드를 선택하고, 시프트 레버의 전후방향의 움직임으로 선택한 슬리브를 이동시킨다.

세로 배치 트랜스미션에서는 시프트 레버의 바로 아래에 시프트 로드가 있으므로 이것을 직접 조작하는 다이렉트 컨트롤식이 많다. 가로 배치 트랜스미션에서는 시프트 레버가 떨어져 있기 때문에 케이블에 의해 시프트 레버의 움직임이 전달된다. 이것을 리모트 컨트롤식이라고 하며, 일반적으로 2개의 케이블을 사용한다. 하나는 슬리브를 선택하기 위한 셀렉트 케이블, 다른 하나는 슬리브를 움직이기 위한 시프트 케이블이라고 한다. 시프트 레버 밑동의 링크 기구에서 2개의 케이블의 움직임으로 변환되고, 시프트 로드 부근의 링크 기구에서 단수에 따른 움직임으로 변환된다.

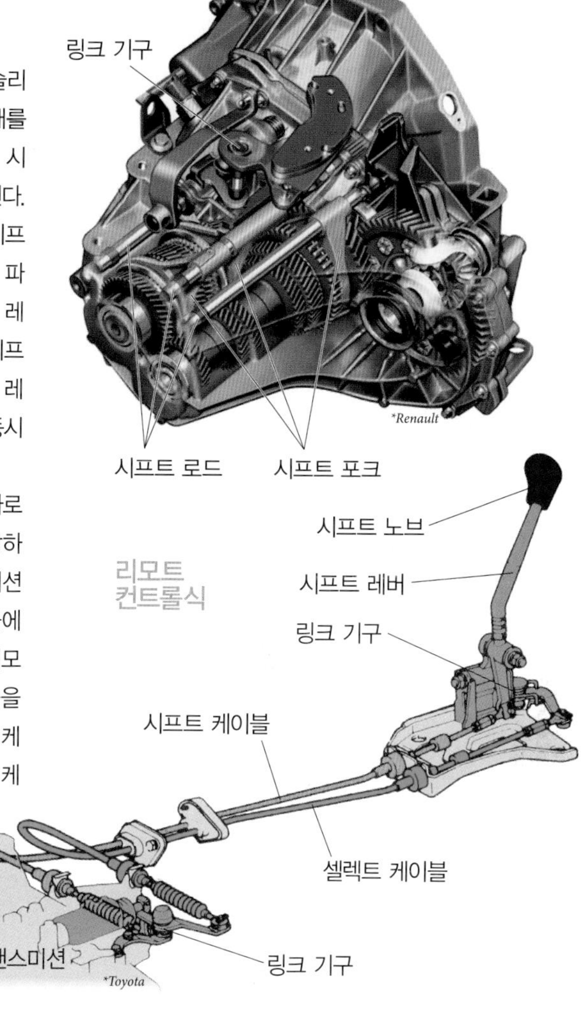

■싱크로메시 기구

싱크로메시 기구(동기기구, 싱크로나이저)는 슬리브 안에 들어있으며, 회전수가 다른 톱니바퀴와 매끄럽게 연결시키기 위해 설치된다. 둘 사이에 마찰을 발생시켜서 회전수를 동기(싱크로)시킨다. 변속 시의 소음 저감과 톱니바퀴의 손상을 방지하는 역할도 한다. 과거에는 다양한 형식의 제품이 개발되었지만, 현재의 주류는 이너샤(inertia) 록식 싱크로메시 기구다. 마찰에 추가로 기계적인 기구를 함께 사용해서 동기와 체결을 신속하게 한다. 이너샤 록식에는 다양한 형식이 있으며, 키식 싱크로메시 기구, 멀티콘식 싱크로메시 기구가 많이 사용된다.

싱크로메시 기구는 슬리브의 안과 각 스피드 기어의 측면에 설치된다.

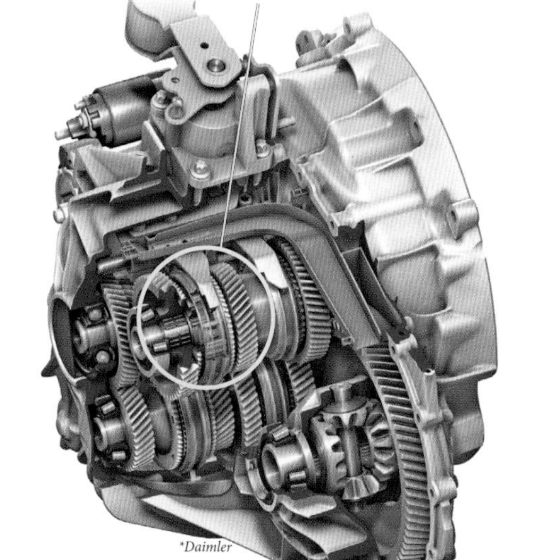

■키식 싱크로메시 기구

키식 싱크로메시 기구는 개발 메이커의 명칭을 따서 워너타입 싱크로메시 기구라고 한다. 샤프트와 함께 회전하는 싱크로나이저 클러치 허브(싱크로나이저 허브)는 주위에 스플라인(톱니바퀴 모양의 홈)이 파여 있으며, 이 홈이 싱크로나이저 허브 슬리브 안쪽의 스플라인(홈)과 딱 맞아떨어진다. 바깥쪽에는 큰 홈이 몇 개 있으며, 여기로 싱크로나이저 키 스프링을 통해서 시프팅 키(싱크로나이저 키)가 들어간다. 키의 뒤쪽에는 돌출부가 있으며, 스프링의 탄력으로 허브슬리브 안쪽의 홈에 들어가 있다.

체결되는 스피드 기어의 측면에는 원추형 콘 부분이 있으며, 밑둥에 클러치 허브와 같은 스플라인이 있다. 스플라인의 허브슬리브 쪽의 끝은 뾰족하다. 스피드기어와 클러치 허브 사이에는 스피드 기어의 콘 부분과 같은 원추형 싱크로나이저 링이 배치된다. 싱크로나이저 링의 밑동에도 스피드 기어와 마찬가지로 스플라인이 있다.

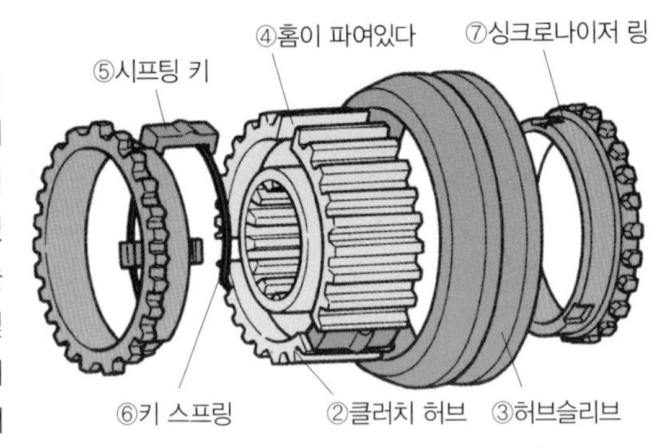

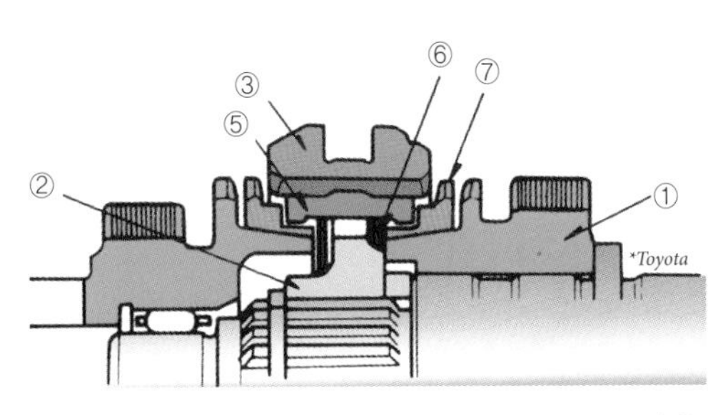

①스피드 기어, ②클러치 허브, ③허브 슬리브, ④파인 홈, ⑤시프팅 키, ⑥키 스프링, ⑦싱크로나이저 링, ⑧허브 슬리브 안쪽의 스플라인, ⑨싱크로나이저 링의 스플라인, ⑩스피드 기어의 콘 부분

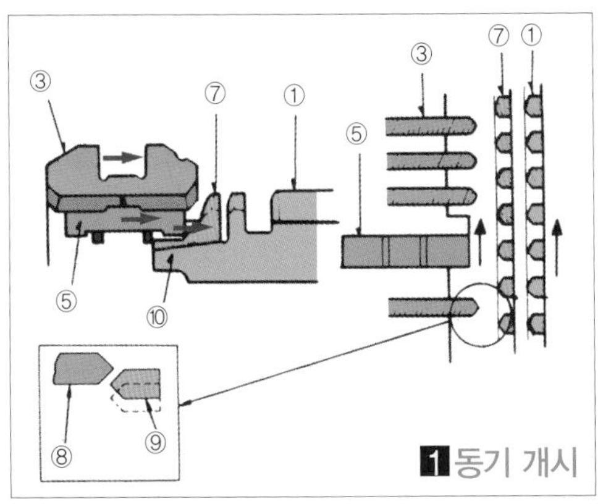

시프트 포크로 허브 슬리브가 스피드 기어 쪽으로 밀려 붙으면 시프팅 키에도 힘이 가해져 키와 싱크로나이저 링 사이에서 마찰이 발생한다. 슬리브와 링의 회전수가 같아진다.

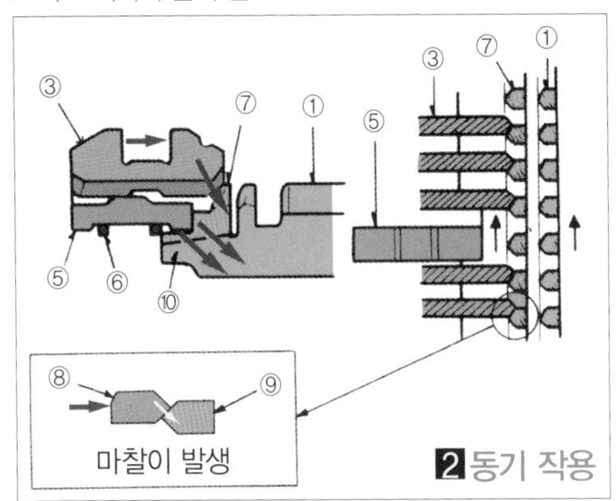

허브 슬리브가 더 밀려도 시프팅 키는 싱크로나이저 링의 돌출부에 닿기 때문에 이동을 할 수 없다. 따라서 홈에서 벗어나서 그 위치에 남고 슬리브만 이동한다. 이때 링과 기어의 콘 부분에서 마찰이 발생해서 회전수가 같아진다.

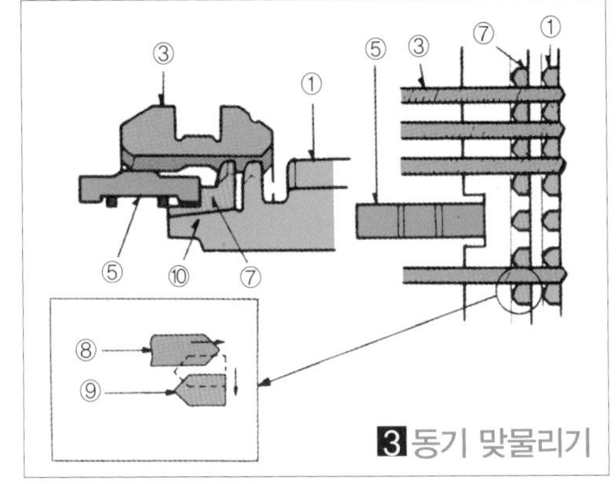

마찰에 의해 허브 슬리브, 싱크로나이저 링, 스피드 기어의 회전수가 같아지면 허브 슬리브가 더 이동해서 안쪽의 스플라인으로 링과 기어의 스플라인이 들어가며, 클러치 허브, 허브 슬리브, 싱크로나이저 링, 스피드 기어가 한 덩어리가 되어 회전한다.

■멀티콘식 싱크로메시 기구

멀티콘식 싱크로메시 기구는 마찰을 발생시키는 면적을 늘려서 신속하게 동기가 되도록 한 것이다. 일반적으로는 2개의 콘을 사용하는 더블콘식 싱크로메시 기구가 사용되지만, 3개의 콘을 사용하는 트리플콘식 싱크로메시 기구도 있다.

더블콘식에는 다양한 구조의 제품이 있으며, 그림의 예에서는 싱크로나이저 링이 이너 콘과 아우터 콘 사이에 끼워져 있다. 싱크로나이저 링은 바깥쪽의 돌기로 스피드기어와 맞물려 하나가 되어 회전한다. 이너 콘, 아우터 콘, 싱크로나이저 클러치 허브(싱크로나이저 허브)도 마찬가지로 하나가 되어 회전할 수 있도록 되어있다. 싱크로나이저 허브 슬리브와 클러치 허브 사이에는 스프링의 지지를 받는 볼이 들어있다.

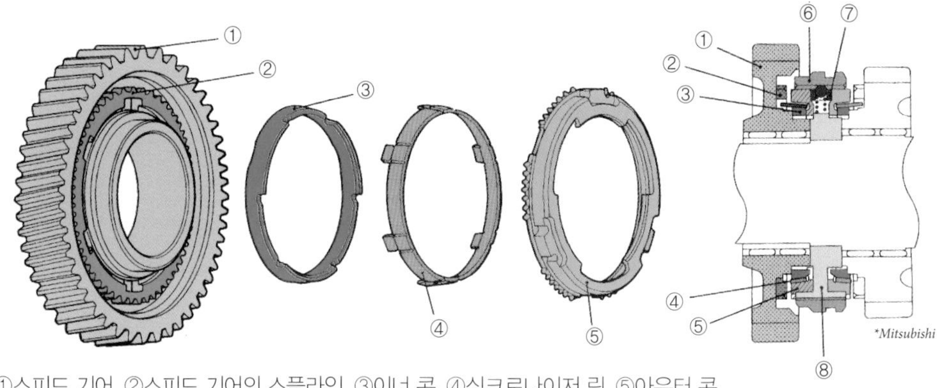

①스피드 기어, ②스피드 기어의 스플라인, ③이너 콘, ④싱크로나이저 링, ⑤아우터 콘, ⑥허브슬리브, ⑦시프팅 키, ⑧클러치 허브, ⑨시프트 포크

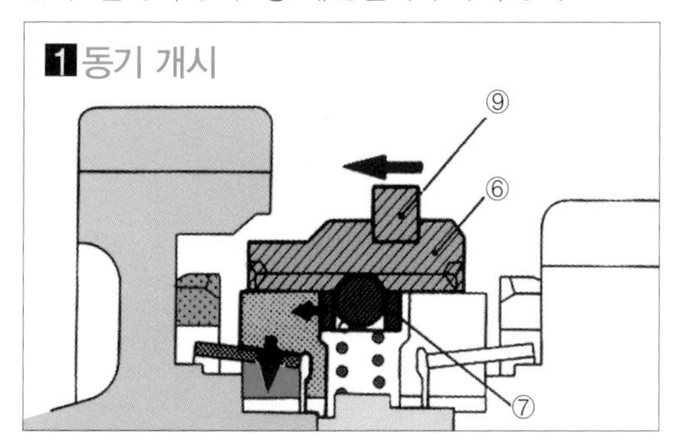

허브 슬리브가 스피드 기어 쪽으로 밀리면 볼이 아우터 콘을 밀어서 마찰이 발생한다.

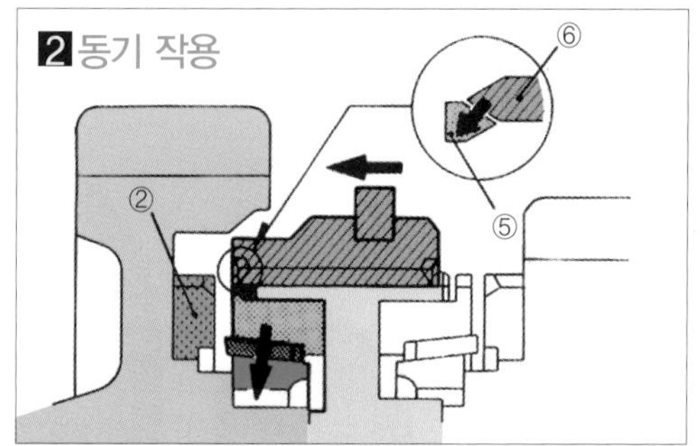

볼을 넘어서 키가 더 이동하면 아우터 콘과 슬리브의 스플라인이 접촉해서 마찰이 발생한다.

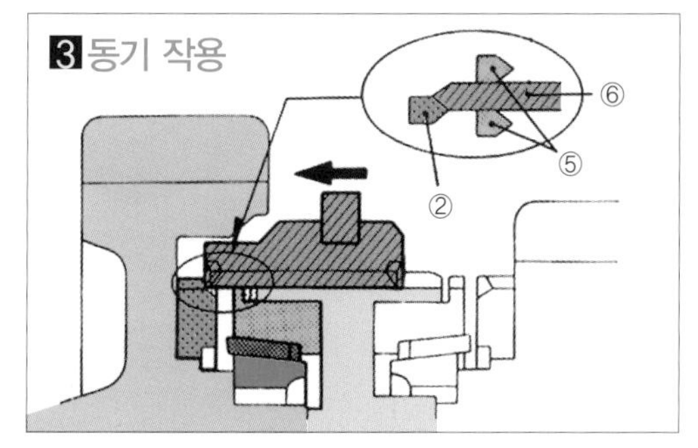

아우터 콘과 동기된 허브 슬리브가 더 이동해서 스피드 기어의 스플라인과 접촉해서 마찰이 발생한다.

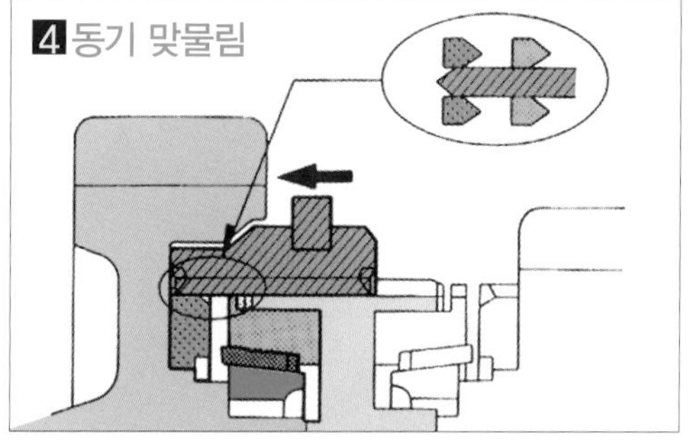

허브 슬리브와 스피드 기어의 동기가 완료되면 허브 슬리브와 스피드 기어의 스플라인이 맞물린다.

변속기 04

Torque converter
토크 컨버터

토크 컨버터는 각종 트랜스미션에 스타팅 디바이스로 사용되고 있다. 여기서 정리해서 설명하겠다.

토크 컨버터는 다른 스타팅 디바이스에는 없는 토크 증폭이라는 작용을 한다. 이것으로 변속기의 부담을 줄일 수 있다. 아이들링 수준의 토크라도 자동차를 저속으로 움직이게 할 수 있다. 이것을 크리핑이라고 한다. 자동차를 주차할 때에는 브레이크 페달조작만으로도 천천히 움직일 수 있다.

하지만 토크 컨버터는 전달효율이 나쁘고 연비도 안 좋다. 토크 증폭을 하는 영역은 물론, 입출력의 회전수가 같아져도 100%의 전달효율을 얻을 수 없다. 때문에 일반적으로 마찰 클러치인 록업 클러치를 함께 사용한다.

■토크 컨버터의 구조

토크 컨버터의 기본구조는 오일로 채워진 도넛 모양의 토크 컨버터 하우징 안에 3장의 날개바퀴가 들어가 있다. 입력 쪽의 날개바퀴를 펌프임펠러, 출력 쪽의 날개바퀴를 터빈러너라고 하며, 그 사이에 오일의 흐름을 제어하는 스테이터라는 날개바퀴가 배치된다. 스테이터에는 원웨이 클러치가 설치되어있어 입출력의 회전수에 차이가 있으면 회전을 못하지만, 회전수가 같아지면 공전을 할 수 있다. 엔진의 회전은 드라이브 플레이트에 접속된 토크 컨버터 커브를 통해서 임펠러로 전달되며, 러너의 회전이 아웃풋 샤프트에 의해 변속기로 전달된다.

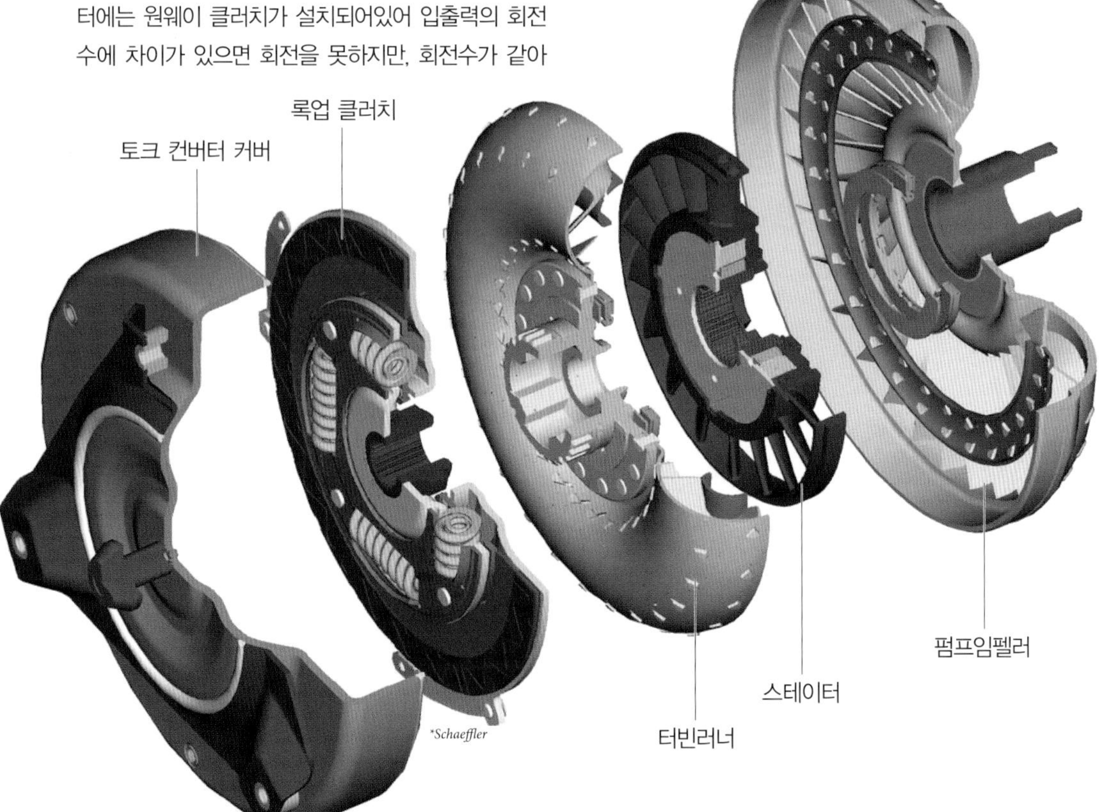

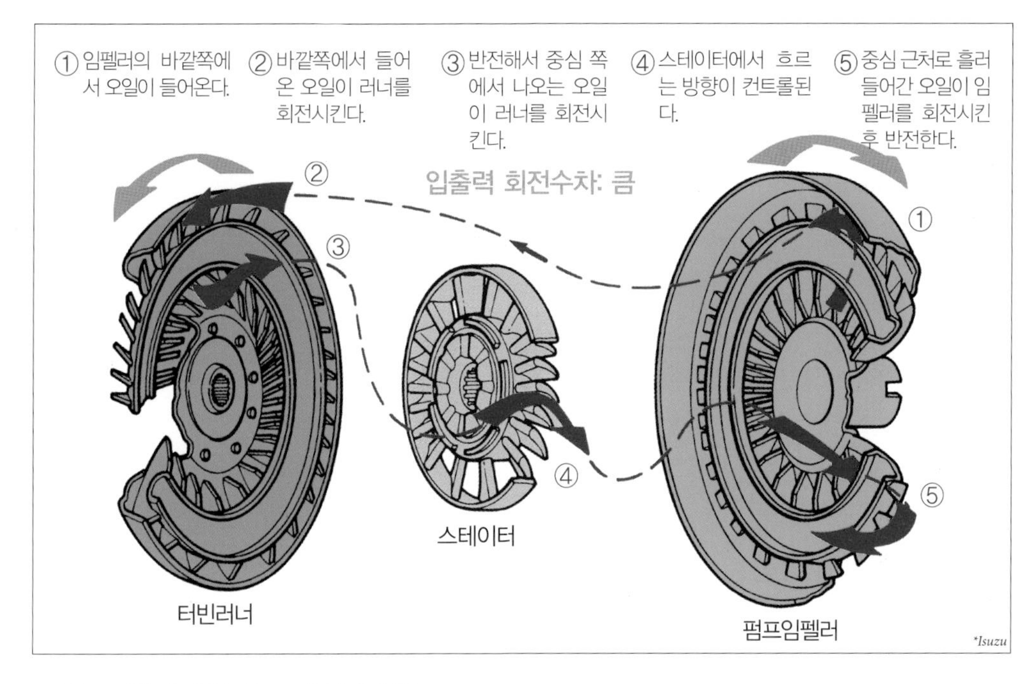

■토크 컨버터의 토크 증폭작용

펌프임펠러가 회전하면 원심력에 의해 오일이 바깥쪽으로 보내져 하우징을 따라 터빈러너로 흘러들어간다. 이때 오일이 날개에 닿는 힘(임펄스 파워)으로 러너를 돌린다. 오일은 바깥쪽에서 중심을 향하며, 나갈 때에도 반동의 힘(리액션 파워)에 의해 러너를 돌린다. 흘러나온 오일은 스테이터에 의해 방향이 바뀌어, 중심 부근으로 흘러 들어가 임펠러를 돌리고, 뒤쪽으로 돌아가서 맨 처음의 흐름으로 합류한다. 이러한 흐름이 반복되어 토크가 증폭된다.

임펠러와 러너의 회전수가 같아지면 스테이터의 날개가 젖혀져서 오일의 흐름을 방해하지만, 원웨이 클러치의 작용에 의해 스테이터는 공전하므로 오일은 효율이 좋은 흐름을 유지할 수 있다.

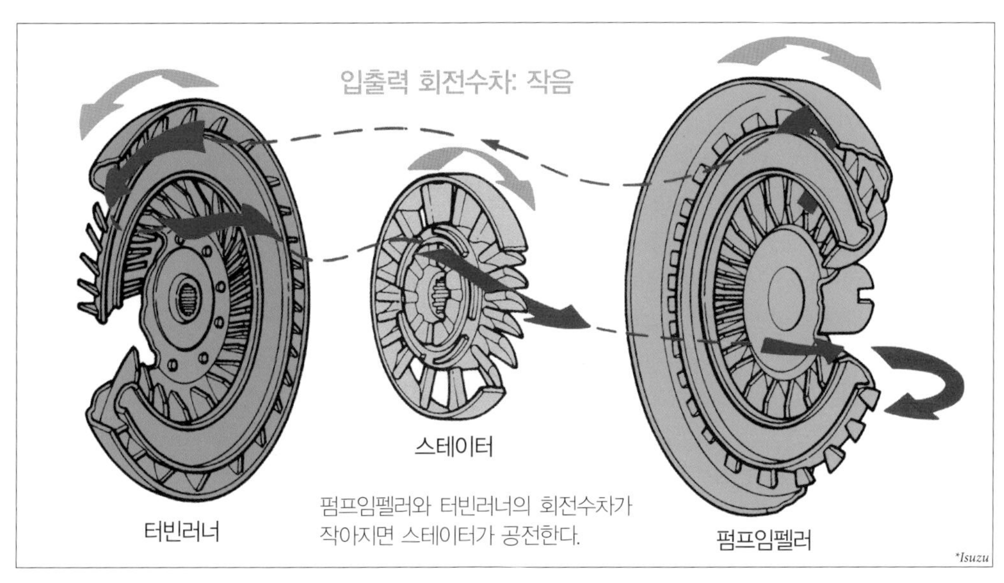

펌프임펠러와 터빈러너의 회전수차가 작아지면 스테이터가 공전한다.

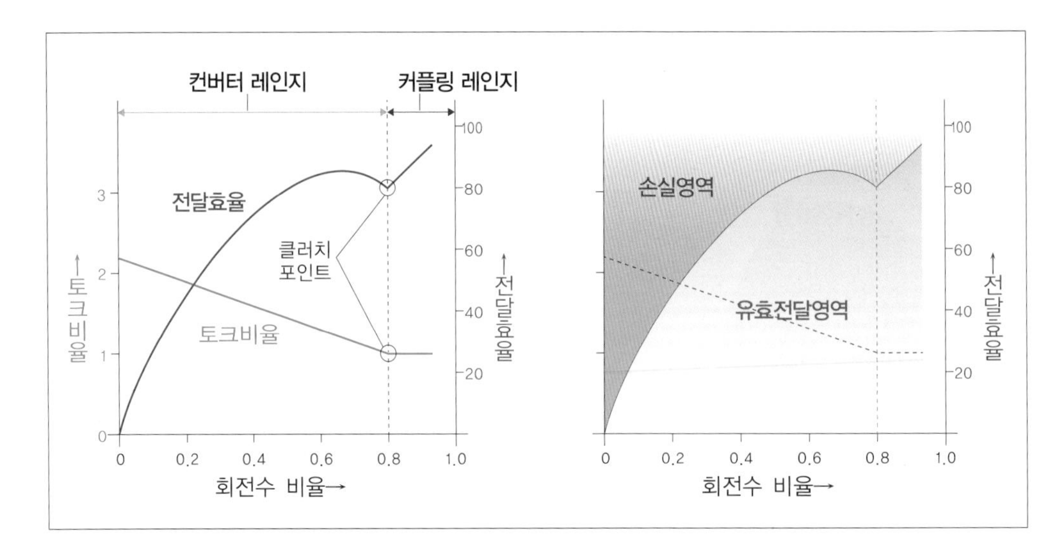

■토크 컨버터의 특성

토크 컨버터의 토크 증폭능력은 출발 시 출력 쪽의 터빈러너가 돌기 시작하는 순간이 최대가 된다. 이때 입출력의 회전수 비율은 최소상태이며, 토크비율은 2~3이 일반적이다. 터빈러너의 회전수가 올라가서 펌프임펠러와의 회전수 비율이 0.8~0.9가 되면 토크비율이 1이 되며, 이후는 토크의 증폭이 이루어지지 않는다. 토크비율이 1이 되는 회전수 비율을 클러치 포인트 또는 커플링 포인트라고 하며, 토크 증폭이 이루어지는 영역을 컨버터 레인지, 토크 증폭이 이루어지지 않는 영역을 커플링 레인지라고 한다. 커플링 레인지에서도 회전수 비율이 1에 도달하는 경우는 없다.

토크 컨버터의 전달효율은 터빈러너가 돌기 시작하는 순간이 가장 낮고, 회전수 비율이 1에 가까워질수록 높아진다. 회전수 비율이 작을수록 오일과 날개 등의 마찰에 의해 운동에너지가 열에너지로 변환되어버리기 때문이다. 전달효율은 클러치 포인트 앞뒤에서 약간 하강하지만, 커플링 레인지에서도 계속 상승한다. 하지만 전달효율이 100%에 도달하는 경우는 없으며, 어떻게든 손실이 발생한다.

■록업 클러치

커플링 레인지의 전달효율을 높이기 위해서 현재의 토크 컨버터는 록업 클러치를 함께 사용하고 있다. 여기에는 다양한 구조의 것이 있으며, 아웃풋샤프트에 설치된 클러치 디스크를 토크 컨버터 커버로 밀어붙이는 것, 인풋샤프트에 설치된 클러치 디스크를 터빈러너의 뒤쪽으로 밀어붙이는 것이 많다. 일반적으로는 습식 단판 클러치가 사용되지만, 일부에서는 디스크 2장 정도의 습식 다판 클러치가 사용되는 경우도 있다. 토크 컨버터 바깥에 록업 클러치가 배치되는 경우도 있다.

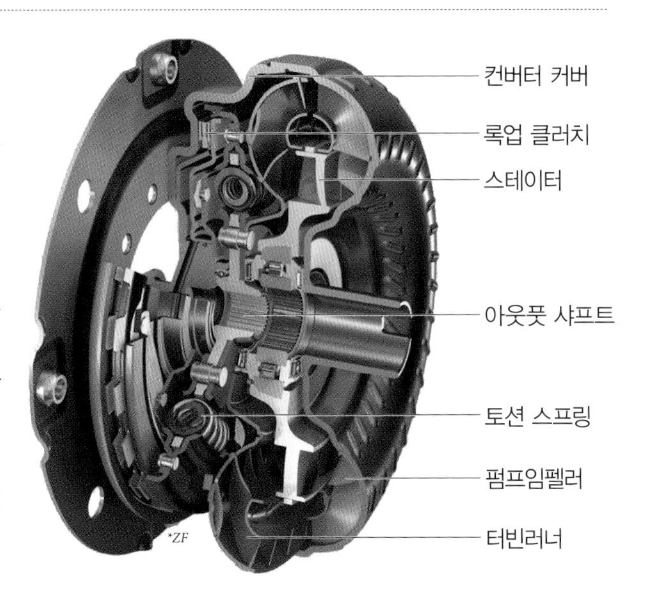

■토크 컨버터의 댐퍼

토크 컨버터는 엔진에 급격한 변동이 있어도 오일과 날개바퀴의 마찰에 의해 충격을 흡수하는 댐퍼로서 기능한다. 하지만 록업 클러치를 체결해버리면 댐퍼로서의 기능은 없어진다. 때문에 록업 클러치에는 MT의 클러치와 마찬가지로 토션 스프링이라는 여러 개의 코일 스프링이 설치되어있다.

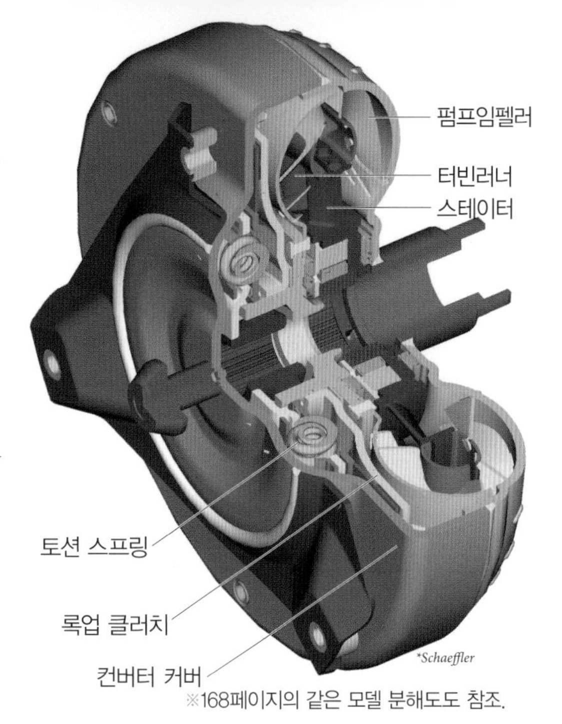

※168페이지의 같은 모델 분해도도 참조.

■플렉스 록업

토크 컨버터의 효율을 더욱 높이기 위해 컨버터 레인지에서도 록업 클러치를 사용하고 있다. 클러치를 완전히 체결하는 것이 아니라, 반 클러치 상태의 토크 컨버터의 토크 증폭을 사용하면서 클러치에 의한 전달도 할 수 있어 효율을 높일 수 있다. 이러한 록업을 플렉스 록업이라고 한다.

토크 컨버터를 사용하는 트랜스미션은 질질 끌리는 느낌의 독특한 가속감이 있지만, 플렉스 록업을 하면 가속감을 직접적으로 연출할 수도 있다.

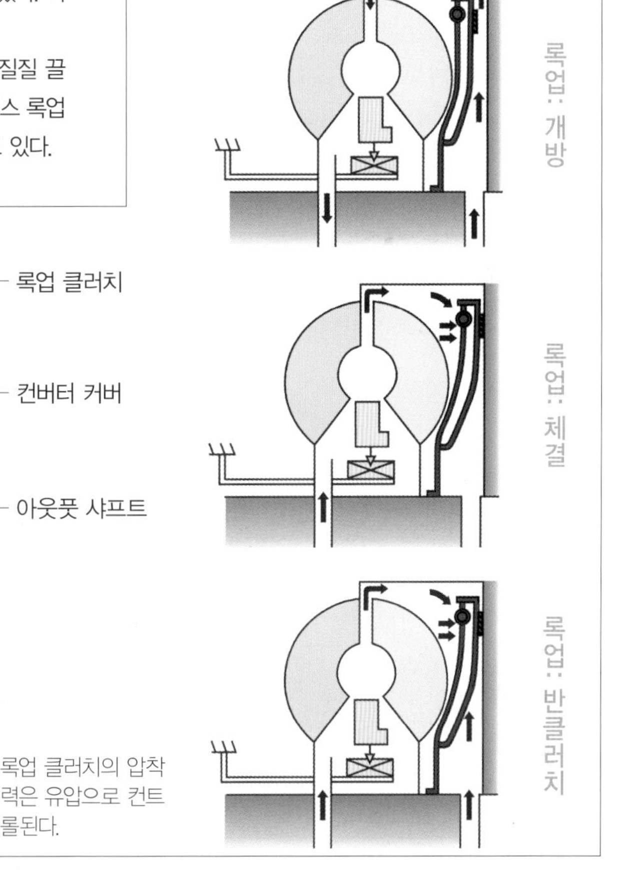

록업 클러치의 압착력은 유압으로 컨트롤된다.

변속기 Automatic transmission

05 AT(토크 컨버터+유성기어(planetary gear)식 변속기)

많은 사람들이 AT(오토매틱 트랜스미션)라고 부르는 트랜스미션은 토크 컨버터와 플래니터리 기어식 변속기로 구성되어 있다. 토크 컨버터에 의한 변속도 하고 있으므로 예전에는 플래니터리 기어식 변속기 부분을 부변속기라고 부르기도 했다.

토크 컨버터는 토크 증폭과 크리핑 등의 장점이 있지만 효율이 나쁘다는 단점이 있다. 따라서 록업 클러치를 함께 사용하며, 가능한 토크 컨버터를 이용하는 시간을 짧게 설정하는 경향이 있다.

플래니터리 기어식 변속기는 전진3~5단, 후진1단이 일반적이었지만, 현재는 연비향상을 위해 다단화되어 9단까지 나와 있다. 스피드 레이쇼 커버리지는 7 정도가 일반적이며 10에 가까운 것도 있다. 플래니터리 기어는 2~4세트가 사용된다.

조작기구로서 세퍼레이트 레버(셀렉터라고도 하며, 시프트 레버라고도 한다)가 설치되어있지만 일반적인 주행 중에 사용할 필요는 없다. 변속기의 변속과 록업 클러치의 작동은 유압으로 한다.

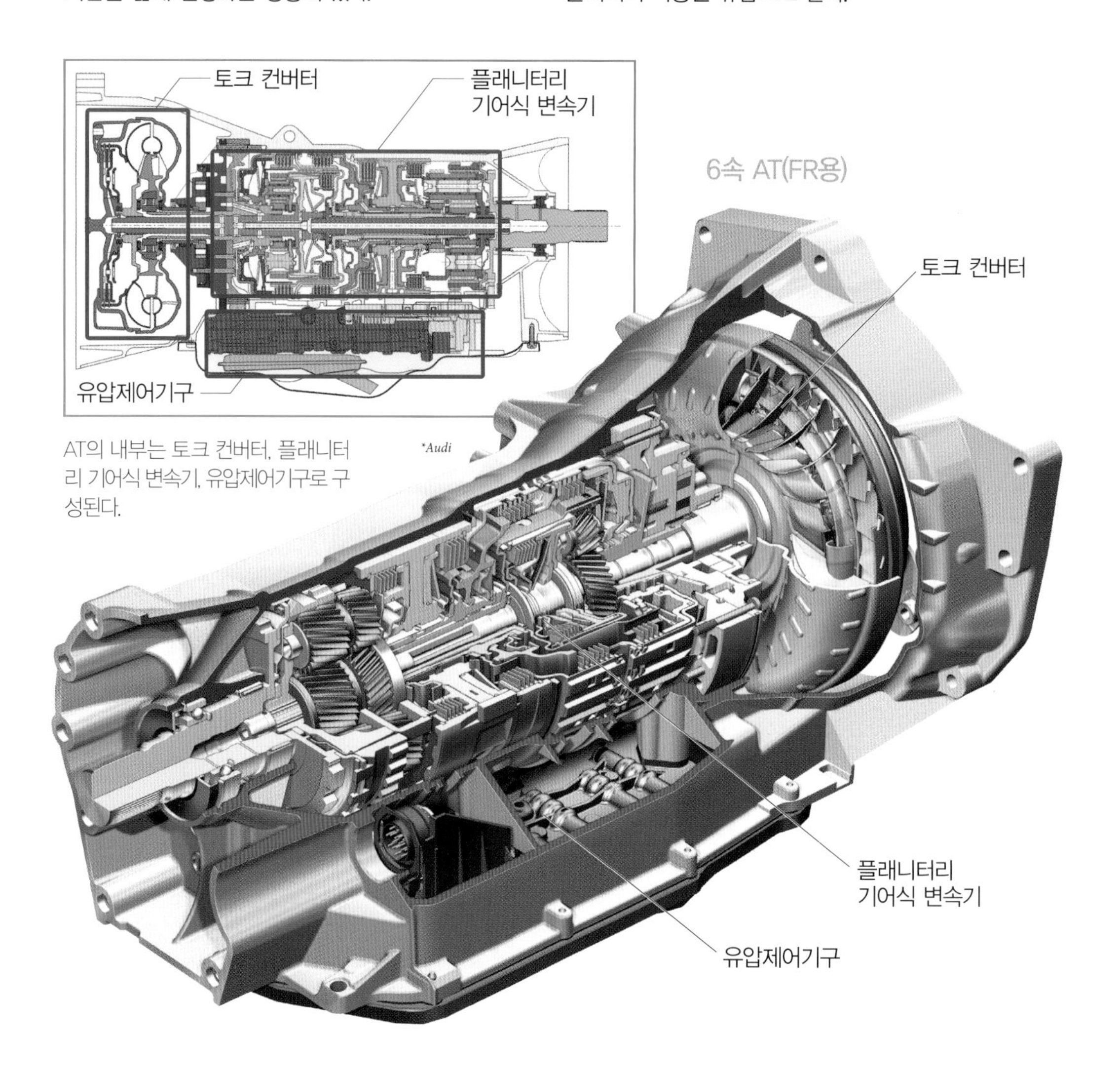

AT의 내부는 토크 컨버터, 플래니터리 기어식 변속기, 유압제어기구로 구성된다.

■플래니터리 기어식 변속기+습식 다판 클러치

플래니터리 기어식 변속기를 사용하는 AT는 토크 컨버터로 토크 증폭을 해서 변속기의 부담을 줄이고 있다. 하지만 저회전이라도 충분한 토크가 있는 엔진을 사용하고 다단화에 의해 스피드 레이쇼 커버리지를 와이드 하게 하면 토크 컨버터의 토크 증폭에 의존할 필요가 없어진다. 따라서 마찰 클러치인 습식 다판 클러치를 전자제어 하는 것만으로도 트랜스미션으로 성립한다. 토크 컨버터에 의한 크리핑은 없어지지만 효율이 높아지고 수동변속을 할 때에는 직접 조작하는 느낌이 강해진다.

*Daimler

⬆⬇ 스타팅 디바이스에 습식 다판 클러치를 사용하는 메르세데스 벤츠의 AMG Speedshift MCT. 변속기는 플래니터리 기어식의 7단이다. 토크 컨버터에 의한 댐퍼기능이 없으므로 토션 스프링이 배치되어 있다.

*Daimler

6속 AT(FF용)

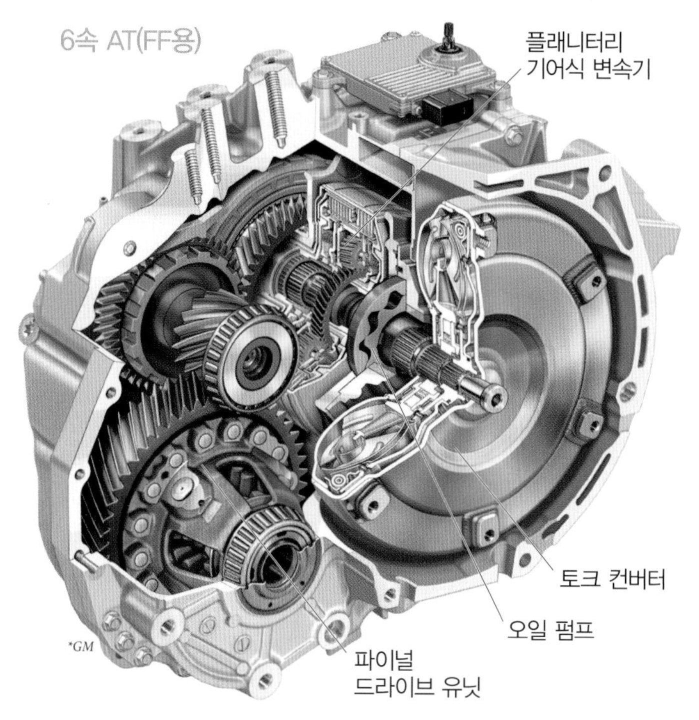

■토크 컨버터

스타팅 디바이스인 토크 컨버터는 반드시 록업 클러치가 함께 사용된다. 록업 클러치가 사용되던 초기에는 정속주행에 사용될 가능성이 높은 단(예를 들어 4속 AT의 경우 3속과 4속)에서만 록업이 이루어졌다. 하지만, 현재는 모든 단의 록업도 드물지 않다. 출발부터 가속에 사용되는 1속과 2속에서도 적극적으로 록업을 하고 있다. 또한 토크 증폭을 활용할 때에도 록업 클러치를 반클러치로 하는 플렉스 록업에 의해 전달효율을 조금이라고 높이려 하고 있다.

⬆ 플래니터리 기어 3세트로 구성된 FF용 6속 AT. 평행하게 배치된 아웃풋 기어에서 파이널 드라이브 유닛으로 출력된다.

■플래니터리 기어식 변속기

플래니터리 기어는 1세트만으로도 다양한 변속을 할 수 있다. AT의 플래니터리 기어식 변속기는 일반적으로 1세트로 전진 2단, 후진 1단의 변속을 한다. 플래니터리 기어 2세트는 4단, 3세트는 8단의 변속이 가능하다. 플래니터리 기어를 다단 변속기로 사용할 경우는 입출력의 전환과 특정 기어의 고정, 회전방향의 제한 등이 필요하다. 이 작업에는 습식 다판 클러치, 브레이크 밴드, 원웨이 클러치가 사용된다. 습식 다판 클러치는 회전축의 연결과 분리에 사용되며, 브레이크 밴드는 고정, 원웨이 클러치는 회전방향의 제한에 사용된다. 브레이크 밴드는 회전축인 원통 주위에 금속제 벨트를 감은 것으로, 벨트를 조여서 고정한다. 플래니터리 기어는 헬리컬 기어로 구성된다.

FR의 세로 배치 트랜스미션은 토크 컨버터로의 입력에서 최종적인 출력까지가 모두 같은 축에 배치된다. FF의 가로 배치 트랜스미션(트랜스 액슬)도 실제로 변속을 하는 부분은 같은 축에 배치되지만, 평행으로 배치된 회전축의 아웃풋 기어를 통해 파이널 드라이브 유닛으로 회전을 전달하는 구조가 많다. 같은 축에 많은 회전축을 배치할 필요가 있으므로, 주로 속이 빈 샤프트를 사용한다.

※실제의 변속 예는 176페이지에.

⬇ FR용 8속 AT. 3세트의 플래니터리 기어에 의해 8단 변속기가 실현되었다. 회전축은 모두 같은 축에 있다.

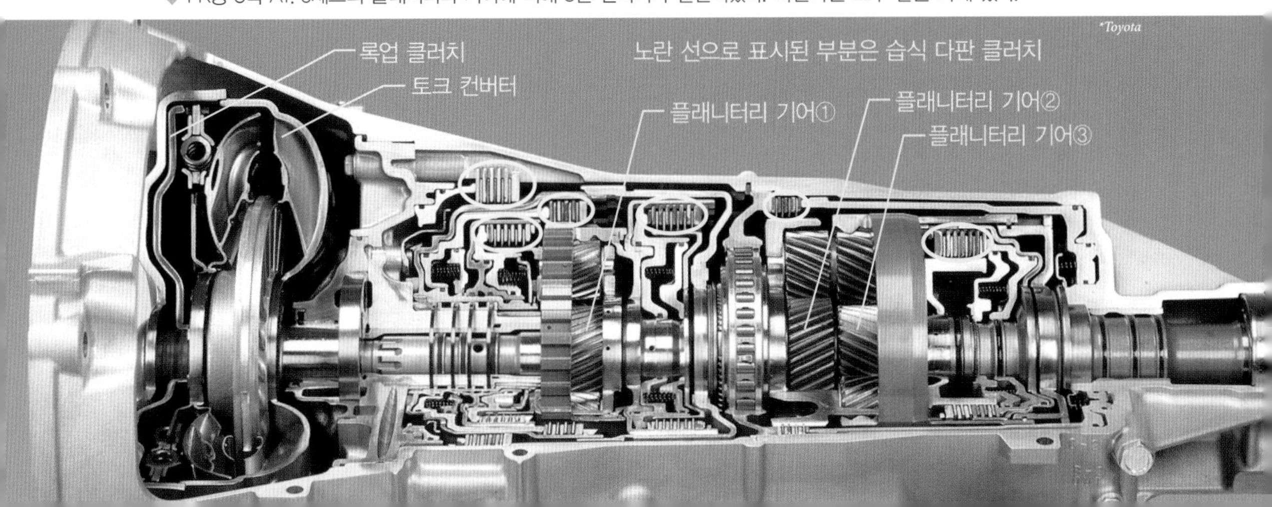

■유압제어기구와 AT-ECU

플래니터리 기어식 변속기로 변속을 하는 습식 다판 클러치와 브레이크 밴드는 유압에 의해 작동된다. 그 유압을 제어하는 것이 AT의 유압제어기구다. 내부의 밸브보디에는 목적한 곳으로 유압을 보내기 위한 가는 기름길이 다수 만들어져 있으며, 곳곳에 굵기가 다른 원통형 밸브 스풀이 들어가 있다. 스풀의 위치를 움직이면 기름길이 바뀌거나 차단된다. 스풀은 셀렉트 레버 조작으로 이동하는 것 이외에 자동차의 속도에 따라 유압과 스프링의 힘 관계에 의해 위치가 정해지는 것, 전자제어에 의해 움직이는 솔레노이드 밸브(전자밸브)를 사용하는 것도 있다. 필요한 유압을 발생시키기 위해서 AT 안에는 오일 펌프가 있으며 변속기의 입력축에서 회전되는 경우가 많다. 작동유는 ATF(AT플루이드)인 경우가 많으며, 이것은 토크 컨버터의 작동유와 변속기의 윤활유로도 사용된다.

현재 AT는 AT-ECU에 의해 전자제어 되고 있다. 자동차 속도 등 주행상황에 따라 최적의 변속단을 결정해 스풀을 이동시켜서 변속과 록업을 하고 있다. 연비 위주의 이코노미 모드 또는 파워 위주의 파워 모드(또는 스포츠 모드) 중에서 드라이버가 선택하면서 변속의 타이밍을 전환하는 것도 가능하다. 엔진의 ECU와의 협조제어도 일반적이며 변속 시에는 순간적으로 몇 개 기통의 연료분사를 정지시켜 엔진의 토크를 억제하고 있다.

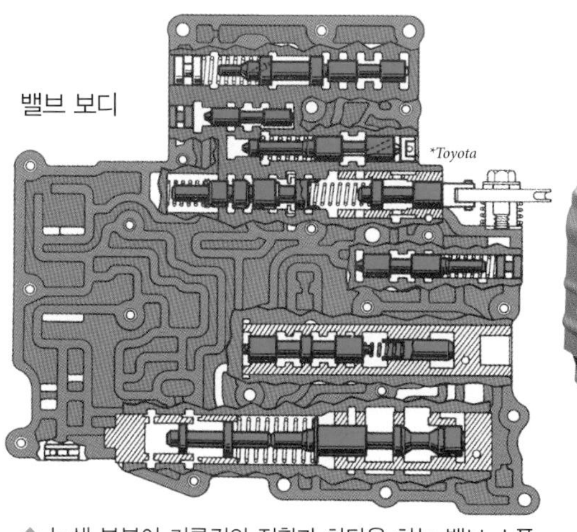

⬆ 녹색 부분이 기름길의 전환과 차단을 하는 밸브 스풀. 스풀을 포함해 기름길이 만들어진 부분 전체를 밸브 보디라고 한다.

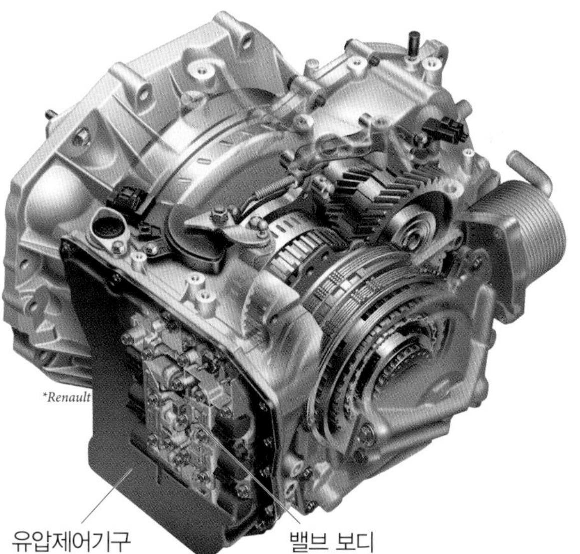

■레인지와 매뉴얼 모드

AT는 셀렉트 레버를 D레인지로 해두면 자동적으로 변속을 할 수 있으며, L레인지(1레인지)나 2레인지로 해서 변속단을 고정시킬 수도 있다. OD오프 스위치로 변속단의 상한을 제한할 수도 있다. R레인지에서는 후진을 할 수 있으며, N레인지에서는 토크 컨버터의 출력이 변속기에 전달되지 않는다. P레인지에서는 N레인지 상태에 추가로 파킹 록 볼, 파킹 록 기어 등의 부품이 변속기의 회전축을 고정시킨다.

현재의 AT 중에는 셀렉트 레버를 특정 위치로 설정하면 2방향의 조작으로 시프트 업과 시프트 다운을 할 수 있는 것도 있다. 이러한 조작방법을 매뉴얼 모드, 스포츠 모드, 시퀀셜 모드라고 한다. 셀렉트 레버가 아니라 스티어링 휠 뒤쪽에 설치된 시프트 패들로 조작할 수 있는 것도 있다. 이러한 타입을 스티어 시프트 또는 패들 시프트라고 한다.

AT변속의 실제 예(FF)

FF용의 가로배치용 4속 AT. 프론트 플래니터리 기어, 리어 플래니터리 기어의 2세트의 플래니터리 기어로 변속을 한다. 이것들은 4개의 습식 다판 클러치와 브레이크 밴드, 원웨이 클러치로 제어한다. 토크 컨버터로부터의 입력은 포워드 클러치, 리버스 클러치, 3–4클러치에서 한다. 출력은 프라이머리 기어에서 이루어지며, 세컨더리 기어와 아웃풋 기어를 지나 파이널 드라이브 유닛의 파이널 기어로 전달된다. 그림의 1~4속은 D레인지인 경우의 변속동작이다. 1레인지의 경우는 제어가 다르다.

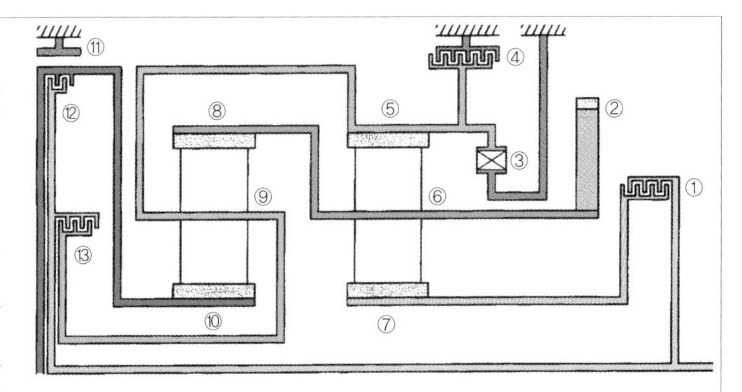

①포워드 클러치, ②프라이머리 기어, ③원웨이 클러치, ④로우&리버스 브레이크, ⑤프론트 링기어, ⑥프론트 피니언 캐리어, ⑦프론트 선기어, ⑧리어 링기어, ⑨리어 피니언 캐리어, ⑩리어 선기어, ⑪브레이크 밴드, ⑫리버스 클러치, ⑬3–4클러치, ⑭세컨더리 기어, ⑮아웃풋 기어, ⑯파이널 기어

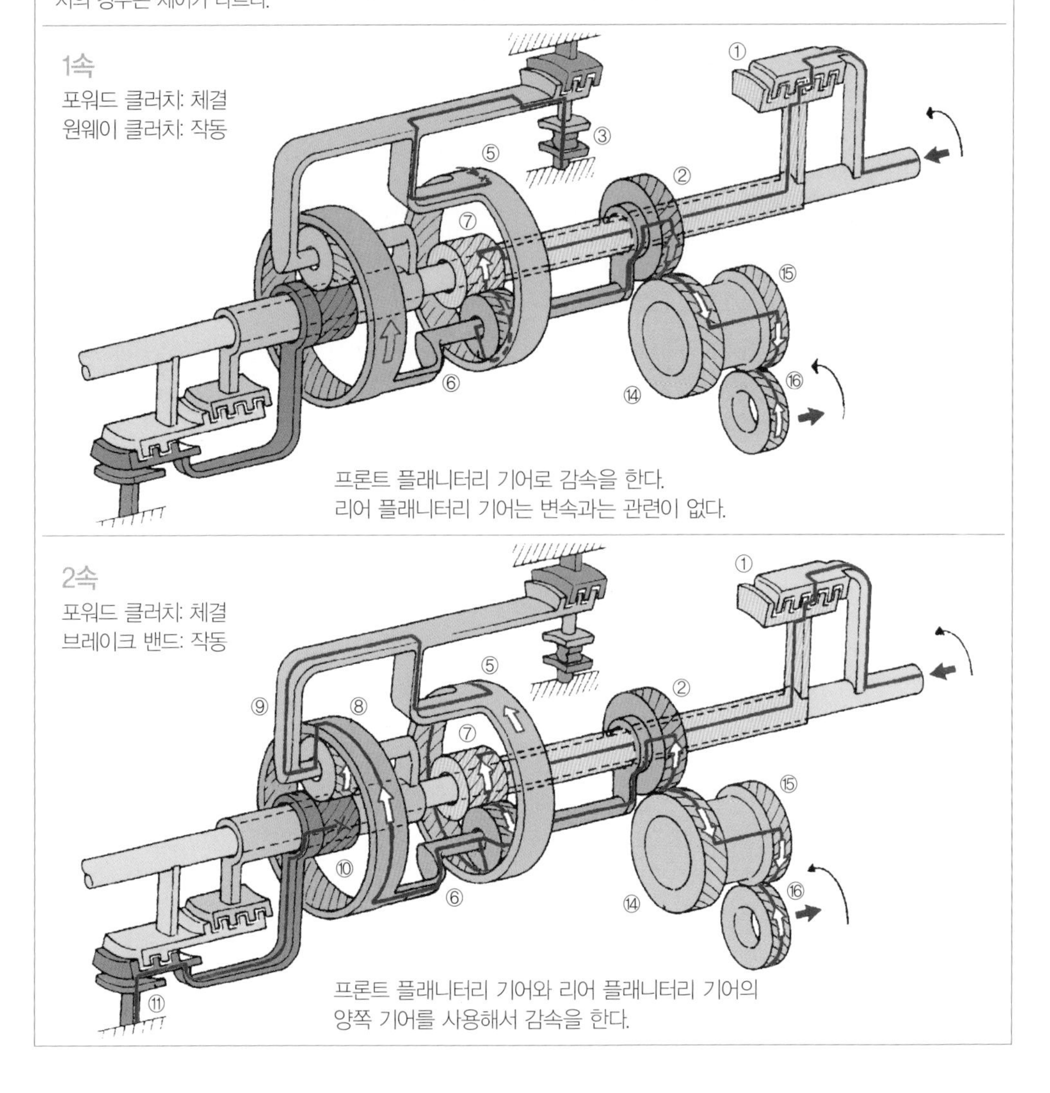

1속

포워드 클러치: 체결
원웨이 클러치: 작동

프론트 플래니터리 기어로 감속을 한다.
리어 플래니터리 기어는 변속과는 관련이 없다.

2속

포워드 클러치: 체결
브레이크 밴드: 작동

프론트 플래니터리 기어와 리어 플래니터리 기어의 양쪽 기어를 사용해서 감속을 한다.

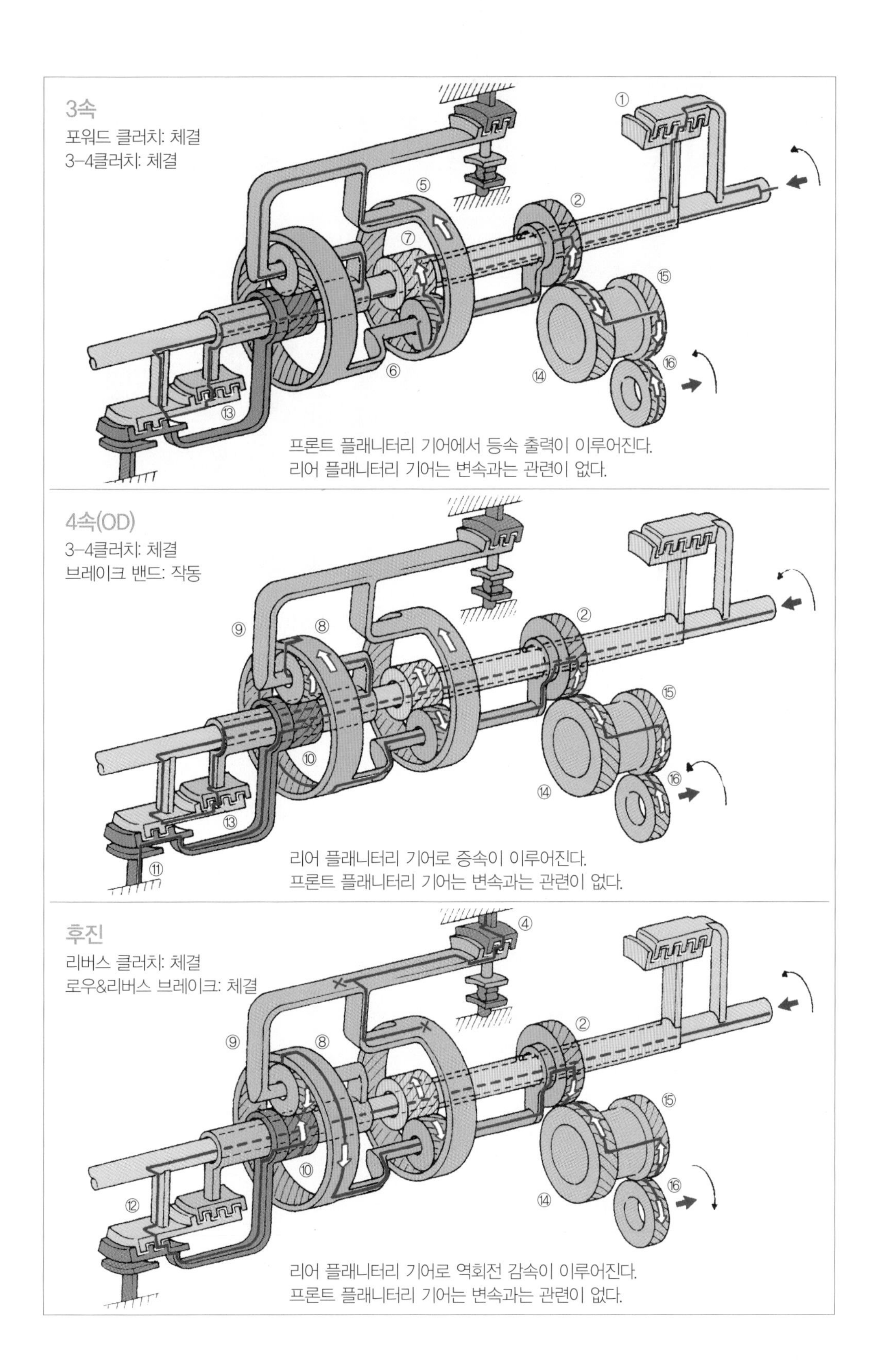
3속
포워드 클러치: 체결
3-4클러치: 체결
①
⑤
②
⑦
⑮
⑥
⑭
⑯
⑬
프론트 플래니터리 기어에서 등속 출력이 이루어진다.
리어 플래니터리 기어는 변속과는 관련이 없다.
4속(OD)
3-4클러치: 체결
브레이크 밴드: 작동
⑨
⑧
②
⑮
⑩
⑯
⑭
⑬
⑪
리어 플래니터리 기어로 증속이 이루어진다.
프론트 플래니터리 기어는 변속과는 관련이 없다.
후진
리버스 클러치: 체결
로우&리버스 브레이크: 체결
④
⑨
⑧
②
⑮
⑩
⑯
⑭
⑫
리어 플래니터리 기어로 역회전 감속이 이루어진다.
프론트 플래니터리 기어는 변속과는 관련이 없다.

변속기

Automatic transmission

06 AT(토크 컨버터+평행축 톱니바퀴식 변속기)

AT(오토매틱 트랜스미션)는 일반적으로 토크 컨버터와 플래니터리 기어식 변속기로 구성된다. 토크 컨버터와 평행축 톱니바퀴식 변속기가 조합된 것도 있다. 이 방식은 혼다에서 독자적으로 실용화한 것으로 예전에는 혼다매틱이라고 불렸지만 현재는 혼다에서도 그냥 오토매틱이라고 부르고 있다. 자동변속은 물론이고 토크 컨버터에 의한 크리핑도 있다. 유저가 사용할 때 차이를 느낄 수 없어 일반 AT로 인식하는 경우가 많다. 따라서 이 트랜스미션도 일반적으로 AT라고 할 수 있다.

MT에 사용되는 평행축 톱니바퀴식 변속기의 경우는 수동으로 슬리브를 움직이고, 싱크로메시 기구로 동기해서 변속을 하지만, 혼다매틱은 습식 다판 클러치를 유압으로 제어해서 동기와 변속을 한다.

유압으로 변속을 제어하는 점은 플래니터리 기어식 변속기를 사용하는 일반적인 AT와 같다. 당연히 자동제어이며, 토크 컨버터에는 록업 클러치가 함께 사용된다. 단수는 5단이 가장 많다.

⬆ 혼다의 AT내부. 여러 개의 습식 다판 클러치(노란 선으로 표시된 부분)가 배치되어있다(아래 그림과 다른 기종).

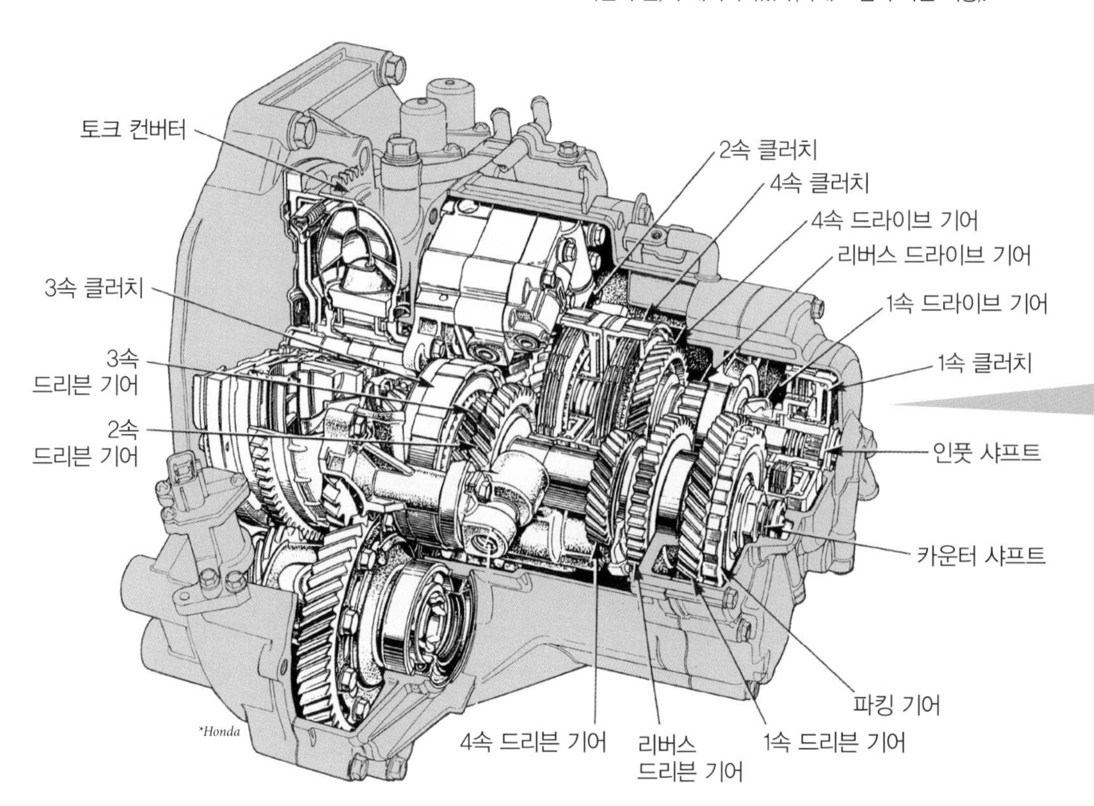

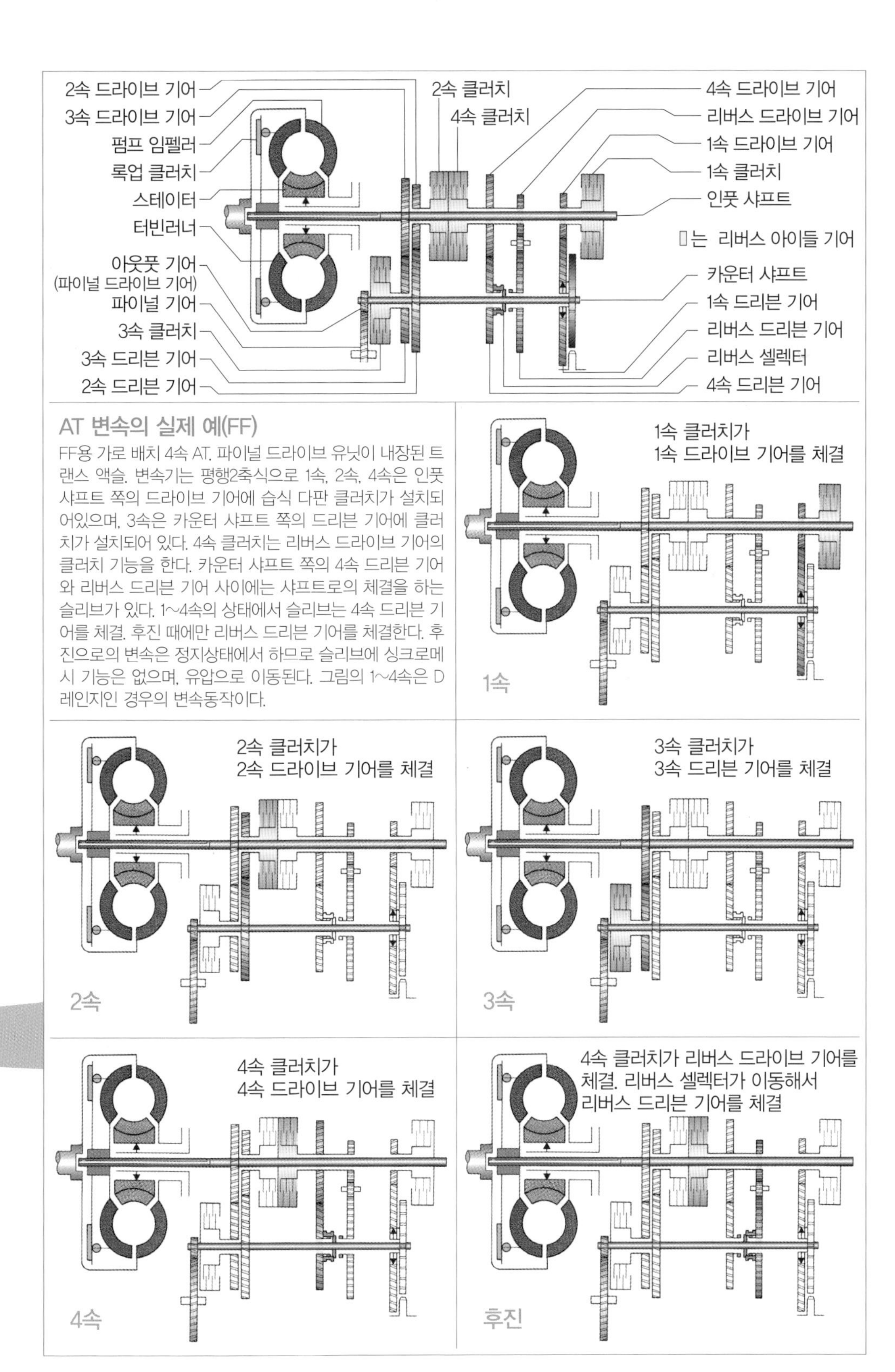

AT 변속의 실제 예(FF)

FF용 가로 배치 4속 AT. 파이널 드라이브 유닛이 내장된 트랜스 액슬. 변속기는 평행2축식으로 1속, 2속, 4속은 인풋 샤프트 쪽의 드라이브 기어에 습식 다판 클러치가 설치되어있으며, 3속은 카운터 샤프트 쪽의 드리븐 기어에 클러치가 설치되어 있다. 4속 클러치는 리버스 드라이브 기어의 클러치 기능을 한다. 카운터 샤프트 쪽의 4속 드리븐 기어와 리버스 드리븐 기어 사이에는 샤프트로의 체결을 하는 슬리브가 있다. 1~4속의 상태에서 슬리브는 4속 드리븐 기어를 체결. 후진 때에만 리버스 드리븐 기어를 체결한다. 후진으로의 변속은 정지상태에서 하므로 슬리브에 싱크로메시 기능은 없으며, 유압으로 이동된다. 그림의 1~4속은 D레인지인 경우의 변속동작이다.

변속기 07

Continuously variable transmission
CVT(토크 컨버터+벨트전동식 변속기)

많은 사람들이 CVT라고 부르는 트랜스미션은 토크 컨버터와 벨트전동식 변속기로 구성된 벨트식 CVT다. 토로이덜식 CVT가 유통되던 동안에는 구별을 위해 벨트식 CVT라고 불렀다. 현재는 체인식 CVT도 있지만 체인 이외에는 기본적인 구조가 같기 때문에 벨트식 CVT라고 통칭하는 경우도 많다.

벨트식 CVT가 실용화된 초기에는 스타팅 디바이스에 전자 클러치를 사용하는 것도 있었지만, AT와 같은 크리핑을 이용할 수 없다는 불편함 때문에 현재는 록업 클러치를 함께 사용하는 토크 컨버터가 표준이 되었다. 변속 제어를 모터로 하는 기구도 있었지만 현재는 유압제어를 하고 있다.

벨트전동식 변속기는 역회전을 만들어낼 수 없기 때문에 CVT에는 전후진 전환기구가 설치된다. 최근에는 부변속기가 설치된 것도 나오고 있다.

CVT는 무단식 변속기이기 때문에 다른 트랜스미션처럼 단수는 표시할 수 없다. 하지만 매뉴얼 모드를 갖춘 CVT의 경우에는 단수가 표기되는 경우도 있다.

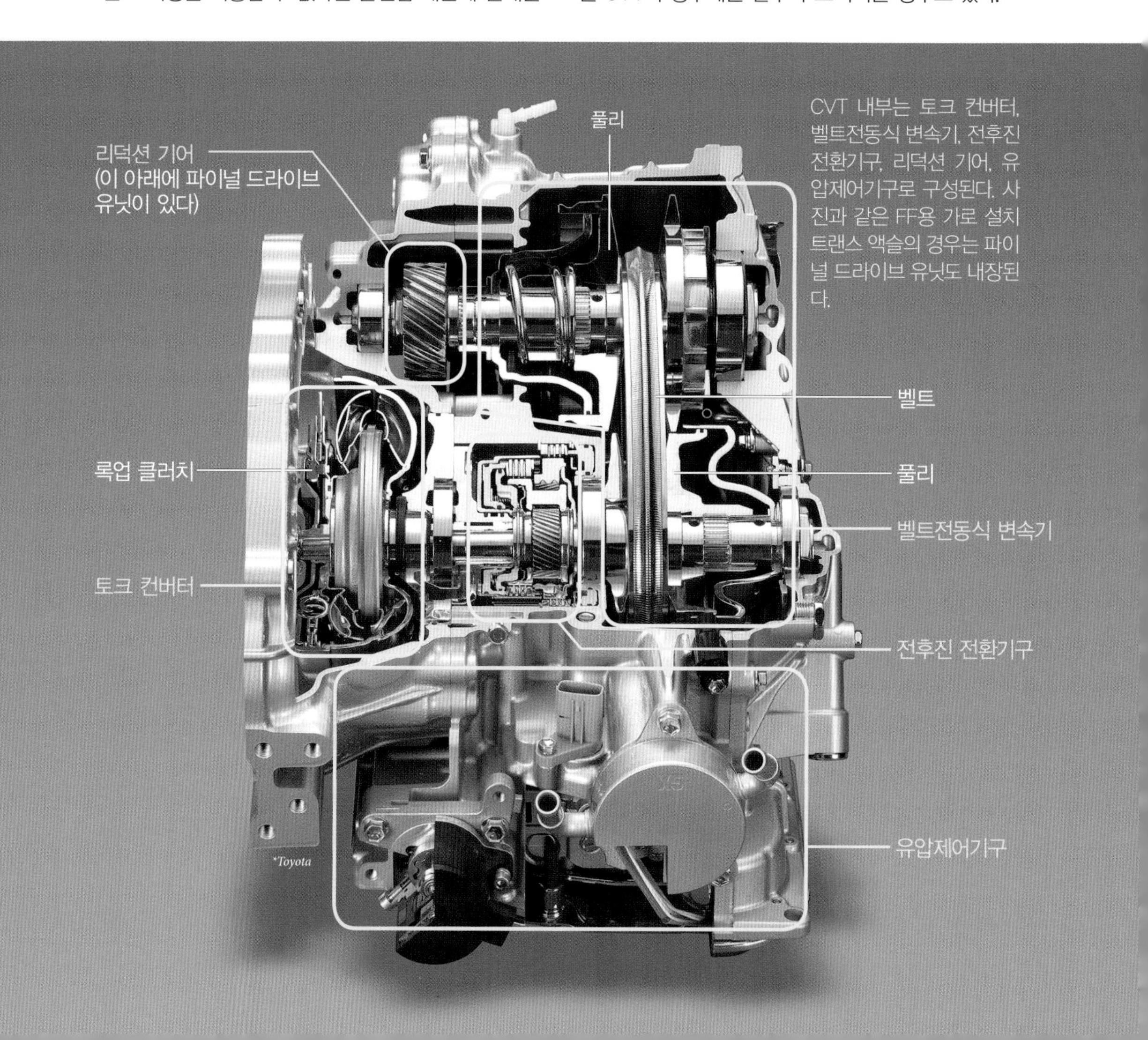

CVT 내부는 토크 컨버터, 벨트전동식 변속기, 전후진 전환기구, 리덕션 기어, 유압제어기구로 구성된다. 사진과 같은 FF용 가로 설치 트랜스 액슬의 경우는 파이널 드라이브 유닛도 내장된다.

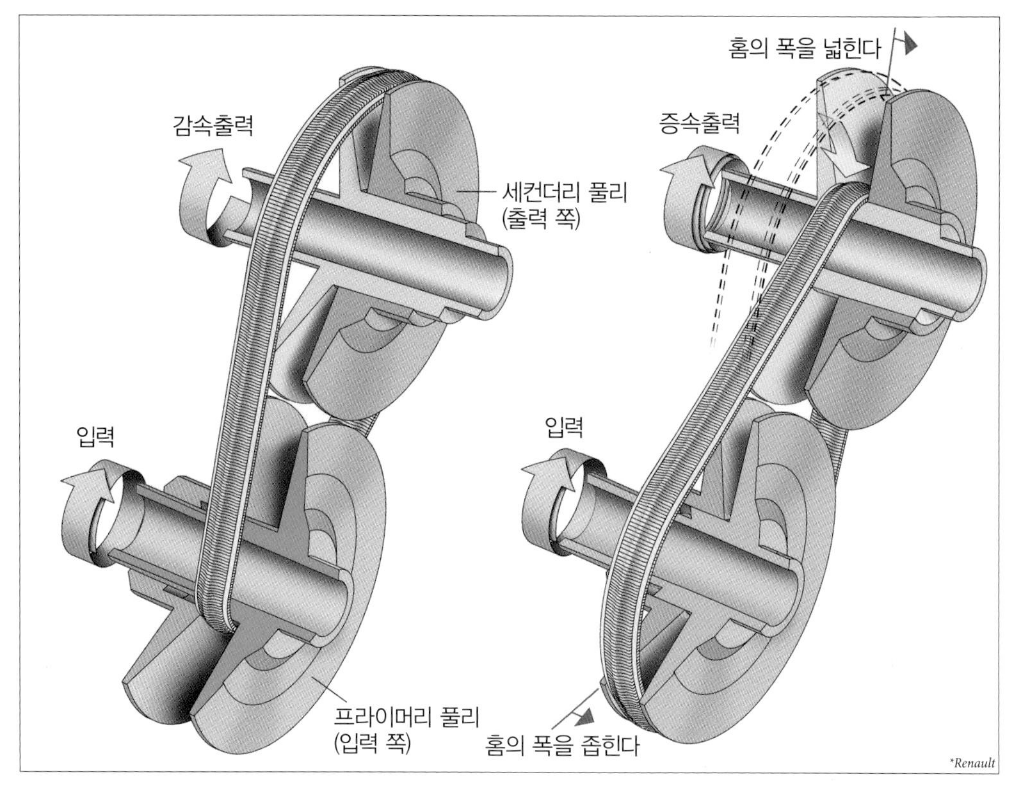

■CVT의 변속원리

풀리&벨트와 같은 벨트전동장치는 벨트가 닿는 부분의 풀리의 직경 비율로 변속비가 정해진다. 일반적인 풀리는 직경을 바꿀 수 없다. 따라서 벨트전동식 변속기는 벨트를 거는 홈의 단면을 V자 모양으로 만들어 홈의 폭을 바꿀 수 있도록 하고 있다. 홈의 폭을 넓히면 벨트가 회전 중심에 가까운 위치에 걸리며, 직경이 작은 풀리로 기능한다. 반대로 홈의 폭을 좁히면 벨트가 바깥쪽 위치에 걸려 직경이 큰 풀리로 기능한다.

입력 쪽의 풀리(프라이머리 풀리)의 홈의 폭을 최소로 하고, 출력 쪽의 풀리(세컨더리 풀리)의 홈의 폭을 최대로 하면 감속이 이루어진다. 반대로 입력 쪽을 최대로 하고 출력 쪽을 최소로 하면 증속이 이루어진다. 벨트가 느슨해지지 않도록 양쪽 풀리의 홈의 폭을 조정하면 이 사이에서 무단계로 변속을 할 수 있다.

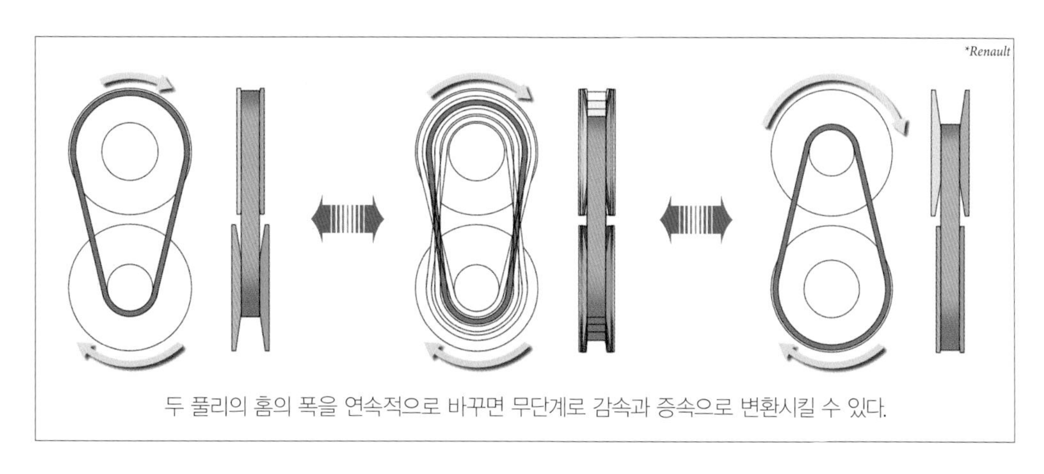

두 풀리의 홈의 폭을 연속적으로 바꾸면 무단계로 감속과 증속으로 변환시킬 수 있다.

■변속 제어

CVT에서 사용되는 가변 홈폭 풀리는 픽스 풀리(고정 쪽 풀리)와 슬라이드 풀리(가동 쪽 풀리)로 구성된다. 슬라이드 풀리의 측면에는 유압실이 설치되어있다.

프라이머리 풀리의 경우, 유압실의 유압을 높이면 홈폭을 좁게 만들 수 있다. 유압을 내리면 벨트의 장력에 의해 홈폭이 벌어진다. 세컨더리 풀리는 홈을 좁히는 방향으로 스프링의 힘이 작용하게 해두었다. 이러한 프라이머리 풀리의 홈폭의 변화로 벨트의 장력이 변화하면 세컨더리 풀리의 홈폭이 조정된다. 이것이 기본적인 조작이다. 벨트와 풀리의 마찰을 최적의 상태로 유지하기 위해 세컨더리 풀리 홈폭의 제어도 유압으로 하고 있다.

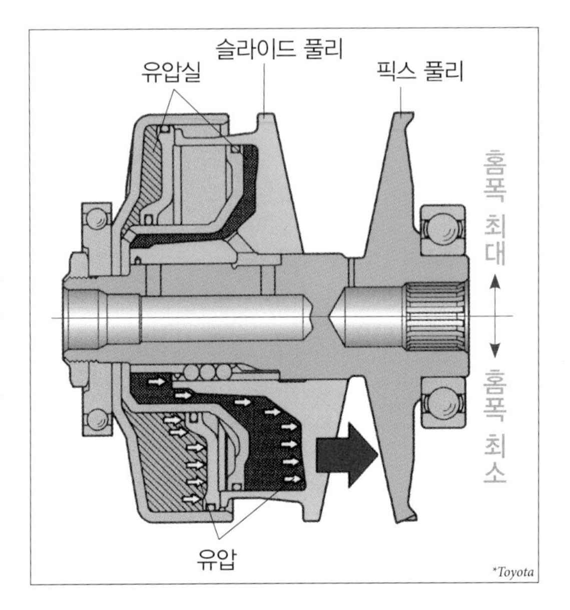

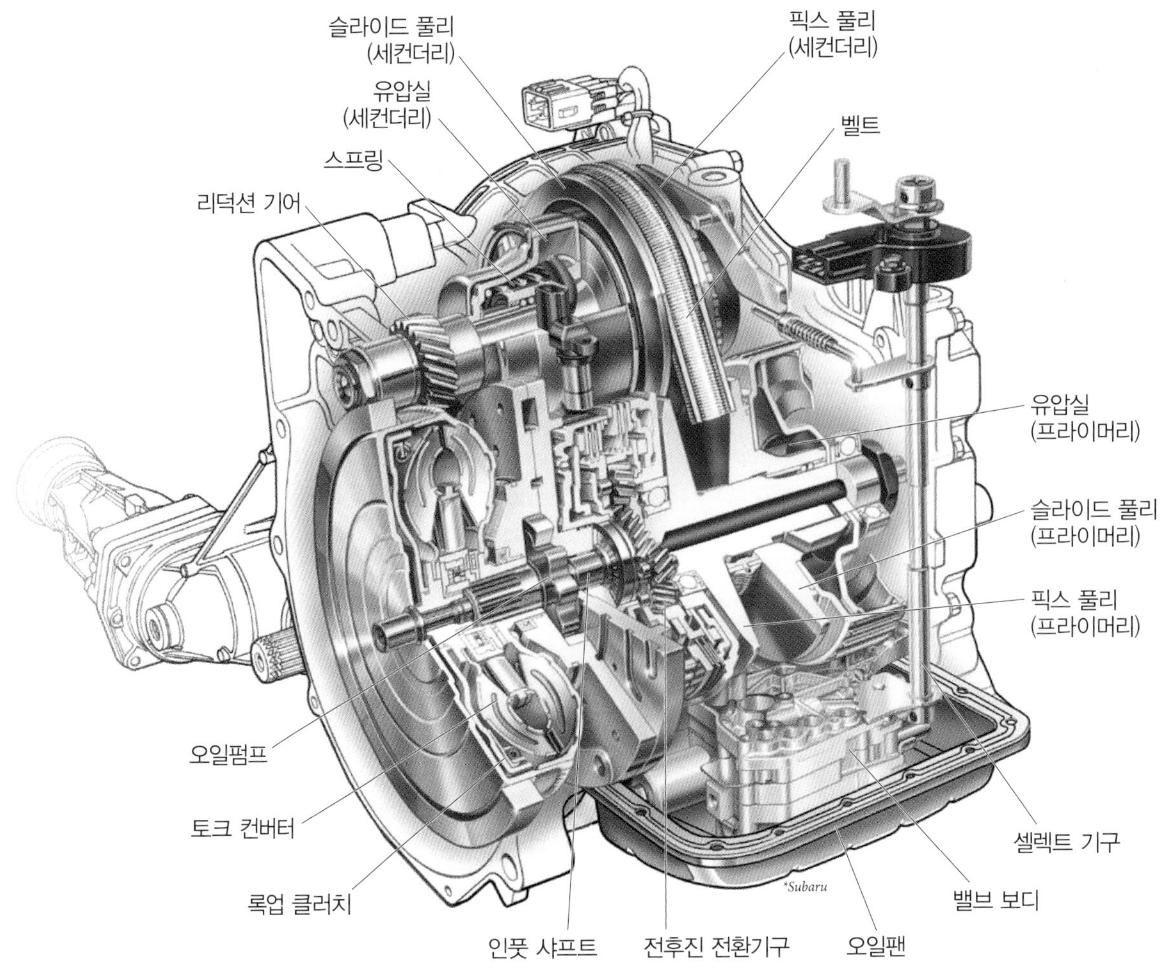

■전후진 전환기구

벨트전동식 변속기는 역회전을 만들어낼 수 없다. 따라서 CVT에는 후진용 역회전을 만들어내기 위한 전후진 전환기구가 장비되어있다. 같은 축에서 역회전을 만들어낼 수 있는 플래니터리 기어가 일반적으로 사용된다. 프라이머리 풀리로의 입력 전에 배치되는 경우가 많지만 세컨더리 풀리의 출력 쪽에 배치되는 경우도 있다. 플래니터리 기어의 제어는 AT의 경우와 마찬가지로 습식 다판 클러치와 브레이크 밴드로 한다.

■리덕션 기어

벨트전동식 변속기는 변속범위의 절반이 증속이다. 현재의 트랜스미션은 연비저감을 위해 오버드라이브가 사용되는 영역이 넓지만 그래도 벨트전동식에서는 불필요한 증속역이 나온다. 반대로 큰 감속비를 만들어내기도 어렵다. 때문에 CVT에는 리덕션 기어(감속 기어 기구)가 포함되어 있다. 우선적으로 감속을 하면 토크가 커져서 풀리와 벨트의 부담이 증가하므로 일반적으로 리덕션 기어는 트랜스미션의 최종단계에 배치된다.

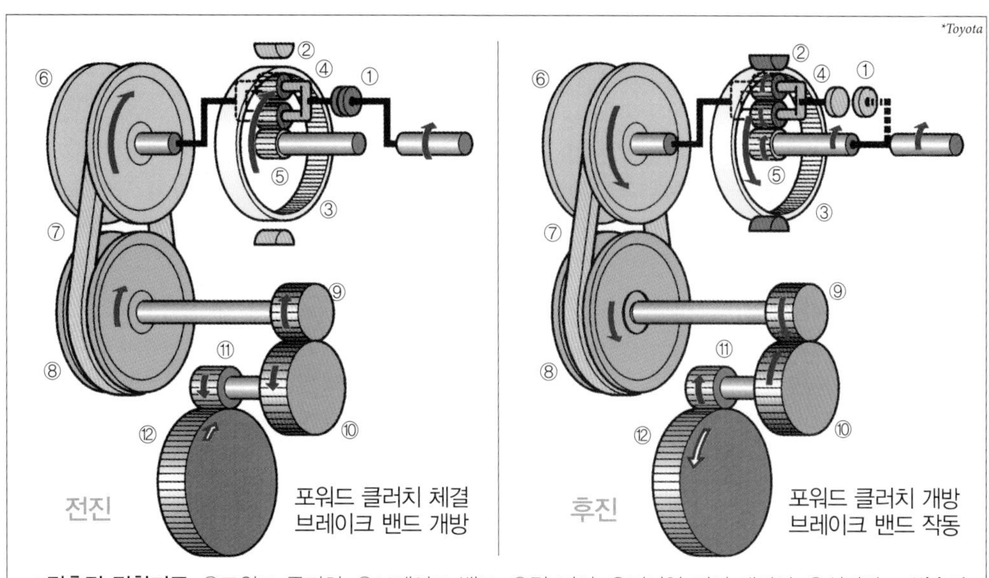

●**전후진 전환기구:** ①포워드 클러치, ②브레이크 밴드, ③링 기어, ④피니언 기어 캐리어, ⑤선기어, ●**변속기구:** ⑥프라이머리 풀리, ⑦벨트, ⑧세컨더리 풀리 ●**리덕션 기어:** ⑨리덕션 드라이브 기어, ⑩리덕션 드리븐 기어, ●**파이널 기어:** ⑪파이널 드라이브 기어, ⑫파이널 드리븐 기어

■유압제어기구와 CVT-ECU

CVT의 가변 홈폭 풀리와 전후진 전환기구는 유압으로 작동된다. 이들의 유압은 유압제어기구에 의해 컨트롤되고 있다. AT의 경우와 마찬가지로 밸브 보디에 들어간 밸브 스풀을 움직여서 기름길을 전환 또는 차단하고, 목적한 곳에 필요한 유압을 보낸다. 필요한 유압을 발생시키기 위해서 CVT 안에는 오일 펌프가 설치되어있다. 오일 펌프는 일반적으로 변속기의 입력축 부근에 설치되며, 아이들링 스톱을 하는 자동차의 경우는 정지 중에도 유압을 유지할 수 있도록 외부에 전동 펌프를 설치하는 경우도 있다. 작동유는 CVTF(CVT플루이드)의 경우가 많으며, 이것은 토크 컨버터의 작동유와 벨트전동식 변속기의 윤활유로도 사용되고 있다.

CVT는 전자제어를 전제로 하며, CVT-ECU에 의해 전체가 제어되고 있다. 변속비 선택의 폭이 넓으며, 자동차의 속도 변경에 맞춰 다양한 루트를 생각할 수 있기 때문에(156p. 참조), 엔진 회전수도 동시에 제어할 필요가 있다. 때문에 CVT-ECU는 세밀한 협조제어를 하고 있다. 연비 위주의 이코노미 모드와 파워 위주의 파워 모드(또는 스포츠 모드)가 탑재되어 있는 경우도 많다.

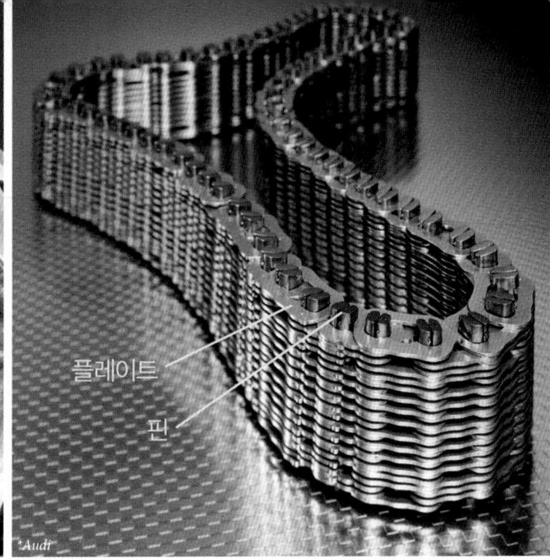

■벨트와 체인

스피드 레이쇼 커버리지를 와이드로 하면 연비를 향상시킬 수 있다. 벨트전동식 변속기에서 레이쇼 커버리지를 넓게 하려면 풀리를 큰 구경으로 사용하는 방법과 벨트의 최소 감기 반경을 작게 하는 방법이 있다. 하지만 풀리의 구경을 크게 만들면 트랜스미션이 커진다. 벨트식 CVT에 사용되고 있는 벨트는 강하게 감기 힘들다. 따라서 실용화된 것이 체인식 CVT다. 체인이라고 해도 자전거처럼 스프로킷과 조합되는 것은 아니다. 벨트식과 마찬가지로 가변 홈폭 풀리가 사용된다.

벨트식 CVT에는 일반적으로 스틸벨트라고 하는 벨트가 사용된다. 이것은 금속재질의 2개의 밴드(링이라고도 한다) 사이에 독특한 모양의 얇은 엘리먼트를 여러 개 배치한 것이다. 밴드는 얇은 강판을 적층해서 만들며, 엘리먼트 양측면이 풀리에 닿는다. 벨트를 구부리면 안쪽(회전축 쪽)에는 엘리먼트가 밀착되고 바깥쪽에는 빈틈이 생긴다. 강하게 구부릴 수 있도록 하기 위해서는 엘리먼트끼리의 간격을 넓게 해야 하지만, 넓게 하면 풀리와의 사이에서 힘 전달이 어려워진다.

한편 체인식 CVT에 사용되는 체인은 2종류의 플레이트를 핀으로 연결한 것으로 핀 양끝이 풀리에 닿는다. 이것은 각각의 핀을 중심으로 구부릴 수 있으므로 벨트보다 감는 반경을 작게 할 수 있다. 체인의 폭을 넓히면 큰 토크에도 사용할 수 있다. 현재 일반적인 벨트식의 레이쇼 커버리지는 5~6 정도지만 체인식은 6이 넘는 것도 있다.

벨트와 체인에는 역학적인 힘 전달의 차이(벨트는 밀어서 힘을 전달, 체인은 당겨서 힘을 전달)가 있지만 변속 원리는 같다.

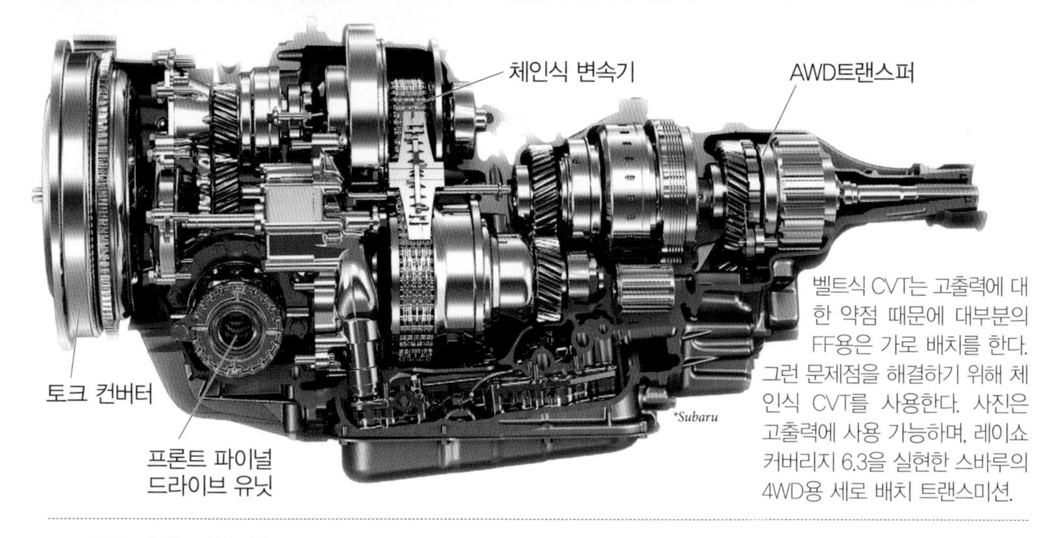

벨트식 CVT는 고출력에 대한 약점 때문에 대부분의 FF용은 가로 배치를 한다. 그런 문제점을 해결하기 위해 체인식 CVT를 사용한다. 사진은 고출력에 사용 가능하며, 레이쇼 커버리지 6.3을 실현한 스바루의 4WD용 세로 배치 트랜스미션.

■레인지와 매뉴얼 모드

CVT의 조작기구를 셀렉트 레버라고 한다(셀렉터, 시프트 레버라고도 한다). P레인지, R레인지, N레인지, D레인지는 AT와 공통이다. 이밖에 비탈길 주행에 유리한 S레인지, 급한 내리막길에 사용하는 L레인지(또는 B레인지)를 넣은 메이커도 있다. 임의의 변속비로 고정시켜 2방향 조작으로 시프트업과 시프트다운을 할 수 있는 매뉴얼 모드(스포츠 모드, 시퀀셜 모드)가 들어간 경우도 많으며, 스티어 시프트 또는 패들 시프트가 가능한 차종도 있다.

↑ 닛산은 부변속기의 채용으로 레이쇼 커버리지 7.3을 실현했다.

■부변속기 장착 CVT

스피드 레이쇼 커버리지를 넓히기 위해 부변속기를 장착한 CVT도 개발되고 있다. 부변속기는 플래니터리 기어 1세트에 의한 2단 변속을 하며, 습식 다판 클러치나 브레이크 밴드에 의해 제어된다. 트랜스미션의 구성은 토크 컨버터+벨트전동식 변속기+플래니터리 기어식 변속기다. 부변속기를 함께 사용하면 벨트전동식 변속기의 소형화도 가능하다.

■하이브리드 자동차의 CVT

CVT의 스타팅 디바이스의 표준은 토크 컨버터이며, 하이브리드 자동차의 경우는 모터를 스타팅 디바이스로 사용할 수도 있다. 때문에 토크 컨버터를 없애고 대신에 클러치를 설치한 예도 있다.

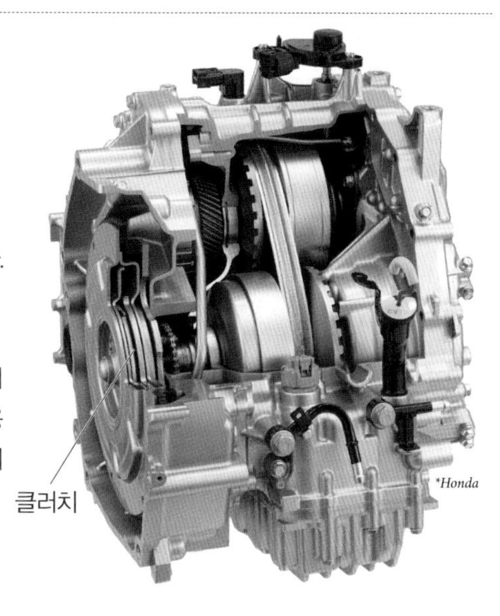

변속기

08 Automated manual transmission

AMT(마찰 클러치+평행축 톱니바퀴식 변속기)

AMT(오토매티드 매뉴얼 트랜스미션, 오토매티드MT)는 자동화된(automated) MT라는 의미다. 번역하면 자동수동변속기라는 뜻이다. 구조적으로는 MT와 마찬가지로 마찰 클러치와 평행축 톱니바퀴식 변속기의 조합이지만 자동변속이 이루어지는 트랜스미션을 의미한다. 평행축 톱니바퀴식은 다른 변속기에 비해 기계적인 전달효율이 높으며, 전자식 제어에 의해 숙련된 드라이버 이상의 테크닉으로 변속이 이루어지므로 연비와 주행성능을 높일 수 있다. 2방향의 조작으로 시프트업과 시프트다운을 할 수 있는 시퀀셜 모드(매뉴얼 모드, 스포츠 모드)가 들어있는 것이 일반적이다.

전용으로 설계되는 AMT도 있지만, 이미 나와 있는 MT의 클러치의 릴리스 포크와 변속기의 시프트 포크 또는 시프트 로드에 동작용 액추에이터가 추가된 AMT도 많다. 토크 컨버터의 크리핑에 익숙한 일본에서는 잘 사용되지 않지만, 현재에도 유럽에서는 연비가 좋고 변속을 직접적으로 하는 느낌 때문에 MT를 많이 사용한다.

다음 항목에서 설명하는 DCT는 마찰 클러치와 평행축 톱니바퀴식 변속기의 조합이라는 점이 같다는 이유로 AMT로 분류되는 경우도 많다.

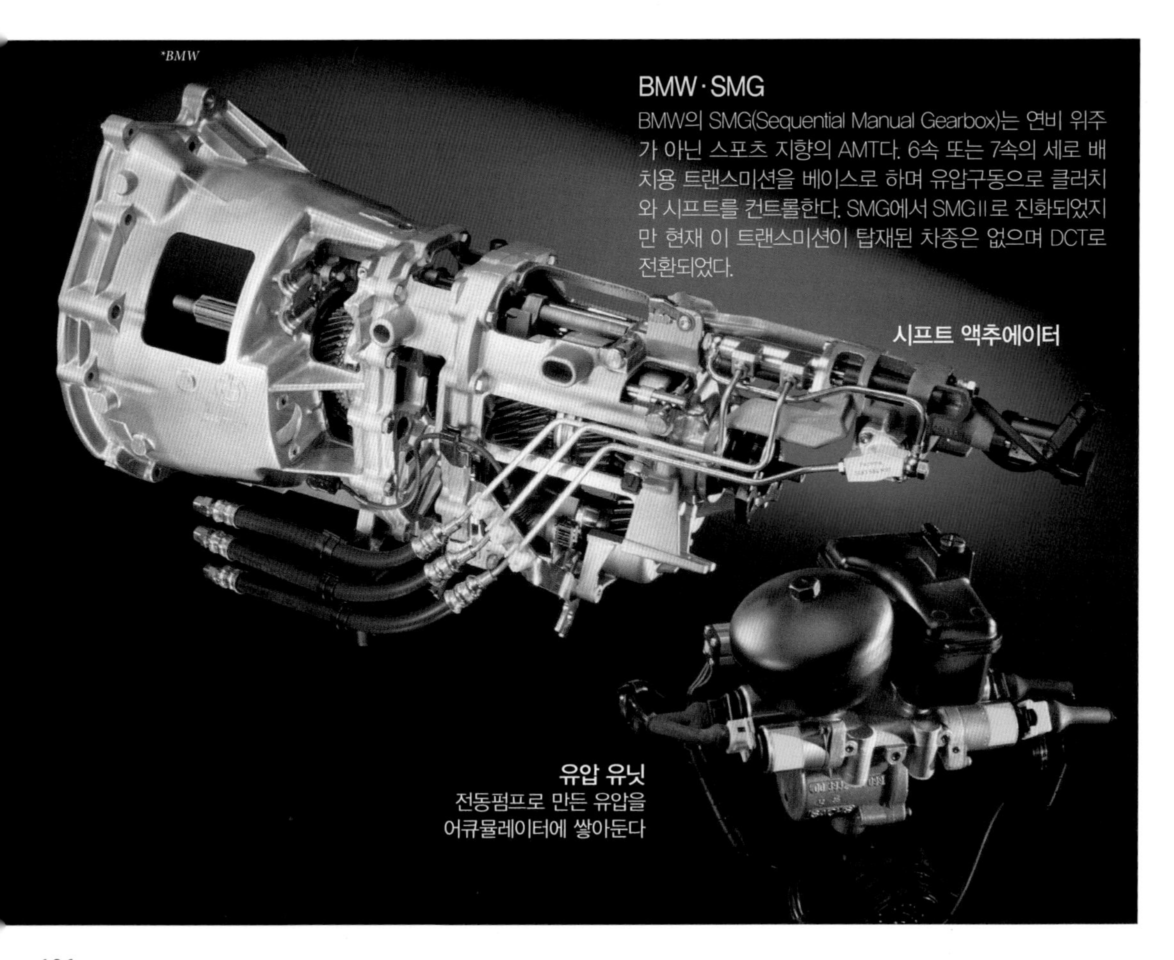

BMW·SMG

BMW의 SMG(Sequential Manual Gearbox)는 연비 위주가 아닌 스포츠 지향의 AMT다. 6속 또는 7속의 세로 배치용 트랜스미션을 베이스로 하며 유압구동으로 클러치와 시프트를 컨트롤한다. SMG에서 SMGⅡ로 진화되었지만 현재 이 트랜스미션이 탑재된 차종은 없으며 DCT로 전환되었다.

■세미AT와 2페달 MT

이 책에서는 자동변속이 가능한 것을 AMT로 보고, 자동변속을 하지 않고 시프트 레버 조작이 필요한 트랜스미션은 2페달 MT로 본다. 하지만 드라이버의 조작이 클러치나 변속기의 기계적인 동작으로 연결되지 않고, 자동화되어있으므로 시퀀셜 모드만의 트랜스미션도 AMT로 분류되어야 한다는 생각을 가진 사람도 있다. 매우 넓게 생각하면 2페달 MT도 AMT의 일종인 것이다.

시퀀셜 모드만의 트랜스미션을 세미 AT라고 하는 경우도 있다. 이러한 개념에서 2페달 MT는 시프트 레버가 H자 모양을 기본으로 하는 시프트 패턴을 가지고 있다.

하지만 이 분류에 명확한 정의는 없다. 사람에 따라 해석이 다르므로 명칭에는 주의가 필요하다.

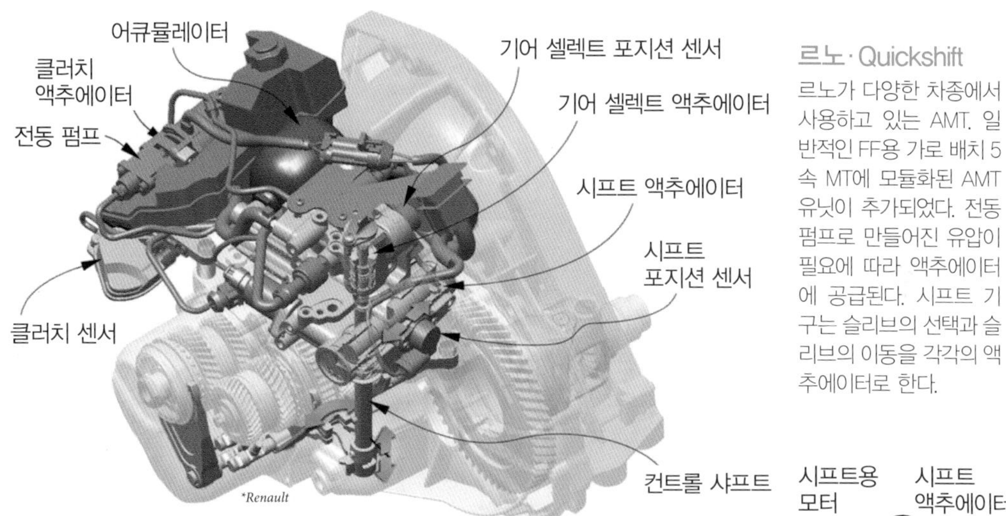

르노 · Quickshift

르노가 다양한 차종에서 사용하고 있는 AMT. 일반적인 FF용 가로 배치 5속 MT에 모듈화된 AMT 유닛이 추가되었다. 전동 펌프로 만들어진 유압이 필요에 따라 액추에이터에 공급된다. 시프트 기구는 슬리브의 선택과 슬리브의 이동을 각각의 액추에이터로 한다.

■액추에이터

AMT에서 클러치와 시프트의 조작을 하는 액추에이터에는 유압구동 방식과 모터구동 방식이 있다. 유압구동은 트랜스미션의 오일 펌프로 유압을 만드는 것과 전동 펌프로 유압을 만드는 것이 있다. 액추에이터는 AMT-ECU에 의해 전자제어된다.

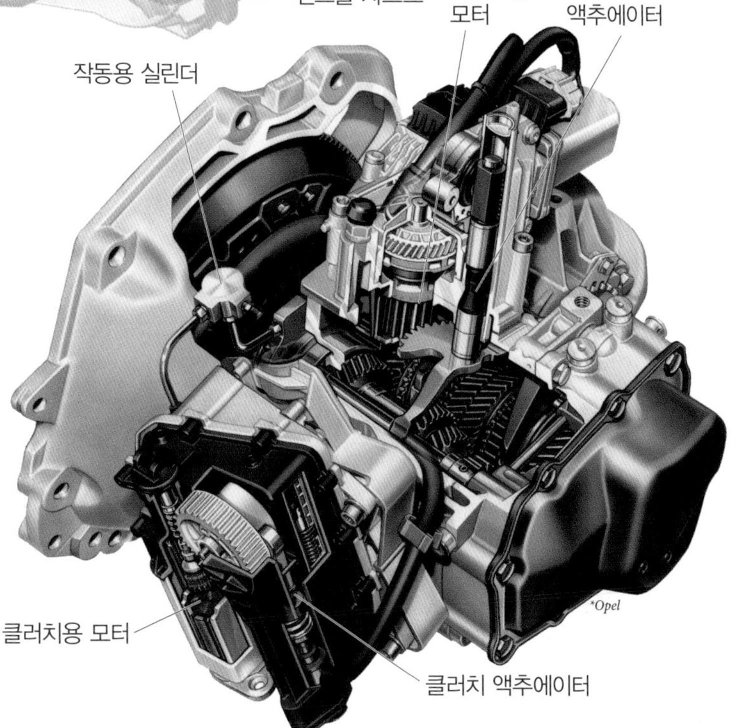

오펠 · Easytronic

오펠이 소형차에 사용하고 있는 AMT. FF용 가로 배치 5속 MT를 베이스로 한 것이다. 클러치용과 시프트용 각각에 모터가 설치되어 있다. 클러치는 모터로 직접 구동하지 않고 유압으로 구동된다.

변속기 Dual clutch transmission

09 DCT(마찰 클러치+평행축 톱니바퀴식 변속기)

DCT(듀얼 클러치 트랜스미션)란 간단히 말해서 2대의 AMT를 1대에 넣은 트랜스미션이다. 일본차 중에는 스포츠 타입의 자동차에 사용되기 때문에 스포츠카 용이라고 생각할 수 있지만, 유럽에서는 연비를 위해 사용하는 경우도 많다.

AMT를 포함해서 MT와 같이 마찰 클러치와 평행축 톱니바퀴식 변속기를 조합한 트랜스미션은 변속에서 톱니바퀴를 전환할 때 클러치의 접속을 분리하는 시간이 있다. 그 순간은 구동되는 바퀴에 토크가 전달되지 않는다. 이것을 토크 끊어짐, 토크 빠짐이라고 하며, 가속과 연비 모두에서 효율이 나쁘다. 이것은 또한 독특한 헛달리는 듯한 느낌도 있다. 이 토크 끊어짐의 시간을 최소한으로 하기 위해서 개발된 것이 DCT다. 홀수단의 변속기와 짝수단의 변속기를 탑재하고 있으며, 각각에는 클러치가 장비되어 있다. 다음 단을 맡은 변속기의 클러치를 스탠바이 상태로 해두면 현재 단의 클러치와 떨어지는 동시에 다음 단의 클러치와 연결될 수 있어, 토크 끊어짐을 최소한으로 할 수 있다. 2대 분량의 변속기의 인풋 샤프트는 속이 빈 샤프트를 사용해서 같은 축에 배치되며, 마찬가지로 2기의 클러치도 같은 축에 배치된다.

변속 단수는 6단 또는 7단이며, 일반적으로 자동변속에 추가로 시퀀셜 모드(매뉴얼 모드, 스포츠 모드)도 갖추어진다.

인풋 샤프트는 2중 구조로 되어있다.

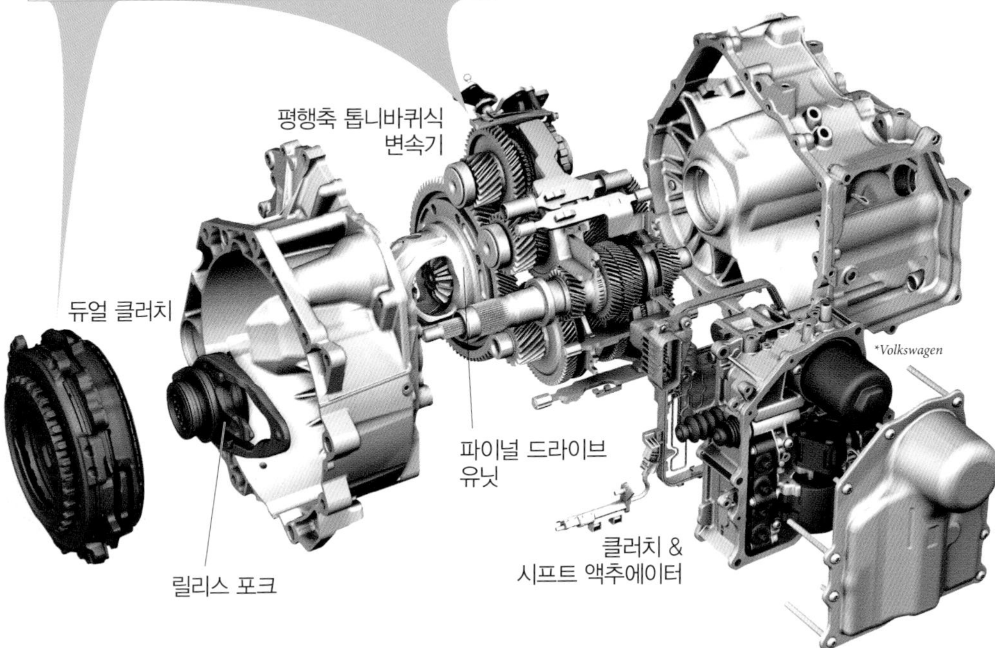

■듀얼 클러치

DCT의 마찰 클러치에는 건식 단판 클러치와 습식 다판 클러치가 있다. 건식 단판 클러치는 많이 사용하면 발열로 수명이 짧아지지만 튼튼하고 효율이 높으며 직접적인 변속 느낌을 받을 수 있다. 습식 다판 클러치는 오일에 의해 윤활과 냉각이 이루어지기 때문에 내구력이 뛰어나며, 판수가 늘어나면 큰 토크에도 사용할 수 있다. 매끄럽게 변속을 할 수 있지만 윤활에 의한 손실이 있고, 무거워진다는 단점도 있다. 때문에 차종과 요구되는 성능, 성격에 따라서 선택적으로 사용되고 있다.

2대의 클러치는 같은 직경의 클러치를 회전축 방향으로 배열하는 같은 직경 세로열 배치가 많다. 습식 다판 클러치의 경우는 축방향이 길어지므로 다른 직경의 클러치를 회전축과 같은 위치에 설치하기도 하기 때문에 다른 직경을 포개서 넣은 배치라고도 한다.

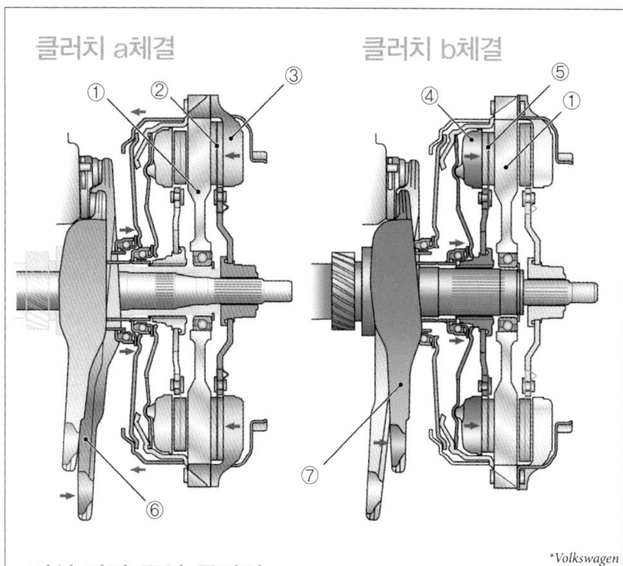

①드라이브 플레이트, ②클러치 디스크a, ③프레셔 플레이트a, ④프레셔 플레이트b, ⑤클러치 디스크b, ⑥시프트 포크a, ⑦시프트 포크b

건식 단판 듀얼 클러치

MT의 클러치는 회전을 전달하는 다른 한쪽의 원판에 플라이휠이 사용된다. 듀얼 클러치를 같은 구조로 만들 경우, 2장의 클러치가 다른 직경이 되어 견딜 수 있는 토크가 작아진다. 때문에 엔진으로부터의 입력은 드라이브 플레이트라는 원판으로 전달되고, 그 앞과 뒤에 클러치 디스크를 설치하는 구조가 일반적이다.

변속동작(가로 배치 트랜스미션)
FF용 가로 배치 6속 DCT의 4속에서 5속으로의 변속 과정. 외관상으로는 3축이지만 실제로는 4축. 4속이 선택된 상태에서는 다른 직경을 포개서 넣은 배치의 안쪽 클러치가 체결되어 아우터 인풋 샤프트가 회전 전달을 한다. 샤프트의 4속 드라이브 기어에서 카운터 샤프트1의 4속 드리븐 기어로 회전이 전달되고 있다. 이때 다음에 변속될 5속 드리븐 기어와 5속 드라이브 기어도 회전하고 있다. 변속시기가 다가오면 바깥쪽 클러치가 준비상태가 되고, 이너 인풋 샤프트도 조금씩 회전을 시작한다. 안쪽의 클러치가 떨어지면 동시에 바깥쪽의 클러치가 체결되어 이너 인풋 샤프트의 5속 드라이브 기어에서 카운터 샤프트2의 5속 드리븐 기어로 회전이 전달된다. 이 페이지의 그림은 이해하기 쉽도록 슬리브를 생략했다(같은 형태의 트랜스미션의 모든 단의 변속을 192~193p.에서 설명한다).

■평행축 톱니바퀴식 변속기

DCT에는 2대 분량의 팽행축 톱니바퀴식 변속기가 탑재되어있으며, 독립된 2개의 변속기가 존재하는 것은 아니다. 이것은 어디까지나 개념이다. 같은 축에 배치된 2개의 클러치의 출력 쪽에 연결되는 변속기의 인풋 샤프트 2개는 한쪽이 속이 빈 샤프트로 같은 축에 배치된다. 이 인풋 샤프트와 평행하게 카운터 샤프트가 배치된다. 보기에는 MT, AMT 변속기와 큰 차이가 없다.

FR 용의 세로 배치 트랜스미션의 경우는 카운터 샤프트가 하나인 평행2축식이 일반적이지만 FF용 가로 배치 트랜스미션은 2개의 카운터 샤프트가 사용되는 평행3축식이 많다. 카운터 샤프트가 2개 있다고 해서 홀수단의 톱니바퀴와 짝수단의 톱니바퀴를 따로 배치할 필요는 없다. 카운터 샤프트를 2개 사용하는 것은 회전축 방향의 길이를 너무 길지 않게 할 수 있기 때문이다.

단수를 바꾸는 변속 시에 새로이 체결하는 쪽의 클러치를 미리 스탠바이 상태(반클러치)로 해두면, 그때까지 체결되었던 클러치를 개방하는 동시에 다음 클러치를 체결할 수 있다. 이것으로 토크의 끊어짐을 대부분 없앨 수 있다. 다만 체결되지 않은 쪽의 클러치가 항상 스탠바이 상태인 것은 아니다. 스탠바이 상태에서는 마찰에 의해 손실이 발생한다. DCT-ECU가 자동차의 속도 변화를 감시해 변속 타이밍에 가깝다고 판단한 경우에만 다른 한쪽의 클러치를 스탠바이 상태로 만든다.

변속 동작(세로 배치 트랜스미션)

AWD용 세로 배치 7속 DCT의 출발부터 가속 시의 변속 모습. 보기에는 2축이지만 실제로는 3축 구성이다. 출발 시에는 변속 간격이 짧기 때문에 1속(바깥쪽 클러치 체결) 때에는 2속을 담당하는 안쪽 클럭치가 스탠바이 상태가 된다. 2속(안쪽 클러치 체결)이 되면 3속으로의 변속에 대비해 바깥쪽 클러치가 스탠바이 상태가 된다.

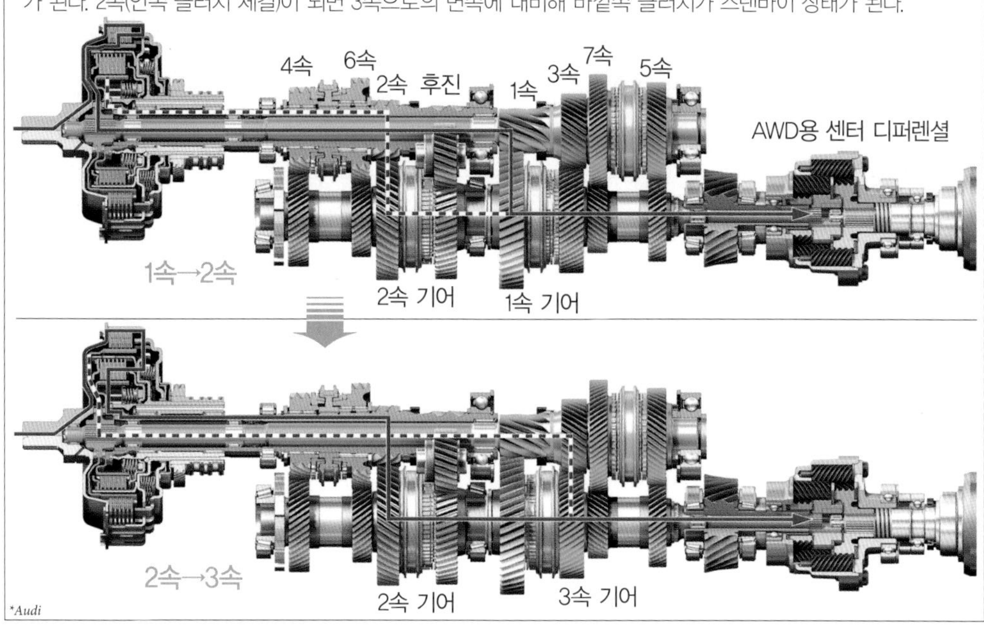

■액추에이터와 DCT-ECU

AMT의 경우와 마찬가지로 클러치와 시프트의 조작을 하는 액추에이터에는 유압구동과 모터구동이 있다. 유압구동에는 트랜스미션의 회전축으로 오일 펌프를 구동하는 것과 전동 펌프를 이용하는 것이 있다. 유압구동의 경우는 AT, CVT와 마찬가지로 밸브 보디가 설치되어 기름길을 컨트롤한다. 변속기 전체의 제어는 DCT-ECU에 의해 이루어진다. 액셀 페달 조작에 의해 운전자의 의사와 시프트 레버의 조작, 자동차 속도, 엔진 회전수에서 최적의 단을 선택한다. 그리고 다음에 선택될 단을 예측해 스탠바이 상태로 만든다.

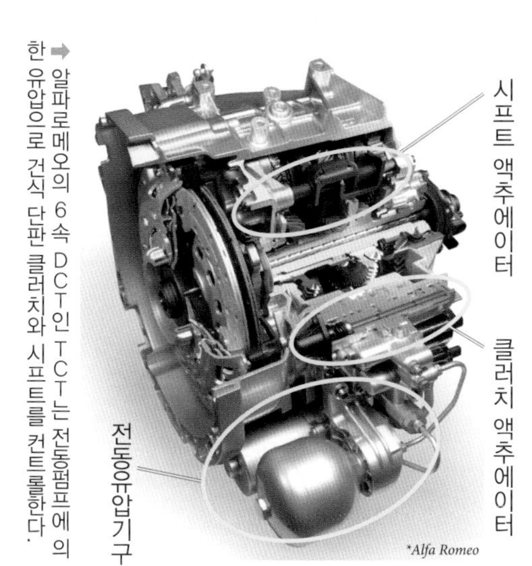

➡ 알파로메오의 6속 DCT인 TCT는 전동펌프에 의한 유압으로 건식 단판 클러치와 시프트를 컨트롤한다.

⬆ 르노의 6속 DCT인 EDC는 모터에 의해 건식 클러치와 시프트가 컨트롤된다. 시프트용 모터는 2개다.

↑ 폭스바겐의 6속 DCT인 DSG. 카운터 샤프트2가 제거된 상태의 커트 모델.

*Volkswagen

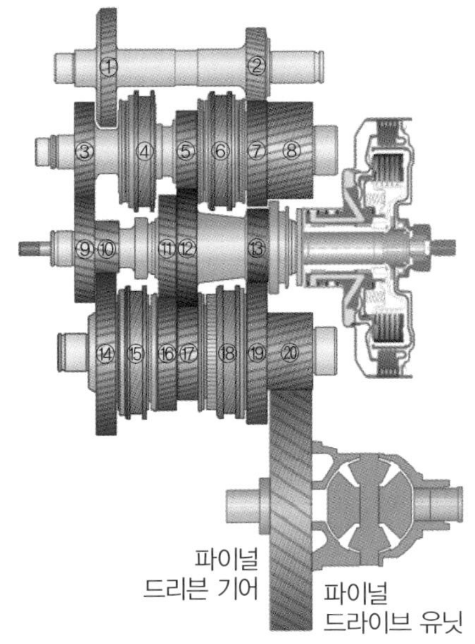

①리버스 아이들 기어1, ②리버스 아이들 기어2, ③5속 드리븐 기어, ④5속 슬리브, ⑤6속 드리븐 기어, ⑥6-R속 슬리브, ⑦리버스 드리븐 기어, ⑧아웃풋 기어2(파이널 드라이브 기어), ⑨5속 드라이브 기어, ⑩1속 드라이브 기어, ⑪3속 드라이브 기어, ⑫4-6속 드라이브 기어, ⑬2속 드라이브 기어, ⑭1속 드리븐 기어, ⑮1-3속 슬리브, ⑯3속 드리븐 기어, ⑰4속 드리븐 기어, ⑱2-4속 슬리브, ⑲2속 드리븐 기어, ⑳아웃풋 기어1(파이널 드라이브 기어)

샤프트는 위에서부터 순서대로 리버스 카운터 샤프트, 카운터 샤프트2, 인풋 샤프트(2중), 카운터 샤프트1. 그림에는 맞물려있지 않지만 카운터 샤프트2의 아웃풋 기어2는 파이널 드리븐 기어와 맞물려있다. 그리고 1속 드라이브 기어는 리버스 카운터 샤프트의 리버스 아이들 기어1과 맞물려있다.

DCT변속의 실제 예(FF)

FF용 가로 배치 6속 DCT. 파이널 드라이브 유닛이 내장된 트랜스 액슬. 클러치는 습식 다판의 다른 직경이 포개진 배치로, 변속기는 평행3축식이다. 후진용 리버스 카운터 샤프트가 있지만, 기본적으로는 3축 구성이다. 홀수단의 드라이브 기어가 이너 인풋 샤프트에 배치되며, 짝수단의 드라이브 기어가 아우터 인풋 샤프트에 배치된다. 카운터 샤프트1에는 1~4속의 드리븐 기어가 배치되며, 카운터 샤프트2에는 5~6속의 드리븐 기어가 배치된다. 4속과 6속 드라이브 기어는 겸용으로 사용되며, 1속 드라이브 기어는 리버스 드라이브 기어를 겸하고 있다.

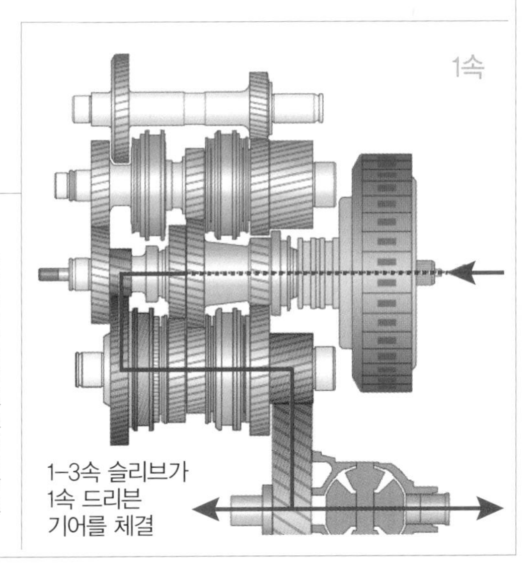

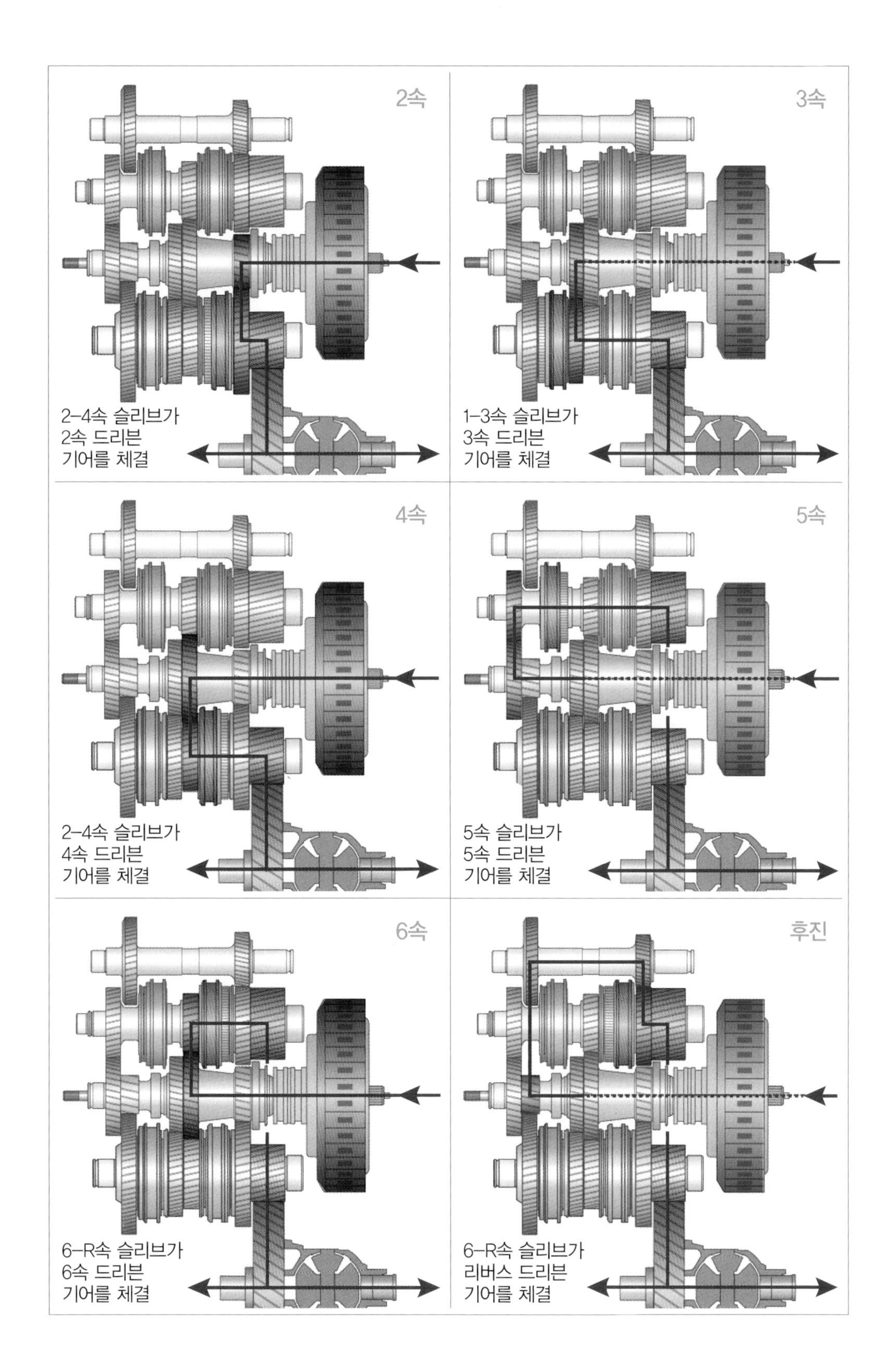
2속
2-4속 슬리브가
2속 드리븐
기어를 체결
3속
1-3속 슬리브가
3속 드리븐
기어를 체결
4속
2-4속 슬리브가
4속 드리븐
기어를 체결
5속
5속 슬리브가
5속 드리븐
기어를 체결
6속
6-R속 슬리브가
6속 드리븐
기어를 체결
후진
6-R속 슬리브가
리버스 드리븐
기어를 체결

구동장치 01

Final drive unit
파이널 드라이브 유닛

파이널 드라이브 유닛은 파이널 기어와 디퍼렌셜 기어로 구성된다. 디퍼렌셜 기어는 코너에서 매끄럽게 구동하기 위해 필수적인 장치다. 파이널 기어는 최종적으로 감속을 하는 톱니바퀴로, 트랜스미션의 부담을 경감시키기 위해 사용된다. 파이널 기어의 출력은 그대로 디퍼렌셜 기어로의 입력을 담당한다.

FF의 경우 파이널 드라이브 유닛은 트랜스미션에 내장되어 트랜스 액슬을 구성하는 것이 일반적이다. FR의 경우는 후륜의 좌우 중앙 부근에 리어 파이널 드라이브 유닛이 배치된다. 4WD의 경우 FF 베이스는 트랜스 액슬과 리어 파이널 드라이브 유닛으로 구성되며, FR베이스는 프론트 파이널 드라이브 유닛과 리어 파이널 드라이브 유닛을 모두 사용하는 경우가 많다. 실제로는 파이널 기어를 포함해서 디퍼렌셜 기어라고 하는 경우가 많으며, 각각을 리어 디퍼렌셜 기어, 프론트 디퍼렌셜 기어라고 한다.

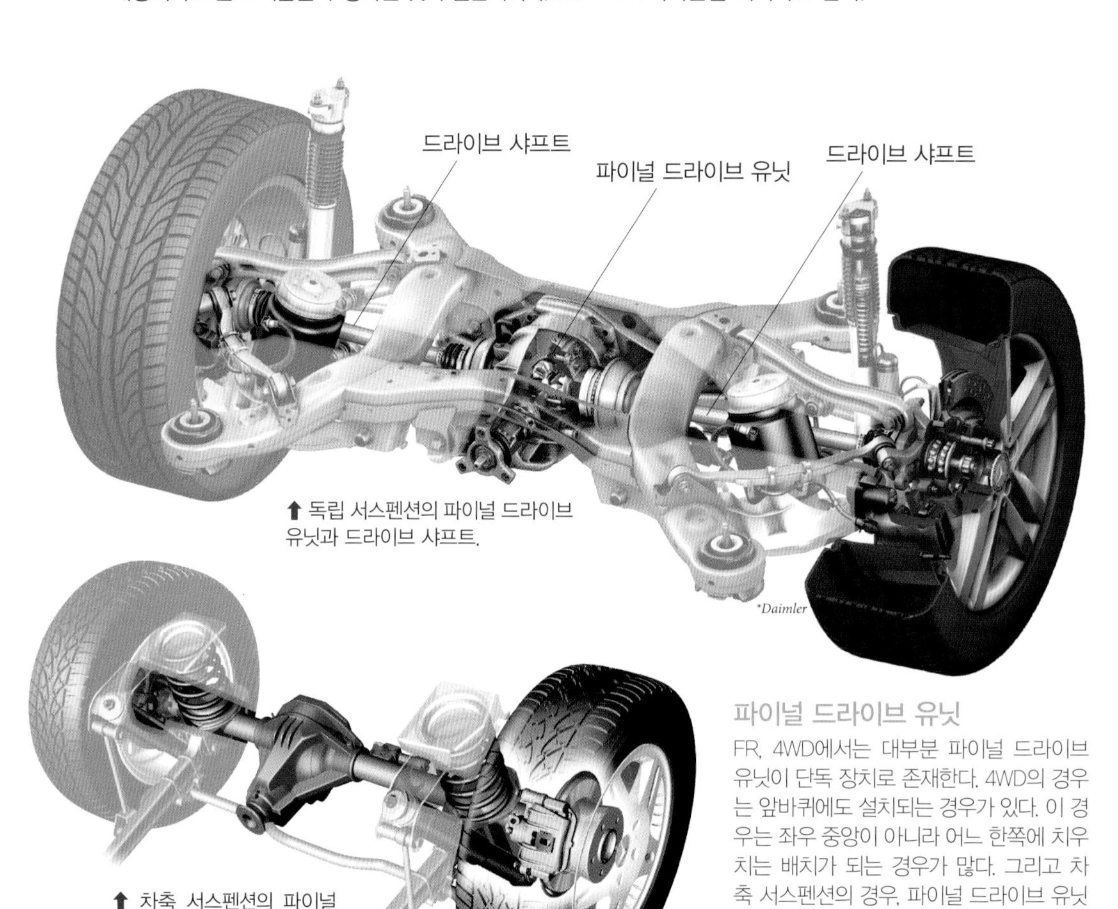

⬆ 독립 서스펜션의 파이널 드라이브 유닛과 드라이브 샤프트.

⬆ 차축 서스펜션의 파이널 드라이브 유닛. 디퍼렌셜 케이스 안에 드라이브 샤프트가 들어가 있다.

파이널 드라이브 유닛

FR, 4WD에서는 대부분 파이널 드라이브 유닛이 단독 장치로 존재한다. 4WD의 경우는 앞바퀴에도 설치되는 경우가 있다. 이 경우는 좌우 중앙이 아니라 어느 한쪽에 치우치는 배치가 되는 경우가 많다. 그리고 차축 서스펜션의 경우, 파이널 드라이브 유닛의 케이스(디퍼렌셜 케이스)가 드라이브 샤프트를 감싸듯이 좌우 바퀴까지 통모양으로 연장되어 차축을 구성하는 경우가 많다.

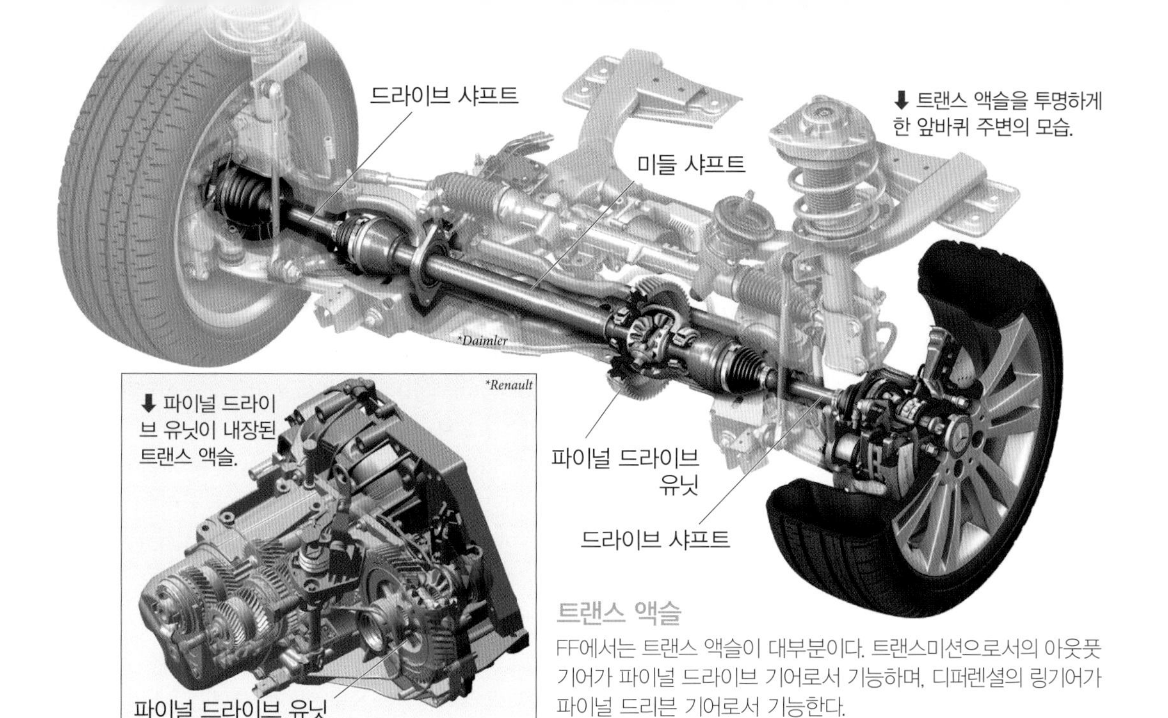

⬇ 트랜스 액슬을 투명하게 한 앞바퀴 주변의 모습.

⬇ 파이널 드라이브 유닛이 내장된 트랜스 액슬.

트랜스 액슬

FF에서는 트랜스 액슬이 대부분이다. 트랜스미션으로서의 아웃풋 기어가 파이널 드라이브 기어로서 기능하며, 디퍼렌셜의 링기어가 파이널 드리븐 기어로서 기능한다.

■파이널 기어

톱니바퀴 등의 기계장치는 다루는 토크가 커질수록 구조가 튼튼해야 한다. 자동차의 경우, 트랜스미션으로 구동되는 바퀴의 회전속도까지 감속하려면 토크가 커져서 트랜스미션이 커지고 무게도 무거워진다. 때문에 파이널 기어를 사용해서 구동되는 바퀴에 회전을 전달하기 직전에 감속을 시켜 트랜스미션의 부담을 줄이고 있다. 따라서 파이널 기어를 최종감속장치 또는 종감속장치라고도 한다. 변속비는 4～6이 일반적이다.

입력 쪽의 톱니바퀴를 파이널 드라이브 기어 또는 파이널 드라이브 피니언이라고 한다. 출력 쪽의 파이널 드리븐 기어는 디퍼렌셜 기어 케이스의 바깥쪽에 배치되므로 링 기어라고 하는 경우도 많다. FF의 가로 배치 트랜스미션의 경우, 내부의 회전축과 구동되는 바퀴의 회전축이 평행이므로 파이널 기어에 헬리컬 기어가 사용된다. FR의 세로 배치 트랜스미션의 경우는 출력의 회전축과 구동되는 바퀴의 회전축이 직각으로 교차되므로 베벨기어로 회전축을 변환시킨다. 높은 부하에 강하고 소음이 작은 웜기어처럼 톱니가 곡선을 이루는 스파이럴 베벨기어나 스파이럴 베벨기어의 회전축이 걸리지 않도록 배치한 하이포이드 기어를 사용한다.

⬇ FR용 파이널 기어

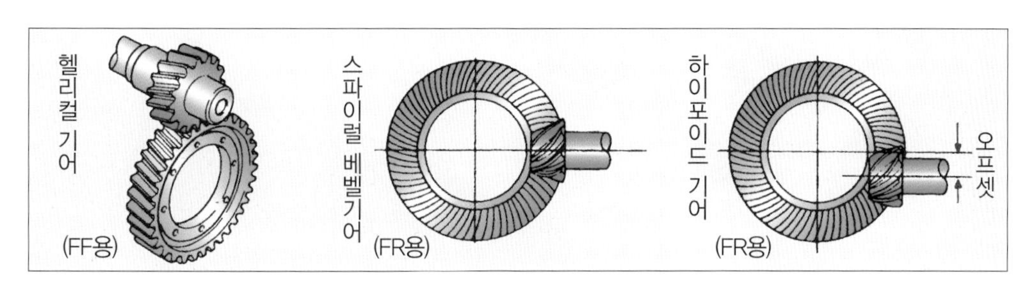

구동장치 02

Differential gear
디퍼렌셜 기어

코너링 중의 자동차 바퀴는 선회반경에 차이가 있으므로 코너 바깥쪽 바퀴가 안쪽 바퀴보다 이동거리가 길다. 만약 좌우의 구동 바퀴를 하나의 샤프트로 연결해서 회전시키면 안쪽 바퀴가 헛도는 느낌으로 슬립을 하거나 바깥쪽 바퀴가 끌려와서 움직임이 불안해진다. 이러한 문제를 피하기 위해서 자동차에는 디퍼렌셜 기어가 설치되어있다.

파이널 드리븐 기어
디퍼렌셜 기어 케이스
디퍼렌셜 사이드 기어
디퍼렌셜 피니언
*Schaeffler

⬆ 트랜스 액슬에 내장되는 프론트 디퍼렌셜.

상황에 따라서 회전수차를 설정하는 것을 차동이라고 하며, 디퍼렌셜 기어를 차동장치 또는 차동톱니바퀴라고도 한다. 플래니터리 기어식 디퍼렌셜 기어도 있지만, 일반적인 디퍼렌셜 기어에 사용되는 경우는 거의 없다. 일반적으로는 베벨기어식 디퍼렌셜 기어가 사용된다. 디퍼렌셜 기어로는 파이널 기어의 출력이 전달되며, 드라이브 샤프트로 회전을 출력한다. 앞바퀴의 것을 프론트 디퍼렌셜 기어, 뒷바퀴의 것을 리어 디퍼렌셜 기어라고 한다.

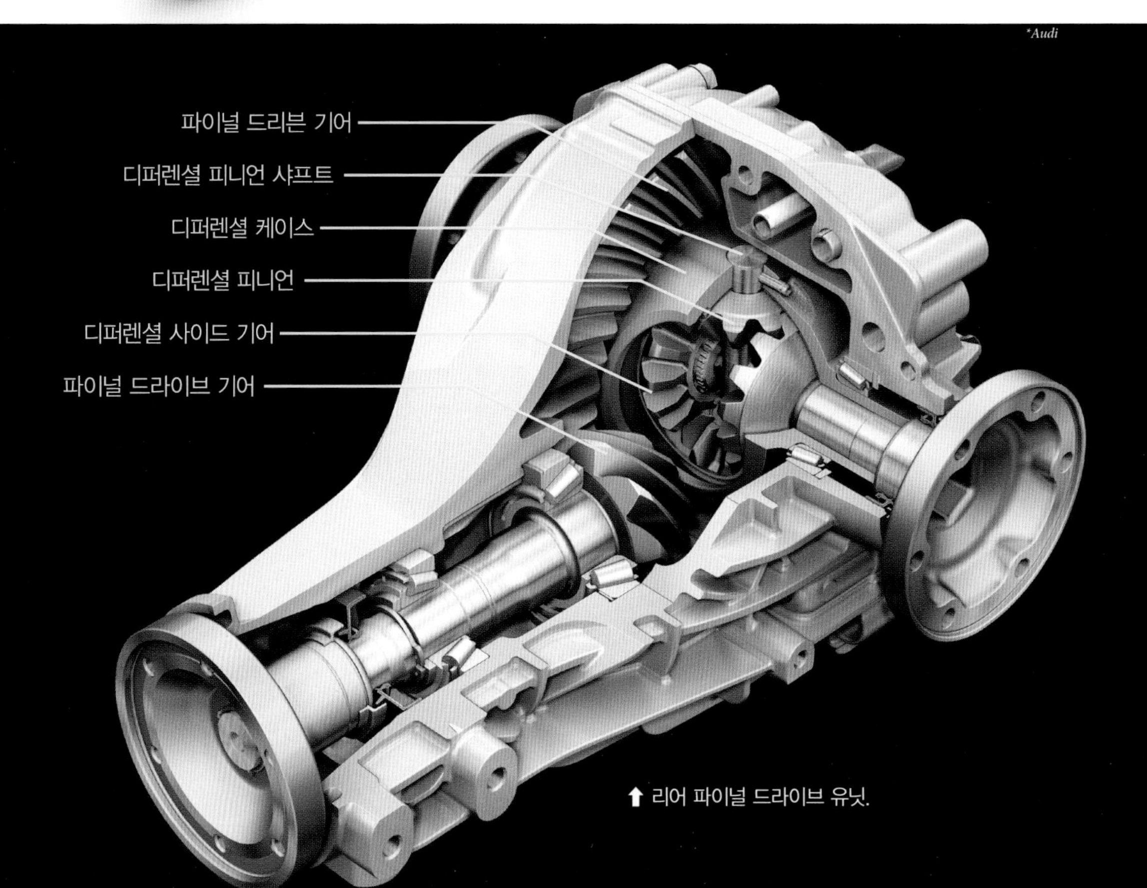

⬆ 리어 파이널 드라이브 유닛.

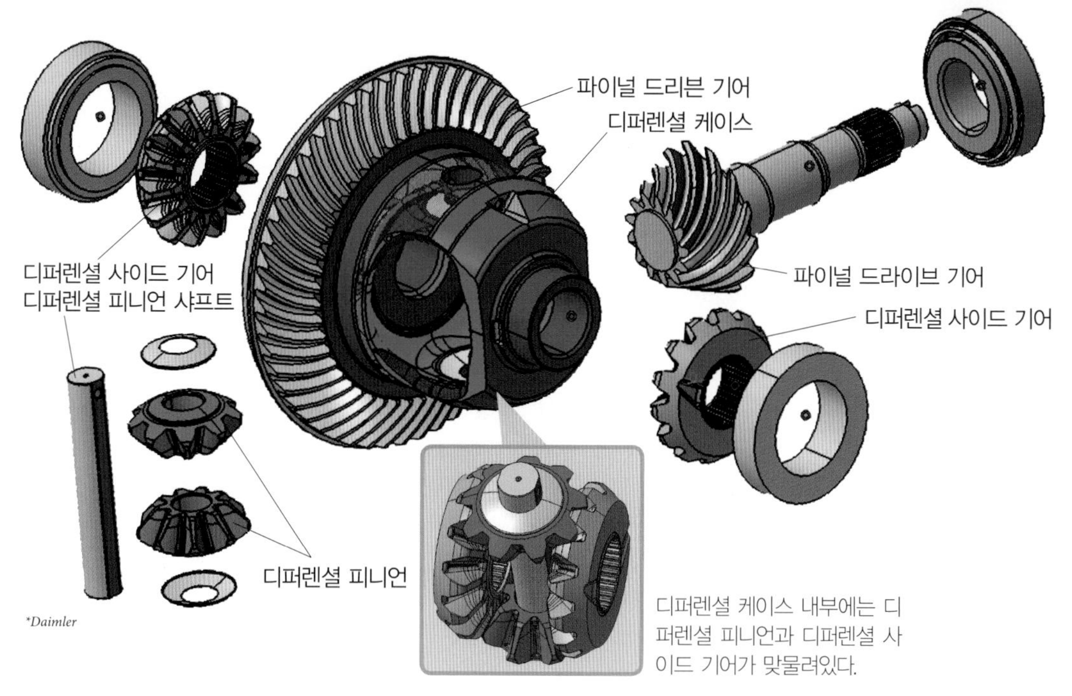

디퍼렌셜 케이스 내부에는 디퍼렌셜 피니언과 디퍼렌셜 사이드 기어가 맞물려있다.

■베벨기어식 디퍼렌셜

베벨기어식 디퍼렌셜은 디퍼렌셜 기어 케이스, 디퍼렌셜 피니언 기어, 디퍼렌셜 피니언 샤프트, 디퍼렌셜 사이드 기어로 구성된다. 디퍼렌셜 케이스 안쪽에는 디퍼렌셜 피니언을 갖춘 디퍼렌셜 피니언 샤프트가 고정되며, 바깥쪽에는 파이널 드리븐 기어가 설치된다. 디퍼렌셜 피니언 기어와 맞물리는 디퍼렌셜 사이드 기어에는 드라이브 샤프트가 접속된다. 디퍼렌셜 피니언은 디퍼렌셜 케이스와 함께 공전과 자전이 가능하다.

직진 상태에서 좌우의 구동바퀴가 노면에서 받는 저항이 같은 경우에는 디퍼렌셜 케이스와 함께 디퍼렌셜 피니언이 공전해서 디퍼렌셜 사이드 기어에 회전을 전달한다. 이때 디퍼렌셜 피니언은 자전하지 않는다.

코너링에서 좌우의 바퀴가 노면에서 받는 저항에 차이가 발생하면 디퍼렌셜 피니언이 자전한다. 예를 들어 왼쪽 커브에서 왼쪽 바퀴의 저항이 커지면 왼쪽 디퍼렌셜 사이드 기어가 늦게 회전하려고 하며, 밀어서 되돌리는 힘으로 디퍼렌셜 피니언이 자전한다. 이 자전은 오른쪽 디퍼렌셜 기어의 회전을 증속시킨다. 이것으로 노면에서 받는 저항, 즉 이동거리의 차이에 따라 더욱 많이 회전해야 하는 쪽으로 회전이 전달된다.

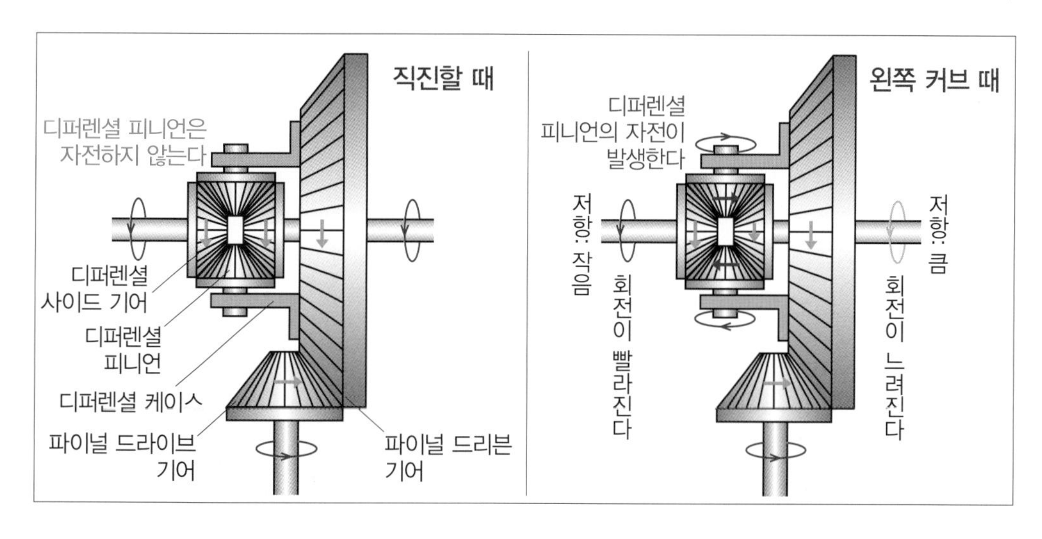

구동장치 03

Differential lock & Limited slip differential gear
디퍼렌셜 락 & LSD

디퍼렌셜 기어는 단순한 구조로 뛰어난 기능을 발휘하지만 여기에는 약점도 있다. 예를 들어 한쪽 구동바퀴가 빠지거나 질퍽한 곳에 빠지면 반대쪽의 구동바퀴가 접지되어있어도 디퍼렌셜의 차동으로 주행불능 상태에 빠진다. 험한 길을 주행하거나 스포티한 주행에서도 차동이 단점이 되는 경우가 있다.

때문에 디퍼렌셜에 의한 차동을 정지시키거나 제한하는 장치가 있다. 필요에 따라 차동을 완전히 정지할 수 있는 차동정지장치를 디퍼렌셜 락, 락킹 디퍼렌셜, 주행상황에 따라 차동을 제한하는 차동제한장치를 LSD(리미티드 슬립 디퍼렌셜)라고 한다. LSD는 크게 토크 감응형과 회전차 감응형으로 나뉜다. 토크 감응형 LSD는 다판 클러치식 LSD, 슈퍼LSD, 토르센LSD, 헬리컬 기어식 LSD 등이 있으며, 회전차 감응형 LSD에는 비스커스LSD가 있다.

디퍼렌셜 락과 LSD는 표준적인 베벨기어식 디퍼렌셜 기어를 베이스로 하는 것 이외에 플래니터리 기어식 디퍼렌셜 기어를 베이스로 하는 것, 완전히 다른 톱니바퀴 기구를 이용한 것도 있다.

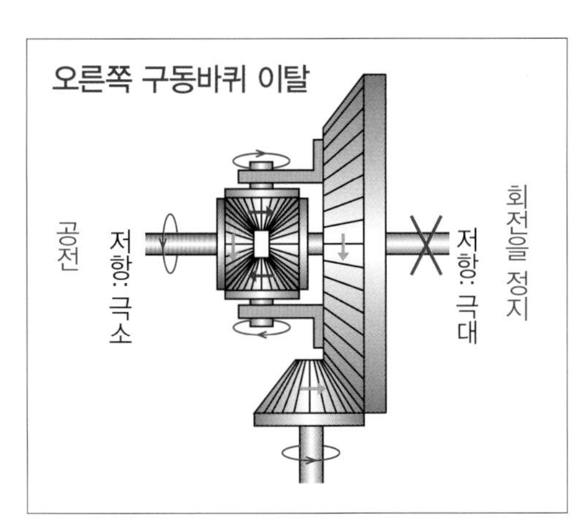

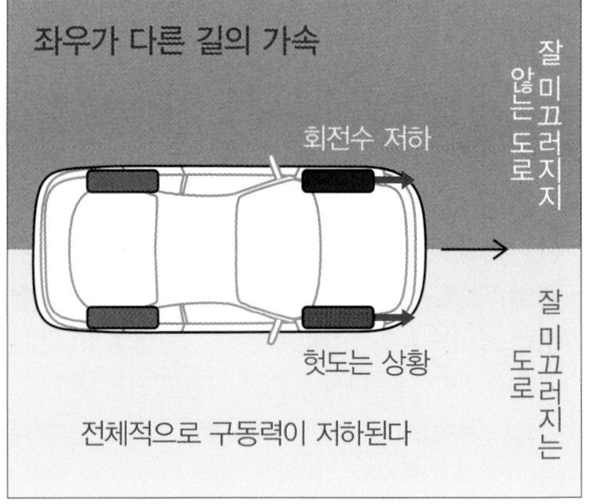

■디퍼렌셜의 약점

한쪽 구동바퀴가 빠지거나 질퍽한 땅에 빠지면 그 구동바퀴는 노면에서 받는 저항이 매우 작아진다. 이렇게 되면 저항이 적은 쪽으로 모든 회전이 전달되어 헛돈다. 반면에 접지되어있는 쪽의 구동바퀴는 정지되어 빠져나올 수 없는 상태가 된다.

험한 길 주행에서는 노면의 요철에 의해 구동바퀴가 튀어 오른다. 튀어 오른 바퀴는 저항이 작아지므로 고속으로 헛돈다. 접지된 쪽의 구동바퀴는 순간적으로 구동력이 저하된다. 고속으로 헛돌던 구동바퀴가 착지하는 순간에는 이쪽에만 강한 구동력이 작용한다. 이러한 변화가 좌우 바퀴에서 연속되면 자동차가 좌우로 흔들리는 피쉬테일(꼬리 흔들기)이 발생한다.

고속에서 코너링을 할 때에는 원심력에 의해 코너 바깥쪽으로 자동차가 쏠려, 코너 안쪽의 바퀴가 뜨는 상태가 된다. 이렇게 되면 저항이 작아져 헛돌게 되고, 강하게 착지된 코너 바깥쪽 바퀴는 구동력이 저하되어 코너를 잘 돌지 못하게 된다.

부분적으로 젖어있는 노면에서 좌우의 구동바퀴가 잘 미끄러지는 노면과 잘 안 미끄러지는 도로에 걸쳐진 경우에도 잘 미끄러지는 도로의 구동바퀴가 헛돌아서 구동력이 저하된다.

■디퍼렌셜 락

디퍼렌셜 락에는 다양한 구조가 있으며, 그 중에는 디퍼렌셜 케이스와 한쪽의 디퍼렌셜 기어(또는 드라이브 샤프트)에 도그 클러치를 설치해 체결과 개방을 하는 것이 많다. 도그 클러치를 체결하면 좌우의 디퍼렌셜 사이드 기어가 하나가 되어 회전하고 차동이 정지된다. 예전에는 공기압으로 클러치를 작동시키는 방식도 있었지만 현재는 전자 액추에이터를 사용한다. 이것은 전자석에 의해 작동을 하므로 응답성이 높다.

디퍼렌셜 락에서 디퍼렌셜의 차동을 완전히 정지시켜버리면 코너링 시에 문제가 발생해 일반 주행이 어려워진다. 때문에 디퍼렌셜 락은 오프로드 주행을 전재로 하는 4WD의 SUV 이외에는 거의 사용하지 않는다. 일단 정지하지 않으면 디퍼렌셜에 락을 걸 수 없는 기구가 많기 때문에 조작성이 나쁘다. 때문에 현재에는 이러한 자동차라도 차동정지상태까지 만들어낼 수 있는 LSD를 탑재하는 경우가 늘어나고 있다. 다만 단순한 구조의 디퍼렌셜 락이 신뢰성이 높으므로 매우 가혹한 상황에서의 주행을 가정한 자동차에는 현재에도 디퍼렌셜 락이 사용되고 있다.

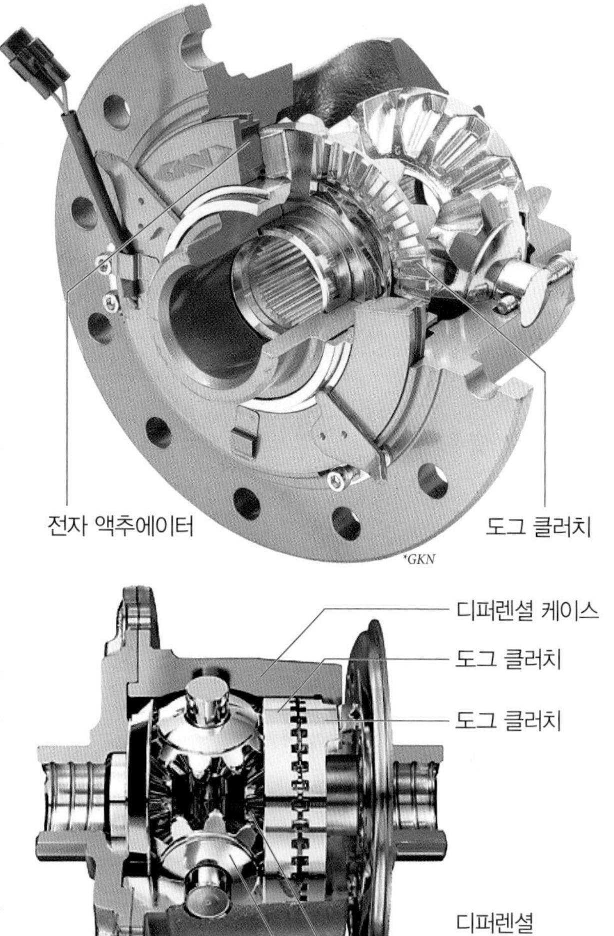

■다판 클러치식 LSD

다판 클러치식 LSD는 다판 클러치에 의해 차동을 제한한다. 디퍼렌셜 케이스와 함께 회전하는 프리쿠션 디스크가 다판 클러치로 기능한다. 이것을 반클러치 상태로 하면 마찰이 발생해서 회전이 빠른 쪽의 디퍼렌셜 사이드 기어의 회전을 느리게 하고, 회전이 느린 쪽의 회전을 빠르게 한다. 클러치의 압착 정도에 따라서 전달되는 토크가 달라지는 것이다.

디퍼렌셜 케이스 안쪽에는 디퍼렌셜 사이드 기어를 감싸듯이 프레셔 링이라는 틀이 있으며, 그 홈에 디퍼렌셜 피니언 샤프트가 들어가 있다. 회전차가 커질수록 피니언 샤프트가 이 홈을 밀어서 프레셔 링이 바깥쪽으로 이동한다. 그 힘에 의해 다판 클러치가 압착된다. 회전차가 커질수록 프레셔 링을 미는 힘이 강해져 차동제한이 강하게 발휘된다.

※작동상태의 설명은 다음 페이지에.

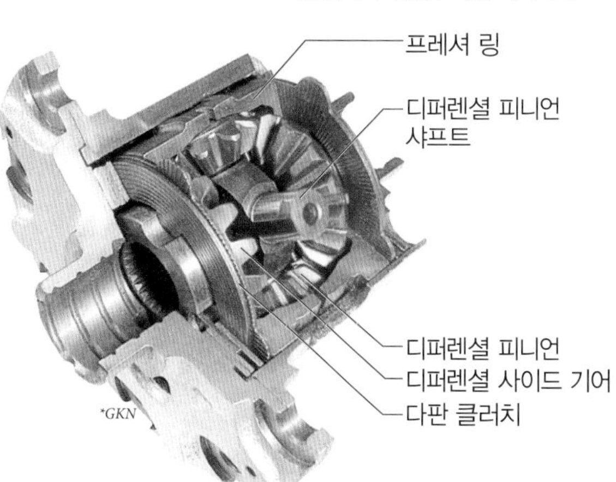

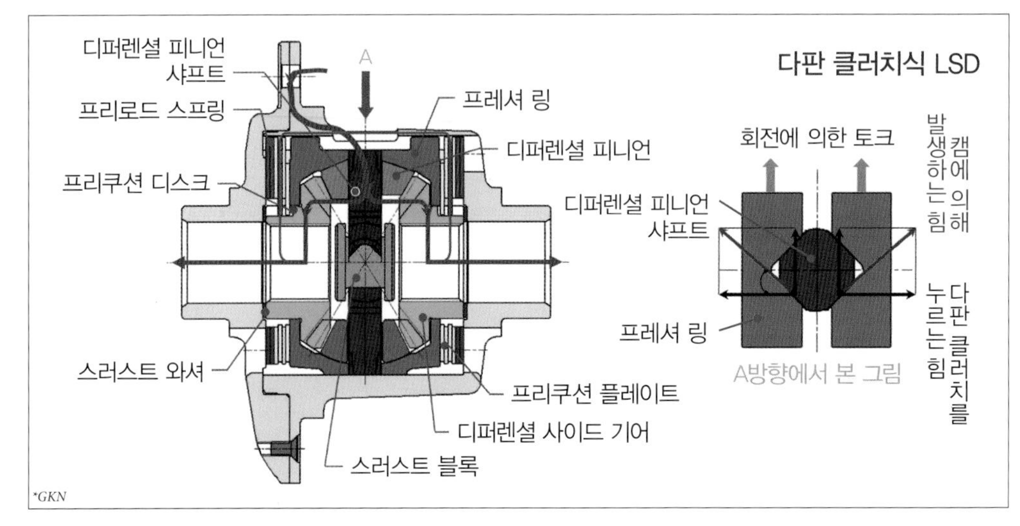

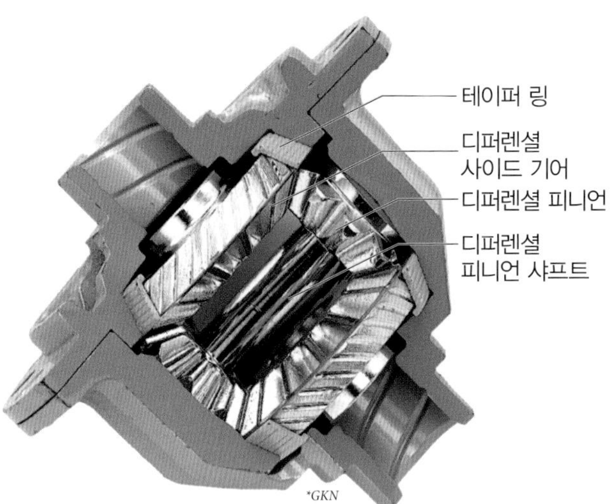

■슈퍼LSD

슈퍼LSD는 제품의 이름이다. 일반적인 명칭은 테이퍼 링식 LSD라고 해야 겠지만 제품명이 일반적으로 통용되고 있다. 일반적인 베벨 기어식 디퍼렌셜을 바탕으로 약간의 부품 추가와 변경으로 실현시킨 LSD다. 사이즈도 거의 차이가 없으며 코스트도 낮다.

각각의 디퍼렌셜 사이드 기어 바깥쪽에 테이퍼 링이라는 바깥쪽에 경사면이 있는 링이 설치된다. 디퍼렌셜 피니언의 자전에 의해 디퍼렌셜 사이드 기어의 회전축 방향의 힘이 발생한다. 이 힘에 의해 테이퍼 링이 디퍼렌셜 케이스의 안쪽으로 밀어붙여지면 마찰이 발생해서 차동제한이 이루어진다. 마찰을 발생하는 면적이 한정되어있기 때문에 큰 차동제한력은 발휘할 수 없지만 소형차라면 문제 없다.

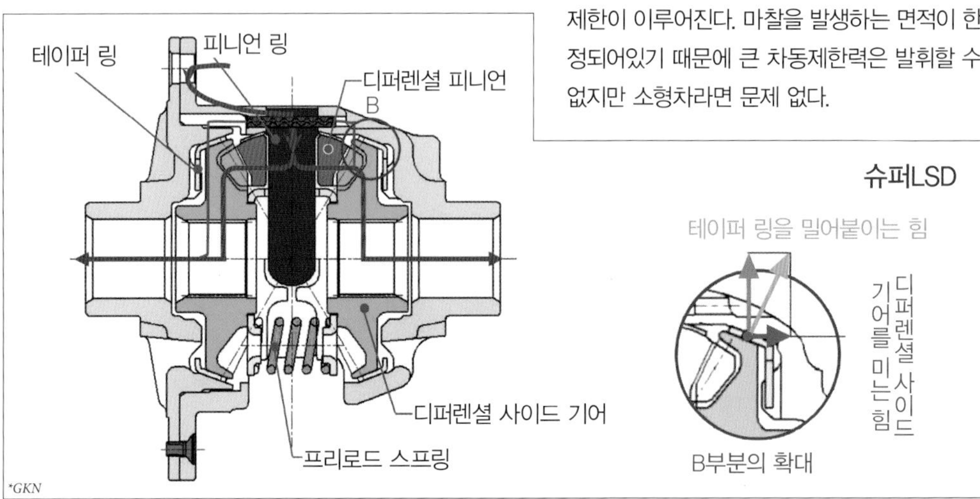

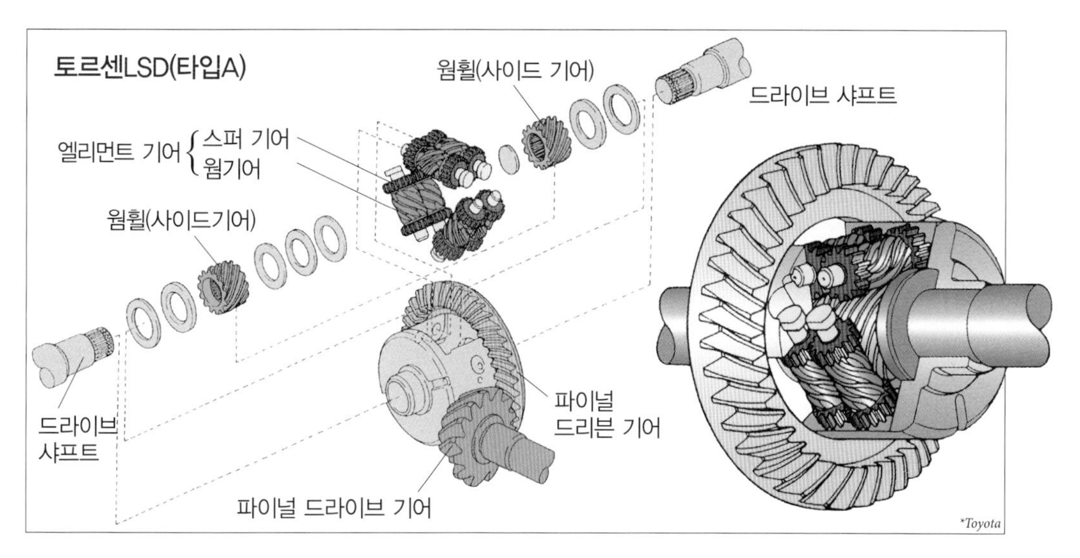

■토르센LSD

토르센LSD는 토크센싱에서 이름이 붙여진 제품명이지만 이 명칭으로 불리는 경우가 많다. 여기에는 몇 가지 타입이 있다. 타입A는 웜기어식 LSD로 출력인 디퍼렌셜 사이드 기어에 웜휠, 서로 회전을 전달하는 디퍼렌셜 엘리먼트 기어에는 웜기어가 사용된다. 좌우 웜기어는 각각 좌우의 웜휠에 맞물리는 동시에 양끝에 설치된 스퍼기어와 맞물려있다.

직진상태에서는 엘리먼트 기어의 공전으로 좌우의 웜휠에 회전을 전달한다. 코너링 등에서 좌우의 구동축이 받는 저항에 차이가 발생하면 엘리먼트 기어의 자전이 더해진다. 예를 들어 오른쪽 웜휠이 느리게 회전하려고 하면 맞물려있는 오른쪽 웜기어를 자전시킨다. 이 자전이 스퍼기어에 의해 왼쪽 웜휠을 자전시키고, 맞물려있는 왼쪽 웜기어를 증속시켜서 차동이 이루어진다. 하지만 웜휠은 웜기어를 돌리기 힘든 성질이 있어서 큰 저항이 발생한다. 이것으로 웜기어에 회전축 방향의 힘이 발생하며, 측면에 마찰이 발생한다. 이 마찰이 차동제한의 힘이 된다.

타입B는 엘리먼트 기어의 회전축 방향이 사이드기어와 평행이 된다. 톱니바퀴에는 헬리컬 기어가 사용된다. 좌우의 엘리먼트 기어끼리는 맞물려 있지만, 각각 좌우 한쪽의 사이드기어하고만 맞물려있다. 이 구조에 의해 타입A와 마찬가지로 차동과 차동제한이 이루어진다.

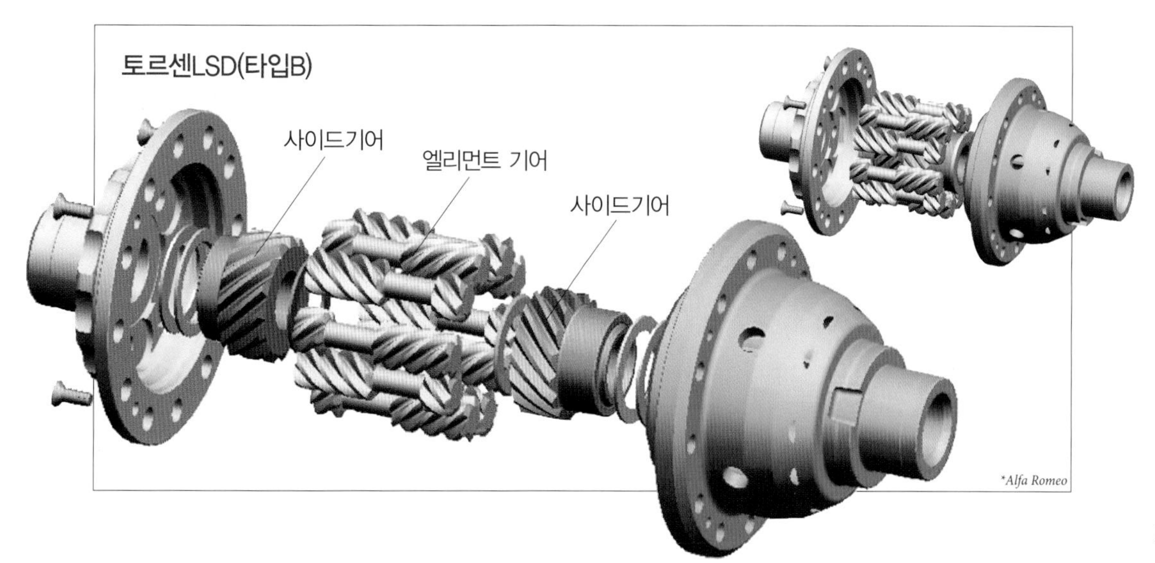

■헬리컬 기어식 LSD

헬리컬 기어식 LSD는 헬리컬 기어에 의해 차동과 차동제한을 하는 LSD다. 토르센LSD의 타입B와 같은 발상이며, 타입B도 헬리컬 기어식으로 분류될 수 있다. 엘리먼트 기어의 자전에 의해 차동이 이루어지면, 기어 사이의 저항에 의해 사이드기어가 눌려서 발생하는 마찰을 차동제한력에 이용하고 있다. 토르센LSD 타입B의 경우, 1대의 엘리먼트 기어는 좌우 대칭의 형태로 양끝에서 엘리먼트 기어끼리 맞물려있다. 하지만, 일반적으로 헬리컬 기어식 LSD라고 불리는 것은 한쪽의 엘리먼트 기어의 도중에 톱니가 없는 부분이 있으며, 다른 한쪽의 엘리먼트 기어는 짧은 것이 사용되어 좌우 끝에서만 맞물린다.

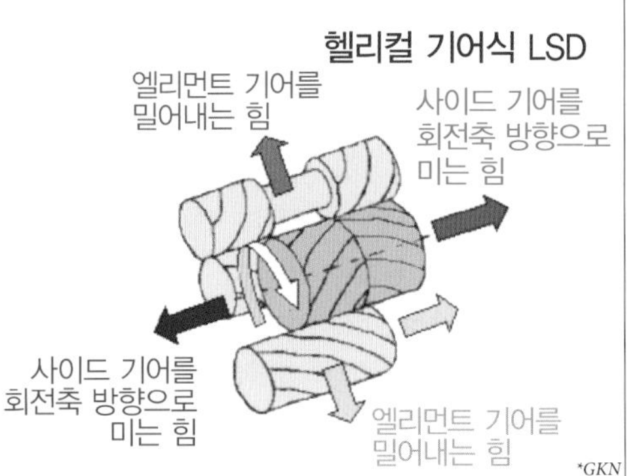

■비스커스LSD

비스커스 커플링식 LSD(비스커스식 LSD, 비스커스 LSD)는 베벨기어식 디퍼렌셜, 플래니터리 기어식 디퍼렌셜에 회전차동 감응형 토크 전달장치인 비스커스 커플링을 넣은 것이다. 좌우의 사이드기어 사이 또는 디퍼렌셜 케이스와 한쪽의 사이드기어 사이에 들어간다. 이것으로 차동 때에 발생하는 회전차에 따라 전달되는 토크가 차동제한력이 된다. 그리고 비스커스 커플링에는 험프현상이 있기 때문에 바퀴가 험로에 빠지는 등으로 회전차가 너무 커지면 좌우의 구동바퀴가 직결상태가 되어 탈출이 가능해진다.

비스커스LSD는 회전차에 따라 차동제한을 하므로 스포티한 주행에는 대응이 불충분하지만, 반응이 완만해서 일반 드라이버도 다루기 쉽고 코너링의 안정성을 높일 수 있다. 때문에 스포츠 타입이 아닌 일반적인 승용차에 주로 사용된다.

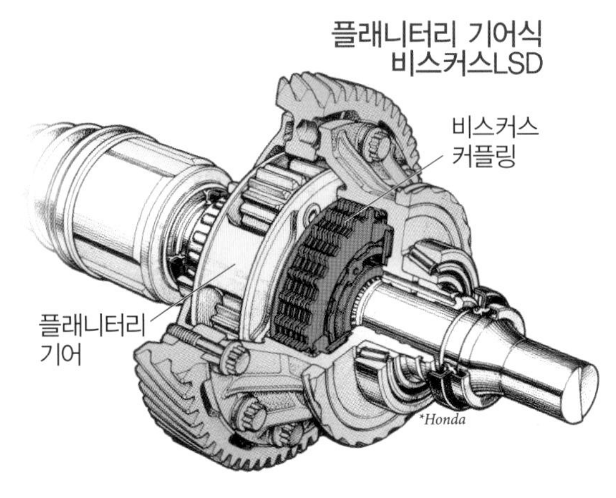

■비스커스 커플링

비스커스 커플링은 회전차 감응형 토크전달 장치의 일종으로 입출력 회전축(입출력의 전환도 가능)의 회전수가 거의 같은 경우에는 토크를 전달하지 않지만, 회전수에 차이가 발생하면 회전이 빠른 쪽에서 느린 쪽으로 토크를 전달한다. 이 기능이 LSD, 4WD에 이용되고 있다.

비스커스 커플링은 샤프트와 케이스가 입출력의 회전축이 된다. 샤프트에는 원판모양의 이너 플레이트, 케이스에는 아우터 플레이트가 있으며, 차례로 약간의 틈을 두고 배치되어 있다. 양 플레이트는 각각의 회전축과 함께 회전하지만 이너 플레이트는 회전축 방향으로는 이동이 가능하다. 케이스 안에는 점도가 높고 온도변화에 따른 체적변화가 큰 실리콘 오일과 약간의 공기가 들어가 있다.

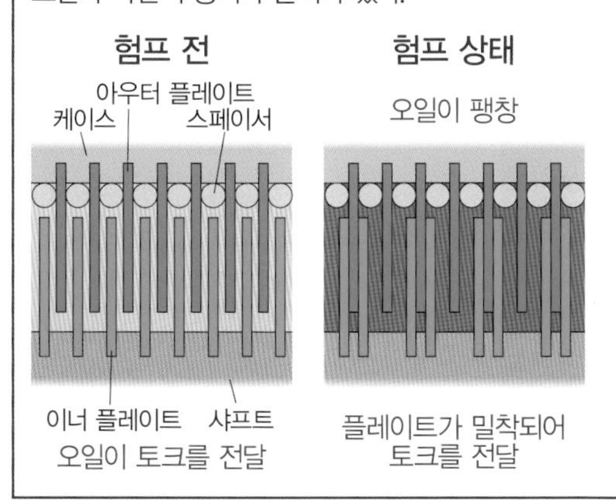

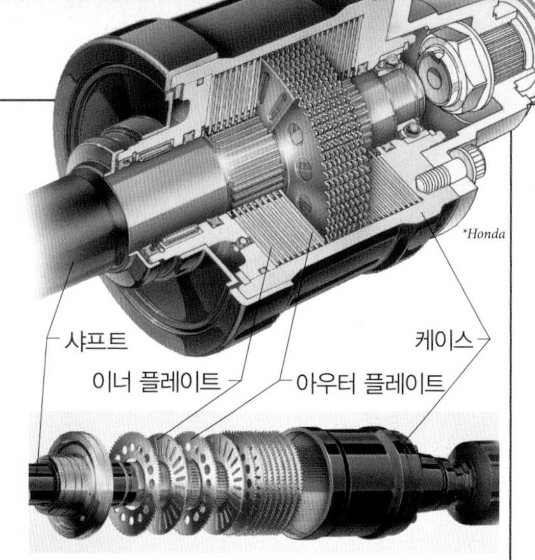

※일러스트는 스탠바이 4WD용 커플링.

입출력의 회전수가 같은 상황에서는 양 플레이트와 오일이 하나가 되어 회전하므로 토크 전달이 이루어지지 않는다. 회전차가 발생하면 점성에 의해 오일이 회전속도가 느린 플레이트를 끌어당겨서 증속하고, 빠른 플레이트를 당겨서 감속해서 토크 전달이 이루어진다.

회전차가 매우 커지면 오일과 플레이트의 마찰에 의해 열이 발생해 오일이 팽창한다. 이 팽창에 의해 이너 플레이트가 밀려 아우터 플레이트와 밀착되고, 입출력 회전축이 하나가 되어 회전한다. 이것을 비스커스 커플링의 험프현상이라고 한다. 하지만 이 상태가 계속되면 오일과 플레이트의 마찰이 없기 때문에 온도와 압력이 떨어져서 원래 상태로 돌아간다.

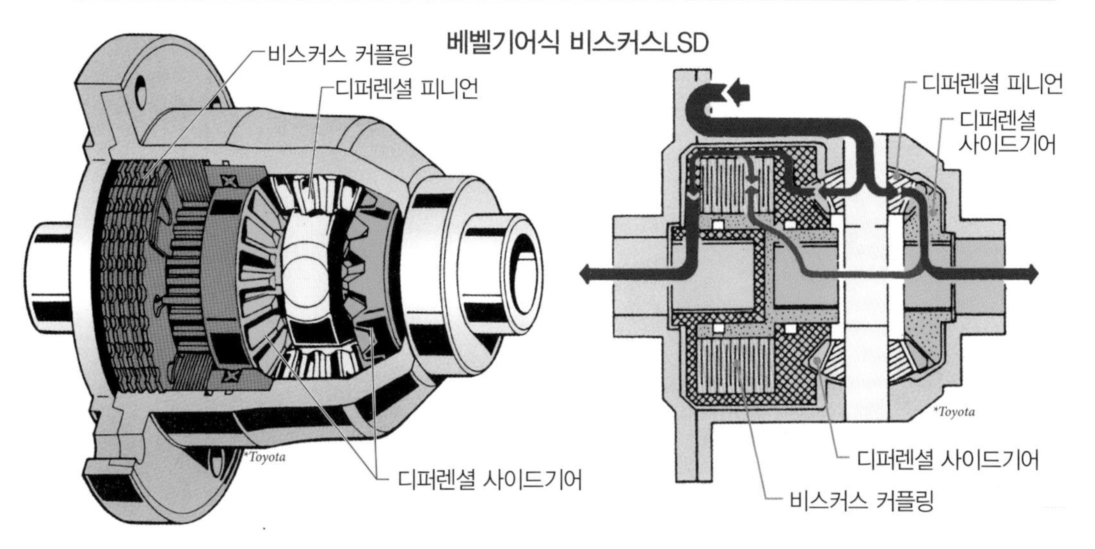

구동장치 04

Electronic controlled differential gear 전자제어 디퍼렌셜

디퍼렌셜에 대해서도 고도의 제어가 요구된 결과, 전자제어 디퍼렌셜이 개발되었다. 예를 들어 다판 클러치식 LSD의 클러치의 압착을 전자제어하면 차동제한을 자유롭게 컨트롤할 수 있으며, 실제로는 더욱 진화되어 있다. 톱니바퀴에 의한 디퍼렌셜이 없는 경우도 많으며, 이 경우는 좌우구동바퀴에 습식 다판 클러치를 장착해서 더욱 적극적으로 좌우 바퀴에 구동력을 배분하고 있다. 이것으로 차체에 요(yaw)를 발생시켜 언더스티어, 오버스티어를 제어하며 선회능력을 높이고 있다.

이러한 전자제어 디퍼렌셜은 4WD의 후륜에 사용되는 경우가 대부분이다. 하지만 단순히 후륜의 좌우 구동력 배분을 바꾸는 것만으로는 큰 요를 발생시킬 수 없다. 코너 바깥쪽의 뒷바퀴를 앞바퀴보다 빨리 회전시켜야 큰 요가 발생한다. 이것을 위해 증속기구를 갖춘 전자제어 디퍼렌셜의 사용이 늘어나고 있다. 이러한 기구를 토크 벡터링이라고 한다.

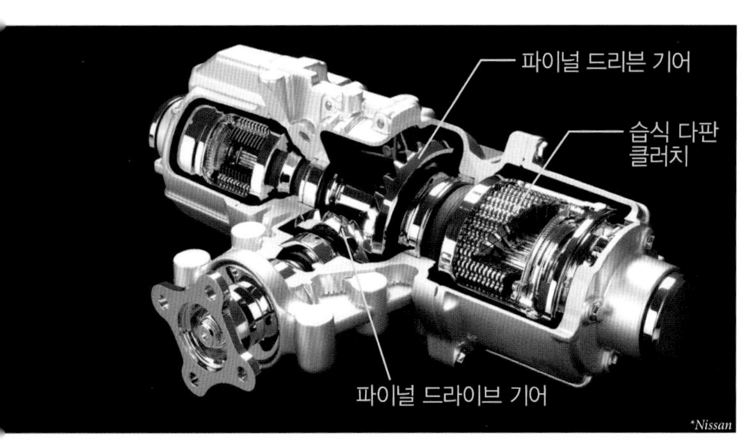

닛산/ALL MODE 4×4-i

습식 다판 클러치로 후륜에 배분하는 토크를 제어하는 4WD의 상당수는 분배 후의 토크를 후륜의 디퍼렌셜에 전달한다. 이것은 좌우 후륜에 각각 습식 다판 클러치를 설치해서 톱니바퀴에 의한 디퍼렌셜을 없앤 시스템으로, 후륜 좌우의 토크를 자유롭게 컨트롤할 수 있다. 혼다의 VTM-4도 같은 발상의 시스템이다. 닛산의 ALL MODE 4×4-i는 앞바퀴보다 뒷바퀴를 빨리 회전시키기 위해서 앞뒤의 파이널 기어의 기어비율을 다르게 했다. 직진상태에서 앞뒤 회전의 차이는 뒷바퀴의 습식 다판 클러치로 흡수된다.

혼다/SH-AWD

톱니바퀴에 의한 디퍼렌셜을 없애고 좌우의 전자 습식 다판 클러치로 후륜의 토크를 제어하는 4WD다. 후륜 좌우에는 토크를 증폭시키기 위한 플래니터리 기어가 설치되어있다. 파이널 기어 앞에도 플래니터리 기어에 의한 증폭기구가 배치되어있다. 직진 시에는 앞바퀴와 같은 회전을 파이널 기어에 전달하고, 선회 시에는 증폭된 회전으로 전환한다. 같은 이름이지만 경량화를 위해 증속 기구를 뺀 것도 있으며, 이 경우는 앞뒤의 파이널 기어의 기어비를 다르게 한다.

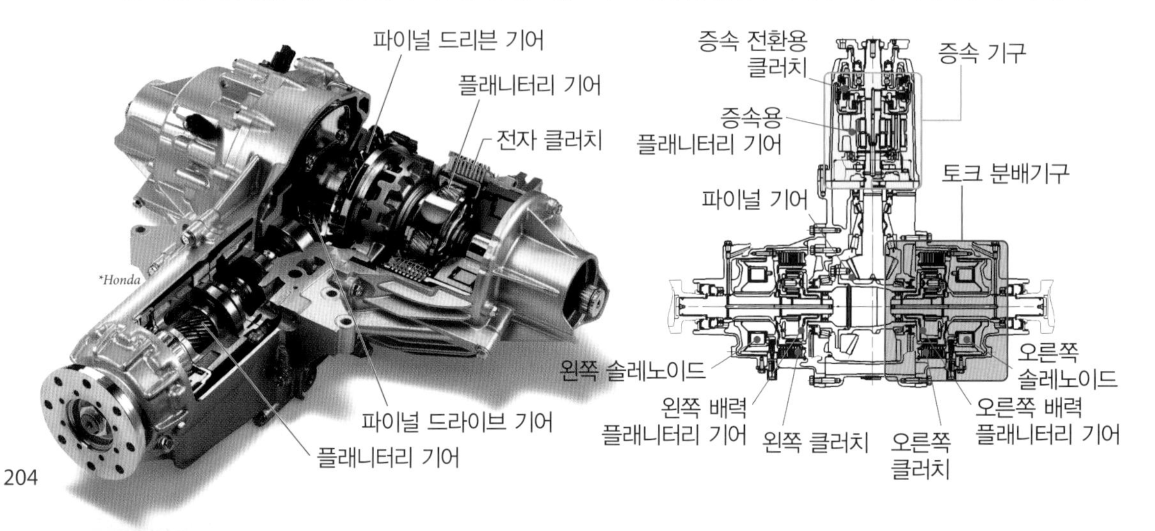

BMW/Dynamic Performance Control

ZF와 GKN이 공동 개발해 BMW가 사용하는 토크 벡터링. 개발 메이커에서는 ETV(Electronic Torque Vectoring)라고 부른다. 베벨기어식 디퍼렌셜의 좌우에 각각 증속용 플래니터리 기어와 습식 다판 클러치가 설치되어있다. 플래니터리 기어는 일반적인 구조가 아니라 2개의 선기어에 1개의 피니언 기어가 맞물린 구조다. 증속용 기어에는 파이널 드리븐 기어의 회전이 전달된다. 다판 클러치의 액추에이터에는 모터를 사용. 증속이 필요한 상황이 되면 다판 클러치를 압착해서 토크 배분을 변화시킨다. 일반적인 디퍼렌셜의 좌우에 유닛을 증설하는 것으로도 토크 벡터링을 실현할 수 있다.

⬆ 한쪽의 유닛.

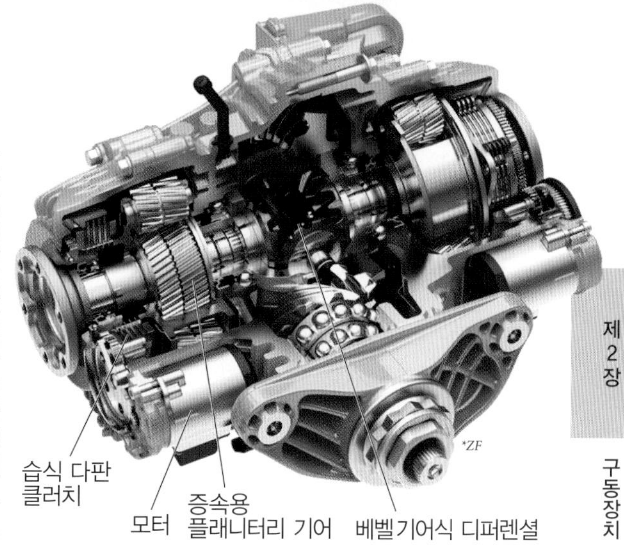

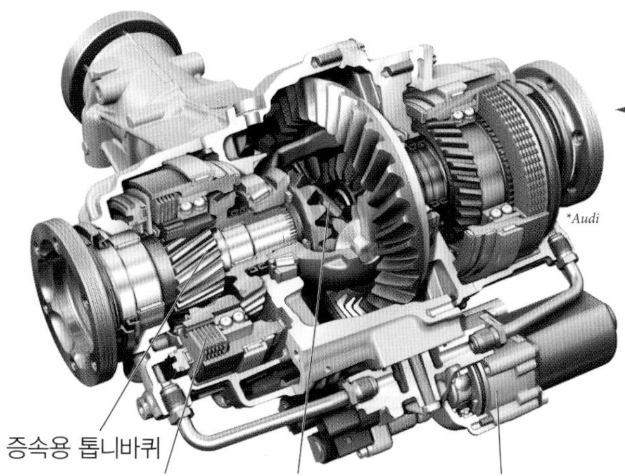

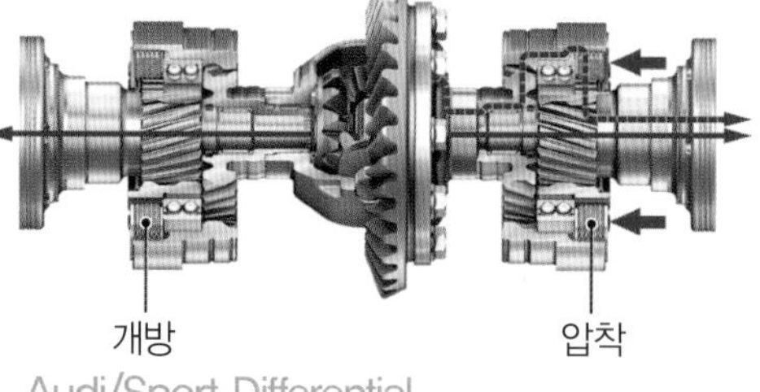

Audi/Sport Differential

베벨기어식 디퍼렌셜의 좌우 각각에 안쪽 톱니바퀴와 바깥쪽 톱니바퀴로 구성되는 증속용 기어와 습식 다판 클러치가 설치되어 있다. 증속용 기어로는 파이널 드리븐 기어의 회전이 전달된다. 다판 클러치의 액추에이터에는 전동유압 유닛을 사용하며, 증속이 필요한 상황이 되면 다판 클러치를 압착해 토크 배분을 변화시킨다.

미츠비시/슈퍼AYC

미츠비시의 AYC(Active Yaw Control)는 베벨기어식 디퍼렌셜을 바탕으로 한 것이었다. 현재는 플래니터리 기어식 디퍼렌셜을 바탕으로 슈퍼라는 이름이 붙여져있으며, 토크의 이동량이 증대되었다. 디퍼렌셜의 오른쪽 면에 증속용 기어, 감속용 기어의 2세트의 습식 다판 클러치가 설치되어있다. 체결하는 클러치에 의해 오른쪽 드라이브 샤프트로의 출력이 증속 또는 감속되어, 왼쪽 드라이브 샤프트로의 출력이 감속 또는 증속된다. 다판 클러치의 압착력에 의해 배분하는 토크를 바꿀 수 있다. 다판 클러치를 작동시키는 유압은 4WD용과 공용 전동유압 유닛에서 공급한다.

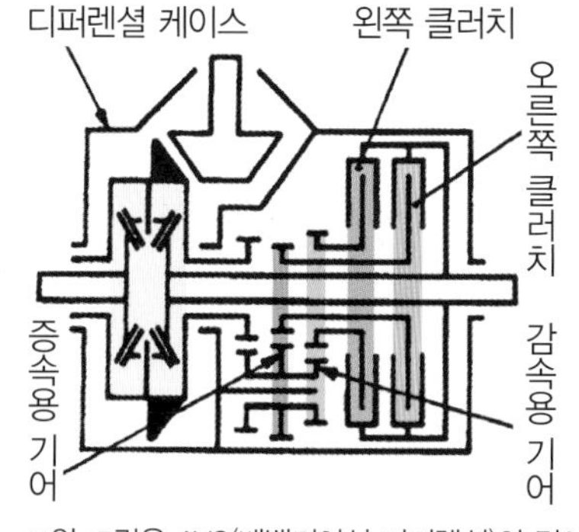

※위 그림은 AYC(베벨기어식 디퍼렌셜)의 것이다.

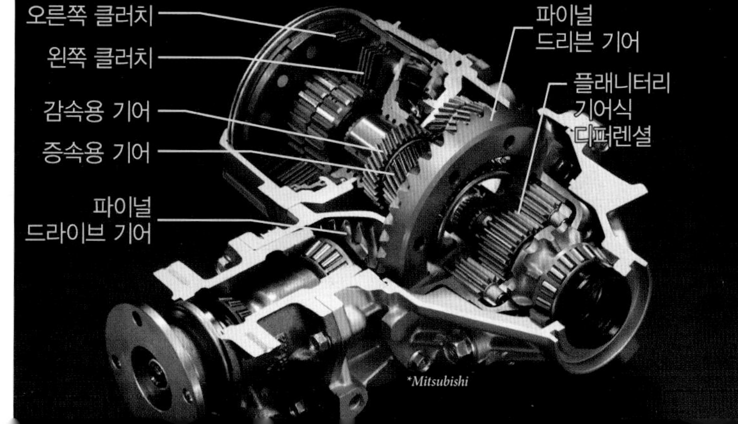

구동장치 05

Propeller shaft & Drive shaft
프로펠러 샤프트&드라이브 샤프트

동력전달장치에서 회전의 전달에 사용되는 샤프트 중, 차량의 앞뒤 방향으로 회전을 전달하는 것을 프로펠러 샤프트라고 한다. FF와 같이 이것이 불필요한 레이아웃도 있지만, FR과 4WD에는 필수적이다. 4WD에는 앞뒤에 2개가 사용되는 경우도 있다. 이러한 경우에는 프론트 프로펠러 샤프트, 리어 프로펠러 샤프트라고 한다.

프로펠러 샤프트는 일반적으로 트랜스미션에서 디퍼렌셜로 회전을 전달하며, 디퍼렌셜의 위치는 서스펜션에 의해 달라진다. 때문에 유니버설 조인트가 필요하다. 여기에는 카르단 조인트가 오랫동안 사용되었으며, 현재는 등속 조인트가 사용되는 경우도 있다.

디퍼렌셜에서 구동바퀴로 회전을 전달하는 샤프트를 드라이브 샤프트라고 한다. 이것은 실제로 자동차 바퀴를 장착하는 휠 허브로 회전을 전달한다. 휠 허브는 휠 베어링을 통해 휠 허브 캐리어에 설치된다.

독립 서스펜션에서는 디퍼렌셜과 구동되는 바퀴의 위치가 변화해, 서스펜션의 형식에 따라 거리도 달라진다. 전륜이라면 조타로 각도도 바뀐다. 때문에 양 끝에 등속 조인트가 배치된다. 차축 서스펜션의 경우는 각도 변화가 없기 때문에 디퍼렌셜과 구동바퀴가 하나의 샤프트로 연결된다.

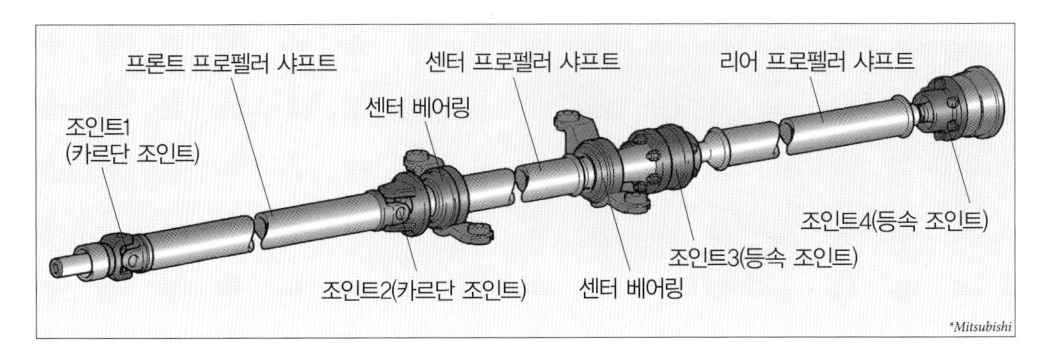

■프로펠러 샤프트

프로펠러 샤프트는 경량화를 위해 일반적으로 속이 빈 구조의 강철 재질로 만들어진다. 더 경량화를 위해 CFRP(탄소섬유강화수지)의 수지재질 프로펠러 샤프트, 알루미늄 재질 프로펠러 샤프트도 나와있다.

프로펠러 샤프트는 드라이브 샤프트에 비해 회전수가 높기 때문에 약간만 무게중심이 틀어져도 진동이 발생한다. 때문에 트랜스미션과 디퍼렌셜의 거리가 먼 경우에는 2분할이나 3분할을 한다. 지지부분에는 센터 베어링이 배치되는 경우가 많다. 분할구조의 경우, 그 위치에 따라 프론트 프로펠러 샤프트, 센터 프로펠러 샤프트, 리어 프로펠러 샤프트라고 부르기도 한다.

⬆ 2분할 구조의 프로펠러 샤프트. 양끝에는 등속 조인트를, 접속부에는 센터 베어링이 설치된다.

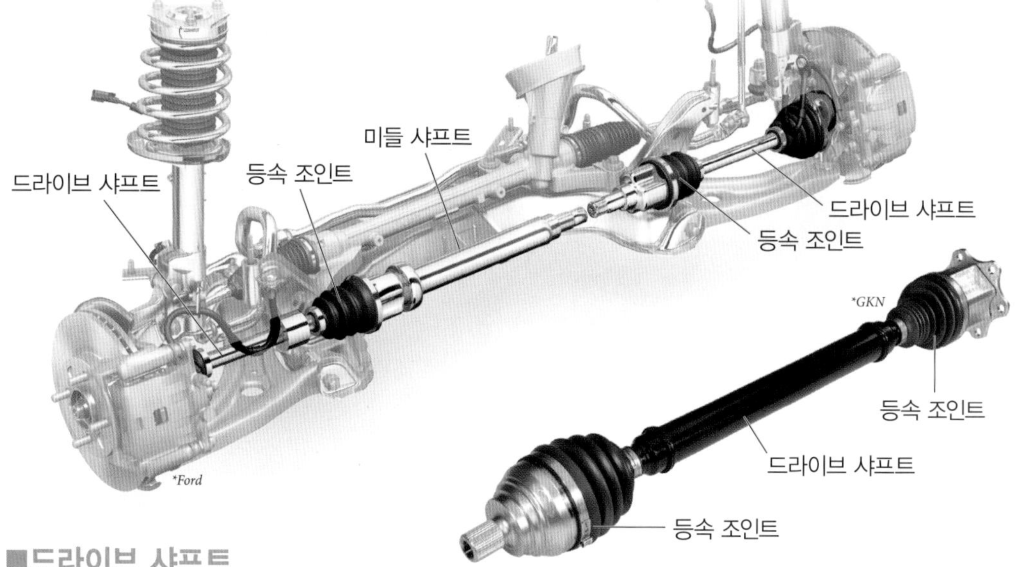

■드라이브 샤프트

드라이브 샤프트는 하프 샤프트라고도 한다. 일반적으로 강철재질의 속이 빈 구조이며, 곳곳에서 굵기와 두께가 다르다. 등속 조인트로의 접속부가 가늘면 그만큼 조인트각(접속되는 2개의 회전축이 이루는 각도)을 크게 할 수 있다.

FR은 리어 디퍼렌셜을 좌우 중앙에 배치할 수 있으므로 좌우의 길이가 비슷하지만, FF의 가로 배치 트랜스미션인 경우는 프론트 디퍼렌셜을 좌우 중앙에 배치하기 어렵다. 디퍼렌셜과 자동차 바퀴를 접속한 부등장(길이가 다른) 드라이브 샤프트를 사용하면, 좌우 샤프트의 운동이 달라진다. 따라서 등가속을 하면 자동차를 선회시키려는 힘이 발생한다. 이것을 토크 스티어라고 한다. 현재는 토크 스티어를 제어하기 위해 드라이브 샤프트가 긴 쪽에 디퍼렌셜과 같은 축에서 회전하는 샤프트를 배치해서 등장(길이가 같은) 드라이브 샤프트를 구성하는 경우가 많다. 이 연장을 위해 사용되는 샤프트를 미들 샤프트 또는 인터미디에이트 샤프트라고 한다. 그리고 토크 스티어를 피하기 위해서 FF에도 가로 배치 트랜스미션을 고집하는 메이커가 있다.

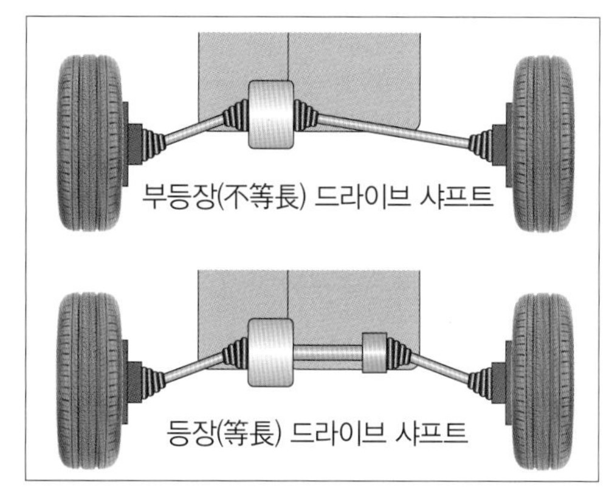

FR의 샤프트 구성

⬇ 프로펠러 샤프트의 유니버설 조인트에는 러버 컵링을 사용하고 있다.

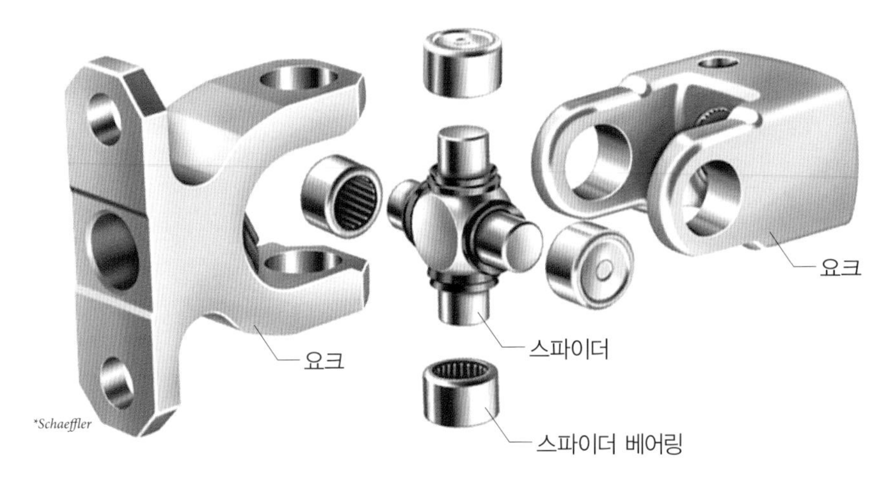

■카르단 조인트

카르단 조인트는 크로스 조인트, 훅 조인트, 훅스 조인트라고도 한다. 카르단 조인트의 양쪽 회전축에는 요크가 설치된다. 그 끝의 구멍에 스파이더 베어링을 통해 십자형 스파이더가 설치된다.

이 구조는 회전축이 꺾여도 회전을 전달할 수 있지만, 1회전 동안의 각속도(角速度)가 변화한다. 이것을 카르단 조인트의 부등속성이라고 한다. 조인트각(조인트로 접속되는 2개의 회전축이 이루는 각도)에 의해 각속도의 변화 방식이 정해지기 때문에 조인트를 2개 사용해서 입력회전축과 최종적인 출력회전축이 평행이 되도록 배치하면 2개의 조인트에서 발생하는 각속도의 변화를 상쇄시킬 수 있다. 이러한 배치를 더블 카르단 조인트라고 한다.

다만 카르단 조인트가 대응 가능한 조인트각은 몇도 정도이고, 트랜스미션과 파이널 드라이브 기어의 회전축을 반드시 평행으로 해야만 하므로 서스펜션의 설계에 제한이 생긴다. 때문에 현재에는 등속 조인트를 사용하는 경우도 많다. 그리고 고무의 탄력에 의한 회전축의 꺾임에 대처하기 위해 러버 조인트(러버 커플링)를 사용하는 경우도 있다.

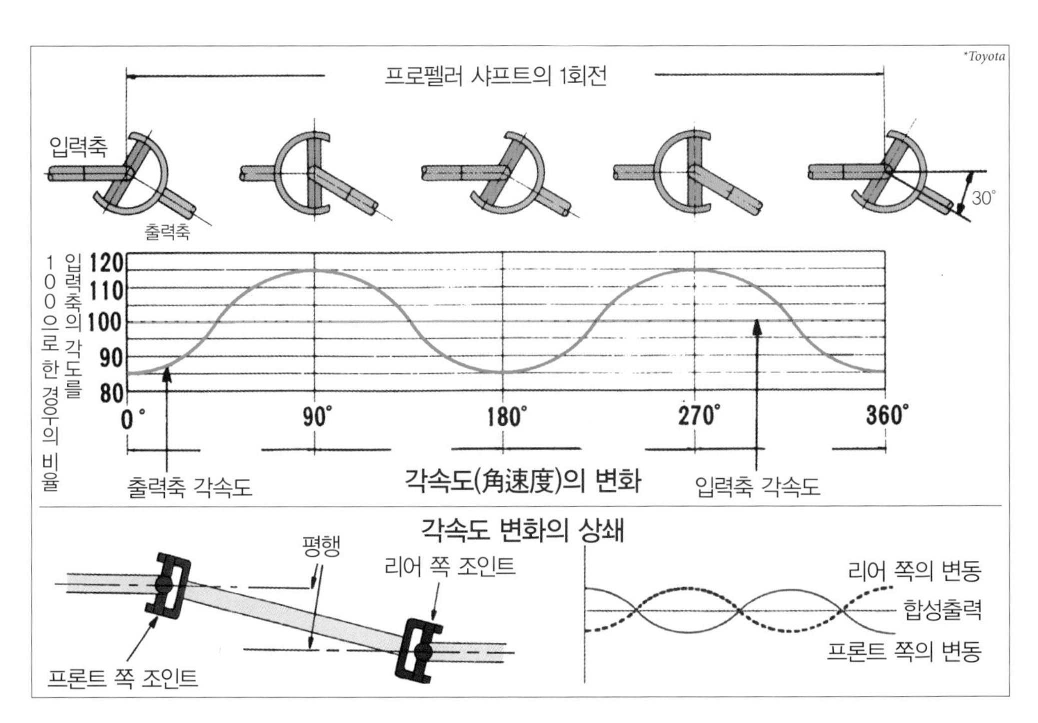

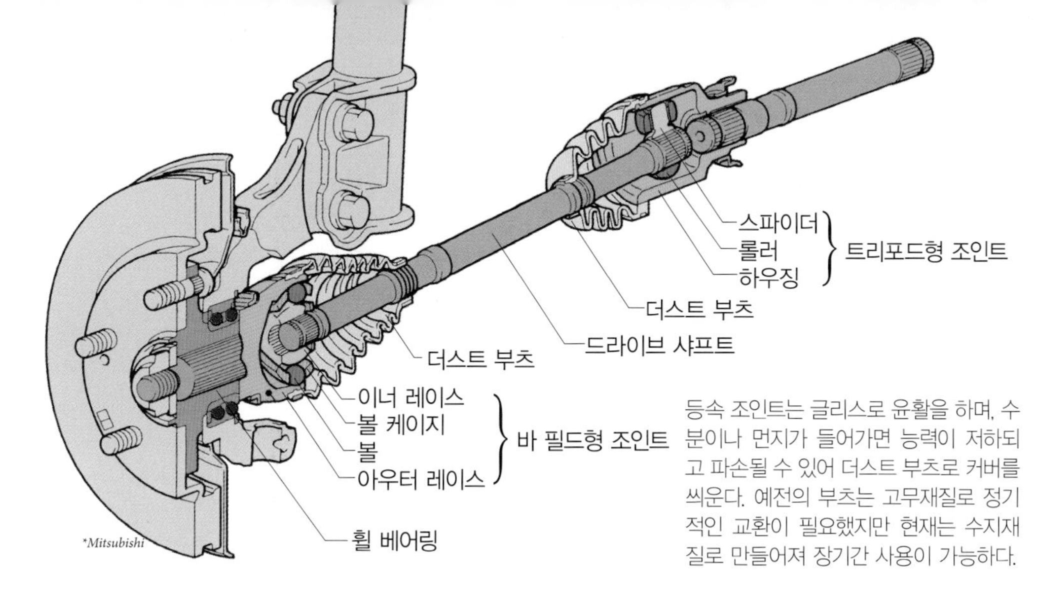

등속 조인트는 글리스로 윤활을 하며, 수분이나 먼지가 들어가면 능력이 저하되고 파손될 수 있어 더스트 부츠로 커버를 씌운다. 예전의 부츠는 고무재질로 정기적인 교환이 필요했지만 현재는 수지재질로 만들어져 장기간 사용이 가능하다.

■등속 조인트

등속 조인트는 영어 머리글자를 따서 CV조인트, CVJ라고도 한다. 거리변화에 대응할 수 있는 것을 슬라이드식 등속 조인트(슬라이드식 CV조인트) 또는 습동식 등속 조인트(습동식 CV조인트)라고 하며, 대응이 되지 않는 것을 고정식 등속 조인트(고정식 CV조인트)라고 한다. 거리변화에 대응이 필요한 경우에는 일반적으로 디퍼렌셜 쪽에만 슬라이드식이 사용된다. 각각에는 다양한 구조가 있다. 고정식에는 바 필드형 조인트, 슬라이드식에는 크로스 그룹형 조인트, 트리포드형 조인트 또는 이들의 발전형을 사용하는 경우가 많다.

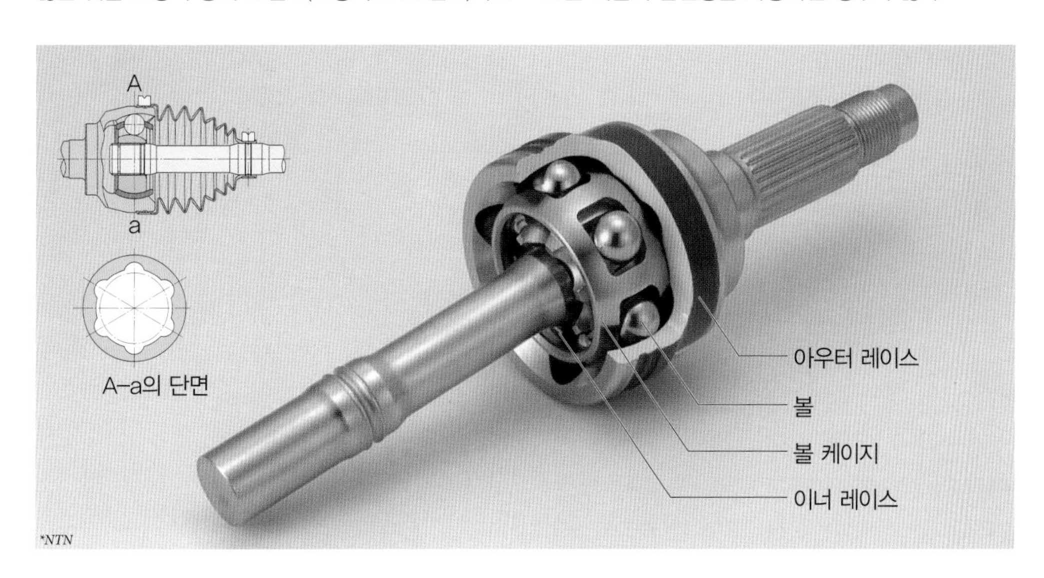

■바 필드형 조인트

바 필드형 조인트는 제파(Rzeppa)형 조인트, 볼 픽스트형 조인트라고도 하는 고정식 등속 조인트다. 한편 회전축은 구면 형태 안쪽에 6개의 안내홈이 있는 아우터 레이스에, 다른 한쪽의 회전축은 구면 형태의 바깥쪽에 6개의 안내홈이 있는 이너 레이스에 설치된다. 두 안내홈 사이에 6개의 볼이 들어가며, 볼의 위치를 유지하기 위해 새장 모양의 볼 케이지가 들어간다. 회전 전달은 볼에 의해 이루어진다. 입출력의 회전축에 각도가 생기는 경우에도 볼 중심을 통과하는 면이 양 축에 대해서 같은 각도가 되므로 등속성이 유지된다.

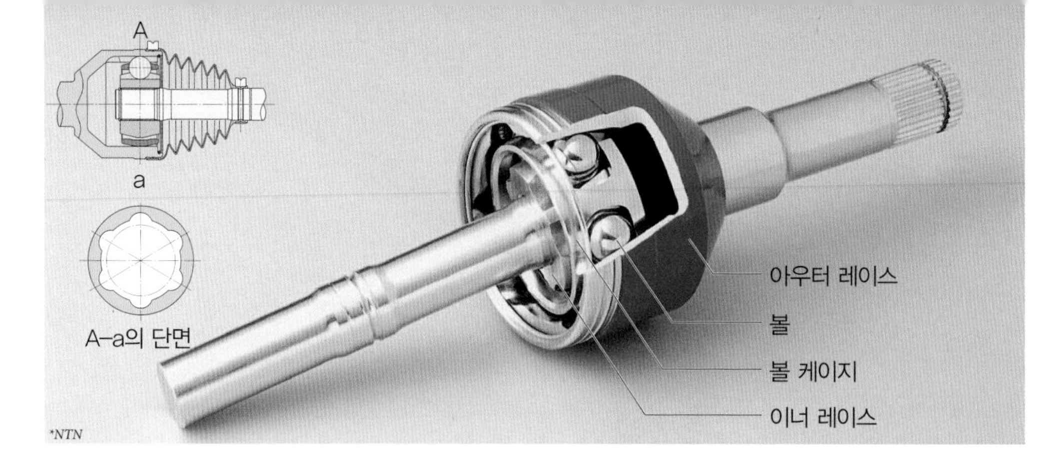

■크로스 그룹형 조인트

크로스 그룹형 조인트는 바 필드형 조인트의 발전형이라 할 수 있는 슬라이드식 등속 조인트다. 구성요소는 거의 같지만 이너 레이스와 아우터 레이스의 안내홈이 교차하도록 배치되어있다. 이것으로 각도변화뿐만 아니라 거리변화에도 대응이 가능하다.

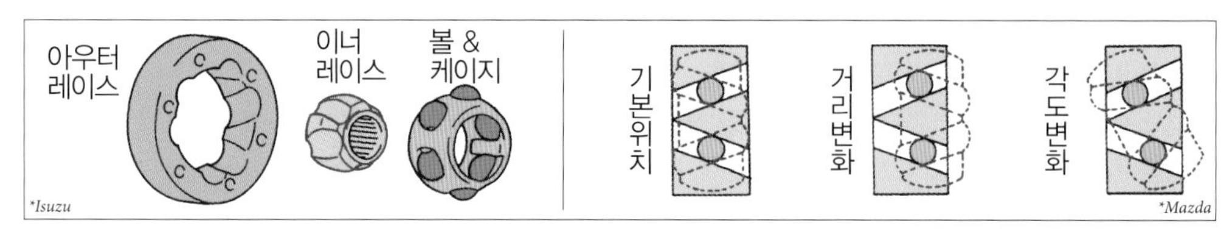

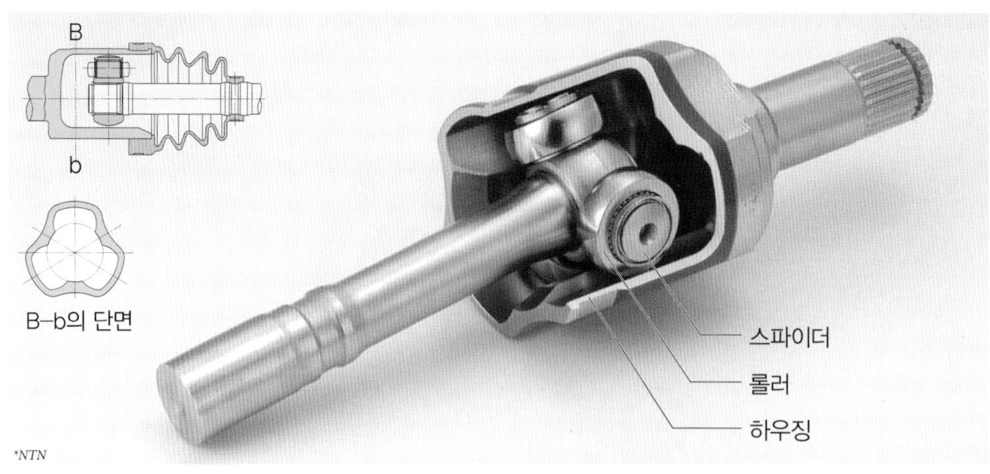

■트리포드형 조인트

트리포드형 조인트에는 고정식도 있지만 슬라이드식이 사용되는 경우가 많다. 한쪽의 회전축은 중심에서 등간격의 3방향으로 팔을 뻗은 모양의 스파이더에 설치되며, 다른 회전축은 3개의 안내홈이 있는 하우징에 설치된다. 스파이더 끝에는 각각 롤러가 설치되며, 이 롤러가 하우징의 안내홈으로 들어간다. 입출력의 회전축에 각도가 생기거나 거리가 변화해도 롤러 안쪽이 항상 하우징 안내홈에 접해있기 때문에 회전을 전달할 수 있다.

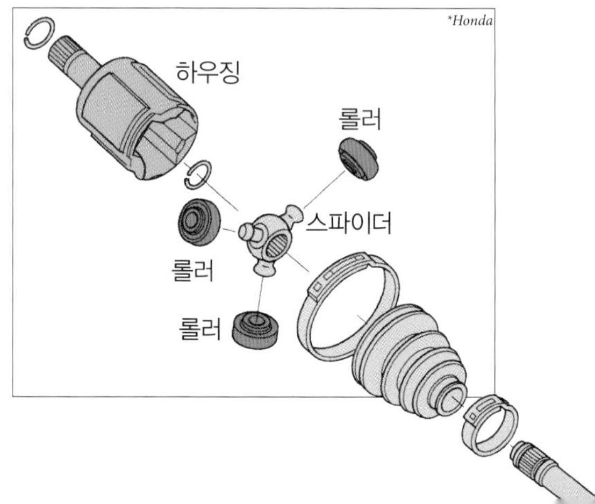

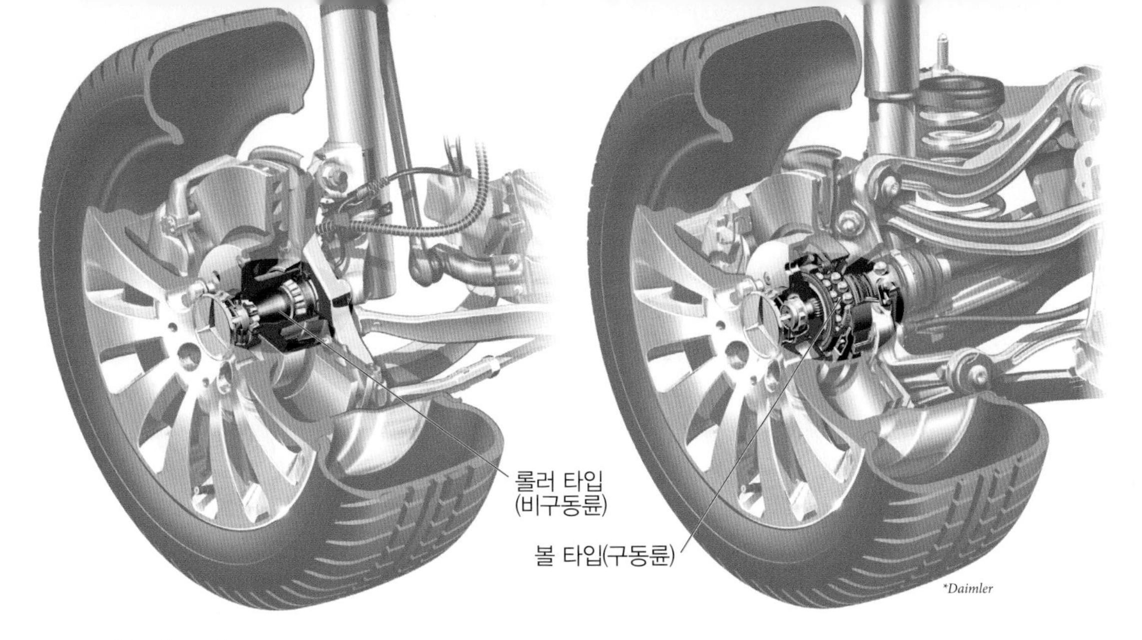

■휠 베어링

휠 베어링은 허브 베어링이라고도 하며 구동륜과 비구동륜에도 설치되어있다. 사용되는 베어링은 2개의 원통 안에 공을 배치하는 볼 베어링 또는 원통이나 원추를 배치하는 롤러 베어링이다. 원추가 사용된 것은 구별해서 테이퍼드 롤러 베어링이라고도 한다. 휠 베어링은 따로 제조된 베어링과 휠 허브를 접합하는 경우도 있지만 허브까지 하나로 만들어지는 방식이 주로 사용된다. ABS에서 사용되는 차량 바퀴 속도센서 기능이 설치된 것이 많다.

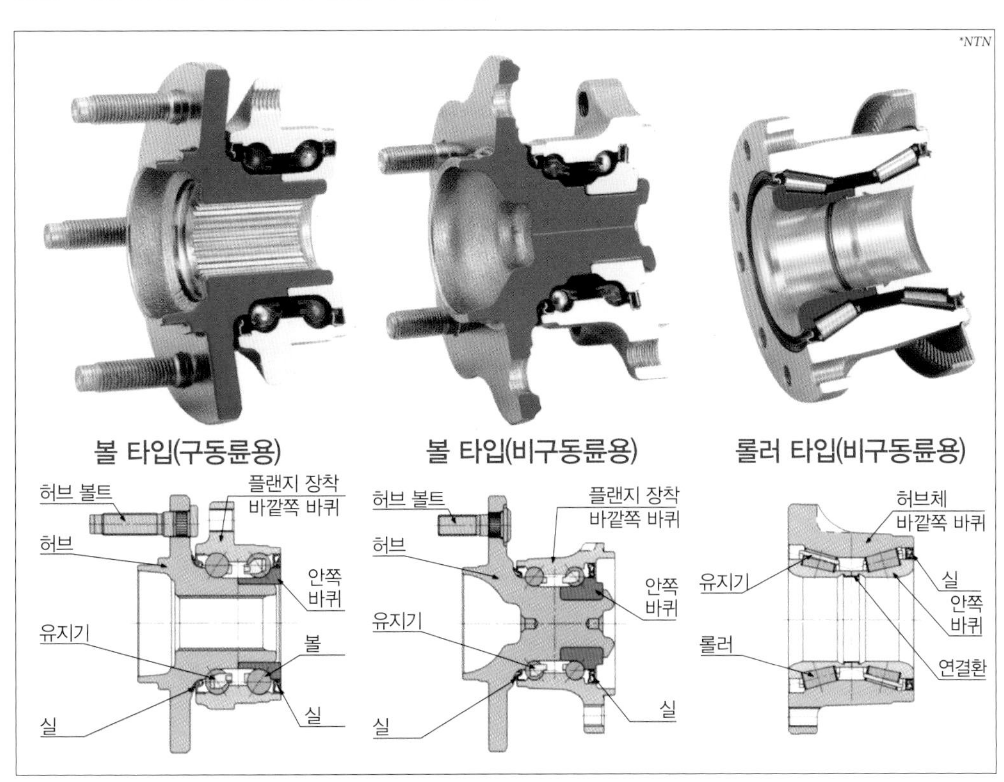

4륜구동 01

Four-wheel drive
4WD

자동차의 바퀴 4개 모두를 구동륜으로 하는 구동방식을 4WD(4륜구동)라고 한다. 일반적인 자동차는 바퀴가 4개이므로 AWD(전(全)륜구동)이라고도 한다(6륜, 8륜 등의 특수한 차량에서는 4WD=AWD가 아니다). 4개의 바퀴 중 구동륜이 4개라는 의미로 4×4라고도 한다.

4WD는 험한 길을 잘 달리는 자동차라는 이미지를 떠올리는 경우가 많다. 확실히 험한 길에서 유리하지만 그밖에도 다양한 장점이 있다. 4륜에 구동력을 배분해서 큰 구동력을 발휘시키거나 미끄러지기 쉬운 노면에서의 구동력을 높일 수 있다. 때문에 스포츠 타입의 자동차에 4WD가 사용되는 경우도 있으며, 이러한 능력은 험한 길에서만 발휘되는 것은 아니다. 일상적인 주행의 안전성을 높이는 효과도 있다. 하지만 2WD(2륜구동)에 비해서 부품의 수가 늘어나기 때문에 무게가 무거워지고 연비도 떨어지며, 가격도 비싸진다.

4WD는 크게 파트타임 4WD, 풀타임 4WD, 하이브리드 4WD(256p. 참조)로 구분되며, 풀타임 4WD에는 센터 디퍼렌셜식 풀타임 4WD, 토크 스플리트식 4WD가 있다. 토크 스플리트식에는 수동적으로 토크 배분을 하는 패시브 토크 스플리트식 4WD와 전자제어로 배분하는 액티브 토크 스플리트식 4WD가 있다. 이러한 전자제어 4WD에는 액티브 토크 스플리트식 외에 센터 디퍼렌셜의 제어를 하는 전자제어 센터 디퍼렌셜식 풀타임 4WD도 있다.

4WD의 험한 길 주행능력

심하게 울퉁불퉁한 길에서는 바퀴가 노면에서 떨어지는 경우가 있다. 구동륜이 4륜인 4WD라면 바퀴 중 하나가 노면에서 떨어져도 접지된 바퀴로 주행할 수 있어 난관을 헤쳐나가는 능력이 높다. 이 개념은 맞지만 구동륜에는 디퍼렌셜이 설치되어있기 때문에 한쪽 구동륜이 노면에서 떨어지면 반대쪽 구동륜은 정지해버린다. 4WD의 형식에 따라서는 앞뒤 바퀴에서도 같은 문제가 발생한다. 때문에 험한 길을 달리기 위해서는 4WD도 디퍼렌셜 락이나 LSD의 사용이 필수적이다.

■4WD의 구동력

자동차의 구동력은 타이어와 노면의 마찰에 의해 발생한다. 얼음판처럼 마찰이 발생하기 힘든 곳에서는 구동륜에 큰 토크를 전달해도 휠 스핀이 발생할 뿐 자동차는 전진하지 못한다. 이것만 보아도 마찰의 중요성을 알 수 있다. 이러한 마찰력을 타이어의 그립, 그립력이라고 하며, 여기에는 한계가 있다. 이 한계는 노면과 타이어의 상태, 타이어에 걸린 중량에 따라 달라진다.

정확한 표현은 아니지만 이미지로 파악하면 다음과 같다. 예를 들어 총 100의 구동력을 발휘할 수 있는 엔진을 탑재한 자동차가 있고 노면의 그립 한계가 30이라고 하자. 이 자동차가 2WD인 경우, 각 구동륜에 50의 힘을 전달하더라도 휠 스핀만 발생한다. 엔진의 출력을 낮추어 전체 60의 구동력만 얻을 수 있다. 하지만 4WD라면 각 바퀴에 25의 힘을 전달하더라도 그립 한계 이내에 있으므로 100의 구동력을 얻을 수 있다. 때문에 고출력의 스포츠 타입의 자동차에서 4WD를 사용하는 경우가 있다.

그리고 그립 한계가 10인 노면의 경우에 2WD로는 20의 구동력만 가능하지만, 4WD라면 40의 구동력을 낼 수 있다. 때문에 눈이 쌓여 미끄러운 노면에서도 4WD는 안정적으로 구동력을 낼 수 있다.

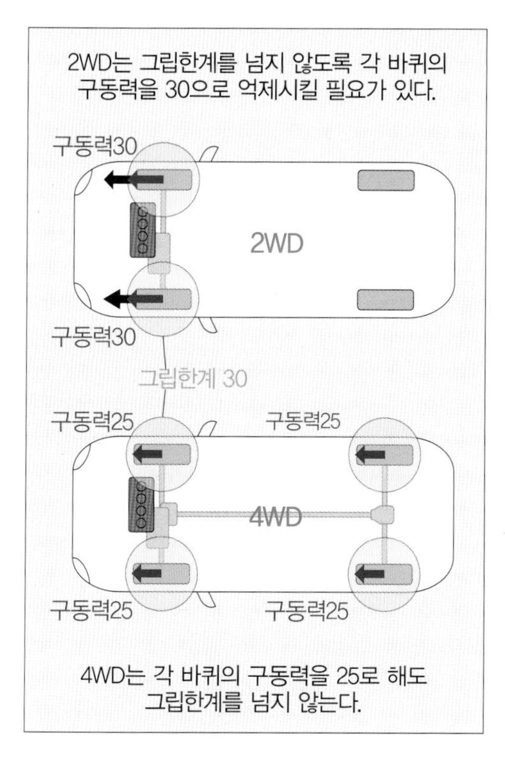

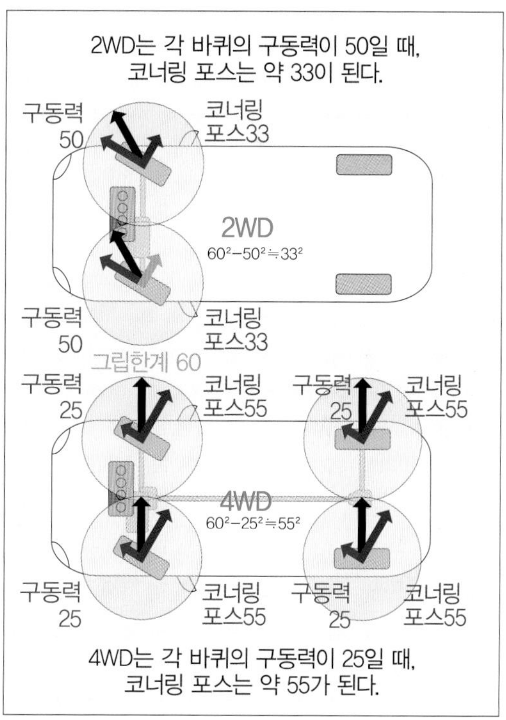

■4WD의 코너링 포스

자동차가 코너를 돌 때에는 원심력에 대항하면서 자동차의 진행방향을 바꾸려고 하는 힘인 코너링 포스가 필요하다. 코너링 포스도 타이어와 노면의 마찰에 의해 발생하므로 그립한계의 영향을 받는다. 구동력, 코너링 포스, 그립한계는 위의 그림과 같은 관계에 있으며, $(\text{그립한계})^2=(\text{구동력})^2+(\text{코너링 포스})^2$의 법칙이 성립된다.

예를 들어 그립한계가 60인 상황에서 2WD가 100의 구동력을 발휘하면 코너링 포스는 약 33밖에 안 되지만, 4WD는 약 55의 코너링 포스를 낼 수 있다. 즉 같은 구동력을 발휘하더라도 4WD의 코너링 포스가 크기 때문에 안정적으로 코너를 돌 수 있다. 고속 코너링은 물론이고 속도가 느린 코너링의 경우에도 4WD의 안정성이 높다.

■타이트 코너 브레이크 현상

앞뒤의 파이널 드라이브 기어를 하나의 샤프트로 연결하고 여기에 트랜스미션의 출력을 전달하면 4WD가 된다. 이것을 직결식 4WD라고 한다. 앞뒤의 디퍼렌셜에 LSD나 디퍼렌셜 락을 추가하면 더욱 험한 길을 잘 달릴 수 있는 4WD가 된다.

하지만 이대로는 포장된 도로에서의 주행이 어렵다. 코너링 때에는 좌우 바퀴의 선회반경이 다르므로 구동륜에는 디퍼렌셜이 필요하며, 앞바퀴와 뒷바퀴도 코너링 때의 선회반경이 다르다. 때문에 직결식 4WD는 뒷바퀴가 헛돌아 슬립이 나거나 앞바퀴에 끌려 다니게 된다. 험한 길에서는 어느 정도의 헛바퀴가 허용되지만 그립의 한계가 높은 포장도로에서는 문제가 될 수 있다. 특히 작은 반경의 코너링 시에는 앞바퀴가 걸려서 브레이크를 밟은 느낌이 들어 매끄럽게 주행을 할 수가 없다. 이것을 타이트 코너 브레이크 현상이라고 하며, 실용적인 4WD로 만들기 위해서는 대책이 필요하다.

파트타임4WD는 드라이버가 주행하는 환경에 따라 2WD와 4WD를 전환하면서 타이트 코너 브레이크 현상에 대처한다. 센터 디퍼렌셜식 풀타임 4WD는 센터 디퍼렌셜로 이 문제에 대처하며, 토크 스플리트식 4WD는 토크배분을 하는 기구로 회전차를 흡수해서 타이트 코너 브레이크 현상에 대처하고 있다.

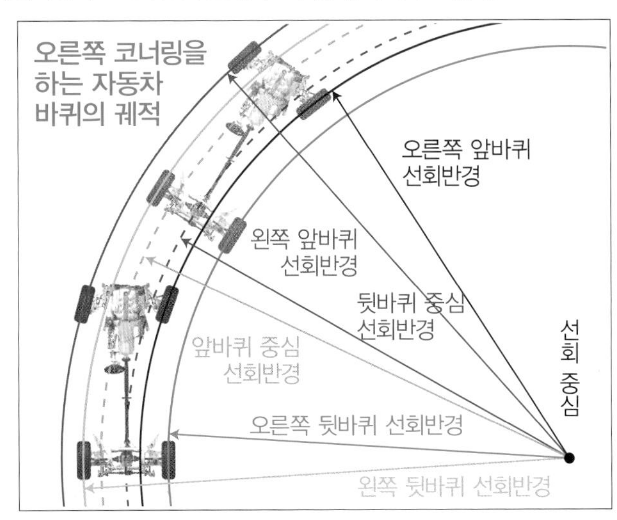

■파트타임 4WD

파트타임 4WD는 셀렉티브 4WD라고도 한다. 이 방식은 험한 길 주행능력이 높지만 드라이버가 직접 전환 조작을 해야 한다. 평소 주행에서는 2WD로 달리므로 구동력과 코너링 성능이 높아지지는 않는다. 다른 방식의 4WD에도 직결상태를 만들어내는 기구를 추가해서 험한 길 주행능력을 높일 수 있다. 따라서 파트타임 4WD를 사용하는 차종은 매우 적어졌으며, 험한 길 주행을 크게 중시하는 자동차에서만 사용된다.

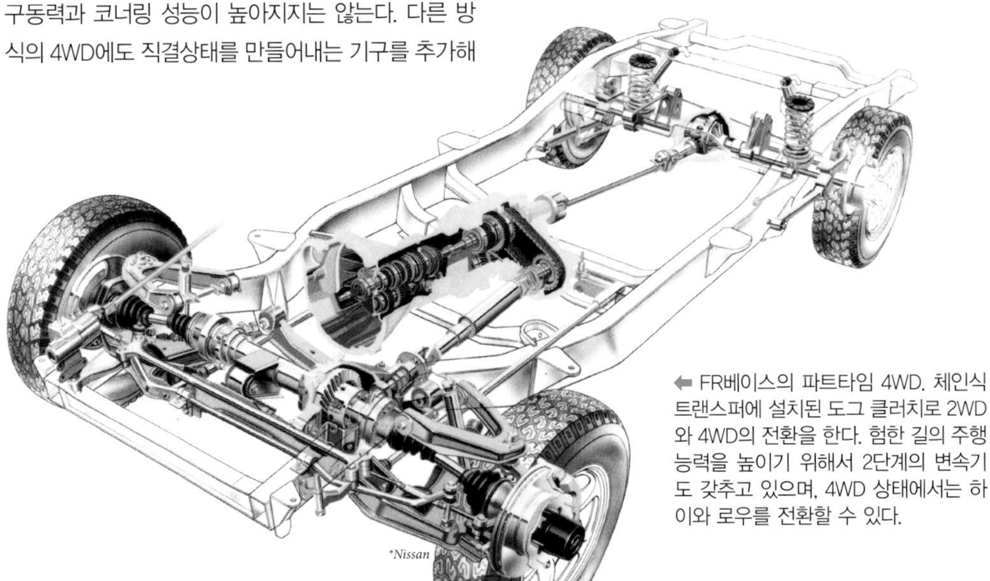

⬅ FR베이스의 파트타임 4WD. 체인식 트랜스퍼에 설치된 도그 클러치로 2WD와 4WD의 전환을 한다. 험한 길의 주행능력을 높이기 위해서 2단계의 변속기도 갖추고 있으며, 4WD 상태에서는 하이와 로우를 전환할 수 있다.

■4WD의 레이아웃

4WD를 위해 설계된 레이아웃도 있지만, 많은 경우 FF의 가로 배치 트랜스미션이나 FR의 세로 배치 트랜스미션을 베이스로 하고 있다. 실제로 FF 베이스라고 할 수 있는 4WD의 경우, 같은 차종에서 FF로 설정되어있는 경우도 많다. FR의 경우도 마찬가지다. FF 세로 배치 트랜스미션이 베이스인 경우는 FR베이스에 가까운 구조가 된다.

이러한 베이스가 되는 동력전달장치에서 앞뒤 다른 한쪽의 구동축용 회전을 끌어내는 기구를 4WD 트랜스퍼라고 한다. 트랜스퍼에는 분기(分岐)를 만들어내는 톱니바퀴와 체인 이외에 4WD의 중심적인 기구인 센터 디퍼렌셜과 토크 배분을 하는 기구가 설치된 경우도 있다.

FF 가로 배치 트랜스미션은 파이널 드라이브 유닛을 내장한 트랜스 액슬인 경우가 많으며, FF베이스의 4WD의 경우는 추가로 트랜스퍼를 내장한 트랜스 액슬인 경우가 있다. FR베이스의 경우는 세로 배치 트랜스미션과 프로펠러 샤프트 사이거나, 트랜스미션 후방의 측면에 트랜스퍼가 배치되는 경우가 많다. 케이스가 일체화된 경우도 있다. 여기에서 트랜스미션의 측면에 배치된 프론트 프로펠러 샤프트를 통해 프론트 파이널 드라이브 유닛으로 회전을 전달한다. 이 경우, 프론트 프로펠러 샤프트는 좌우 중앙 배치를 할 수 없다. 이러한 배치를 피하기 위해 트랜스미션 내부에 프론트 프로펠러 샤프트와 함께 프론트 파이널 드라이브 유닛을 넣은 4WD 트랜스 액슬로 되어있는 경우도 있다.

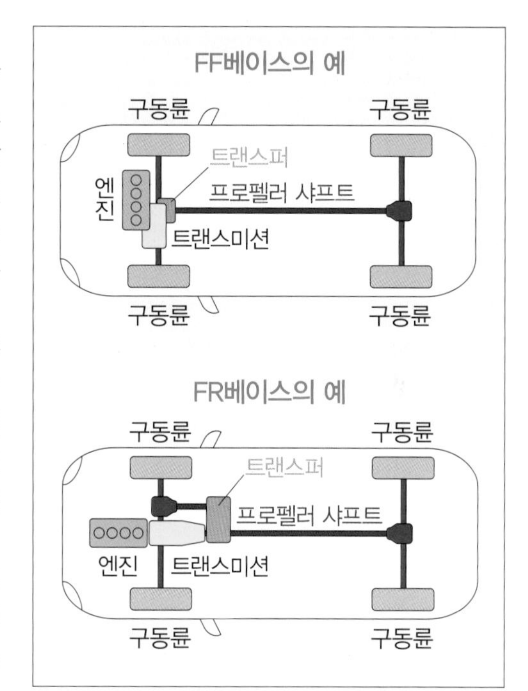

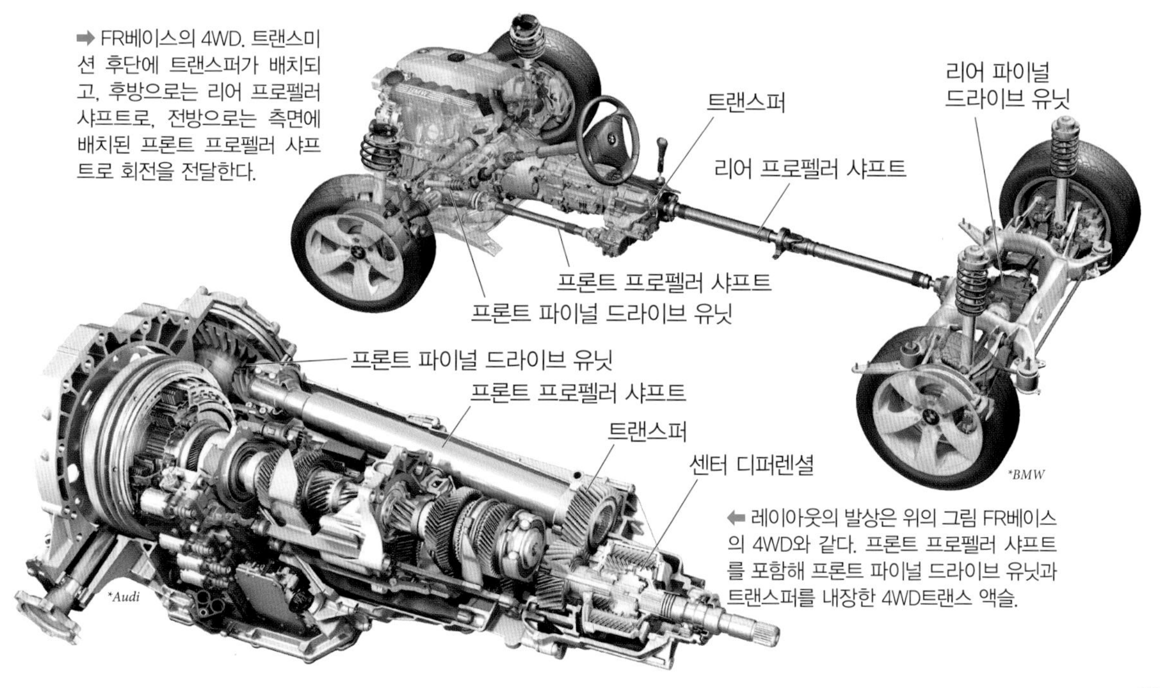

➡ FR베이스의 4WD. 트랜스미션 후단에 트랜스퍼가 배치되고, 후방으로는 리어 프로펠러 샤프트로, 전방으로는 측면에 배치된 프론트 프로펠러 샤프트로 회전을 전달한다.

⬅ 레이아웃의 발상은 위의 그림 FR베이스의 4WD와 같다. 프론트 프로펠러 샤프트를 포함해 프론트 파이널 드라이브 유닛과 트랜스퍼를 내장한 4WD트랜스 액슬.

4륜구동 02 Four-wheel drive

패시브 4WD

토크 스플리트식 4WD는 주행상황에 따라 앞뒤의 토크배분을 바꾸는 4WD다. 이 중 수동적으로 토크 배분이 변화되는 것을 패시브 토크 스플리트식 4WD라고 한다. 단순히 패시브 4WD라고 하는 경우가 많다. FF에서 간단히 4WD로 만들 수 있기 때문에 한때는 패시브 4WD가 많았지만 현재에는 감소추세에 있다.

패시브 4WD는 직진 주행에서는 2WD지만 커브나 미끄러지기 쉬운 노면에서는 수동으로 4WD로 변환되어 상황에 따라 토크 배분이 달라진다. 2WD로 대기하고 있기 때문에 스탠바이 4WD라고도 한다.

패시브 4WD는 회전차 감응형 토크 전달장치(203p. 참조)를 이용하고 있다. 과거에는 다양한 토크 전달장치가 사용되었지만, 현재에는 대부분 비스커스 커플링을 사용한다. 이 4WD를 비스커스 커플링식 4WD라고 한다. 이밖에 혼다에는 독자적인 토크 전달장치를 사용하는 패시브 4WD가 있다.

■회전차 감응형 토크 전달장치에 의한 토크 전달

패시브 4WD에는 FR베이스의 것도 있지만, 대부분은 FF베이스다. 프론트 파이널 드라이브 유닛 부근에 베벨기어에 의한 트랜스퍼를 설치한다. 여기에서 프로펠러 샤프트를 통해서 리어 파이널 드라이브 유닛으로 회전을 전달하는 것이 일반적이다. 회전차 감응형 토크 전달장치의 배치장소는 다양하다. 트랜스퍼 일체형, 리어 파이널 드라이브 유닛 일체형 외에 프로펠러 샤프트 중간에 배치하는 경우도 있다.

직진주행 등으로 앞뒤의 파이널기어의 회전수가 같은 경우에는 토크 전달이 이루어지지 않기 때문에 2WD(FF) 주행이 된다. 커브에서 앞뒤에 회전차가 발생하면 토크의 전달이 시작되어 4WD주행이 된다. 회전차가 커질수록 뒷바퀴에 전달되는 토크가 많아진다. 앞바퀴가 헛도는 상황에서도 직결식 4WD상태가 되므로 탈출이 가능하다. 토크 배분은 앞뒤가 100:0~50:50의 범위에서 이루어진다.

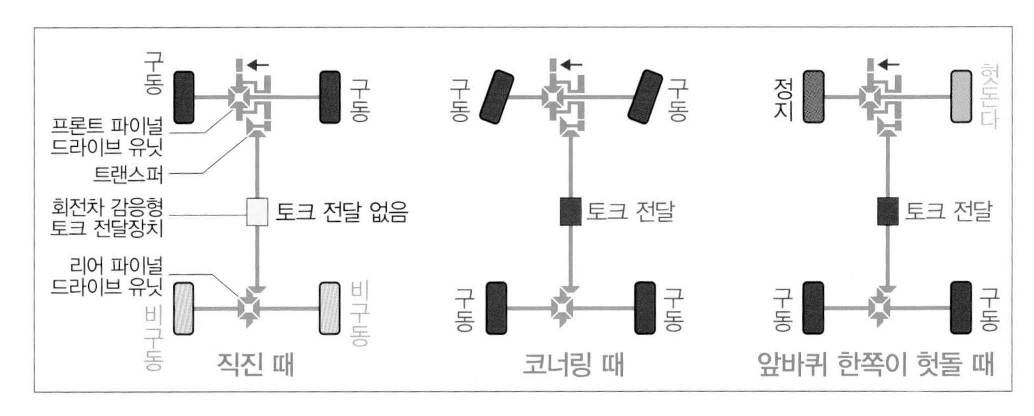

4WD의 분류

패시브 4WD는 2WD로 주행하고 있을 때도 있기 때문에 풀타임 4WD로 분류해서는 안 된다는 견해가 있다. 따라서 파트타임 4WD로 분류하거나, 풀타임도 파트타임도 아닌 독립된 분류를 하는 경우가 있다. 하지만 실제 주행에서는 직진상태라도 노면 상태에 따라 앞뒤의 회전차가 발생해 4WD로 되는 경우가 있다. 이러한 개념을 액티브 토크 스플리트식을 포함해 토크 스플리트식 전체에 적용하기도 한다. 다만 액티브 토크 스플리트식 중에는 2WD 상태가 존재하지 않는 것도 있다. 토크 스플리트식을 파트 타임식으로 분류하는 경우에는 드라이버에 의한 2WD/4WD의 전환조작을 파트타임 4WD의 일종이라고 생각해, 조작이 필요하다고 한정할 경우에는 셀렉티브 4WD라고 한다.

■비스커스 4WD

패시브 4WD 중에서 회전차 감응형 토크 전달장치에 비스커스 커플링을 사용하는 것을 비스커스 커플링식 4WD라고 하며, 간단히 비스커스 4WD라고도 한다. 회전차에 따라서 토크의 전달이 이루어지는 것은 물론 험프 현상에 의해 직결식 4WD를 만들어낼 수 있다. 험한 길에서의 주행성능이 뛰어난 4WD라고 하긴 힘들지만 코너링과 눈길 주행의 안전성을 높일 수 있다.

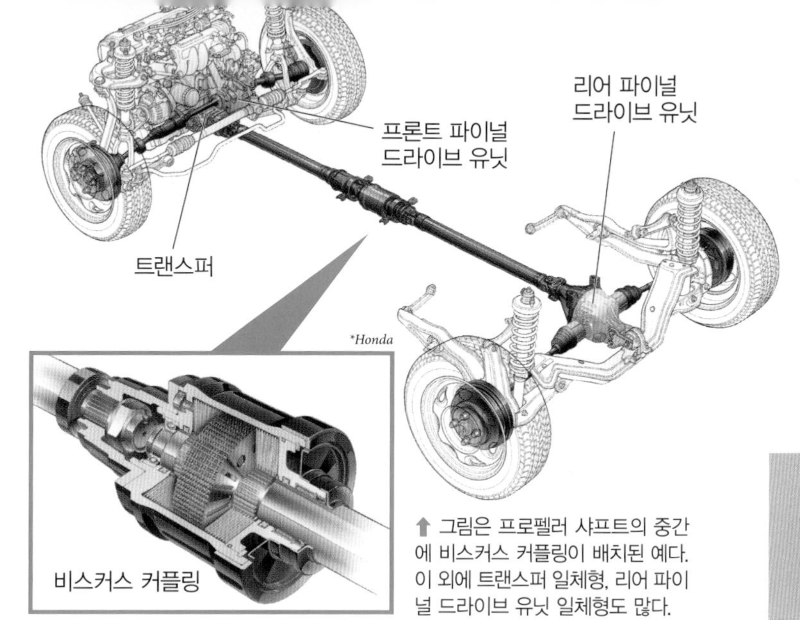

⬆ 그림은 프로펠러 샤프트의 중간에 비스커스 커플링이 배치된 예다. 이 외에 트랜스퍼 일체형, 리어 파이널 드라이브 유닛 일체형도 많다.

■듀얼 펌프식 4WD

듀얼 펌프식 4WD는 혼다의 독자적인 시스템이다. 개발 당시에는 리얼타임 4WD라고 불렸으며, 앞뒤 2개의 펌프와 습식 다판 클러치로 회전차 감응형 토크 전달장치가 구성되어있었다. 앞뒤의 펌프에는 앞바퀴 쪽의 회전과 뒷바퀴 쪽의 회전이 전달된다. 앞뒤의 회전차가 없는 경우는 양쪽 펌프의 유압이 상쇄된다. 하지만, 회전차가 발생하면 펌프의 발생유압에도 차이가 생겨 그 유압에 의해 다판 클러치가 압착되어 토크가 전달된다. 안정된 토크 전달이 가능했지만 토크 전달 초반의 능력이 비스커스 커플링보다 떨어졌기 때문에 현재 시스템에서는 볼과 캠으로 구성된 원웨이 캠 유닛이 추가되었다. 회전차가 작은 상황에서는 앞뒤의 회전차에 의해 캠이 작동되고 다판 클러치를 압착해서 토크 시작을 빠르게 한다. 회전차가 커지면 예전처럼 유압으로 압착한다. 이 시스템을 신리얼타임 4WD라고 부른다.

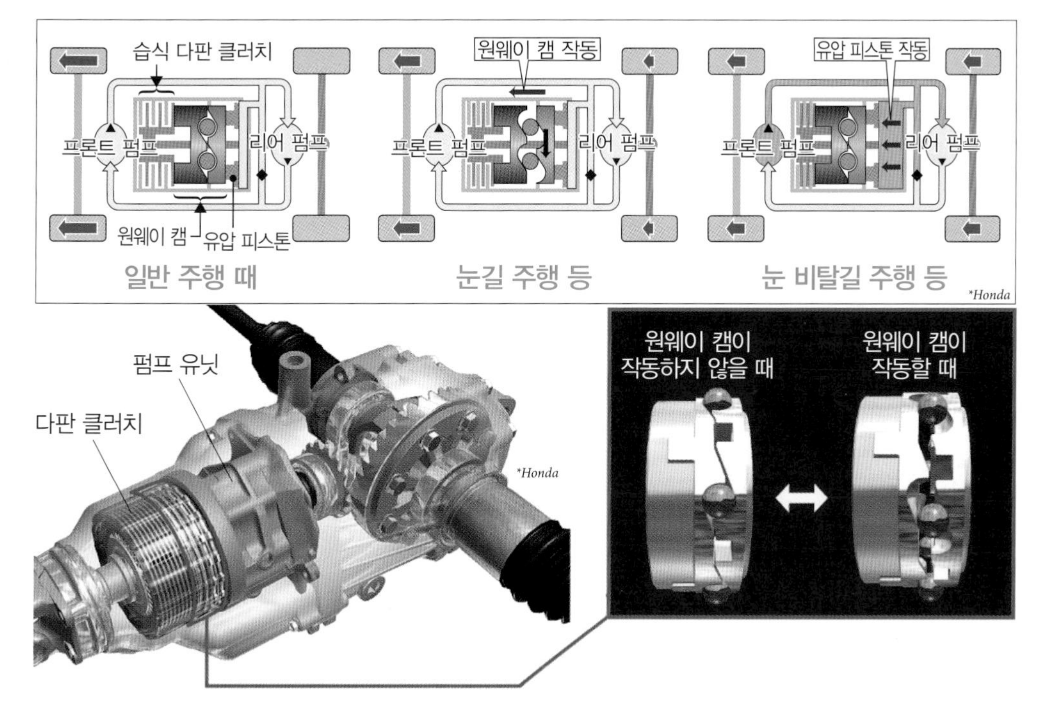

4륜구동 03

Center differential type four-wheel drive
센터 디퍼렌셜식 풀타임 4WD

디퍼렌셜 기어(디퍼렌셜, 차동장치)를 사용하면 앞뒤의 회전차를 흡수해서 항상 4개의 바퀴에 구동력을 배분할 수 있다. 이러한 디퍼렌셜을 센터 디퍼렌셜 기어(센터 디퍼렌셜)라고 하며, 여기에 사용하는 4WD를 센터 디퍼렌셜식 풀타임 4WD(센터 디퍼렌셜식 4WD)라고 한다. 다만 구동되는 바퀴의 디퍼렌셜의 경우와 마찬가지로 바퀴 하나가 헛도는 상황에서는 주행불능이 되기 때문에 일반적으로 차동정지장치나 차동제한장치를 함께 사용한다. 오프로드 성격이 강한 자동차에는 센터 디퍼렌셜에 디퍼렌셜 락을 추가하는 경우가 많으며, 온로드 성격이 강한 자동차에는 센터 디퍼렌셜로 LSD를 사용하는 경우가 많다. 주행장소에 따라 선택할 수 있도록 LSD와 디퍼렌셜 락을 함께 사용하는 경우도 있다.

센터 디퍼렌셜에는 베벨기어식 디퍼렌셜, 플래니터리 기어식 디퍼렌셜, 크라운 기어식 디퍼렌셜이 사용되며, 비스커스 커플링이나 다판 클러치가 차동제한을 위해 조합된다. 또한 톱니바퀴 기구 그 자체에 차동제한 능력이 있는 토르센LSD를 사용하는 경우도 있다.

플래니터리 기어식 디퍼렌셜이나 크라운 기어식 디퍼렌셜, 토르센LSD 타입C의 경우에는 전후 부등 토크 배분이 가능하며, 앞뒤 바퀴의 하중에 따라 배분해서 주행성능을 높일 수도 있다.

하지만 이러한 수동적으로 차동제한을 하는 센터 디퍼렌셜식 4WD의 사용은 줄어들고 있으며, 전자제어 4WD가 주목받고 있다.

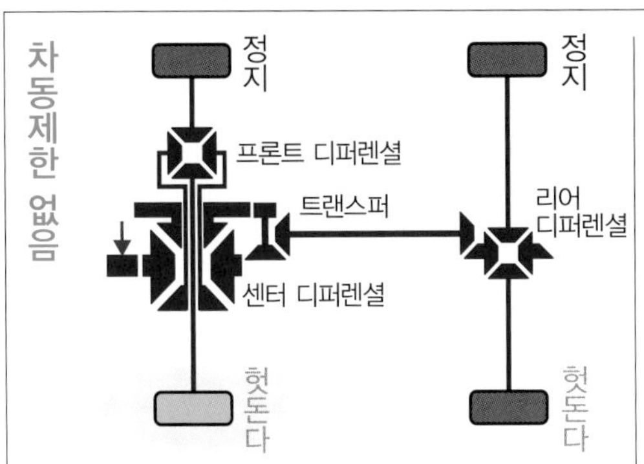

차동제한장치가 전혀 없으면 바퀴 하나가 헛돌기만 해도 주행불능 상태가 되어버린다.

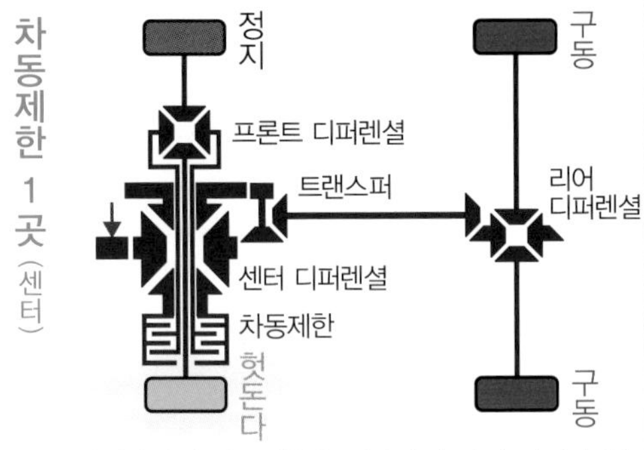

센터 디퍼렌셜에 차동제한을 사용하면 바퀴 하나가 헛돌아도 앞뒤 반대쪽의 바퀴 2개를 구동시킬 수 있다.

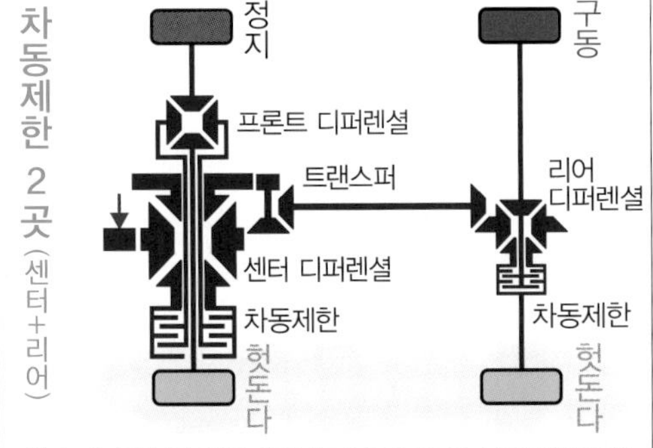

센터 디퍼렌셜의 차동제한에 리어에 LSD를 사용하면 한쪽 바퀴 2개가 공전해도 리어 바퀴 하나로 주행을 할 수 있다.

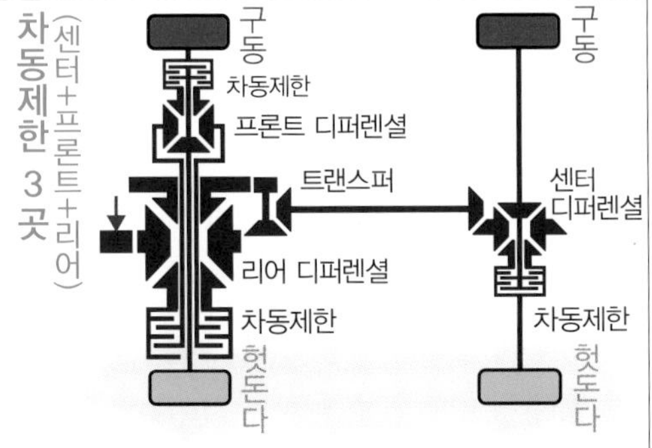

모든 디퍼렌셜에 차동제한을 사용하면 한쪽 2개의 바퀴가 공전을 해도 반대쪽 바퀴 2개로 주행을 할 수 있다.

크라운 기어식 센터 디퍼렌셜+다판 클러치

구동되는 바퀴의 디퍼렌셜에 사용되는 경우가 거의 없는 크라운 기어식 센터 디퍼렌셜을 사용한 4WD. 베벨 기어식 디퍼렌셜과 기본적인 배치는 같지만, 디퍼렌셜 사이드기어가 크라운 기어(왕관 모양 톱니바퀴), 디퍼렌셜 피니언이 바깥쪽 톱니바퀴가 된다. 크라운 기어의 직경(톱니바퀴 수)을 바꾸면 앞뒤 다른 토크 배분이 가능하다. 차동제한은 다판 클러치로 하며, 차동 때에 크라운 기어에 발생하는 축방향의 힘을 이용하고 있다.

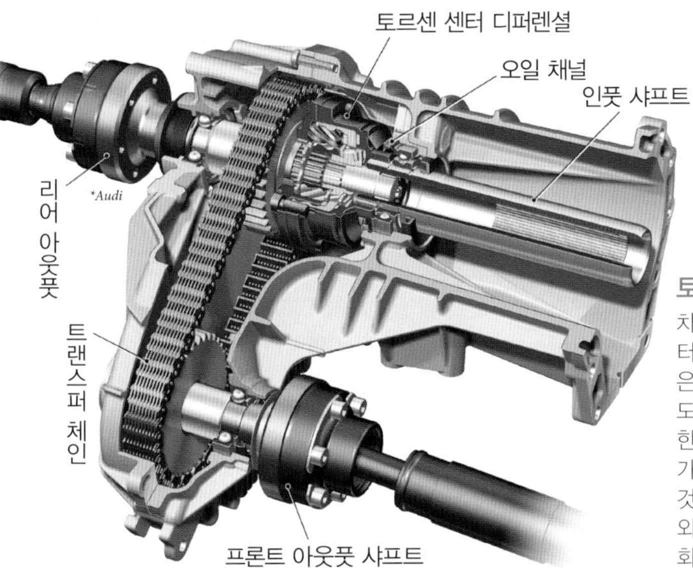

토르센 센터 디퍼렌셜

차동제한의 능력이 있는 토르센LSD를 센터 디퍼렌셜에 사용하는 4WD. 아래 그림은 구동되는 바퀴의 디퍼렌셜에 사용되기도 하는 타입A를 트랜스미션 후단에 설치한 것이다. 왼쪽 그림은 부등 토크 배분이 가능한 센터 디퍼렌셜용 타입C를 사용한 것이다. 트랜스퍼는 체인으로 트랜스미션 외부에 배치된 프론트 프로펠러 샤프트에 회전을 전달한다.

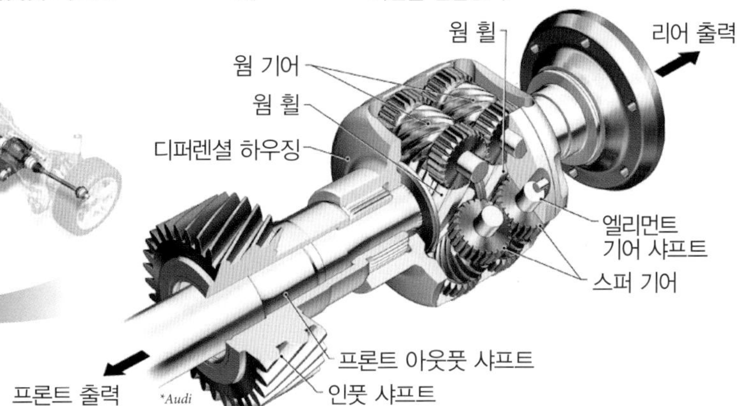

4륜구동 04

Electronic controlled four-wheel drive
전자제어 4WD

자동차의 다른 다양한 장치와 마찬가지로 4WD도 전자제어가 주류가 되고 있다. 전자제어 4WD에는 액티브 토크 스플리트식 4WD와 전자제어 센터 디퍼렌셜식 풀타임 4WD(전자제어 센터 디퍼렌셜식 4WD)가 있다. 액티브 토크 스플리트식은 습식 다판 클러치에 의한 토크 배분을, 전자제어 센터 디퍼렌셜식은 차동제한을 전자제어한다.

기계적인 레이아웃과 사이즈, 중량은 패시브식 4WD와 액티브 토크 스플리트식에 큰 차이는 없다. 센터 디퍼렌셜식의 경우도 차동제한을 수동적으로 하느냐 전자제어를 하느냐의 차이뿐이다. 현재의 엔진과 트랜스미션은 전자제어가 되고 있으며, 구동에 관한 다양한 정보가 이미 많이 모여 있다. ABS의 표준화에 의해 바퀴 4개의 속도 정보도 확보되어있다. 때문에 비교적 손쉽게 전자제어화를 할 수 있다.

전자제어 센터 디퍼렌셜식도 차동제한에 의해 토크 배분을 가변하고 있으므로 액티브 토크 스플리트식의 일종이라고 생각할 수도 있다. 하지만 4WD에 있어서 센터 디퍼렌셜은 중요하므로 구별해서 다루는 경우가 많다.

■액티브 토크 스플리트 4WD

액티브 토크 스플리트 4WD는 패시브 4WD의 회전차 감응형 토크전달장치를 전자제어된 토크전달장치로 바꾼 것이다. 전자제어 커플링은 습식 다판 클러치를 베이스로 한 것으로, 트랜스퍼를 포함한 경우는 멀티 플레이트 트랜스퍼라고도 한다. 다판 클러치의 압착에는 전자석, 모터, 유압 등이 이용된다. FF 가로 배치 트랜스미션을 베이스로 하는 것이 많지만, FR 등의 세로 배치 트랜스미션을 베이스로 한 것도 있다.

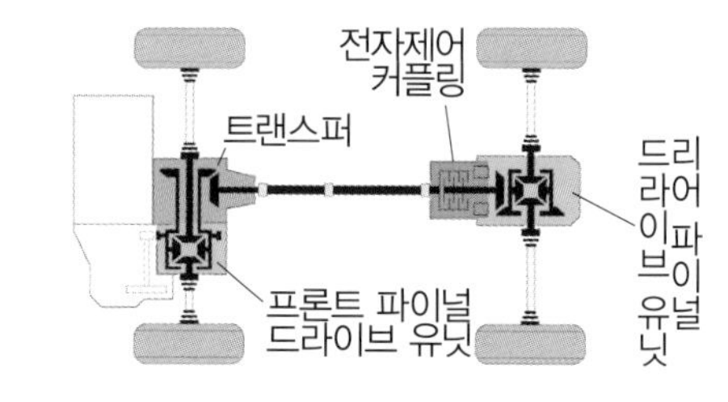

일반적인 액티브 토크 스플리트식의 경우에 FF베이스라면 1개의 전자제어 커플링으로 뒷바퀴로의 토크 배분을 한다. 이에 비해 토크 벡터링(204p. 참조)은 커플링을 2개 사용해서 좌우 뒷바퀴에 독립적으로 토크 배분을 한다.

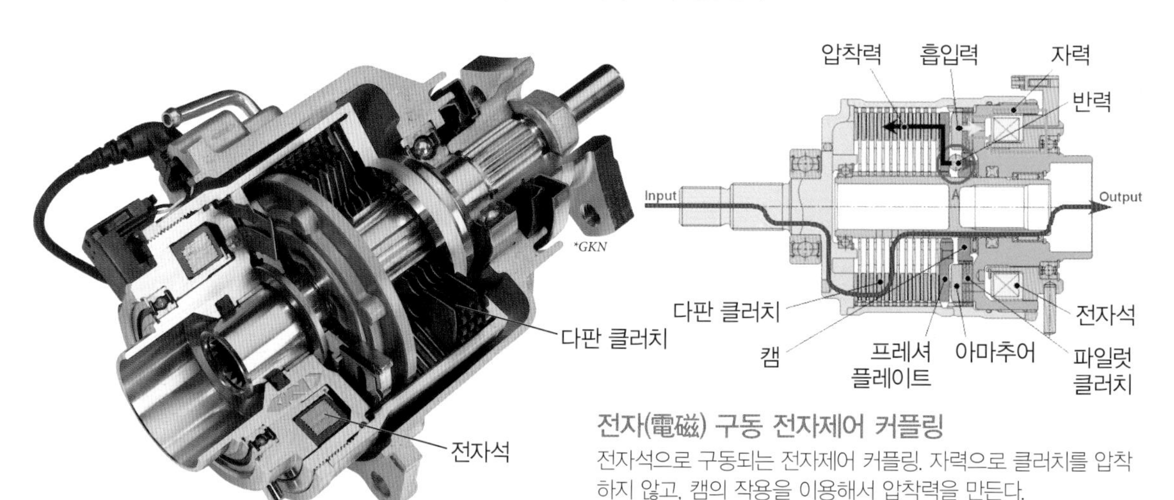

전자(電磁) 구동 전자제어 커플링
전자석으로 구동되는 전자제어 커플링. 자력으로 클러치를 압착하지 않고, 캠의 작용을 이용해서 압착력을 만든다.

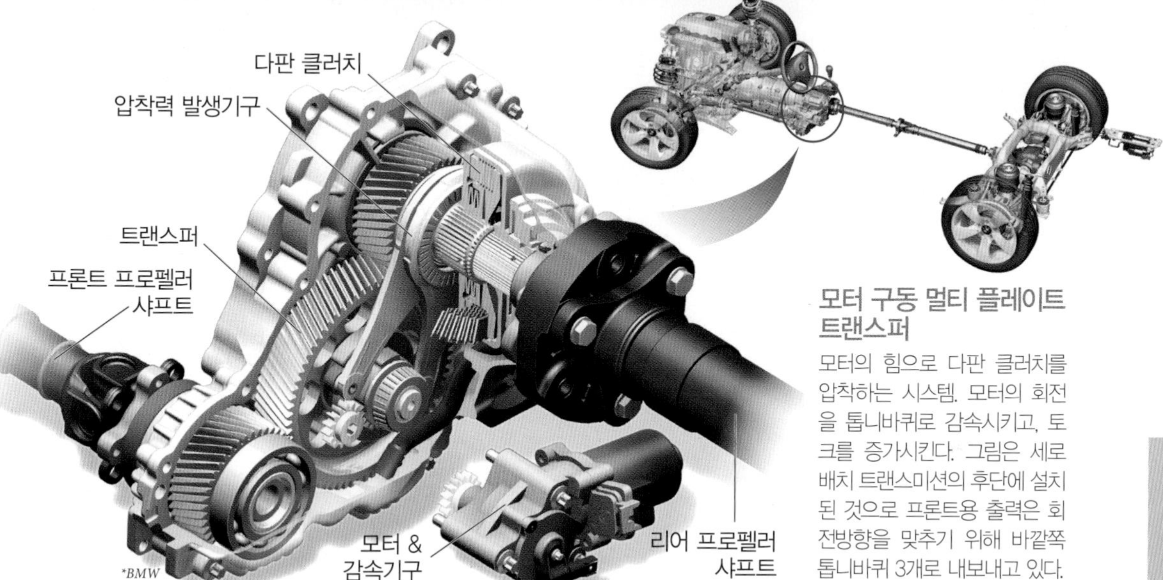

모터 구동 멀티 플레이트 트랜스퍼

모터의 힘으로 다판 클러치를 압착하는 시스템. 모터의 회전을 톱니바퀴로 감속시키고, 토크를 증가시킨다. 그림은 세로 배치 트랜스미션의 후단에 설치된 것으로 프론트용 출력은 회전방향을 맞추기 위해 바깥쪽 톱니바퀴 3개로 내보내고 있다.

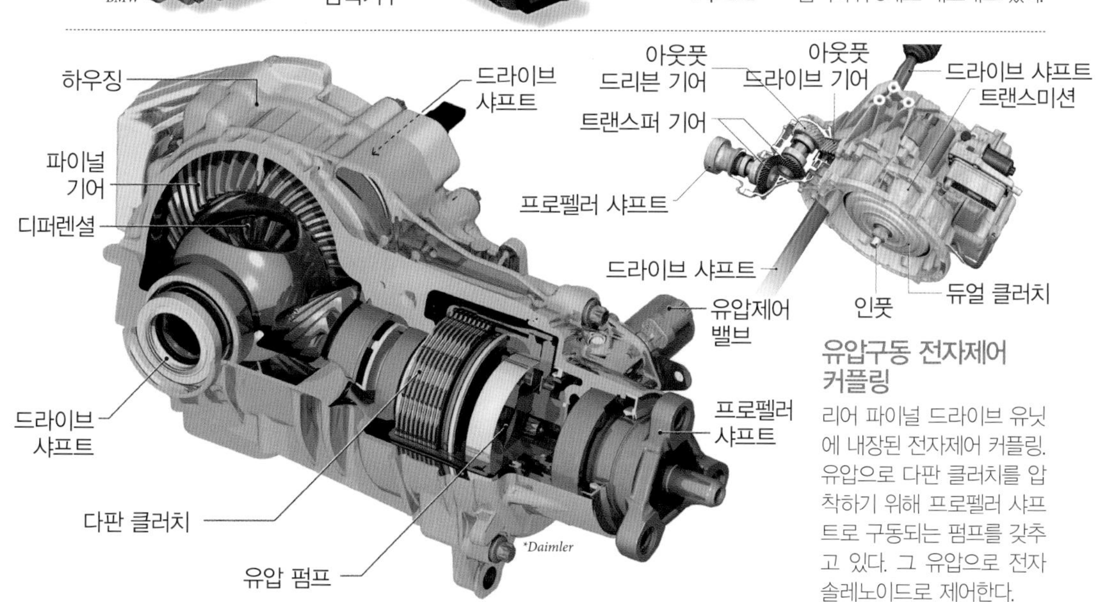

유압구동 전자제어 커플링

리어 파이널 드라이브 유닛에 내장된 전자제어 커플링. 유압으로 다판 클러치를 압착하기 위해 프로펠러 샤프트로 구동되는 펌프를 갖추고 있다. 그 유압으로 전자 솔레노이드로 제어한다.

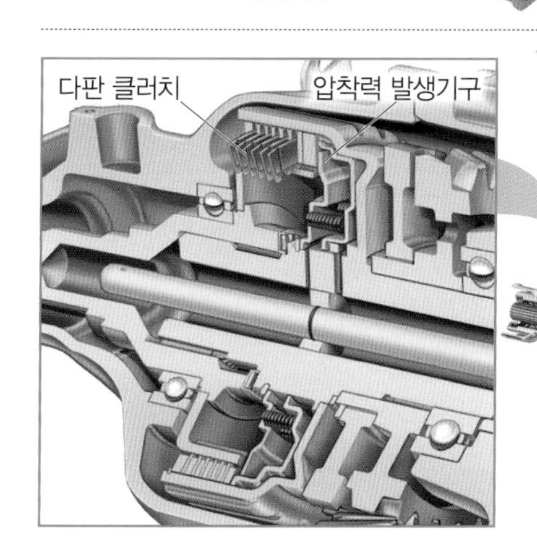

유압구동 멀티 플레이트 트랜스퍼

위의 경우와 마찬가지로 유압으로 다판 클러치를 압착하지만, 세로 배치 4WD 트랜스 액슬에 내장되어있기 때문에 트랜스미션의 유압을 이용하고 있다. 프론트 프로펠러 샤프트나 프론트 파이널 드라이브 유닛이 내장된 CVT.

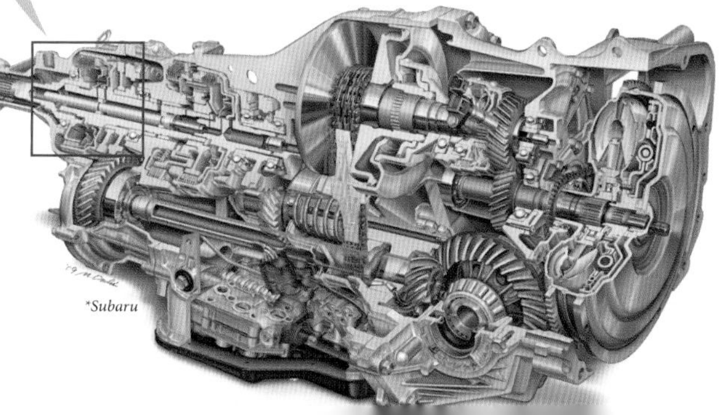

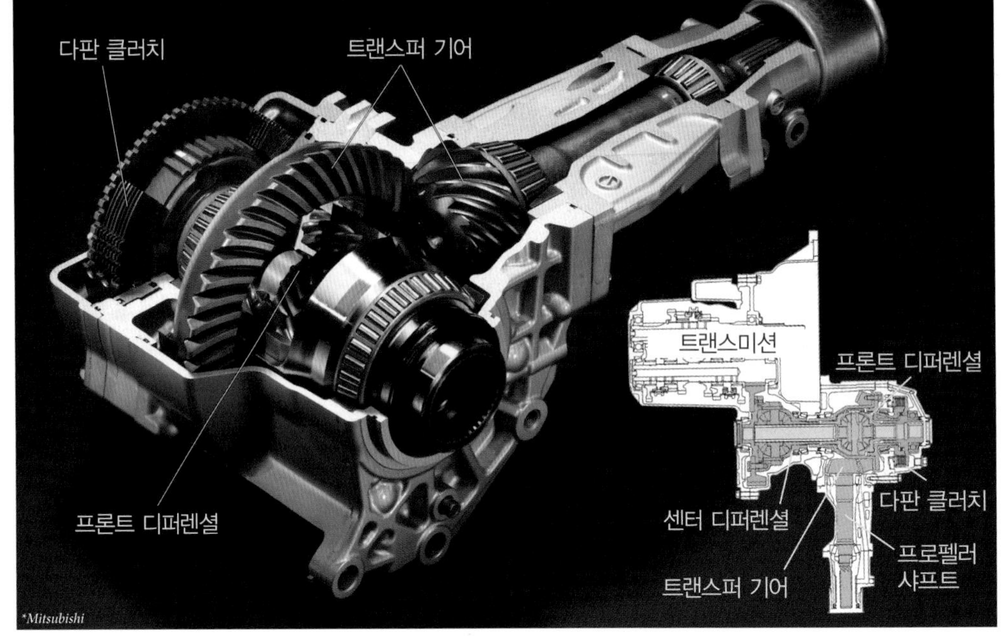

베벨기어식 센터 디퍼렌셜을 다판 클러치로 차동제한 하는 미츠비시의 ACD(액티브 센터 디퍼렌셜). 사진에는 센터 디퍼렌셜이 포함되어있지 않으며, 센터 디퍼렌셜의 차동제한을 하는 다판 클러치와 프론트 디퍼렌셜(헬리컬 LSD), 트랜스퍼 기어 부분이다. 오른쪽 그림은 같은 레이아웃이지만 프론트 디퍼렌셜에 베벨기어식 디퍼렌셜을 채용한 것이다.

■전자제어 센터 디퍼렌셜식 4WD

전자제어 센터 디퍼렌셜식 풀타임 4WD는 센터 디퍼렌셜에 베벨기어식 디퍼렌셜이나 플래니터리 기어식 디퍼렌셜을 사용하는 경우가 많다. 플래니터리 기어식은 전후 부등 토크 배분이 가능하다. 차동제한은 다판 클러치로 하는 것이 일반적이며, 압착에는 전자석을 이용하는 전자 솔레노이드, 유압 등이 이용된다. 토크 벡터링은 전자제어 센터 디퍼렌셜식 4WD와 조합되는 경우도 있다.

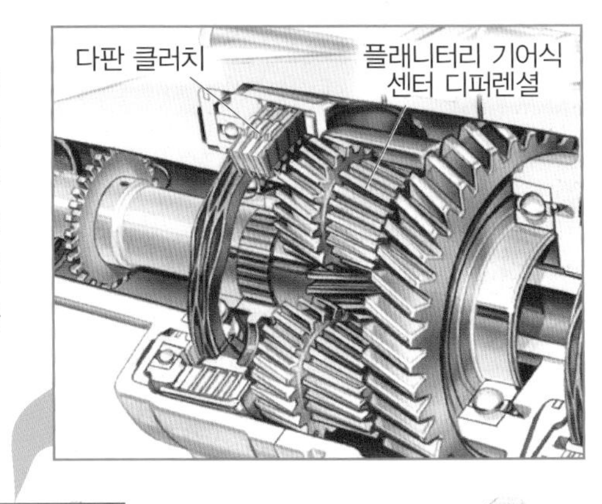

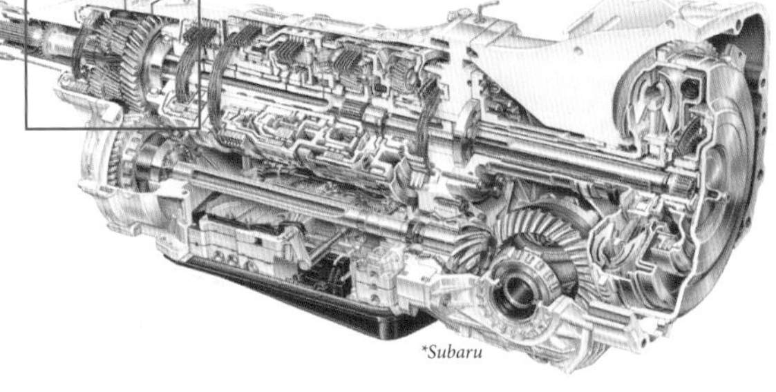

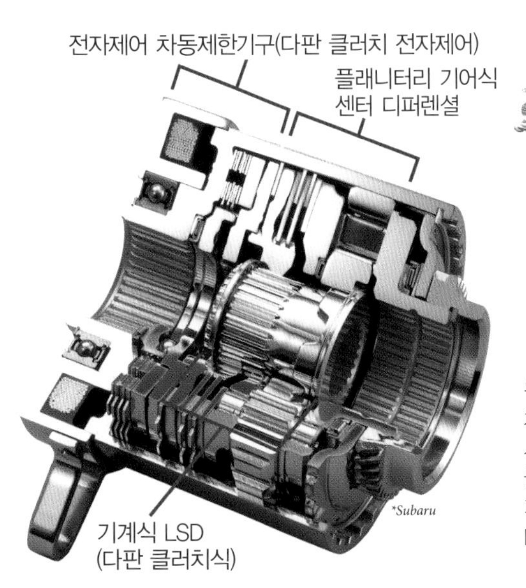

위의 그림은 플래니터리 기어식 센터 디퍼렌셜을 다판 클러치로 차동제한하는 스바루의 전자제어 센터 디퍼렌셜식 4WD. 왼쪽 사진도 스바루의 센터 디퍼렌셜이다. 전자석으로 구동하는 다판 클러치와 기계식 다판 클러치식 LSD를 함께 사용해서 센터 디퍼렌셜의 차동제한을 운전자의 취향에 맞춰 설정할 수 있게 한 DCCD(드라이버즈 컨트롤 센터 디퍼렌셜)다.

*Toyota

Part 4 전기자동차와 하이브리드 자동차

*Volkswagen

전기자동차 01 Electric vehicle

전기자동차

전기자동차는 19세기에 실용화되었으며, 내연기관을 동력원으로 하는 엔진자동차보다 먼저 시판되었다. 스피드는 빨랐지만 전지의 중량과 크기의 개선이 이루어지지 않아서 엔진자동차가 주류가 되었다. 그 후에도 몇 번의 주목을 받은 시기가 있었지만, 이산화탄소에 의한 지구 온난화, 화석연료에 대한 과도한 의존 등의 문제로 21세기 초부터 본격적으로 주목을 받기 시작했다. 반도체에 의한 모터제어의 고도화와 전지의 기술진보도 큰 영향을 주었다.

전기자동차는 일렉트릭 비이클(Electric Vehicle)을 줄여서 EV라고 하며 넓은 의미로는 전기 에너지를 모터를 통해 운동에너지로 변환해서 구동력을 얻는 자동차를 말한다. 태양전지를 전원으로 하는 솔라카도 있지만, 실용성 면에서 사용 가능하다고 보는 것이 2차 전지식 전기자동차(배터리식 전기자동차)와 연료전지 자동차다. 모터를 구동에 사용하는 하이브리드 자동차도 EV로 분류된다.

이 중에서 좁은 의미의 EV는 2차 전지를 전원으로 하는 2차 전지식 전기자동차다. 구별할 때에는 퓨어 EV라고 하며, 배터리의 머리글자를 붙여서 BEV라고도 한다. 플러그를 끼워서 충전하는 방식인 플러그인 EV도 늘어나고 있지만, 이것은 엄밀하게는 BEV의 일종이다. BEV 중에는 2차 전지 교환식 전기자동차(배터리 교환식 전기자동차)도 있다.

현재 BEV는 1회 충전으로 주행 가능한 거리가 그리 길지 않기 때문에 항속거리를 연장시키기 위해 발전(發電) 시스템을 탑재한 레인지 익스텐더EV(REEV)도 등장했다. 레인지 익스텐더(Range Extender)란 한계, 범위를 넓힌다는 의미다. 현재의 발전 시스템은 내연기관의 엔진으로 발전기를 돌리는 것이므로 REEV는 하이브리드 자동차의 일종이라고 할 수 있다 (234p. 참조).

연료전지 자동차는 연료전지(Fuel Cell)를 전원으로 하기 때문에 FCEV로 줄여서 부른다. 기술적으로는 실용 가능한 영역에 도달했다고 하지만 아직 연료 공급체제 등의 문제가 남아 있다.

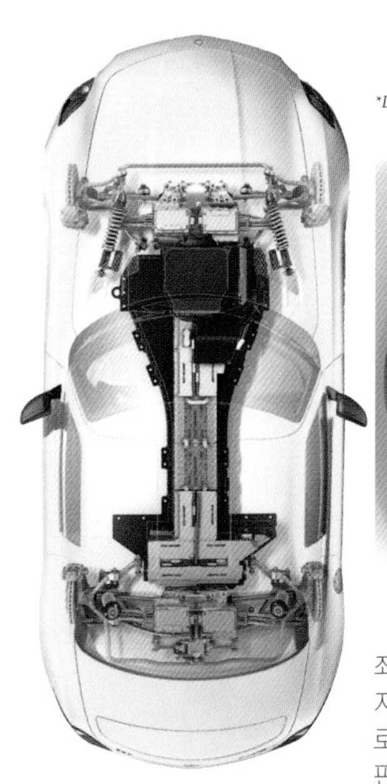

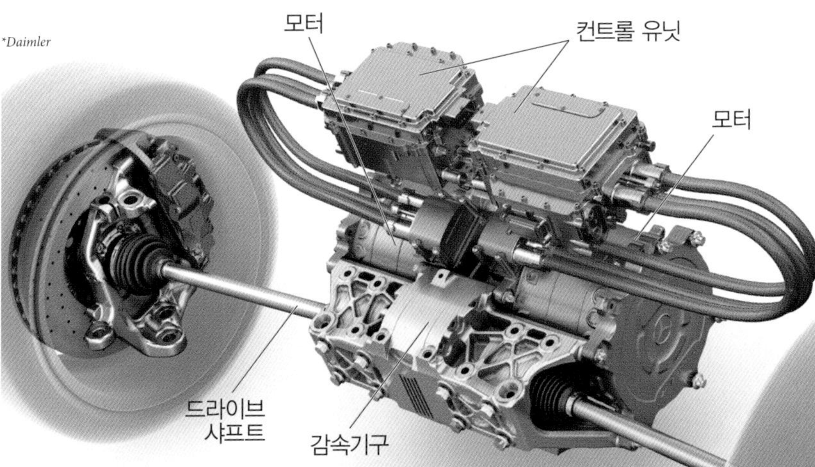

좌우 바퀴에 독립된 모터를 사용하는 구동시스템이다. 외관상으로는 하나로 보이지만 내부의 감속기구가 좌우로 독립되어있다. 이 시스템을 앞뒤에 탑재해서 4WD로 만든 것이다. 차량은 메르세데스 벤츠의 프로토타입 SLS AMG E-CELL로 시판 예정에 있다.

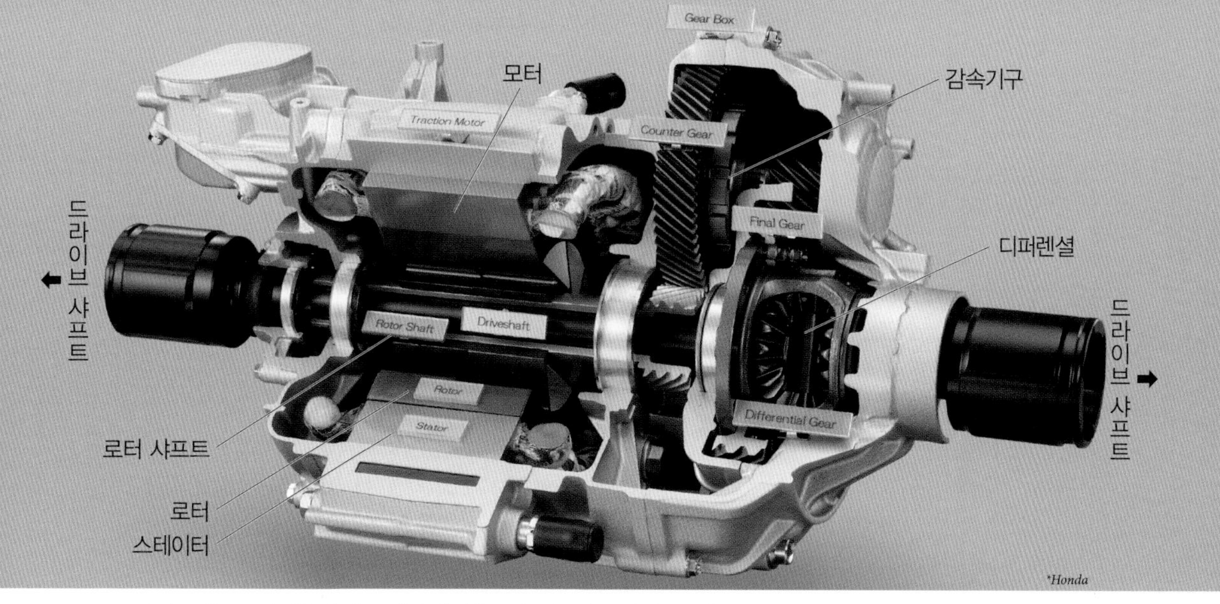

드라이브 샤프트와 같은 축에 모터를 배치한 구동 시스템. 모터의 회전은 바깥쪽 톱니바퀴를 통해서 평행하게 배치된 카운터 샤프트로 전달된다. 그리고 디퍼렌셜 바깥쪽에 설치된 파이널 기어로 회전을 전달해서 2단계로 감속을 한다. 드라이브 샤프트를 통과시킬 필요가 없으므로 모터의 회전축은 속이 비어있다. 위의 차량은 혼다의 FCX 클라리티.

■모터 구동

모터는 큰 토크를 내면서 회전을 시작할 수 있고, 회전수의 범위도 넓다. 전원조작으로 역회전을 시킬 수도 있다. 때문에 엔진 자동차와 같은 트랜스미션이 필요 없다. 다만 발진 때의 토크를 크게 하거나 고출력을 내기 위해서 파이널 기어와 같은 감속기구가 사용되는 경우가 있다.

현재 시판되고 있는 EV는 1개의 모터를 사용하고, 디퍼렌셜 기어에 의해 커브 등에서 발생하는 좌우 구동바퀴의 회전차를 흡수하고 있는 것이 많다. 지금은 좌우 구동바퀴에 각각 모터를 장비한 EV의 개발도 진행되고 있다. 이렇게 하면 각각의 모터를 경량화 할 수 있으며, 디퍼렌셜의 중량과 공간을 줄일 수 있다. 직진의 유지 등 모터 제어에는 고도의 기술이 필요하지만, 구동력 배분에 의해 작은 반경의 커브 능력을 높이거나 자동차의 움직임을 안정시킬 수도 있다. 스포츠 타입 등 고출력이 필요한 자동차에는 4개의 모터를 탑재해서 4WD로 만들면 고출력이 가능하고, 차량 앞뒤의 중량분배도 좋게 할 수 있다. 이러한 자동차 이외에도 4WD는 움직임 제어 등에서 안정성을 높일 수 있다. 나아가 좌우 바퀴를 역회전 시켜서 제자리에서 선회하는 주행도 실현 가능하다고 한다.

모터를 휠 안에 배치하는 연구도 진행되고 있다. 이것을 휠 허브 모터, 휠인 모터, 인휠 모터라고도 부른다. 이 방식은 공간면에서 유리한 것은 물론이고 드라이브 샤프트도 필요 없으므로 동력전달장치에서 발생하는 마찰에 의한 손실을 최소한으로 억제할 수 있다. 다만 서스펜션의 스프링 아래의 중량(328p. 참조)이 커지며, 이것은 서스펜션에 불리한 요소로 작용할 수 있다.

휠 허브 모터

개발 중인 휠 허브 모터. 모터와 브레이크가 휠 안으로 들어간다.

전기자동차 02

Plug-in electric vehicle 플러그인EV

플러그인EV는 BEV의 일종으로 탑재된 2차 전지를 외부 전원으로 충전해 그 전력으로 모터에 토크를 발생시켜 주행한다. 당연히 회생제동에 의해서도 충전된다. 플러그인EV의 파워트레인은 모터를 중심으로 하는 구동장치, 2차 전지, 파워 컨트롤 유닛으로 구성된다.

고속도로 주행이 어려운 차종도 있지만 100㎞/h 이상으로 주행이 가능하며, 고속도로를 포함해 일반 엔진 자동차와 동일하게 사용할 수 있는 시판 모델은 동기 모터와 리튬이온전지의 조합이 일반적이다. 컨트롤 유닛은 구동, 회생제동, 충전을 제어하며, 전자제어 되고 있다.

완전충전 상태에서의 항속거리는 기본적으로 2차 전지의 용량에 의해 정해진다. 차종에 따라 다르지만 일반적으로 100~200㎞ 이상은 확보되어 있다. 전지의 용량이 클수록 충전에는 시간이 걸린다. 가정의 전원에 의한 일반충전으로는 몇 시간에서 반나절, 고압 대전류에 의한 급속충전이라도 30분 정도는 걸린다.

이러한 모델과는 별개로 근거리 전용의 소형경량 플러그인EV도 주목을 받고 있다. 이러한 전기차를 마이크로 모빌리티라고 한다.

플러그인EV의 발전형인 레인지 익스텐더EV는 하이브리드 자동차에서 설명하겠다(234p. 참조).

⬆ 닛산 리프

드라이브 샤프트와 같은 축에 모터가 배치된 구동장치. 플래니터리 기어에 의한 감속기구로 디퍼렌셜에 회전을 전달하기 때문에 콤팩트하다. 차량은 쉐보레 스파크EV.

■구동장치

현재 플러그인EV의 시판 모델은 톱니바퀴에 의한 감속기구를 통해 디퍼렌셜에서 좌우 구동바퀴에 동력을 분배하는 것이 일반적이다. 모터는 과열에 약하기 때문에 전용 냉각 시스템을 장비한 경우도 있다.

모터는 일반적으로 영구자석형 동기모터가 사용되며, 토크를 높이기 위해 IPM형 복합 로터를 사용하는 것도 많다. 출력은 자동차의 성격과 사이즈, 항속거리의 설정에 따라 달라진다. 예를 들어 미쓰비시의 MiEV는 25kW, 닛산의 리프는 80kW, BMW의 ActiveE는 125kW의 모터를 사용한다. 프로토타입이지만 포르쉐의 박스터E는 180kW, 메르세데스 벤츠의 AMG SLS E-Cell은 400kW에 달하는 모터를 탑재하고 있다.

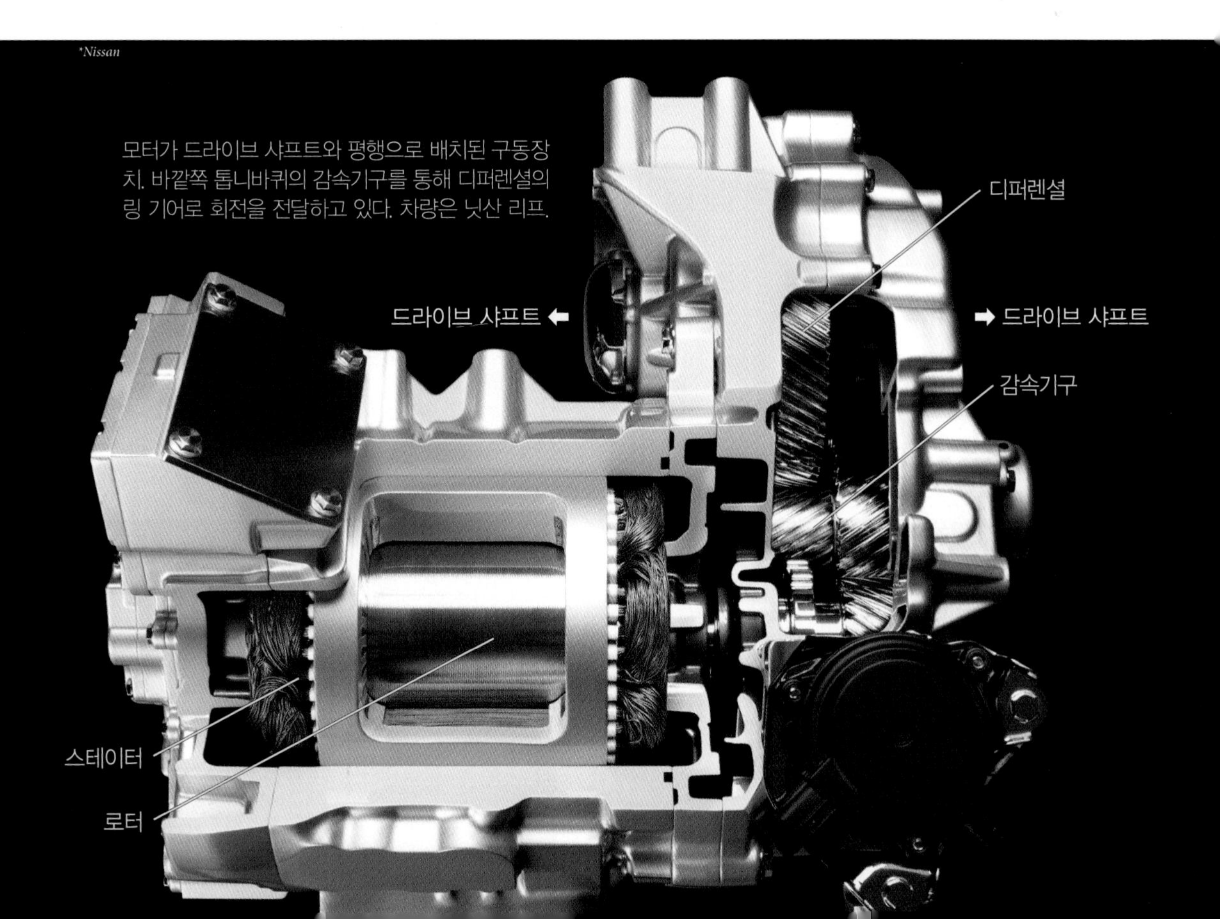

모터가 드라이브 샤프트와 평행으로 배치된 구동장치. 바깥쪽 톱니바퀴의 감속기구를 통해 디퍼렌셜의 링 기어로 회전을 전달하고 있다. 차량은 닛산 리프.

■2차 전지

리튬이온전지의 공칭전압은 3.6V 정도인 것이 많다. 이대로는 모터의 구동이 어렵고, 저전압으로 사용하면 손실이 크다. 때문에 직렬로 연결해서 전압을 높이고 병렬로 연결해서 용량을 크게 하고 있다. 개개의 전지는 배터리 셀이라고 하며, 일반적인 건전지와 같은 원통형 셀과 사각형 셀, 얇은 시트 모양의 라미네이트형 셀이 있다. 다루기 좋도록 여러 개의 셀을 하나로 모은 것을 배터리 모듈이라고 하며, 여러 개의 모듈을 차량에 장착하기 쉽도록 정리한 것을 배터리팩이라고 한다.

플러그인EV의 파워트레인 중에서 배터리팩은 가장 큰 공간을 차지한다. 따라서 한곳에 집중해서 배치하지 않고 차내 각 부분으로 분산시켜서 배치하는 경우도 있다. 전지는 고온에 약하기 때문에 냉각을 위한 시스템이 설치되는 경우가 많다.

➡ 마츠다 데미오 EV에 사용되는 원통형 배터리 셀.

*Mazda

⬇ 라미네이트형 셀로 구성된 닛산 리프의 배터리 팩.

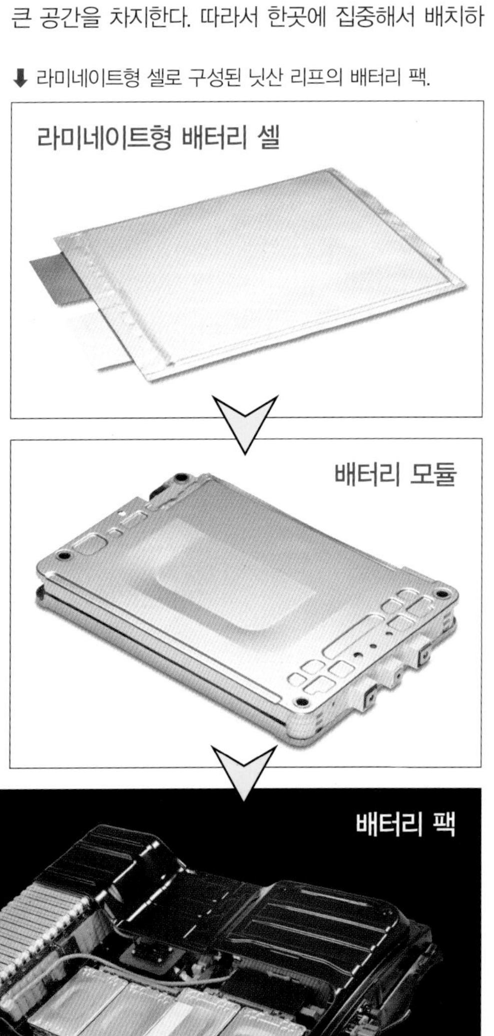

*Nissan

⬇ 사각형 셀로 구성된 미쓰비시 i-MiEV의 배터리 팩

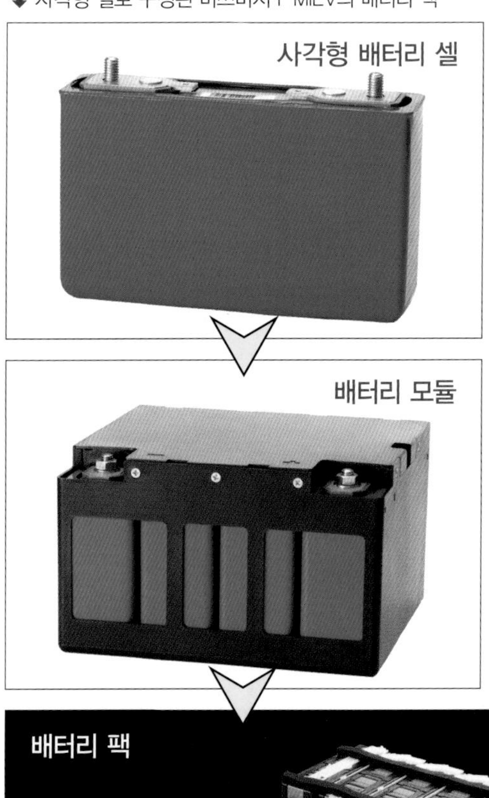

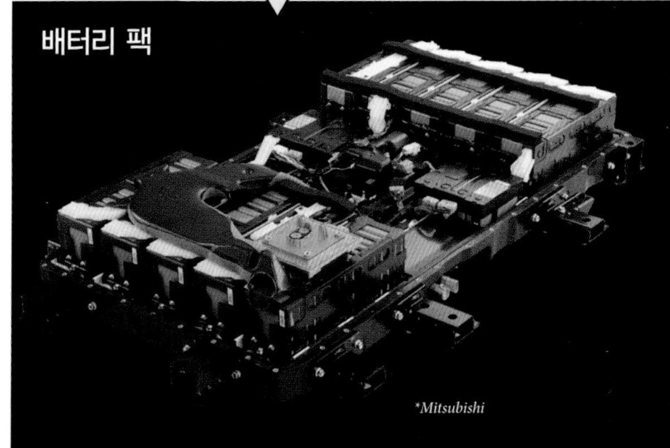

*Mitsubishi

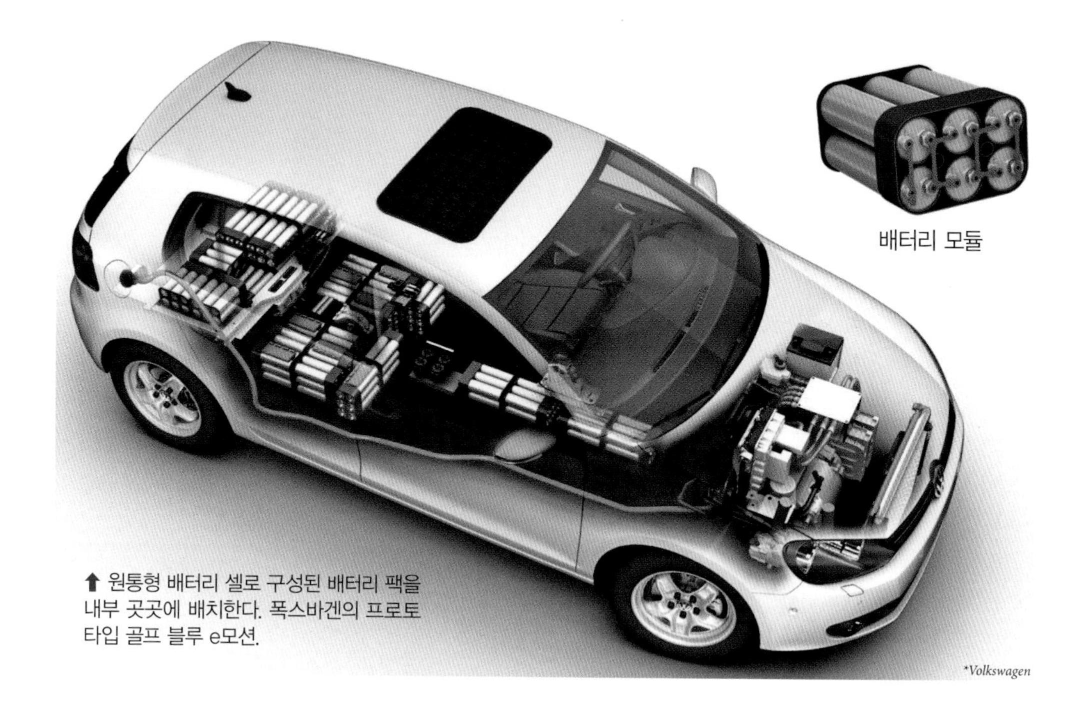

⬆ 원통형 배터리 셀로 구성된 배터리 팩을 내부 곳곳에 배치한다. 폭스바겐의 프로토타입 골프 블루 e모션.

■파워 컨트롤 유닛

파워 컨트롤 유닛은 모터와 2차 전지를 제어한다. 이 부분은 모터에 전력을 공급하는 인버터, 충전 시에 교류를 직류로 변환하는 AC/DC컨버터, 인버터와 컨버터에 지시를 하는 EV-ECU 등으로 구성된다. 인버터, 컨버터 등 모터와 전지에 흐르는 전류를 직접 다루는 부분을 파워 일렉트로닉스라고 하며, 컨트롤 유닛 전체를 이 명칭으로 부르는 경우도 있다.

파워 일렉트로닉스에 사용되는 전력용 반도체소자는 컴퓨터에 사용되는 반도체 소자처럼 작지 않기 때문에 컨트롤 유닛도 엔진 자동차의 ECU처럼 작지 않다. 차종에 따라서는 컨트롤 유닛을 인버터, 컨버터와 독립해서 배치하는 경우도 있다.

⬇ 쉐보레 스파크EV의 구동장치와 컨트롤 유닛.

⬇ 닛산 리프의 구동장치와 컨트롤 유닛.

컨트롤 유닛이 차지하는 공간이 상당히 크며, 구동장치보다 큰 경우도 있다. 반도체 소자는 열에 약하기 때문에 냉각에 대한 대책도 필요하다.

■충전

플러그인EV의 충전방법에는 가정용 단상교류 전원으로 하는 보통충전과 고압대전류로 하는 급속충전이 있다. 일본의 EV는 일반적으로 두 가지 충전 커넥터를 모두 가지고 있으며, 급속충전 규격을 차데모 방식(CHAdeMO)이라고 한다. 유럽은 하나의 커넥터로 보통충전과 급속충전을 모두 할 수 있는 콤보 방식(Combined Charging System)이 책정되어 있다.

보통충전은 일반 가정에 공급되는 전압(일본의 경우 100V 또는 200V)을 이용하기 때문에 시간이 걸리지만 충전기의 구조는 간단하다. 한편 급속충전은 300V가 넘는 직류의 대전류를 사용하기 때문에 단시간에 충전할 수 있다. 하지만, 전지를 보호하기 위해서는 전압과 전류의 엄격한 관리가 필요하다. 때문에 충전기와 차량의 컨트롤 유닛의 사이에서 통신을 하므로 충전기의 구조가 복잡해서 개인이 소유하기에는 가격이 높다. 급속충전기를 갖춘 충전 스테이션은 공업용 3상 교류(일본에서는 200V가 일반적)를 충전기에서 직류로 변환하고 있다.

*Mitsubishi

⬆ 보통충전에는 복잡한 충전기가 필요 없다. 케이블의 중간에 작은 박스가 설치되는 정도다.

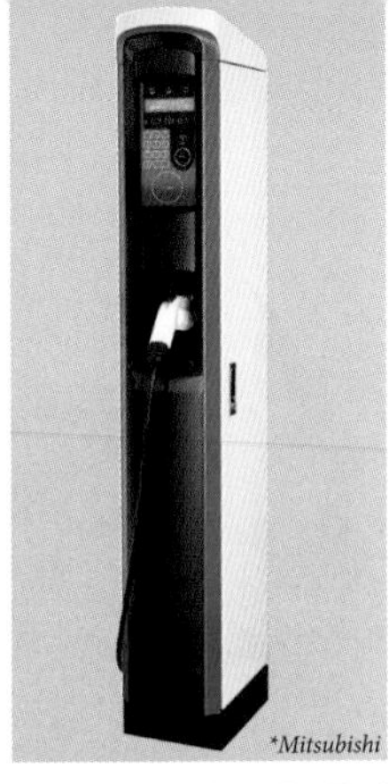
*Mitsubishi

⬆ 급속충전은 전용 충전기가 필수적이다. 충전기가 있는 곳에서만 충전을 할 수 있다.

*Mazda

⬆⬇ 일본의 EV는 보통충전용과 급속충전용의 2가지 충전구를 가지고 있다. 위아래 모두 마츠다 데미오EV의 충전구.

*Mazda

*Audi

➡ 콤보 방식의 충전 커넥터 예. 위의 단자가 보통충전용, 아래의 단자가 급속충전용이다.

타마 전기자동차

EV의 역사는 오래되었다. 일본에서는 1930년대에 나고야에서 전동 버스가 운행되었다. 제2차 세계대전 후, 가솔린의 사용이 통제되었던 1947년에는 타마 전기자동차가 판매되었다. 항공기 제조 회사였던 타치카와 사가 이름을 바꾼 도쿄전기자동차에 의해 제조된 것으로 최고시속 35㎞/h, 항속거리는 65㎞였다. 1949년에 발매된 타마 세니아호는 항속거리 200㎞를 실현했다. 도쿄전기자동차는 후에 프린스자동차공업으로 바뀌었으며, 1966년에 닛산자동차와 합병되었다.

*Nissan

⬆ 타마 전기자동차는 2도어 세단으로 4명이 승차할 수 있었다.

⬅⬆ 송전 유닛 위에 주차하면 차량의 수전(受電) 유닛으로 전기가 보내진다. 스마트 파킹(자동주차 시스템)에 의한 송전 유닛과의 위치 맞추기도 연구되고 있다.

■비접촉 충전

플러그인EV에 충전은 필수적이지만, 주차할 때마다 커넥터를 접속하기란 번거롭다. 비접촉 충전은 정해진 위치에 주차하면 충전이 된다. 직접 충전하는 것이 아니기 때문에 정확하게는 비접촉 급전에 의한 충전이라고 한다. 이 방식은 다양한 메이커에서 개발 중이며 전기버스로 실제 사용 실험도 진행 중이다.

비접촉 급전을 무선급전, 와이어리스 급전이라고도 하며 여기에는 다양한 방식이 있다. EV에 활용가능한 것으로는 전자유도식과 자계공명식이 있다. 전자유도식 비접촉 급전은 스마트폰의 충전에 이미 실용화된 것으로 상호유도작용을 이용한다. 전송가능한 거리를 길게 하고 충전의 위치를 정확히 맞추지 않아도 충전이 되도록 개발이 진행 중이다. 자계공명식 비접촉 급전은 자계의 공명현상을 이용하는 것으로 전송거리를 크게 늘릴 수 있지만 실용화에는 좀 더 시간이 필요하다.

■마이크로 모빌리티

초소형 모빌리티라고도 하며, 1인승, 2인승의 소형 경량의 플러그인EV를 말하는 경우가 많다. 미국에서는 네이버후드EV(Neighborhood Electric Vehicle, NEV)라고 하며 근거리용 EV를 의미한다. 이러한 EV를 커뮤터라고도 한다. 예전부터 주행실험을 포함해 유통되고 있었으며 다양한 메이커에서 테스트 제품을 만들고 있었다. 일본에서도 초소형 자동차의 인정제도를 시작해서 본격적인 개발이 시작될 것으로 예상된다.

일본의 경우는 우선, 지방자치단체가 사전에 정한 공도에 한해 주행이 인정된다. 길이와 폭의 기준은 경차와 같지만 배기량은 125cc 이하(이 제도는 EV에만 적용되는 것이 아니다)로 성인 2명(또는 성인 1명과 아이 2명)이 탑승할 수 있으며 제한속도는 60㎞/h다. 차폭을 1.3m 이하로 하는 경우에는 헤드램프와 브레이크 램프의 위치를 정할 수 있다.

⬆ 닛산의 콘셉트카인 뉴모빌리티 콘셉트. 해외에서 판매 중이며 일본에서도 주행 시험을 하고 있다.

⬆ 이미 일본에서 시판되고 있는 초소형 플러그인EV로 토요타 차체로 제작된 코무스. 현재의 도로교통법상으로는(일본의 경우) 미니카이므로 보통면허가 필요하다.

전기자동차 03

Fuel cell electric vehicle
연료전지 자동차

연료전지 자동차(FCEV)는 연료전지로 발전한 전력으로 모터를 돌려 주행하는 전기자동차(EV)다. 세계 각국에서 개발 중이며 시판된 예도 있지만 아직 대중화 단계는 아니다. FCEV의 파워트레인은 모터를 중심으로 하는 구동장치, 연료전지, 연료탱크, 2차 전지, 파워 컨트롤 유닛으로 구성된다.

연료전지는 연료로 공급되는 수소와 공기 중의 산소의 화학반응에 의해 전기를 발생시킨다. 여기에는 수소를 직접 연료로 사용하는 방법과 에탄올 등의 수소를 포함한 연료에서 리포밍 기구를 사용해 수소를 추출하는 방법이 있다. 직접 수소를 연료로 사용하는 경우, 차에 싣는 방법은 고압수소, 액체수소 외에 수소흡장합금을 이용하는 방법이 있다. 일본에서는 고압수소를 이용하는 방향으로 개발이 진행 중이다. 고압수소를 연료로 하는 경우, 연료탱크는 고압에 견딜 수 있는 구조여야만 한다. 연료전지의 기본적인 단위는 연료전지셀이라고 하며 연료전지셀을 쌓아올려 연료전지셀 스택(연료전지 스택) 상태로 사용한다.

구동장치는 플러그인EV와 같으며 현재는 동기 모터의 회전을 감속기구로 감속한 후에 디퍼렌셜에 전달하는 방식이 일반적이다. 2차 전지는 회생제동에 의해 만들어지는 전력을 저장하기 위해 설치되며, 급가속에 의한 전력의 급격한 증대에도 대처가 쉽다. 리튬이온전지, 니켈수소전지 외에 캐퍼시터가 사용되는 경우도 있다. 컨트롤 유닛은 모터와 2차 전지 외에 연료전지를 제어하기도 한다.

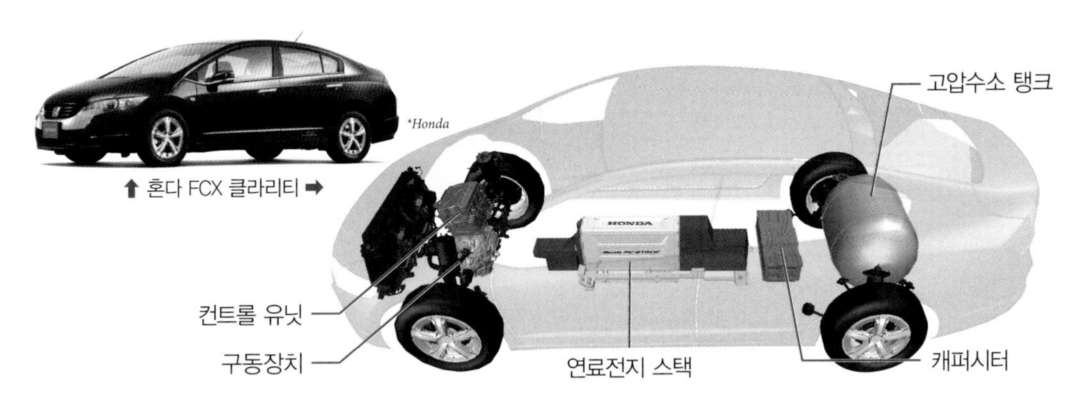

⬆ 혼다 FCX 클라리티 ➡

■수소 스테이션

플러그인EV는 가정에서도 충전을 할 수 있지만, FCEV는 엔진 자동차의 주유소에 해당하는 수소 스테이션이 필요하다.

⬅ 혼다에서 대중화를 위해 테스트 중인 솔라 수소 스테이션. 태양전지로 발전한 전력으로 수소전기분해를 해서 수소를 생성한다. 종래의 시스템은 생성 후에 압축기를 사용해서 고압수소로 만들 필요가 있었지만, 현재 테스트 중인 시스템은 고압수를 분해해서 직접 고압수소를 생성할 수 있다.

고압수소탱크

탱크의 내압이 높을수록 같은 용적에 대량의 수소를 저장할 수 있다. 수소는 가연성이 높기 때문에 사고 시의 안전성을 확보할 필요가 있다.

2차 전지

이 모델은 니켈수소전지를 사용한다. 전지의 용량을 크게 하거나 플러그인 방식을 사용하면 전지의 전원만으로도 주행이 가능하다.

컨트롤 유닛

컨트롤 유닛은 플러그인EV의 것과 같은 기능에 추가로 연료전지 스택을 제어하는 기능이 필요하다.

연료전지 스택

연료전지의 출력이 모터의 출력을 정한다. 2차 전지가 탑재되어있으면 연료전지의 출력 이상의 출력으로 모터를 작동시킬 수 있다.

구동장치

모터와 감속기구, 디퍼렌셜로 구성된 구동장치. 플러그인EV와 마찬가지로 구동바퀴마다 모터를 설치하는 방식 또는 휠허브 모터를 사용할 가능성도 있다.

하이브리드 자동차 01

Hybrid electric vehicle 하이브리드 자동차

하이브리드 자동차는 여러 개의 동력원을 가진 자동차로 하이브리드 비이클(Hybrid vehicle)을 줄여서 HV라고 한다. 현재 일반적인 것은 2종류의 동력원으로 내연기관의 엔진과 전동 모터를 사용하는 것이다. 하이브리드 전기자동차는 줄여서 HEV라고 하며, 모터 이외의 내연기관을 조합한 HV도 개발되고 있다.

원리적으로는 크게 시리즈식 하이브리드와 패럴렐식 하이브리드로 나뉘며, 두 가지의 기능을 모두 갖춘 것을 시리즈 페럴렐식 하이브리드라고 한다. HEV는 아직 발전 중인 기술이므로 타사의 특허를 사용하고 싶어하지 않는 점 등을 포함해 다양한 시스템이 개발되어 있다. 최근에는 구조로 보면 1모터 직결식 하이브리드, 클러치 장착 1모터식 하이브리드, 2모터식 하이브리드로 분류되는 경우도 있다.

외부에서 충전을 할 수 있도록 하는 EV의 요소를 추가한 시스템도 있다. 이러한 시스템은 HEV로 생각하면 플러그인HEV이며, EV로 생각하면 레인지 익스텐더EV라고도 할 수 있다.

능력으로 보면 스트롱 하이브리드, 마일드 하이브리드, 마이크로 하이브리드로 분류되는 경우가 많다. 모터의 출력과 EV주행모드가 있는가에 따라서도 분류할 수 있지만 아직 명확한 정의가 있는 것은 아니다.

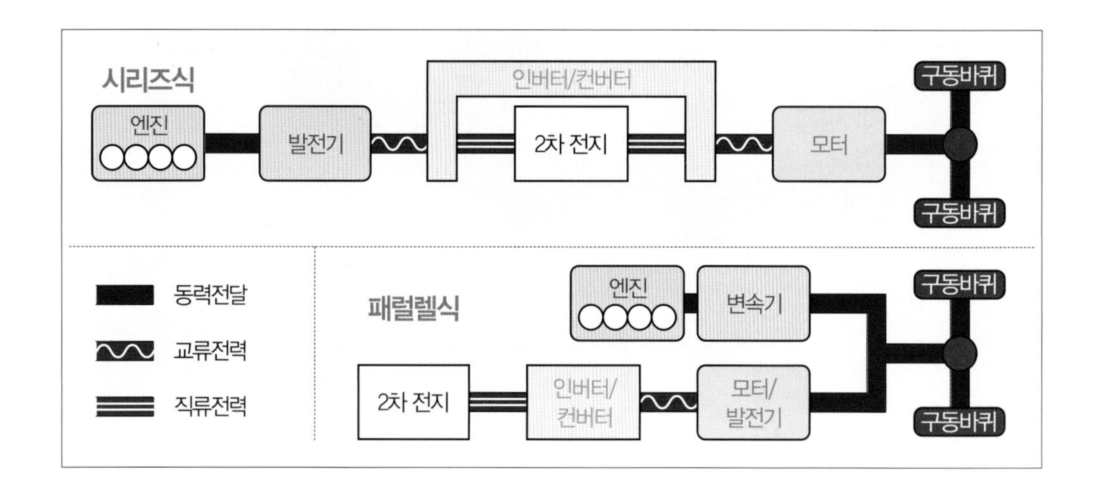

■시리즈식과 패럴렐식

시리즈식 하이브리드는 엔진으로 발전기를 돌려 발전하고 그 전력으로 모터를 돌려 주행한다. 엔진에 의한 구동은 하지 않는다. 내연기관의 엔진은 회전수와 부하에 의해 효율이 크게 달라진다. 어느 정도 용량의 2차 전지를 탑재해두면 주행에 요구되는 전력이 변동되어도 대처할 수 있어 엔진을 가장 효율적인 상태로 사용할 수 있다.

패럴렐식 하이브리드는 엔진과 모터를 모두 구동에 사용하는 시스템이다. 엔진 주행, 모터 주행, 함께 사용한 주행 중에서 선택할 수 있다. 엔진의 효율이 나빠지는 상황에서는 모터가 어시스트하거나, 모터만으로 주행하면 연비를 높일 수 있다. 다만 단순한 패럴렐식인 경우, 구동에 사용할 수 있는 전력은 회생제동에서 얻어진 전력으로 한정된다. 모터만으로 주행하는 상태를 EV주행모드 또는 EV모드라고 한다.

■스트롱, 마일드, 마이크로

스트롱 하이브리드는 풀 하이브리드라고도 한다. 이 방식은 모터만으로 구동을 하는 EV모드가 가능하고 모터 출력은 50㎾ 이상이다. 마일드 하이브리드는 모터 출력이 10~30㎾ 정도로 주 역할은 엔진을 보조하는 것이다. 예전에는 마이크로 하이브리드의 모터 출력을 2~10㎾ 정도로 분류했었다. 모터의 출력으로는 마일드 하이브리드에 해당하지만 EV모드가 가능한 것도 등장했다. 현재 하이드리브 자동차에는 다양한 시스템이 탄생하고 있으므로 구조적인 분류와 마찬가지로 단순하게 분류될 수 없는 경우가 많다.

회생제동에서 발생한 전력을 구동에 사용하지 않는 시스템(147p. 참조)의 경우, HEV에 포함시킬 것인지에 대해서도 의견이 나뉘고 있다.

■모터

HEV에 주로 사용되는 모터는 EV와 마찬가지로 동기모터다. 효율이 높은 영구자석형 동기모터가 일반적이며, IPM형 복합 로터의 사용도 많다. 얼터네이터로서의 기능도 갖추고 있는 마이크로 하이브리드의 경우는 권선형 동기모터가 사용된다.

하이브리드 시스템의 구조에 따라서는 무단식 변속기로 모터의 어시스트를 할 수 있는 것도 있다. 이것을 전기식 무단변속기(전기식 CVT)라고 한다. 그리고 하이브리드 시스템의 모터를 스타터 모터로 활용할 수 있는 것도 있다. 발전기로만 사용할 수 있는 것을 탑재한 경우도 있지만, 모터라고 부르기도 한다. 예를 들어 순수한 시리즈식 하이브리드를 2모터 시스템으로 표현하는 경우도 있다.

*Honda

⬆ 엔진 구동을 위한 파워트레인이 필요한 패럴렐식은 공간의 제약을 받기 쉬우므로 모터가 얇은 경우가 많다.

■2차 전지

HEV의 2차 전지는 비용을 생각해서 니켈수소전지를 주로 사용했지만, 큰 용량의 전지가 필요한 HEV에서는 리튬이온전지의 사용도 늘어나고 있다. 특히 플러그인HEV는 EV와 마찬가지로 리튬이온전지를 사용하는 경우가 많다. 마이크로 하이브리드에서는 예전부터 자동차에 사용되고 있는 납축전지, 즉 배터리가 하이브리드 시스템의 2차 전지로 사용되는 경우도 있다. 같은 납축전지지만 좀 더 높은 전압의 것이 사용되는 경우도 있다.

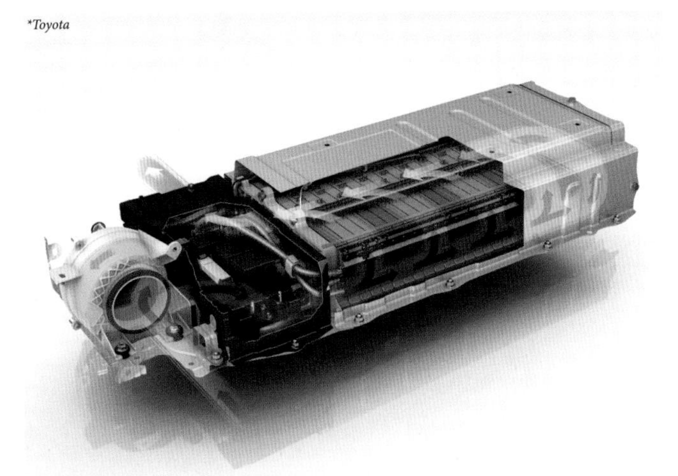
*Toyota

⬆ 충방전 시의 발열로 과열이 되면 능력이 저하되고 위험해질 수 있으므로 배터리 모듈에는 냉각시스템이 설치되는 경우가 많다.

■레인지 익스텐더EV와 플러그인HEV

플러그인EV의 보급이 확대되지 않는 이유 중에는 급속 충전을 할 수 있는 곳이 적다는 점이 있다. 운행 중에 배터리가 방전될 수 있다는 불안함 때문에 안심하고 주행할 수 없다. 그래서 탄생한 것이 레인지 익스텐더EV(REEV)다. 에너지 밀도가 높은 가솔린 등의 연료를 탑재하면 항속거리를 크게 늘릴 수 있으며, 연료용 탱크가 작아도 가솔린은 손쉽게 주유를 할 수 있다.

레인지 익스텐더EV의 기본적인 구조는 시리즈식 하이브리드와 같다. 레인지 익스텐더EV는 2차 전지의 용량이 크고, 외부로부터 충전을 할 수 있다.

처음에는 이러한 외부로부터의 충전이 가능한 시리즈식의 HEV만을 레인지 익스텐더EV라고 했지만, 현재는 외부로부터 충전이 가능한 다양한 방식의 HEV가 나와 있다. 충전을 이용하면 그만큼 가솔린 등의 화석연료의 소비를 억제할 수 있다. 저렴하게 설정된 심야전기를 이용하면 주행 비용도 줄일 수 있다. 이러한 플러그인HEV 중, 일상적인 주행범위를 2차 전지의 용량으로 커버할 수 있는 것에 대해서 레인지 익스텐더라는 호칭을 붙이는 경우도 늘어나고 있다.

아우디/A1 e-tron
2010년에 발표된 아우디의 콘셉트카. 12kW의 리튬이온전지와 45kW의 모터로 항속거리는 50km다. 레인지 익스텐더는 254cc의 로터리 엔진, 15kW의 발전기, 12ℓ의 연료탱크로 구성되어 항속거리 200km를 확보했다.

바레오/I-StARS
I-StARS는 아이들링 스톱이 가능한 스타터 얼터네이터로 개발되었지만 회생제동과 그 전력에 의해 구동 어시스트가 가능한 마이크로 하이브리드 시스템으로 발전되었다. 닛산(S-Hybrid), 시트로엥(e-HDi)에서 사용 중이다.

■마이크로 하이브리드

마이크로 하이브리드는 엔진의 기존 보기(補機)인 얼터네이터를 활용하는 경우가 많으며, 스타터 모터에 의한 방법도 검토되고 있다.

일반적인 얼터네이터는 출력이 작고 모터로 기능하기 때문에 어시스트할 수 있는 능력이 한정되어 있다. 따라서 출력을 높인 얼터네이터가 사용된다. 이렇게 하면 회생제동에서 얻어지는 전력이 커지지만, 기존의 배터리(납축전지)로의 충전은 어려워진다. 따라서 일시적으로 전력을 보관하는 전기 2중층 캐퍼시터, 리튬이온전지 등의 2차 전지의 증설이 필요하며, 36V 또는 48V의 납축전지가 사용되는 경우도 있다. 시스템이 복잡해지면 그만큼 중량이 늘어나지만 출력이 높은 얼터네이터는 시동용 모터로 사용할 수 있으므로 기존 스타터 모터를 제거할 수 있다.

다만 얼터네이터에 의한 회생제동에서 얻어지는 전력을 구동 이외에 사용하는 시스템도 있으며(147p. 참조), 이것은 마이크로 하이브리드로 분류되는 경우가 있다. 이 방법으로도 연비저감효과를 낼 수 있으므로 얼터네이터에 의한 구동의 어시스트는 그 사용이 줄어들 가능성이 있다.

로나 포르쉐

1900년 파리 엑스포에서 당시 로나사에 있었던 페르디난트 포르쉐가 개발한 전기자동차가 출품된 것은 유명한 이야기다. 세계 첫 EV는 아니지만 이미 휠허브 모터를 채용한 혁신적인 모델이었다. 이 자동차를 베이스로 1903년에는 항속거리를 늘리기 위해 엔진을 탑재한 시리즈식 HEV가 개발되어 시판되었다.

⬆ 세계 첫 시판 HEV인 Lohner-Porsche Semper Vivus. 앞바퀴에 휠허브 모터가 탑재되어 있다.

하이브리드 자동차 02

Parallel hybrid electric vehicle
패럴렐식 하이브리드-1

가장 심플한 패럴렐식 하이브리드를 구성하는 시스템이 1모터 직결식 하이브리드로 엔진과 트랜스미션의 사이에 모터가 배치되어있는 방식이다. 여기서 말하는 직결은 엔진과 모터가 클러치를 통하지 않고 직접 연결되어있다는 의미로, 대부분은 모터 이후의 동력전달경로에 클러치가 있다. 혼다의 IMA(Integrated Motor Assist System) 외에 예전에는 BMW, 메르세데스 벤츠도 이 방식을 사용했다.

1모터 직결식 HEV는 엔진의 단독 구동과 엔진과 모터를 함께 사용하는 구동이 가능하다. 하지만 모터만으로 구동되는 EV모드가 불가능하다는 약점이 있으며, 1모터 2클러치식 하이브리드로 바꾼 메이커도 많다. 혼다에서는 기통 휴지 엔진을 조합해서 EV모드를 실현하고 있다.

1모터 직결식은 패럴렐식으로 분류되며, 실제로도 그렇게 사용하고 있다. 하지만 구조상으로는 시리즈식 하이브리드의 요소를 넣을 수 있다. 엔진만으로 구동될 때에 모터를 발전기로 사용하면 발전을 할 수 있다. 하지만 이렇게 하면 엔진의 부하가 커져서 효율이 저하될 가능성이 높으므로 현실적인 선택은 아니다.

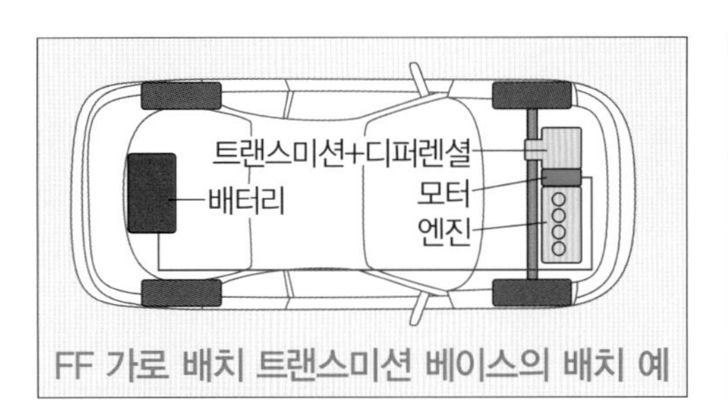

FF 가로 배치 트랜스미션 베이스의 배치 예

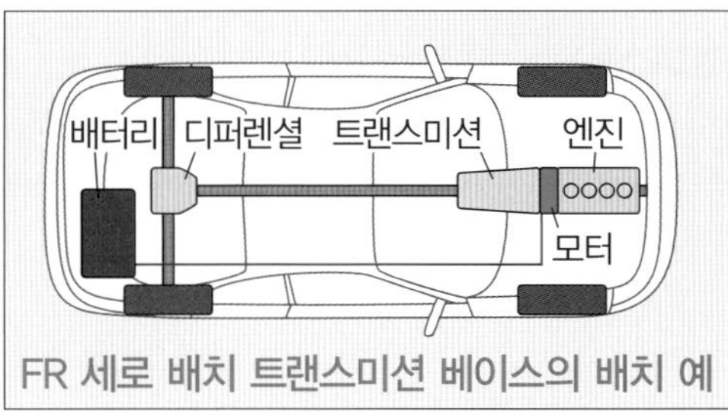

FR 세로 배치 트랜스미션 베이스의 배치 예

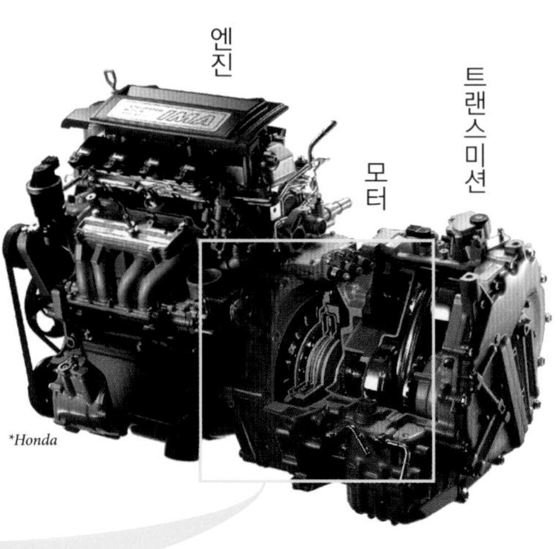

FF 가로 설치 트랜스미션에 모터가 조합된 하이브리드.

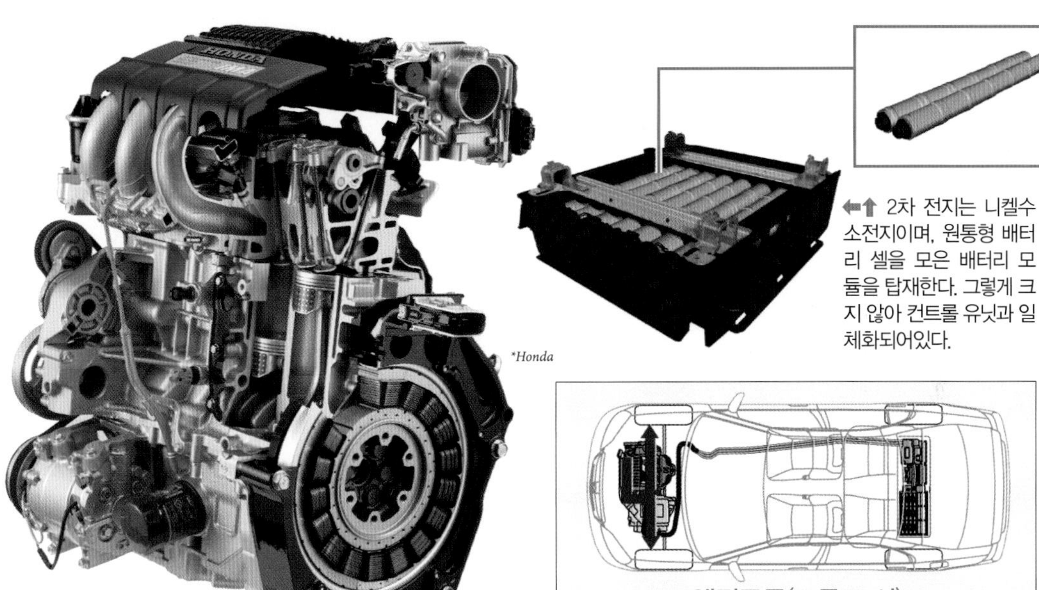
*Honda

⬅⬆ 2차 전지는 니켈수소전지이며, 원통형 배터리 셀을 모은 배터리 모듈을 탑재한다. 그렇게 크지 않아 컨트롤 유닛과 일체화되어있다.

⬆ 모터가 매우 얇아서 일반적인 엔진+트랜스미션과 크기 차이가 거의 없다.

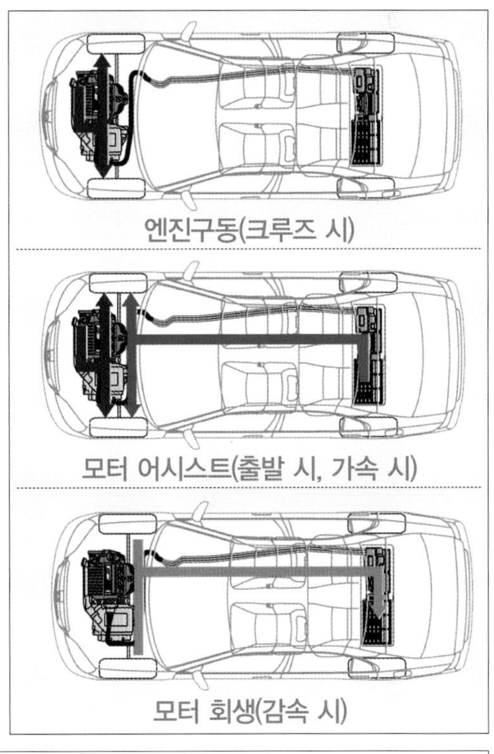

■혼다/IMA

혼다의 첫 HEV인 인사이트 이후, 다수의 차종에 사용되는 1모터 직결식 하이브리드다. 모터는 어디까지나 어시스트로 사용하는 마일드 하이브리드다. 출발과 가속의 엔진 부하가 큰 상황에서 모터로 어시스트를 한다. 어시스트에 필요한 전력은 회생제동으로 얻어진다. 2차 전지에는 니켈수소전지를 사용. FF베이스의 시스템에서 조합할 수 있는 트랜스미션은 대부분의 차종에서 CVT지만, MT와의 조합도 실현되었다.

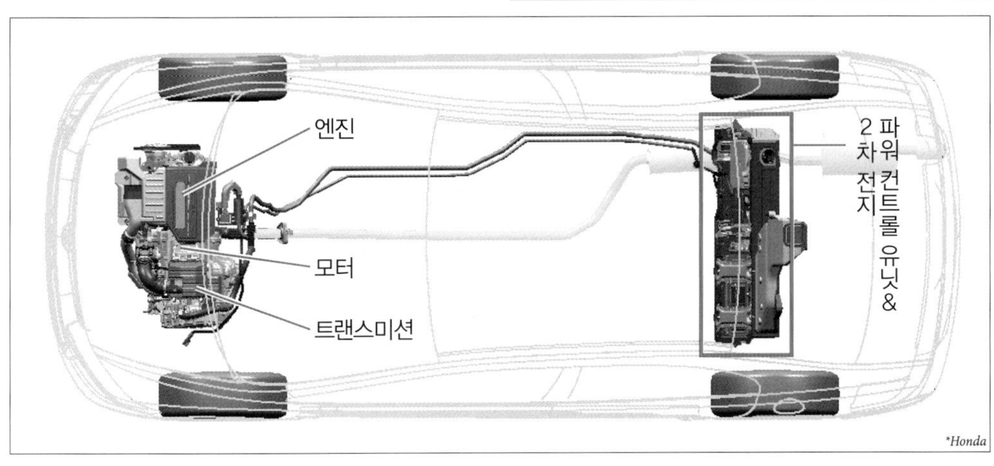

*Honda

하이브리드 자동차 03

Parallel hybrid electric vehicle

패럴렐식 하이브리드-2

패럴렐식 하이브리드의 주류가 되고 있는 것이 클러치 장착 1모터식 하이브리드다. 엔진, 모터, 트랜스미션의 배열은 1모터 직결식 하이브리드와 같지만 엔진과 모터의 사이에 클러치가 배치되어 있다. 그리고 트랜스미션 안의 클러치도 하이브리드 시스템의 제어에 이용할 수 있는 경우가 많다. 닛산이 개발한 시스템의 명칭에서 이러한 시스템을 1모터 2클러치식 하이브리드라고 하는 경우가 많다. 세로 설치 트랜스미션을 베이스로 하는 FR 또는 4WD에서 이 방식을 많이 사용했으며, 가로 설치 트랜스미션의 FF에도 1모터 2클러치식이 등장했다. 닛산 이외에 BMW, 메르세데스 벤츠, 아우디, 폭스바겐, 포르쉐에서 이 방식을 사용하고 있다.

클러치 장착 1모터식 HEV는 클러치를 2개 사용하면 모터의 자유도가 높아진다. 엔진 구동, 모터 구동(EV모드), 엔진+모터 구동(모터 어시스트), 회생제동 외에 동력원을 분리해서 관성으로 주행하는 코스팅, 구동용 모터에 의한 엔진의 시동, 시리즈식 하이브리드의 요소를 담은 엔진 구동 중의 발전 등에 사용할 수 있다. 다만 각 메이커의 시스템이 모든 사용법을 이용하고 있는 것은 아니다. 조합된 엔진, 모터의 능력, 자동차를 사용하는 환경에 따라서 제어의 내용은 달라진다.

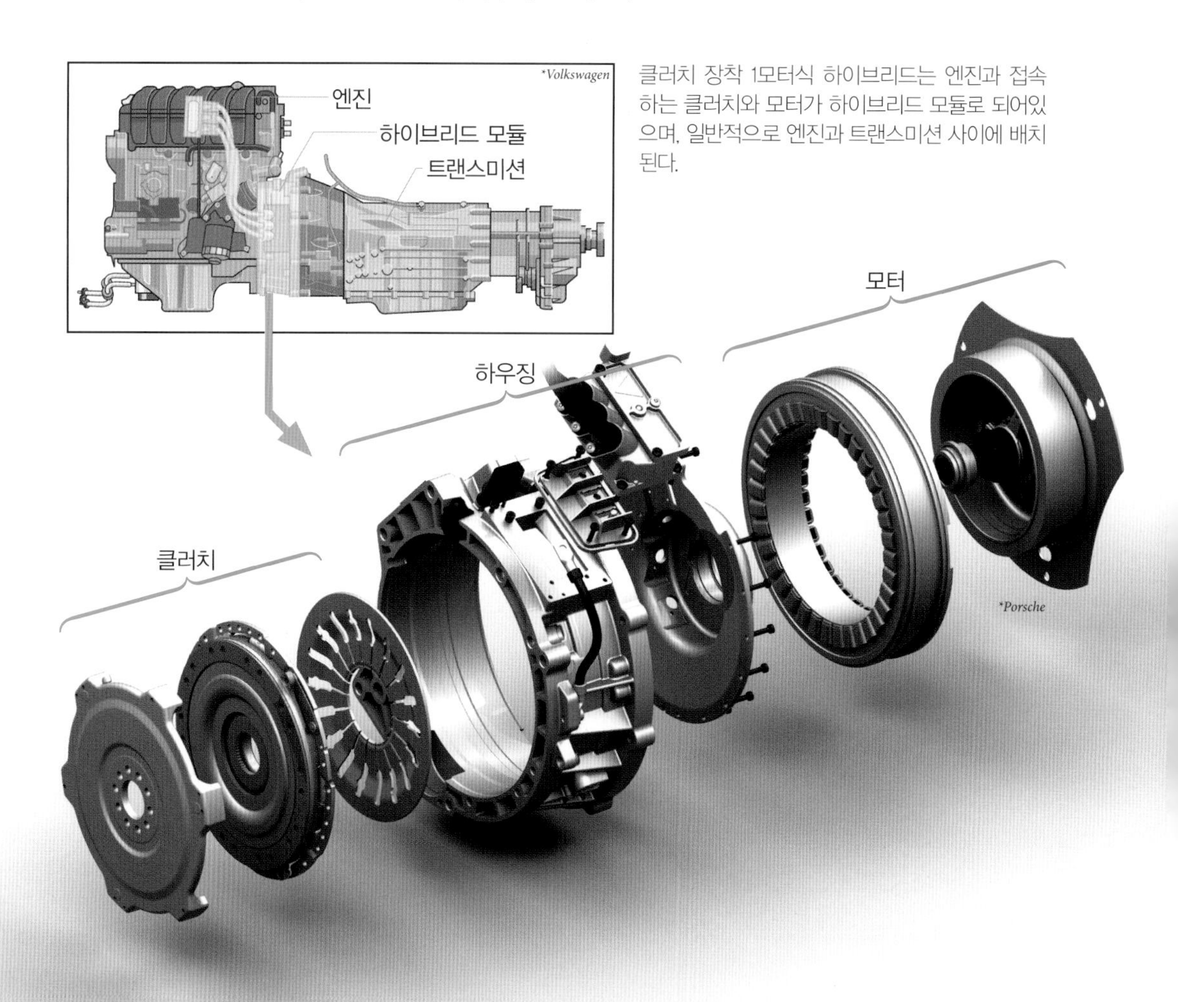

클러치 장착 1모터식 하이브리드는 엔진과 접속하는 클러치와 모터가 하이브리드 모듈로 되어있으며, 일반적으로 엔진과 트랜스미션 사이에 배치된다.

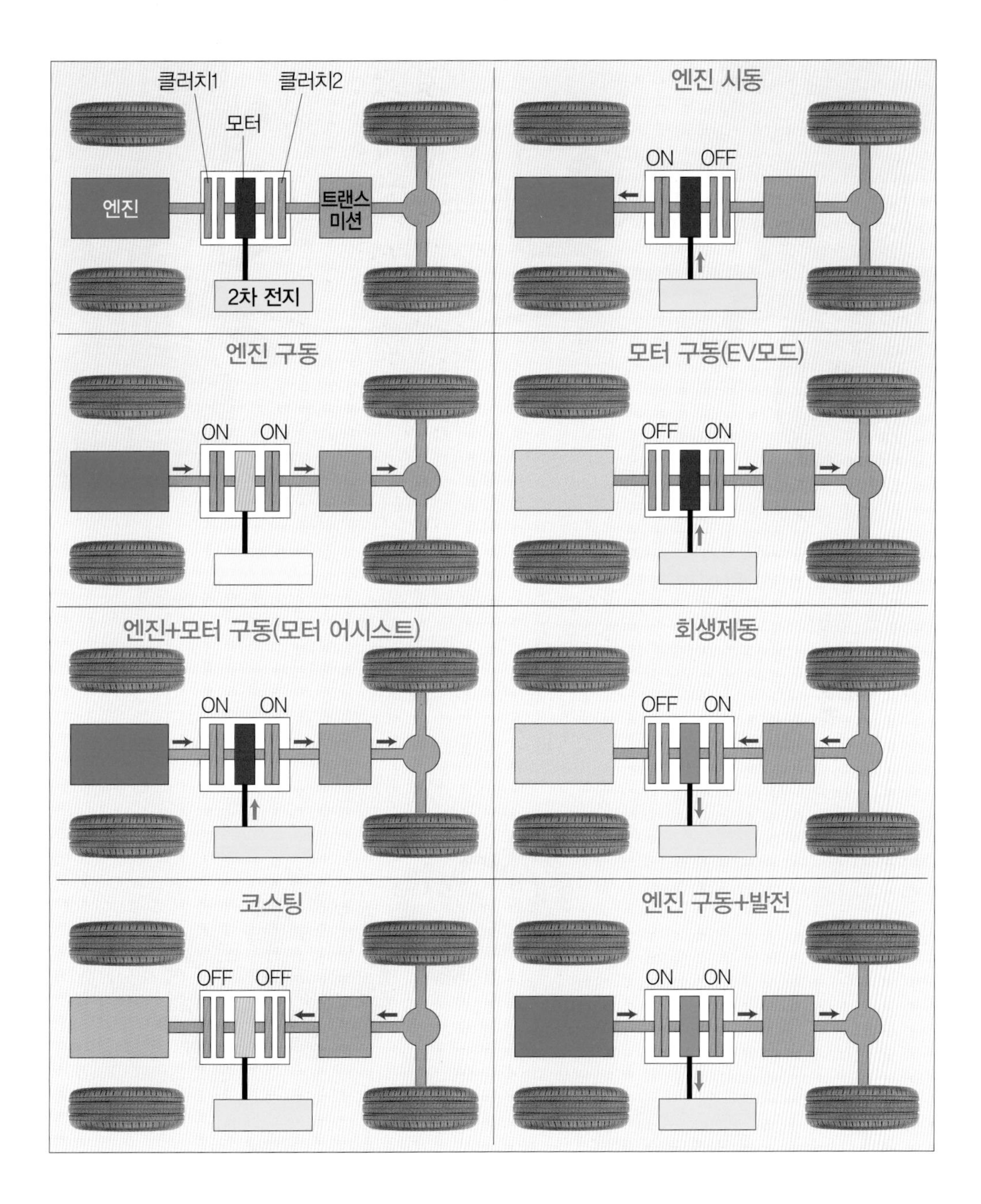

■코스팅과 엔진 구동 중의 발전

코스팅은 관성주행, 순항모드 등으로 부른다. 고속도로의 정속주행에서 구동바퀴에 동력을 전달하지 않아도 속도를 유지할 수 있는 상황에서 코스팅이 사용된다. 이때 엔진의 상태는 시스템에 따라 달라지며, 정지시키는 경우와 아이들링을 유지하는 경우가 있다. 연비저감을 위해 엔진 자동차에서 코스팅을 사용하는 경우도 있다.

엔진 구동 중의 발전은 요구되는 구동력이 매우 작을 때 이외에는 엔진의 부하가 높아져 연비가 악화될 가능성이 있으므로 사용되는 경우는 적다. 이밖에 엔진이 구동되지 않는 정차 중, 코스팅 중에 발전을 하는 시스템 운용방법도 있다.

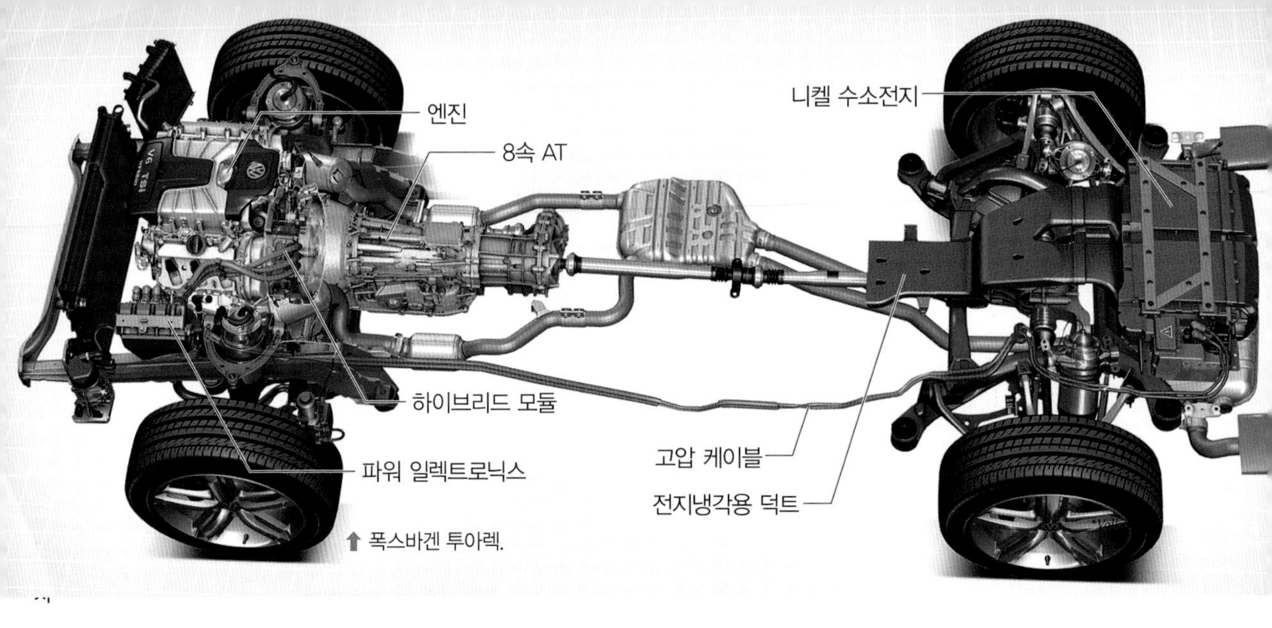

⬆ 폭스바겐 투아렉.

■폭스바겐/투아렉 하이브리드 &포르쉐/카이엔 하이브리드

플랫폼을 포함해 공동개발된 폭스바겐의 투아렉과 포르쉐의 카이엔은 하이브리드 시스템도 같은 것을 사용한다. 세로 설치 트랜스미션에 의한 4WD로 엔진과 8속 AT의 사이에 하이브리드 모듈을 설치하고, 여기에 클러치를 포함시킨 1모터식 하이브리드다. 2차 전지에는 니켈수소전지를 사용. EV모드와 코스팅이 모두 가능하며, EV모드의 주행은 2㎞로 한정되어있다.

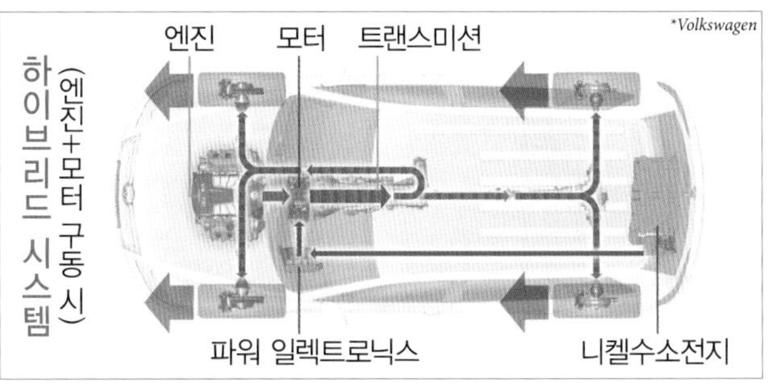

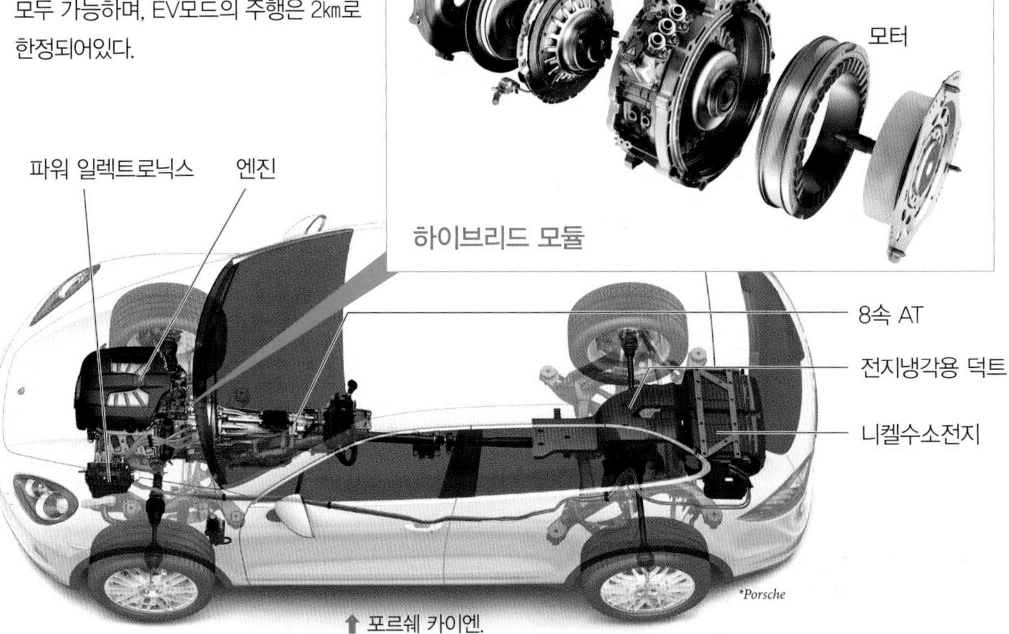

⬆ 포르쉐 카이엔.

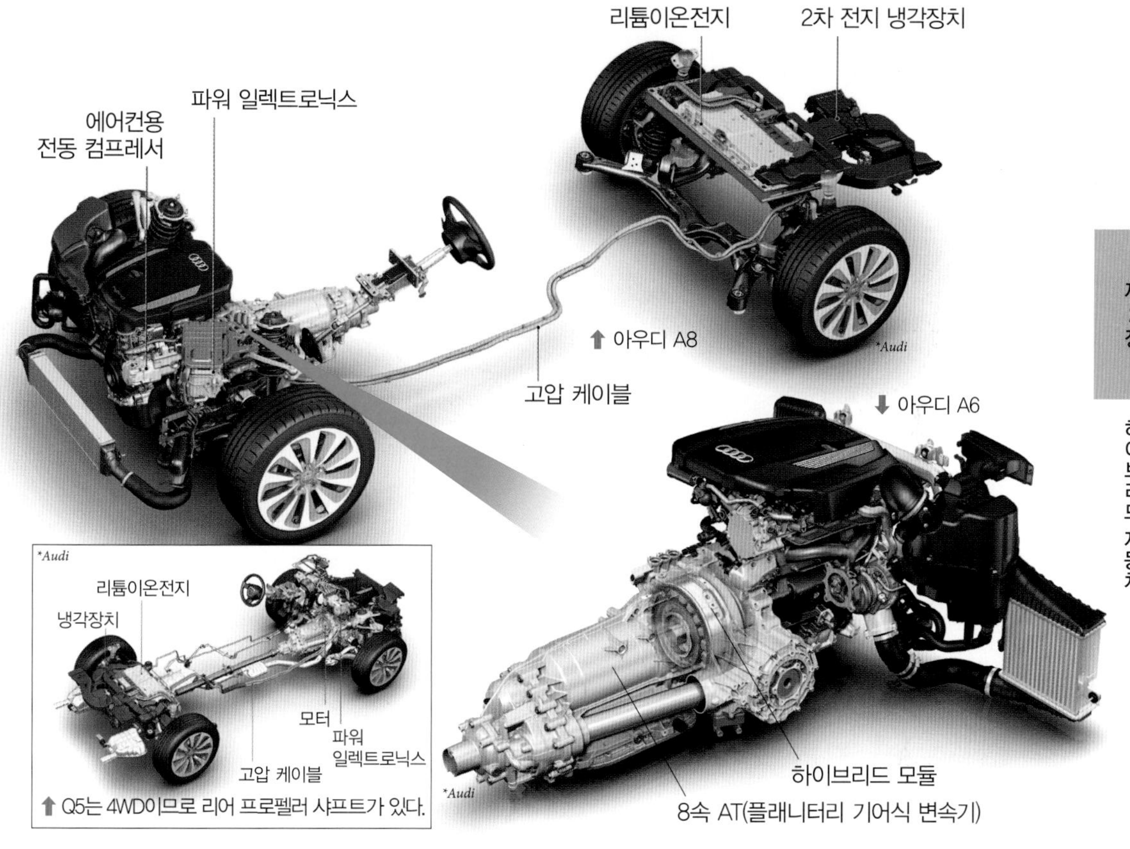

⬆ Q5는 4WD이므로 리어 프로펠러 샤프트가 있다.

■아우디/A6 하이브리드, A8 하이브리드, Q5 하이브리드 콰트로

아우디의 A6, A8, Q5의 클러치 장착 1모터식 하이브리드는 세로 설치 트랜스미션을 사용하고 있다. A6와 A8은 FF, Q5는 4WD다. 플래니터리 기어식 변속기를 채용한 AT라고 할 수 있으며, 하이브리드 모듈의 모터로 토크를 증폭시킨다. 클러치로 회전을 연결하고, 끊을 수 있기 때문에 토크 컨버터는 사용하지 않고 그 위치에 하이브리드 모듈이 설치되어있다. 트랜스미션 쪽에도 클러치가 있어, 1모터 2클러치식 하이브리드를 실현하고 있다. 2차 전지로는 리튬이온전지를 사용하며, EV모드와 코스팅이 가능하다.

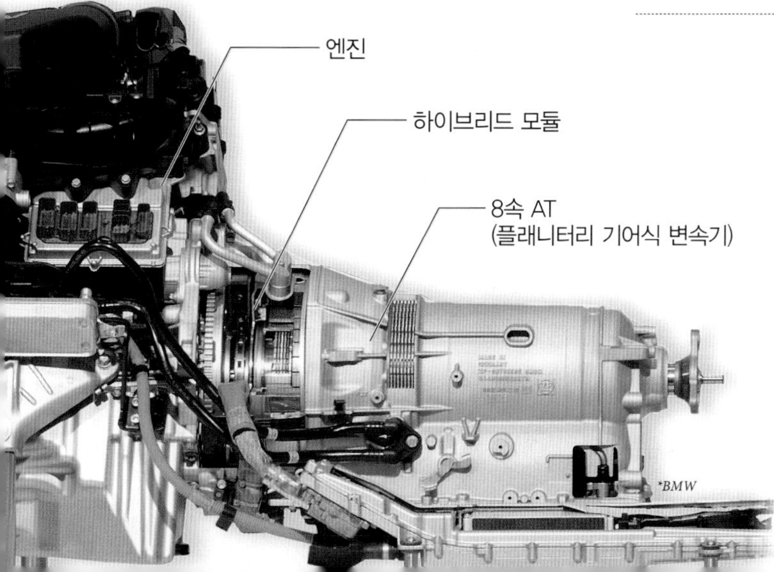

■BMW/액티브 하이드리브5

세로 설치 8속 AT의 원래 토크 컨버터가 설치되어 있어야 할 위치에 모터와 클러치로 구성된 하이브리드 모듈이 배치된 클러치 장착 1모터식 하이브리드다. 2차 전지로는 리튬이온전지를 사용. EV모드와 코스팅이 가능하다. 내비게이션과 연동되어서 앞의 도로 상태에 따라 엔진과 모터의 선택 사용과 충전상황을 예측하는 제어를 할 수 있다.

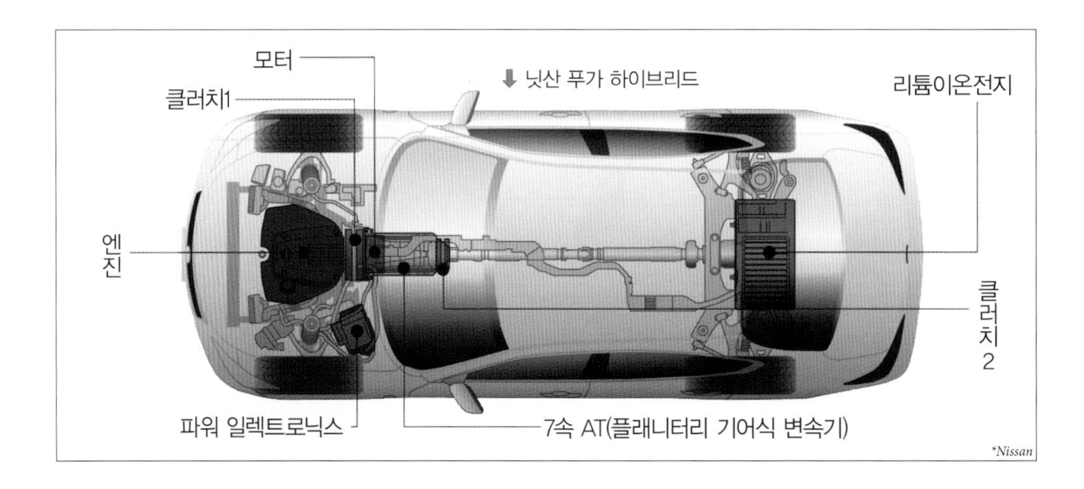

■닛산/인텔리젠트 듀얼 클러치 컨트롤

닛산의 하이브리드 시스템인 인텔리젠트 듀얼 클러치 컨트롤은 그 이름처럼 1모터 2클러치식 하이브리드로 세로 설치 7속 AT의 토크 컨버터를 없애고 그 위치에 모터와 클러치를 설치했다. 또 하나의 클러치로는 플래니터리 기어식 변속기의 변속용 클러치를 사용하고 있다. 2차 전지로는 리튬이온전지를 사용한다. EV모드와 코스팅은 물론 시리즈식 하이브리드의 요소를 넣어 엔진 구동 중에 발전을 한다.

닛산/FF용 인텔리젠트 듀얼 클러치 컨트롤

닛산은 FF용 인텔리젠트 듀얼 클러치 컨트롤을 개발 중이다. FF용 가로 설치에는 트랜스미션으로 CVT를 사용할 예정이다.

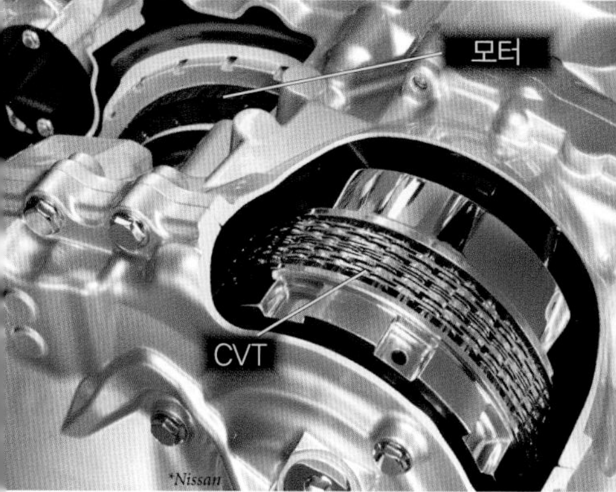

■폭스바겐/제타 하이브리드

폭스바겐 제타는 클러치 장착 1모터식 하이브리드 중에서는 드물게 FF 가로 설치 트랜스미션을 베이스로 하는 시스템을 사용한다. 트랜스미션이 7속 DCT이므로 1모터 2클러치식 하이브리드가 된다. DCT를 사용한 HEV로는 세계최초다. 2차 전지로는 리튬이온전지를 사용하며, EV모드와 코스팅이 가능하다.

가로 설치 트랜스미션과의 조합을 위해 하이브리드 모듈의 회전축이 가로로 되어있다. 전동 컴프레서는 아이들링 스톱 중에도 냉방을 하기 위한 에어컨용이다.

⬆ 폭스바겐 제타.

■혼다/스포츠 하이브리드 i-DCD

혼다의 새로운 1모터식 하이브리드가 SPORT HYBRID i-DCD(Intelligent Dual Clutch Drive)다. 트랜스미션은 모터를 내장한 DCT를 사용하고 있다. 지금까지의 혼다의 하이브리드 시스템인 IMA는 모터직결식이었지만 i-DCD는 엔진과 구동용 모터 사이에 클러치가 있어 클러치 장착 1모터식 하이브리드라고 할 수 있다. 하지만 다른 메이커에서 사용하고 있는 클러치 장착 1모터식과는 다른 것으로 1모터 2클러치식 하이브리드가 아니다.

일반적인 클러치 장착 1모터식의 경우는 엔진-클러치-모터-트랜스미션의 순서로 배치되어 엔진과 모터를 분리할 수 있도록 되어있다. 하지만, i-DCD는 엔진과 트랜스미션이 직결되어 있고 트랜스미션의 회전축에 모터가 설치된다. 트랜스미션이 DCT이기 때문에 클러치를 개방해서 엔진과 모터를 분리할 수 있으며, EV모드가 가능해진다. DCT를 사용하는 클러치 장착 1모터식은 이미 폭스바겐에서 개발했으며, 이 시스템은 모터용 클러치를 탑재하고 있어서 합계 3개의 클러치를 사용하고 있다. 하지만 i-DCD에는 모터용 클러치가 없으므로 시스템 전체가 콤팩트해진다. DCT는 7단이지만, 1속에 플래니터리 기어를 사용해, 속이 빈 구조로 만들어진 모터 내부에 배치하는 것으로 소형화를 실현했다.

모터는 DCT의 홀수단을 담당하는 회전축에 배치된다. 짝수단에서는 모터에 의한 어시스트를 할 수 없다. 하지만, 홀수단만으로도 4단이 있고, 모터 자체가 전기식 무단변속기(전기식 CVT)로 기능하므로 문제없이 하이브리드 시스템으로 성립된다.

2차 전지에는 리튬이온전지를 사용한다. EV모드로 발진을 하고, 중저속에서는 EV모드와 모터 어시스트를 선택 사용하며, 고속에서는 엔진 구동을 한다. 필요에 따라서는 모터로 어시스트를 한다.

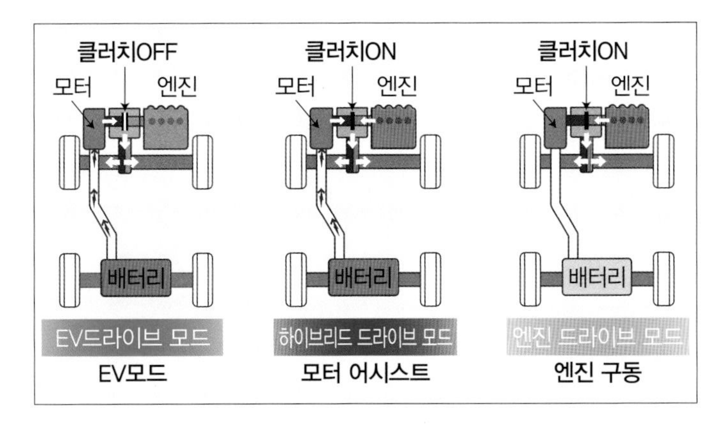

⬇ 지금까지 모터가 트랜스미션 케이스 안에 배치된 시스템은 많았으며, 이것을 트랜스미션 내장 모터라고 불렀다. i-DCD는 기능적으로도 모터가 트랜스미션에 내장되어 있다고 할 수 있다.

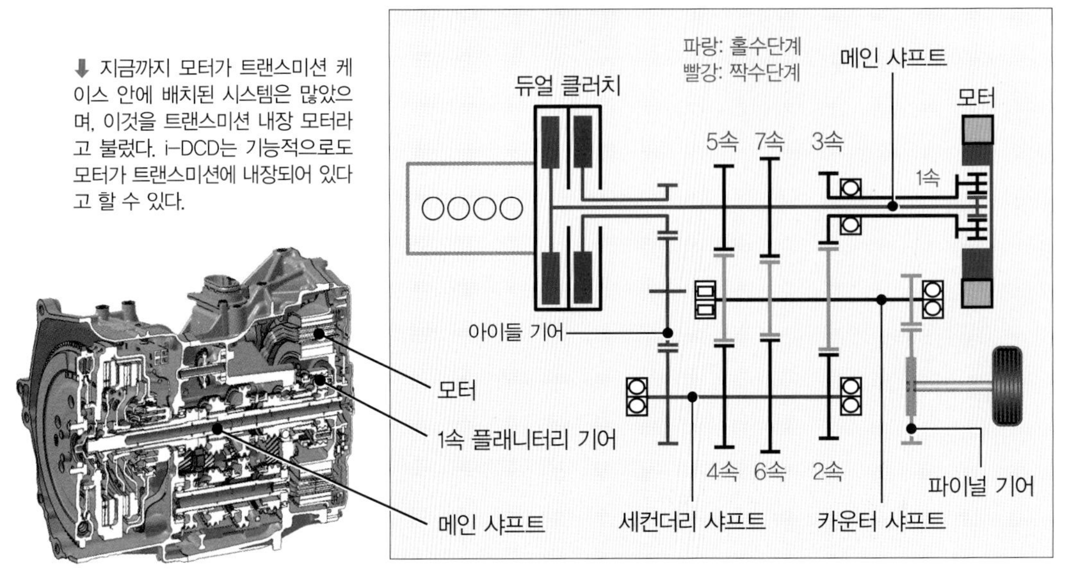

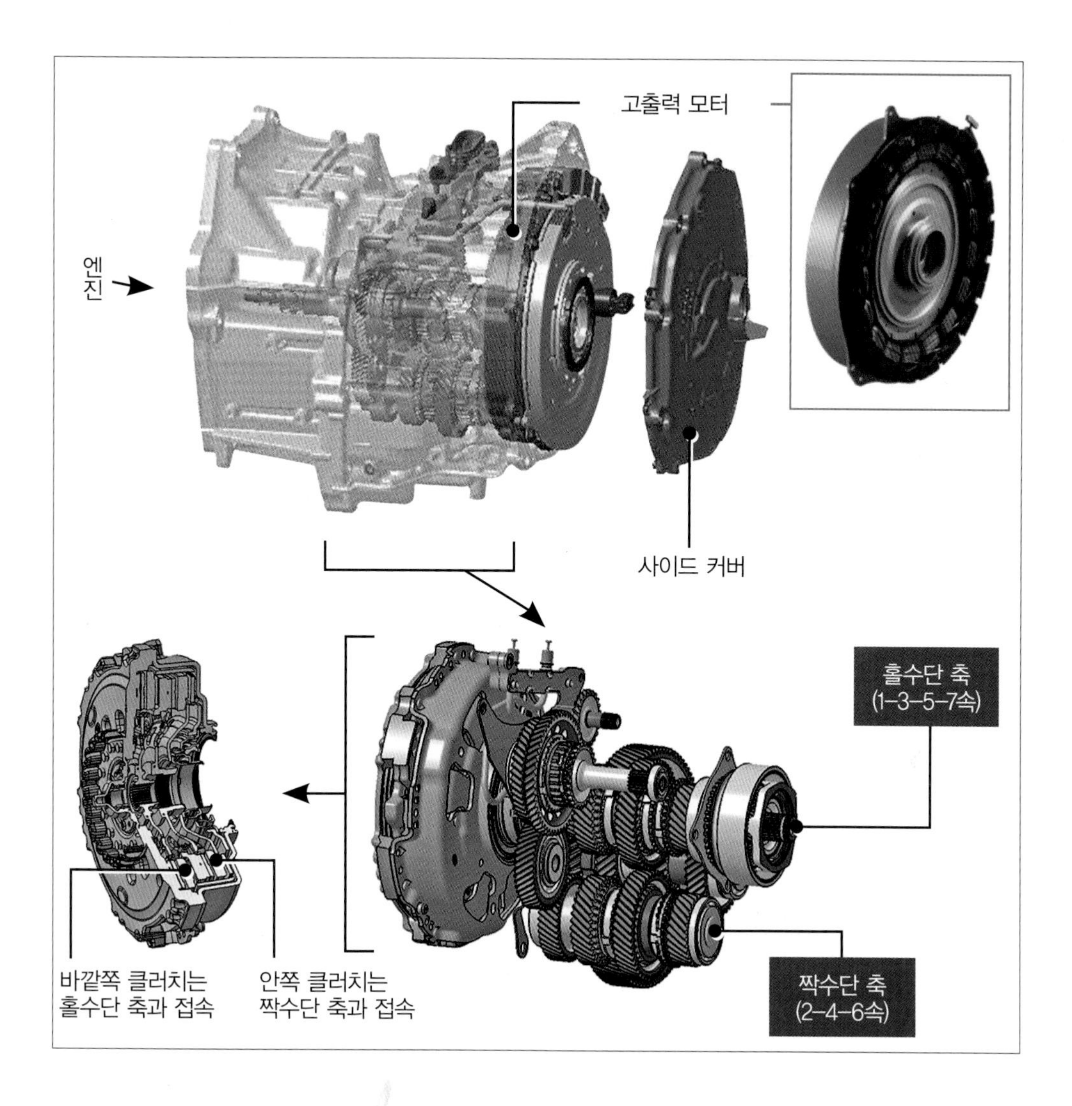
고출력 모터
엔진
사이드 커버
홀수단 축
(1-3-5-7속)
바깥쪽 클러치는
홀수단 축과 접속
안쪽 클러치는
짝수단 축과 접속
짝수단 축
(2-4-6속)

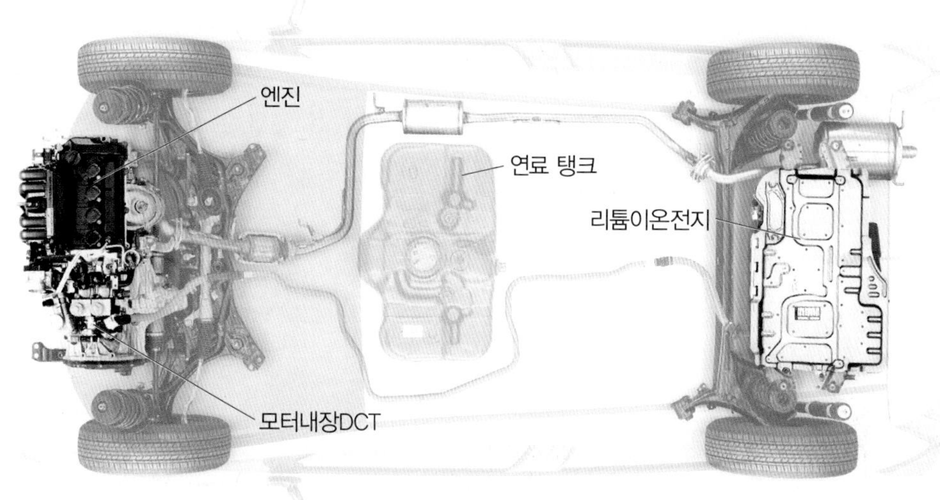
엔진
연료 탱크
리튬이온전지
모터내장DCT

하이브리드 자동차 04

Power-split hybrid electric vehicle
시리즈 패럴렐식 하이브리드

시리즈 패럴렐식 하이브리드란 시리즈식과 패럴렐식 능력을 모두 갖춘 하이브리드 시스템이다. 일반적으로 패럴렐식 하이브리드로 분류되는 시스템이라도 엔진 구동 중 발전이 가능한 것이 있으며, 시리즈식 하이브리드의 능력을 갖추고 있다고 할 수 있다. 하지만, 모터가 1개인 경우는 발전과 모터 구동을 동시에 할 수 없다. 시리즈 패럴렐식으로 분류되는 시스템은 모터가 2개 있기 때문에 발전과 모터 구동을 동시에 할 수 있다. 이러한 점에서는 2모터식 하이브리드라고도 할 수 있다. 다만 4WD를 위해 2개의 모터를 사용하는 HEV도 있다.

시리즈 패럴렐식의 상당수는 엔진의 동력을 발전과 구동에 분배할 수 있어 파워 스플리트식 하이브리드, 단순히 스플리트식 하이브리드라고도 한다. 한때는 동력 분배에 플래니터리 기어만 사용해서 플래니터리 기어식 하이브리드라고 부르기도 했지만, 현재는 플래니터리 기어를 사용하지 않는 것도 있다. 앞으로도 다양한 시스템이 개발될 가능성이 높다.

엔진에는 추가로 2개의 모터가 있으며, 이 모터에 플래니터리 기어 또는 클러치를 조합하면 2모터식 하이브리드의 구동방법과 발전방법을 다양하게 설정할 수 있다. 이 시스템을 베이스로 외부로부터 충전이 가능한 플러그인HEV를 만드는 것도 가능하다. EV모드의 항속거리가 길면 레인지 익스텐더HEV라고도 할 수 있다.

↑ 토요타 THSⅡ.

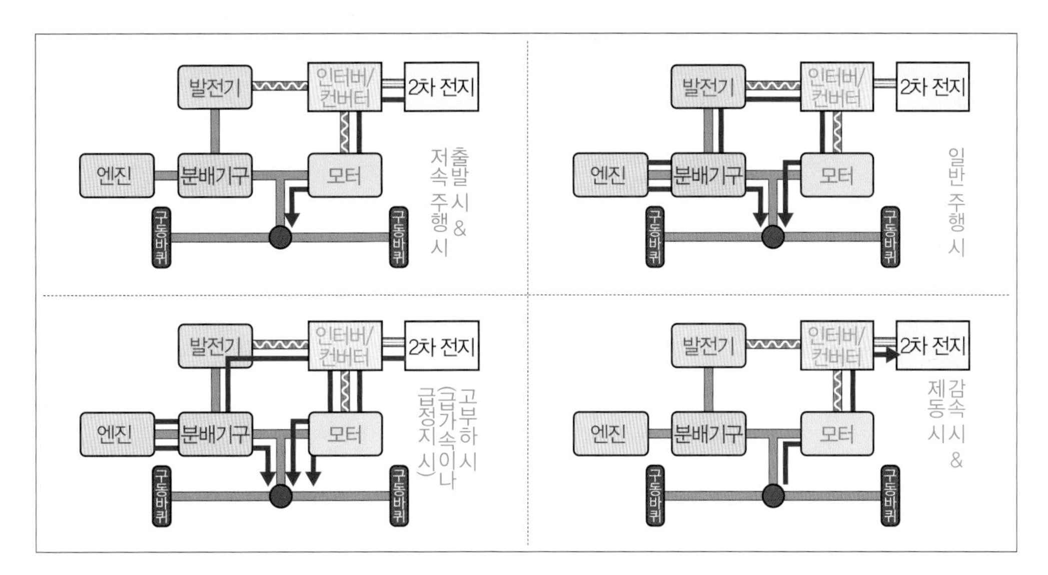

■토요타/THSⅡ

세계 첫 양산형HEV에 탑재된 시스템으로 시리즈 패럴렐식 하이브리드의 원조라고 할 수 있는 것이 토요타의 THS(Toyota Hybrid System)다. 현재는 THSⅡ로 진화되었지만 기본적인 발상은 같다. 엔진의 출력을 플래니터리 기어에 의한 분배기구로 구동용과 발전용으로 분배한다. 구동용 모터는 감속용 리덕션 기어를 통해 분배기구의 출력과 연결되어있다. 모터의 감속증(減速增) 토크에도 플래니터리 기어를 사용하고 있으므로 2개의 플래니터리 기어가 배열된다. 이 기구에 의해 엔진+모터 구동과 EV모드로 주행한다. 모터에 의한 구동은 기본적으로 발전된 전력을 그대로 사용하지만, 고부하 시에는 2차 전기의 전력도 사용한다. 엔진만으로 구동하지 않으므로 일반적인 트랜스미션은 없으며, 하이브리드 시스템이 전기식 무단변속기(전기식CVT)로 기능한다.

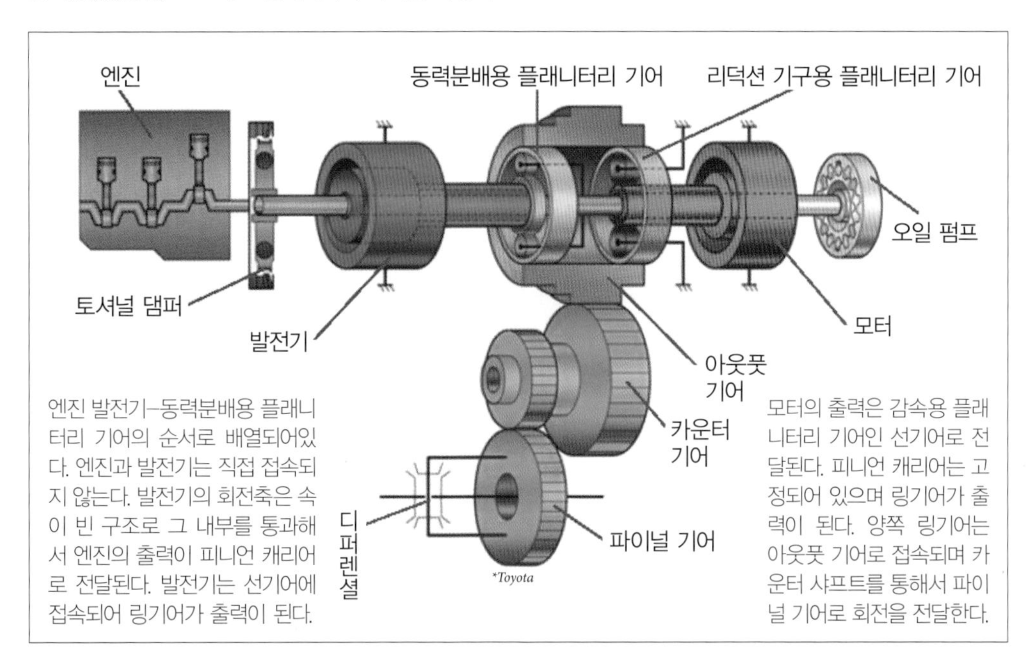

엔진 발전기-동력분배용 플래니터리 기어의 순서로 배열되어있다. 엔진과 발전기는 직접 접속되지 않는다. 발전기의 회전축은 속이 빈 구조로 그 내부를 통과해서 엔진의 출력이 피니언 캐리어로 전달된다. 발전기는 선기어에 접속되어 링기어가 출력이 된다.

모터의 출력은 감속용 플래니터리 기어인 선기어로 전달된다. 피니언 캐리어는 고정되어 있으며 링기어가 출력이 된다. 양쪽 링기어는 아웃풋 기어로 접속되며 카운터 샤프트를 통해서 파이널 기어로 회전을 전달한다.

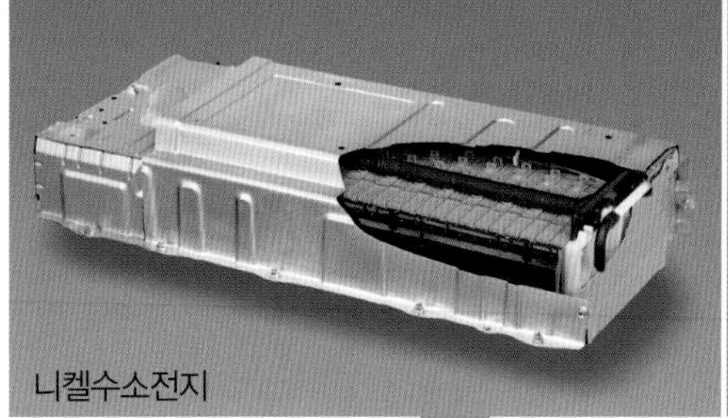

*Toyota

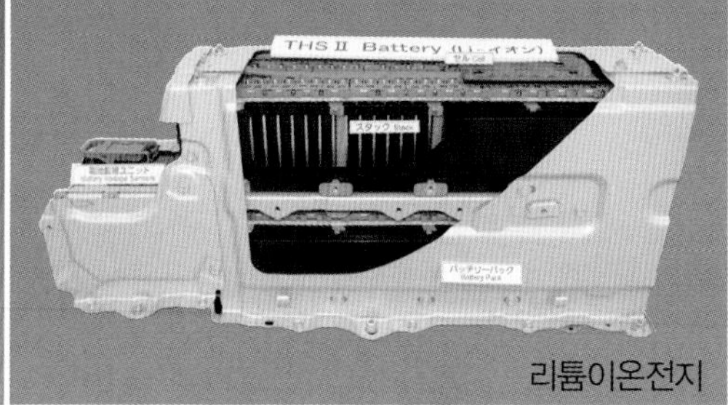

*Toyota

토요타 프리우스α

미니밴 스타일의 프리우스α의 2열 시트에는 수많은 다른 차종과 마찬가지로 니켈수소전지가 뒷바퀴 좌우의 중앙 부근에 배치되어 있다. 3열 시트 자동차는 같은 용량으로 소형화가 가능한 리튬이온전지가 센터 콘솔 아래쪽에 배치된다.

■토요타/THSⅡ의 베리에이션

THSⅡ의 2차 전지는 기본적으로 니켈수소전지를 사용한다. 차 안의 공간을 크게 확보해야 하는 차종, 외부로부터의 충전이 가능한 플러그인HEV로 발전시킨 차종의 경우는 리튬이온전지를 사용한다. 플러그인의 경우는 용량이 크기 때문에 하이브리드 시스템을 레인지 익스텐터로 본다.

THSⅡ는 가로 설치 트랜스미션에 해당하는 레이아웃이 사용된 FF로 개발되어 오랫동안 FF시스템으로 이어졌다. 현재는 세로 설치 트랜스미션에 해당하는 레이아웃이 사용된 FR과 그에 기초한 4WD도 개발되었다. 이 시스템을 2단 변속식 리덕션 기구 장착 THSⅡ라고 한다. 또한 THSⅡ에 의한 4WD 중에는 FF 시스템을 베이스로 뒷바퀴 쪽에도 구동용 모터를 설치한 것도 있다(257p. 참조).

⬆ 차량 뒤쪽 측면에 보통충전구가 설치되어 있다. 이곳으로 단상교류 100V 또는 200V로 충전을 한다. 주행 중의 충전은 고려하지 않아 급속 충전구는 없다.

*Toyota

토요타/프리우스PHV

일반적인 프리우스보다 용량이 큰 리튬이온전지가 탑재되어 있다. 풀충전하면 EV모드의 항속거리 약 26㎞, 최고시속은 100㎞/h로 일상 행동범위를 EV모드만으로 커버할 수 있다. 충전시간은 AC100V로 약 3시간.

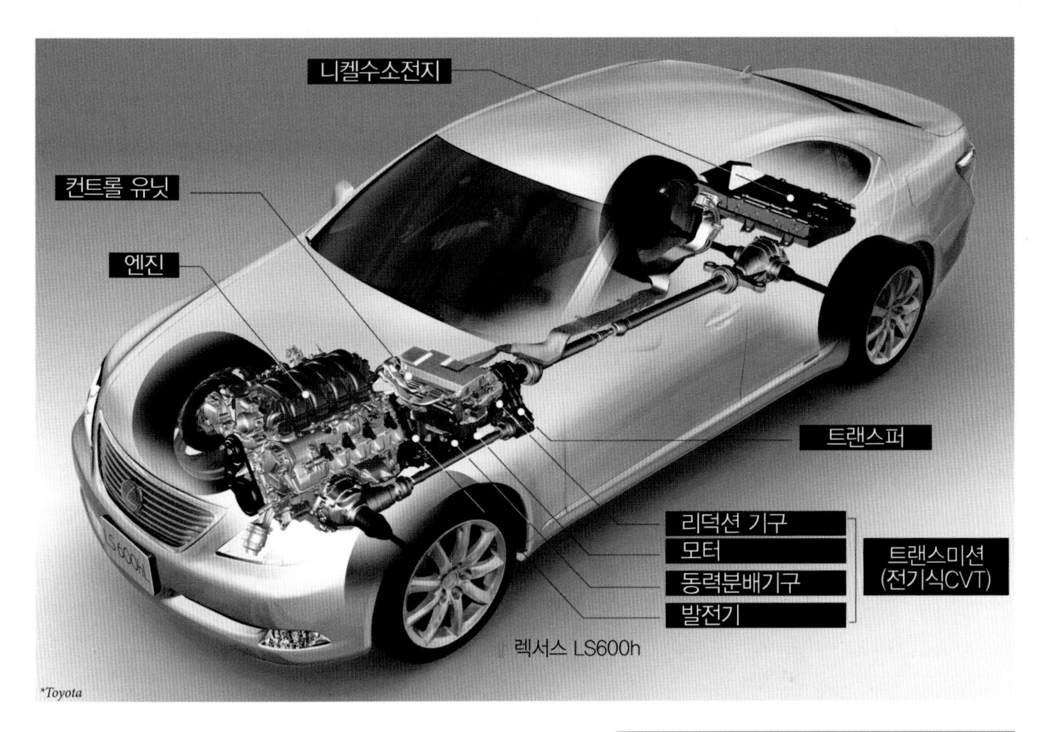

2단 변속식 리덕션 기구 장착 THSⅡ

2단 변속식 리덕션 기구 장착 THSⅡ는 세로 설치용으로 개발되었다. 하이브리드 시스템을 구성하는 요소는 같지만 배열이 다르다. 엔진 쪽부터 발전기–동력배분기구–구동용 모터–리덕션 기구 순서로 배열되며, 출력회전축은 엔진, 모터와 같은 축에 있다. 리덕션 기구는 플래니터리 기어에 의한 것이지만, 2단 변속식으로 되어있다. 이것으로 저속영역과 고속영역 모두에서 최적의 토크를 낼 수 있다. 4WD용의 경우는 추가로 뒤쪽에 센터 디퍼렌셜과 트랜스퍼가 배치된다. 센터 디퍼렌셜은 토르센LSD가 사용되어 앞뒤 부등(不等) 토크배분을 실현했다.

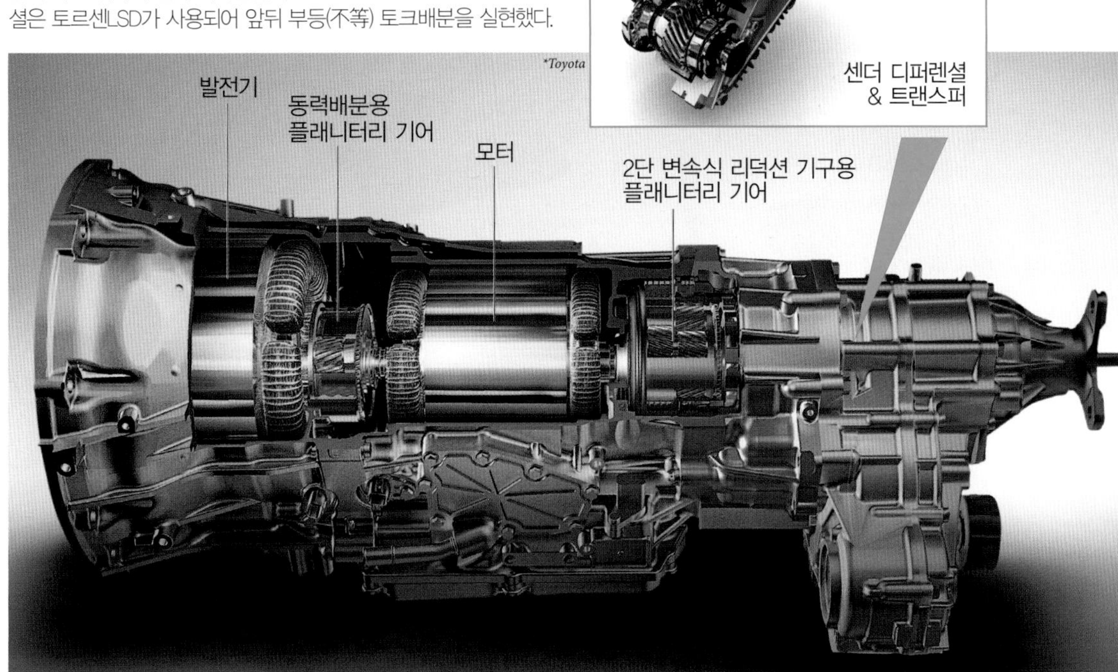

■혼다/스포츠 하이브리드 i-MMD

혼다의 시리즈 패럴렐식 하이브리드가 SPORT HYBRID i-MMD(intelligent Multi Mode Drive)다. i-MMD는 구동용 모터와 발전기를 탑재한 2모터식 하이브리드로 매우 심플한 구조다. 엔진의 출력은 발전기와 엔진 직결 클러치를 통해 구동축에 접속되어있다. 이 구동축에는 모터도 직접 연결되어 있다. 엔진 직결 클러치와 구동축의 사이에는 변속기구가 배치되며, 몇 단의 변속기가 아닌 오버드라이브 변속기뿐이다. 2차 전지로는 리튬이온전지를 사용한다.

엔진구동은 고속영역에만 한정해서 사용한다. 모터구동은 저속영역부터 고속영역까지 모든 영역에 사용할 수 있으며 시리즈식 하이브리드, 패럴렐식 하이브리드, EV모드, 엔진만의 구동 중에서 선택할 수 있다. 엔진을 작동시킬 때에는 항상 효율이 높은 영역에서 사용한다. 효율이 높은 영역에서 가동시키고 출력과 토크의 과부족이 생길 때에는 충전 또는 모터 구동으로 조정한다. 이 시스템을 베이스로 하고 2차 전지의 용량을 키워서 충전기구를 갖춘 플러그인HEV도 있다. 풀충전의 경우 EV모드로 36.7㎞의 항속거리를 실현한다.

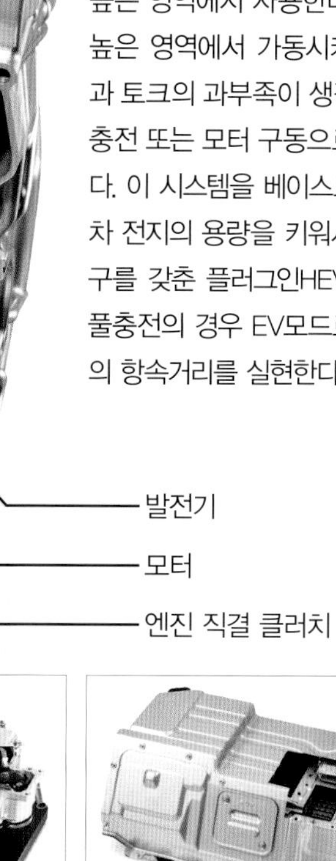

*Honda

하이브리드 파워 트레인

컨트롤 유닛

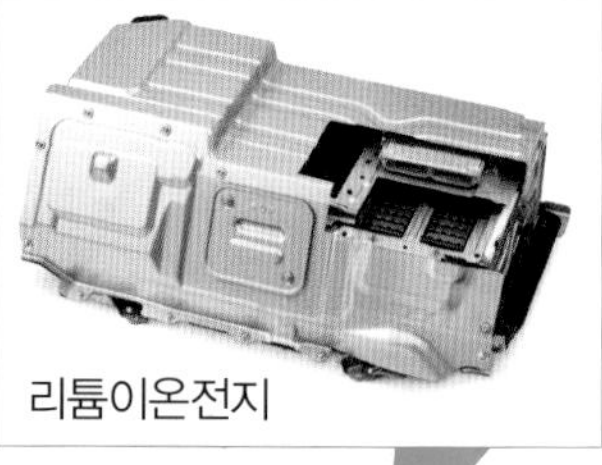

리튬이온전지

EV드라이브 모드

EV드라이브 모드에서는 2차 전지의 전력을 이용한 모터구동이 이루어진다. 출발 시와 같이 엔진의 효율이 나쁜 영역에서 엔진은 정지상태를 유지하며, 엔진 직결 클러치를 개방해 모터 구동을 한다. 고속에서도 크루징 상태 등 부하가 작고 2차 전지의 충전량이 충분히 있는 경우에는 EV드라이브 모드로 주행한다.

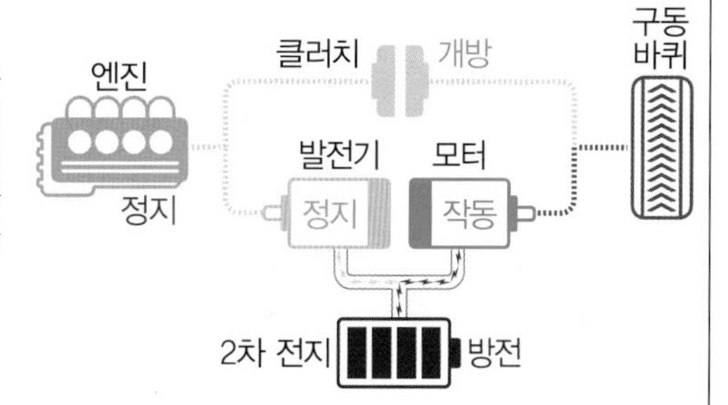

하이브리드 드라이브 모드

하이브리드 드라이브 모드에서는 시리즈식 하이브리드로 기능한다. 고부하에서의 주행 시, 2차 전지의 충전량이 적을 때에는 고효율 영역에서 엔진을 작동시켜 발전기를 구동하고, 그 전력으로 모터 구동을 한다. 구동에 필요한 출력이 작고, 발전기의 출력이 요구되는 출력이 되도록 엔진을 제어한다. 이렇게 하면 효율이 나빠질 경우에는 회전수를 높여서 고효율 영역으로 하고 잉여 발전분량은 2차 전지에 충전한다. 반대로 구동에 필요한 출력이 크고, 엔진 구동만으로는 효율이 나쁜 경우에는 2차 전지의 전력도 이용한다.

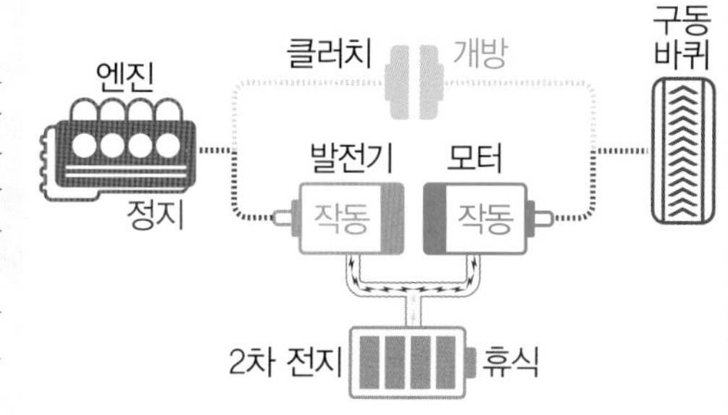

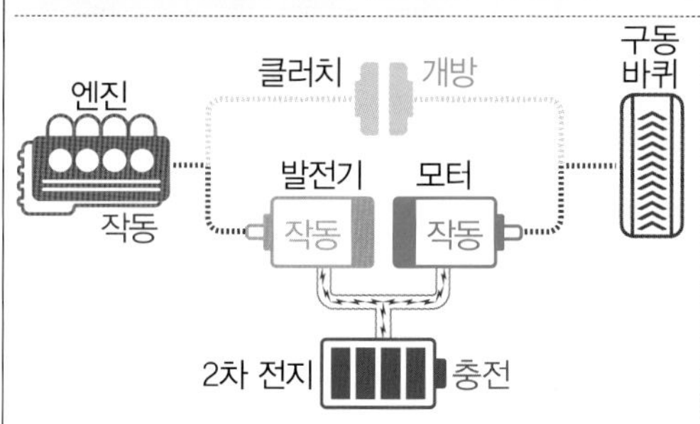

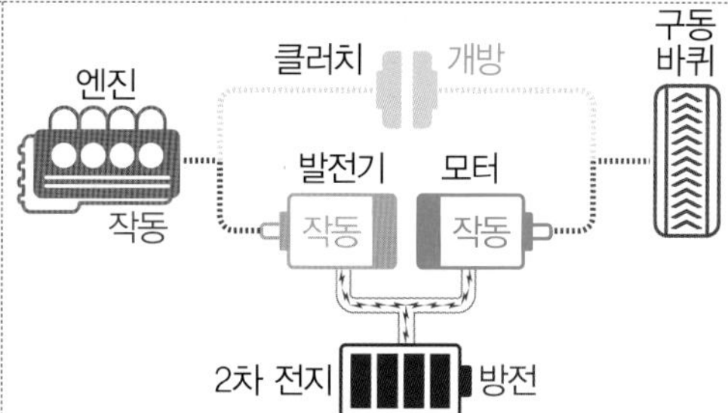

엔진 드라이브 모드

엔진 드라이브 모드에서는 엔진 직결 클러치를 체결해서 출력축과 구동축을 직결한다. 기본은 엔진 구동이며 상황에 따라 모터 구동을 추가하거나 발전을 하기도 한다. 차량의 속도에 따라 엔진 회전수의 효율이 가장 높아지도록 엔진을 제어하며, 엔진의 토크가 구동에 필요한 코드를 넘는 경우에는 남는 힘으로 발전기를 돌려서 2차 전지에 충전을 한다. 반대로 엔진의 토크가 구동에 필요한 토크보다 낮은 경우는 2차 전지의 전력을 이용해서 모터 구동도 패럴렐식 하이브리드로 기능한다.

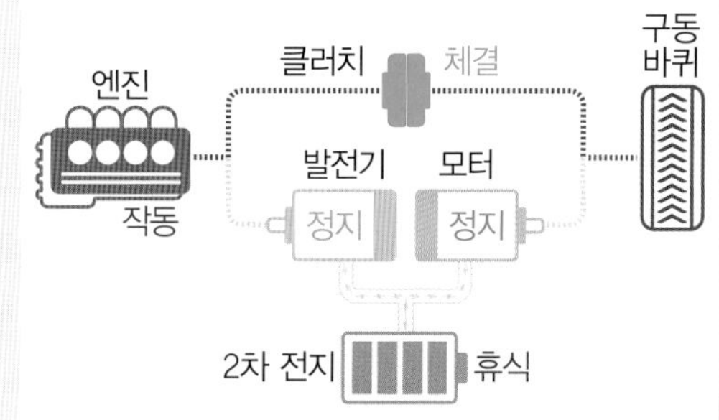

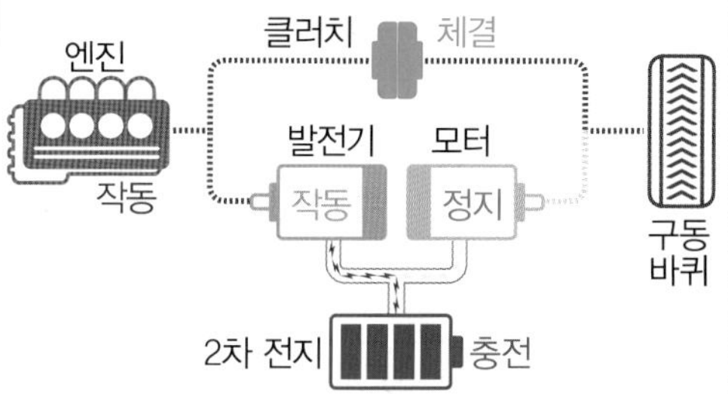

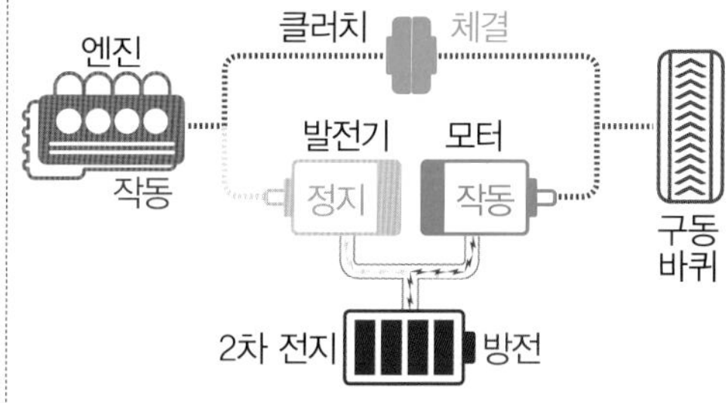

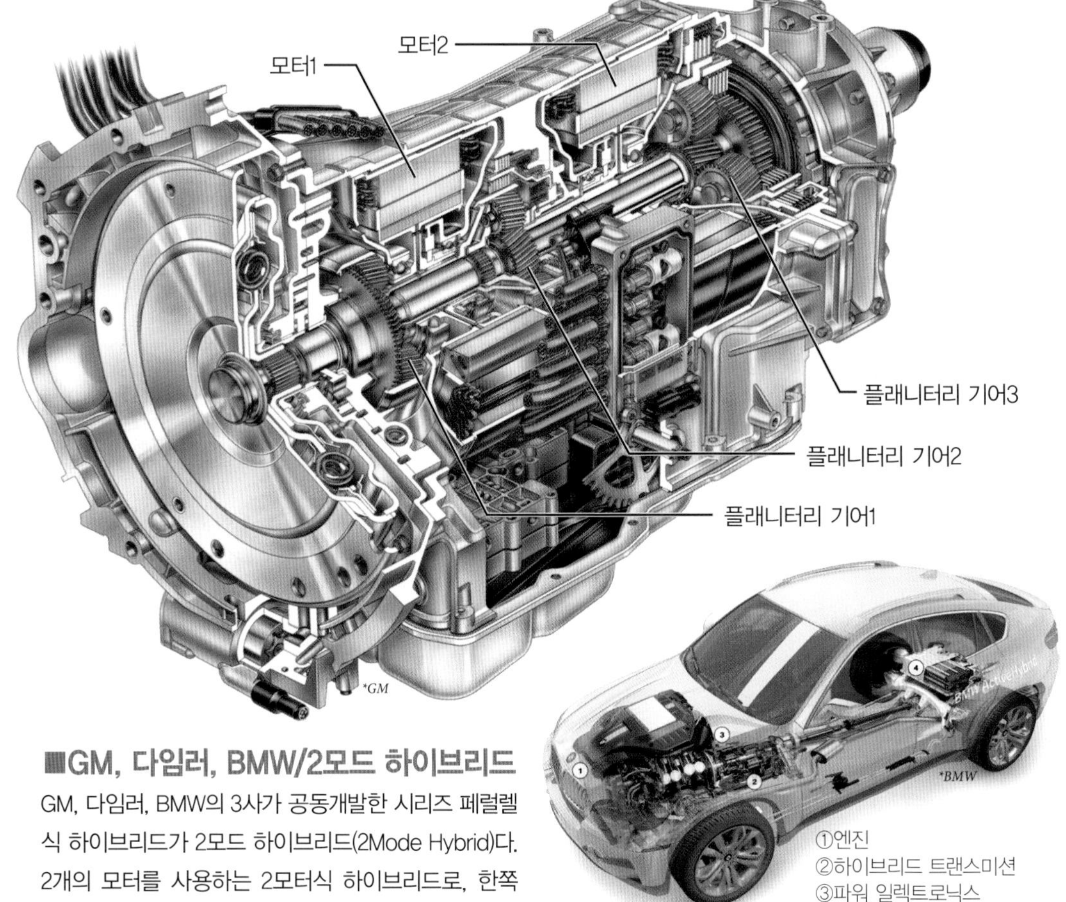

①엔진
②하이브리드 트랜스미션
③파워 일렉트로닉스
④니켈수소전지

■GM, 다임러, BMW/2모드 하이브리드

GM, 다임러, BMW의 3사가 공동개발한 시리즈 페럴렐식 하이브리드가 2모드 하이브리드(2Mode Hybrid)다. 2개의 모터를 사용하는 2모터식 하이브리드로, 한쪽 모터는 구동용, 다른 모터는 구동과 발전에 사용된다. 플러그인HEV로 되어있으며, 쉐보레의 볼트(오펠의 암페라), 메르세데스 벤츠의 ML450 하이브리드, BMW의 ActiveHybrid X6에 사용되고 있다.

2개의 모터에는 3세트의 플래리터리 기어와 다판 클러치가 조합되어 톱니바퀴에 의한 4속 변속기, 저속용과 고속용의 전기식 무단변속기(전기식 CVT), 구동과 발전으로의 동력배분기구로 기능한다. 4속의 톱니바퀴식 변속기의 각 단 사이가 저속용과 고속용의 전기식 CVT로 연결되어, 시스템 전체가 7속 트랜스미션처럼 기능한다. 모터 1개 또는 2개에 의한 EV도 가능하다.

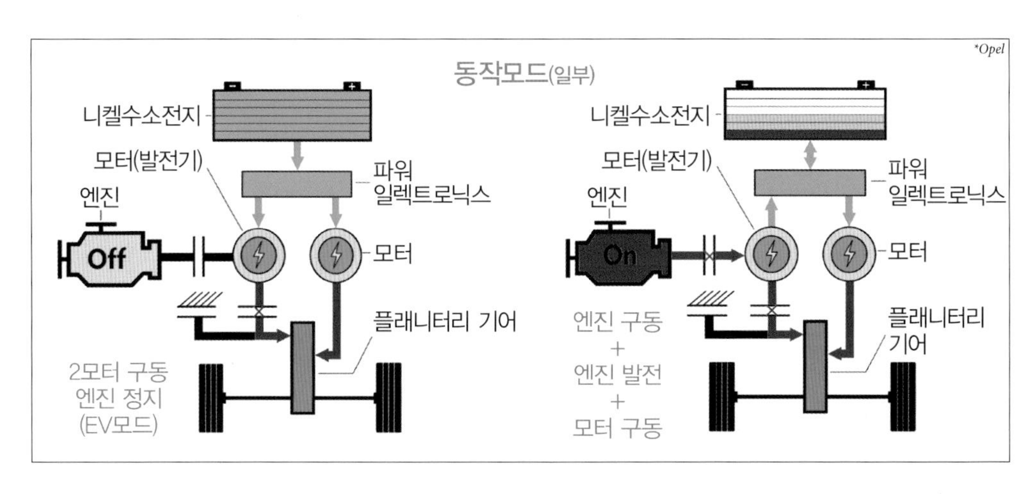

■미쓰비시/아웃랜더 PHEV

미쓰비시의 아웃랜더 PHEV는 시리즈 패럴렐식 하이브리드다. 4WD로 만들기 위해 리어에도 모터가 탑재되어있어 실제로는 3모터지만 프론트 부분만 생각하면 2모터식 하이브리드다. 2차 전지에는 용량이 큰 리튬이온전지를 사용했으며, 외부로부터의 충전이 가능한 플러그인HEV로 되어있다. 엔진의 출력은 발전기와 구동계로 전달되어 앞뒤에 구동용 모터가 설치된다. 이 시스템에 의해 EV모드, 시리즈식 하이브리드, 패럴렐식 하이브리드로서 주행할 수 있다. 기본은 EV모드지만 차량 속도 또는 부하가 높아지면 시리즈식, 패럴렐식으로 전환된다. 충전시간은 AC100V로 약 13시간, AC200V로 4시간이 걸리며, EV모드로 약 60㎞의 항속을 할 수 있다. 옵션 사항으로 급속충전도 가능하다.

프론트 트랜스 액슬
엔진
리어 파워 일렉트로닉스
리어 트랜스 액슬
리튬이온전지
발전기
프론트 모터
프론트 파워 일렉트로닉스
연료탱크
리어 모터

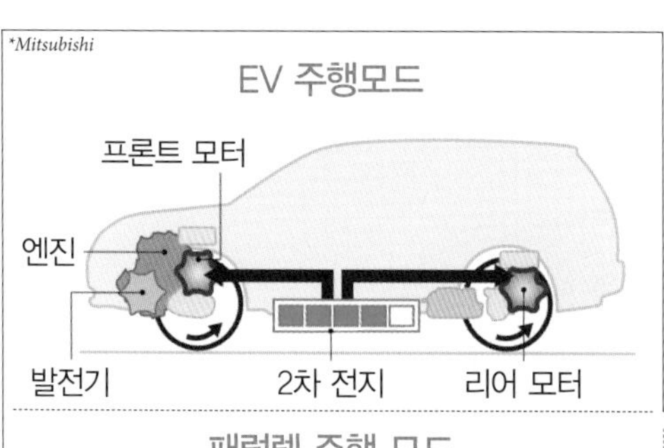

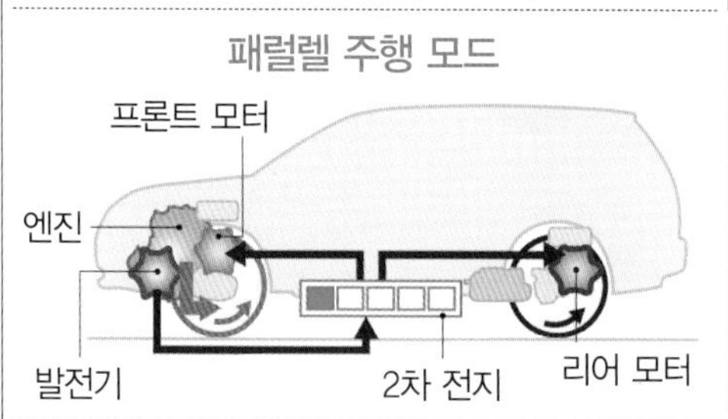

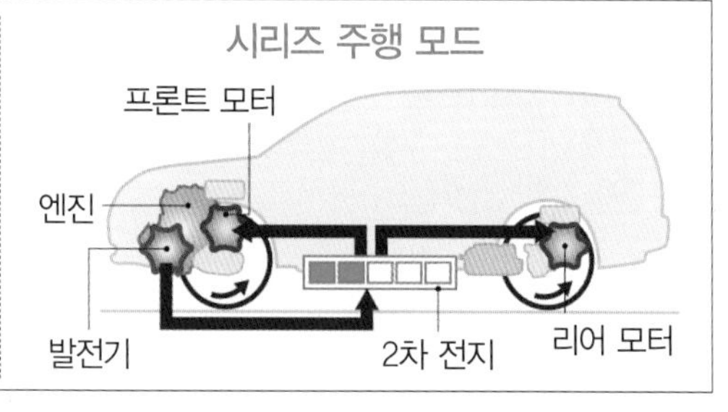

하이브리드 자동차 05

Hybrid four-wheel drive

하이브리드 4WD

2WD 엔진자동차의 비구동 바퀴에 모터에 의한 구동 시스템을 넣어 4WD로 만들면 패럴렐식 하이브리드가 된다. 이것을 하이브리드 4WD라고 하는 경우도 많다. 엔진 구동과 모터 구동이 독립된 심플한 시스템으로 기존의 차종을 하이브리드화 하는 가장 간단한 방법이라고 할 수 있다. 일반적으로 FF가 베이스다. FR의 경우는 비구동바퀴인 앞바퀴 부근에 엔진과 트랜스미션이 이미 있다. 따라서 여기에 모터에 의한 구동 시스템을 넣으면 구조가 복잡해지고 중량의 전후 배분도 나빠지므로 현실적으로는 선택되지 않는다.

하이브리드 4WD라면 엔진 구동과 모터 구동 중에서 선택 사용할 수 있다. 따라서 EV모드에서도 모터로 엔진 구동의 어시스트를 할 수 있다. 험한 길 주행능력을 높이기 위한 4WD에는 잘 맞지 않지만 4WD주행에 의해 안전성을 높일 수 있다. 프로펠러 샤프트가 필요하지 않은 것도 장점 중 하나다.

다만 모터 구동에 사용할 수 있는 전력은 회생제동에 의해서만 얻어진다. 플러그인HEV로 하면 EV모드의 항속거리를 늘릴 수 있다.

이밖에 토요타의 E-Four, 미쓰비스의 아웃랜더 PHV처럼 FF의 하이브리드 시스템 자동차에 모터에 의한 후륜 구동 시스템을 조합한 4WD도 있다. 미쓰비시의 경우는 상시4WD이므로 둘의 설계 사상은 다르다.

그리고 종래의 4WD와 마찬가지로 트랜스퍼에 의해 4WD가 된 HEV도 있지만, 여기서는 앞뒤의 바퀴에 독립된 구동용 모터가 설치된 것을 하이브리드 4WD로 다룬다.

■푸조&시트로앵/하이브리드4

푸조 시트로앵 그룹의 Hybrid4는 FF의 뒷바퀴에 모터와 디퍼렌셜로 구성된 구동 시스템을 장착한 하이브리드 4WD다. 2차 전지로는 니켈수소전지를 사용한다. EV모드의 항속거리는 몇 ㎞ 밖에 되지 않는다.

■닛산&마츠다 e-4WD

e-4WD는 닛산과 마츠다가 몇 가지 차종에 사용하는 시스템이다. FF의 엔진 자동차를 베이스로 뒷바퀴에 모터 구동 시스템을 갖추어 4WD로 만들었다. 모터에 사용되는 전력은 엔진에 설치된 전용 발전기로 발전한다. 2차 전지는 없으며 회생제동은 이루어지지 않는다. 때문에 하이브리드 시스템으로 분류되지 않는 경우가 많다.

■볼보/V60 플러그-인 하이브리드

볼보의 V60 Plug-In Hybrid는 앞바퀴에 엔진 구동 시스템, 뒷바퀴에 모터 구동 시스템을 탑재한 하이브리드 4WD 플러그인HEV다. 2차 전지에 용량이 큰 리튬이온전지를 사용해서 EV 모드의 항속거리는 50㎞가 넘는다.

*Volvo

■토요타/THSⅡ+E-Four

E-Four는 토요타 THSⅡ의 뒷바퀴에 모터 구동 시스템을 추가한 것이다. 앞바퀴 구동 시스템의 완성도가 높기 때문에 뒷바퀴의 모터 어시스트, 4WD의 EV모드 주행은 이루어지지 않는다. 미끄러지기 쉬운 노면에서의 발진 등 주행안정성을 높일 필요가 있는 상황에서만 뒷바퀴 모터 구동을 추가해 4WD가 된다. 회생제동의 효율을 높이기 위해 뒷바퀴 모터를 사용하고 있다.

*Toyota

↑ 후륜구동용 모터.

하이브리드 자동차 06

Other hybrid vehicle
그 밖의 하이브리드 자동차

HEV, 플러그인EV의 문제는 2차 전지와 모터의 제작 비용이다. 때문에 HEV 이외의 하이브리드 자동차(HV)의 연구개발도 진행 중이다. 플라이휠을 이용한 기계식 하이브리드(메커니컬 하이브리드)와 공기압, 유압을 이용하는 축압식 하이브리드가 현재 많은 주목을 받고 있다. 이 두 가지는 모두 감속 시에 운동에너지를 회수해 주행에 이용하는 에너지 회생이 가능하다. 이렇게 모인 에너지의 양이 그렇게 많지는 않지만 가속과 감속을 반복하는 주행에서는 엔진의 연비를 향상시킬 수 있다. 하지만 플러그인HEV와 같이 외부로부터 에너지를 공급받을 수 없다.

기계식 하이브리드는 플라이휠식 하이브리드라고도 하며, 이미 레이스카에서 사용된 예가 있다. 축압식 하이브리드는 출발과 정지의 반복이 많은 노선버스에서 효과적이라 여겨지고 있으며, 1990년대부터 일본에서 연구개발이 이루어지고 있으며, 실제로 노선버스에 사용된 예도 있다.

탱크에 충전한 공기압으로 주행하는 압축공기자동차의 개발이 진행 중이며, 이 공기자동차와 엔진 자동차의 하이브리드도 연구 중이다. 공기자동차는 압축에 의한 에너지 회생이 가능하기 때문에 엔진자동차와 하이브리드로 만든 경우에도 회생제동을 활용할 수 있다.

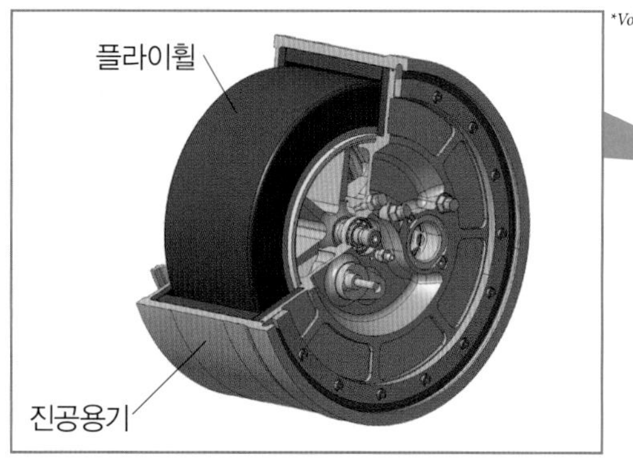

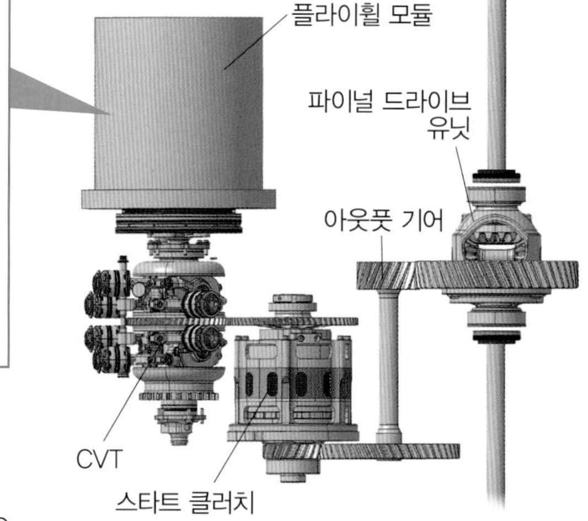

■플라이휠식 하이브리드

현재의 플라이휠식 하이브리드는 기본이 되는 2WD 엔진자동차의 비구동 바퀴 쪽에 플라이휠 시스템을 설치한다. 이 시스템을 플라이휠 KERS(Kinetic Energy Recovery System=운동에너지 회수 시스템)라고 한다. 패럴렐식 하이브리드에 의한 하이브리드 4WD다.

플라이휠을 고속으로 회전시키면 효율적으로 에너지를 회수할 수 있으며, 구동 시에는 주행에 적합한 회전수가 필요하므로 플라이휠과 구동축 사이에 CVT가 설치된다. 플라이휠 자체는 가벼워야 반응이 좋으므로 일반적으로 CFRP(탄소섬유강화수지) 재질의 원기둥을 사용한다. 고속회전에서는 플라이휠과 공기의 마찰이 큰 손실을 발생시키므로 플라이휠은 용기에 담기고, 안쪽은 진공으로 만든다. 회생제동과 얻어진 에너지로 엔진 구동을 어시스트한다.

■플라이휠 배터리

플라이휠을 사용하는 하이브리드 기술 중에는 플라이휠 배터리도 있다. 플라이휠식 하이브리드는 운동에너지를 운동에너지 상태로 축적할 수 있지만, 플라이휠 배터리는 그 이름처럼 전지이며 전기에너지를 운동에너지로 변환해서 축적한다. 2차 전지 대신 HEV(하이브리드 전기자동차)에 사용할 수 있다.

플라이휠 배터리는 플라이휠과 모터로 구성된다. 에너지를 축적할 때에는 회생제동으로 얻어진 전력으로 모터를 돌려서 플라이휠을 회전시킨다. 전력이 필요할 때에는 플라이휠로 모터를 회전시켜 발전을 한다.

⬅⬇ 포르쉐의 911 GT3 R Hybrid. RR 차량의 앞바퀴에 모터에 의한 구동 시스템, 중앙에 플라이휠 배터리를 설치한다.

①로터, ②스테이터, ③파워 일렉트로닉스, ④플라이휠 배터리, ⑤고압 케이블, ⑥구동용 모터×2, ⑦파워 일렉트로닉스

볼보 S60에 탑재되어 도로 주행 테스트를 거친 플라이휠 KERS. 최대로 연비 25%를 향상시킬 수 있다. 베이스 차량이 0~100㎞/h가 6.5초인 것에 비해, 이 시스템을 탑재한 차는 5.5초를 기록했다.

■압축공기자동차와 하이브리드 공기자동차

압축공기자동차(공기자동차)는 엔진자동차의 주유소에 해당하는 압축공기 스테이션에서 차량에 탑재된 탱크에 압축공기를 주입한다. 그 압력을 이용해서 공기압 모터(공기 모터, 공압 모터)를 회전시켜 주행한다. 이미 도로주행 실험이 이루어졌다.

공기압 모터는 공기 엔진이라도고 하며, 여기에는 다양한 구조가 있다. 기본적인 구조는 펌프, 컴프레서와 같으며, 공기의 흐름이 터빈을 회전시켜서 토크를 낸다. 이 구조는 전동 모터와 마찬가지로 역방향으로도 에너지 변환을 할 수 있으며, 탱크의 공기를 압축해서 회생제동을 할 수 있다. 공기압 모터를 사용하지 않고 유압을 통한 유압 모터를 이용하는 방법도 있다.

공기자동차와 엔진자동차의 하이브리드가 하이브리드 공기자동차다. 이 방식은 시리즈식 하이브리드, 패럴렐식 하이브리드, 시리즈 패럴렐식 하이브리드 등 어떤 방식으로도 적용될 수 있다. 이 방식도 현재 연구 개발이 진행 중이다.

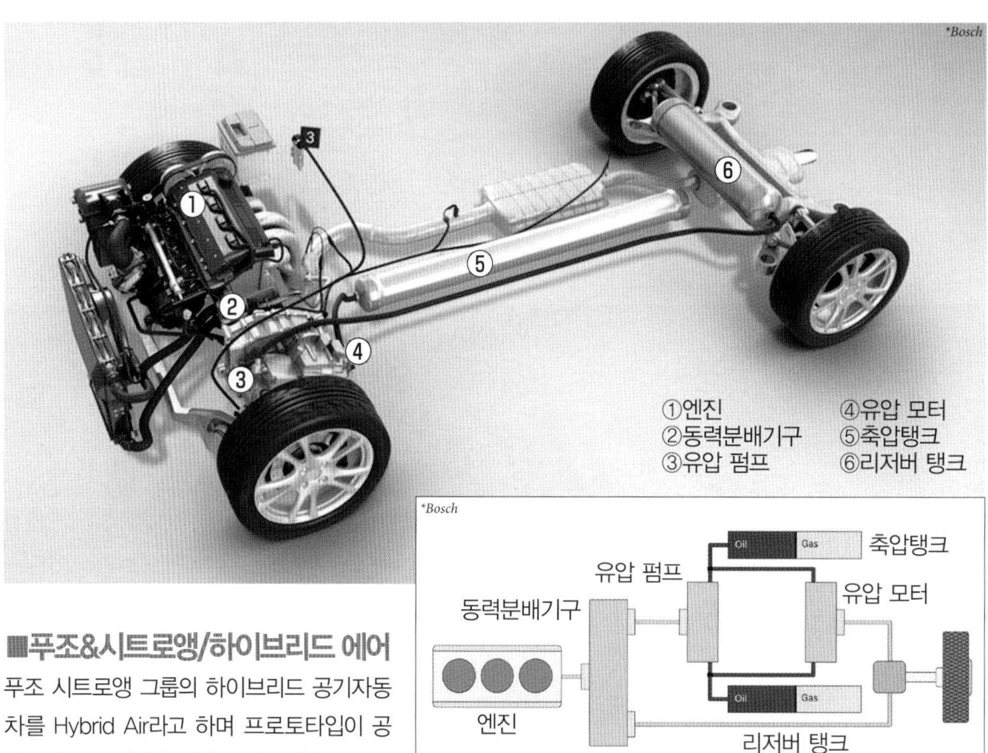

■푸조&시트로앵/하이브리드 에어

푸조 시트로앵 그룹의 하이브리드 공기자동차를 Hybrid Air라고 하며 프로토타입이 공개되어있다. 이것은 압축공기를 이용하고 있으며, 공기 모터를 직접 돌리지 않고 유압을 통해 유압 모터를 돌린다. 시리즈 패럴렐식 하이브리드로 2모터(모터와 펌프)를 탑재. 엔진의 동력을 구동과 유압펌프로 배분할 수 있으며, 구동계에는 유압 모터가 설치되어 있다. 이 시스템은 엔진 구동, 모터 구동, 엔진+모터 구동이 가능하며, 엔진의 동력으로 공기를 압축하는 시리즈식 하이브리드로 기능하게 할 수 있다.

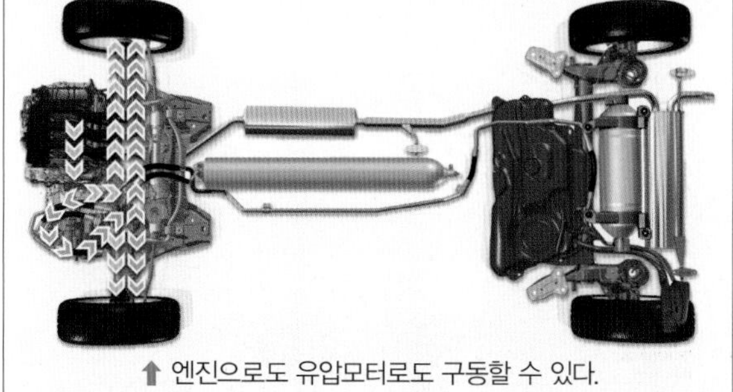

⬆ 엔진으로도 유압모터로도 구동할 수 있다.

*Porsche

Part 5 섀시 메커니즘

*Mitsubishi

조타장치 01

Steering system
스티어링 시스템

스티어링 시스템은 조타장치라고 하며, 승용차에서는 앞바퀴로 조타를 하는 앞바퀴 조타식이 일반적이다. 일부에서는 뒷바퀴로도 조타를 하는 4륜 조타 시스템을 사용하는 차종도 있다. 조타를 할 때 앞바퀴에 주는 각도를 조타각 또는 간단히 타각이라고 한다. 타각을 주면 자동차가 커브를 돌려는 힘인 코너링 포스가 생긴다.

스티어링 시스템은 스티어링 휠(핸들), 스티어링 샤프트, 스티어링 기어박스와 스티어링 링크로 구성된다. 앞바퀴를 장착하는 부분인 휠 허브 캐리어에는 너클암이라는 팔 구조가 장비되어있다. 스티어링 휠의 회전은 스티어링 샤프트를 통해서 기어박스로 전달된다. 기어박스나 링크 기구에서는 회전운동이 직선운동으로 변환된다. 최종적으로 스티어링 타이로드라는 링크로 너클암을 밀거나 당겨서 앞바퀴에 타각을 준다. 기어박스는 랙&피니언식 스티어링 기어박스가 일반적으로 사용된다.

스티어링 기어박스에서는 힘의 증폭이 이루어진다. 사람의 팔 힘만으로 무거운 무게가 실린 자동차 바퀴에 타각을 주기 어렵기 때문에 파워 스티어링 시스템에 의한 어시스트가 이루어진다.

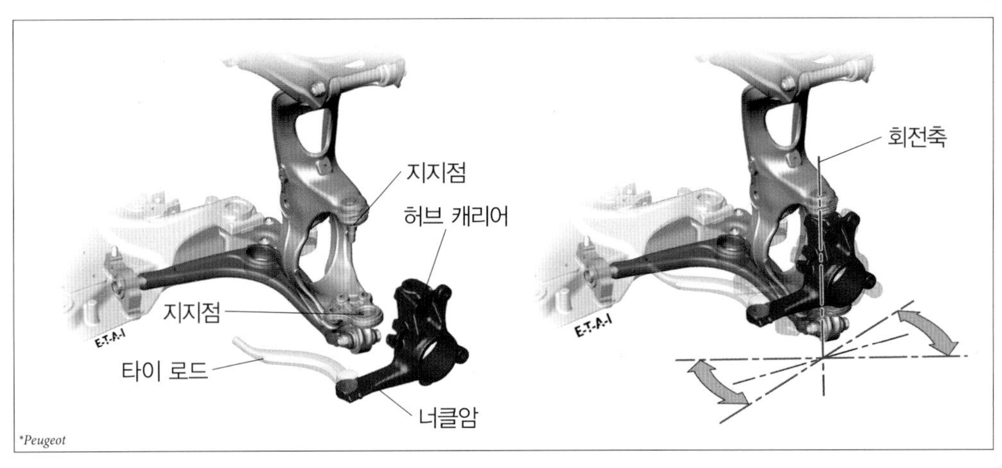

■너클암

너클암을 장비한 휠 허브 캐리어는 서스펜션의 구조에 따라 다양한 모양이 있다. 그 위아래에는 타각을 줄 때 회전축이 되는 지지점이 있다. 너클암이 이 회전축보다 앞쪽으로 뻗는 방식(앞으로 당기기)과 뒤쪽으로 뻗는 방식(뒤로 당기기)이 있다. 앞으로 당기기는 타이 로드가 차축보다 앞쪽에 있으며, 뒤로 당기기는 타이 로드가 차축보다 뒤쪽에 있다.

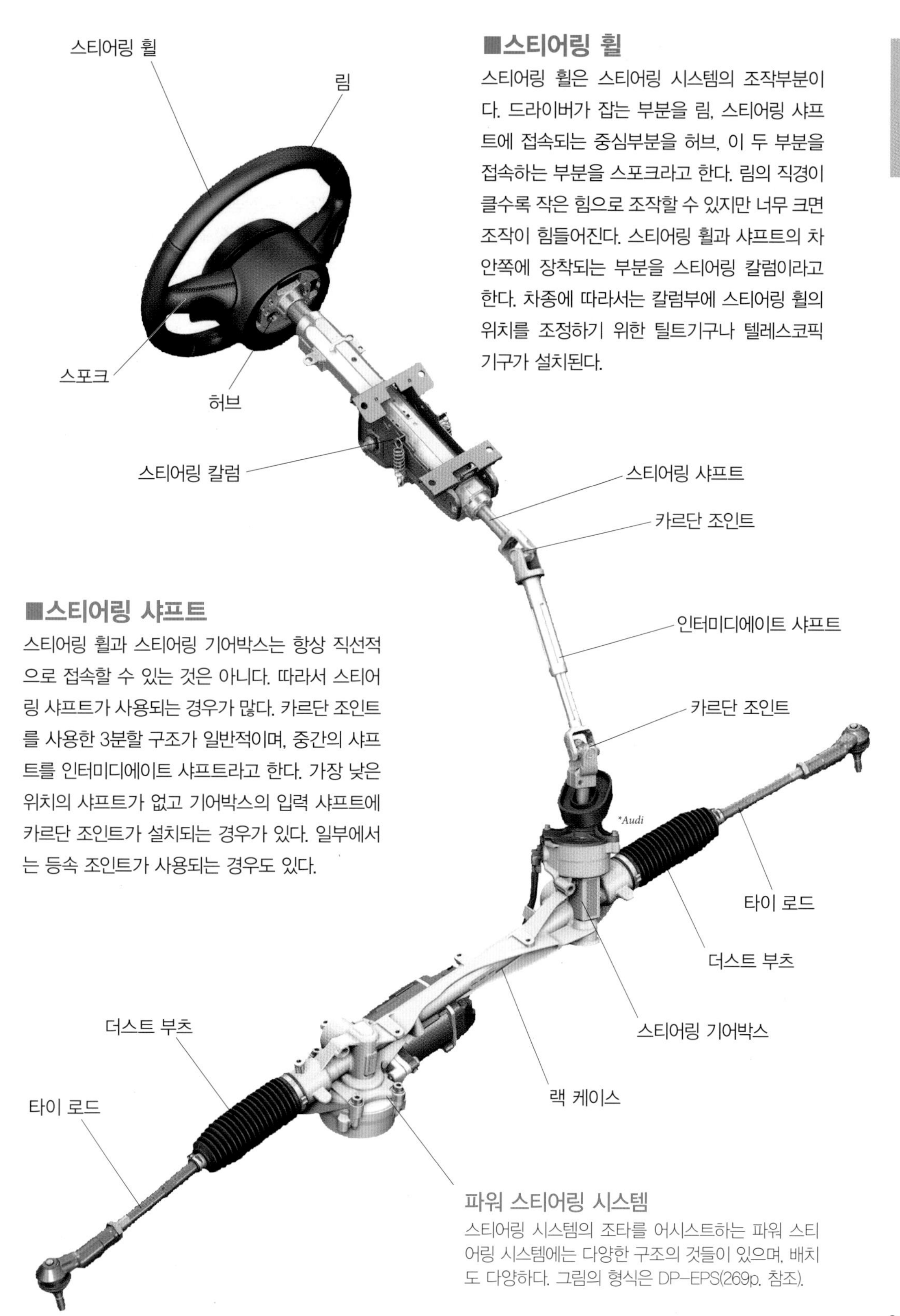

■스티어링 휠

스티어링 휠은 스티어링 시스템의 조작부분이다. 드라이버가 잡는 부분을 림, 스티어링 샤프트에 접속되는 중심부분을 허브, 이 두 부분을 접속하는 부분을 스포크라고 한다. 림의 직경이 클수록 작은 힘으로 조작할 수 있지만 너무 크면 조작이 힘들어진다. 스티어링 휠과 샤프트의 차 안쪽에 장착되는 부분을 스티어링 칼럼이라고 한다. 차종에 따라서는 칼럼부에 스티어링 휠의 위치를 조정하기 위한 틸트기구나 텔레스코픽 기구가 설치된다.

■스티어링 샤프트

스티어링 휠과 스티어링 기어박스는 항상 직선적으로 접속할 수 있는 것은 아니다. 따라서 스티어링 샤프트가 사용되는 경우가 많다. 카르단 조인트를 사용한 3분할 구조가 일반적이며, 중간의 샤프트를 인터미디에이트 샤프트라고 한다. 가장 낮은 위치의 샤프트가 없고 기어박스의 입력 샤프트에 카르단 조인트가 설치되는 경우가 있다. 일부에서는 등속 조인트가 사용되는 경우도 있다.

파워 스티어링 시스템

스티어링 시스템의 조타를 어시스트하는 파워 스티어링 시스템에는 다양한 구조의 것들이 있으며, 배치도 다양하다. 그림의 형식은 DP-EPS(269p. 참조).

조타장치 02

Steering gearbox
스티어링 기어박스

과거에는 볼너트식 스티어링 기어박스를 사용하는 차종도 있었지만, 현재 나오는 새로운 모델에 이 방식은 거의 사용되지 않는다. 대부분의 승용차가 랙&피니언식 스티어링 기어박스를 사용하고 있다.

랙&피니언식 스티어링 시스템은 스티어링 랙과 스티어링 피니언 기어를 사용해서 회전운동을 직선운동으로 변환한다. 랙을 링크기구의 일부로 이용할 수 있으므로 링크 기구는 심플하고 스티어링 타이로드만 사용된다.

랙&피이언식은 부품수가 적고 비용이 적게 들며, 점유 공간이 작다는 장점이 있다. 그리고 앞바퀴의 움직임을 드라이버가 직접적으로 느낄 수 있다. 이것은 킥백(노면의 울퉁불퉁함에서 발생한 앞바퀴의 움직임이 스티어링 휠에 전달되는 것)이 강해진다는 것을 의미하며, 단점이다. 기어박스에 의해 힘을 크게 증폭시키기 어려운 것도 랙&피니언식의 단점이다. 예전에 비해 지금은 도로사정이 좋아졌으며 서스펜션과 스티어링을 함께 설계해서 킥백을 줄일 수 있게 되었다. 현재는 파워 스티어링 시스템으로 힘을 증폭하는 것이 일반적이며, 스티어링 시스템의 주류가 되었다.

■볼너트식 스티어링 시스템

볼너트식 스티어링 기어박스는 볼 스크류 기구(268p. 참조)에 의해 스티어링 샤프트로부터의 입력을 피트먼 암의 고개 돌리기 운동(회전운동)으로 변환한다. 이 고개 돌리기가 링크 기구를 통해 너클암으로 전달된다. 링크 기구는 구조가 복잡하고 점유 공간이 크며 제작비용이 비싸지만, 볼너트식 스티어링 시스템은 킥백이 작고 힘을 크게 증폭할 수 있으며 움직임도 매우 부드럽다. 때문에 고급차에 많이 사용되었다.

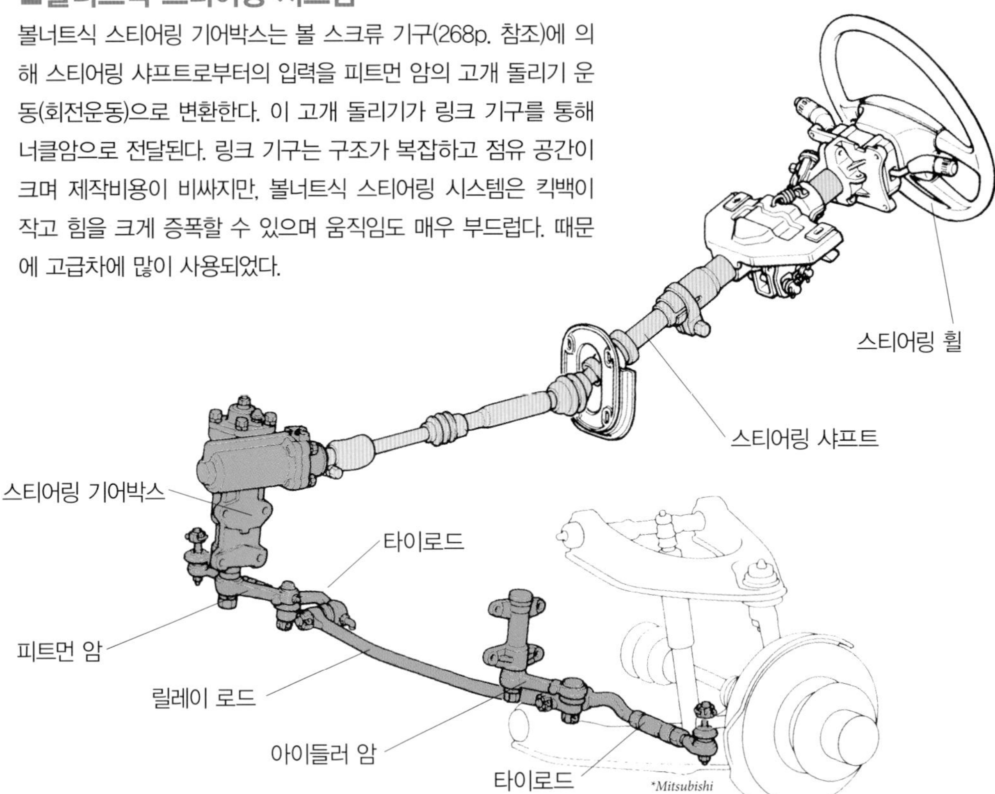

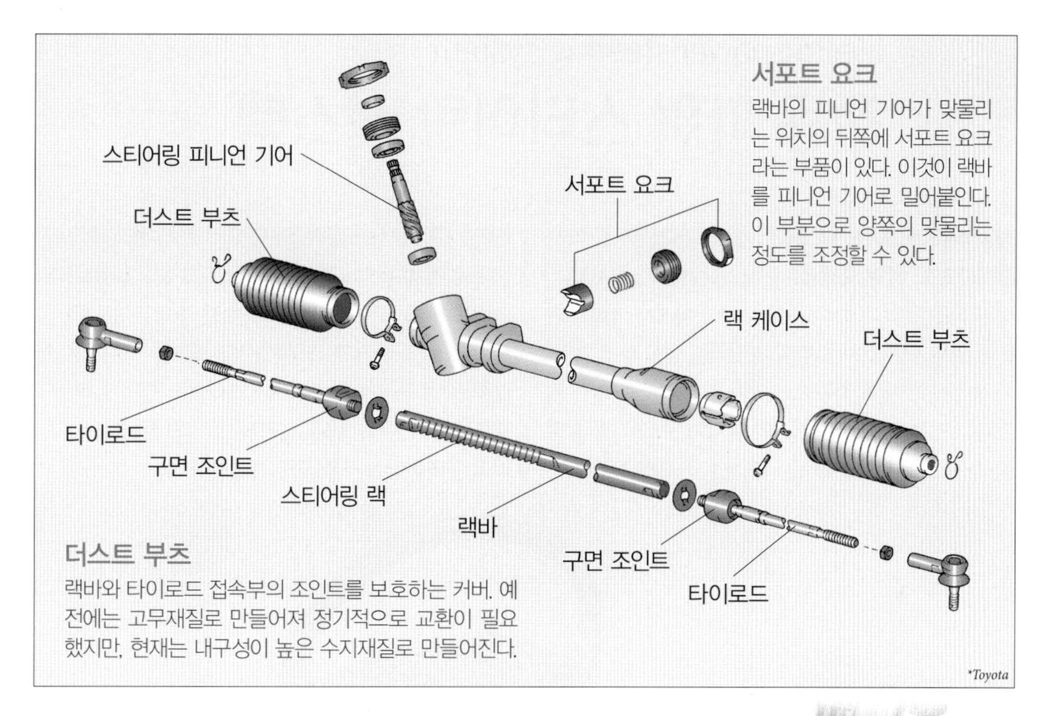

서포트 요크
랙바의 피니언 기어가 맞물리는 위치의 뒤쪽에 서포트 요크라는 부품이 있다. 이것이 랙바를 피니언 기어로 밀어붙인다. 이 부분으로 양쪽의 맞물리는 정도를 조정할 수 있다.

더스트 부츠
랙바와 타이로드 접속부의 조인트를 보호하는 커버. 예전에는 고무재질로 만들어져 정기적으로 교환이 필요했지만, 현재는 내구성이 높은 수지재질로 만들어진다.

■랙&피니언식 스티어링 시스템

랙이란 봉 모양의 톱니바퀴를 말하며, 안쪽 톱니바퀴의 한 부분을 잘라서 직선으로 만든 것이라 할 수 있다. 여기에 바깥쪽 톱니바퀴의 피니언 기어를 맞물리게 하면 회전운동을 직선운동으로 변환할 수 있다. 스티어링 샤프트의 회전이 스티어링 피니언 기어로 전달되면 스티어링 랙이 파여 있는 스티어링 랙바가 좌우 어느 한쪽으로 이동한다. 그 움직임이 스티어링 타이로드를 통해 너클암으로 전달된다. 서스펜션 스템에 의해 자동차 바퀴의 위치가 이동하므로 타이로드와 랙바의 접속부분에는 구면 조인트가 사용된다. 랙바가 들어간 용기를 스티어링 랙 케이스 또는 그냥 랙 케이스라고 한다.

카르단 조인트
인터미디에이트 샤프트
카르단 조인트
피니언 기어 샤프트
랙 케이스
더스트 부츠
타이로드
타이로드
더스트부츠
랙바
스티어링 랙
스티어링 피니언 기어

랙바와 피니언 기어
실제의 랙&피니언 기어식 스티어링 기어 박스는 랙과 피니언 기어에 헬리컬 기어를 사용해서 견딜 수 있는 힘을 크게 하는 동시에 소음을 억제하고 있다. 또한 랙바에 톱니가 맞물리는 것은 조타 시에 필요한 범위뿐이다. 유압 파워 스티어링 시스템에서는 랙 케이스의 일부가 파워 실린더로 이용된다.

조타장치 03

Electric power steering system
전동 파워 스티어링 시스템

전동 파워 스티어링 시스템은 영어의 머리글자를 따서 EPS라고도 하며, 모터로 어시스트력을 발휘시킨다. 이 방식은 유압식에 비해서 전자제어를 하기 쉽고, 연비에 악영향을 미치는 파워 스티어링 펌프가 필요 없기 때문에 현재의 파워 스티어링 시스템의 주류가 되었다. EPS는 어시스트 기구의 위치와 구조에 의해 칼럼 어시스트EPS(C−EPS), 피니언 어시스트EPS(P−EPS), 랙 어시스트EPS(R−EPS)로 분류된다. 랙 어시스트식에는 듀얼 피니언 어시스트EPS, 다이렉트 드라이브EPS, 벨트 드라이브EPS 등의 종류가 있다.

EPS는 운전자가 스티어링 휠 조작을 하지 않아도 앞바퀴에 타각을 줄 수 있다. 스티어링 휠과 앞바퀴의 기계적인 연결을 없애, 전자제어로 조타를 하는 스티어바이와이어로의 발전도 가능하다.

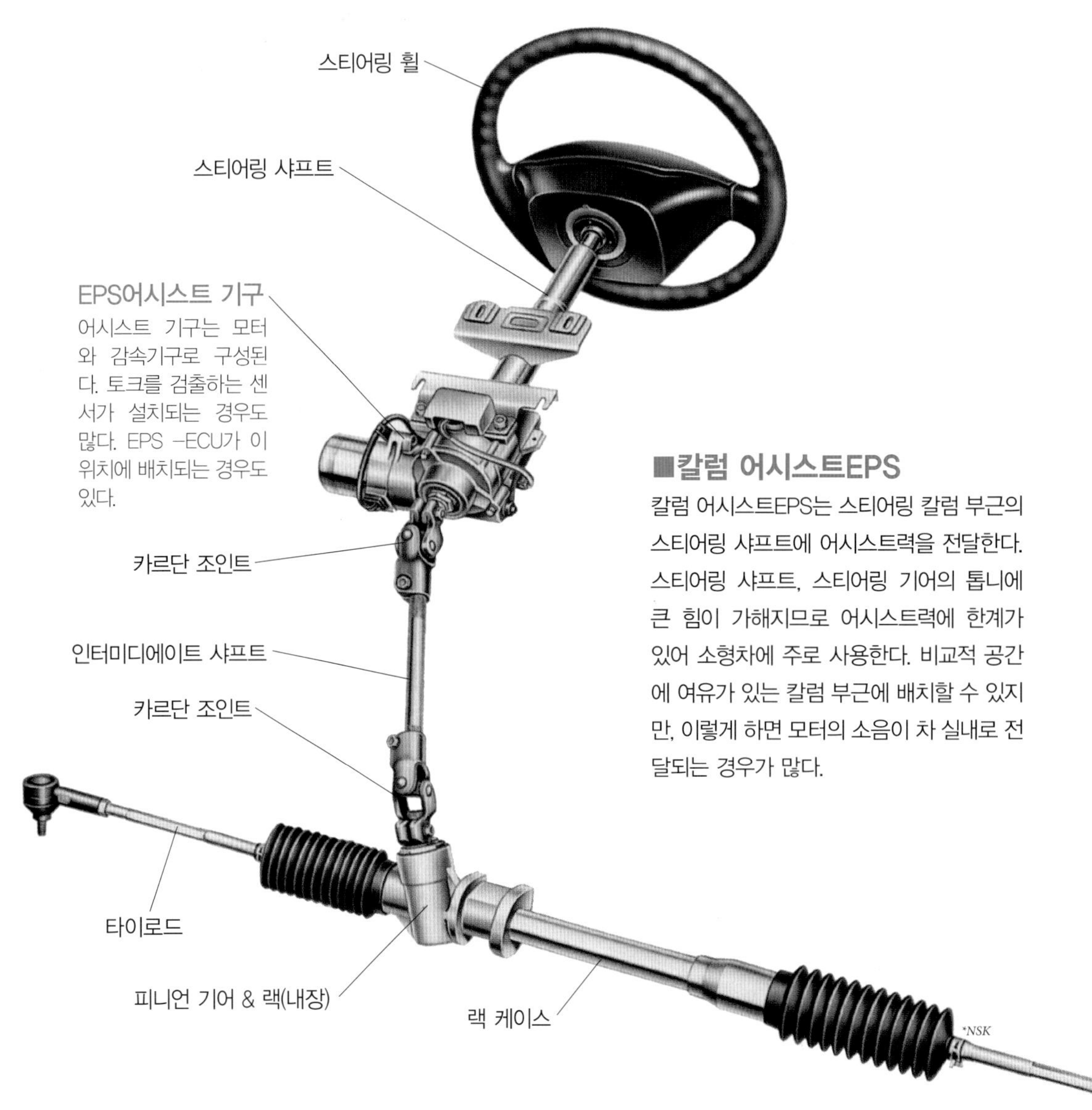

■칼럼 어시스트EPS

칼럼 어시스트EPS는 스티어링 칼럼 부근의 스티어링 샤프트에 어시스트력을 전달한다. 스티어링 샤프트, 스티어링 기어의 톱니에 큰 힘이 가해지므로 어시스트력에 한계가 있어 소형차에 주로 사용한다. 비교적 공간에 여유가 있는 칼럼 부근에 배치할 수 있지만, 이렇게 하면 모터의 소음이 차 실내로 전달되는 경우가 많다.

■EPS어시스트 기구

EPS의 어시스트 기구는 직류정류자 모터나 브러시리스 모터를 사용한다. 출력을 높이기 위해 높은 회전수로 사용되며 톱니바퀴로 감속이 이루어진다. 하지만 회전수가 높으면 관성 모멘트가 커지므로 되돌릴 때의 모터의 반전에 시간이 걸린다. 감속기구로는 웜기어가 사용되는 경우가 많다. 웜기어는 큰 감속비가 가능하며 웜휠에서 웜기어로 회전을 전달하기 힘든 성질이 있어 킥백을 줄일 수 있다.

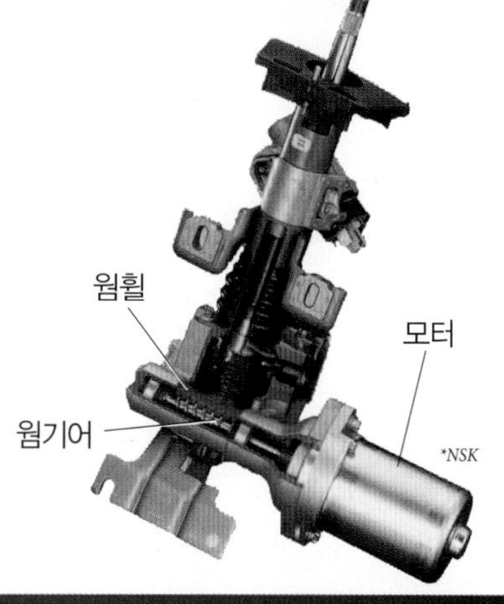

■피니언 어시스트EPS

피니언 어시스트EPS의 어시스트 기구는 스티어링 기어박스의 피니언 기어 부근에 설치되며, 피니언 기어 샤프트에 어시스트력을 전달한다. 칼럼 어시스트EPS와 비교하면 스티어링 샤프트의 부담은 줄일 수 있지만, 스티어링 기어의 톱니에는 역시 큰 힘이 가해지므로 어시스트력에는 한계가 있다. 공간에도 여유가 없는 경우가 많다.

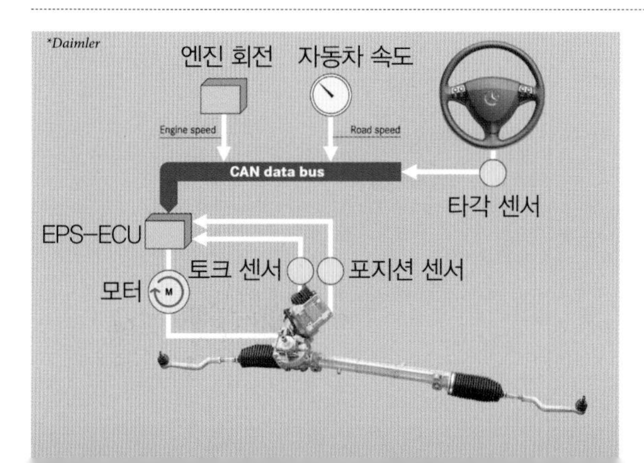

■EPS전자제어

EPS에서는 타각센서에 의해 조타방향과 조타량, 어시스트에 필요한 토크가 검출되어 차속에 따른 최적의 어시스트력을 EPS-ECU가 결정해 모터에 지시를 보낸다. 이 방식이 개발된 초기에는 어시스트에 위화감이 느껴지는 경우도 있었지만, 지금은 많이 개선되었다.

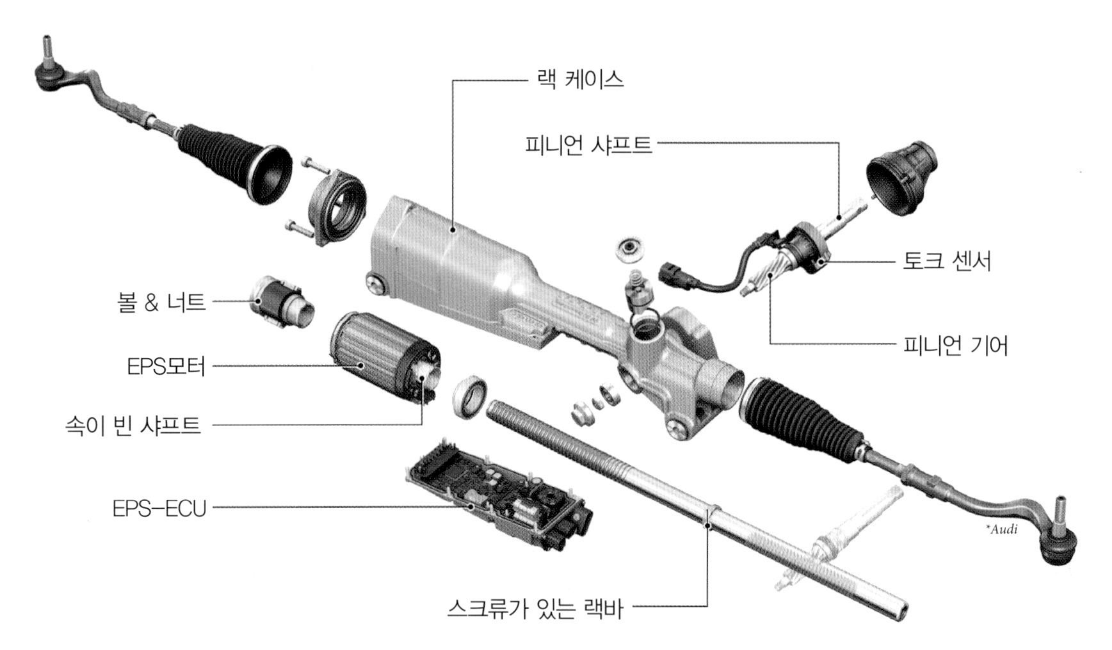

■다이렉트 드라이브EPS

다이렉트 드라이브EPS(DD–EPS)는 동축식 랙 어시스트EPS라고도 하며, 볼 스크류 기구를 통해 랙바에 어시스트력을 전달한다. 랙바에는 스크류가 파여 있어 속이 빈 모터에 내장된 너트가 회전하면 랙바로 어시스트력이 전달된다. 볼 스크류 기구는 마찰이 적고 매끄럽게 힘을 전달할 수 있으므로 파워 스티어링의 어시스트에 적합하며, 피니언 기어와 랙의 부담이 증가하지 않으므로 어시스트력을 높일 수 있다. 반면에 랙케이스는 굵어진다. 속이 빈 모터는 직경과 관성 모멘트가 커지므로 반대로 되돌리는 제어에는 아이디어가 필요하다.

EPS모터

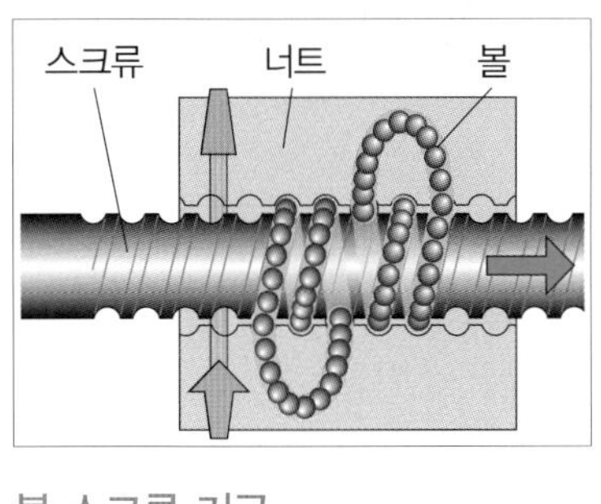

볼 스크류 기구

스크류(볼트)와 너트는 회전운동을 직선운동으로 변환한다. 예를 들어 스크류의 위치를 고정한 상태로 회전시키면 너트의 회전축 방향으로 이동한다. 스크류와 너트의 경우는 스크류에는 볼록한 톱니, 너트에는 들어간 홈이 파이지만, 볼 스크류의 경우는 양쪽에 홈이 파인다. 이것으로 회전마찰로 매끄럽게 힘을 전달할 수 있다. 이대로는 회전에 의해 볼이 너트의 홈에서 튀어나오게 되지만, 볼 스크류 기구는 너트의 양끝을 튜브로 연결해 볼이 순환하도록 되어있다.

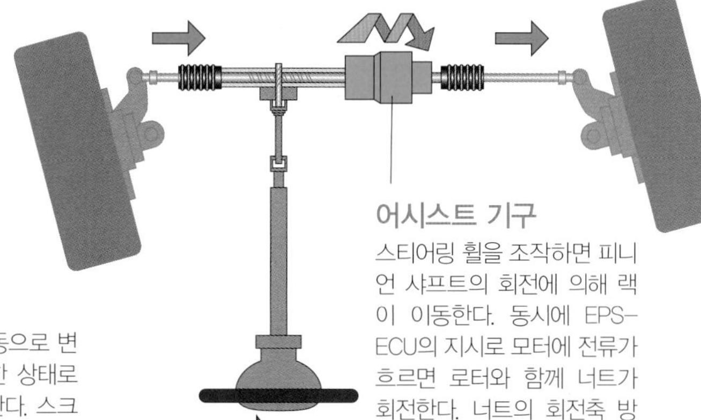

어시스트 기구

스티어링 휠을 조작하면 피니언 샤프트의 회전에 의해 랙이 이동한다. 동시에 EPS–ECU의 지시로 모터에 전류가 흐르면 로터와 함께 너트가 회전한다. 너트의 회전축 방향의 위치는 고정되어 있으므로 이 회전에 의해 스크류가 파인 랙바가 이동한다. 이 이동이 어시스트력이 된다.

■벨트 드라이브EPS

벨트 드라이브EPS(BD–EPS)는 평행축식 랙 어시스트EPS라고도 하며, 다이렉트 드라이브EPS와 마찬가지로 볼 스크류 기구로 랙바에 어시스트력을 전달한다. DD–EPS와 같이 매끄러운 어시스트가 가능하며, 랙 케이스의 직경이 커지는 것은 피할 수 있지만 모터가 측면으로 튀어나온다.

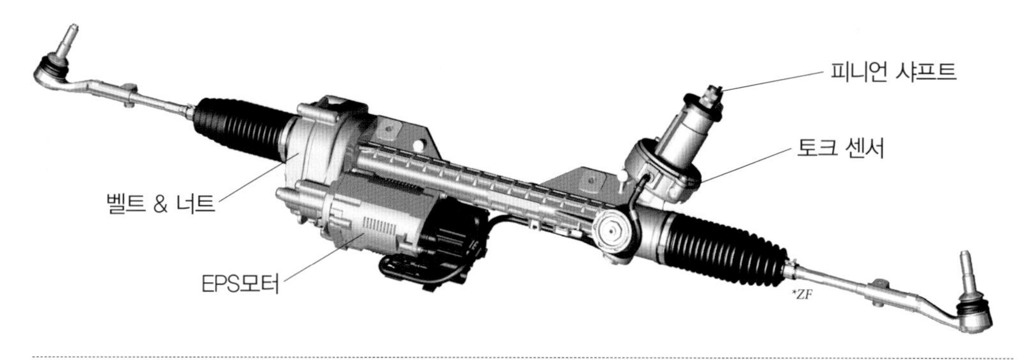

■칼럼 어시스트식EPS

듀얼 피니언 어시스트EPS(DP–EPS)는 스티어링 피니언과 맞물리는 랙과는 다른 위치의 스티어링 랙바에 별도의 랙(어시스트 랙)을 파서, 맞물린 피니언 기어(어시스트 피니언)에서 감속된 모터의 회전을 어시스트력으로 전달한다. 스티어링 시스템 본래의 랙과 피니언의 부담이 증가하지 않으므로 큰 어시스트력을 발휘할 수 있다. 모터, 감속기구는 스티어링 랙 케이스의 측면에 배치된다.

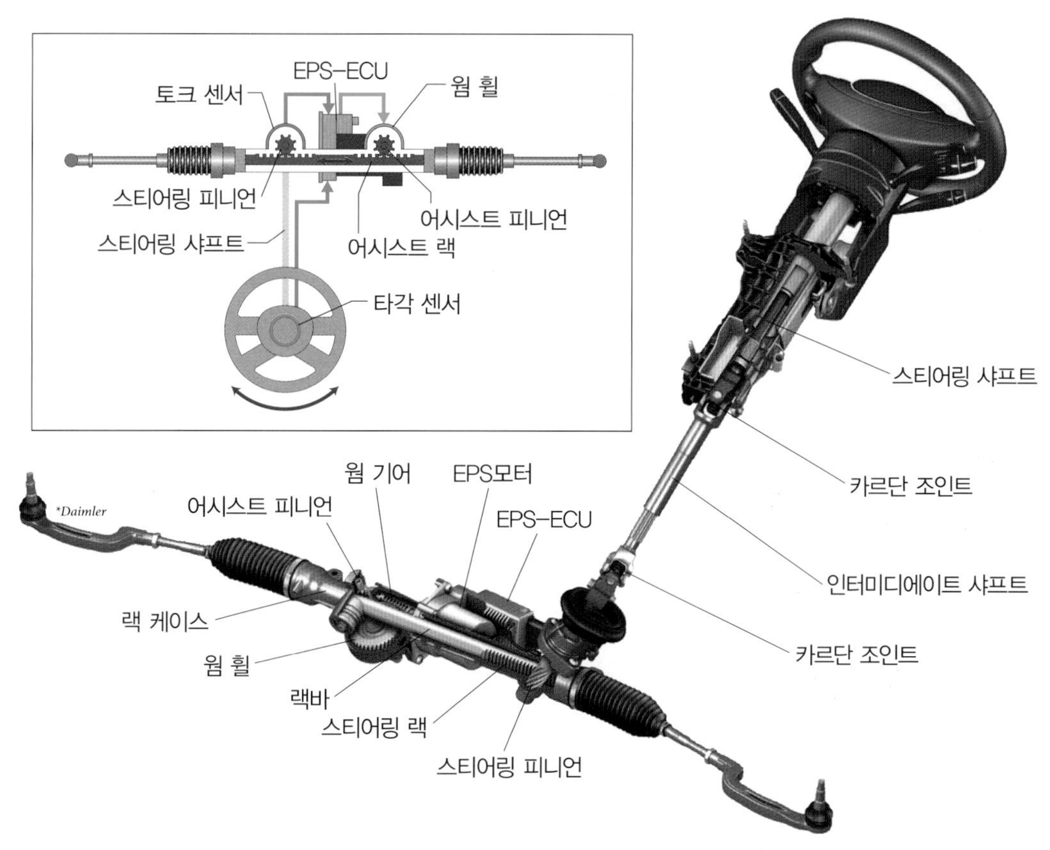

조타장치 04

Hydraulic power steering system
유압 파워 스티어링 시스템

유압 파워 스티어링 시스템은 엔진의 힘을 이용해서 파워 스티어링 펌프를 돌려 발생한 유압으로 어시스트를 한다. 아이들링 스톱 중이나 하이브리드 자동차의 EV모드에서는 사용할 수 없으며, 펌프가 항상 엔진에 부담을 줘 연비에 악영향을 끼치므로 전동 파워 스티어링 시스템으로 주류가 바뀌었다. 다만 전동 파워 스티어링은 관성 모멘트의 영향에 의해 어시스트력의 발생지연이나 방향을 바꿀 때의 반전 지연 등의 문제가 있다. 하지만, 유압 시스템에는 이런 문제가 없으며, 오랫동안 사용되었기 때문에 제어도 우수하다. 유압이 댐퍼로 작용해서 노면에서 핸들로 전달되는 진동을 줄이는 효과도 있다. 이러한 유압 시스템의 이점을 살리면서 연비의 악영향을 줄인 전동 유압 파워 스티어링 시스템도 등장했다.

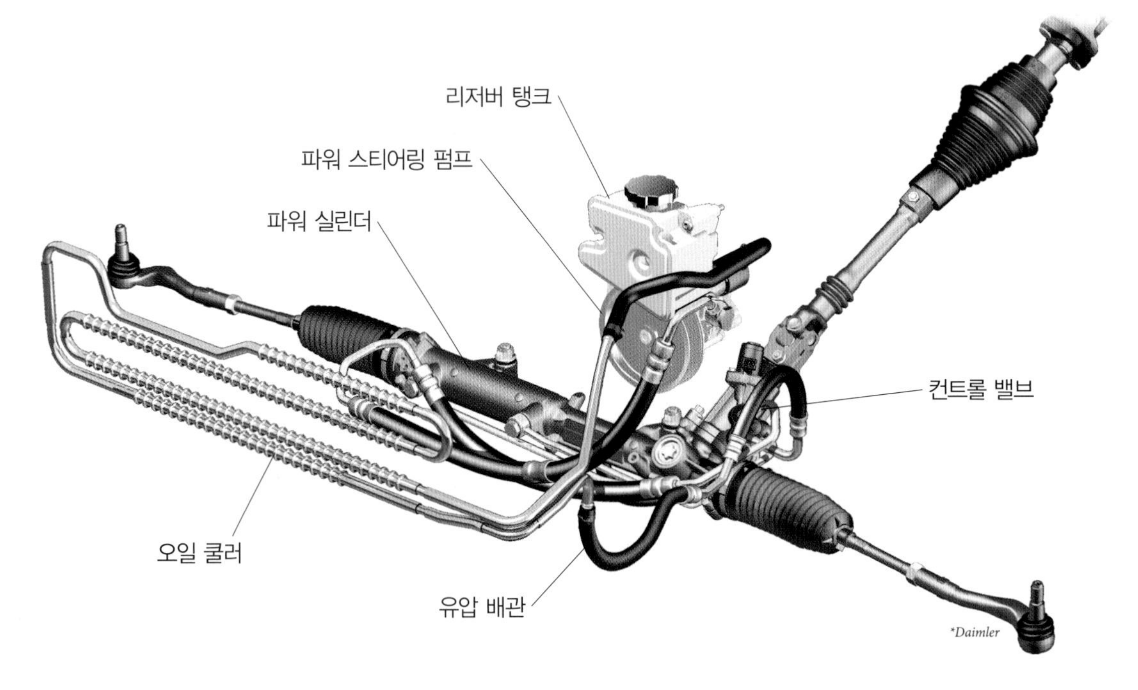

*Daimler

*Daimler

■파워 스티어링 펌프

파워 스티어링 펌프로는 베인 펌프가 일반적이며, 기어 펌프나 트로코이드 펌프가 사용된 적도 있었다. 파워 스티어링은 차고에 들어가거나 주차를 하는 매우 느린 움직임의 경우, 즉 엔진 회전수가 낮을 때에 큰 어시스트력이 요구된다. 그 상태를 기준으로 펌프를 설계하면 엔진이 고회전이 될수록 엔진의 출력을 낭비하게 된다. 때문에 가변용량 타입의 펌프가 사용되는 경우가 많다. 이 방식은 엔진이 고회전이 될수록 용량이 작아지지만 회전수가 상승했으므로 충분한 유압을 얻을 수 있다.

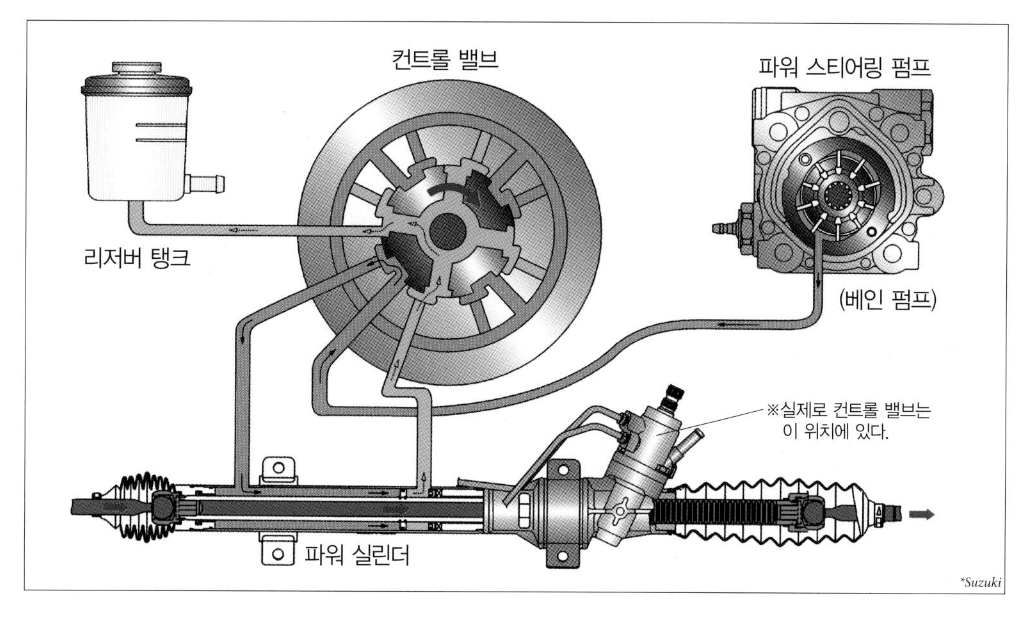

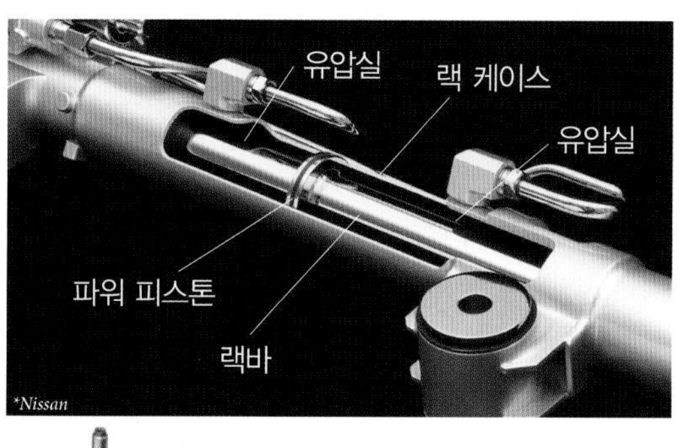

■파워 실린더와 컨트롤 밸브

유압 파워 스티어링 시스템은 랙 케이스의 일부를 파워 실린더로 이용하기 때문에 랙바에 파워 피스톤이 설치되어 있다. 이것으로 랙바에 직접 어시스트력이 전달된다. 유압의 제어는 피니언 기어 샤프트의 밑동에 설치된 컨트롤 밸브로 하며, 피스톤 양쪽의 유압실에 유압경로가 만들어져 있다. 핸들을 조작하면 컨트롤 밸브에 의해 유압경로가 바뀌며, 어시스트가 필요한 유압실로 유압이 보내진다.

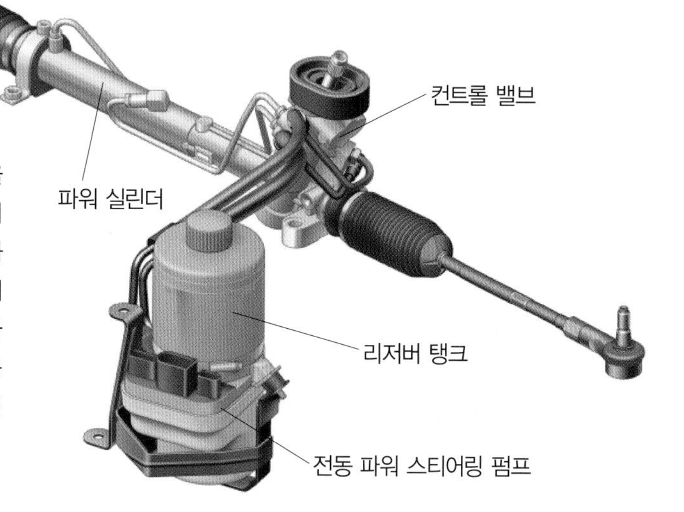

■전동 유압 파워 스티어링 시스템

종래의 파워 스티어링 펌프의 동력원을 모터로 사용한 것이 전동 유압 파워 스티어링 시스템이다. 이것은 아이들링 스톱과 EV모드에서도 사용할 수 있다. 현재의 시스템은 일정한 유압을 축적하는 것이 아니라 어시스트가 필요하면 동시에 펌프를 작동시켜서 유압을 발생시킨다. 때문에 어시스트력의 시작이 살짝 지연된다.

조타장치 05

Steering gear ratio
스티어링 기어 레이쇼

스티어링 휠을 조작하는 각도와 타각의 변화 비율을 스티어링 기어 레이쇼(스티어링 기어비)라고 한다. 주차를 할 때에는 큰 타각이 필요하다. 이런 경우에 스티어링 휠을 많이 돌리는 것은 번거롭다. 따라서 기어 레이쇼(기어비)를 작게 설정하면 빠른 조타가 가능하다. 하지만 고속주행의 차선 변경과 같은 상황에서는 섬세한 스티어링 휠 조작이 요구되므로 기어 레이쇼가 큰 편이 좋다. 때문에 상황에 따라서 기어 레이쇼를 바꿀 수 있는 가변 기어 레이쇼 스티어링 시스템이 개발되었다. 스티어링 시스템만 생각한 경우, 기어 레이쇼를 작게 하면 스티어링 휠이 무거워진다. 하지만, 파워 스티어링 시스템이 있으므로 문제 없다.

A = 스티어링 휠의 조작량(각도)

A

스티어링 기어 레이쇼 = A / B

*Renault

B = 타각의 변화량(각도)

B

■오버올 스티어링 기어 레이쇼

스티어링 휠의 조작각과 타각의 비율을 정식으로는 오버올 스티어링 기어 레이쇼, 토털 스티어링 기어 레이쇼라고 한다. 스티어링 기어 레이쇼의 본래 의미는 스티어링 기어 박스의 기어 레이쇼(기어비)다. 하지만 현재의 주류인 랙&피니언식 스티어링 기어박스에서는 회전운동이 직선운동으로 변환되기 때문에 기어 레이쇼가 존재하지 않는다. 때문에 스티어링 기어 레이쇼를 시스템 전체의 레이쇼로 나타내는 용어로 사용하는 경우가 많다.

■베리어블 기어 레이쇼 랙

스티어링 랙의 기계적인 구조만으로 가변 기어 레이쇼 스티어링 시스템을 실현한 것이 베리어블 기어 레이쇼 랙이다. 직진상태에서 피니언 기어가 맞물려 있는 중립위치 부근의 랙의 톱니 간격은 좁고, 양끝 부근은 톱니 간격이 넓게 되어있다. 이것으로 스티어링 휠을 조금씩 조작할 때에는 기어 레이쇼가 크고, 핸들을 크게 돌리면 기어 레이쇼가 작아져서 빠른 조타가 가능하다.

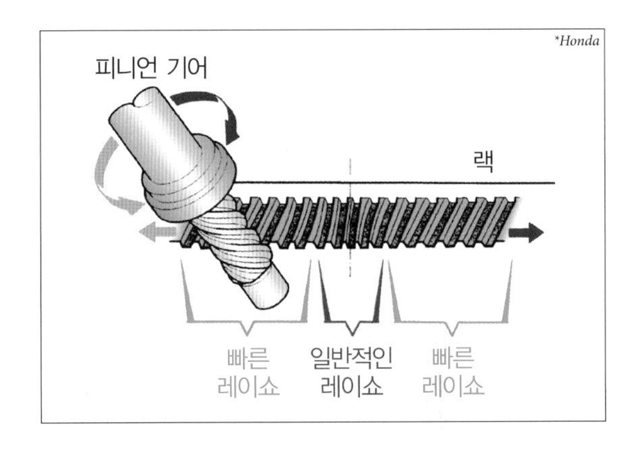

BMW의 Active Steering은 전동 파워 스티어링과 가변 기어 레이쇼 스티어링을 통합한 시스템이다. 스티어링 샤프트의 도중에 플래니터리 기어에 의한 차동기구가 들어가고 모터의 회전을 가해서 증속과 감속을 한다.

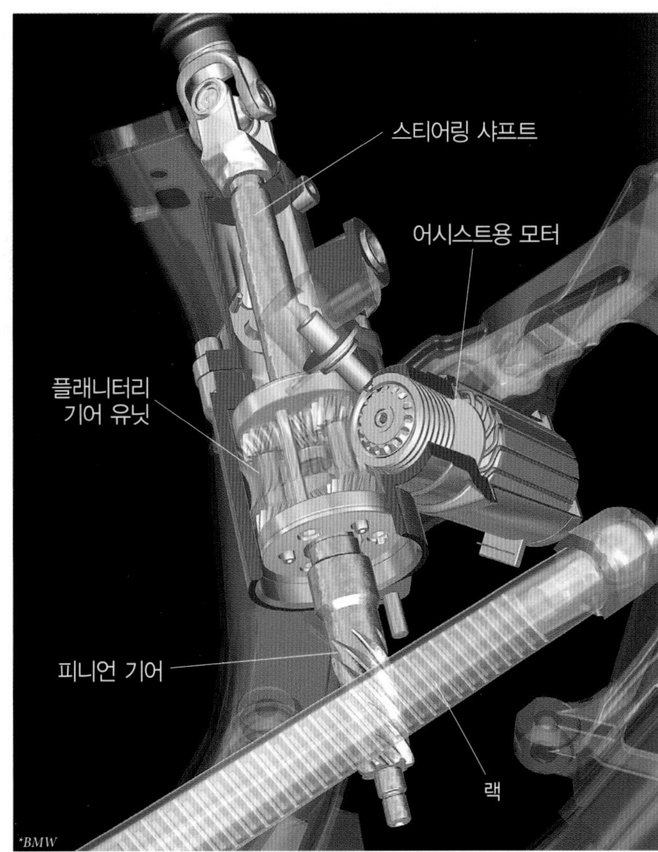

■베리어블 기어 레이쇼 스티어링 시스템

랙의 톱니 간격을 바꾼 베리어블 기어 레이쇼 랙도 충분히 효과적이어서 주차할 때에 편리하다. 하지만 스티어링 휠을 많이 돌릴 때 시작은 기어 레이쇼가 크고, 좌우로 크게 돌릴 때에는 기어 레이쇼가 큰 부분을 사용하게 된다. 그래서 개발된 것이 전자제어식 베리어블 기어 레이쇼 스티어링 시스템이다. 구조가 복잡한 시스템이므로 설명은 생략하지만, 플래니터리 기어 또는 하모닉 드라이브라는 감속기구를 이용해서 자동차 속도에 맞는 스티어링 기어 레이쇼로 전환을 한다.

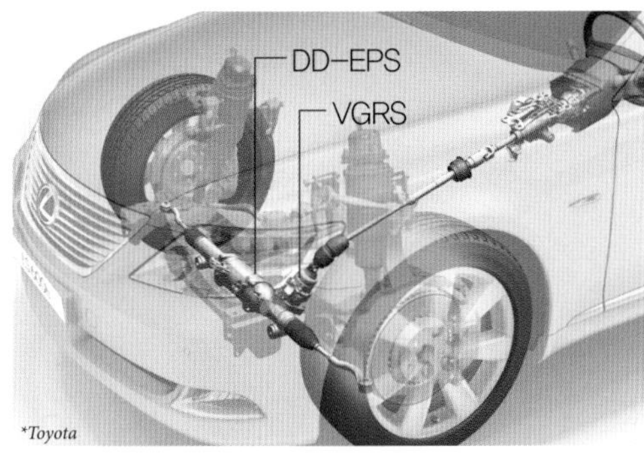

토요타의 VGRS는 플래니터리 기어를 이용해서 스티어링 기어 레이쇼를 전환한다.

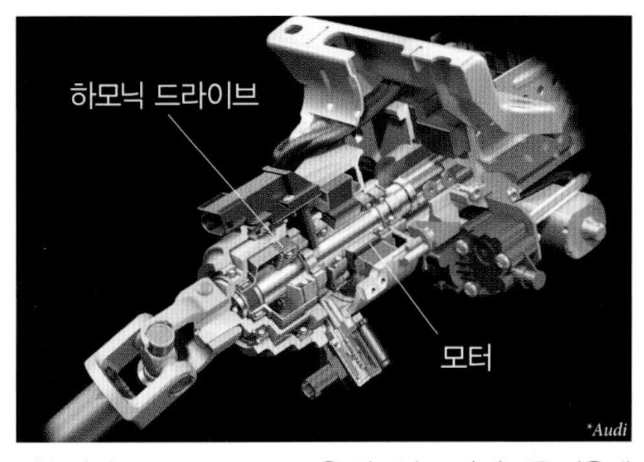

아우디의 Dynamic Steering은 하모닉 드라이브를 이용해서 기어 레이쇼를 전환한다.

제동장치 01

Brake system
브레이크 시스템

브레이크 시스템은 제동장치라고 한다. 브레이크에는 주행 중의 감속과 정지에 사용하는 서비스 브레이크와 주차 중인 자동차의 위치를 고정하는 파킹 브레이크가 있다. 서비스 브레이크는 발로 조작하기 때문에 풋 브레이크라고도 한다.

브레이크 시스템은 마찰을 발생시켜 운동에너지를 열에너지로 변환시켜서 감속을 하는 마찰 브레이크가 중심이었지만, 전기자동차와 하이브리드 자동차에는 회생제동이 사용되어 둘을 함께 제어하는 회생협조 브레이크가 중요해지고 있다. 마찰 브레이크에서 실제로 마찰을 발생시키는 부분을 브레이크 본체라고 하며, 여기에는 디스크 브레이크와 드럼 브레이크가 있다.

풋 브레이크는 조작력의 전달을 유압으로 하는 유압식 브레이크로, 브레이크 부스터로 어시스트를 한다. 다만 회생협조 브레이크는 브레이크 페달을 밟는 힘을 직접 브레이크 본체에 전달하지 않는 경우도 있다.

풋 브레이크는 ABS에 의해 급브레이크 시의 안전성을 높였다. ABS의 발전형으로 구동력을 안정시키는 TC와 자동차의 움직임을 안정시키는 ESC도 일반화되고 있으며, 브레이크 시스템은 제동하는 장치에서 구동과 안정을 제어하는 장치로 그 영역이 넓어지고 있다.

파킹 브레이크는 기계적인 힘을 전달하는 기계식 브레이크가 일반적이지만 전동화도 시작되고 있다.

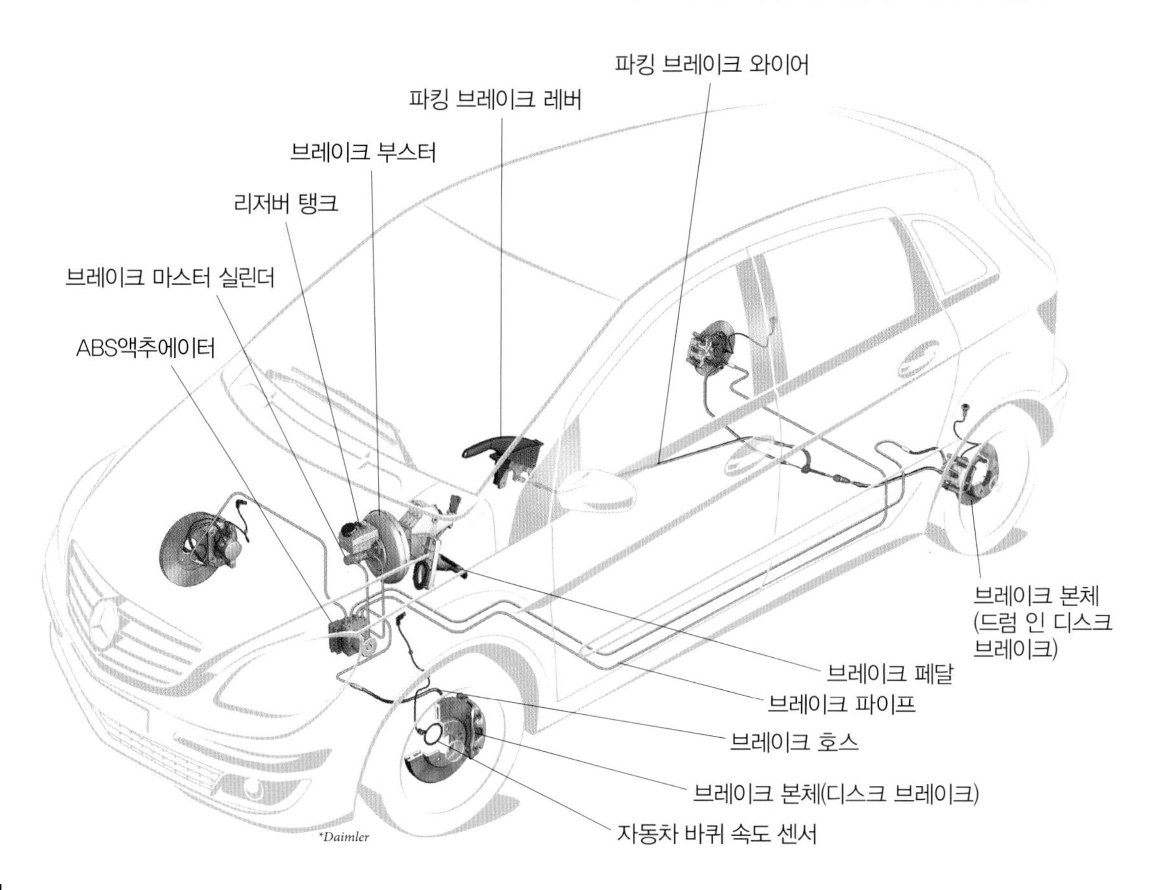

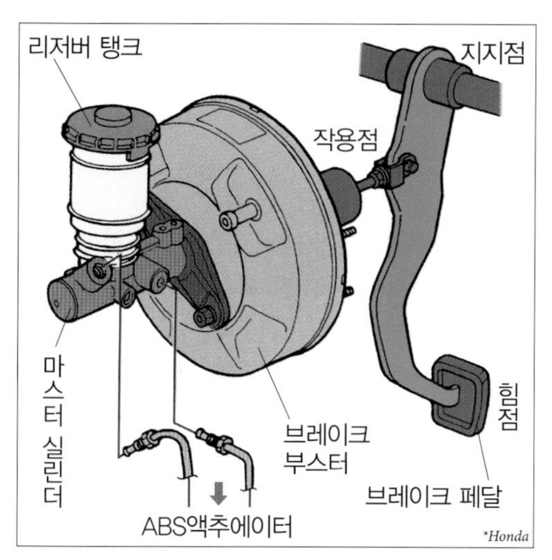

*Honda

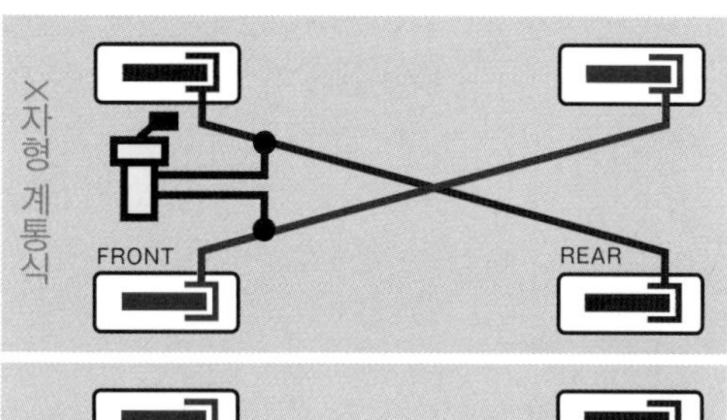

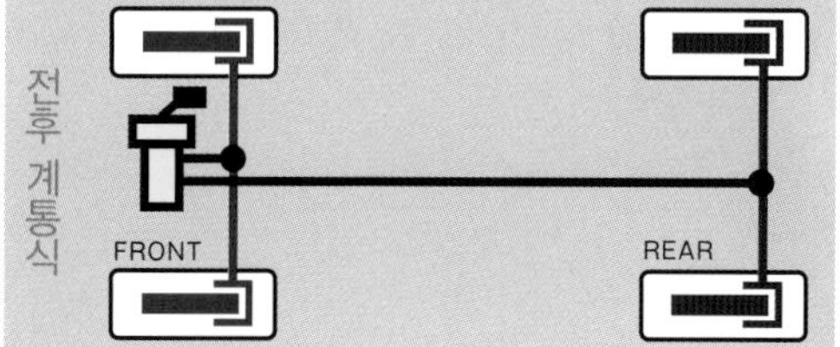

유압의 장점

유압은 힘의 증폭과 분배를 쉽게 할 수 있다. 브레이크 본체의 피스톤 면적을 마스터 실린더 피스톤 면적의 2배로 하면 힘이 2배가 된다(이동거리는 절반). 앞뒤바퀴 브레이크 본체의 피스톤 면적을 바꾸면 제동력의 배분이 달라진다. 경로가 복잡해도 유압이라면 문제 없이 압력을 전달할 수 있다. 거리가 달라지는 경우에도 고무재질의 배관을 느슨하게 하면 대처가 가능하다.

■유압식 브레이크

유압식 브레이크의 제동을 위한 유압은 브레이크 마스터 실린더에서 만들어진다. 여기에는 브레이크 플루이드라는 액체가 사용되며 브레이크 플루이드 리저버 탱크에 예비분량이 들어있다. 브레이크 페달을 밟으면 마스터 실린더의 피스톤이 눌려져 유압이 발생한다. 브레이크 페달과 마스터 실린더 사이에는 힘의 어시스트를 하는 브레이크 부스터가 설치된다. 마스터 실린더에서 발생한 유압은 ABS액추에이터를 경유해서 각 바퀴의 브레이크 본체로 보내진다.

유압경로는 만약을 대비해 2계통이 있다. 분배방법은 앞뒤 바퀴에서 독립시키는 전후 계통식과 오른쪽 앞바퀴와 왼쪽 뒷바퀴를 1계통, 왼쪽 앞바퀴와 오른쪽 뒷바퀴를 1계통으로 하는 X자형 계통식이 있다. 유압 배관에는 금속제 브레이크 파이프와 고무재질의 브레이크 호스가 사용된다. 회생협조 브레이크는 마스터 실린더의 유압이 직접 브레이크 본체로 보내지지 않는 경우도 많다(292p. 참조).

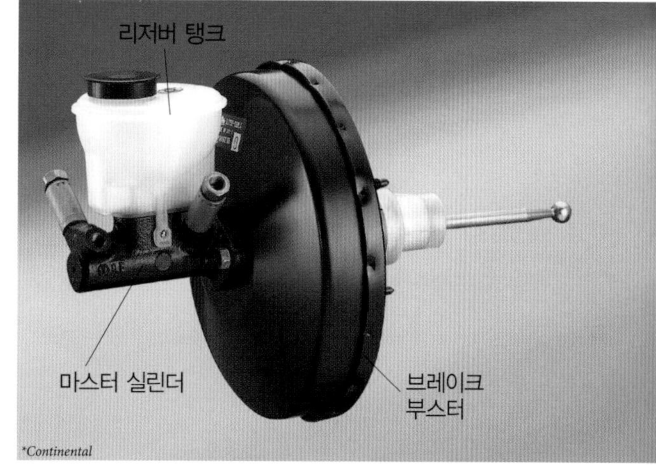

*Continental

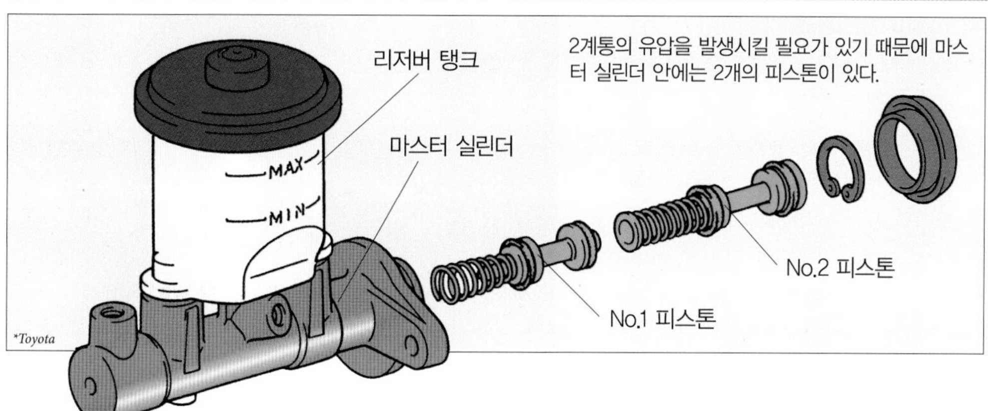

2계통의 유압을 발생시킬 필요가 있기 때문에 마스터 실린더 안에는 2개의 피스톤이 있다.

*Toyota

제동장치 02

Disk Brake 디스크 브레이크

디스크 브레이크는 자동차 바퀴와 함께 회전하는 원판 모양의 디스크 로터(브레이크 디스크라고도 한다)의 양쪽에 마찰재를 갖춘 브레이크 패드를 밀어붙여서 제어를 한다. 패드는 로터에 걸치듯이 배치된 브레이크 캘리퍼라는 부품 안에 설치된다. 캘리퍼에는 실린더가 되는 원통의 공간이 있으며, 여기에 피스톤이 들어가 있다. 브레이크 페달을 밟아서 브레이크 마스터 실린더로부터의 유압이 캘리퍼의 실린더로 보내지면 피스톤이 밀려나온다. 이 힘에 의해 패드가 로터에 밀어붙여진다. 캘리퍼의 구조에는 플로팅 캘리퍼와 대향 피스톤 캘리퍼가 있으며, 각각 여러 개의 피스톤이 사용되는 경우도 있다.

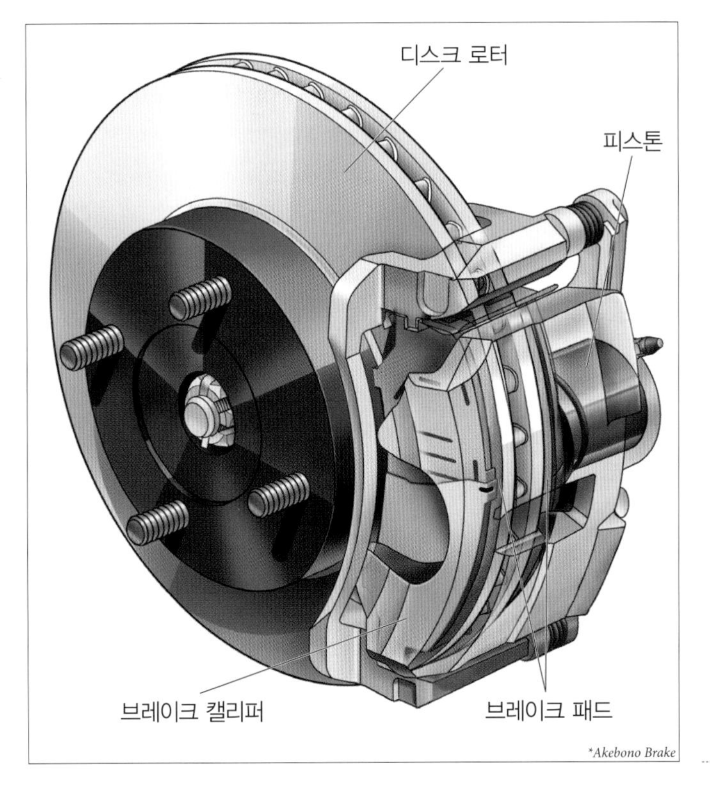

*Akebono Brake

브레이크 본체는 열의 영향을 받기 쉽다. 디스크 브레이크는 마찰이 발생되는 부분이 노출되어 있어 방열성이 높아 열의 영향을 잘 받지 않는다. 마찰면에 물, 진흙 등의 이물질이 묻어도 원심력에 의해 날아가므로 안정된 성능을 발휘할 수 있다.

■브레이크 패드

브레이크 패드는 주로 마찰을 발생시키는 금속가루와 골격을 이루는 금속섬유나 폴리아미드 섬유 등으로 결합재를 수지와 함께 성형한 것이다. 이것을 주철 재질의 받침에 설치한다. 모양과 크기가 다양하며 페이드 현상, 소음 대책을 위해 홈이 파인 것과 모서리를 깎아낸 것도 있다. 브레이크를 사용할 때마다 마찰재가 마모되어 얇아진다.

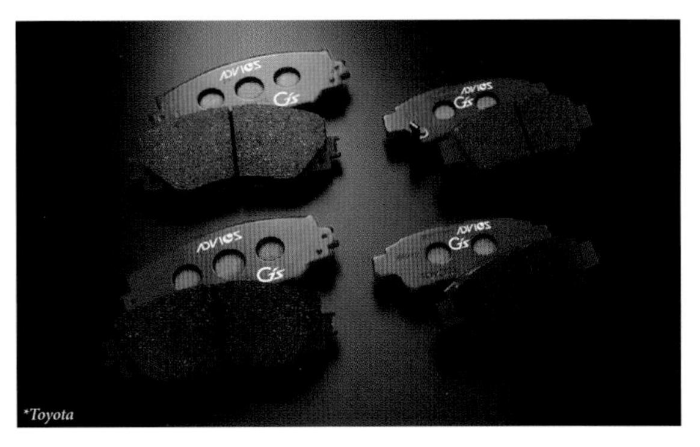
*Toyota

■브레이크와 열

브레이크는 움직이고 있는 자동차의 운동에너지를 마찰열의 열에너지로 변환시켜 감속을 하므로 대량의 열이 발생한다. 이 열에 의해 브레이크 본체의 온도가 올라간다. 브레이크 패드 등의 마찰재는 일정 이상의 고온이 되면 마찰력이 크게 떨어진다. 이것을 페이드 현상이라고 하며, 브레이크가 작동하지 않게 되기도 한다.

브레이크 본체의 열이 유압경로로 전달되어 브레이크 플루이드가 일정 이상의 고온이 되면 끓어서 기화된다. 기체는 압축이 잘 되므로 유압경로에 기포가 발생하면 유압이 전달되지 않는다. 이것을 베이퍼 로크 현상이라고 하며, 이렇게 되면 브레이크를 사용할 수 없다. 스포츠 타입의 자동차는 냉각능력을 높이기 위해서 전용 덕트나 가이드로 브레이크 뒷면에 공기를 보내기도 한다.

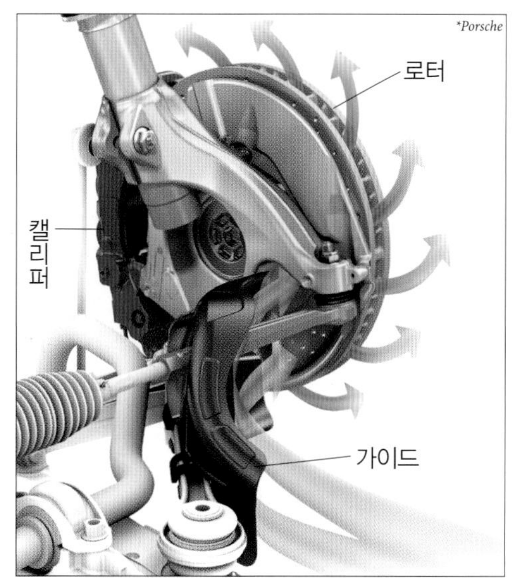

⬆ 벤틸레이티드 디스크 햇 부분의 안쪽으로 공기를 보내서 효율적으로 냉각시킨다.

⬇ 벤틸레이티드 디스크 안의 공기 통로의 모양은 다양하다. 오른쪽 끝의 디스크는 세라믹 복합재로 만들어져있다.

■디스크 로터

디스크 로터는 마찰을 발생시키는 디스크부와 중앙의 햇 부분으로 구성되어있다. 햇 부분은 휠 허브를 넣기 위해 돌출되어 있는 경우가 많다. 디스크 부분은 1장의 판으로 만들어진 솔리드 디스크 외에, 2장 구조의 사이에 공기 통로를 만들어 냉각능력을 높인 벤틸레이티드 디스크도 있다. 소재는 일반적으로 주철로 만들어지며, 경량화와 열 대책을 위해 카본이나 세라믹 등의 복합재를 사용하는 경우도 있다. 이것을 카본 세라믹 디스크 브레이크라고 한다. 이 방식은 성능이 좋지만 가격이 비싸다.

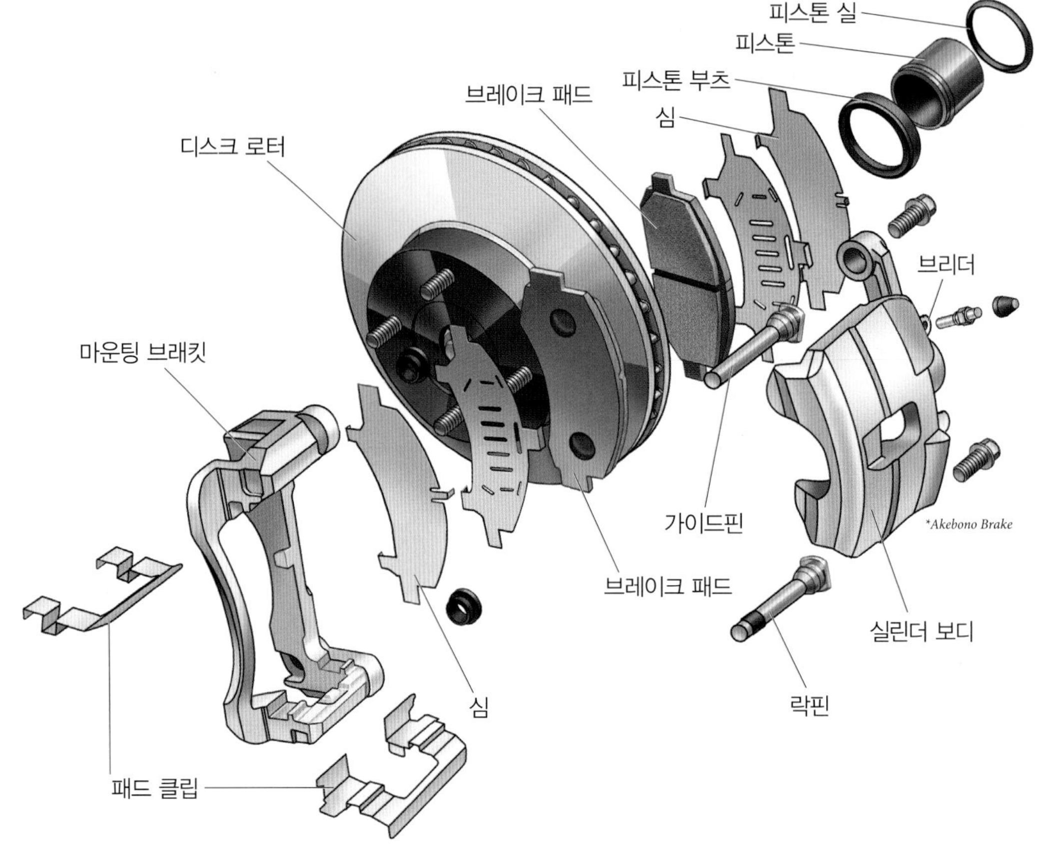

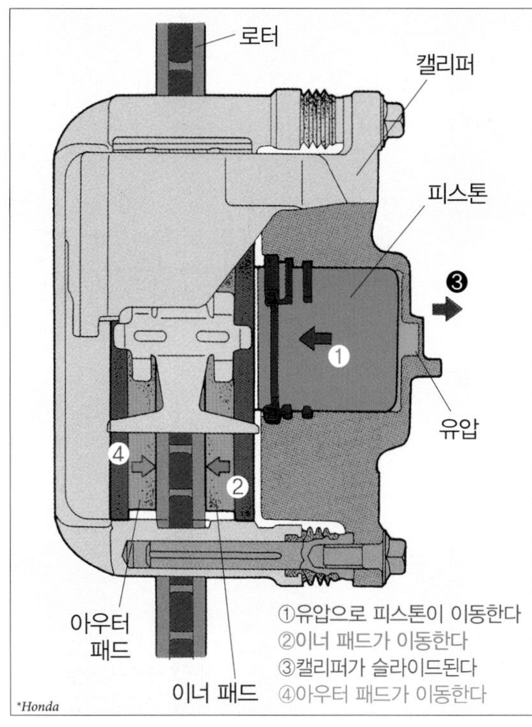

■플로팅 캘리퍼

가장 많이 사용되고 있는 브레이크 캘리퍼가 플로팅 캘리퍼(부동형 캘리퍼)다. 한쪽을 미는 캘리퍼, 핀 슬라이드 캘리퍼라고도 한다. 캘리퍼는 실린더가 설치된 실린더 보디와 패드를 지지하는 마운팅 브래킷으로 구성되어, 가이드 핀을 따라서 디스크 로터의 회전축 방향으로 슬라이드 될 수 있도록 되어있다. 실린더와 피스톤은 일반적으로 1세트이며, 안쪽의 브레이크 패드를 누르는 위치에 있다. 브레이크 마스터 실린더로부터의 유압으로 피스톤이 밀리면 이너 쪽 패드가 전진해서 로터에 밀어붙여진다. 패드가 로터에 밀착되면 그 이상 전진하지 않으므로 캘리퍼가 역방향으로 슬라이드한다. 이 움직임에 의해 아우터 쪽 패드가 로터에 밀착된다. 이렇게 양쪽 패드에 균등하게 힘이 전달된다. 여러 피스톤을 사용하는 플로팅 캘리퍼도 있다.

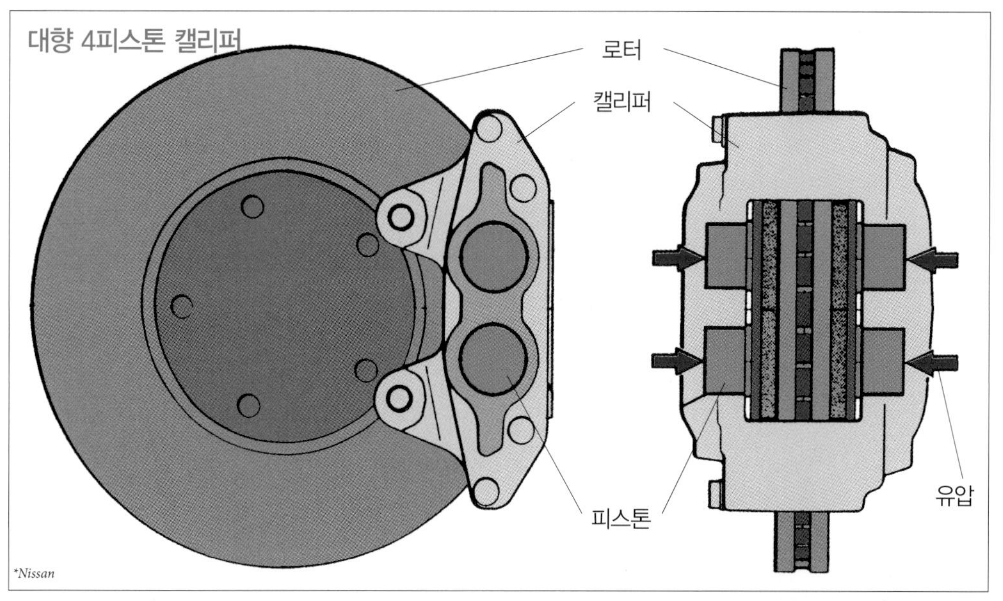

■대향 피스톤 캘리퍼

대향 피스톤 캘리퍼는 양쪽 패드 뒤쪽에 각각의 피스톤이 설치되어 있다. 캘리퍼의 위치는 로터에 대해서 고정되어있으므로 고정형 캘리퍼라고도 한다. 고정에 의해 강성이 높아지기 때문에 브레이크의 터치가 좋다. 디스크 브레이크는 패드의 면적을 크게 하면 제동력을 높일 수 있지만, 1개의 피스톤으로는 안정적으로 밀어붙일 수 없으며 밀어붙이는 면적에도 한계가 있다. 하지만 피스톤 수를 늘리면 큰 힘에 의해 안정적으로 패드를 밀 수 있기 때문에 대향 피스톤 캘리퍼는 여러 세트의 피스톤을 사용하는 경우가 많다. 피스톤 수에 따라서 대향 4피스톤 캘리퍼, 대향 6피스톤 캘리퍼라고 한다. 구조가 복잡하고 제작비용이 높으며 방열성 면에서는 불리하지만, 제동력을 높일 수 있고 터치도 좋아 스포츠 타입의 자동차에 사용되는 경우가 많다.

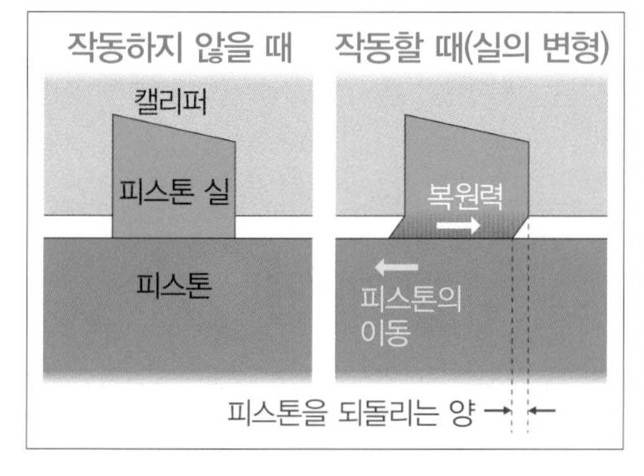

패드와 로터의 틈

패드는 마모에 의해 얇아진다. 작동하지 않을 때의 로터와의 간격이 커질수록 페달을 밟았을 때부터 브레이크가 작동할 때까지의 시간이 길어진다. 디스크 브레이크는 피스톤 실에 의해 이 빈틈이 일정하게 유지되고 있다. 피스톤 실은 피스톤과의 틈을 막기 위해 실린더에 배치된 고무 재질의 링으로 유압에 의해 피스톤이 전진할 때 변형된다. 유압이 없어지고 변형에서 원래 상태로 복원될 때에는 피스톤을 되돌린다. 패드가 마모에 의해 얇아진 경우, 유압에 의해 피스톤이 실의 변형 한계를 넘어 밀리지만, 유압이 없어졌을 때에는 변형된 부분만 피스톤이 돌아오므로 일정한 간격을 유지할 수 있다.

제동장치 03

Drum Brake
드럼 브레이크

드럼 브레이크는 자동차 바퀴와 함께 회전하는 원통 모양의 브레이크 드럼 안쪽에 마찰재를 설치한 브레이크 슈를 드럼으로 밀어붙여서 제동을 한다. 내부에는 브레이크 휠 실린더가 있으며 브레이크 마스터 실린더로부터의 유압으로 밀어낸 피스톤에 의해 슈를 드럼으로 밀어붙인다. 휠 실린더의 구조와 수, 슈의 지지점 배치 등에 의해 다양한 형식이 있지만, 현재 승용차에 사용되는 것은 리딩 트레일링 슈식 드럼 브레이크가 대부분이다.

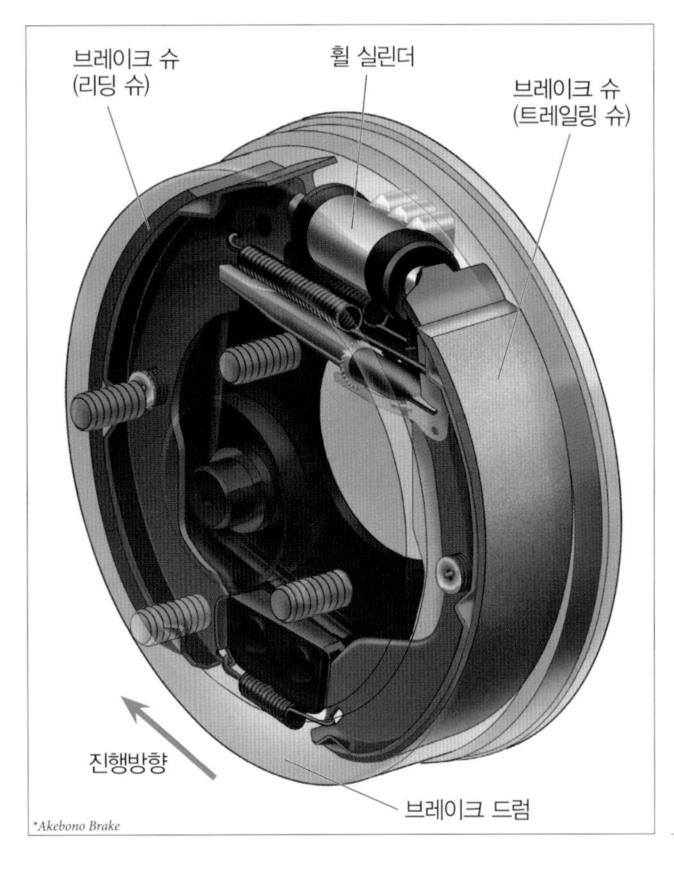

*Akebono Brake

드럼 브레이크에는 자기배력작용이라는 것이 있으며, 이것에 의해 큰 마찰력으로 제동능력을 높일 수 있다. 주류가 디스크 브레이크로 바뀌었기 때문에 드럼 브레이크는 제동력이 떨어진다고 생각할 수 있다. 하지만 같은 공간에 장착되는 사이즈로 비교해보면, 드럼 브레이크의 제동력이 더 높다. 하지만 드럼 브레이크는 마찰면이 드럼 내부에 있어서 방열성이 나쁘고, 내부에 물이 들어갔을 경우에는 건조가 잘 안 된다는 약점이 있다. 현재는 브레이크 부스터에 의한 어시스트가 가능하기 때문에 안정적인 성능을 발휘할 수 있는 디스크 브레이크가 주류가 되었다. 다만 파킹 브레이크에는 지금도 드럼 브레이크가 사용되는 경우가 있다.

■브레이크 슈

브레이크 슈는 원통형 브레이크 드럼 안쪽에 밀착시킬 필요가 있기 때문에 자른 면이 원호 모양인 철재 받침에 마찰재가 붙어있다. 마찰재 부분을 브레이크 라이닝이라고 한다. 라이닝의 소재는 디스크 브레이크의 브레이크 패드와 마찬가지로 금속가루와 다양한 섬유가 수지로 성형되어있다.

*Delphi

■리딩 트레일링 슈식 드럼 브레이크

리딩 트레일링 슈식 드럼 브레이크는 브레이크 슈 위쪽 끝의 사이에 휠 실린더를 배치한다. 진행방향 쪽의 슈를 리딩 슈, 반대쪽의 슈를 트레일링 슈라고 한다. 각각의 슈의 아래쪽 끝을 핀으로 고정해서 지지점으로 사용하는 앵커 핀형도 있지만, 현재는 양쪽 슈를 앵커로 연결해 스프링으로 위치를 유지하는 앵커 플로팅형이 많다. 휠 실린더는 피스톤이 양쪽으로 밀려나가는 구조로 양쪽 슈를 드럼으로 밀어붙인다. 유압이 없어지면 리턴 스프링의 힘에 의해 슈가 원래 위치로 돌아온다.

※설명에서는 지지점이 아래쪽이라고 했지만, 자동차에 장착될 때에는 지지점이 항상 아래가 되지는 않는다.

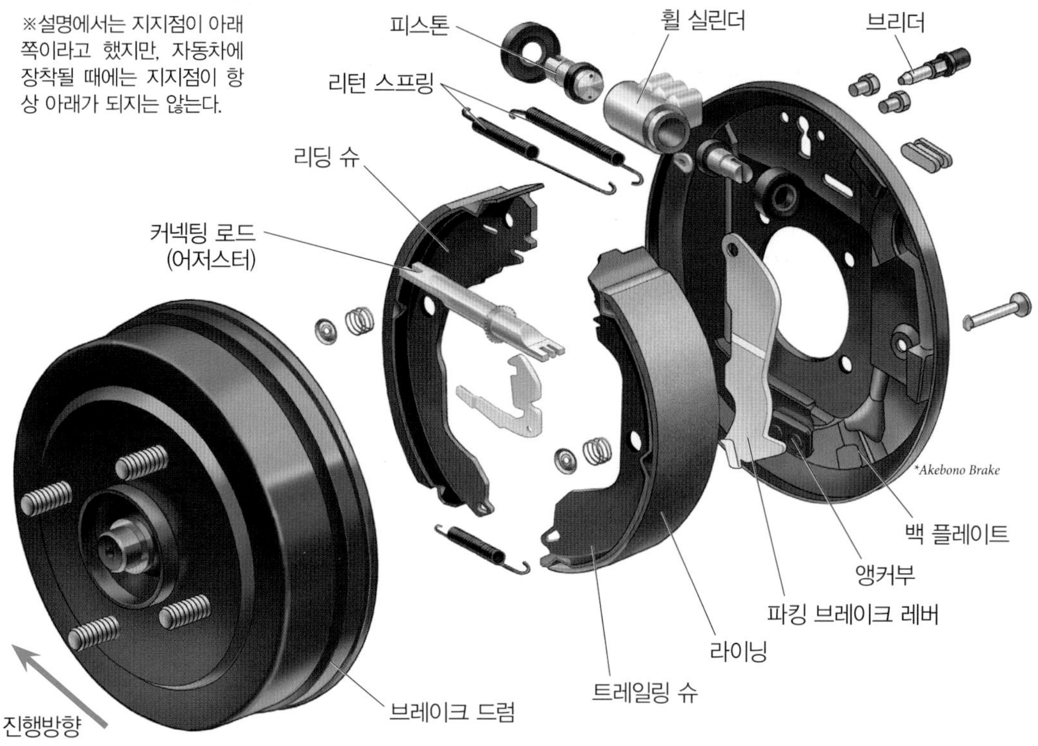

■자기(自己)배력작용

드럼 브레이크에는 어떠한 형식으로든 자기배력작용(셀프서보)이 있다. 리딩 트레일링 슈식의 경우, 리딩 슈는 밀어붙여져서 마찰을 발생시키는 동시에 드럼에 끌려가며 회전을 하려고 한다. 하지만 회전방향 앞쪽이 고정되어 있으므로 회전하려는 힘에 의해 슈가 더 강하게 드럼으로 밀어붙여진다. 이것으로 제동력이 커진다. 트레일링 슈는 회전하려는 힘으로 슈가 드럼에서 떨어지려고 하지만, 휠 실린더로부터의 힘이 강하기 때문에 그 영향은 적다.

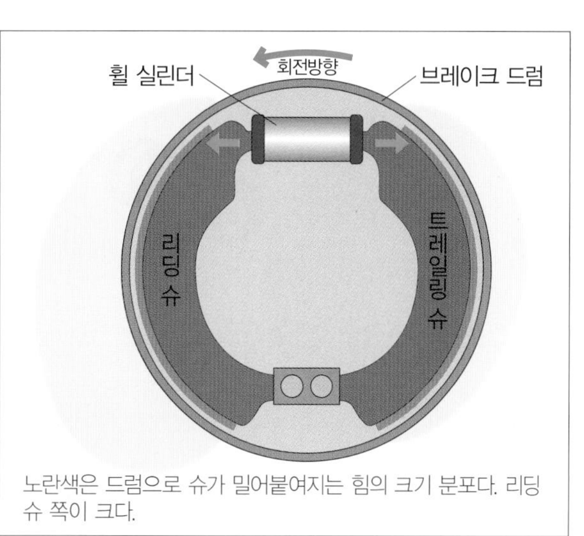

노란색은 드럼으로 슈가 밀어붙여지는 힘의 크기 분포다. 리딩 슈 쪽이 크다.

제동장치 04

Brake booster & Brake assist
브레이크 부스터 & 브레이크 어시스트

브레이크 페달의 지렛대 작용과 유압 시스템으로 힘이 증폭되었다고는 하지만, 고속으로 주행하는 무거운 자동차를 감속시키는 것은 힘든 일이다. 때문에 브레이크 시스템에는 어시스트를 하는 브레이크 부스터가 설치되어 있다. 이것을 배력장치라고도 한다.

가장 많이 사용되는 것은 대기압과 부압의 압력차이로 어시스트하는 진공식 브레이크 부스터(베큠 브레이크 부스터, 진공식 배력장치)다. 현재는 유압으로 어시스트하는 하이드로 브레이크 부스터도 있다. 회생제동도 부스터의 일종으로 볼 수 있지만, 이것은 페달을 밟는 힘을 어시스트하는 것이 아니다. 이것에 대해서는 회생협조 브레이크(292p. 참조)에서 설명하겠다.

브레이크 부스터로 어시스트된다고 해도 긴급상황의 패닉 브레이크에서는 브레이크 페달을 강하게 계속 밟지 못하는 사람이 많다는 것이 실험에 의해 증명되었다. 따라서 급브레이크 시의 어시스트를 하는 브레이크 어시스트도 탑재되고 있다. 브레이크 어시스트에는 진공식 브레이크 부스터의 기능을 높인 기계식 브레이크 어시스트와 ABS를 발전시킨 전자식 브레이크 어시스트가 있다.

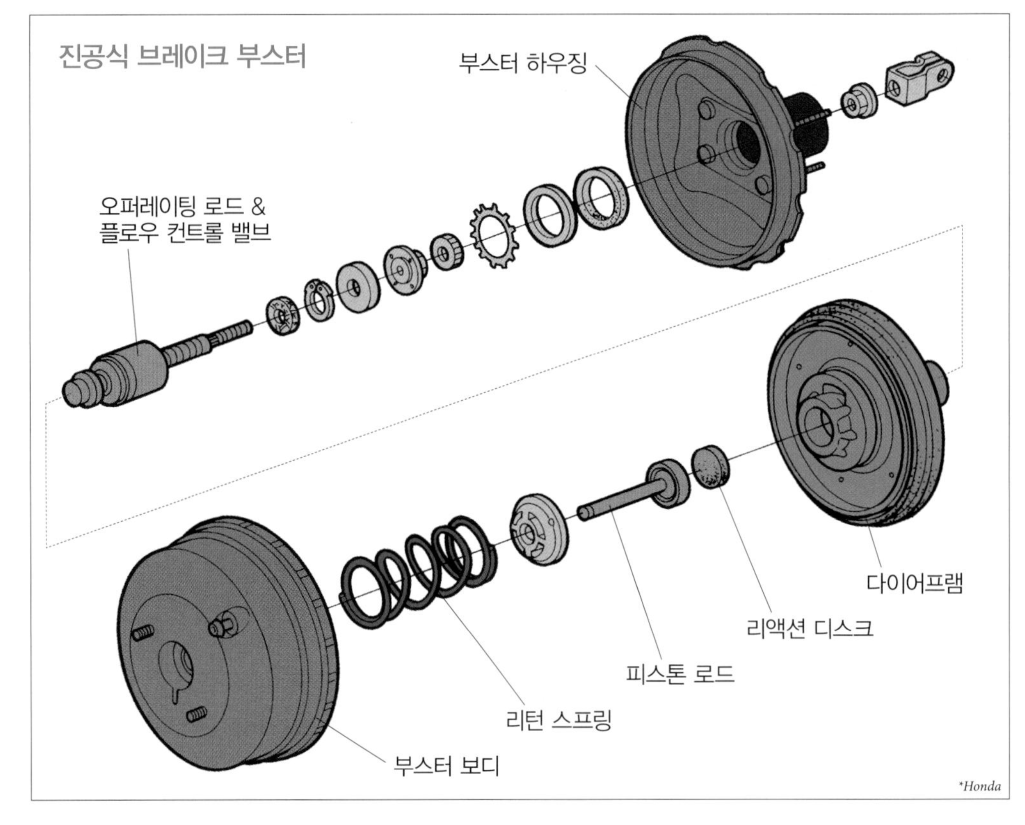

브레이크 부스터의 명칭

브레이크 부스터(배력장치)는 다양한 명칭으로 불린다. 브레이크 서보, 서보 부스터, 브레이크 어시스터 외에 브레이크 시스템 전체를 포함해서 파워 브레이크, 서보 브레이크라고도 한다.

■진공식 브레이크 부스터

가솔린 엔진 자동차는 엔진의 흡입부압(吸入負圧)에 의해 진공 브레이크 부스터를 작동시키는 것이 일반적이다. 브레이크 부스터는 평평한 원통형으로 내부에 피스톤처럼 기능하는 다이어프램이 있다. 브레이크 페달에서 오는 샤프트는 오퍼레이팅 로드에 접속되어 리액션 디스크를 통해 브레이크 마스터 실린더의 피스톤 로드를 밀 수 있다. 리액션 디스크에는 다이어프램이 설치된다. 다이어프램의 페달 쪽의 공간을 대기실, 마스터 실린더 쪽의 공간을 부압실이라고 한다. 브레이크가 작동되지 않는 상태에서는 양쪽에 부압이 인도되지만 페달을 밟으면 오퍼레이팅 로드에 설치된 플로우 컨트롤 밸브가 작동해 대기실 쪽으로의 부압을 정지시켜 대기를 도입한다. 그러면 부압과 대기압의 차이에 의해 다이어프램이 마스터 실린더 쪽으로 밀려 어시스트력이 발휘된다.

다이어프램의 면적을 크게 하면 어시스트력이 커지지만 엔진룸 안으로의 배치가 어려워진다. 때문에 작동축 방향으로 2층으로 겹친 탠덤형 진공식 브레이크 부스터도 있다.

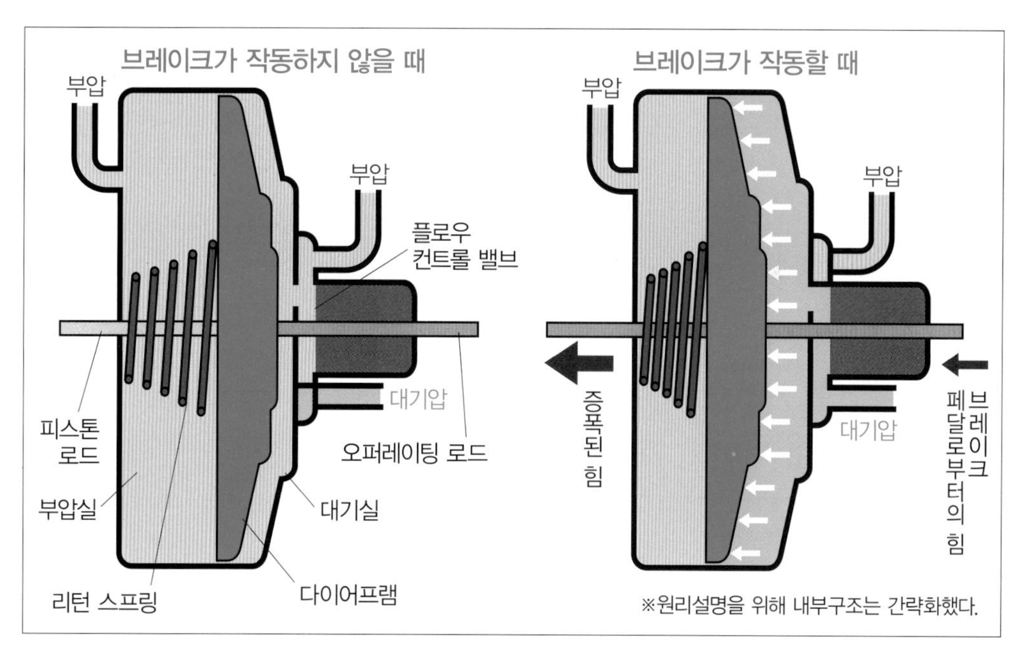

■전동 진공식 브레이크 부스터

디젤 엔진 자동차도 진공식 브레이크 부스터를 많이 사용하고 있지만, 흡입부압을 이용할 수 없으므로 모터 구동의 전동 베큠 펌프로 부압을 발생시킨다. 이것을 전동 진공식 브레이크 부스터라고 한다. 엔진을 정지시켜 EV모드로 주행하는 하이브리드 자동차, 아이들링 스톱으로 엔진을 정지시킬 수 있는 자동차에서는 항상 흡입부압을 이용할 수 있는 것은 아니다. 스로틀밸브에 의해 흡입부압을 발생시키기 힘든 엔진을 사용하는 자동차도 있다. 이러한 자동차에서 진공식 브레이크 부스터를 사용하는 경우에도 전동 베큠 펌프를 이용하고 있다.

■하이드로 브레이크 부스터

하이드로 브레이크 부스터는 모터 구동의 펌프로 유압을 발생시켜 어큐뮬레이터(축압실)에 축적한다. 브레이크 페달을 밟으면 브레이크 마스터 실린더의 피스톤이 밀린다. 동시에 어큐뮬레이터로부터의 유압도 마스터 실린더에 작용해서 어시스트를 한다. 유압은 컨트롤 밸브 유닛을 경유해서 각 바퀴의 브레이크 본체에 전달된다. 이 유닛에서는 ABS와 같은 제어가 가능하다. 엔진 흡입부압을 이용하지 않으므로 안정된 어시스트력을 확보할 수 있다. 또한 비교적 큰 장치였던 브레이크 부스터가 필요 없고, 별도로 설치되어야하는 경우가 많은 ABS액추에이터도 일체화할 수 있다. 따라서 전체적으로 소형화가 가능해 유압배관도 줄일 수 있다.

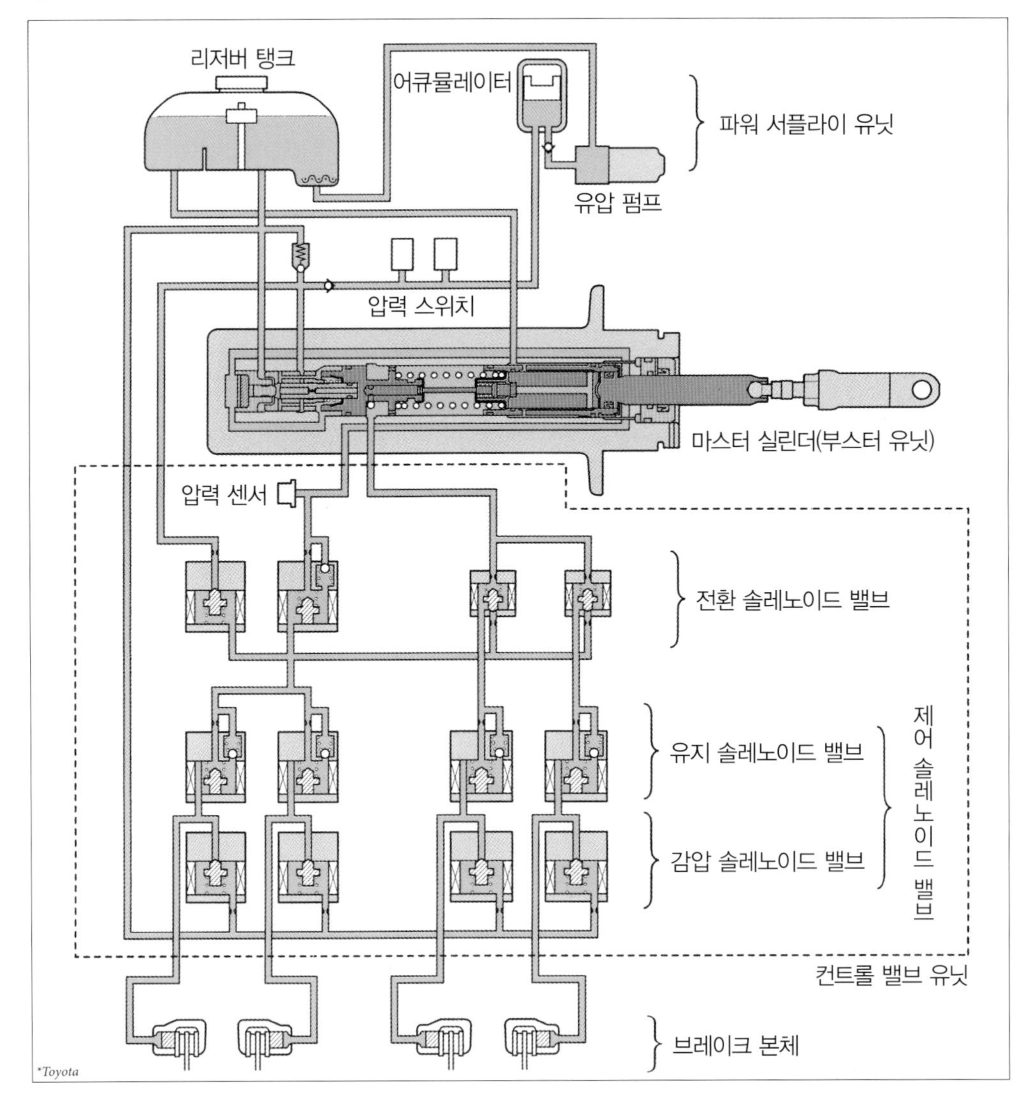

■기계식 브레이크 어시스트

기계식 브레이크 어시스트는 진공식 브레이크 부스터 기능을 발전시킨 것으로, 가변배율 기구 장착 브레이크 부스터, 2단 어시스트 기구 장착 브레이크 부스터라고도 한다. 구조는 다양하다. 브레이크 부스터가 어시스트하는 능력은 플로우 컨트롤 밸브 끝의 밸브 보디와 리액션 디스크가 접촉하는 면적에 의해 달라진다. 따라서 강하게 브레이크 페달을 밟았을 때에는 접촉면적이 커져서 어시스트력을 높일 수 있는 타입, 페달을 밟는 속도에 의해 플로우 컨트롤 밸브의 작동이 전환되는 타입이 있다. 후자의 것은 빨리 밟으면 평소보다 밸브가 크게 열려서 대기의 도입량이 늘어나 어시스트력을 높일 수 있다.

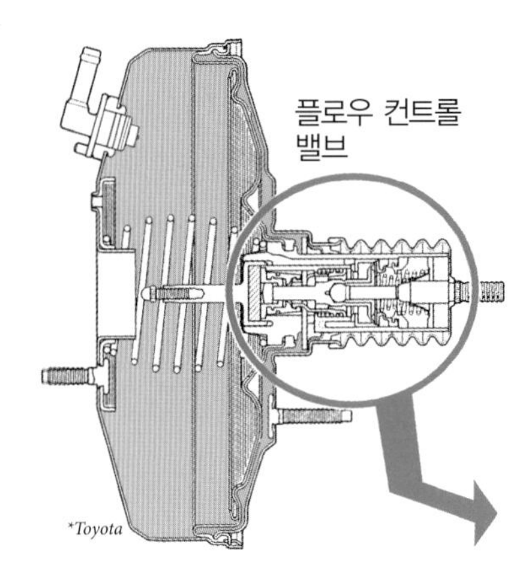

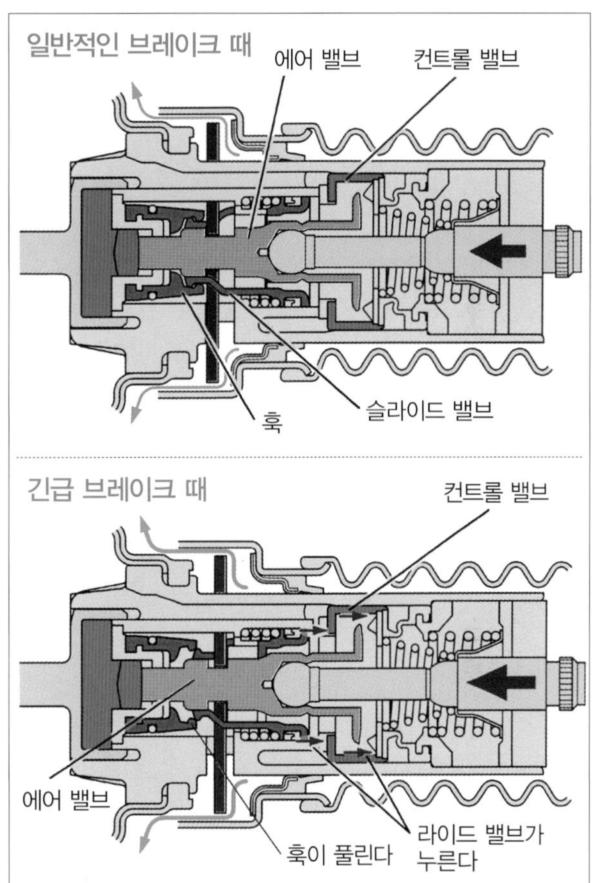

가변 밸브에 의한 브레이크 어시스트

브레이크 어시스트가 없는 브레이크 부스터의 플로우 컨트롤 밸브에서는 컨트롤 밸브가 부압실과 대기실의 연통(連通)을 제어하고 에어 밸브가 대기를 도입한다. 여기에 슬라이드 밸브, 훅, 스프링을 추가해서 브레이크 어시스트를 가능하게 했다. 일반적인 브레이크 시에는 오퍼레이팅 로드에 눌려 에어 밸브가 이동해서 대기를 도입할 때에 훅에 걸린 슬라이드 밸브도 함께 이동한다. 긴급 브레이크에 의해 페달을 밟는 속도가 빠르면 에어 밸브가 훅을 밀어서 열고 슬라이드 밸브가 훅에서 풀려나 스프링의 힘으로 역방향으로 이동한다. 이 이동에 의해 에어 밸브가 크게 열리게 되며 대기의 도입량이 늘어나 어시스트력이 커진다.

■전자식 브레이크 어시스트

전자식 브레이크 어시스트는 ABS의 기능을 발전시킨 것이다. 현재의 ABS액추에이터는 펌프의 유압을 이용해서 브레이크 마스터 실린더에서 발생된 유압 이상의 높은 유압을 브레이크 본체로 보낼 수 있다. 각종 센서의 정보에 의해 급브레이크, 브레이크 어시스트가 필요하다고 ABS-ECU가 판단한 경우에는 펌프의 유압을 더해서 제동력을 높이고 있다.

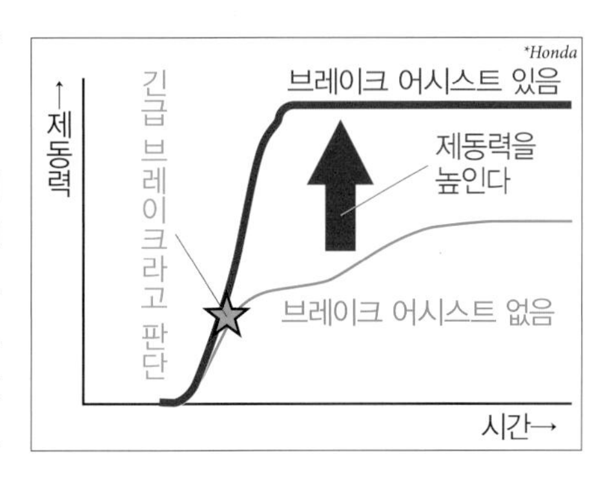

제동장치 05

Anti-lock braking system
ABS

구동력의 경우와 마찬가지로 제동력도 타이어와 노면의 마찰에 의해 발생한다. 한계를 넘으면 마찰이 발생하지 않고 바퀴가 회전을 멈춘다. 이것을 휠 락이라고 한다. 휠 락은 타이어가 노면 위를 미끄러지고 있는 상태다. 어떻게 미끄러질 것인가는 예상할 수 없으며, 스티어링 휠을 조작하더라도 타이어와 노면 사이에 마찰이 없으므로 조타가 불가능하다. 그리고 노면의 상태가 균일하지 않으며 각각의 바퀴에 실리는 무게도 다르기 때문에 마찰의 한계도 바퀴마다 다르다. 일부 바퀴만 휠 락이 걸리면 차체의 움직임이 심하게 흐트러져 스핀을 하는 경우도 있다.

안티 록 브레이킹 시스템(ABS)은 이러한 위험한 상태에 빠지는 것을 막고 급브레이크 시에도 안전하게 단거리로 정지시킨다. 또한 스티어링 휠 조작을 통해 위험을 회피할 수 있도록 해준다. 이 시스템은 각 바퀴 브레이크 본체의 유압을 제동에 적합하도록 일정하게 유지시켜준다.

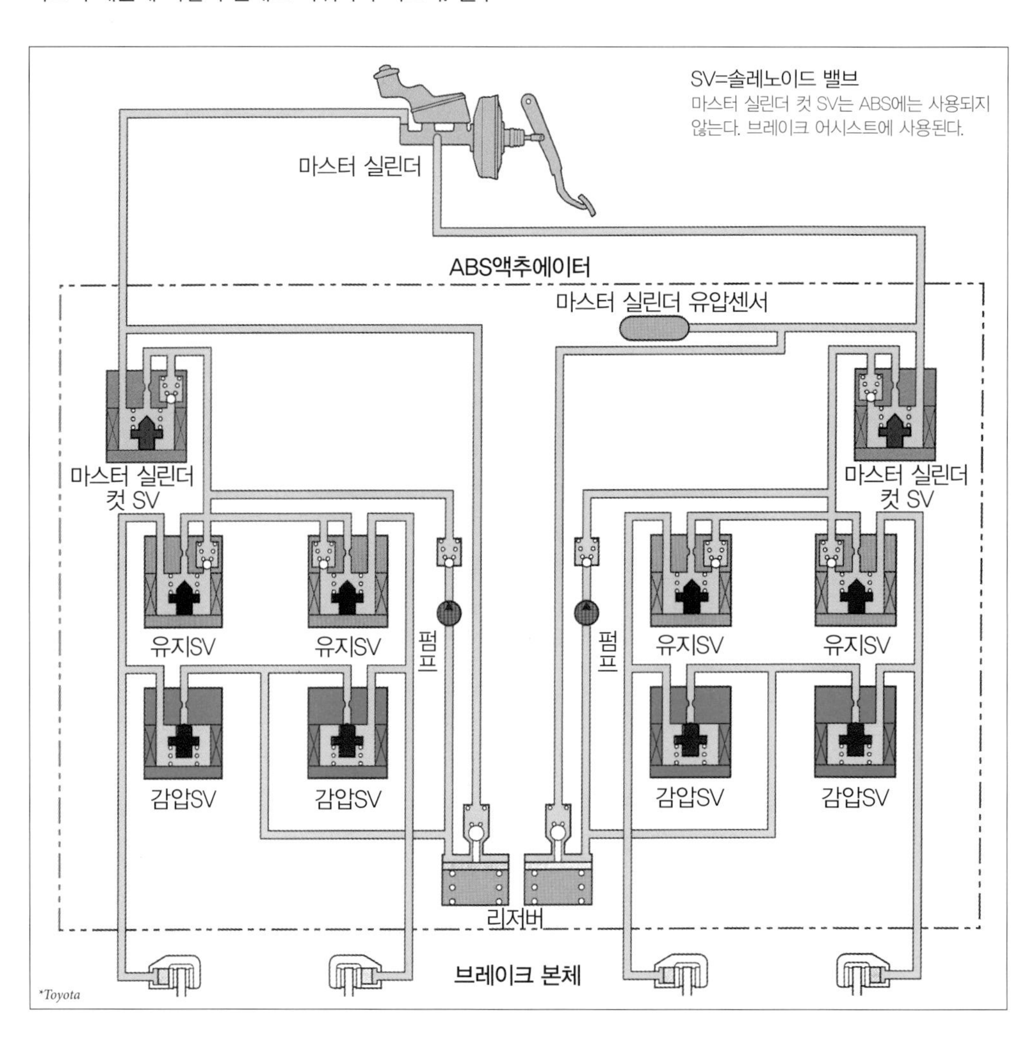

■ABS액추에이터

ABS액추에이터는 ABS의 유압을 조정해준다. 브레이크 마스터 실린더의 2계통의 유압은 ABS액추에이터에 의해 4계통으로 분리되며, 각 바퀴의 브레이크 본체로 보내진다. 유닛의 내부는 각 바퀴의 유압을 제어하는 솔레노이드 밸브(전자 밸브), 증압용 유압을 만들어내는 유압 펌프, 남은 브레이크 플루이드를 모아두는 리저버 등으로 구성된다. 솔레노이드 밸브와 유지 솔레노이드 밸브는 각각의 바퀴마다 설치된다. 이 밸브는 상황에 따라 오일 경로를 열고 닫는다.

⬆ 유압회로도에는 펌프가 작게 그려진 경우가 많지만, 실제 유닛은 전동펌프가 큰 공간을 차지한다.

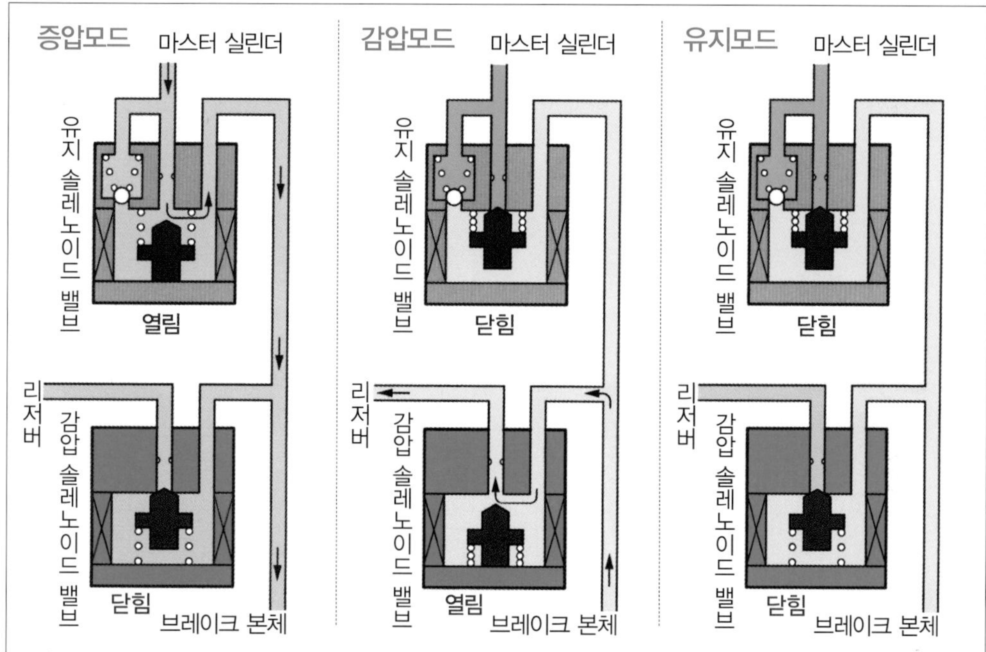

평소에는 유지 솔레노이드 밸브가 열리고 감압 솔레노이드 밸브는 닫혀있다. 이것을 증압모드라고 하며 마스터 실린더의 유압이 그대로 브레이크 본체로 보내진다. 휠 락이 발생할 것 같으면 감압모드로 바뀌어 유지 솔레노이드 밸브가 닫히고, 감압 솔레노이드 밸브가 열린다. 이것으로 마스터 실린더로부터의 유압이 멈추며, 브레이크 본체 쪽의 유압이 리저버로 보내져서 유압이 저하된다. 이 제어에 의해 자동차 바퀴의 회전속도가 최적인 상태가 되면, 유지 모드로 바뀌어 양쪽 밸브 모두 닫히고 유압이 유지된다. 이 유압에서는 바퀴의 회전속도가 너무 빨라지면 증압모드로 돌아가 브레이크 본체의 유압이 높아진다. 마스터 실린더로부터의 유압만으로는 유압이 부족한 경우에는 증압모드로 펌프가 작동해서 유압을 높인다. 이러한 동작을 반복하면서 제동에 최적의 유압이 유지된다.

■ABS-ECU

ABS액추에이터는 ABS-ECU의 지시에 의해 작동된다. ECU는 각 바퀴에 설치된 타이어용 센서에 추가로 가속도 센서(G센서), 조타 센서 등의 정보에 의해 타이어를 감시한다. 휠 락이 발생할 것 같다고 판단되면 액추에이터에 지시를 보내 유압을 최적의 상태로 제어한다. ABS-ECU는 차내에 설치되는 것 외에, 액추에이터와 일체화되는 경우도 있다.

제동장치 06

Traction control & Electronic stability control
TC & ESC

ABS액추에이터에 증압용 펌프가 추가되어 자동차 제어의 범위가 넓어졌다. 증압에 의한 브레이크 어시스트는 물론이고 펌프의 유압을 이용하면 드라이버의 브레이크 페달 조작에 관계없이 타이어 4개 각각의 브레이크 본체를 독립적으로 작동시킬 수 있다. 이것은 ABS의 발전형이라 할 수 있으며, 여기에는 전자식 브레이크 어시스트 외에 출발과 가속 시의 구동력을 확보하는 TC(트랙션 컨트롤), 코너링 중에 자동차를 안정시키는 ESC(전자제어 스태빌리티 컨트롤) 등이 있다. ESC에 추가로 전동 파워 스티어링 시스템을 통합 제어해서 더욱 움직임을 안정시킨 시스템도 있다. 브레이크로 구동력의 차동을 제한하는 브레이크LSD도 있다. 이러한 ABS의 발전형은 기능에 따라 센서류의 부가, 다른 장치와의 정보공유가 필요하지만, 액추에이터의 기본구조는 ABS와 같은 상태로도 가능하며, ECU의 프로그램을 추가하면 실현이 가능하다.

새로운 안전장치로 주목받고 있는 프리 크래시 브레이크(충돌피해경감 브레이크), 차간거리를 유지하는 능력을 갖춘 크루즈 컨트롤, 경사길 출발 시 뒤로 밀리지 않도록 해주는 힐 스타트 어시스트 등의 안전장치도 브레이크를 독자적으로 작동시킬 수 있기 때문에 실현될 수 있었다.

← ABS액추에이터와 브레이크 액추에이터의 외관상 차이는 거의 없다.

■브레이크 액추에이터

발전형의 경우, 액추에이터에 압력 센서나 솔레노이드 밸브가 추가되는 경우도 많지만, 기본적인 구조는 같으며 사이즈에도 큰 변화는 없다. 모든 능력을 표시해서 ABS/TC/ESC/BA액추에이터라고 하거나, 줄여서 ESC액추에이터라고도 한다. 하지만 현재는 프리 크래시 브레이크에도 사용되므로 브레이크 액추에이터라고도 한다. ECU에 대해서도 마찬가지로 ESC-ECU라고도 하지만, 브레이크ECU라고 하는 경우가 많다.

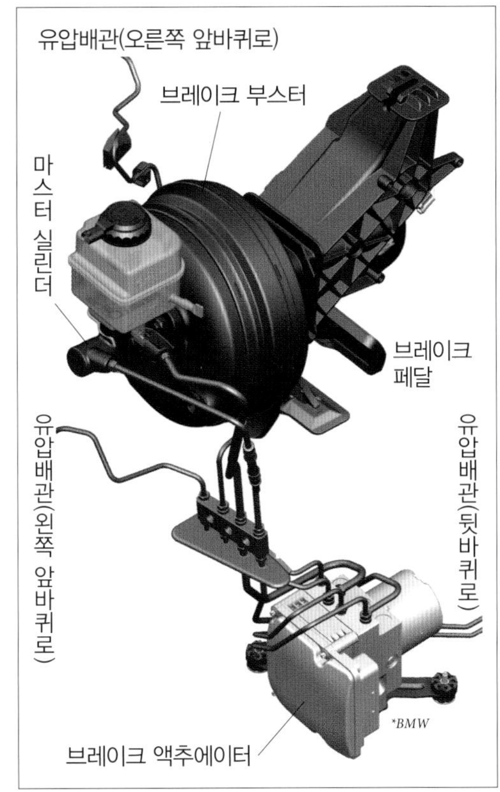

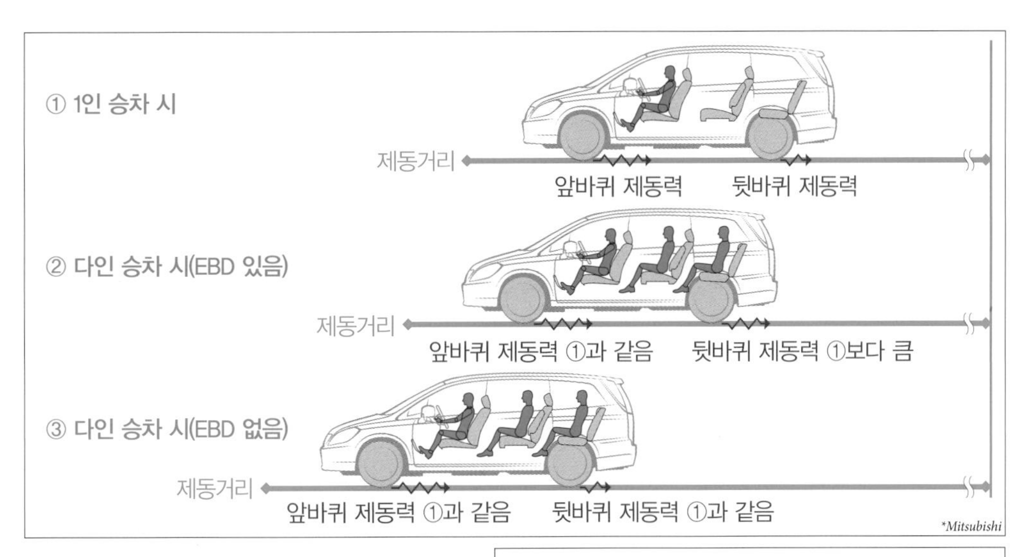

■EBD

현재의 ABS에는 주행상황에 따라 각 바퀴로의 유압 배분을 변화시키는 EBD(Electronic Brake Force Distribution)라는 기능이 갖춰져 있으며, 이것을 EBD장착 ABS라고 한다. 노면과의 마찰 한계는 타이어에 가해진 중량에 따라서도 달라진다. 브레이크를 밟으면 관성에 의해 앞바퀴에 가해지는 중량이 커진다. 때문에 앞바퀴의 유압을 높이면 전체적으로 제동력을 높일 수 있다. 승차 인원이나 적재된 짐의 무게, 위치에 따라 타이어에 가해지는 중량이 달라지며, 코너링 중에는 좌우 바퀴의 중량배분도 달라진다. EBD는 이러한 다양한 상황에 따라 각 바퀴의 브레이크 본체에 배분되는 유압을 변화시켜서 항상 최대의 제동력을 발휘할 수 있도록 하고 있다.

■전자식 브레이크 어시스트

전자식 브레이크 어시스트는 브레이크 페달에 센서가 설치되어 있어 밟는 속도 등을 검출하기도 하며, 액추에이터 안에 마스터 실린더의 유압 센서를 설치해도 된다. 이러한 센서의 정보에 의해 급브레이크의 어시스트가 필요한 경우에는 증압모드로 펌프를 작동시킨다. 물론 휠 락의 감시도 이루어지고 있으며, 필요에 따라서는 ABS가 작동되어 감압 또는 유지를 한다.

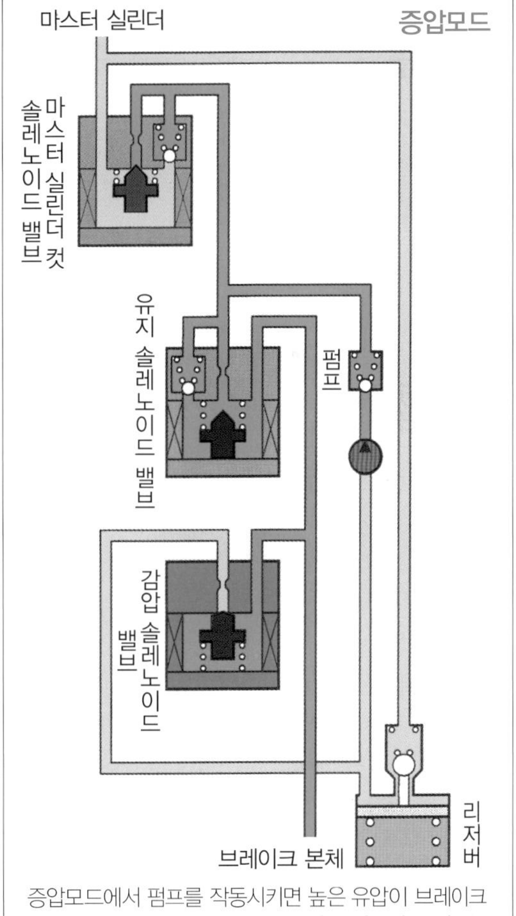

증압모드에서 펌프를 작동시키면 높은 유압이 브레이크 본체로 보내진다. 마스터 실린더 컷 솔레노이드 밸브는 펌프 작동에 의해 급격한 유압 변화를 견딜 수 있도록 필요에 따라서 열리는 정도가 조정된다.

■트랙션 컨트롤

출발, 가속 시에 구동바퀴 중 한쪽만 젖은 노면 위에 올라가 있으면 낮은 마찰 한계에 의해 순간적으로 한쪽 구동바퀴만 헛돌게 된다. 이렇게 되면 디퍼렌셜의 작용으로 반대쪽의 구동바퀴는 회전속도가 저하되어 전체적으로 구동력이 떨어진다. 이러한 사태를 막기 위한 장치가 트랙션 컨트롤(TC)이다. 트랙션 컨트롤은 TRC, TCL, TCS로 줄여서 표현하기도 한다.

과거에는 엔진만으로 제어하는 TC도 있었지만, 지금은 브레이크 액추에이터로 브레이크로도 제어하는 TC가 일반적이다. 브레이크 제어의 경우, 구동바퀴가 헛도는 것이 감지되면 그 바퀴의 브레이크만 작동시켜 헛도는 바퀴의 반대쪽 구동바퀴의 회전속도 저하를 막는다. 엔진 제어의 경우는 몇 개 기통의 연료분사를 정지시키고 출력을 저하시켜 구동바퀴가 헛돌지 않도록 한다. 이러한 제어에 의해 미끄러지기 쉬운 노면에서의 출발과 가속 시의 미묘한 액셀 워크가 필요 없어지고 조작성과 안전성이 향상된다. 코너링 중의 가속도 안정적으로 할 수 있다.

제어 없음

출발 직후의 가속 시에 오른쪽 구동바퀴만 미끄러지기 쉬운 노면에 올라간 상황. 오른쪽 구동바퀴가 헛돌고, 왼쪽 구동바퀴는 회전속도가 저하되어 가속이 나빠진다.

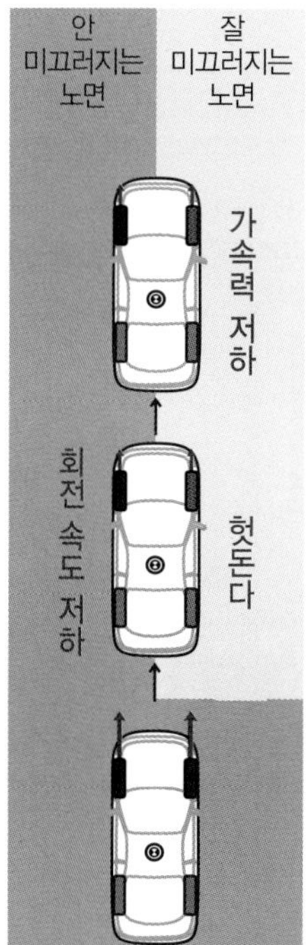

브레이크 제어

헛돌아 회전속도가 빨라진 오른쪽 구동바퀴의 브레이크를 작동시켜서 회전속도를 떨어뜨리고, 왼쪽 구동바퀴의 회전속도와 맞추어 구동력을 안정시킨다.

안 미끄러지는 노면
잘 미끄러지는 노면
안정적으로 가속
브레이크 작동

엔진 제어

오른쪽 구동바퀴가 헛돌지 않을 때까지 엔진 출력을 저하시키고 좌우의 구동바퀴의 회전속도를 맞춰서 구동력을 안정시킨다.

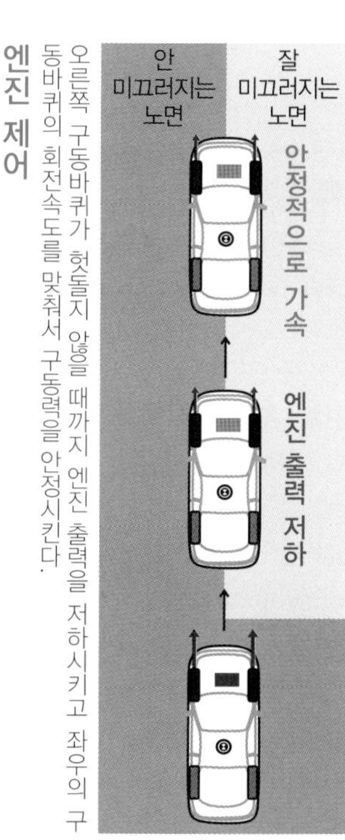

■브레이크LSD

TC의 작동에서 알 수 있듯이 브레이크 액추에이터를 이용하면 구동바퀴 디퍼렌셜의 차동제한을 할 수 있다. 전자제어LSD와 마찬가지로 다양한 주행상황에서 브레이크에 의한 차동제한을 브레이크LSD라고 한다. 전자제어LSD의 경우는 구동력의 배분을 바꿀 뿐이므로 손실이 발생하지 않지만 브레이크LSD의 경우는 손실이 발생한다. 하지만 브레이크LSD는 기존의 ABS를 활용할 수 있으므로 낮은 비용으로 고도의 LSD 기능을 탑재할 수 있다.

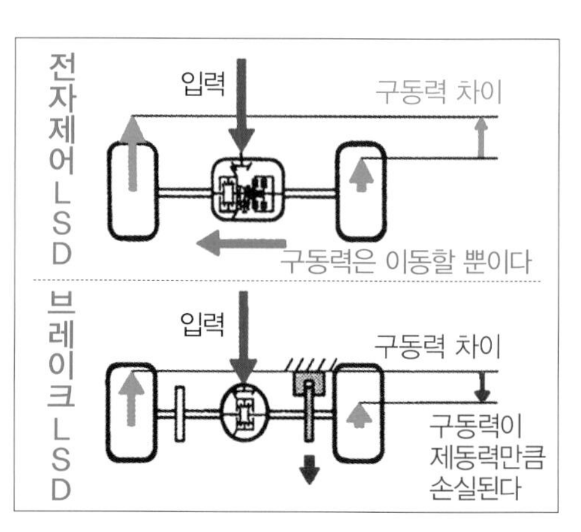

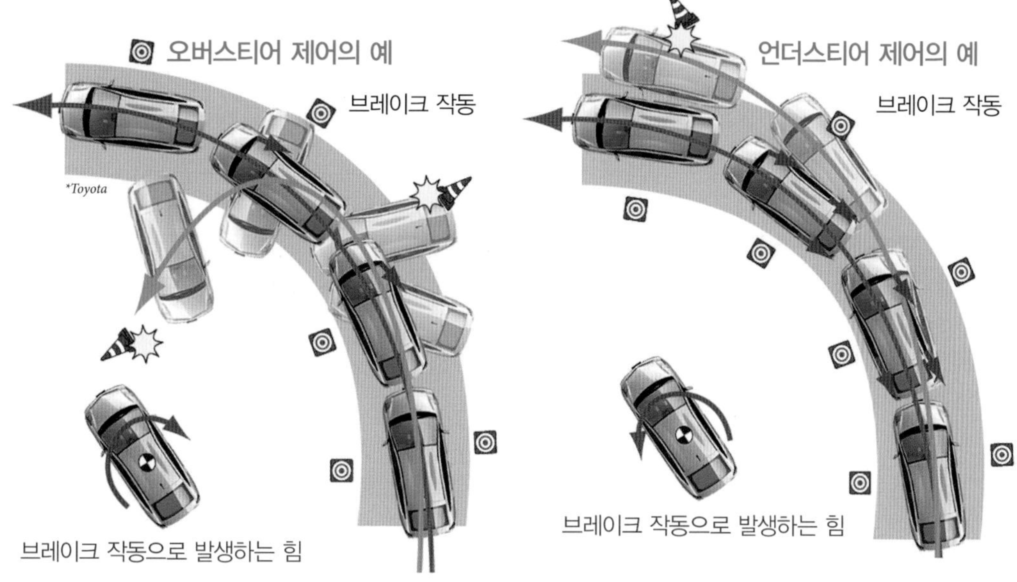

예를 들어 오버스티어 때에 코너 바깥쪽의 앞바퀴의 브레이크만 작동시키면 코너를 급하게 돌려고 하는 힘이 약해져 오버스티어를 회피할 수 있다. 실제 제어에서는 상황에 따라서 여러 바퀴의 브레이크를 작동시키는 경우도 있다. 오른쪽의 언더스티어 제어의 예에서는 바퀴 3개에 브레이크를 작동시키고 있으며, 코너 안쪽의 뒷바퀴가 가장 제동력이 크다.

■스태빌리티 컨트롤

자동차가 코너링을 하기 위해 필요한 코너링 포스는 타이어가 옆으로 미끄러지면서 노면 사이에 발생하는 마찰력에 의해 생겨난다. 노면상태나 구동력의 변화에 의해 필요 이상으로 옆으로 미끄러지는 경우도 있다. 앞바퀴가 옆으로 미끄러지는 정도가 심하면 자동차는 본래의 코너링보다 바깥쪽으로 나가는 언더스티어가 되며, 최악의 경우는 코너에서 이탈해버린다. 뒷바퀴가 옆으로 많이 미끄러지면 필요이상으로 도는 오버스티어가 되어 최악의 경우에는 스핀이 발생한다. 이러한 사태를 막는 장치가 스태빌리티 컨트롤이다. 옆으로 미끄러지는 것을 막는 장치인 것이다. 메이커마다의 명칭이 다르지만 최근에는 전자제어 스태빌리티 컨트롤인 ESC가 일반적으로 사용되고 있다.

ESC는 타각 센서에서 타각의 정보와 자동차의 속도에서 예상되는 코너링 라인, 자동차가 회전하려고 하는 힘인 요(yaw)의 상태를 검출하는 요 레이트 센서로부터의 정보를 비교해서, 오버스티어, 언더스티어를 감시한다. 브레이크 액추에이터로 특정 바퀴의 브레이크를 작동시키고 역방향으로 회전하려는 힘을 발생시켜 오버스티어나 언더스티어를 상쇄시킨다. 필요에 따라 출력을 일시적으로 저하시키는 엔진제어를 하기도 한다.

■통합 차량거동제어

ESC의 제어와 동시에 전동파워 스티어링(EPS)의 제어를 통해서 자동차의 움직임을 더욱 안정시키는 통합 차량거동제어도 있다. 다만 현재는 EPS에 의해 타각을 변화시키지 않고 어시스트력을 변화시켜서 드라이버의 스티어링 휠 조작에 영향을 주고 있다.

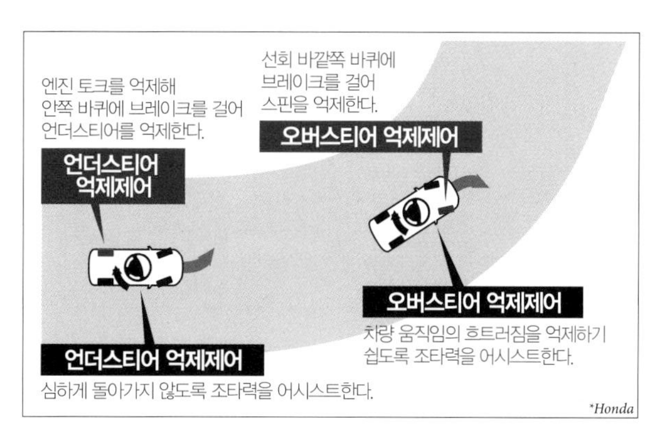

제동장치 07

Regenerative brake system
회생협조 브레이크

전기자동차와 하이브리드 자동차는 감속부터 정지를 회생제동으로 하면 가장 효율이 높아지지만 현재 모터의 능력에는 한계가 있다. 따라서 유압식 브레이크를 함께 사용하는 회생협조 브레이크가 필요하다. 이것은 회생제동의 효율을 최대한으로 높이면서 드라이버의 요구에 응하는 제동을 한다.

회생협조 브레이크는 브레이크 페달에서 브레이크 본체에 이르는 유압이나 기계적인 연결을 어딘가에서 분리시킬 필요가 있다. 현재의 브레이크 액추에이터는 독자적으로 유압을 발생시킬 수 있으므로 이 부분에서 분리할 수 있다. 브레이크 마스터 실린더의 유압을 직접 브레이크 본체에 보내지 않고, 그 유압과 브레이크 페달의 움직임을 센서로 검출해서 드라이버의 요구를 감지한다. 회생제동의 작동과 액추에이터가 브레이크 본체로 보내는 유압을 조정하며, 시뮬레이터에 의해 페달을 밟는 느낌을 만들어낸다. 이러한 개념을 바탕으로 다양한 회생협조용 브레이크 시스템이 개발되어있다.

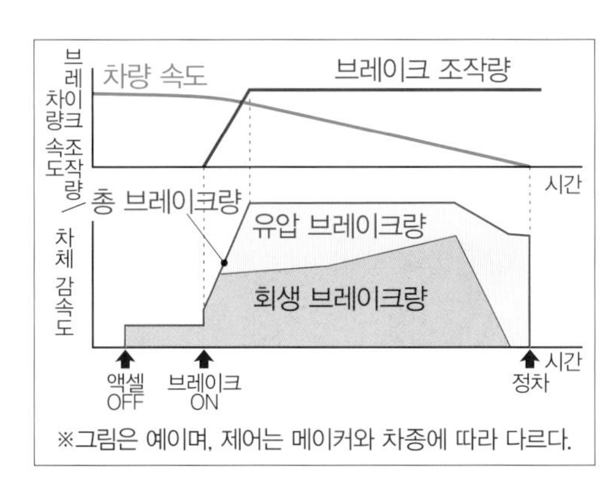

※그림은 예이며, 제어는 메이커와 차종에 따라 다르다.

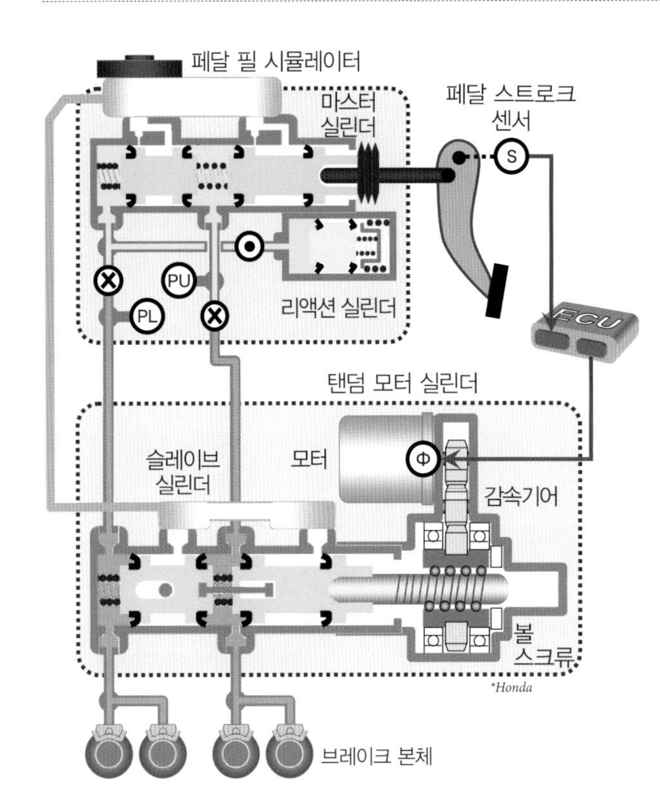

■전동 서보 브레이크 시스템

혼다가 전기자동차 피트EV에 사용하고 있는 회생협조 브레이크가 전동 서보 브레이크 시스템이다. 조작부(페달 필 시뮬레이터)와 유압발생부(탠덤 모터 실린더)를 독립시킨 것으로, 조작부의 마스터 실린더는 브레이크 페달을 밟으면 유압을 발생시킬 수 있지만, 평소에는 이 유압을 브레이크 본체로 보내지 않는다. 유압은 내부의 리액션 실린더에 보내져 페달을 밟는 느낌이 시뮬레이트 된다. 페달 조작은 페달 스트로크 센서에 의해 검출된다. 이러한 정보로 브레이크 본체의 작동에 필요한 유압을 ECU에서 산출하고, 탠덤 모터 실린더의 브러시리스 모터에 지시를 보낸다. 모터는 감속 기어를 통해 볼 스크류 기구를 움직여 슬레이브 실린더의 피스톤을 누른다. 여기서 발생된 유압이 브레이크 본체로 보내진다.

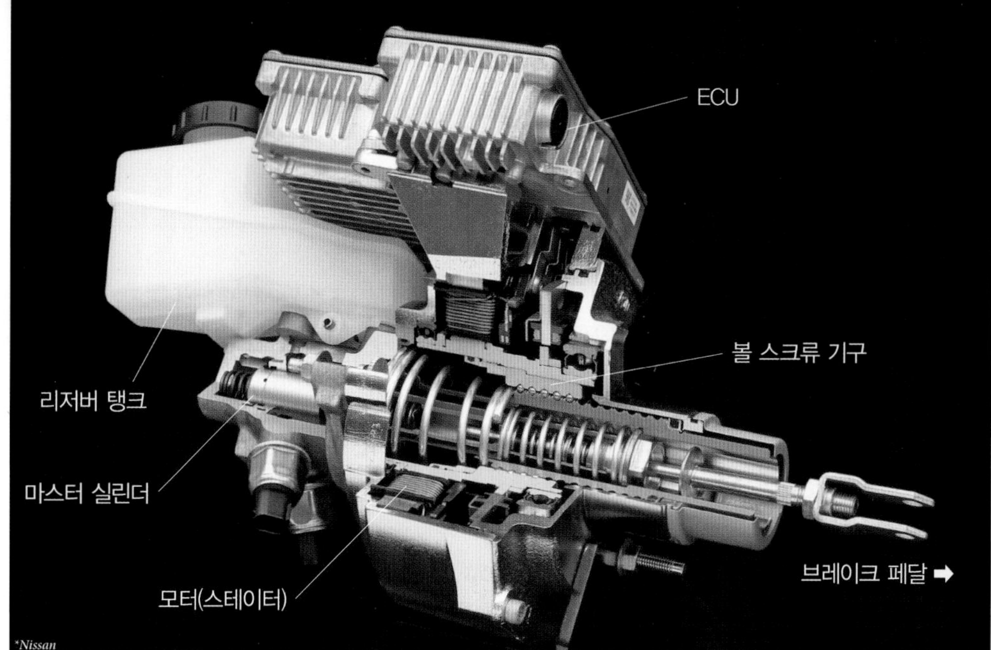

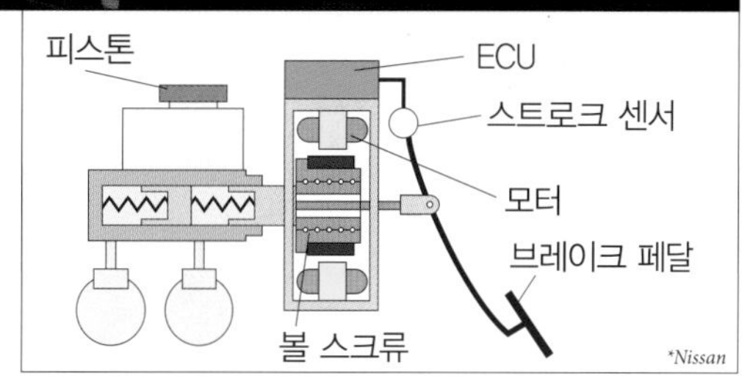

■전동형 제어 브레이크

닛산이 푸가 하이브리드에 사용하는 회생협조 브레이크가 전동형 제어 브레이크다. 이 시스템은 브레이크 페달과 브레이크 본체의 연결을 브레이크 페달과 마스터 실린더 사이에서 하고 있다. 브레이크 페달을 밟으면 마스터 실린더의 피스톤 로드를 누르는 것 같지만, 실제로 로드의 움직임은 피스톤으로 전달되지 않는다. 일반적으로는 브레이크 부스터가 배치되는 위치에 설치된 모터와 볼 스크류 기구에 의해 피스톤이 작동한다.

■ECB

토요타가 프리우스 등의 하이브리드 자동차에 사용하는 회생협조 브레이크가 ECB(전자제어 브레이크 시스템)다. 이것은 하이드로 브레이크 부스터를 발전시킨 시스템이라 할 수 있으며, 모터 구동 펌프로 발생시킨 유압을 어큐뮬레이터(축압실)에 축적하고 있다. 브레이크 페달을 밟으면 부스터 실린더에 유압이 발생된다. 이 유압이 평소에는 브레이크 본체로 보내지지 않고 페달을 밟은 정도를 담당하는 스트로크 시뮬레이터로 보내진다. 브레이크 본체의 작동에 필요하다고 판단되는 유압은 어큐뮬레이터로 제어를 하는 밸브 유닛을 통해 보내진다.

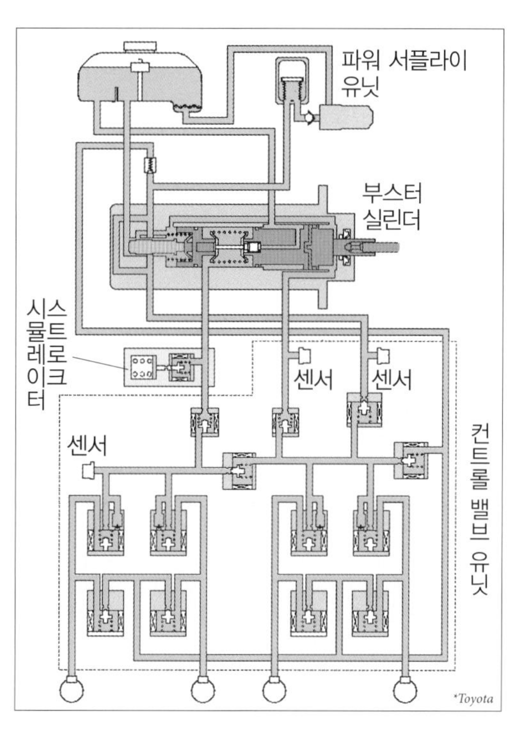

제동장치 08

Parking brake 파킹 브레이크

주차 중인 자동차의 위치를 유지하는 것이 파킹 브레이크(주차 브레이크)다. 일반적으로 파킹 브레이크 레버를 운전석 옆에 설치한 센터 레버식 파킹 브레이크가 사용되며, 조작방법과 레버의 위치 때문에 핸드 브레이크, 사이드 브레이크라고도 한다. 현재는 파킹 브레이크 페달을 발로 밟아서 조작하는 파킹 브레이크도 많다.

파킹 브레이크는 기계적으로 힘을 전달하는 기계식 브레이크가 주로 사용된다. 레버와 페달의 조작은 파킹 브레이크 와이어를 통해 브레이크 본체로 전달된다. 부분적으로는 와이어가 아닌 로드(봉)가 사용되는 경우도 있다. 조작된 위치를 유지하기 위해서는 래칫 기구가 사용된다. 일부에서는 조작부와 브레이크 본체의 기계적인 연결을 없앤 전동 파킹 브레이크를 사용하는 차종도 있다.

브레이크 본체는 풋 브레이크와의 공용이 많다. 4륜이 디스크 브레이크인 자동차에서는 파킹 브레이크 전용의 드럼 브레이크를 '드럼 인 디스크 브레이크'로 디스크 브레이크에 내장시키는 경우도 있다.

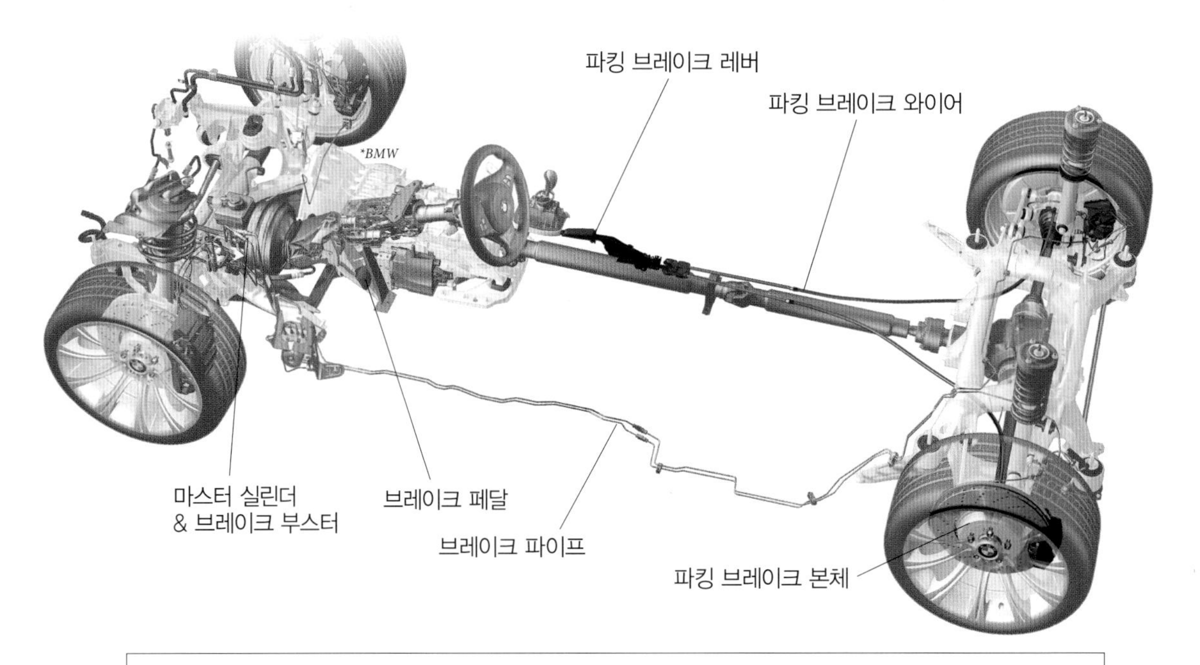

래칫 기구

래칫 기구란 회전방향을 일정하게 유지시키는 기계의 요소로, 오른쪽 그림처럼 톱니바퀴와 훅으로 조합된다. 톱니바퀴의 톱니 모양은 한쪽으로만 경사가 있고 다른 한쪽은 수직에 가깝다. 톱니바퀴를 왼쪽 방향으로 회전시키면 훅이 톱니의 경사면을 따라 미끄러져 회전하지만, 오른쪽 방향으로 회전시키려고 하면 톱니가 훅에 걸려서 회전을 시킬 수 없다. 훅을 들어 올리면 톱니바퀴는 오른쪽으로도 회전을 할 수 있다. 파킹 브레이크에 사용되는 래칫 기구는 원모양의 톱니가 아니라 부채꼴의 래칫 플레이트를 사용한다. 훅은 폴이라고도 한다.

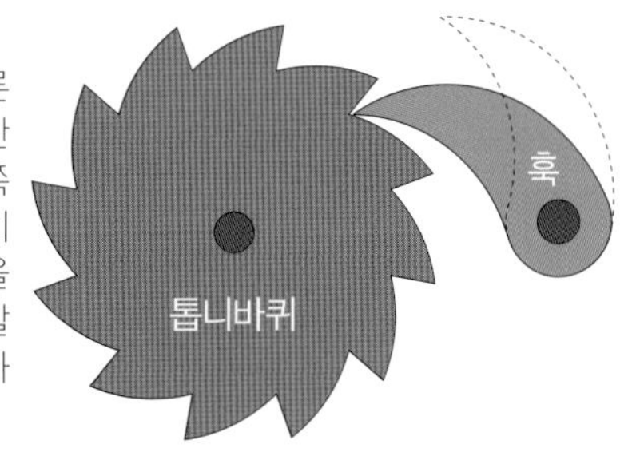

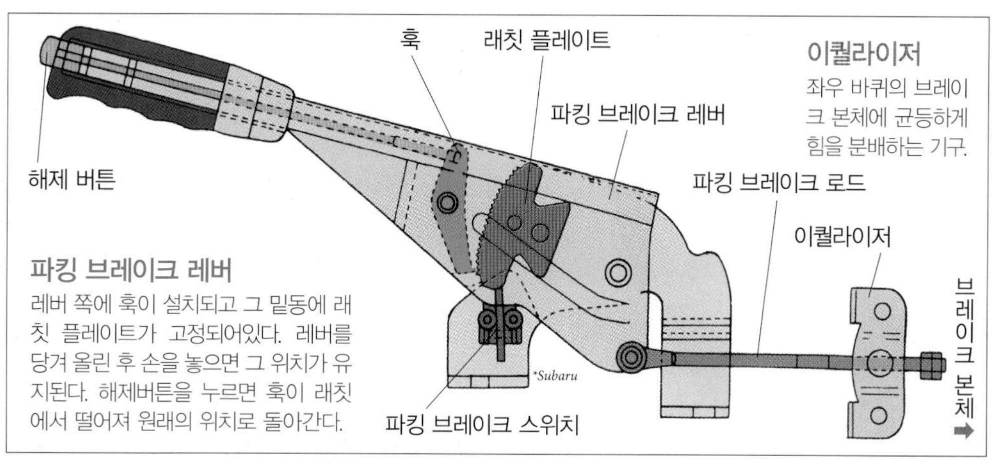

■파킹 브레이크 레버 & 파킹 브레이크 페달

파킹 브레이크 레버를 당기거나 파킹 브레이크 페달을 밟으면 파킹 브레이크 와이어가 당겨져서 브레이크 본체가 작동한다. 이 작동상태를 유지하기 위해 래칫 기구가 사용된다. 필요한 위치에서 조작을 멈추면 브레이크 본체의 리턴 스프링의 힘으로 원래 위치로 돌아가려고 하지만, 훅이 래칫 플레이트에 걸려 있기 때문에 위치가 유지된다. 해제 버튼을 조작하면 훅이 래칫 플레이트에서 떨어지므로 원래의 위치로 돌아간다. 페달을 다시 밟으면 해제되는 파킹 브레이크의 경우는 구조가 좀 더 복잡하다(아래 그림 참조).

파킹 브레이크 페달 (다시 밟으면 해제되는 타입)

파킹 브레이크 페달에 래칫 플레이트가 고정되어 있으며, 폴은 차체에 설치된다. 폴에는 페달을 다시 밟으면 해제되도록 릴리스 레버나 폴 스프링이 설치된다.

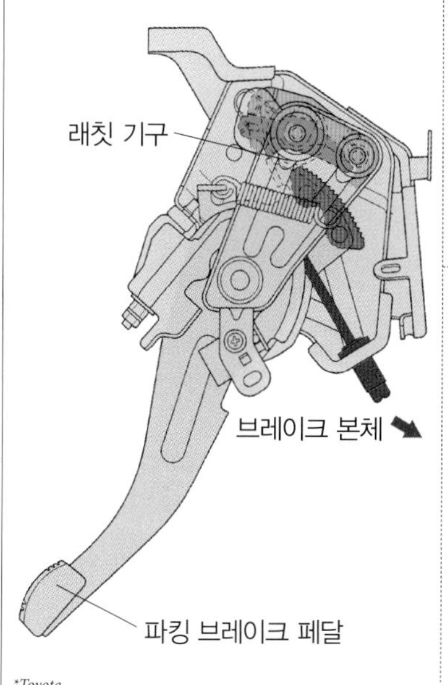

작동 시

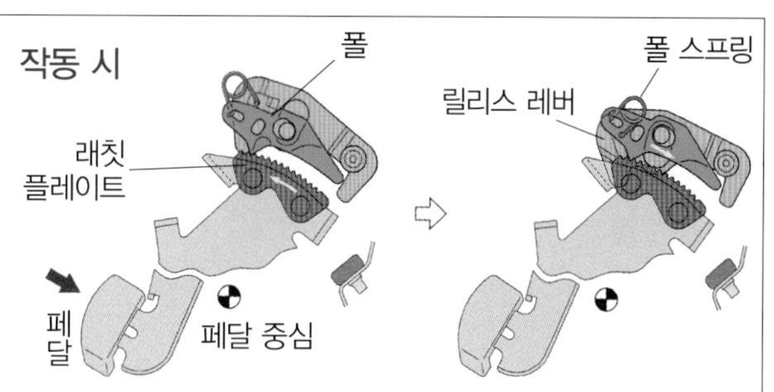

페달을 밟으면 래칫 플레이트와 폴이 맞물린다. 밟은 위치에서 발을 떼면 리턴 스프링의 힘으로 래칫이 약간 움직이고, 폴이 오른쪽으로 슬라이드 되어 릴리스 레버를 왼쪽으로 회전시킨다. 이렇게 되면 폴 스프링이 반전되어 폴에는 오른쪽 회전 방향의 힘, 릴리스 레버에는 왼쪽 회전 방향의 힘이 작용해 폴이 고정된다.

해제 시

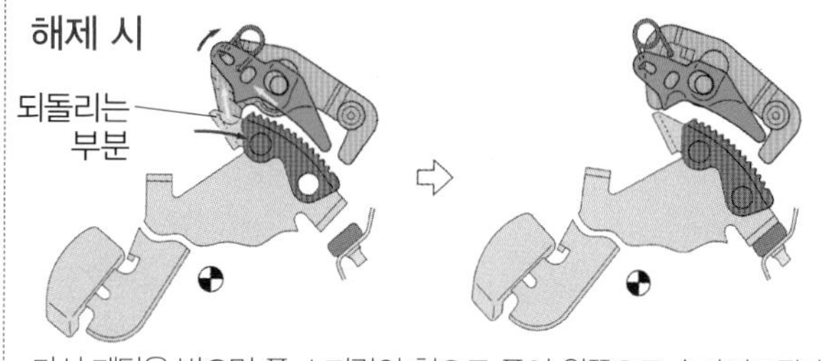

다시 페달을 밟으면 폴 스피링의 힘으로 폴이 왼쪽으로 슬라이드된다. 래칫과 맞물린 것이 풀리고 리턴 스프링으로 페달이 원래 위치로 돌아와 브레이크가 해제된다. 이때 페달의 릴리스 레버를 되돌리는 부분에 의해 릴리스 레버가 오른쪽으로 회전해서 처음의 위치로 돌아간다.

■드럼 인 디스크 브레이크

드럼 인 디스크 브레이크는 디스크 브레이크의 햇 부분이 브레이크 드럼으로 사용되어 내부에 브레이크 슈, 휠 실린더 등이 들어간다. 풋 브레이크에 드럼 브레이크를 사용하는 경우와 비교하면 드럼 브레이크 자체의 구경이 작고 마찰을 일으키는 면적도 작다. 하지만 자기배력작용에 의해 자동차가 멈춘 상태를 충분히 유지할 수 있다.

■브레이크 본체

드럼 브레이크, 디스크 브레이크를 파킹 브레이크를 위해 기계식 브레이크로 작동시키는 구조에는 다양한 것들이 있다. 그 중에는 지렛대나 크랭크 기구를 사용하는 심플한 구조가 많다. 모두 해제된 상태를 유지하기 위해 리턴 스피링이 설치되어 있다.

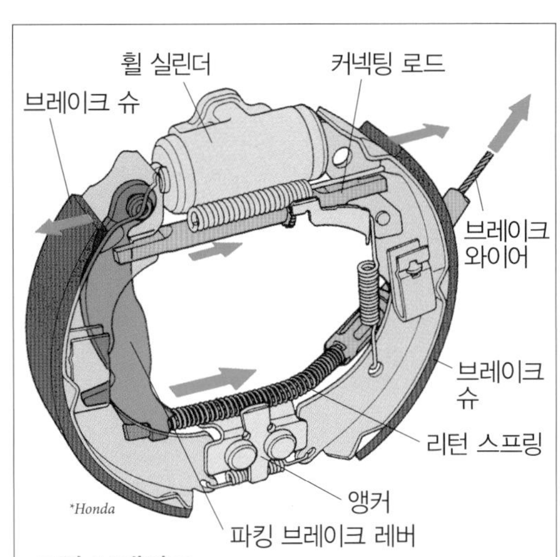

드럼 브레이크

위 그림 예의 경우, 지렛대로 기능하는 파킹 브레이크 레버의 끝에 브레이크 와이어가 접속되고 다른 한쪽은 브레이크 슈에 접속된다. 브레이크 와이어가 당겨지면 커넥팅 로드 부분이 지지점이 되어 접속된 브레이크 슈가 드럼에 밀어붙여진다. 동시에 커넥팅 로드가 반대쪽 슈를 드럼으로 밀어붙인다.

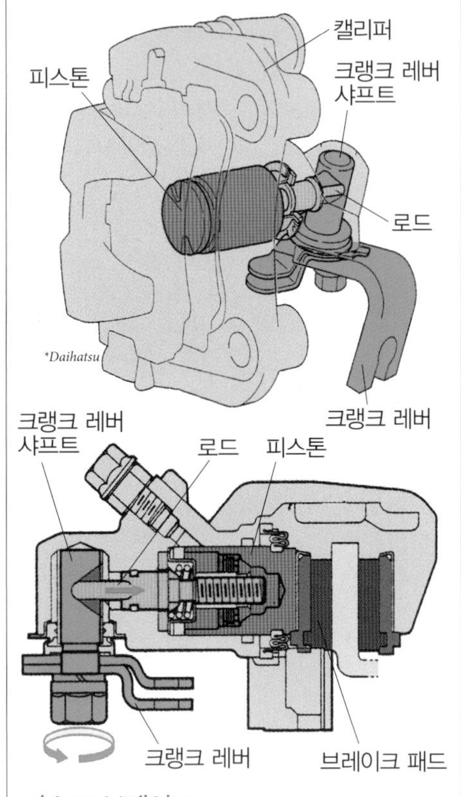

디스크 브레이크

위 그림 예는 브레이크 와이어가 크랭크 레버에 접속되어 있다. 와이어가 당겨지면 레버와 함께 크랭크 레버 샤프트가 회전한다. 샤프트에는 캠으로 기능하는 홈이 있으며, 이 홈에 의해 밀린 로드가 피스톤을 눌러서 브레이크 패드를 디스크 로터로 밀어붙인다. 이 움직임에 의해 반대쪽 패드도 로터로 밀어붙여진다.

■전동 파킹 브레이크

파킹 브레이크의 전동화는 조작력의 경감이 주요목적이며, 안전성도 높아진다. 비탈길에서 출발할 때 뒤로 밀리는 것을 방지하는 힐 스타트 어시스트로의 응용도 가능하다. 전동 파킹 브레이크에는 2가지 타입이 있다. 하나는 종래의 브레이크 본체의 기계적인 구조를 그대로 이용해 파킹 브레이크 와이어를 모터의 힘으로 당기는 것으로, 이것은 비교적 낮은 비용으로 실현할 수 있다. 다른 하나는 모터를 브레이크 본체에 설치하고 그 힘으로 피스톤을 작동시키는 것이다. 구조는 복잡해지지만 브레이크 본체와 조작부가 전기신호만으로 연결되므로 제어의 고도화가 가능하다.

브레이크 와이어를 모터의 힘으로 당기는 타입의 전동 파킹 브레이크 유닛. 좌우 바퀴의 브레이크 본체를 1개의 장치로 조작하기 때문에 2개의 브레이크 와이어가 당겨진다.

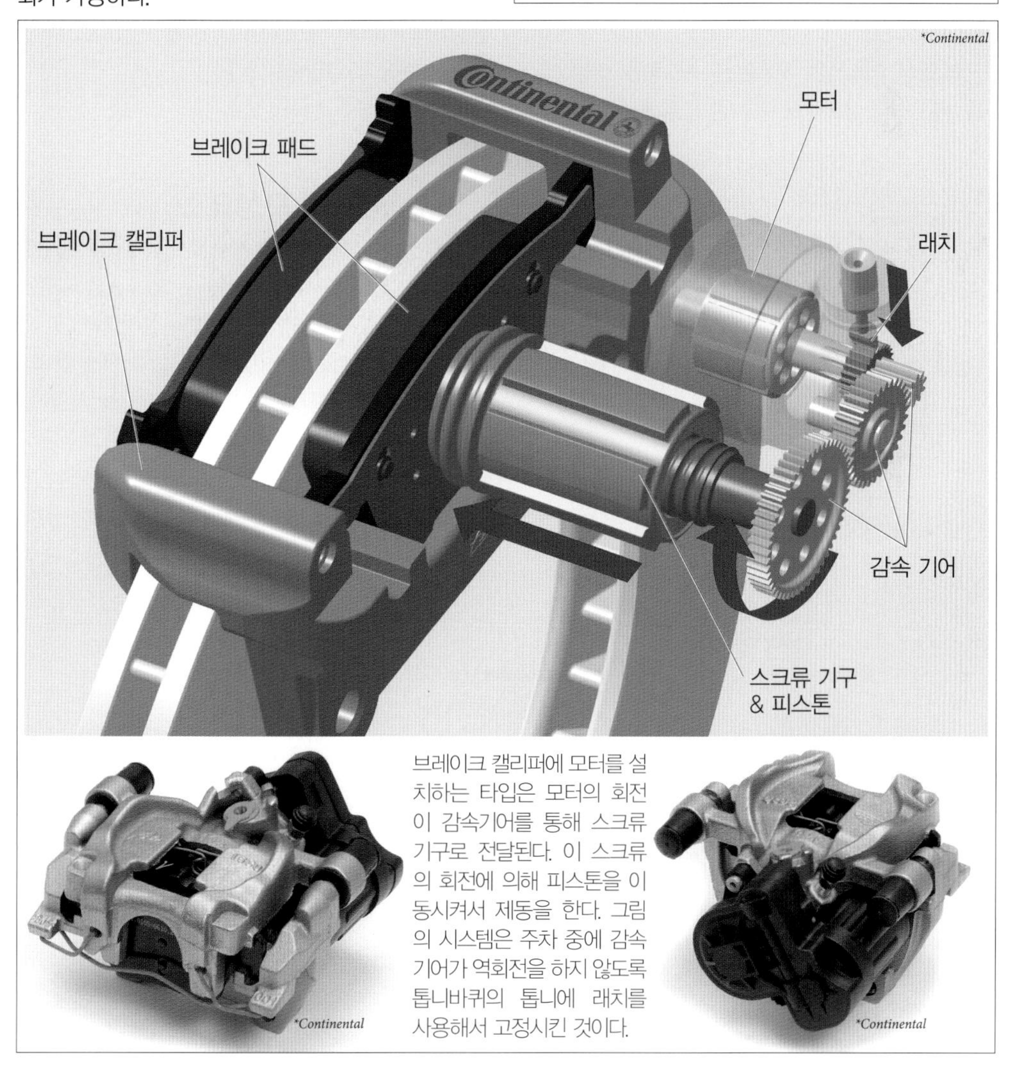

브레이크 캘리퍼에 모터를 설치하는 타입은 모터의 회전이 감속기어를 통해 스크류 기구로 전달된다. 이 스크류의 회전에 의해 피스톤을 이동시켜서 제동을 한다. 그림의 시스템은 주차 중에 감속기어가 역회전을 하지 않도록 톱니바퀴의 톱니에 래치를 사용해서 고정시킨 것이다.

현가장치 Suspension system

01 서스펜션 시스템

서스펜션 시스템은 자동차의 바퀴와 차체를 연결하는 것으로 현가장치라고도 한다. 노면에는 굴곡이 있고, 코너링의 원심력처럼 자동차에 힘이 작용하는 경우도 있다. 차체에 바퀴의 위치가 고정되어있으면 타이어가 노면에서 떠서 자동차 본래의 성능을 발휘하지 못하고, 위험하기도 하다. 서스펜션은 다양한 주행상황에서 항상 타이어의 접지를 확보하는 역할을 한다. 또한 진동과 흔들림을 억제시켜 승차감을 향상시키는 역할도 하고 있다.

서스펜션 시스템은 서스펜션 스프링을 바탕으로 이루어져 있다. 스프링으로 차량의 무게를 지탱하는 동시에 바퀴에 작용되는 힘에 대처한다. 여기에 일반적으로 바퀴가 움직이는 방향과 범위를 정하는 서스펜션 암, 필요 없는 움직임을 규제하는 쇼크 업소버가 추가된다.

서스펜션은 좌우 바퀴를 연결하는 차축을 함께 지탱하는 차축 서스펜션과 차축을 좌우 바퀴로 독립시킨 독립 서스펜션으로 나눌 수 있다. 각각에는 다양한 구조가 있으며, 현재의 주류는 독립 서스펜션이다. 주행상황에 따라서 서스펜션의 성능을 변화시킬 수 있는 전자제어 서스펜션도 있다.

코일 스프링만 사용

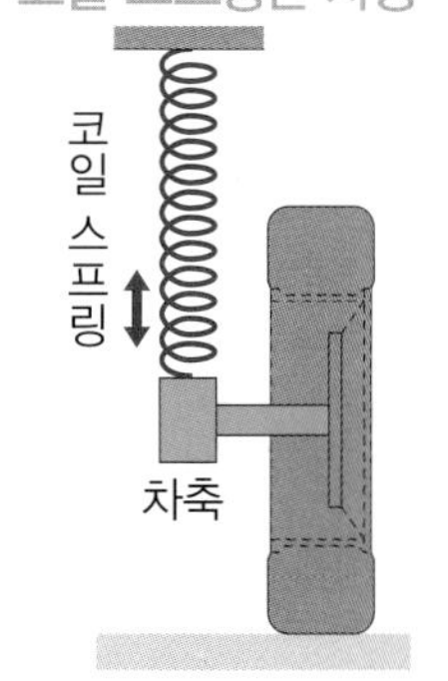

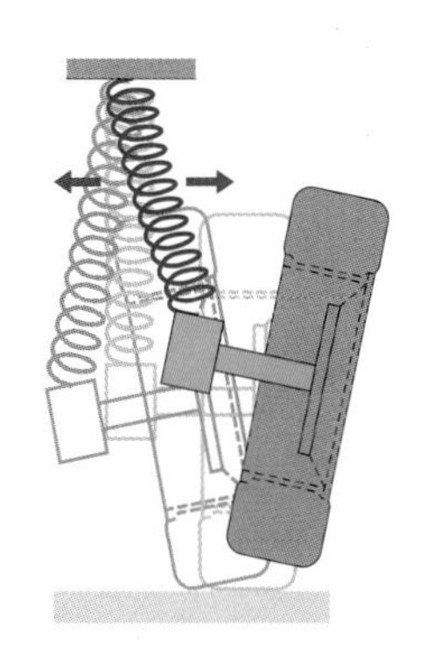

코일 스프링이 수직방향의 힘을 받아준다. 그 외의 방향으로부터의 힘에는 견딜 수 없다.

■서스펜션의 구성요소

코일 스프링으로 차체와 차축을 연결시키면 힘을 받아낼 수 있다. 하지만, 받아낼 수 있는 힘의 방향은 코일의 중심을 관통하는 방향으로 한정되며, 그 외의 방향의 힘에는 강하지 않으므로 바퀴가 의도하지 않게 기울어지기도 한다. 따라서 정해진 범위 안에서 바퀴가 움직이도록 서스펜션 암으로 제한된다.

스프링에는 계속 진동을 하려고 하는 성질이 있으며, 필요 없이 바퀴를 계속 움직이게 하는 경우도 있다. 따라서 스프링의 진동을 억제하는 쇼크 업소버가 설치된다.

코일 스프링+서스펜션 암

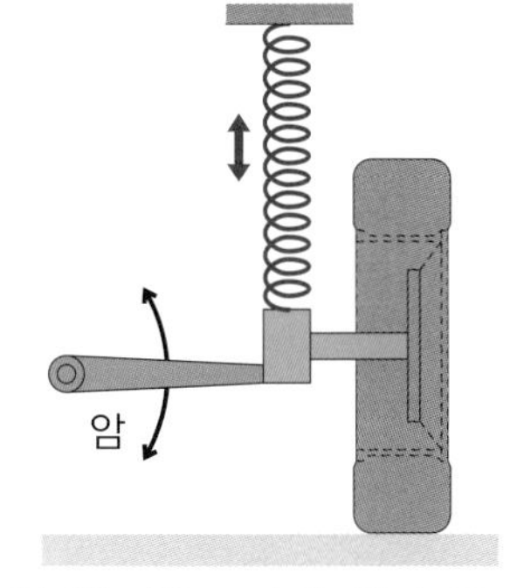

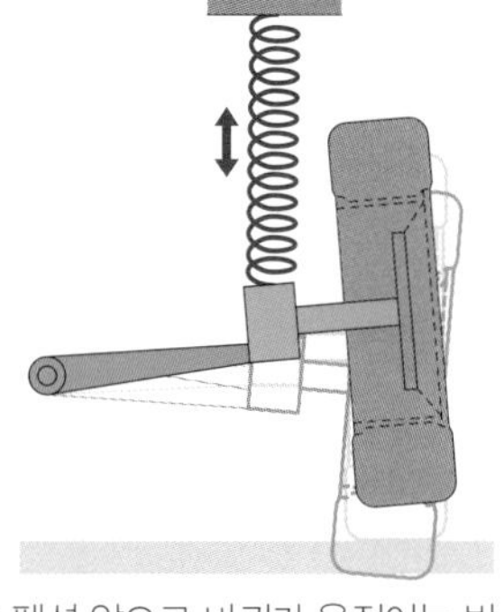

일정한 방향으로만 회전할 수 있는 서스펜션 암으로 바퀴가 움직이는 방향을 제한해두면 스프링이 본래의 기능을 할 수 있다.

스프링+암+쇼크 업소버

쇼크 업소버

스프링의 진동을 쇼크 업소버로 흡수해서 움직임을 안정시킨다.

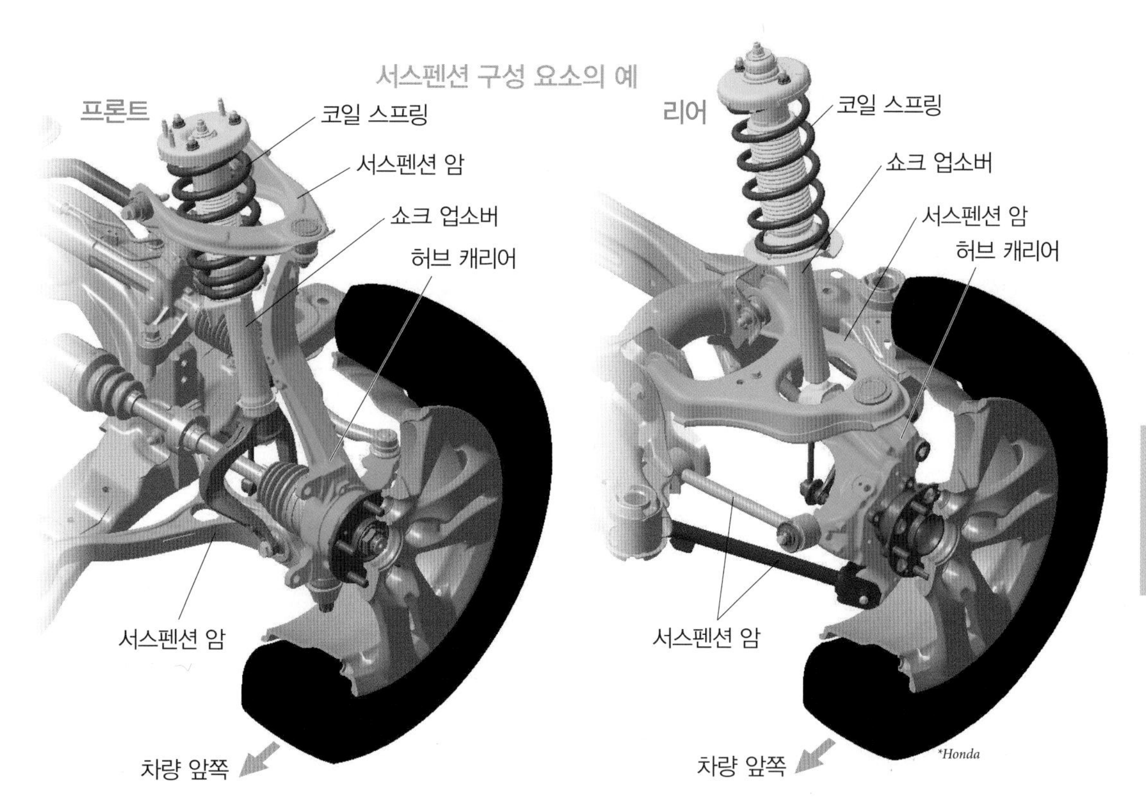

그림과 같이 휠 허브 캐리어의 일부가 암처럼 연장되어 서스펜션의 골격을 구성하는 경우도 있다.

■차축 서스펜션과 독립 서스펜션

차축 서스펜션은 좌우 바퀴의 회전축을 지탱하는 부분이 차축(액슬)과 연결되어있다. 차축은 드라이브 샤프트와 혼동되는 경우가 많지만, 회전축을 의미하는 것이 아니며 비구동륜에도 존재한다. 이러한 차축의 형식을 리지드 액슬이라고 하기 때문에 차축 서스펜션을 리지드 액슬식 서스펜션이라고도 한다. 양 바퀴가 서로 의존(dependent)하고 있어서 디펜던트 서스펜션이라고도 한다.

독립 서스펜션의 경우는 좌우 바퀴를 연결하는 구조가 없다. 이러한 차축의 형식을 디바이디드 액슬, 인디펜던트 액슬이라고 한다. 독립 서스펜션은 디바이디드 액슬식 서스펜션, 인디펜던트 액슬식 서스펜션이라고 한다. 그냥 인디펜던트 서스펜션이라고 하기도 한다.

차축 서스펜션은 좌우 바퀴의 움직임이 연동한다. 예를 들어 한쪽 바퀴가 파인 노면에 들어가면 반대쪽 바퀴도 기울어서 접지가 틀어진다. 독립 서스펜션에서는 이러한 경우가 일어나지 않는다. 때문에 좌우 바퀴가 따로 움직이는 독립 서스펜션은 다양한 상황에 대응할 수 있으며 성능이 높다. 따라서 현재의 주류로 사용되고 있다.

독립 서스펜션

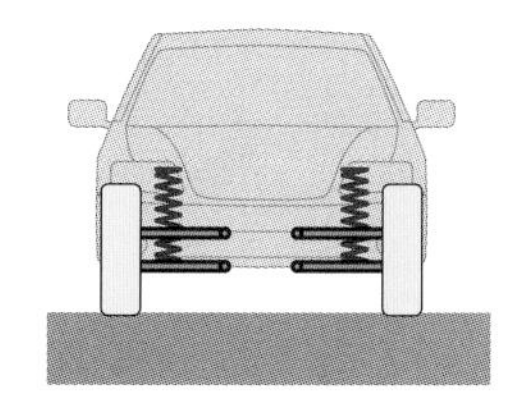

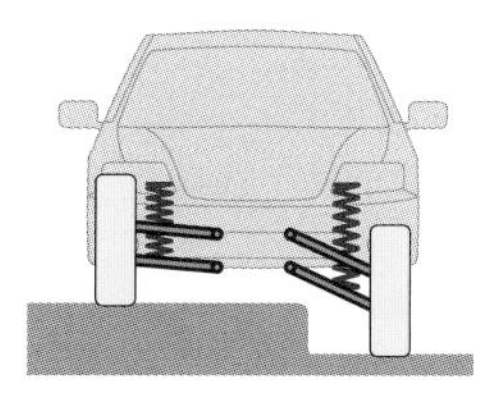

차축 서스펜션

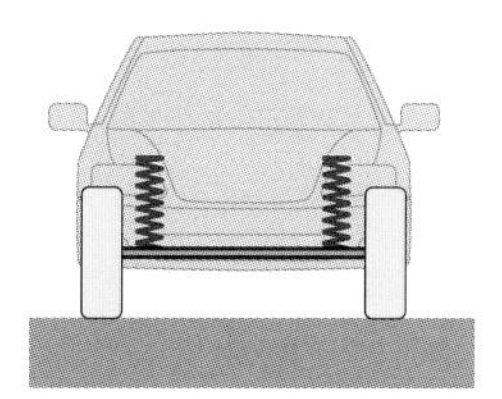

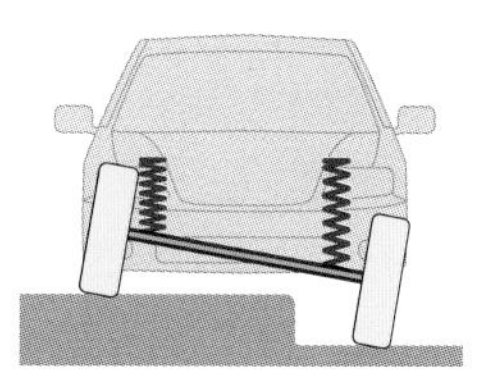

독립 서스펜션은 좌우 바퀴가 따로 움직일 수 있지만, 차축 서스펜션은 반대쪽 바퀴의 영향을 받는다.

현가장치 02

Suspension arm & Suspension spring
서스펜션 암 & 스프링

서스펜션 암은 서스펜션의 형식과 설계에 따라 다양한 모양과 구조가 있다. 여기서는 암이라고 부르지만 서스펜션 링크, 서스펜션 로드라고 하는 경우도 있으며, 호칭에 공식적인 규정은 없다. 지지점의 회전축이 1개로 원호를 그리며 움직이는 것을 암, 지지점에 볼 조인트를 설치해 상하좌우 다양한 방향으로 움직일 수 있는 것을 링크라고 하는 경우가 많지만, 이 책에서는 주로 예전의 명칭을 사용한다.

서스펜션 스프링은 넝쿨처럼 감긴 코일 스프링이 주로 사용되고 있다. 이밖에도 휘어지는 힘에 대해서 스프링으로 작용하는 토션 바, 진동을 흡수하는 기능을 가진 리프 스프링, 공기의 탄력을 이용하는 에어 스프링 등이 사용되는 경우가 있으며, 각각의 특징을 살려 서스펜션을 구성하고 있다.

서스펜션 암에는 다양한 모양, 제조방법이 사용된다.

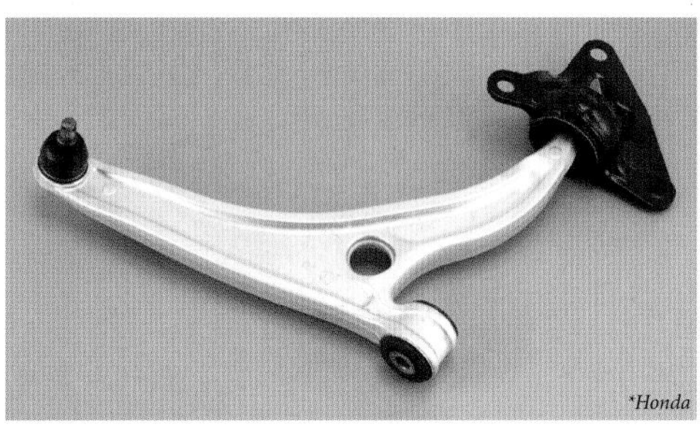

⬆경량화를 위해 알루미늄 단조로 만들어진 서스펜션 암.

■서스펜션 암

서스펜션 암은 강판을 성형용접한 것, 강철재질을 주조한 것, 강관 등이 사용되는 경우가 많다. 스프링 아래쪽의 중량(328p. 참조)을 줄이기 위해 알루미늄 단조로 만들어진 것도 있다. 단순한 봉 모양, A자 모양, V자 모양도 있다.

■서스펜션 부시

서스펜션 암의 지지점의 회전축이 1개인 경우, 암은 원호를 그리는 방향으로만 움직일 수 있다. 하지만, 현재는 서스펜션 부시에 의해 가동범위의 자유도를 높인 경우가 많다. 부시는 고무재질의 부품으로 회전축과 그 축을 지탱하는 원통의 사이에 배치된다. 이 고무가 휘어져서 회전축에 의한 본래의 원호 이외의 방향으로도 암을 움직일 수 있다. 그리고 고무에 의해 암에 가해지는 충격도 완화된다.

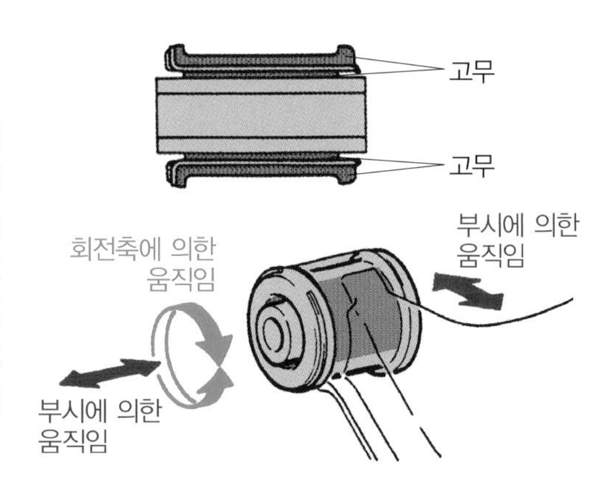

■코일 스프링

코일 스프링은 봉 모양의 스프링 강철을 넝쿨모양으로 감은 것으로, 구조가 심플하고 적은 비용으로 제조할 수 있다. 다양한 상황에 대응할 수 있도록 감는 간격을 부분에 따라 다르게 하는 부등피치 코일 스프링, 굵기에 변화를 준 비선형 코일 스프링도 있다. 일반적으로 큰 힘에 견딜 수 있도록 하면 주행 진동과 같은 작은 움직임에는 잘 반응하지 않는다.

*Mitsubishi

⬆스프링은 강철의 종류, 굵기, 간격에 따라서 성능이 달라진다.

■토션 바

토션 바는 스프링 강으로 만들어진 봉으로, 휘어지면 원래의 상태로 돌아오려고 하는 스프링으로 작용한다. 구조는 간단하지만 중량 당 진동흡수능력이 높다. 토션 빔식 서스펜션(307p. 참조)에서 매우 중요한 역할을 한다.

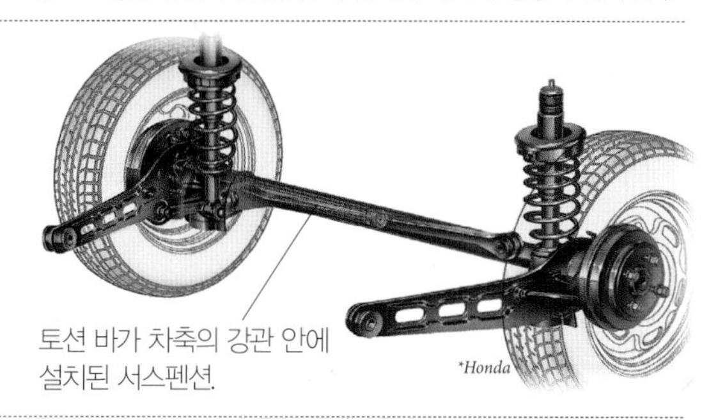
*Honda

토션 바가 차축의 강관 안에 설치된 서스펜션.

■리프 스프링

리프 스프링은 여러 장의 길고 가는 스프링 강의 판이 겹쳐진 것이다. 겹쳐진 방향에 힘이 가해지면 전체가 휘어져서 스프링으로 기능한다. 원래 상태로 돌아갈 때에는 판과 판 사이에서 마찰이 발생되어 힘이 흡수된다. 따라서 코일 스프링처럼 진동을 계속 받는 경우는 적다. 암처럼 서스펜션의 골격으로도 이용할 수 있지만 작은 힘에는 잘 반응을 하지 않으므로 주류로 사용되지는 않는다.

*Mitsubishi

리프 스프링을 사용하는 서스펜션. 암에 해당되는 부분이 없다.

■에어 스프링

에어 스프링은 공기의 탄력을 스프링으로 사용한다. 내부의 압력을 바꾸어 스프링의 능력을 다르게 할 수 있으며, 이것으로 스프링을 전자제어 할 수 있다. 스프링으로 차의 높이 조절도 할 수 있다. 에어 스프링은 큰 힘에는 단단한 스프링으로 반응하고, 작은 힘에는 부드러운 스프링으로 반응하기 때문에 이상적인 서스펜션 스프링이다. 하지만 구조가 복잡하고 제작 가격이 높다.

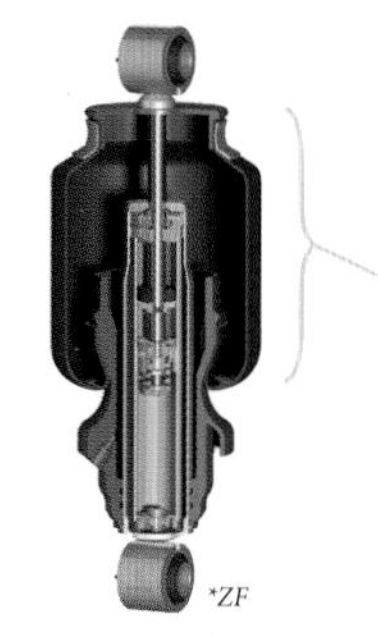
*ZF

고무 재질의 용기에 담긴 고압공기가 스프링으로 기능한다.

현가장치 03

Shock absorber
쇼크 업소버

서스펜션에 사용되는 서스펜션 스프링, 특히 코일 스프링은 계속 진동하려는 성질을 가지고 있다. 그 힘을 흡수해서 서스펜션의 불필요한 진동을 줄이는 것이 쇼크 업소버의 역할이다. 댐퍼라고도 한다.

쇼크 업소버는 점성이 높은 오일 같은 액체가 가는 구멍을 통과할 때에 발생하는 마찰에 의해 힘을 흡수한다. 흡수된 운동에너지는 열에너지로 변환된다. 이러한 변환으로 쇼크 업소버가 억제할 수 있는 힘을 감쇠력이라고 한다. 쇼크 업소버는 스프링이 눌릴 때와 늘어날 때에도 감쇠력을 발휘한다. 눌릴 때와 늘어날 때의 감쇠력 크기가 다른 복동형 쇼크 업소버가 일반적으로 사용된다. 실제로 사용되고 있는 쇼크 업소버는 구조에 따라 트윈 튜브식 쇼크 업소버와 모노 튜브식 쇼크 업소버로 크게 나뉜다. 감쇠력의 크기를 바꿀 수 있는 감쇠력 가변식 쇼크 업소버도 있으며, 이것은 전자제어 서스펜션에 사용되고 있다.

■오리피스와 밸브

오일이 담겨있는 원통형 실린더에 피스톤 로드가 설치된 피스톤을 넣은 것이 쇼크 업소버의 기본 구조다. 피스톤에는 위아래로 뚫려있는 오리피스라는 작은 구멍이 있다. 눌리는 과정에서 피스톤 로드가 눌러오면 피스톤 아래쪽의 오일 압력이 상승, 반대로 위쪽 압력이 저하된다. 오일이 오리피스를 통해 아래에서 위로 이동하려고 하지만, 작은 구멍을 통과할 때에 저항이 발생해 피스톤 로드를 누르는 힘이 흡수된다. 이것이 감쇠력이다. 오리피스가 가늘수록 감쇠력이 크다. 늘어나는 과정에서는 반대의 압력변화로 감쇠력이 발휘된다.

오리피스만으로는 눌리는 행정과 늘어나는 행정의 감쇠력이 같지만, 밸브를 함께 사용하면 복동형(複動型)이 된다. 피스톤에 굵기가 다른 2개의 오리피스를 설치해서 각각에 눌리는 행정에서만 열리는 밸브와 늘어나는 행정에서만 열리는 밸브를 설치하면 행정마다의 감쇠력이 달라진다.

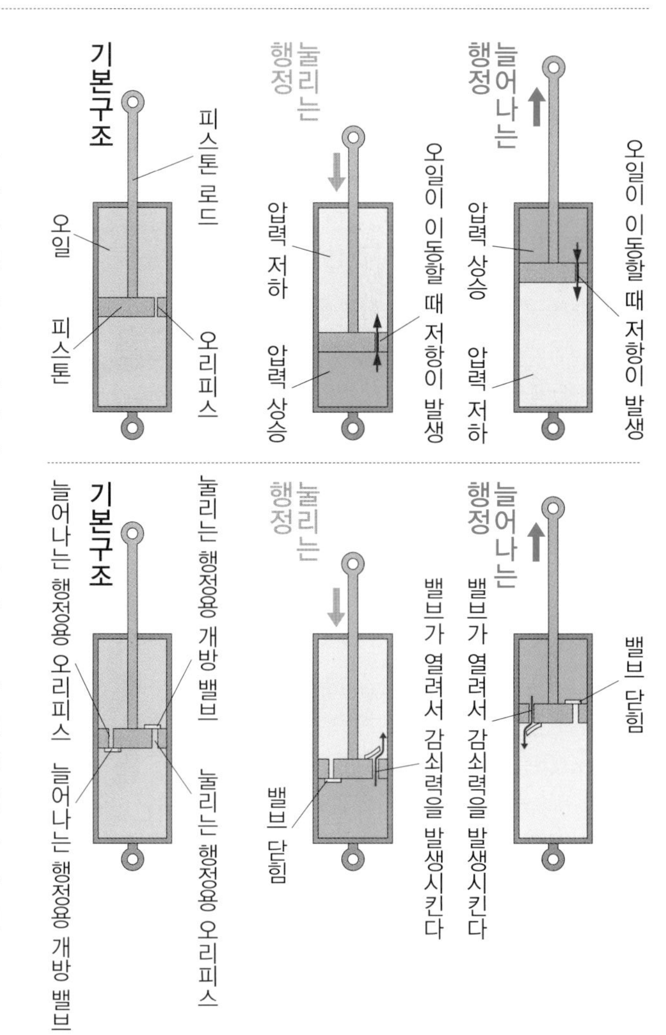

■트윈 튜브식 쇼크 업소버

트윈 튜브식 쇼크 업소버는 피스톤 로드의 움직임에 의한 실린더 내부용적 변화에 대응하기 위해서 실린더를 2중으로 만든 것이다. 안쪽의 실린더(이너 셸)에는 오일이 채워져 있으며, 피스톤 밸브가 설치된 피스톤이 들어간다. 이너 튜브의 바닥에는 보텀 밸브가 있어, 바깥쪽의 실린더(아우터 셸)와 오일을 주고받을 수 있다. 아우터 셸에는 오일과 함께 저압의 불활성가스(질소)가 봉입되어있다. 양쪽 밸브 모두 아래에서 위로 오일이 흐르기 쉬워 감쇠력을 발휘하지 않지만, 위에서 아래로는 오일이 흐르기 힘들고 감쇠력을 발휘하는 구조다.

트윈 튜브식은 눌리는 행정에서는 보텀 밸브가, 늘어나는 행정에서는 피스톤 밸브가 감쇠력을 발휘한다. 2중 구조이므로 쇼크 업소버를 큰 구경으로 만들기 어려우며, 방열면에서도 불리하다. 하지만 2개의 밸브로 역할 분담을 해서 안정적인 성능을 발휘할 수 있어 가장 많이 사용되고 있다.

눌리는 행정

늘어나는 행정

눌리는 행정에서는 피스톤이 하강하지만 피스톤 밸브는 오일을 쉽게 통과시킨다. 이때 이너 셸로 들어온 피스톤 로드의 용적만큼 오일이 아우터 셸로 이동한다. 이때 보텀 밸브에서 감쇠력이 발휘된다. 아우터 셸의 오일량이 증가한 만큼, 저압가스는 압축된다. 늘어나는 행정에서는 피스톤이 상승할 때에 오일이 피스톤 밸브를 통과하면서 감쇠력을 발휘한다. 감소한 피스톤 로드의 용적만큼 오일이 보텀 밸브를 통해 이너 셸로 쉽게 이동한다.

■모노 튜브식 쇼크 업소버

모노 튜브식 쇼크 업소버는 피스톤 로드의 움직임에 의한 실린더 내 용적의 변화에 고압가스실로 대응하는 것이다. 실린더 안에 피스톤이 들어간 심플한 구조지만, 내부를 프리 피스톤으로 나눠 오일과 고압가스가 분리되어있다. 피스톤에는 눌리는 행정용 밸브&오리피스와 늘어나는 행정용 밸브&오리피스가 설치되어 있다.

트윈 튜브식은 피스톤이 격렬하게 움직이면 기포가 발생(캐비테이션)해서 본래의 성능을 발휘할 수 없는 경우가 있지만, 오일과 가스가 분리되어 있는 모노 튜브식은 그런 우려가 없으며, 격렬한 주행에도 대응할 수 있다. 방열성이 뛰어나 큰 구경으로 만들면 큰 감쇠력을 발휘시킬 수도 있다. 하지만 고압가스에 견딜 수 있도록 만들어진 오일 실은 마찰이 커지므로 부드러운 승차감을 내기 힘들다. 그리고 피스톤 밸브에서 모든 감쇠력을 발휘시키기 때문에 피스톤과 실린더 내벽의 높은 가공정밀도가 요구되며, 이렇게 되면 제작비용도 높아진다. 때문에 스포츠 타입의 자동차에 사용되는 경우가 많다.

눌리는 행정

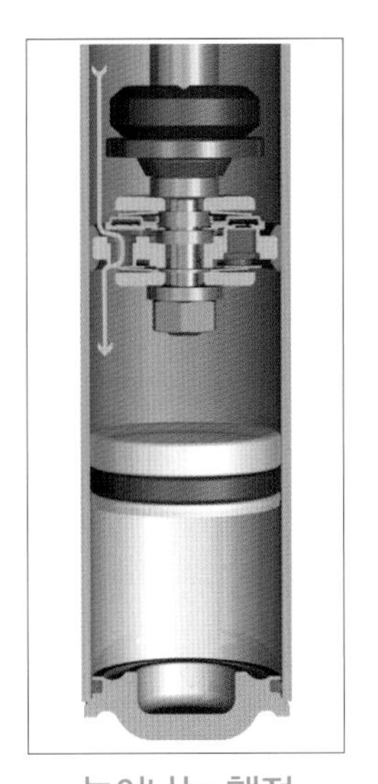

늘어나는 행정

눌리는 행정에서는 피스톤이 하강한다. 피스톤 밸브의 눌리는 행정용 밸브가 열려서 오일이 통과할 때 감쇠력이 발휘된다. 이때 실린더에 들어간 피스톤 로드의 용적만큼 고압가스가 압축되어 프리 피스톤이 아래쪽으로 이동한다. 늘어나는 행정에서는 피스톤이 상승할 때에 오일이 늘어나는 행정용 밸브를 통과하면서 감쇠력이 발휘된다. 피스톤 로드의 용적 감소에 의해 프리 피스톤은 위쪽으로 이동한다.

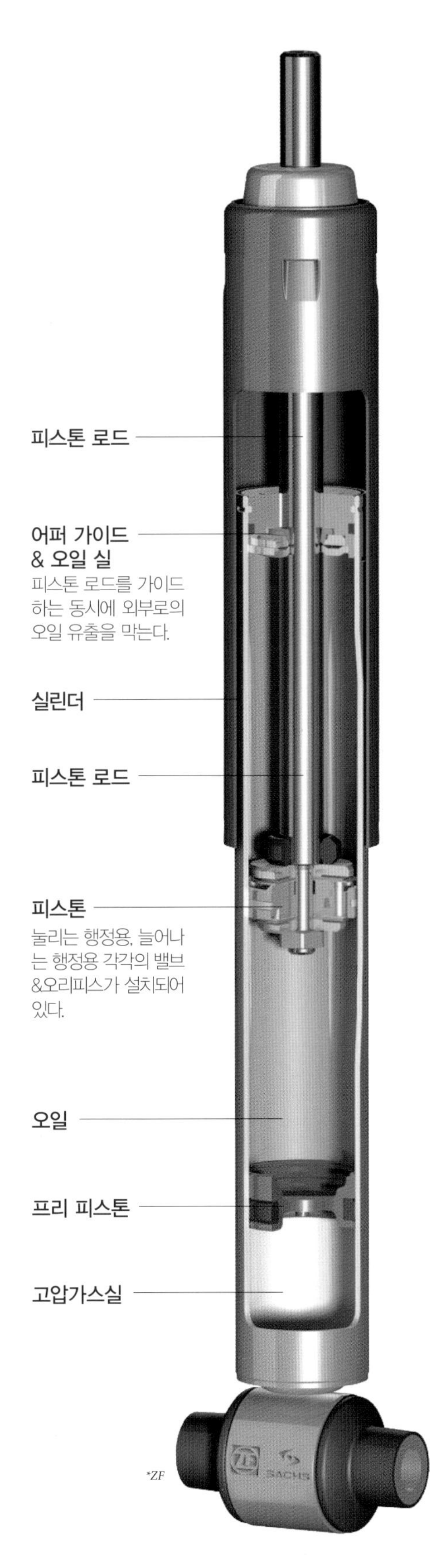

*ZF

■감쇠력 가변식 쇼크 업소버

일부에는 쇼크 업소버 본체에 설치된 다이얼로 전환을 하는 감쇠력 가변식 쇼크 업소버도 있다. 하지만, 시판되는 자동차에 표준으로 탑재되는 경우는 없으며, 이것은 스포츠 주행용이다. 승용차에서는 하드, 소프트 등 서스펜션의 설정을 스위치 조작으로 바꿀 수 있도록 하기 위해 사용하거나, 주행상황에 따라 자동적으로 바뀌는 전자제어 서스펜션을 위해 사용되기도 한다.

감쇠력 가변식 쇼크 업소버는 피스톤에 여러 개의 밸브가 설치되어 있어 피스톤 로드를 회전시키는 방식으로 감쇠력 전환을 하는 구조의 경우가 많았다. 현재는 감쇠력을 연속 가변할 수 있는 것이 늘어나고 있으며, 내부에 전환 액추에이터를 갖춘 것, 실린더 안에 다른 기름길을 설치한 것, 자성유체를 사용하는 것도 등장했다.

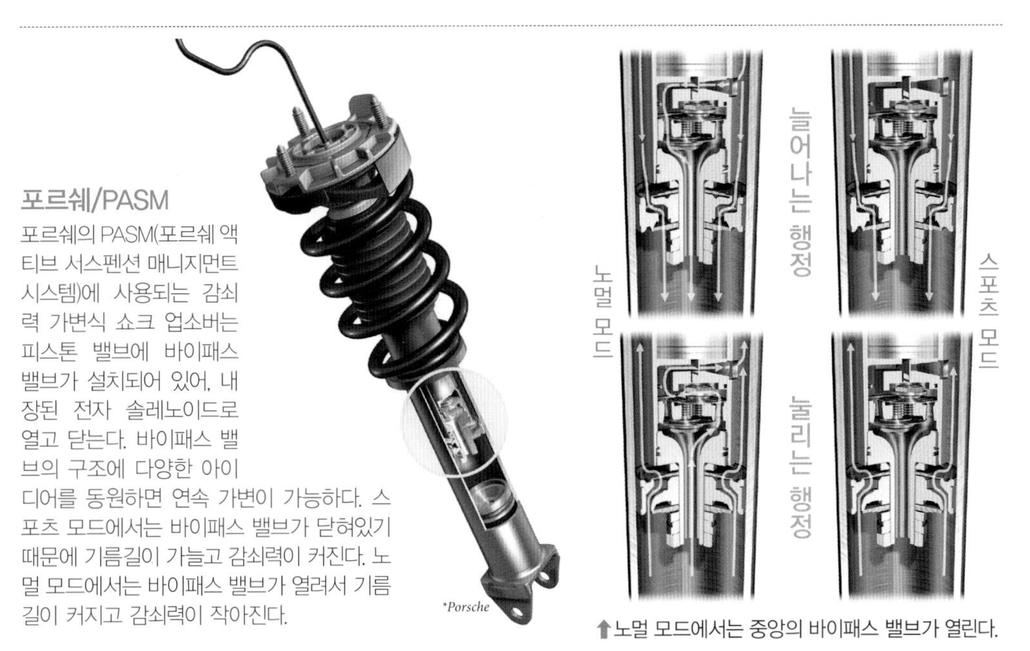

포르쉐/PASM

포르쉐의 PASM(포르쉐 액티브 서스펜션 매니지먼트 시스템)에 사용되는 감쇠력 가변식 쇼크 업소버는 피스톤 밸브에 바이패스 밸브가 설치되어 있어, 내장된 전자 솔레노이드로 열고 닫는다. 바이패스 밸브의 구조에 다양한 아이디어를 동원하면 연속 가변이 가능하다. 스포츠 모드에서는 바이패스 밸브가 닫혀있기 때문에 기름길이 가늘고 감쇠력이 커진다. 노멀 모드에서는 바이패스 밸브가 열려서 기름길이 커지고 감쇠력이 작아진다.

↑노멀 모드에서는 중앙의 바이패스 밸브가 열린다.

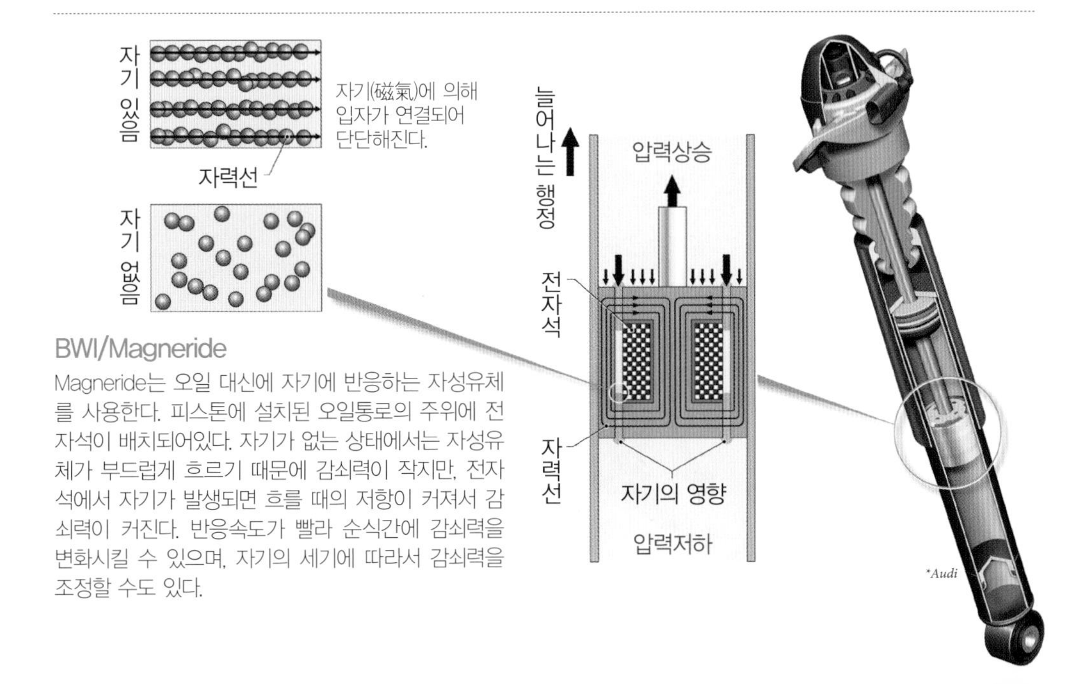

BWI/Magneride

Magneride는 오일 대신에 자기에 반응하는 자성유체를 사용한다. 피스톤에 설치된 오일통로의 주위에 전자석이 배치되어있다. 자기가 없는 상태에서는 자성유체가 부드럽게 흐르기 때문에 감쇠력이 작지만, 전자석에서 자기가 발생되면 흐를 때의 저항이 커져서 감쇠력이 커진다. 반응속도가 빨라 순식간에 감쇠력을 변화시킬 수 있으며, 자기의 세기에 따라서 감쇠력을 조정할 수도 있다.

현가장치 04

Dependent suspension
차축 서스펜션

차축 서스펜션에는 리프 스프링식 서스펜션, 링크식 서스펜션, 토션 빔식 서스펜션 등이 있다. 이 중 토션 빔식은 좌우의 바퀴가 같은 차축의 빔에 의해 접속되어있으며, 이 빔이 휘어지기 때문에 좌우의 바퀴가 어느 정도 독립적으로 움직일 수 있다. 때문에 독립 서스펜션으로 분류되는 경우도 있으며, 반독립 서스펜션으로 별도로 분류되기도 한다.

차축 서스펜션은 구조가 간단하고 제작비용이 적게 든다는 장점이 있는 반면, 독립 서스펜션에 비해 성능이 떨어진다. 따라서 리프 스프링식과 링크식이 승용차에 사용되는 경우는 거의 없다. 하지만 반독립 서스펜션인 토션 빔식은 어느 정도의 성능을 확보할 수 있고 제작단가가 낮으며, 공간도 적게 차지하므로 소형 자동차에 사용되는 경우가 많다. 이 경우에도 구동과 조타 모두에 사용되지 않는 FF 차량의 리어 서스펜션으로 한정된다.

■리프 스프링식 서스펜션

리프 스프링식 서스펜션은 평행 리프 스프링식 서스펜션이라고도 하며, 차량의 진행방향과 평행으로 배치된 2개의 리프 스프링으로 차축을 지지한다. 스프링이 감쇠력을 가지고 있어서 이것만으로도 서스펜션으로 기능하지만 승차감이 딱딱하다. 때문에 리프 사이의 마찰이 적은 스프링에 쇼크 업소버가 함께 사용되는 경우가 많다.

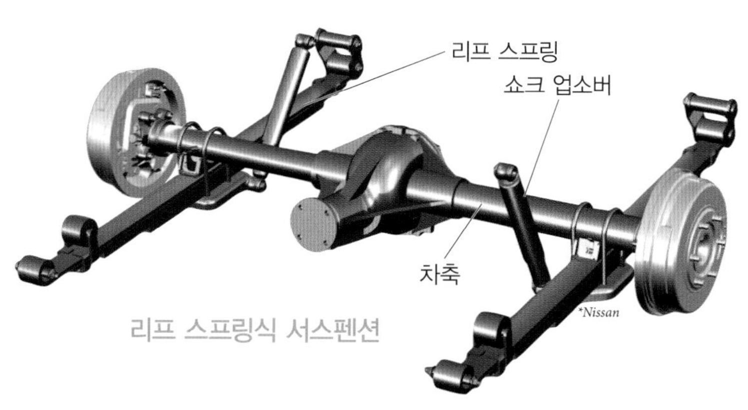

리프 스프링식 서스펜션

■링크식 서스펜션

링크식 서스펜션은 링크의 수로 분류된다. 3링크식 서스펜션은 차량의 진행방향에 따라 2개의 컨트롤 링크를 좌우에 배치해서 차축이 위아래로 움직일 수 있도록 되어있다. 추가로 횡방향의 힘에 대항할 수 있도록 차축과 보디가 래터럴 로드에 접속되어있다. 컨트롤 링크를 좌우 각각 위아래에 배치해서 횡방향의 힘에 대항하도록 한 것이 4링크식 서스펜션이며, 래터럴 로드를 하나 더 추가한 것이 5링크식 서프펜션이다.

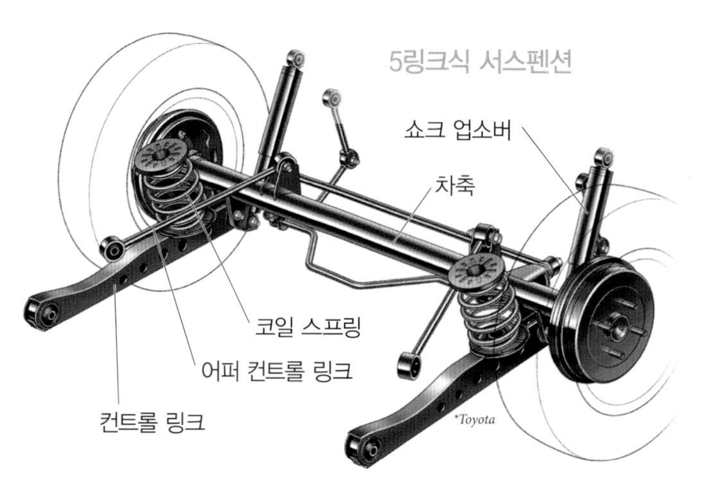

5링크식 서스펜션

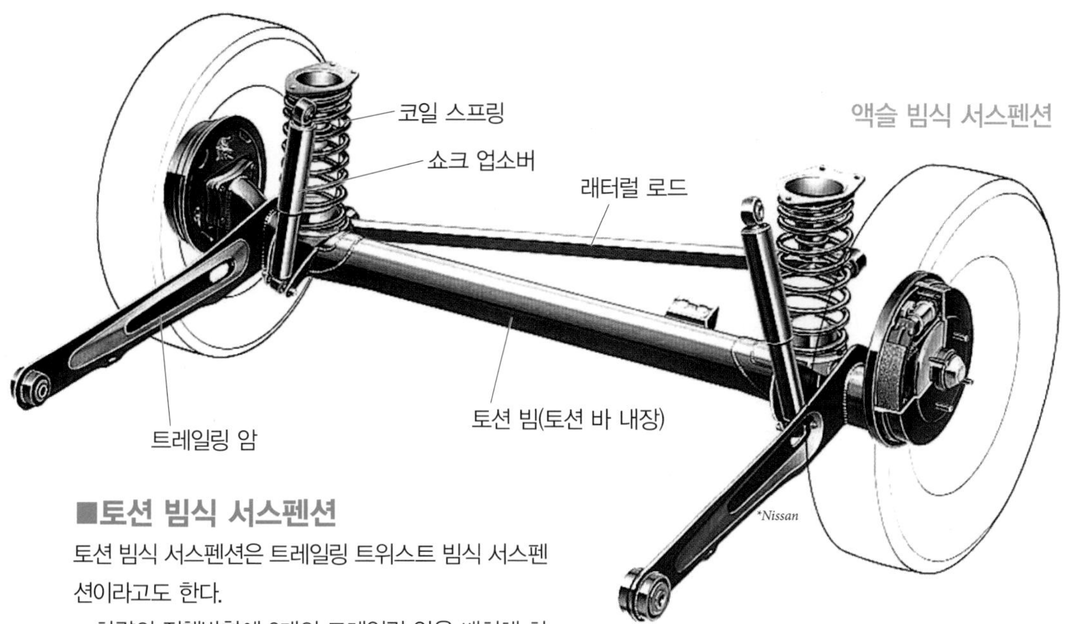

■토션 빔식 서스펜션

토션 빔식 서스펜션은 트레일링 트위스트 빔식 서스펜션이라고도 한다.

차량의 진행방향에 2개의 트레일링 암을 배치해 차축이 위아래로 움직일 수 있게 하고, 내부에 토션 바를 넣은 토션 빔의 구조로 좌우 바퀴를 연결한다. 좌우를 코일 스프링과 쇼크 업소버로 지지하고 있다. 추가로 횡방향의 힘에 대항하기 위해 차축의 한쪽과 좌우 반대쪽의 차체가 래터럴 로드로 접속된다.

좌우 바퀴가 동시에 올라가거나 내려가는 경우에는 그대로 위아래로 움직여 코일 스프링이 힘을 받는다. 좌우 바퀴가 반대방향으로 움직이려고 하면, 토션 바에 뒤틀림이 발생하기 때문에 양쪽 바퀴의 역방향으로의 움직임이 억제된다. 이것으로 코일 스프링의 부드러운 승차감을 확보하면서 과도한 차체의 롤을 억제할 수 있다.

차축의 위치를 빔으로 연결하는 것이 토션 빔식의 기본형인 액슬 빔식 서스펜션이며, 트레일링 암의 중간을 빔으로 연결하는 커플드 빔식 서스펜션도 있다. 이 방식은 횡방향의 힘에 대처하기 쉬우므로 많이 사용되고 있다. 이밖에 암의 회전축 부분에서 접속하는 피봇 빔식 서스펜션도 있다.

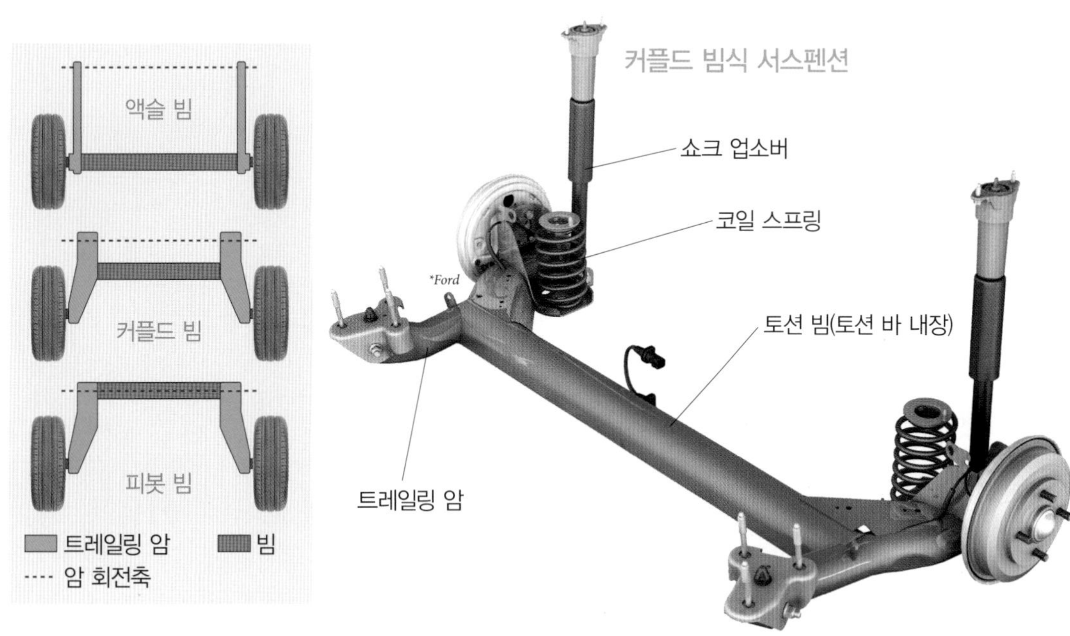

현가장치 05

Independent suspension 독립 서스펜션

독립 서스펜션은 차축 서스펜션에 비해 설계의 자유도가 높고, 서스펜션의 성능을 높이기도 좋다. 승용차에 사용되는 형식으로는 트레일링 암식 서스펜션, 스트럿식 서스펜션, 더블 위시본식 서스펜션, 멀티 링크식 서스펜션이 있다. 앞에서부터 순서대로 구조가 복잡하며, 성능이 높아지는 경향이 있지만 그만큼 제작 단가가 높아지고 차지하는 공간도 크다. 때문에 차종의 성격에 따라 다양한 형식의 것이 사용되고 있다. 앞에서 설명했듯이 토션 빔식 서스펜션은 독립 서스펜션으로 분류되는 경우도 있다.

■트레일링 암식 서스펜션

앞쪽에 차축과 평행한 회전축이 설치된 트레일링 암으로 차축을 지지하며, 코일 스프링과 쇼크 업소버를 통해 차체와 연결되는 것이 트레일링 암식 서스펜션이다. 이 방식은 바퀴가 위아래로 움직여도 노면에 대해 수직의 상태를 유지할 수 있다. 접지를 확보하기에는 좋지만 앞뒤방향의 힘으로 피칭이 되기 쉬우며, 제동 시의 노즈 다이브(차체가 앞으로 쏠림), 출발 가속 시의 스쿼트(차체가 뒤로 쏠림)가 쉽게 발생된다. 그리고 조타 시의 회전축의 각도에 영향을 주므로 앞바퀴에 사용은 어렵다.

암의 회전축이 진행방향과 직각으로 교차하는 풀트레일링 암식 서스펜션이 기본형이다. 이것은 횡방향의 힘이 회전축에 걸리기 때문에 회전축을 약간 비스듬하게 한 세미 트레일링 암식 서스펜션도 있다.

트레일링 암식은 독립 서스펜션의 다른 형식에 비해 단점이 많아 현재에는 거의 사용되지 않는다. 다만 토션 빔식 서스펜션은 트레일링 암식의 좌우 바퀴를 토션 빔으로 접속한 것이라고 볼 수 있으므로 진화된 형태로 지금도 사용되고 있다.

세미 트레일링 암식 서스펜션

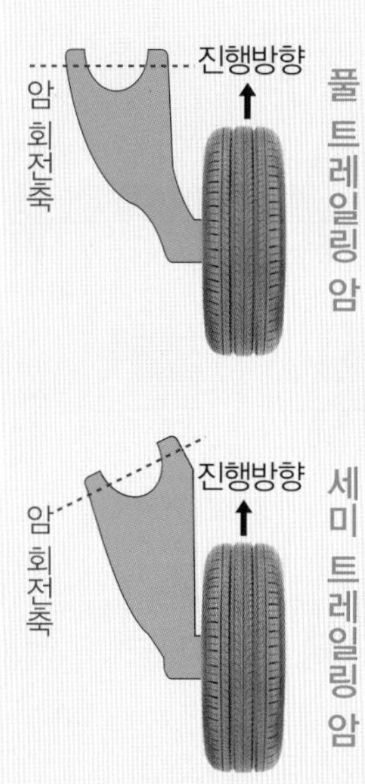

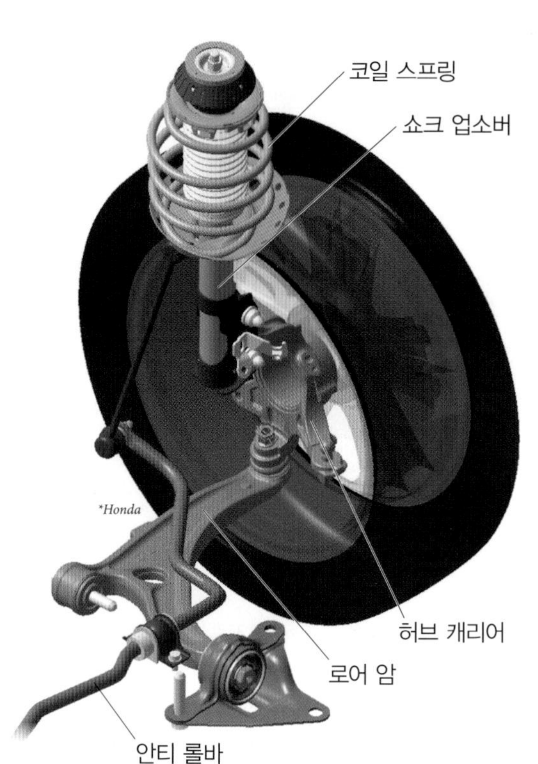

■스트럿식 서스펜션

스트럿이란 지주(支柱)라는 의미로, 스트럿식 서스펜션은 코일 스프링과 쇼크 업소버를 일체화한 것을 버팀대로 해서 서스펜션의 골격에 사용한다. 개발자의 이름을 붙여서 맥퍼슨 스트럿식 서스펜션이라고도 한다. 차축은 진행방향과 평행의 회전축을 가진 로어 암으로 지지되며, 스트럿으로 차축과 차체가 연결된다. 암이 횡방향의 힘을 받아주며, 그 회전축으로 앞뒤방향의 힘도 받는다.

바퀴의 위아래 움직임에 의해 타이어의 기울기가 변화되지만 스트럿과 암을 길게 하면 기우는 변화의 크기를 줄일 수 있다. 용수철 아래의 중량이 작고 구조가 심플해서 프론트 서스펜션으로 많이 사용되지만, 리어 서스펜션으로 사용하는 경우도 있다. 최근에는 로어 암을 2개의 링크로 분할하는 경우도 늘어나고 있다.

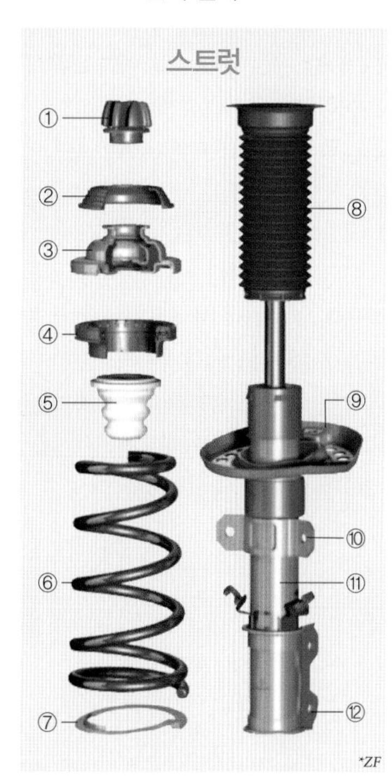

①마운팅 캡, ②어퍼 서포트 인슐레이터, ③어퍼 마운트, ④베어링&스프링 어퍼 시트, ⑤범프 스톱 러버, ⑥코일 스프링, ⑦스프링 인슐레이터, ⑧플렉시블 커버, ⑨스프링 시트, ⑩안티 롤 바 링크 장착부, ⑪쇼크 업소버, ⑫허브 캐리어 결합부

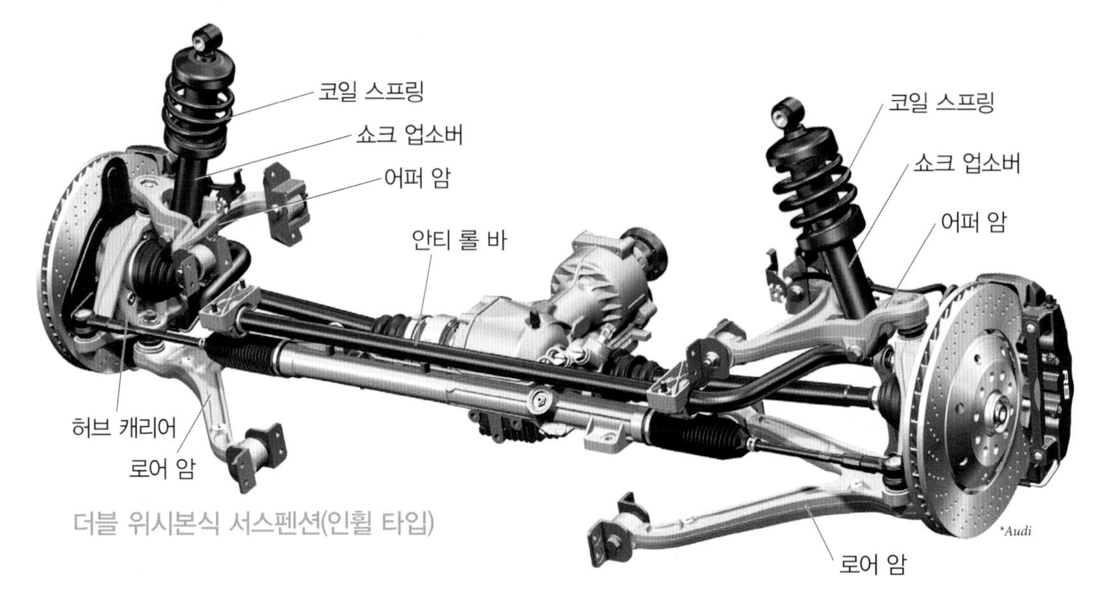

더블 위시본식 서스펜션(인휠 타입)

■더블 위시본식 서스펜션

차량의 진행방향과 평행한 회전축을 가진 2개의 암으로 차축을 지지하고, 코일 스프링과 쇼크 업소버로 차체와 연결하는 방식이 더블 위시본식 서스펜션이다. 2개의 암은 어퍼 암과 로어 암이며, V자형이나 A자형인 경우가 많다. 그 모양이 새의 가슴뼈(wishbone)와 비슷해서 이러한 이름이 붙여졌다. 그냥 위시본식 서스펜션이라고 하는 경우도 많다. 암이 2개 있기 때문에 스트럿식에 비해 앞뒤방향의 힘에도 대항하기 쉽다. 2개의 암의 길이나 장착 위치를 바꾸면 바퀴의 움직임에 차이가 생기므로 설계의 자유도가 높아, 대부분의 레이싱 머신에 사용되기도 한다. 하지만 승용차에서 휠 안에 위아래의 암을 넣는 인휠 타입은 암의 충분한 길이를 확보할 수 없어서 본래의 성능을 발휘하기 힘든 경우도 많다. 때문에 휠 허브 캐리어를 위쪽으로 암 모양으로 뻗어서 어퍼 암과의 접속점을 만든 하이마운트 타입도 많이 사용되고 있다. 최근에는 각각의 암을 2개의 링크로 분할하는 구조도 많이 사용된다.

더블 위시본식 서스펜션(하이마운트 타입)

등장 암과 부등장 암

위아래의 암 길이와 장착 위치가 같은 것을 등장 암, 다른 것을 부등장 암이라고 한다. 항상 접지를 확보할 수 있을 것 같지만 실제로는 차체에 롤이 발생한다. 롤 상태에서는 부등장 암이 접지가 좋은 경우도 있다. 등장 암은 타이어가 옆으로 밀려 노면에 쓸리지만, 부등장 암은 옆으로 밀리는 양이 적다. 실제의 서스펜션 설계에서는 가정되는 자동차의 움직임에 대해서 최적의 접지 상태를 유지할 수 있도록 암의 길이와 위치가 선택된다.

등장 암

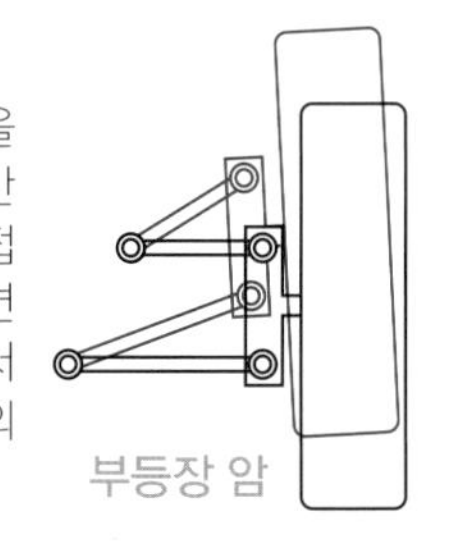

부등장 암

■멀티 링크식 서스펜션

멀티 링크식 서스펜션에는 명확한 구조의 정의가 없다. 여러 개의 링크로 바퀴의 움직임을 규제해 위아래 움직임에 따라 접지상태 등 최적의 바퀴 상태를 유지하는 것을 목표로 하고 있다. 기본적인 구조는 더블 위시본식, 스트럿식을 베이스로 한 것이 많다. 이 암들을 여러 링크로 분할하거나 토우 방향의 움직임(바퀴에 타각을 주는 움직임)을 제한하는 토우 컨트롤 링크가 추가되기도 한다. 자유도가 높지만 그만큼 설계가 어렵다.

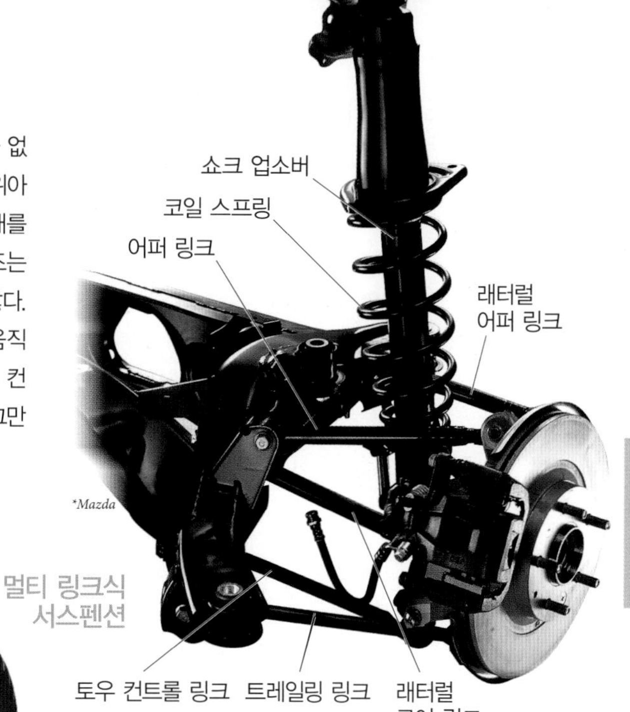

⬆ 위아래의 암을 2개의 링크로 분할한 더블 위시본식에 토우 컨트롤 링크를 추가한 서스펜션.

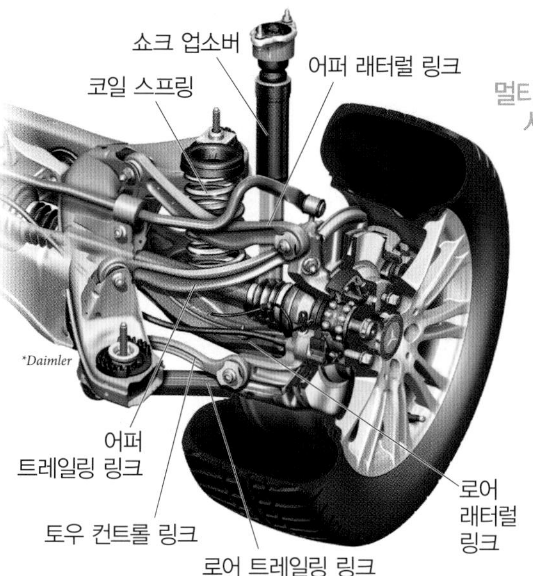

⬆ 멀티 링크식 서스펜션의 원조인 메르세데스 벤츠의 서스펜션. 5개의 링크로 구성되어있다.

'멀티 링크'라는 명칭

예를 들어 더블 위시본식의 로어 암을 2개의 링크로 분할하는 경우, 링크가 2개라도 암이 1개인 경우와 바퀴의 움직임이 같다면 더블 위시본식이다. 하나의 암으로는 불가능한 움직임을 실현했다면 멀티 링크식이라고 할 수 있다. 하지만, 이런 경우에도 멀티 링크식이라고 부르지 않고, 발전형의 더블 위시본이라는 호칭을 사용하는 메이커도 있다. 토우 컨트롤 링크를 추가하는 경우에도 예전 형식의 호칭을 그대로 사용하는 메이커도 있다. '멀티 링크'라는 호칭을 사용할 것인가는 메이커에 달려있다.

■안티 롤 바

서스펜션의 스프링을 부드럽게 하면 승차감은 좋아지지만 자동차가 과도하게 롤을 하기도 한다. 이것을 막기 위해 서스펜션에 안티 롤 바를 추가하기도 한다. 안티 롤 바를 스태빌라이저라고 하는 경우도 많다. 'ㄷ'자 모양의 토션 바로 좌우 바퀴를 접속한다. 양쪽 바퀴가 같은 방향으로 상하운동할 때에는 안티 롤 바에 힘이 가해지지 않으며, 기본 스프링만 대응한다. 차체의 롤에 의해 좌우의 바퀴가 위아래의 역방향으로 움직이면 안티 롤 바에 뒤틀림이 발생한다. 이때 토션 바의 스프링 작용으로 역방향의 움직임이 억제된다.

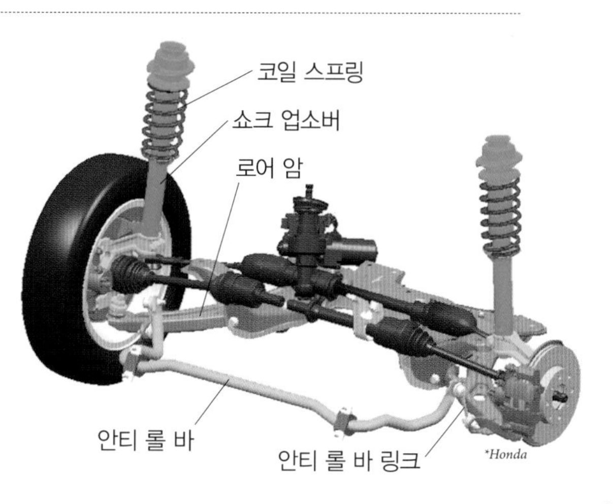

현가장치 06

Electronic controlled suspension
전자제어 서스펜션

전자제어 서스펜션은 차량의 자세와 타이어의 접지가 최적의 상태를 유지하도록 전자제어되는 서스펜션이다. 감쇠력 가변식 쇼크 업소버에 의한 것, 에어 스프링에 의한 것, 이 둘을 다 사용하는 것 외에, 유압에 의한 것도 있다. 현재는 안티 롤 바를 제어하는 기능을 갖춘 것도 등장했다.

이러한 전자제어 서스펜션은 속도와 제동상태, 조타상태는 물론 G센서로 차량의 움직임을 감지하거나 차고(車高)를 검출해서 제어를 위한 정보를 얻고 있다. 그 정보를 바탕으로 서스펜션ECU가 제어 사항을 결정한다.

아우디/Magnetic Ride

자성유체에 의한 감쇠력 가변식 쇼크 업소버 Magneride (305p. 참조)를 사용한 전자제어 서스펜션이 Magnetic Ride다. 이것은 1,000분의 1초 단위로 감쇠력 가변이 가능하며, 노멀/스포츠 모드 중에서 선택할 수 있다.

■감쇠력 가변식 쇼크 업소버 타입

일반적인 서스펜션의 쇼크 업소버를 감쇠력 가변식 쇼크 업소버로 바꾸면 서스펜션의 전자제어가 가능해진다. 기본적인 서스펜션의 성능을 충분히 높이고, 대응이 어려운 영역을 감쇠력 가변으로 대응한다. 감쇠력 가변식이라도 일반적인 쇼크 업소버와 사이즈에 차이가 거의 없으므로 옵션 설정이 쉽다는 장점도 있다.

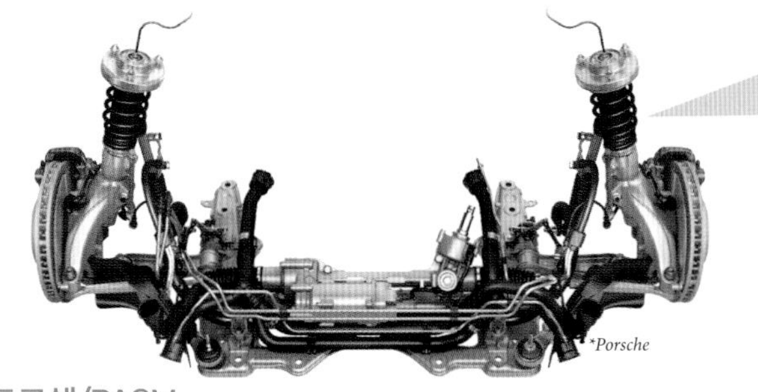

포르쉐/PASM

포르쉐의 PASM(포르쉐 액티브 서스펜션 매니지먼트 시스템)은 바이패스 밸브를 열고 닫으면서 감쇠력 가변식 쇼크 업소버를 사용하는 전자제어 서스펜션(305p. 참조)이다. 무단계로 감쇠력 조정이 가능하며, 노멀/스포츠 모드 중에서 선택할 수 있다.

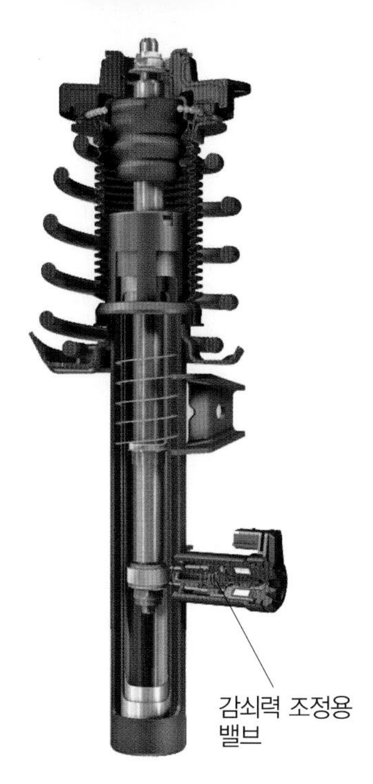

폭스바겐/Adaptive Chassis Control

폭스바겐의 어댑티브 섀시 컨트롤에 사용되는 감쇠력 가변식 쇼크 업소버는 실린더를 3중으로 해서 피스톤이 위아래로 움직일 때, 외부를 관통하는 기름길이 설치되어있다. 이 기름길의 중간에 조정 가능한 밸브를 설치해서 감쇠력을 변경하고 있다. 무단계로 감쇠력 조정이 가능하며, 노멀/컴포트/스포츠 모드 중에서 선택할 수 있다.

■에어 스프링 타입

에어 스프링은 서스펜션에 적합한 스프링의 능력을 가지고 있으며, 스프링의 능력을 가변시킬 수도 있다. 또한 차고 조정에도 이용할 수 있어 전자제어 서스펜션에는 일찍부터 에어 스프링이 사용되고 있다. 전자제어 에어 서스펜션, 또는 그냥 에어 서스펜션이라고도 한다. 다만 순식간에 기능을 바꾸기는 어려워 승차감 중시의 서스펜션에 많이 사용된다.

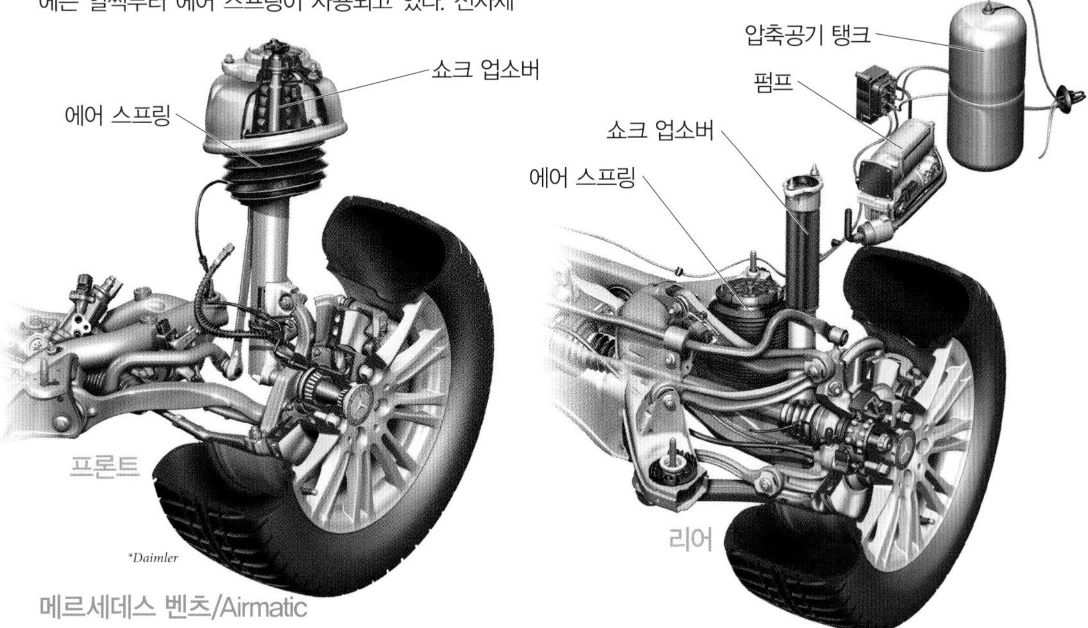

메르세데스 벤츠/Airmatic

메르세데스 벤츠의 Airmatic은 에어 스프링을 사용하는 전자제어 서스펜션이다. 스프링은 단독으로 설치되는 경우와 쇼크 업소버를 조합한 스트럿이 설치되는 경우가 있다. 발전형으로는 감쇠력 가변식 쇼크 업소버와 조합한 것도 있다.

그림의 쇼크 업소버는 감쇠력 가변식이지만 주행상황에 따라 자동으로 가변되지는 않는다. 스위치의 조작으로 2단계로 전환할 수 있다.

■에어 스프링+감쇠력 가변식 쇼크 업소버 타입

에어 스프링만의 전자제어 서스펜션으로는 하드한 주행 시의 순간적인 대응에 한계가 있다. 때문에 연속가변이 가능한 감쇠력 가변식 쇼크 업소버와 조합해서 대응할 수 있는 상황의 폭을 넓힌 타입의 전자제어 에어 서스펜션이 많이 사용되고 있다. 이 두 가지의 능력으로 매우 뛰어난 전자제어 서스펜션이 되지만 제작비용이 상당히 높다.

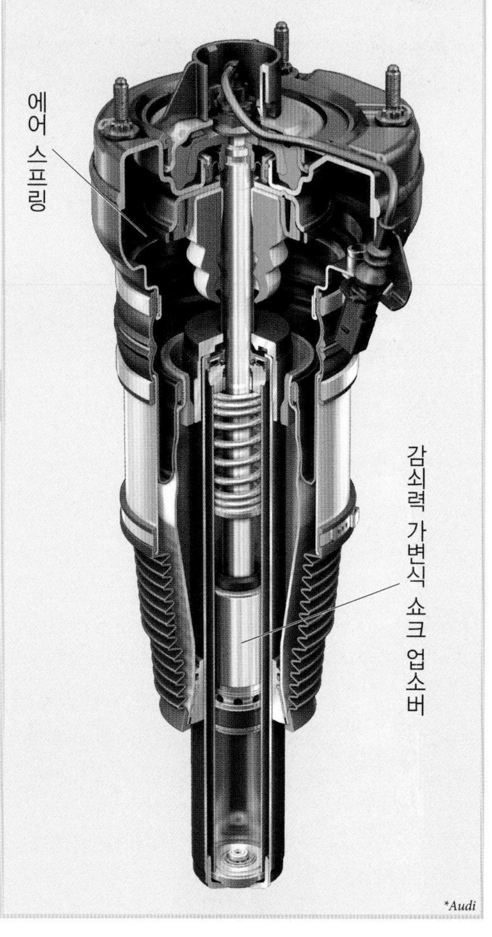

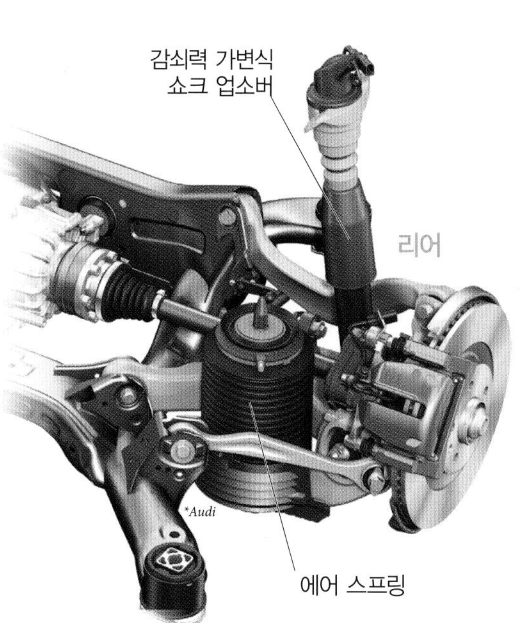

아우디/Adaptive Air Suspension

아우디의 Adaptive Air Suspension(어댑티브 에어 서스펜션)은 에어 스프링과 감쇠력을 연속가변할 수 있는 쇼크 업소버가 조합되어있다. 이 두 가지를 독립시키는 경우와 일체화시켜 스트럿으로 하는 경우가 있다. 오토 외에 다이내믹, 컴포트, 리프트 모드 중에서 선택할 수 있다.

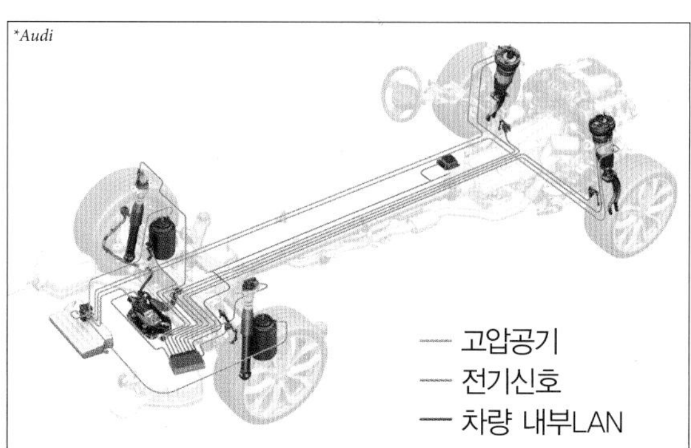

■유압 액추에이터 타입

과거에는 쇼크 업소버를 없애고 유압 액추에이터로 스프링의 움직임을 제어하는 전자제어 서스펜션이 개발된 적도 있다. 하지만, 현재 사용되고 있는 타입은 코일 스프링과 쇼크 업소버를 장착한 서스펜션의 스프링을 유압 액추에이터로 제어하는 타입이다. 이 방식은 스프링의 능력을 가변하면서 다양한 상황에 대응하고 있다.

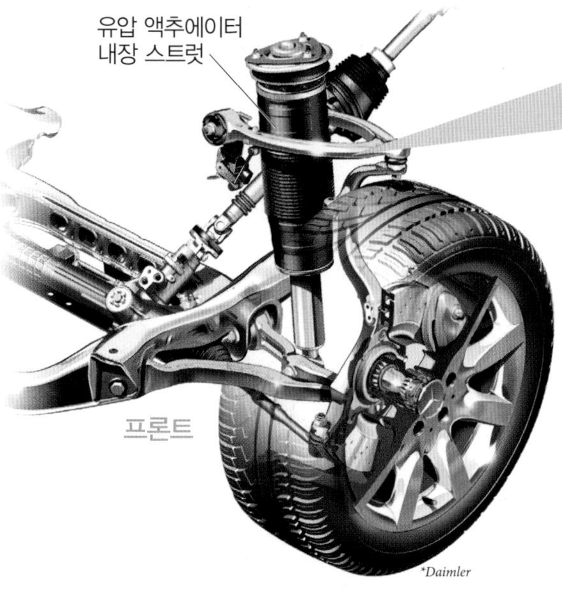

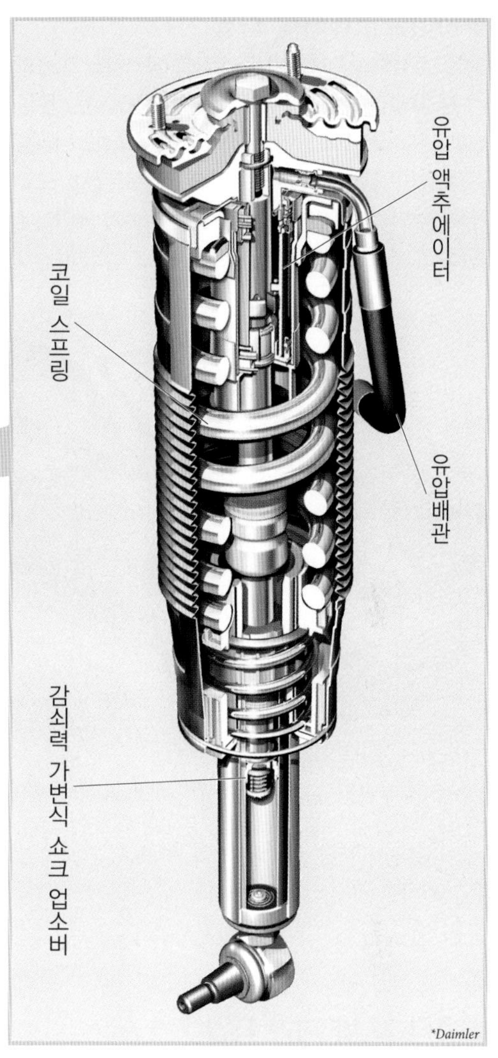

메르세데스 벤츠/액티브 바디 컨트롤

메르세데스 벤츠의 ABC(액티브 바디 컨트롤)는 일반적인 쇼크 업소버를 장비한 스트럿의 코일 스프링 위에 유압 액추에이터를 배치하고 있다. 어큐뮬레이터로부터의 유압으로 액추에이터의 길이를 바꿔 스프링의 능력을 바꾸거나 스트럿의 길이를 조정할 수 있다. 옆바람 보정기능도 갖추고 있으며, 일반 모드와 스포츠 모드 중에서 선택할 수 있다.

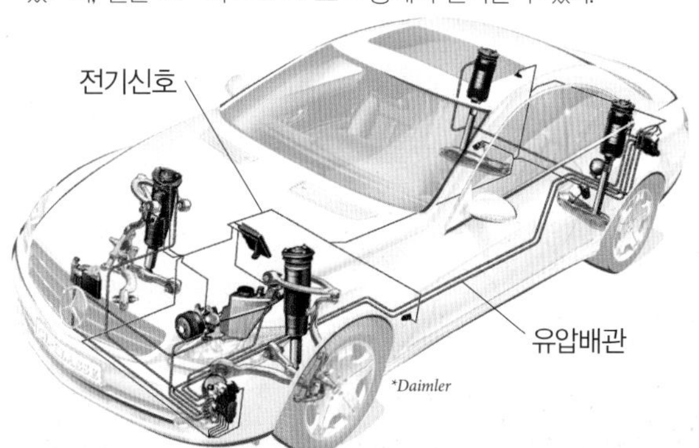

■하이드로뉴매틱 타입

하이드로뉴매틱 서스펜션은 유압과 공기압을 이용하는 전자제어 서스펜션이다. 하이드로 매칭이란 물을 의미하는 'hydro'와 공기압을 의미하는 'pneumatic'을 합성해서 만들어진 단어다. 이것은 시트로앵이 오래 전부터 사용하고 있으며, 과거에는 일본의 메이커에 의해서도 개발되었다. 코일 스프링, 쇼크 업소버는 사용하지 않고 서스펜션 암에 의해 지지된 차축과 차체를 유압 액추에이터로 연결한다. 공기압은 스프링으로 기능하지만 일반적인 형상의 에어 스프링은 존재하지 않는다. 유압에 공기압을 작용시키면 스프링으로 작용하며, 그 외의 서스펜션의 기능은 유압 액추에이터의 유압을 조정해서 이루어진다.

①유압공급 유닛, ②프론트 스트럿+스피어, ③프론트 스피어, ④프론트 포지션 센서, ⑤리어 유압 액추에이터+스피어, ⑥리어 스피어, ⑦리어 포지션 센서, ⑧ECU, ⑨스티어링 휠 센서, ⑩리저버 탱크, ⑪액셀&브레이크 페달

⬆⬇ 컴포트 모드에서는 좌우 바퀴에 연동하도록 스피어가 작동하고 있지만, 다이내믹 모드에서는 정지한다.

시트로앵/Hydractive

시트로앵의 Hydractive 각 바퀴의 유압 액추에이터에는 스피어라는 용기가 설치되어, 내장된 고압질소를 유압으로 작용시킨다. 증압이 필요할 때에는 펌프로 발생시켜 어큐뮬레이터에 축적된 유압을 공급하고, 감압이 필요할 때에는 리저버 탱크로 오일을 돌려보낸다. 최신 Hydractive는 좌우 바퀴에 연동하는 스피어를 설치해 컴포트 모드와 다이내믹 모드의 전환에 이용하고 있다. 유압 액추에이터가 서스펜션의 버팀대로 삼아 기능할 때에는 스트럿이라고 하기도 한다.

■안티 롤 바 제어 타입

안티 롤 바에 능동적으로 힘을 가해 차량의 롤을 제어하는 시스템이 등장했다. 이것이 액티브 스태빌라이저와 KDSS다. 단독으로 전자제어 서스펜션이라고 부르지는 않지만 전자제어를 하고 있다.

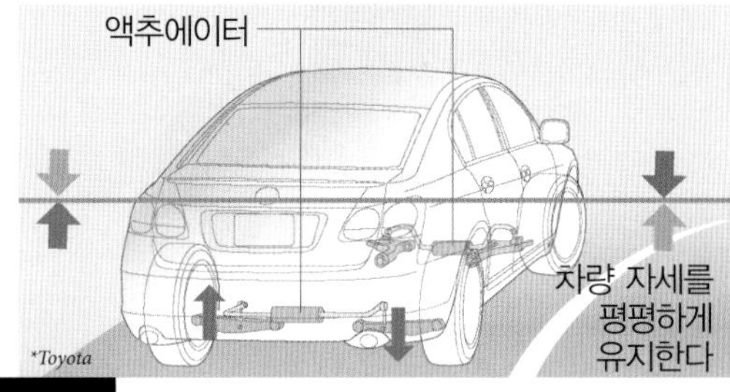

토요타/액티브 스태빌라이저

안티 롤 바는 바퀴의 위아래 움직임으로 발생된 휘어짐에 대해서 반대로 휘어지게 하여 작용한다. 이 휘어짐을 능동적으로 발생시키는 것이 토요타의 액티브 스태빌라이저다. 롤 바의 중간에 모터와 감속 기어로 구성된 전동 액추에이터가 설치되며, 속도에 따라 최적의 롤이 되도록 바에 휘어지는 힘을 가한다. 전자제어 에어 서스펜션의 기능향상을 위해 추가되었다.

제3의 쇼크 업소버

전자제어가 아니라 어디까지나 수동적인 시스템이지만, 유압을 이용해서 서스펜션을 제어하는 방식이 있다. 토요타의 X-REAS, 아우디는 Dynamic Ride Control이라는 명칭으로 사용하고 있다. 쇼크 업소버의 유압이 제3의 쇼크 업소버를 경유해서 접속되어, 롤을 제어하는 효과를 발휘시킨다. 개발된 초기에는 좌우의 바퀴를 접속했지만 현재의 시스템은 앞뒤 바퀴에 X자 모양으로 접속해서 롤뿐만 아니라 피칭에도 대응할 수 있다. 좌우 바퀴가 같은 방향으로 움직일 경우는 제3의 쇼크 업소버의 피스톤이 같은 방향으로 눌려지므로 고압가스가 압축되기만 하고 감쇠력은 발휘되지 않는다. 좌우 바퀴가 역방향으로 움직이는 경우는 제3의 쇼크 업소버의 오리피스를 오일이 통과하기 때문에 감쇠력이 발휘된다.

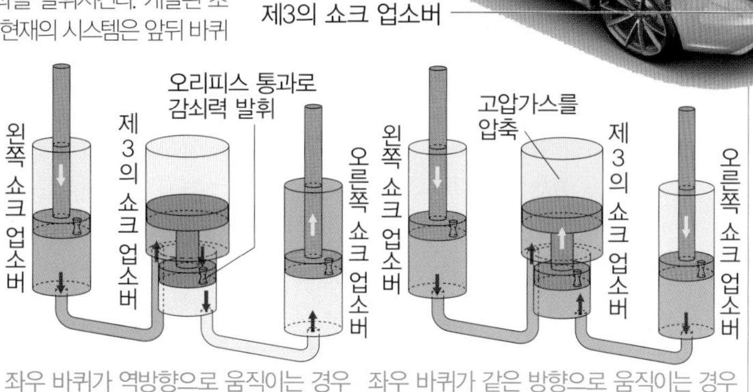

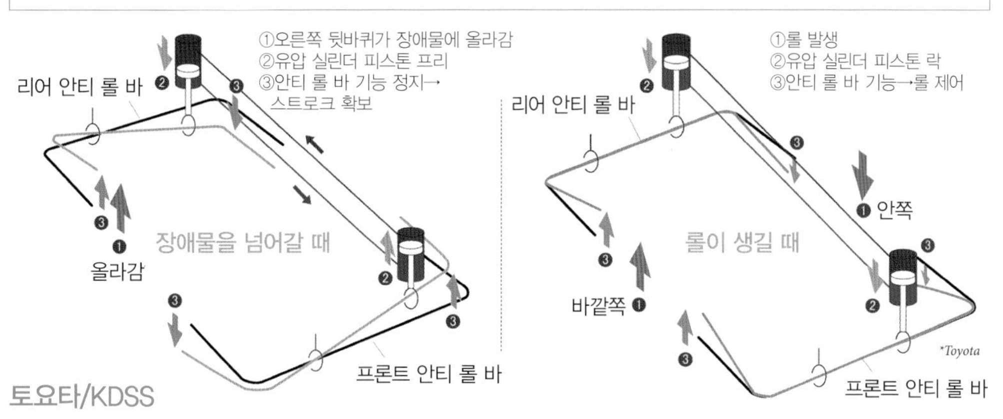

토요타/KDSS

토요타의 KDSS(키네틱 다이내믹 서스펜션 시스템)는 주로 SUV에 사용된다. 오프로드에서의 과도한 롤을 억제해서 차량 안정성을, 오프로드에서는 큰 서스펜션 스트로크를 확보해서 우수한 험한 길 주행능력을 실현했다. 안티 롤 바에는 각각의 링크를 구성하는 유압 실린더가 설치되어 있으며 앞뒤의 실린더가 2계통의 유압경로로 접속되어 있다. 롤이 발생할 것 같은 상황에서는 앞뒤의 실린더가 락이 되고, 안티 롤 바가 본래의 기능을 발휘해서 롤을 억제한다. 오프로드에서 앞뒤의 안티 롤 바에 역방향의 움직임이 발생할 것 같은 상황에서는 실린더가 프리 상태가 된다. 이렇게 되면 안티 롤 바가 위아래로 요동을 쳐서 본래의 기능을 발휘할 수 없게 된다. 유압경로의 도중에는 전동 어큐뮬레이터가 설치되어있다. 어큐뮬레이터에 의해 유압을 최적으로 제어해서 벽돌길처럼 작은 진동이 연속되는 것을 흡수하는 능력도 있다.

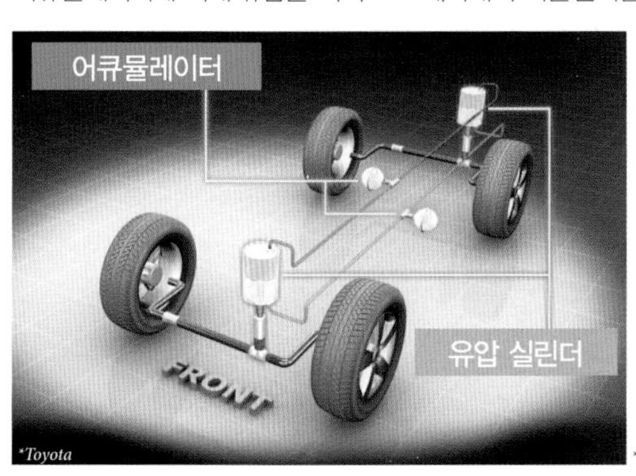

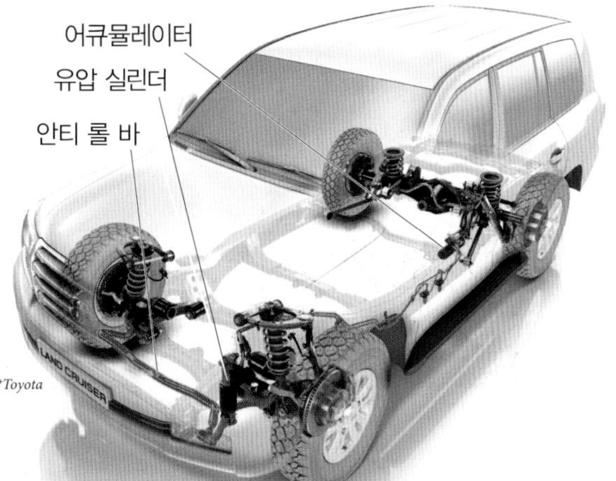

타이어&휠 01

Tire 타이어

타이어는 자동차를 구성하는 부품 중에서 유일하게 노면에 닿아있는 부분이다. 타이어와 노면의 마찰에 의해 구동력과 제동력, 코너링 포스를 얻을 수 있다. 이때 발휘되는 마찰력을 타이어의 그립, 그립력이라고 하는 경우가 많다. 현재 자동차에 사용되고 있는 타이어는 공기가 들어간 고무타이어로 내부의 공기압을 높여서 형상을 유지하고 차의 중량을 지탱한다. 동시에 에어 스프링 기능도 하면서 충격을 완화시킨다.

타이어의 노면에 접하는 부분을 트레드, 측면 부분을 사이드월, 이 두 부분이 접속하는 부분을 숄더, 휠과 접속하는 부분을 비드라고 한다. 타이어는 타이어 컴파운드라는 고무질로 만들어지며, 고무 이외에도 골격이 되는 카커스 코드와 트레드를 보강하는 벨트, 비드를 보강하는 비드 와이어 등 다양한 부자재를 사용하고 있다. 실제 제조에서는 카커스 코드에 다양한 부자재를 배치해서 고무질로 덮은 다음 가류성형을 한다. 가류성형이란 고무에 유황을 섞어 가열성형을 하는 제조방법으로 고무에 유황을 섞어 탄력을 높일 수 있다. 트레드에는 배수성을 높이기 위해 트레드 패턴이라는 홈이 파여져 있다. 홈은 필수적인 것이지만 주행 시 소음의 원인이 되기도 한다.

■타이어 컴파운드

타이어 컴파운드의 주요 성분은 고무다. 고무에는 천연고무와 다양한 합성고무가 있다. 이 고무에 보강제와 유황, 오일류, 노화방지제, 가류촉진제 등을 배합한다. 과거에 일반적으로 사용된 보강제는 카본 블랙(공업용 탄소미립자)으로 타이어의 검은 색은 카본 블랙에 의한 것이다. 최근에는 유연하고 결합력이 높은 보강제로 실리카를 함께 사용하거나 단독으로 사용하기도 한다. 이러한 다양한 성분 배합으로 고무질의 성질이 달라진다.

타이어는 전체가 같은 컴파운드로 만들어진 것처럼 보이지만 실제로는 요구되는 성능에 따라 부분부분 다른 고무질을 사용하고 있다. 노면에 닿는 트레드에는 그립과 내마모성을 중시한 고무질, 노면의 충격에 따라 늘어나고 줄어드는 것을 반복하는 사이드월에는 굴곡성이 높고 내피로성이 높은 고무질, 휠에 밀착시킬 필요가 있는 비드에는 강도가 높은 고무질이 사용된다.

①카본 블랙, ②천연고무, ③촉진제, ④합성고무, ⑤채종유, ⑥실리카, ⑦활성제, ⑧스티렌 부타디엔 고무(합성고무), ⑨광물유, ⑩스테아르산(가류촉진조제), ⑪노화방지제, ⑫안정용 왁스, ⑬유황, ⑭산화아연

*Continental

■타이어의 성격

타이어에는 그립과 쾌적성, 연비 등 다양한 성능이 요구되지만, 이 모든 능력을 동시에 높이기는 어렵다. 그립력이 높은 타이어 컴파운드로 만들면 마모가 심하고 연비가 악화된다. 연비를 높일 수 있는 구조의 컴파운드는 승차감이 나쁘고 그립력도 떨어진다. 때문에 그립 위주의 스포츠 타이어, 승차감 위주의 컴포트 타이어, 연비 위주의 이코노미 타이어 등 성격이 부여된 경우가 많다. 저소음 타이어와 같이 특정한 성능을 강조한 것도 있다. 이밖에 무게중심이 높고 쉽게 흔들리는 미니밴을 위한 타이어도 있다. 모든 면에서 평균적인 성능으로 만든 것은 스탠더드 타이어라고 한다.

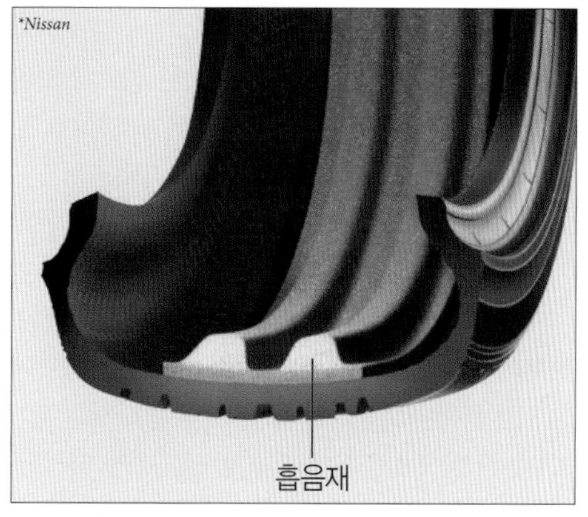

⬆ 소음을 저감하기 위해 종래에 사용하지 않았던 부재로 만들어진 흡음재를 내부에 설치한 저소음 타이어.

■카커스 코드와 벨트

카커스 코드는 타이어의 골격이 되는 높은 강도의 부재로 폴리에스테르, 나일론 등의 섬유를 고무로 감싼 것을 여러 층으로 겹친 것이다. 섬유의 방향을 타이어 회전의 중심에서 방사형으로 한 것을 레이디얼 타이어라고 한다. 승용차에 사용되는 경우는 거의 없지만 섬유의 방향을 비스듬하게 해서 교대로 교차하게 겹치는 바이어스 타이어도 있다.

바이어스 타이어는 카커스 코드가 팬터그래프처럼 신축을 하므로 승차감이 좋지만 트레드가 쉽게 변형된다. 레이디얼 타이어는 트레드의 변형이 적으며 조종성과 주행 안정성, 연비가 뛰어나며, 발열이 적고 내마모성이 높다. 때문에 현재 타이어의 주류로 자리 잡았다. 하지만, 타이어 자체의 강도가 바이어스 타이어보다 약한 편이라 바깥쪽에 벨트를 설치해 보강할 필요가 있다(바이어스 타이어도 브레이커라는 층으로 보강하는 경우가 있다). 벨트에는 금속섬유나 폴리아미드 섬유를 사용한다. 이 소재를 사용하기 때문에 스틸벨트라고도 한다.

현재는 벨트가 원심력에 의해 분리되는 것을 막기 위해 오버레이어라는 층을 만들어 보호하는 경우가 많다. 오버레이어에는 주로 폴리아미드 섬유가 사용된다.

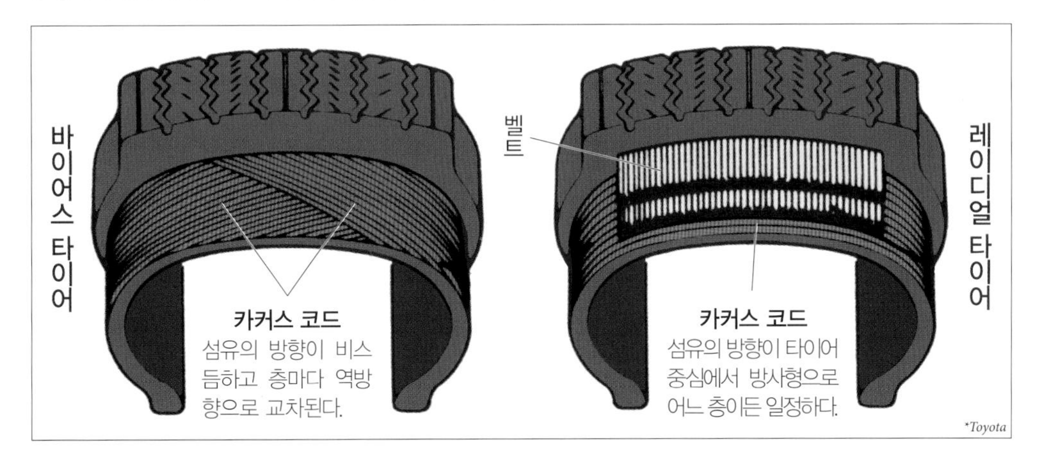

■이너 라이너와 튜브리스 타이어

타이어에는 튜브 타이어와 튜브리스 타이어가 있다. 튜브 타이어는 타이어 내부에 도넛 모양의 튜브를 넣어서 타이어 공기압을 유지한다. 튜브리스 타이어는 타이어 자체로 공기압을 유지한다(일부는 휠이 유지를 담당한다). 공기의 유지능력을 높이기 위해서 타이어의 안쪽에는 공기가 통과하기 어려운 부틸 고무가 배합된 이너 라이너라는 층이 형성되어 있다.

튜브리스 타이어는 튜브를 이용하지 않고 내부의 공기가 직접 휠과 닿기 때문에 방열성이 높다. 튜브 타이어의 경우는 못처럼 날카로운 물체에 찔리면 튜브가 찢어져서 펑크가 나지만, 튜브리스 타이어는 이너라이너가 파고 들어온 이물질에 밀착되므로 순식간에 공기가 빠지는 것을 막아준다. 부품수가 적고 휠에 밀착이 잘 되는 장점도 있어서 승용차에는 튜브리스 타이어가 주로 사용된다. 다만 펑크가 난 것을 깨닫기 힘들다는 점과 휠이 손상되면 공기가 빠진다는 약점이 있다.

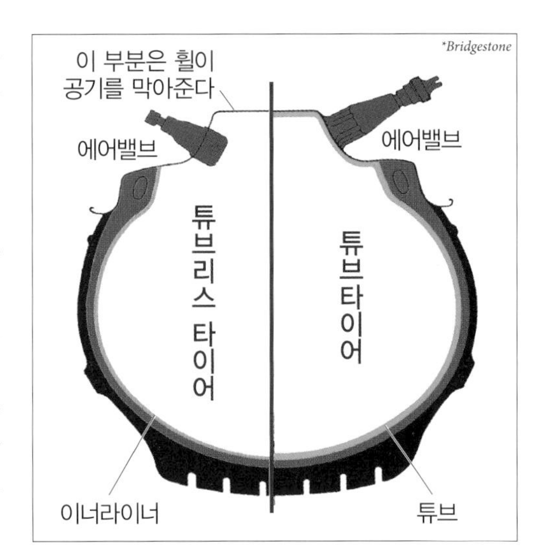

■사이드월과 숄더

사이드월은 타이어가 에어 스프링으로 기능할 때 신축하기 때문에, 이 부분의 고무질에 의해 타이어의 성격이 달라진다. 유연하면 승차감이 좋지만 너무 유연하면 코너링에서 횡방향으로 힘이 가해질 때 변형이 되어 그립력이 떨어진다.

숄더는 노면과의 마찰에 의해 트레드에 발생한 열을 내보내는 역할을 한다. 그리고 노면으로부터 강한 충격을 받을 때, 트레드와 사이드월의 다른 성질의 고무질을 단단히 연결시킬 필요가 있으므로 방열성이 높고 강인한 고무질이 사용된다.

■비드

비드는 휠에 단단히 고정되어야 하며, 튜브리스 타이어의 경우는 밀착도 중요하다. 때문에 비드 와이어로 보강이 된다. 압력과 원심력에 의한 카커스 코드의 분리도 비드 와이어가 막아준다. 비드 와이어는 피아노선을 모아서 만들어지며, 그 수와 굵기는 메이커와 제품에 따라 다양하다.

비드는 비드 와이어와 함께 체이퍼와 비드 필러로 보강된다. 체이퍼는 비드 와이어를 감싸듯이 배치되는 강도가 높은 고무층으로 휠과의 마모손상을 막는 역할을 한다. 비드 필러는 딱딱한 고무로 만들어지며, 사이드월 쪽으로 뻗어있다. 비드 필러는 타이어의 강성에 영향을 주기 때문에 스틸의 얇은 판을 추가하는 등 다양한 방식으로 제작되고 있다. 비드 필러의 바깥쪽에 보강층을 두는 경우도 있다.

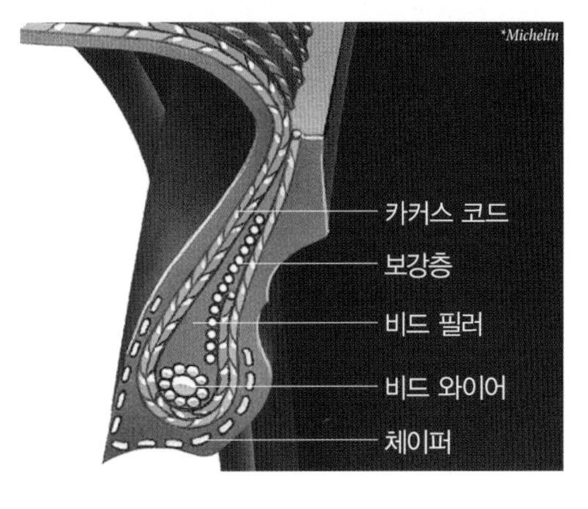

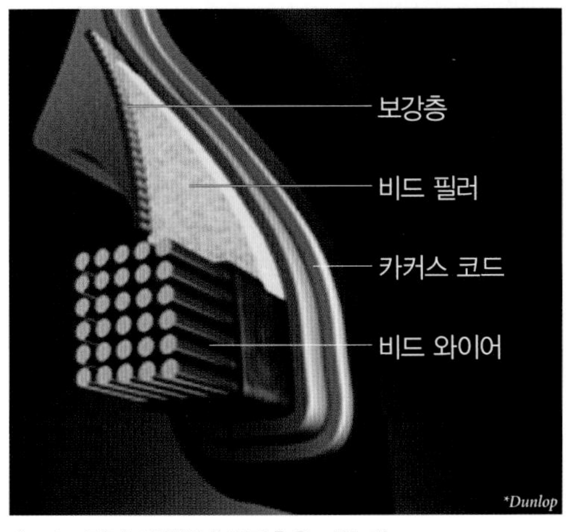

⬆ 비드 필러 바깥쪽에 보강층을 더한 예.

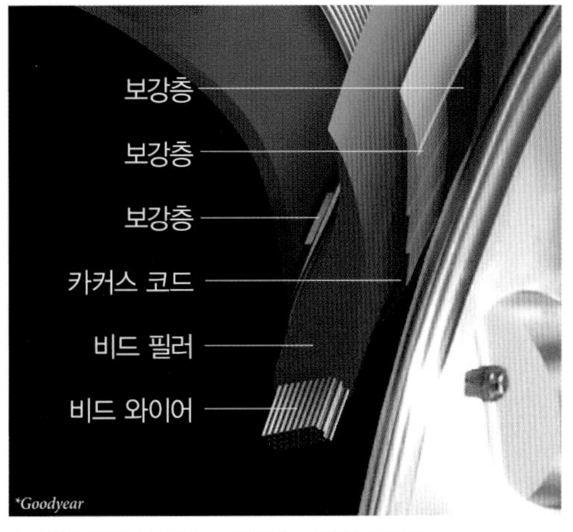

⬆ 여러 층의 보강층이 배치된 트랙용 타이어.

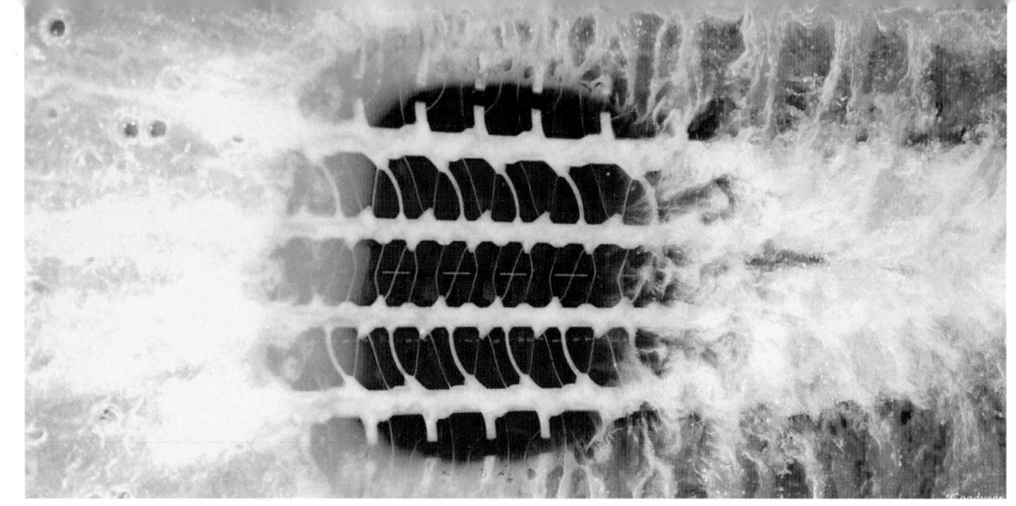

⬆ 타이어에 깔린 물은 가까운 홈으로 이동하고, 그 후에는 홈을 따라서 배출되므로 타이어가 물 위로 올라가지 않는다.

트레드 패턴

젖은 노면을 주행하더라도 타이어는 물을 밀어내면서 노면과 접촉해 그립력을 확보한다. 하지만 자동차의 속도가 빨라지면 물의 배출이 속도를 따라잡지 못해서 타이어가 물 위로 올라간다. 이것을 하이드로플래닝 현상(수막현상)이라고 한다. 타이어는 미끄러지고 있는 상태이므로 노면과의 사이에서 마찰이 발생하지 않고, 브레이크 조작과 스티어링 휠 조작에도 반응하지 않아 매우 위험하다. 때문에 트레드에는 배수를 위한 홈이 파여져 있다. 타이어에 깔린 물의 이동거리를 짧게 해서 신속하게 배수를 하기 때문에 타이어가 물 위로 올라타는 것을 막을 수 있다.

트레드의 홈이 파인 모양을 트레드 패턴이라고 하며, 이것은 리브형, 래그형, 리브래그형, 블록형으로 크게 나눌 수 있다. 각각은 배수성능, 그립력, 소음의 특징이 다르며, 승용차용 타이어는 리브형을 기본으로 한 것이 많다. 일반적인 타이어는 회전방향과 장착방향이 지정되지 않는다. 하지만 트레드 패턴의 성능을 더욱 높이기 위해서 회전방향을 지정한 회전방향 지정 패턴(유니디렉셔널 패턴), 장착 시의 안쪽과 바깥쪽을 정해 놓은 비대칭 패턴의 타이어도 늘어나고 있다. 레이싱 머신은 노면과의 접촉면적과 그립력을 높이기 위해서 홈이 없는 슬릭 타이어를 사용하는 경우가 많다.

*Goodyear

슬릭 타이어

홈이 없는 슬릭 타이어는 노면과의 접촉면을 최대로 한 것이다. 트레드가 마모되어 홈이 없어진 타이어도 건조한 노면에서는 뛰어난 성능을 발휘할 것 같다. 하지만, 트레드와는 다른 고무질이 표면에 있어서 그립력은 낮다. 타이어 전체로 생각해도 고무가 얇아져서 매우 위험하다.

⬇ 저속주행에서는 타이어 아래의 물이 배출되지만, 고속주행 시에는 타이어와 노면 사이에 물이 들어가 하이드로플래닝 현상이 일어난다.

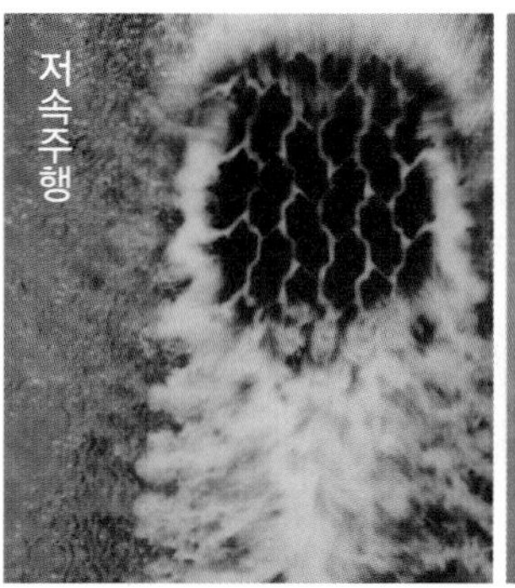

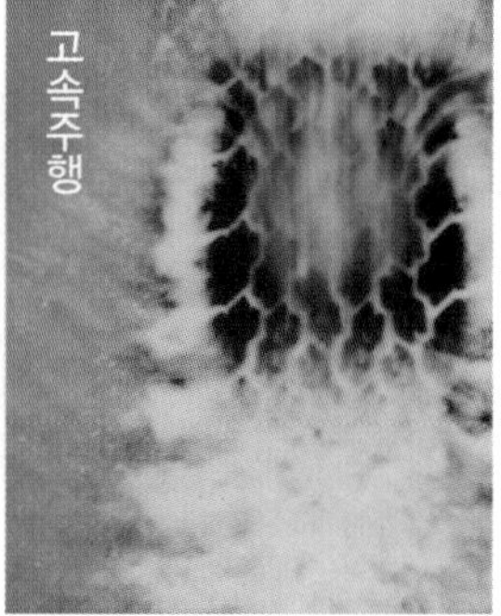

하이드로플래닝 현상

하이드로플래닝 현상은 트레드가 마모되어 홈이 얕아진 상태에서 발생하기 쉽다. 또한 적정 공기압보다 낮은 상태에서도 쉽게 발생된다. 공기압이 낮으면 타이어가 본래 형태를 유지할 수 없으므로 홈이 뒤틀리고 본래의 배수능력을 발휘할 수 없기 때문이다.

리브형
타이어의 원주방향의 홈. 옆으로 미끄러지는 것을 막아주며 직진안정성이 뛰어나다. 배수성이 높고 포장도로에 적합하다.

래그형
타이어의 원주방향과 직각으로 홈이 있다. 구동력과 제동력이 높으며 험한 길에 적합하다. 소음이 크고 승차감은 나쁘다.

리브래그형
리브형과 래그형의 특징과 장점을 갖춘 트레드 패턴이다. 포장도로와 비포장도로 모두에 사용할 수 있다.

블록형
블록이 독립된 섬 모양의 패턴이다. 구동력과 제동력이 높아 미끄러질 우려가 높은 노면에서 사용하기에 좋다.

회전방향지정 패턴과 비대칭 패턴
회전방향과 장착방향이 지정된 비대칭 패턴 타이어는 이름처럼 트레드 패턴이 좌우 비대칭으로 되어있다. 회전방향지정 패턴 타이어의 경우는 좌우 대칭이다. 장착에 대한 지정이 전혀 없는 타이어의 경우는 좌우 중앙의 특정한 점을 중심으로 점대칭 패턴이다.

*Bridgestone

■스터드리스 타이어

빙판길이나 눈길 주행이 가능한 타이어를 윈터 타이어라고 한다. 과거에는 금속재질의 징을 트레드에 갖춘 스파이크 타이어를 사용했지만, 도로를 손상시키고 분진공해가 발생하므로 전 세계적으로 금지되고 있다. 그 대신에 징이 없는 스터드리스 타이어가 개발되어 사용되고 있다. 지금은 스터드리스 타이어=윈터 타이어라고 할 수 있다.

타이어의 고무질은 저온이 되면 딱딱해지는 성질이 있어 마찰이 잘 발생하지 않는다. 때문에 스터드리스 타이어에는 저온에서도 쉽게 딱딱해지지 않는 고무질을 사용한다. 트레드는 블록패턴을 기본으로 하며, 추가로 사이프라는 가는 홈을 새긴다. 사이프의 모서리로 눈과 얼음을 할퀴듯이 지나가면서 그립력을 확보한다. 각 메이커의 독자적인 아이디어 중에는 계란껍질, 호두의 미세한 입자, 유리섬유 등의 미세한 섬유 등을 트레드의 고무질에 넣어서 할퀴는 능력을 높인 제품과, 트레드에 미세한 기포를 만들어 미끄러짐의 원인이 되는 물을 흡착하는 방식 등이 있다.

윈터 타이어와 달리 일반적으로 사용되는 타이어를 서머 타이어라고 한다. 올시즌 타이어도 있으며, 이것은 윈터 타이어와 서머 타이어의 중간적인 특성을 가지고 있다.

*Dunlop

⬆ 사이프가 매우 가늘게 파여있다. 사진의 반복적으로 접히는 입체형상의 사이프는 던롭의 독자적인 것이다.

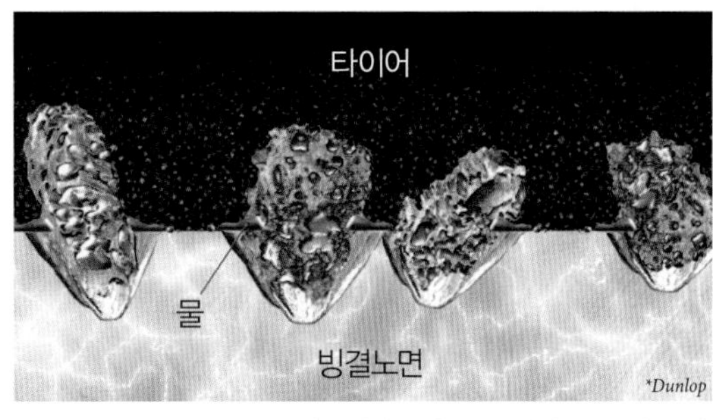

*Dunlop

⬆ 던롭에서 스터드리스 타이어에 사용하는 마이크로 에그 셀. 노면을 할퀴는 동시에 물을 흡수할 수 있다.

■편평률

편평률(애스펙트 레이쇼)이란 타이어의 단면 높이와 폭의 비율이다. 승용차에는 편평률 70~30%의 타이어가 사용되며, 60% 이하의 것을 로우 프로파일 타이어라고 하는 경우가 많다.

트레드의 단면은 원호를 그리고 있다. 편평률이 작을수록 원호의 반경은 커지고 직선에 가까워지므로 접지면적이 커지고 그립력이 높아진다. 코너링에서 횡방향으로 힘을 받으면 타이어의 단면형상이 변화되서 접지면적이 줄어들며, 사이드월이 옆으로 어긋날 때에 자동차에 불필요한 움직임이 발생한다. 편평률이 작을수록 사이드월이 낮아지므로 접지면적의 변화가 작고, 코너에서도 단단한 접지가 가능하다. 다만 진동을 흡수하는 능력이 저하되므로 승차감은 나빠진다.

※타이어의 총 폭은 사이드월의 문자와 장식용 돌기를 포함한다.

타이어의 총폭 / 타이어의 단면폭 / 트레드 폭 / 림 플랜지의 높이 / 타이어 지름 / 림 플랜지 지름 / 림 지름 / 림 폭

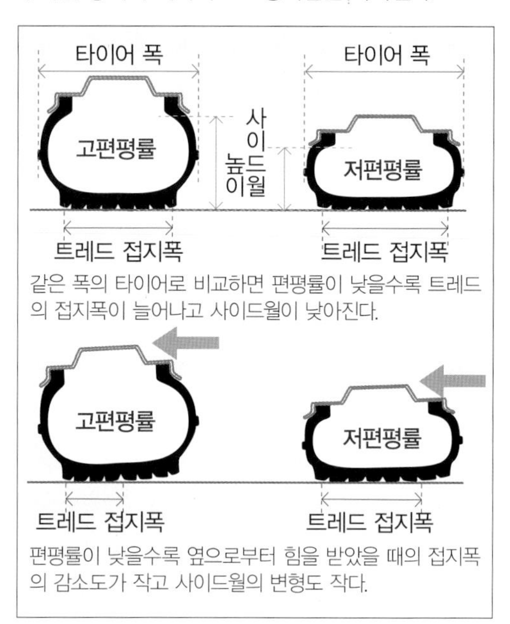

같은 폭의 타이어로 비교하면 편평률이 낮을수록 트레드의 접지폭이 늘어나고 사이드월이 낮아진다.

편평률이 낮을수록 옆으로부터 힘을 받았을 때의 접지폭의 감소도가 작고 사이드월의 변형도 작다.

■타이어 사이즈

타이어의 사이즈 등의 표기는 국제표준기구가 정한 ISO표시가 일반적으로 사용되고 있다. 승용차용 타이어의 경우는 다음과 같이 표기된다. 맨 처음의 숫자가 타이어의 폭, /의 다음 숫자가 편평률을 나타낸다. R은 레이디얼 타이어를 나타내는 기호이며, 그 다음의 숫자가 적합한 휠의 직경(림 지름)을 나타낸다. 그리고 로드 인덱스(하중지수)의 수치와 속도기호의 알파벳이 이어진다. 로드 인덱스는 어느 정도의 중량을 견딜 수 있는가를 나타내는 수치이며, 속도기호는 허용되는 최고 속도를 나타낸다.

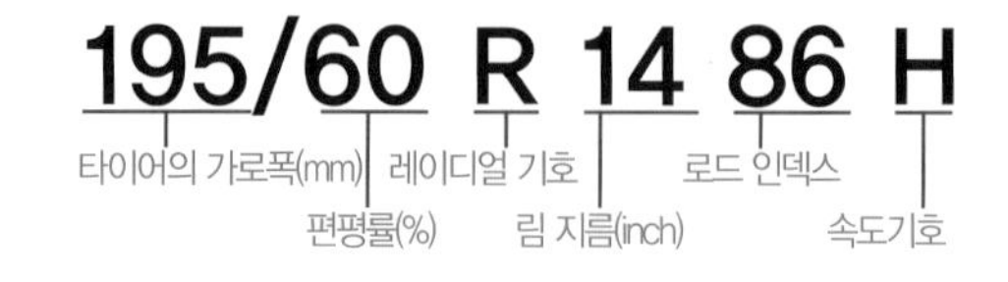

속도기호

속도기호는 알파벳 하나로 표기되어있다. 알파벳 2글자로 표기되는 속도 카테고리가 사용되는 경우도 있다.

로드 인덱스

로드 인덱스는 지수이므로 이 수치가 특정 하중을 나타내지는 않는다. 공기압에 따라 견딜 수 있는 하중이 달라진다.

■타이어 공기압

타이어는 공기압으로 모양을 유지한다. 본래의 성능을 발휘할 수 있도록 타이어 공기압에는 적정치가 정해져 있다. 현재의 주류인 튜브리스 타이어는 공기가 통하기 힘든 이너 라이너에 의해 공기가 유지되며, 질소보다 분자가 작은 산소는 고무를 통과해서 빠져나간다. 때문에 펑크가 나지 않아도 공기압이 조금씩 떨어진다. 거의 일어나지는 않지만 타이어 안에 수분이 들어 있으면 주행에 의한 온도상승에 의해 물이 기화되어 팽창하고, 타이어 내부의 기압이 높아지는 경우도 있다. 정비 때에 실수로 공기압을 높이는 경우도 있다.

공기압이 적정치보다 높으면 트레드의 중앙부분만 접지되어 그립력이 떨어지며 충격과 손상에도 약해진다. 공기압이 적정치보다 낮은 경우는 트레드가 휘어져 중앙부근이 접지가 되지 않으므로 그립력이 떨어진다. 그리고 주행 중의 변형이 크기 때문에 연비가 나빠지며 승차감도 안 좋다. 또한, 타이어의 발열이 많아져서 타이어의 고무와 코드가 떨어져 나갈 위험성도 높아진다. 최악의 경우, 고속주행에서 스탠딩 웨이브 현상을 일으켜 타이어가 버스트되기도 한다.

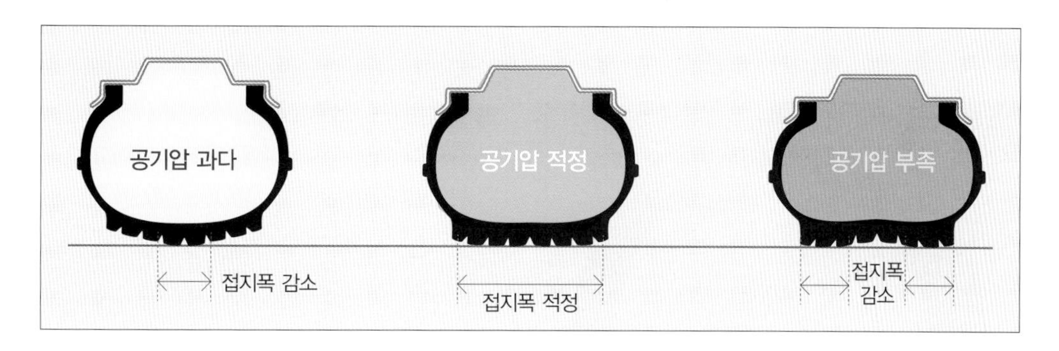

스탠딩 웨이브 현상

타이어가 노면에 접하면 차체의 무게에 의해 변형되며, 그립력을 얻기 위한 접지면적이 생겨난다. 회전에 의해 노면에서 떨어지면 공기압과 고무의 탄력에 의해 원래 모양으로 돌아온다. 이 변형과 복원이 타이어가 굴러가는 저항의 주요 원인이다. 공기압이 낮으면 복원에 시간이 걸리기 때문에 고속주행에서는 복원이 되지 않은 상태로 다시 변형이 반복되어 변형이 증폭된다. 발열도 커지기 때문에 고무가 부드러워져서 더욱 쉽게 변형된다. 최종적으로는 타이어가 파손되어 버스트되어버린다.

질소충전

자연적으로 발생하는 공기압 저하는 산소가 고무를 통과하기 때문에 발생한다. 따라서 타이어 안의 공기를 전부 질소로 채우는 경우가 있다. 이것은 항공기용 타이어의 화재방지를 위해 채용된 기술이었지만 레이싱 머신에 사용되기 시작했고, 일반 자동차로 확대되었다. 이 방식은 공기압 저하를 막을 수 있으며, 에어 스프링으로서의 능력이 유지되어 주행성능에 좋은 영향을 준다는 의견도 있다.

⬇ 스탠딩 웨이브 현상에 의해 극단적으로 변형이 된 타이어.

타이어&휠 02

Spare tire & Run flat tire
스페어 타이어 & 런플랫 타이어

자동차에 공기가 들어간 고무 타이어를 사용하고 있는 이상, 파손에 의한 펑크로 주행을 할 수 없을 가능성이 있다. 때문에 과거에는 교환용 스페어 타이어를 탑재했었다. 현재는 가볍고 공간을 덜 차지하는 템퍼러리 타이어가 일반적으로 사용되고 있으며, 연비와 환경부하저감을 위해 스페어 타이어가 없는 자동차도 늘어나고 있다.

스페어 타이어를 대신하는 펑크 대책으로는 펑크 수리 키트와 런플랫 타이어가 있다. 펑크 수리 키트는 말 그대로 펑크를 수리하는 장비 세트를 말하며, 템퍼러리 타이어보다 가볍고 공간을 덜 차지한다. 런플랫 타이어는 펑크가 나서 공기압이 떨어져도 일정거리를 주행할 수 있는 타이어로, 각 메이커에서 다양한 제품이 개발되고 있다. 런플랫 타이어는 기본적으로 타이어 공기압 모니터링 시스템과 함께 사용한다.

↑ 일반적인 템퍼러리 타이어는 스틸 휠이다. 더욱 가볍게 하기 위해 알루미늄 휠을 사용하는 경우도 있다.

■템퍼러리 타이어

템퍼러리 타이어는 T타입 응급용 타이어라고도 한다. 타이어의 지름과 폭을 작게 만든 대신에 일반 타이어보다 높은 공기압(420㎪가 일반적)으로 주행을 가능하게 한다. 어디까지나 긴급용으로 최고속도 80㎞/h, 주행거리 100㎞의 제한이 있다. 그립력이 떨어지기 때문에 일반적으로 비구동바퀴에 장착하도록 하고 있다.

일반 타이어보다 가벼워서 연료 소비를 줄일 수 있고 수납공간도 작아 여분의 공간을 확보하기 좋아 오랫동안 사용되었다. 하지만, 선진국은 도로 포장률이 높아 사용기회가 적다. 한 번도 사용하지 않고 폐기되는 것은 자원 낭비다. 따라서 더욱 연비를 높이기 위해 폐지하는 방향으로 가고 있다.

■펑크 수리 키트

펑크 수리 키트의 종류는 다양하다. 일반적으로 사용되는 것은 응급수리제와 컴프레서가 세트로 되어있는 것이다. 접착제로 사용되는 약제를 타이어 안에 주입해서 안쪽에서 구멍을 막고, 컴프레서로 공기를 주입한다. 구멍의 위치를 알 수 없어도 수리를 할 수 있지만 큰 구멍은 처리를 할 수 없다. 타이어가 찢어진 경우에는 몇 ㎜의 작은 부위라도 처리를 할 수 없다. 약제가 휠에도 들러붙는다는 문제가 있어 평가는 좋지 않다.

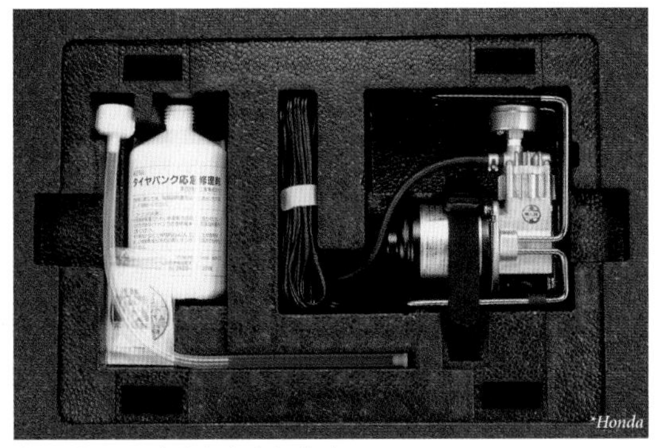

↑ 트렁크 룸 안에 수납된 수리 키트.

■런플랫 타이어

런플랫 타이어(RFT)는 크게 사이드 보강식과 내부식으로 나뉜다. 사이드 보강식 런플랫 타이어는 사이드월의 안쪽에 설치된 단단한 고무층에 의해 펑크 시의 차체 중량을 지탱한다. 내부식 런플랫 타이어는 타이어 안쪽의 수지틀이나 금속판을 휜 것으로 펑크 때에는 차체 중량을 지탱하지만 중량이 무거워 많이 사용되지는 않는다. 어느 것이든 펑크 시에는 최고속도 80㎞/h, 주행거리 80㎞와 같이 제한이 있다.

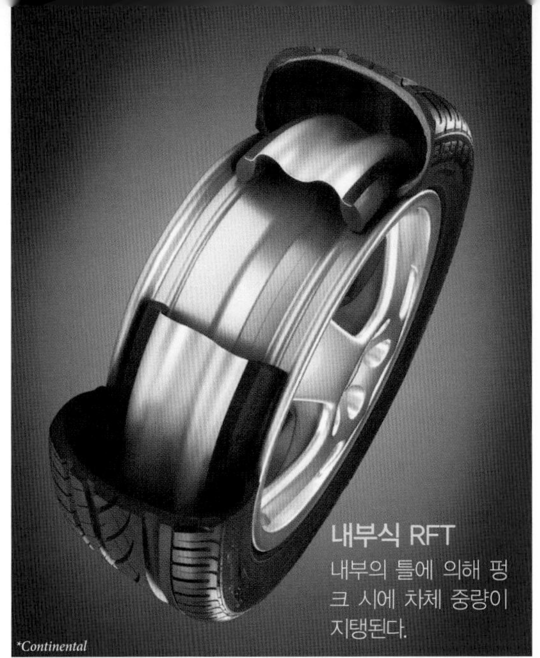

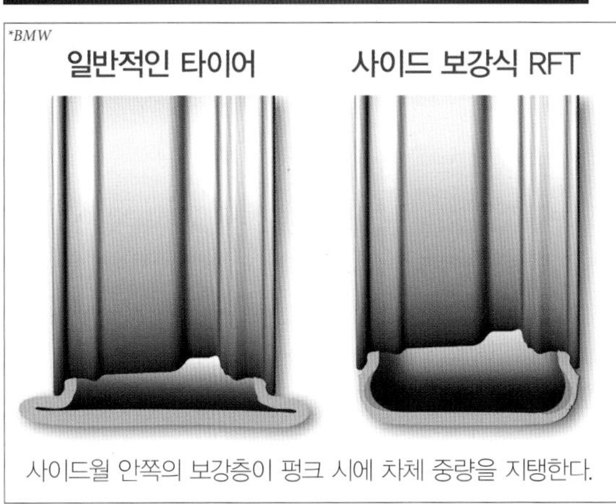

사이드월 안쪽의 보강층이 펑크 시에 차체 중량을 지탱한다.

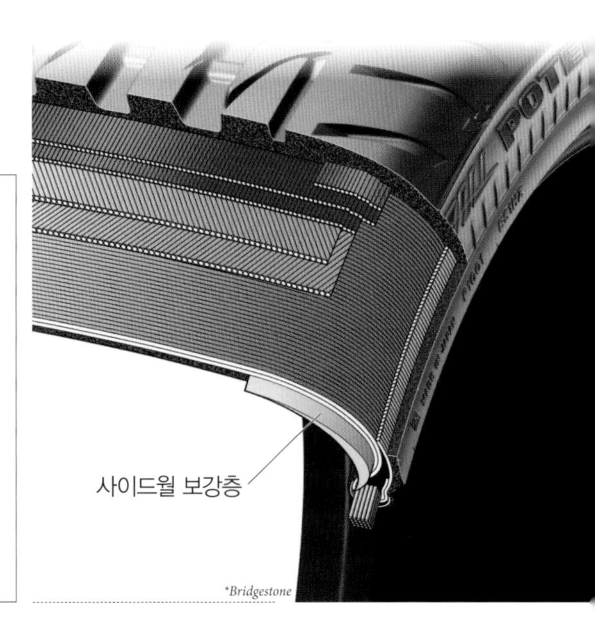

타이어 공기압 모니터링 시스템

타이어 공기압 모니터링 시스템(TPMS)은 런플랫 타이어와 함께 사용하며, 공기압 관리가 쉬워 연비저감에 의한 환경호보의 관점에서도 기대가 높다. 이것은 크게 간접식과 직접식으로 나뉜다. 간접식 타이어 공기압 모니터링 시스템은 바퀴 4개의 회전속도의 차이로 펑크를 검출한다. ABS의 차량 바퀴 속도센서의 데이터를 이용할 수 있으므로 적은 비용으로 시스템을 구축할 수 있지만, 주행상황에 따른 영향을 받기 때문에 신뢰성이 낮다. 직접식 타이어 공기압 모니터링 시스템은 바퀴 4개 각각에 전파에 의한 데이터 송신기능이 있는 공기압 센서를 설치해서 펑크를 감시한다. 비용이 비싸지만 신뢰성이 높고 바퀴 4개의 공기압을 모두 확인할 수 있다.

⬆ 공기압 센서는 주로 에어밸브와 일체화 된 것이 사용된다.

타이어&휠 03

Wheel rim
휠

휠은 타이어와 함께 바퀴를 구성한다. 공기가 들어간 고무 타이어만으로는 차체 중량을 지탱할 수 없다. 또한 샤프트에서 고무 재질의 타이어로 회전을 전달할 수 없기 때문에 금속재질의 휠을 사용한다. 영어로 휠은 자동차의 바퀴를 의미하기 때문에 정식으로는 디스크휠, 휠 림이라고 한다.

휠은 일반적으로 타이어가 장착되는 림 부분과 휠 허브에 장착하는 디스크 부분으로 구성된다. 림 부분 중에서 타이어에 직접 닿는 부분을 플랜지라고 한다. 림과 디스크를 한 덩어리로 제조한 것을 1피스 구조(1피스 휠), 림과 디스크를 따로 제조해서 합친 것을 2피스 구조(2피스 휠), 림을 2분할한 것을 3피스 구조(3피스 휠)라고 한다. 일반적으로 구조가 단순할수록 휠을 단단하게 만들 수 있다. 예전에는 강판을 사용하는 스틸 휠이 일반적이었지만, 경량화에 의한 스프링 아래의 중량과 연비 저감, 나아가 우수한 디자인을 위해 알루미늄 휠 등의 경합금 휠의 사용이 늘어나고 있다.

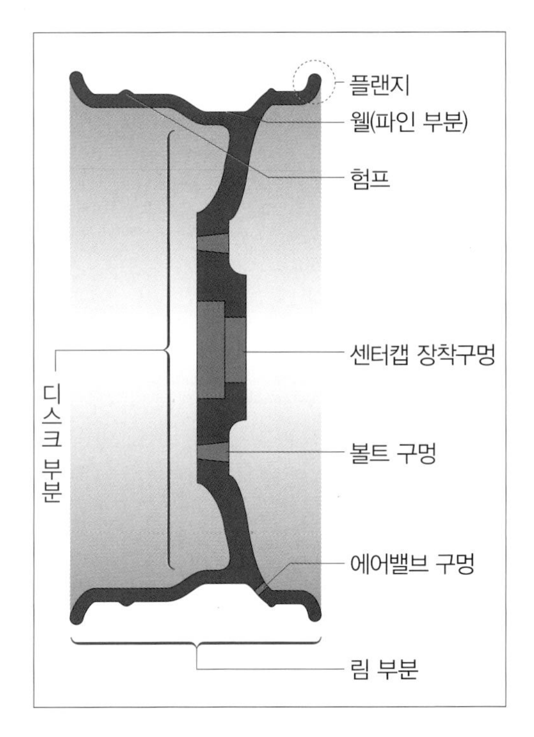

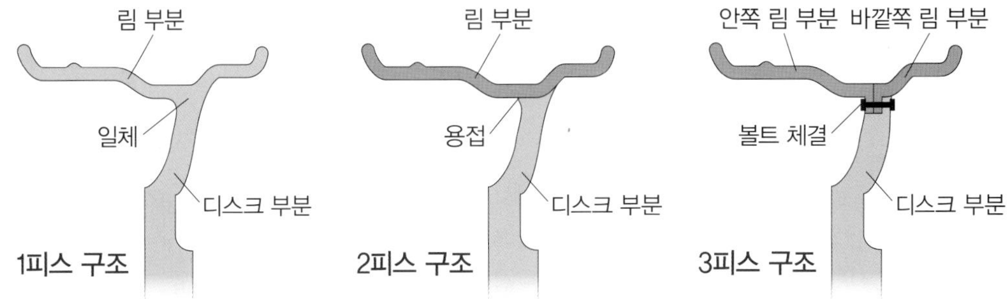

스프링 아래 중량

자동차를 공중으로 들어 올렸을 때 서스펜션에 의해 차체에서 늘어져서 스프링을 늘이는 듯한 작용을 하는 중량을 스프링 아래 중량이라고 한다. 여기에는 타이어&휠, 브레이크 본체, 허브캐리어, 휠 베어링, 서스펜션의 일부가 포함된다. 스프링에 매달려 있는 중량이 클수록 관성 때문에 움직이게 하는 데 큰 힘이 필요하며, 일단 움직이기 시작하면 멈추기도 힘들어진다. 서스펜션의 경우, 스프링 아래 중량이 클수록 바퀴의 움직임이 지연되고 진동이 안정되는 데에도 시간이 걸린다. 즉 스프링 아래 중량을 작게 하면 반응이 좋은 서스펜션을 만들 수 있다. 물론 차체의 경량화를 이룰 수 있어 연비 저감도 가능하다.

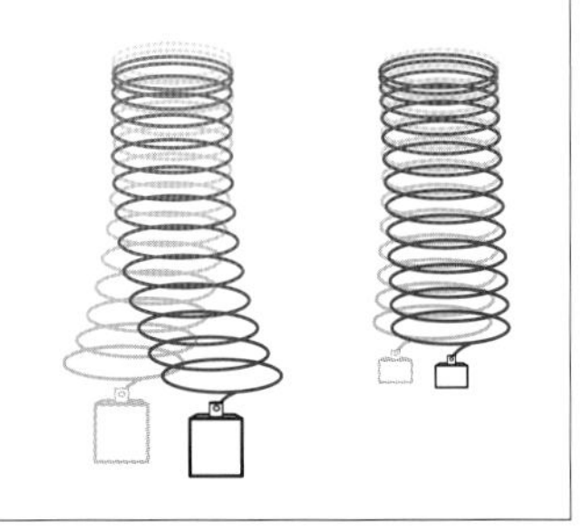

■스틸 휠

스틸 휠의 장점은 저비용으로 만들 수 있다는 것이다. 연강판을 프레스 성형한 후에 용접으로 조립하는 2피스 구조 또는 3피스 구조가 대부분이다. 이것은 승용차에도 표준사양으로 오랫동안 사용되고 있으며, 보기 좋도록 수지 재질의 휠 커버(휠 캡이라고도 한다)가 장착되는 경우가 많다. 최근에는 휠 커버를 사용하지 않고 장식도장이 된 것이나 디자인을 배려한 것도 등장하고 있다. 이러한 경우는 경합금휠과 마찬가지로 중앙부분이 센터캡으로 장식된다.

*Mazda

⬆ 휠 커버를 사용하지 않은 스틸 휠.

*Lancia

■경합금 휠

경합금 휠은 알루미늄 합금을 사용하는 알루미늄 휠이 일반적이며, 더 경량화가 가능한 마그네슘 휠도 있지만 이것은 매우 비싸다. 1피스 구조 외에 용접 또는 볼트 체결로 합체하는 2피스 구조와 3피스 구조도 있다. 주조로 만들어지는 경우가 많지만, 단조나 압연에 의한 스피닝 제조법으로 강도를 높여 경량화 한 것도 있다. 경량화를 위해 알루미늄 휠의 사용이 늘어났지만, 주조로 만들어지는 두꺼운 알루미늄 휠은 스틸 휠보다 무거운 경우도 있다. 디자인을 중시해서 선택하는 것은 문제가 없지만 운동성능과 연비면에서는 불리하다.

주조, 단조, 스피닝 제조법

주조는 고열로 녹인 알루미늄 합금을 틀에 부어서 성형한다. 대량생산이 쉽고 비용을 줄일 수 있지만 얇게 만들기는 힘들다. 성분의 결합도 약하기 때문에 경량화 면에서는 불리하다. 단조는 압력을 가해서 성형하기 때문에 강도를 높일 수 있으며 얇게 만들 수 있지만 복잡한 형상은 어려워서 디자인에 제약이 있다. 최근에는 롤러로 압력을 주면서 늘이는 스피닝 제조법이 림 부분에 사용되는 경우가 있어 매우 얇게 만드는 것도 가능해졌다.

*Dunlop

⬆ 스피닝 제조법을 발전시킨 제조법도 개발되었다. 그림은 단조를 하면서 림을 늘여 단단하게 만드는 엔케이의 MUT DURA 제조법.

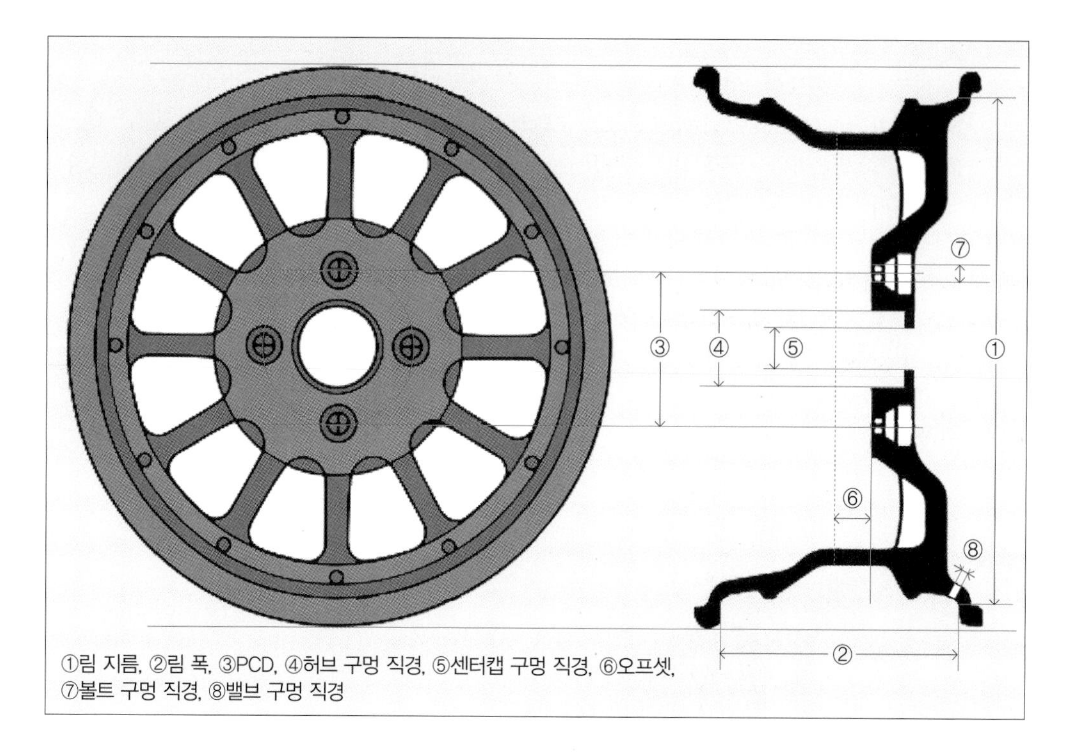

①림 지름, ②림 폭, ③PCD, ④허브 구멍 직경, ⑤센터캡 구멍 직경, ⑥오프셋,
⑦볼트 구멍 직경, ⑧밸브 구멍 직경

■휠 사이즈

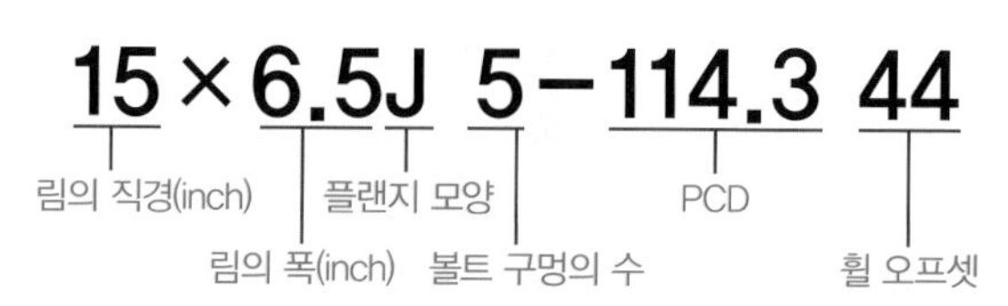

휠의 사이즈는 일반적으로 오른쪽과 같이 표기하지만, 배열순서가 다른 경우도 있다. 맨 처음 숫자는 림 부분의 직경을 인치로 나타낸 림 지름이며, ×의 다음 숫자는 림의 폭을 인치로 나타낸 것이다. 여기서 말하는 림 폭이란 휠 전체의 폭이 아니라 타이어를 장착하는 부분의 폭을 의미한다. 다음의 알파벳은 플랜지 모양이라고 하며, 림의 끝 부분의 형상을 나타낸다. 여기에는 J 외에 JJ또는 B, K가 있으며 실제 사용에 있어서 차이는 없다. 이어서 휠 볼트의 구멍 수와 PCD가 표시된다. '–'가 아니라 '/'로 연결되어있는 경우도 있다. 볼트 구멍은 4개와 5개가 일반적이며 6개인 경우도 있다. PCD는 너트 받침 피치의 직경으로, 모든 볼트 구멍의 중심을 통과하는 원의 직경을 의미한다. 일본 메이커 차량은 100㎜, 114.3㎜, 139.7㎜, 150㎜가 일반적이다. 마지막 숫자는 휠 오프셋이다. 림 폭의 중앙부터 허브 장착면까지의 거리를 의미한다.

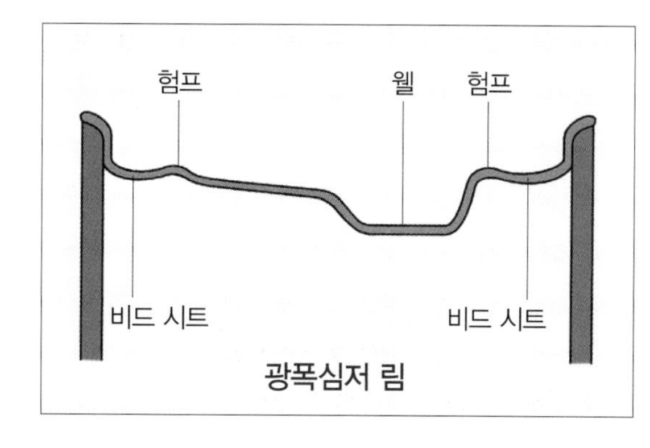

광폭심저 림

■림 형상

림 부분의 단면형상은 다양하다. 승용차용 휠에는 광폭심저 림이라는 형상이 사용되고 있다. 림의 일부에 웰이라는 깊은 홈이 있고, 이것은 타이어 탈착 때에 비드에 끼울 수 있어서 작업이 쉬워진다. 비드가 닿는 비드 시트의 안쪽에 험프라는 돌출부가 있다. 이것은 타이어에 횡방향의 힘이 가해져도 쉽게 빠지지 않도록 해준다.

■휠 너트

휠의 휠 허브로의 장착에는 휠 너트를 사용하는 방법이 일본 메이커 차량에서는 일반적이다. 휠의 디스크부에는 볼트 구멍이 있으며, 이 구멍으로 휠 허브의 휠 볼트를 통과시켜 휠 너트로 고정한다. 수입차 중에는 휠 허브 쪽에 나사구멍이 있어서 휠 볼트를 그 구멍에 넣어서 고정시키는 방법도 있다.

휠 너트에는 평면 너트 받침과 테이퍼드 너트 받침이 있다. 평면 너트 받침은 주로 순정 경합금 휠에 사용되고 있다. 휠에 접한 면이 평면이고, 이 면으로 디스크 부분을 휠 허브로 밀어붙여서 고정시킨다. 테이퍼드 너트 받침은 스틸 휠에서 사용되고 있다. 너트 끝이 원추형으로 끝으로 가까워질수록 가늘어진다. 이 끝부분이 휠의 볼트 구멍에 들어가서 디스크 부분의 면 방향에도 힘을 줄 수 있어 확실하게 휠을 고정시킬 수 있다.

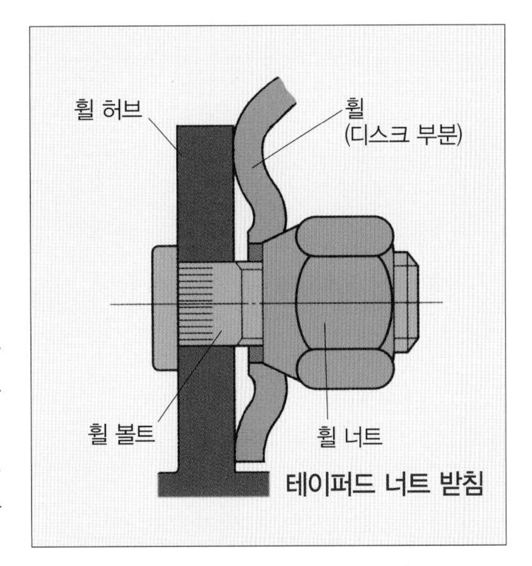

■인치업

편평률이 낮은 타이어로 교환할 경우, 전체의 외경을 바꿀 수 없으므로 휠의 림 부분의 지름을 크게 만들 필요가 있다. 림 지름은 인치로 나타내므로 이러한 교환을 인치업이라고 한다. 동시에 타이어의 폭도 넓히는 경우가 많다. 편평률을 낮추면 주행성능을 높일 수 있기 때문에 튜닝의 일환으로 이루어졌지만, 현재는 드레스업 목적으로 하는 경우가 많다. 인치업을 하면 자동차를 옆에서 보았을 때, 검은 타이어의 면적이 줄어들어 휠의 디자인을 부각시킬 수 있다.

⬆ 편평률이 낮아질수록 휠이 부각된다.

색인

숫자

A·B·C

D·E·F

G·H·I

K·L

M·N·O

P·Q·R·S

W·X·Y

ㄱ

ㄴ

ㄷ

ㄹ

ㅁ

ㅂ

ㅅ

ㅇ

ㅈ

ㅊ

ㅋ

ㅎ

취재협력

●*ADVICS*: 株式会社アドヴィックス ●*Akebono Brake*: 曙ブレーキ工業株式会社 ●*Alfa Romeo*: Alfa Romeo Automobiles S.p.A./フィアット クライスラー ジャパン(フィアット グループ オートモービルズ ジャパン株式会社) ●*Audi*: Audi AG/アウディ ジャパン株式会社 ●*Beru*: BorgWarner BERU System GmbH/BorgWarner Inc. ●*BMW*: Bayerische Motoren Werke AG/BMWジャパン(ビー・エム・ダブリュー株式会社) ●*Bosch*: Robert Bosch GmbH/ボッシュ株式会社 ●*Bridgestone*/株式会社ブリヂストン ●*Citroen*: Automobiles Citroen S.A./プジョー・シトロエン・ジャポン株式会社 ●*Daimler*: Daimler AG/メルセデス・ベンツ日本株式会社 ●*Dana*: Dana Holding Corporation/デーナ・ジャパン株式会社 ●*Delphi*: Delphi Automotive PLC/日本デルファイ・オートモーティブ・システムズ株式会社 ●*Denso*: 株式会社デンソー ●*Dunlop*: 住友ゴム工業株式会社 ●*Federal Mogul Champion*: Federal-Mogul Champion ●*Fiat*: Fiat Automobiles S.p.A./フィアット クライスラー ジャパン(フィアット グループ オートモービルズ ジャパン株式会社 ●*Ford*: Ford Motor Company/フォード・ジャパン・リミテッド ●*GKN*: GKN plc/GKNドライブライン ジャパン株式会社 ●*GM*: General Motors Company/ゼネラルモーターズ・ジャパン株式会社 ●*Goodyear*: Goodyear Tire & Rubber Company/日本グッドイヤー株式会社 ●*Honda*: 本田技研工業株式会社 ●*IHI*: 株式会社IHI ●*Isuzu*: いすゞ自動車株式会社 ●*Jaguar*: Jaguar Land Rover Automotive PLC/ジャガー・ランドローバー・ジャパン株式会社 ●*Lancia*: Lancia Automobiles S.p.A. ●*Magna*: Magna International Inc. ●*Mazda*: マツダ株式会社 ●*Michelin*: 日本ミシュランタイヤ株式会社 ●*Mitsubishi*: 三菱自動車工業株式会社 ●*Nissan*: 日産自動車株式会社 ●*NSK*: 日本精工株式会社 ●*NTN*: NTN株式会社 ●*Opel*: Adam Opel AG ●*Peugeot*: Peugeot S.A./プジョー・シトロエン・ジャポン株式会社 ●*Porsche*: Dr. Ing. h.c. F. Porsche AG/ポルシェジャパン株式会社 ●*Renault*: Renault S.A.S./ルノー・ジャポン株式会社 ●*Schaeffler*: Schaeffler Technologies AG & Co. KG/シェフラージャパン株式会社 ●*Subaru*: 富士重工業株式会社 ●*Suzuki*: スズキ株式会社 ●*Toyota*: トヨタ自動車株式会社/Toyota Motor Corporation Australia Limited ●*Toyota Auto Body*: トヨタ車体株式会社 ●*Valeo*: Valeo S.A./株式会社ヴァレオジャパン/ヴァレオユニシアトランスミッション株式会社 ●*VDO*: Continental AG/コンティネンタル・オートモーティブ株式会社 ●*Volkswagen*: Volkswagen AG/フォルクスワーゲン グループ ジャパン株式会社 ●*Volvo*: Volvo Personvagnar AB/ボルボ・カー・ジャパン株式会社 ●*ZF*: ZF Friedrichshafen AG/ゼット・エフ・ジャパン株式会社

참고문헌

●自動車メカニズム図鑑(出射忠明 著、グランプリ出版) ●続 自動車メカニズム図鑑(出射忠明 著、グランプリ出版) ●図解くるま工学入門(出射忠明 著、グランプリ出版) ●エンジン技術の過去・現在・未来(瀬名智和 著、グランプリ出版) ●エンジンの科学入門(瀬名智和/桂木洋二 著、グランプリ出版) ●クルマのメカ&仕組み図鑑(細川武志 著、グランプリ出版) ●パワーユニットの現在・未来(熊野 学 著、グランプリ出版) ●エンジンはこうなっている(GP企画センター編、グランプリ出版) ●クルマのシャシーはこうなっている(GP企画センター編、グランプリ出版) ●自動車のメカはどうなっているか エンジン系(GP企画センター編、グランプリ出版) ●自動車のメカはどうなっているか シャシー/ボディ系(GP企画センター編、グランプリ出版) ●エンジンの基礎知識と最新メカ(GP企画センター編、グランプリ出版) ●自動車メカ入門 エンジン編(GP企画センター編、グランプリ出版) ●自動車用語ハンドブック(GP企画センター編、グランプリ出版) ●小辞典・機械のしくみ(渡辺 茂 監修、講談社) ●ガソリン・エンジンの構造(全国自動車整備専門学校協会 編、山海堂) ●ジゼル・エンジンの構造(全国自動車整備専門学校協会 編、山海堂) ●シャシーの構造[I](全国自動車整備専門学校協会 編、山海堂) ●シャシーの構造[II](全国自動車整備専門学校協会 編、山海堂) ●自動車用電装品の構造](全国自動車整備専門学校協会 編、山海堂) ●自動車の特殊機構](全国自動車整備専門学校協会 編、山海堂) ●徹底図解・クルマのエンジン(浦栃重夫 著、山海堂) ●絵で見てナットク! クルマのエンジン(浦栃重夫 著、山海堂) ●自動車用語辞典(畠山重信/押川裕昭 編、山海堂) ●トコトンやさしい電気自動車の本(廣田幸嗣 著、日刊工業新聞社) ●ハイブリッドカーはなぜ走るのか(御堀直嗣 著、日経BP社) ●自動車のメカニズム(原田 了 著、日本実業出版社) ●機械工学用語辞典(西川兼康/高田 勝 監修。理工学社) ●図解入門よくわかる最新自動車の基本と仕組み(玉田雅士/藤原敬明 著、秀和システム) ●図解入門よくわかる電気自動車の基本と仕組み(御堀直嗣 著、秀和システム) ●TOYOTAサービススタッフ技術修得書(トヨタ自動車サービス部) ●図解雑学 自動車のしくみ(水木新平 監修、ナツメ社) ●図解雑学 自動車のメカニズム(古川 修 監修、ナツメ社) ●史上最強カラー図解 最新モーター技術のすべてがわかる本(赤津 観 監修、ナツメ社) ●最新! 自動車エンジン技術がわかる本(畑村耕一 著、ナツメ社) ●モーターファン・イラストレーテッド各誌(三栄書房)

저자 프로필

아오야마 모토오 *Aoyama Motoh*

1957년 도쿄 출생. 게이오기주쿠대학 졸업. 출판사 및 편집 프로덕션에서 음악잡지, 오디오 잡지, 용품 잡지의 편집을 거친 후, 프리라이터로 독립. 자동차 잡지, 용품 잡지 등 폭넓은 장르의 잡지와 단행본 집필. 자동차 분야에서는 구조, 정비, 보디케어를 비롯해 카 라이프 전반을 다루고 있다. 자동차 보험에 관한 지식도 풍부해 파이낸셜 플래너(CFP) 자격자이기도 하다. 저서로는 〈자동차의 모든 것을 알 수 있는 사전〉, 〈도해 자동차의 메커니즘〉, 〈올컬러판 자동차의 메인터넌스〉, 〈컬러 도해로 보는 자동차의 메커니즘〉 등이 있다.

일러스트 해설

자동차 메커니즘

Mechanism of CAR

2019년 9월 1일 발행
2020년 9월 30일 2쇄 발행

지은이 아오야마 모토오 Aoyama Motoh
펴낸이 하성훈
펴낸곳 서울음악출판사
주소 서울시 서초구 서초3동 1569-10 에덴빌딩 3층
전화 02-587-5157 **인터넷 홈페이지** www.srmusic.co.kr
등록번호 제2001-000299호 · **등록일자** 2001년 4월 26일

값 15,000원
ISBN 979-11-89865-24-5